Creo Parametric 8 中文版 从入门到精通

叶国华 编著

人民邮电出版社

北京

图书在版编目（CIP）数据

Creo Parametric 8 中文版从入门到精通 / 叶国华编著. -- 北京 : 人民邮电出版社, 2022.11
ISBN 978-7-115-57748-1

Ⅰ. ①C… Ⅱ. ①叶… Ⅲ. ①计算机辅助设计－应用软件 Ⅳ. ①TP391.72

中国版本图书馆CIP数据核字(2021)第220761号

内 容 提 要

本书讲解 Creo Parametric 8 中文版的各种功能。全书共有 12 章，分别介绍 Creo Parametric 8 入门、二维草绘、基础特征、工程特征、实体特征编辑、高级曲面、曲面编辑、钣金特征、钣金编辑、零件的装配、工程图的绘制、动画等知识。

全书主题明确，讲解详细，紧密结合工程实际，实用性强，适合作为计算机辅助设计课程的教学用书和自学指导用书。

◆ 编　　著　叶国华
责任编辑　颜景燕
责任印制　王　郁　胡　南

◆ 人民邮电出版社出版发行　　北京市丰台区成寿寺路 11 号
邮编　100164　　电子邮件　315@ptpress.com.cn
网址　https://www.ptpress.com.cn
北京七彩京通数码快印有限公司印刷

◆ 开本：787×1092　1/16
印张：25.75　　2022 年 11 月第 1 版
字数：700 千字　　2024 年 11 月北京第 7 次印刷

定价：109.90 元

读者服务热线：(010) 81055410　印装质量热线：(010) 81055316
反盗版热线：(010) 81055315
广告经营许可证：京东市监广登字 20170147 号

前　言

PREFACE

Creo Parametric 是美国参数技术公司（PTC）推出的设计软件，它为用户提供从产品设计到制造的一整套 CAD 解决方案，广泛应用于工程设计、汽车、航天、航空、电子、模具、玩具等行业，具有互操作性强、开放、易用三大特点。

在一个机械工程项目中，第一步是确定设计方案，第二步是制作三维实体模型以初步预览产品并进行干涉检查等，第三步是生成产品加工工程图，第四步是加工出成品。这 4 步必不可少，三维实体建模在工程设计中有着举足轻重的地位。由此可见，掌握三维实体建模的相关知识，是成为一名优秀的设计工程师必备的条件。

有鉴于此，笔者精心组织几所高校的老师，根据学生学习工程设计应用的需要编写了此书。本书处处凝结教育者的经验与体会，贯彻他们的教学思想。希望本书能够对广大读者的学习起到引导作用，为广大读者的学习提供一条有效的捷径。

一、本书特色

市面上关于 Creo Parametric 的书籍浩如烟海，但读者要挑选一本自己中意的书反而很困难，真是“乱花渐欲迷人眼”。那么，本书为什么能够在您“众里寻他千百度”之际，于“灯火阑珊”处让您“蓦然回首”呢？这是因为本书有以下五大特色。

☑ 作者专业

本书由著名 CAD/CAM/CAE 专家胡仁喜博士审校，是作者总结多年的设计经验及教学的心得体会，历时多年精心编著而成，力求全面细致地展现出 Creo Parametric 在工程设计应用领域的各种功能和使用方法。

☑ 实例典型

本书中很多实例本身就是工程设计项目案例，经过作者精心提炼和改编而成。这样不仅保证了读者能够学好知识点，更重要的是能帮助读者掌握实际的操作技能。

☑ 技能提升

本书从全面提升读者工程设计能力的角度出发，结合大量的案例讲解如何利用 Creo Parametric 进行工程设计，让读者真正懂得计算机辅助工程设计并能够独立地完成各种工程设计。

☑ 内容全面

本书包括 Creo Parametric 常用的功能讲解，内容涵盖草图绘制、基础特征的创建、工程特征的创建、实体特征的编辑、曲面特征的创建与编辑、钣金特征的创建与编辑、零件的装配、动画、绘制工程图等知识。“秀才不出屋，能知天下事”，读者只要有本书在手，就能掌握 Creo Parametric 工程设计知识。本书不仅有透彻的讲解，还有丰富的实例。通过演练这些实例，读者能够找到一条学习 Creo Parametric 的捷径。

☑ 知行合一

本书结合大量的工程设计实例，详细讲解 Creo Parametric 知识要点，让读者在学习案例的过程中潜移默化地掌握 Creo Parametric 的操作技巧，同时培养读者的工程设计实践能力。

二、本书资源

本书除利用传统的纸面进行讲解外，还随书配套了电子资源包（详见封底），其中包含全书讲解实例的源文件素材及实例操作的同步视频文件。

三、致谢

本书由昆明理工大学国土资源学院的叶国华副教授编著。胡仁喜、万金环等为本书的编写提供了大量帮助，在此向他们表示感谢！

由于编者水平有限，书中不足之处在所难免，望广大读者联系 liyongtao@ptpress.com.cn 批评指正，编者将不胜感激。读者也可以加入 QQ 群 570099701 参与交流探讨。

编者

2022 年 6 月

目录
CONTENTS

第9章 钣金编辑 ······ 268

第 1 章 Creo Parametric 8 入门

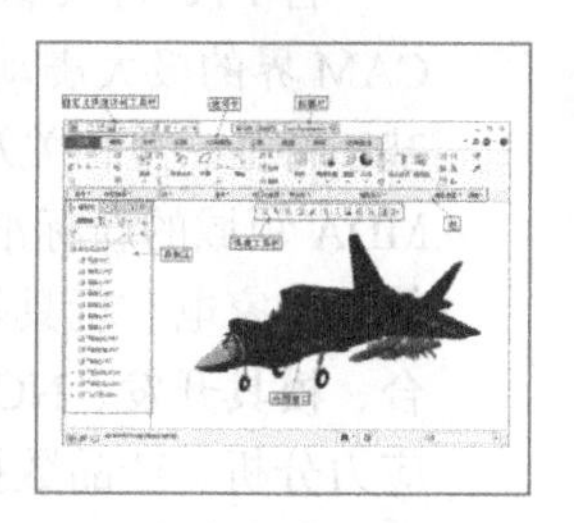

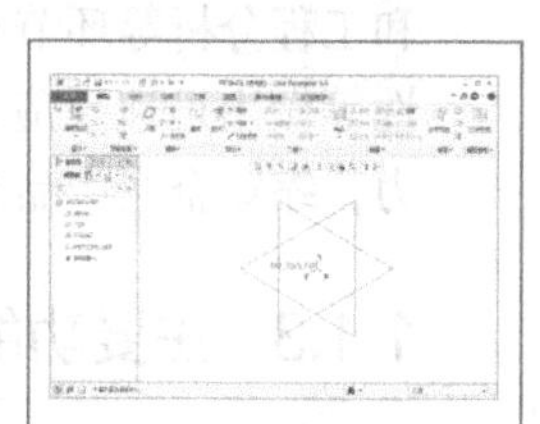

/ 本章导读

本章将介绍软件的工作环境和基本操作，包括 Creo Parametric 8 概述、用户操作界面、编辑视图颜色的管理和模型树的管理等内容，目的是让读者尽快地熟悉 Creo Parametric 8 的用户界面并掌握基本技能。本章内容都是 Creo Parametric 8 建模操作的基础，建议读者熟练掌握。

/ 知识重点

- 用户操作界面
- 编辑视图
- 颜色管理
- 模型树管理

1.1 Creo Parametric 8 概述

三维建模软件 Creo Parametric 8 与 Pro/ENGINEER、Creo Elements 一样，是美国参数技术公司（Parametric Technology Corporation，PTC）推出的软件。与 Pro/ENGINEER 和 Creo Elements 相比，Creo Parametric 8 的界面更加简洁、人性化。它包含了提高生产效率的先进工具，可以促使用户采用最佳设计方法，同时确保符合业界和公司的标准。它集成的参数化 3D CAD/CAM/CAE 解决方案可让用户的设计速度比以前任何时候都要快，同时极大地增强了用户的创新力度，提高了设计的质量，使用户能够创造出不同凡响的产品。

1.1.1 PTC 的发展过程

1985 年，PTC 成立于美国波士顿，开始致力于参数化建模软件的开发。1988 年，首款三维建模软件 Pro/ENGINEER V1.0 诞生。通过 12 年的努力，Pro/ENGINEER 成为当时三维建模软件中的顶尖产品。从成立以来，PTC 为顶尖客户提供高级服务，还收购了很多重要的公司，包括 Planet Metrics、Relex Software 等。2021 年 Creo Parametric 8 的诞生是 PTC 的又一次跃进。

1.1.2 Creo 应用的重要领域

Creo 是在功能强大的 Pro/ENGINEER 基础上做出较大改进而推出的 CAD 设计软件包，它保留了 Pro/ENGINEER 的 CAD、CAM、CAE 这 3 个重要的模块，还添加了其他重要功能，完全可以满足大型生产公司的需求。

自 PTC 将其旗舰产品 Pro/ENGINEER 2001 正式引入中国，该产品就引起了机械 CAD/CAE/CAM 界的极大震动，成为应用广泛的 3D CAD/CAE /CAM 系统。它提出的单一数据库、参数化、基于特征、全相关及工程数据再利用等概念改变了 MDA 的传统观念，这种全新的概念已成为目前 MDA 领域的新标准。Pro/ENGINEER 广泛应用于电子、机械、模具、工业设计、汽车、自行车、航天、家电、玩具等行业，可谓全方位的 3D 产品开发软件，其新版本 Creo 集零件设计、产品组合、模具开发、NC 加工、钣金件设计、铸件设计、造型设计、逆向工程、自动测量、机构仿真、应力分析、产品数据库管理等于一体，功能强大，应用极广。Creo 在生产过程中能将设计、制造和工程分析等环节有机地结合起来，使企业能够对现代市场产品的多样性、复杂性、可靠性和经济性等做出迅速反应，提高企业的市场竞争能力。对企业来说，应用 Creo 将有效地提高企业设计能力，缩短企业产品开发周期。

1.1.3 主要功能特色

Creo Parametric 8 内置三维建模的 CAD 模块，CAD 模块不仅包含机械零件的设计功能，还包含工业设计中不可缺少的电气部分的设计功能。如电路的设计、管道的设计。这类功能在实际应用中是不可或缺的，也是很多软件所缺乏的，只有学好 CAD 中的这几个部分，才能在机械行业中更胜一筹。除了 CAD 模块之外，还有 CAE 和 CAM 两大模块，这两大模块在实际应用中也起着重要的作用，如动力学和有限元分析、数控加工等。本书主要讲解 CAD 部分。

在工业设计及加工成零件实物的过程中，一般先要通过模型设计（建模）创建三维模型，再通过运动仿真检测运动是否满足要求。如果满足要求，就通过渲染将其美化，引起客户的兴趣，接着绘制工程图，准备加工。

Creo Parametric 8 具有以下功能。

（1）强大的 3D 实体建模。无论多么复杂的零件或模型，Creo Parametric 8 都可以精确地创建其几何图形，并自动创建草绘尺寸，然后由人工更改草绘尺寸，并快速、可靠地创建工程特征，如倒角、壳、拔模等。

（2）可靠的装配建模。可以智能、快速地创建装配模型，并及时创建简化表示；利用 Shrinkwrap 轻量且准确的模型表示动态仿真；用 AssemblySence 嵌入拟合、形状和函数知识，可以快速准确地进行装配。

（3）3D 模型和 2D 工程图的转换。可以将 3D 模型直接转换为符合国家标准的 2D 工程图，大大减少了绘制 2D 工程图的时间并简化了烦琐的操作，而且创建的工程图可以自动显示实体模型的全部尺寸。

（4）专业曲面设计。利用自有风格可以快速地创建形式自由的曲面，也可以通过拉伸、旋转、扫描、混合等实体特征创建复杂的曲面；还可对所创建的曲面可以进行剪切、合并等编辑操作。

（5）革命性的扭曲技术。可以对选定的几何模型进行动态缩放、全局变形、拉伸、折弯模型等操作；【扭曲】功能也可以应用于从其他 CAD 工具导入的几何模型。

（6）创建钣金模型。可以创建钣金模型，包括折弯、凹槽等多种操作；自动将 3D 几何模型转换为平整状态，并可以使用各种弯曲余量计算调整设计的平整状态。

（7）数字化人体建模。可以利用 Manikin lite 功能在 CAD 模型中插入数字化人体，并对其进行处理。

（8）焊接创建和文档制作。可以定义焊接连接方式，并从模型中读取重要的金属信息，以形成完整的 2D 焊接文档。

（9）实时照片渲染。可以动态更改几何实体，从不同的角度创建与照片一样逼真的图片，并可以渲染最大的组件。

Creo Parametric 8 的功能极为强大，以上只不过是其众多功能当中比较常用的几个。深刻地了解并熟练掌握这些功能，是创建现代化工程必须具备的一项技能。

1.2 用户操作界面

启动 Creo Parametric 8，新建一个文件或者打开一个已存在的文件，便可以看到一个用户操作界面。用户操作界面主要由标题栏、自定义快速访问工具栏、选项卡、组、快捷工具栏、导航区及绘图窗口等组成，如图 1-1 所示。

1. 标题栏

标题栏位于 Creo Parametric 8 用户操作界面正上方，当新建或打开模型文件时，标题栏中除了会显示软件名之外，还会显示文件的名称及当前文件的状态。

在标题栏的右侧，有 3 个实用按钮：【最小化】按钮 、【最大化】按钮 、【关闭】按钮 。

2. 自定义快速访问工具栏

自定义快速访问工具栏由【新建】按钮 、【打开】按钮 、【保存】按钮 、【撤销】按钮 、【重做】按钮 、【重新生成】按钮 、【窗口】按钮 及【关闭】按钮 等组成。

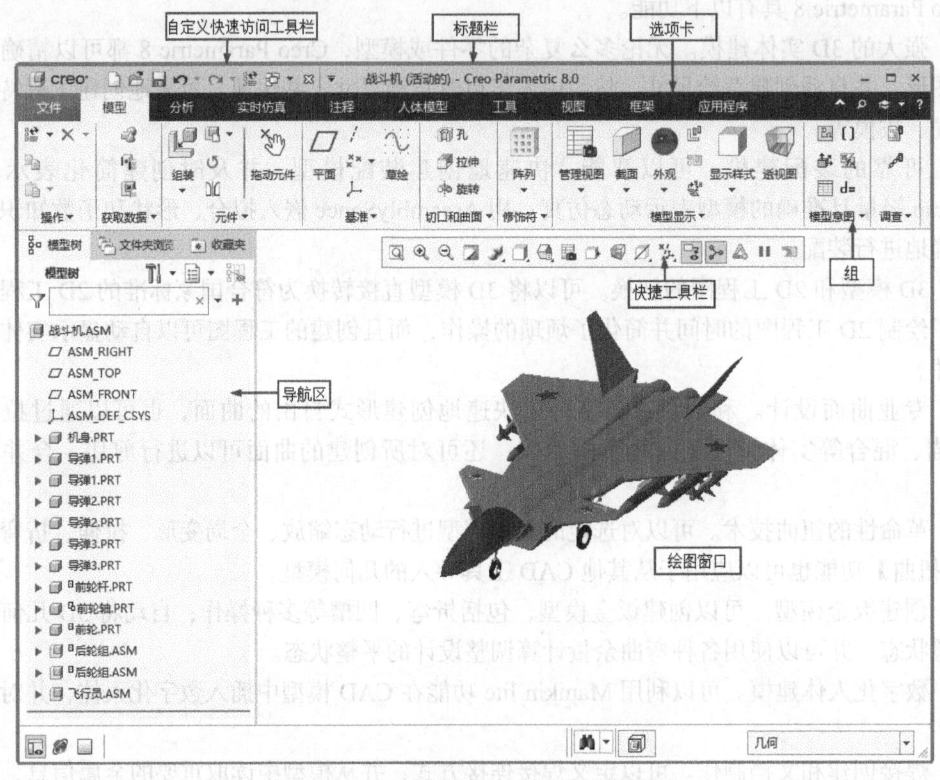

图 1-1 Creo Parametric 8 用户操作界面

单击自定义快速访问工具栏最右侧的下拉按钮 ▾，弹出图 1-2 所示的下拉列表，通过勾选或取消勾选列表中的复选框可以添加或删除自定义快速访问工具栏中的按钮，当勾选时，该命令对应的按钮将在自定义快速访问工具栏中显示，取消勾选时则隐藏。

3. 选项卡

选项卡包括【文件】【模型】【分析】【实时仿真】【注释】【人体模型】【工具】【视图】【框架】【应用程序】等。在选项卡中的任意一项上单击鼠标右键，弹出快捷菜单，单击快捷菜单中的【选项卡】选项，弹出【选项卡】下拉列表，如图 1-3 所示。通过勾选或取消勾选列表中的复选框，可以添加或删除选项卡中相应的选项。

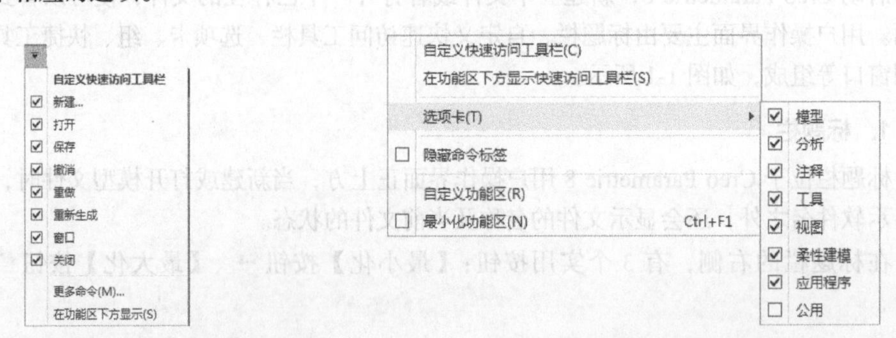

图 1-2 【自定义快速访问工具栏】下拉列表　　图 1-3 【选项卡】下拉列表

Creo Parametric 8 选项卡提供了各种实用而直观的命令，系统允许用户根据自己的需要或者操作习惯，对选项卡中的命令进行相应的设置。下面介绍选项卡中常用命令的设置方法。

（1）单击【文件】选项卡，弹出图 1-4 所示的下拉列表，依次单击下拉列表中的【选项】选项。

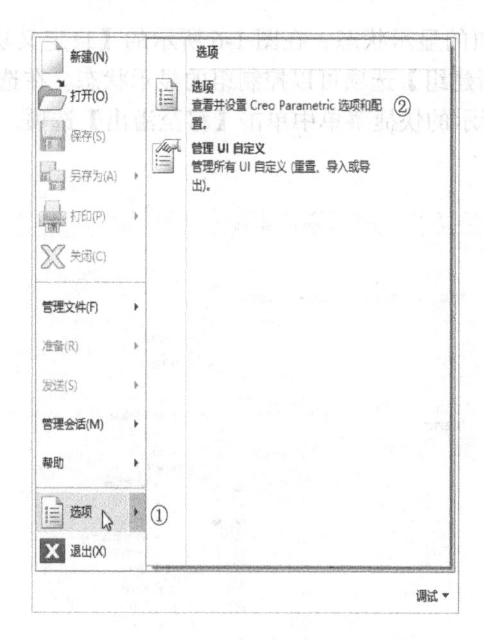

图 1-4 【文件】下拉列表

（2）弹出图 1-5 所示的【Creo Parametric 选项】对话框。

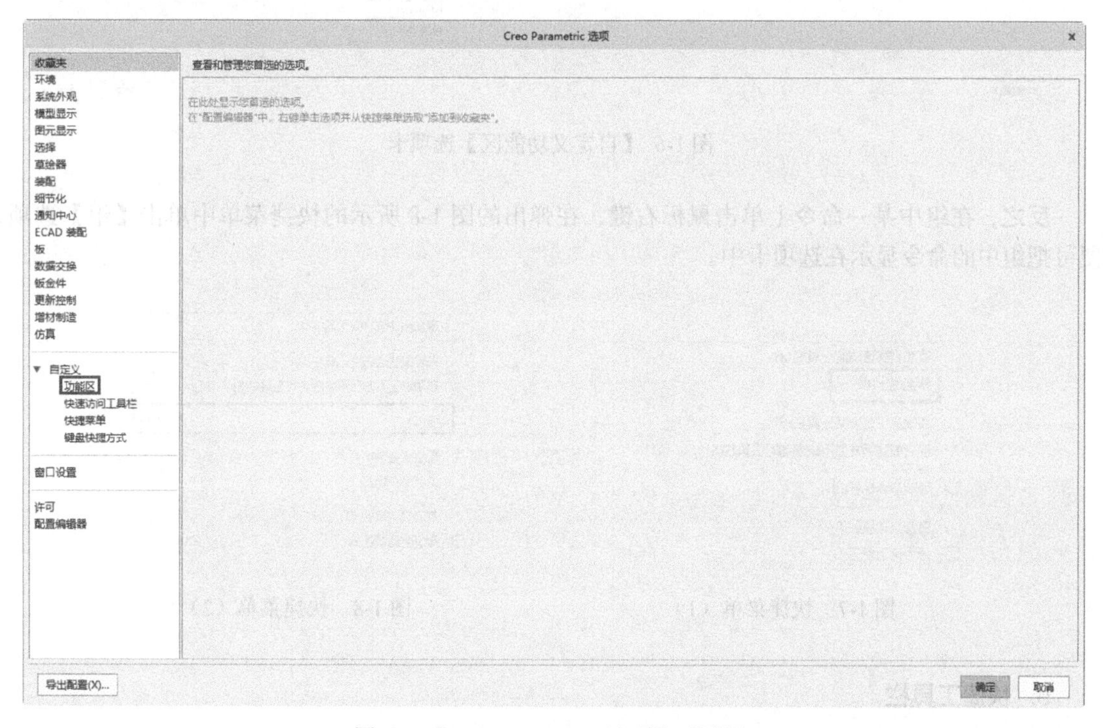

图 1-5 【Creo Parametric 选项】对话框

（3）单击对话框左侧的【自定义】下方的【功能区】选项，切换至图 1-6 所示的【自定义功能区】选项卡页面。在此选项卡中执行【重命名】命令，可以修改选项卡的名称，还可以自定义名称。

4. 组

组可以控制选项卡中各选项的显示状态，在图 1-6 所示的【自定义功能区】选项卡页面中，单击【新建】下拉列表中的【新建组】选项可以控制组的显示状态。在选项卡中的任一命令上单击鼠标右键，在弹出的图 1-7 所示的快捷菜单中单击【移至溢出】选项，便可把这个命令放置到组中。

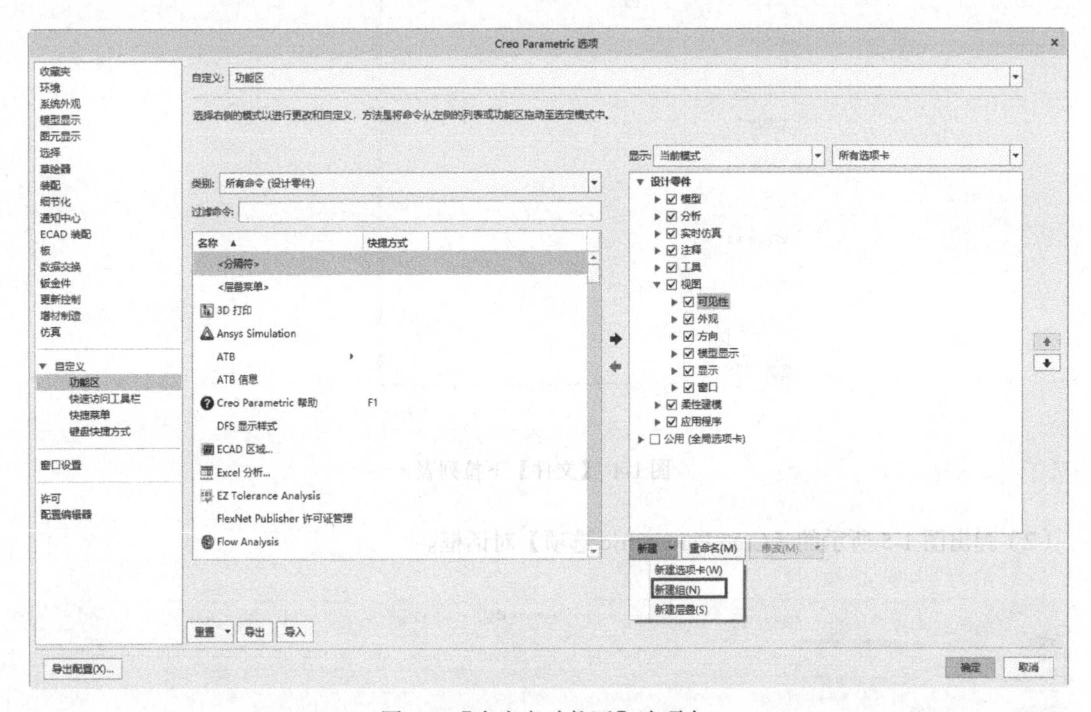

图 1-6 【自定义功能区】选项卡

反之，在组中某一命令上单击鼠标右键，在弹出的图 1-8 所示的快捷菜单中单击【组】选项，便可把组中的命令显示在选项卡中。

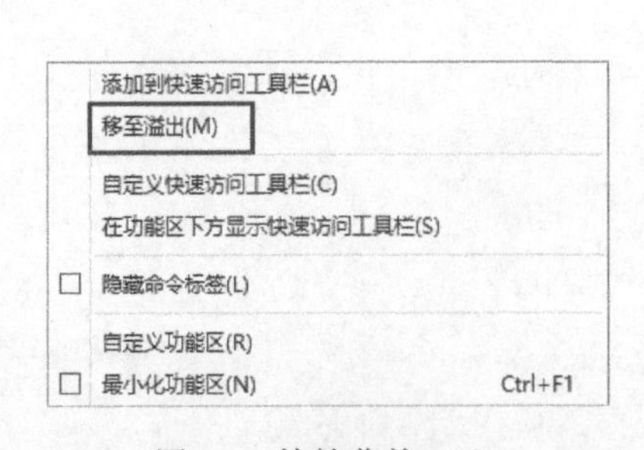

图 1-7 快捷菜单（1）

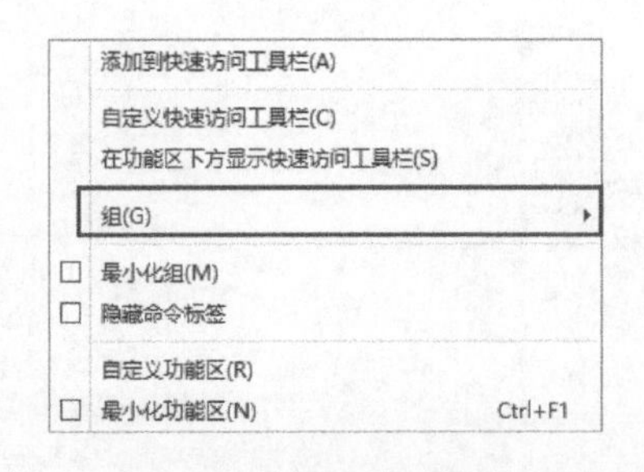

图 1-8 快捷菜单（2）

5. 快捷工具栏

快捷工具栏位于绘图窗口的上方，包括【重新调整】按钮 、【放大】按钮 及【缩小】按

钮 等，在这里可以快速地调用某些常用的命令。在快捷工具栏中任一命令上单击鼠标右键，弹出图 1-9 所示的下拉列表，可以在该下拉列表中勾选相应复选框来显示某些命令。

6. 导航区

导航区有 3 个选项卡，分别为【模型树】选项卡、【文件夹浏览器】选项卡和【收藏夹】选项卡。

（1）单击【模型树】选项卡，可以按顺序显示创建的特征，如图 1-10 所示。

（2）单击【文件夹浏览器】选项卡，可以浏览计算机中的文件并将其打开，如图 1-11 所示。

（3）单击【收藏夹】选项卡，可以打开收藏的网页等，如图 1-12 所示。

7. 绘图窗口

绘图窗口是指显示模型的窗口，它可以显示模型的各种状态。同时，在绘图窗口中选中某一特征零件后单击鼠标右键，弹出快捷菜单，可以在快捷菜单中对模型进行编辑。

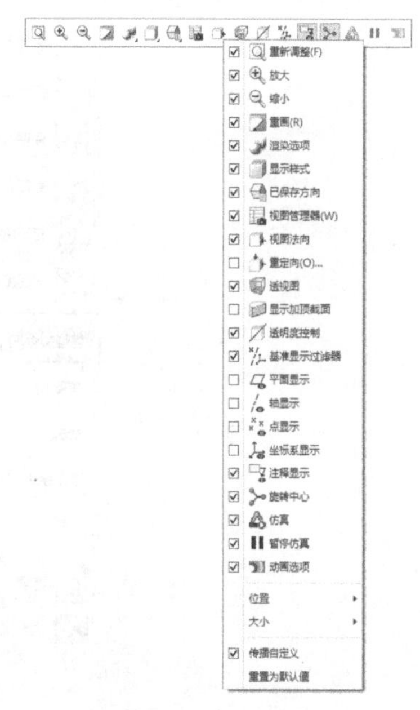

图 1-9　下拉列表

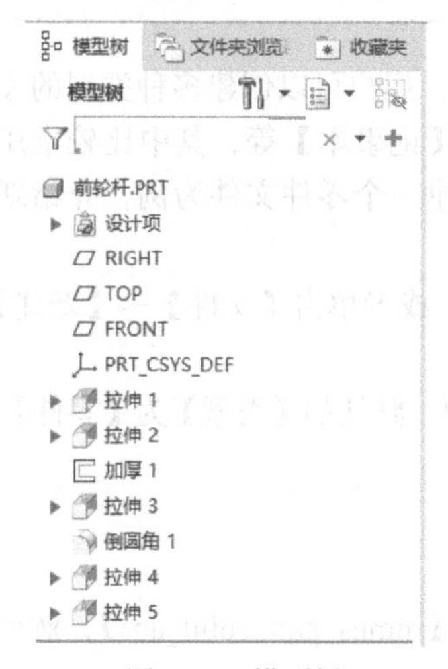

图 1-10　模型树

图 1-11　文件夹浏览器

图 1-12　收藏夹

1.3 文件的管理

在 Creo Parametric 中，文件的管理包含新建文件、打开文件、保存文件、另存为文件、打印文件及关闭文件等文件管理方式，在用户操作界面【文件】选项卡的下拉列表中，选择【管理文件】命令即可进行文件管理操作，如图 1-13 所示。

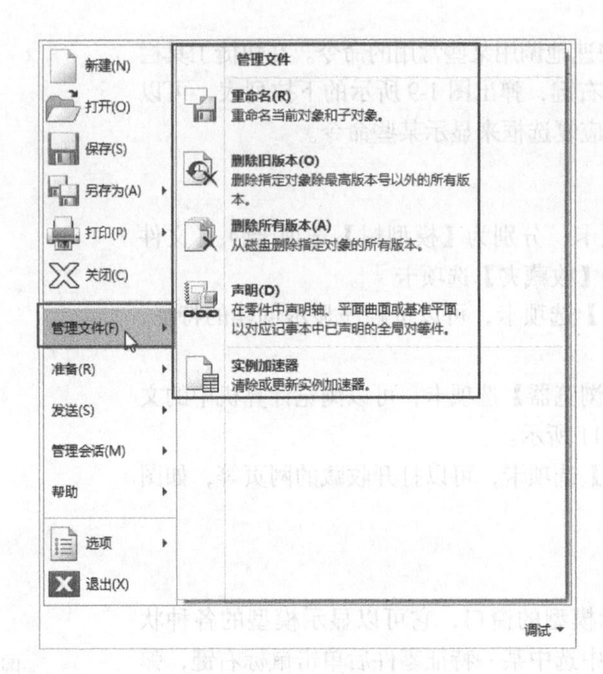

图 1-13 【文件】下拉列表

1.3.1 新建文件

在建立新模型前，需要先建立新的文件。在 Creo Parametric 中，用户可以创建多种类型的文件，包括【布局】【草绘】【零件】【装配】【制造】【绘图】【格式】【记事本】等，其中比较常用的有【草绘】【零件】【装配】【绘图】这几种文件类型。下面以新建一个零件文件为例，介绍新建文件的一般步骤。

单击自定义快速访问工具栏或主页选项卡中的【新建】按钮，或者单击【文件】→【新建】命令。

（1）弹出图 1-14 所示的【新建】对话框，在其中选择文件的类型。默认的【类型】为【零件】，【子类型】为【实体】。

（2）在【文件名】输入框中输入零件的名称。

（3）取消勾选【使用默认模板】复选框，单击【确定】按钮。

（4）弹出图 1-15 所示的【新文件选项】对话框，选择公制模板【mmns_part_solid_abs】，然后单击【确定】按钮，进入图 1-16 所示的零件操作界面。

注意

如果不取消勾选【使用默认模板】复选框，则表示接受系统默认的英制单位模板，单击【确定】按钮后直接进入零件操作界面；取消勾选该复选框并单击【确定】按钮后，可以在弹出的【新文件选项】对话框中选择相应的模板，公制单位的模板是【mmns_part_solid_abs】，单击【确定】按钮，进入零件操作界面。

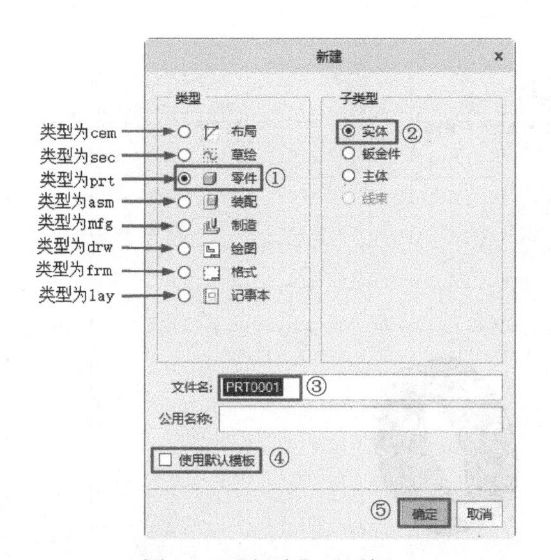

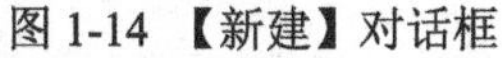

图 1-14 【新建】对话框

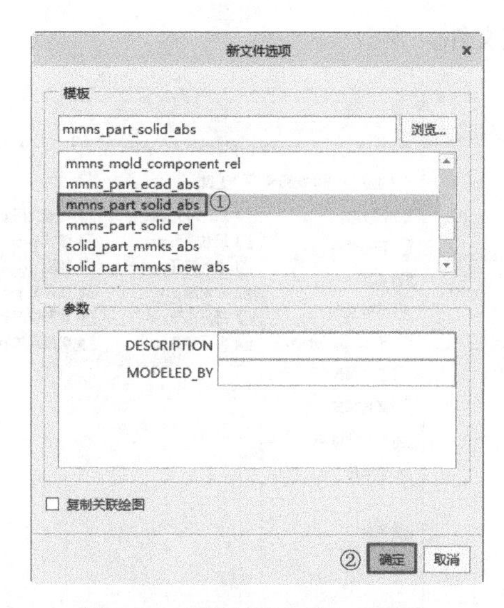

图 1-15 【新文件选项】对话框

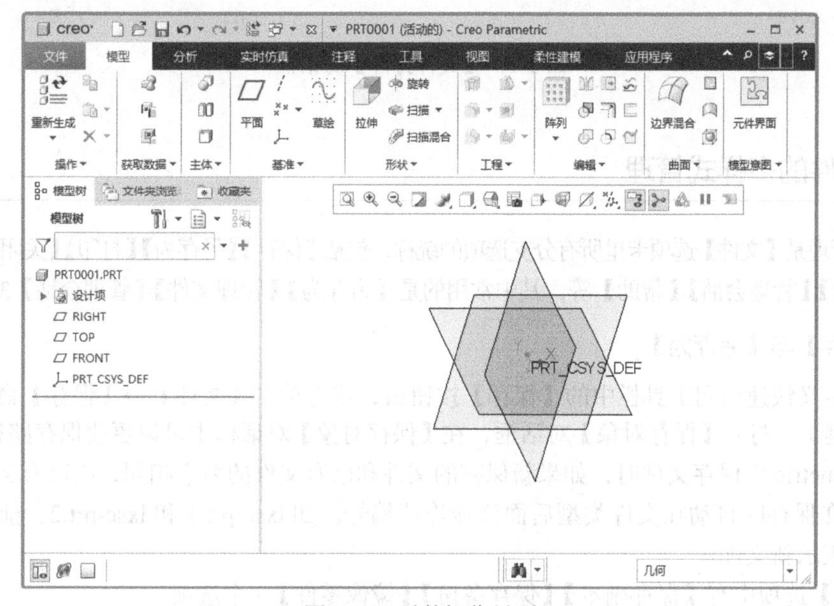

图 1-16　零件操作界面

1.3.2　打开文件

打开计算机中的文件时，可以单击【文件打开】对话框右下方的【预览】按钮预览，预览选中的文件，以免打开错误的文件。在主页选项卡中直接单击【打开】按钮，或者单击【文件】→【打开】命令，弹出【文件打开】对话框，如图 1-17 所示。

Creo Parametric 可以缓存已关闭的文件，方法是单击【文件打开】对话框中的【在会话中】按钮，查找已关闭的文件。这个功能的作用是防止用户因不小心关闭了未保存的文件而造成文件丢失。但是如果在后台把文件名更改为中文，那么即使文件存在，在【文件打开】对话框中也找不到该文件。

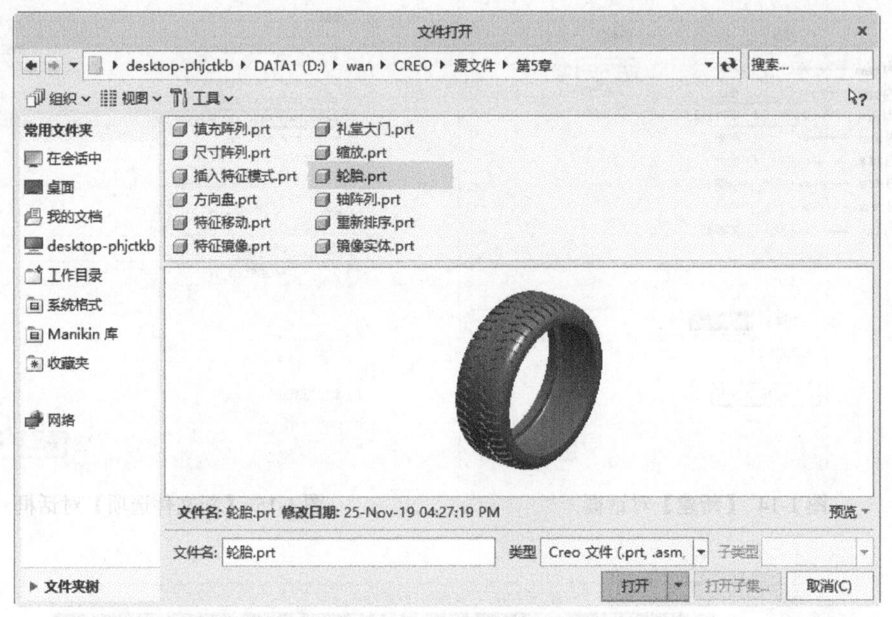

图 1-17 【文件打开】对话框

1.3.3 文件的多样式管理

多样式管理是【文件】选项卡里所有分支选项的统称，包括【保存】【另存为】【打印】【关闭】【管理文件】【准备】【发送】【管理会话】【帮助】等，其中常用的是【另存为】【管理文件】【管理会话】3 个选项。

1.【保存】与【另存为】

单击自定义快速访问工具栏中的【保存】按钮，或者单击【文件】→【保存】命令（可以按 Ctrl+S 组合键），打开【保存对象】对话框，在【保存对象】对话框中可以更改保存路径和文件名。在 Creo Parametric 中保存文件时，如果新保存的文件和已有文件的名字相同，则已有文件不会被替换掉，而会在保存时自动在文件类型后面添加连续编号。如 lxsc-prt.1 和 lxsc-prt.2，前者表示已有文件，后者表示新文件。

【另存为】选项中有【保存副本】【保存备份】【镜像零件】3 个选项。

（1）【保存副本】与【保存】的效果一样。

（2）【保存备份】是指把最新的一组文件进行保存，可以更改文件的保存路径。

（3）【镜像零件】是指把文件镜像复制到另一个文件中或重新创建一个文件。

2.【打印】选项

如果用户的计算机连着打印机，那么可以把 Creo Parametric 文件打印出来。【打印】选项中包括【打印】【快速打印】【快速绘图】等选项，这里不进行详细讲解。

3.【管理文件】选项

【管理文件】选项中包括【重命名】【删除旧版本】【删除所有版本】【声明】【实例加速器】5 个选项，如图 1-18 所示，前 3 个选项比较常用。

（1）【重命名】：执行【文件】→【管理文件】→【重命名】命令，弹出【重命名】对话框，如图 1-19 所示。该对话框中包括如下两个选项（与新建文件的命名规则一样，不能有中文）。

- 【在磁盘上和会话中重命名】是指把磁盘上和此窗口中文件名相同的文件全部重命名。
- 【在会话中重命名】是指在此窗口中进行重命名操作。

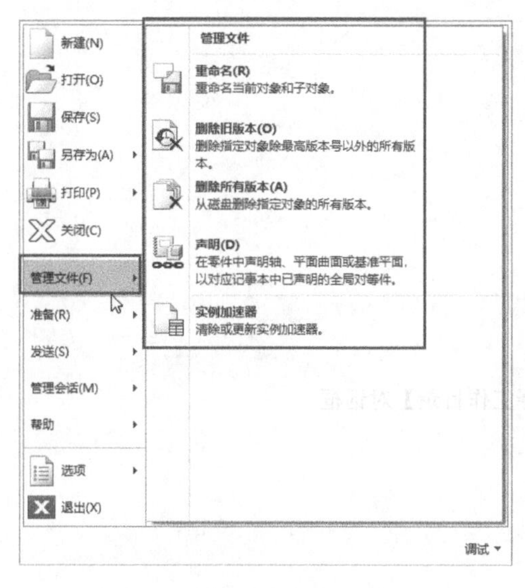

图 1-18 【管理文件】选项

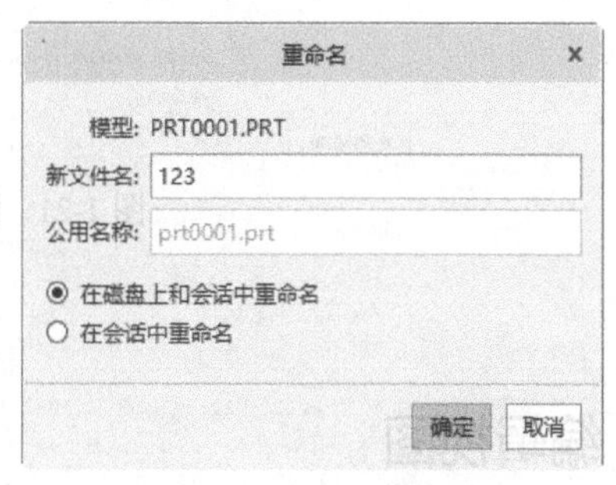

图 1-19 【重命名】对话框

（2）删除文件：选择【文件】→【管理文件】→【删除旧版本】或【删除所有版本】命令，可以把磁盘中的文件删除。该操作有【删除旧版本】和【删除所有版本】两个选项，删除时需要输入文件名，请谨慎使用删除命令。

4.【管理会话】选项

【管理会话】选项中有 10 个选项，其中主要应用【拭除当前】【拭除未显示的】【选择工作目录】这 3 个选项，如图 1-20 所示。

（1）拭除文件：将文件从会话进程中拭除，以提高软件的运行速度。许多工作文件虽然从绘图窗口关闭了，但是文件还会保存在软件的会话窗口和磁盘中。执行【文件】→【管理会话】→【拭除当前】或【拭除未显示的】命令，可以拭除会话窗口中的文件。拭除操作有【拭除当前】和【拭除未显示的】两个选项。

- 【拭除当前】是把激活状态下的文件从会话窗口中拭除。
- 【拭除未显示的】是把缓存在会话窗口中的文件全部拭除。

（2）【选择工作目录】：用来指定文件存储的路径，通常默认的工作目录是安装 Creo Parametric 的目录。设置新的文件目录可以方便找到自己存储的文件。

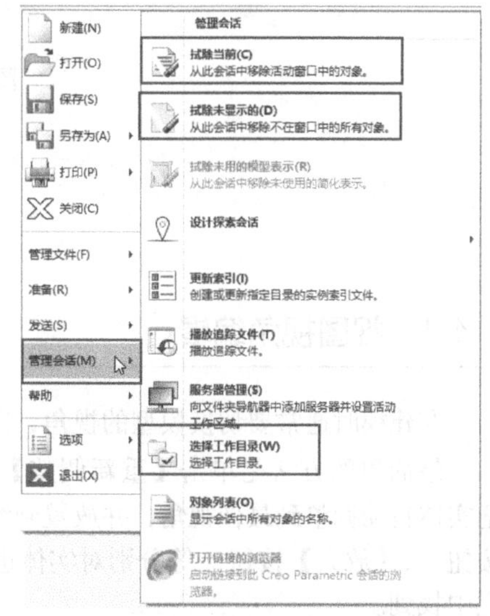

图 1-20 【管理会话】选项

选择【文件】→【管理会话】→【选择工作目录】

命令，即可在打开的【选择工作目录】对话框中设置工作目录，并确定文件夹，如图 1-21 所示。

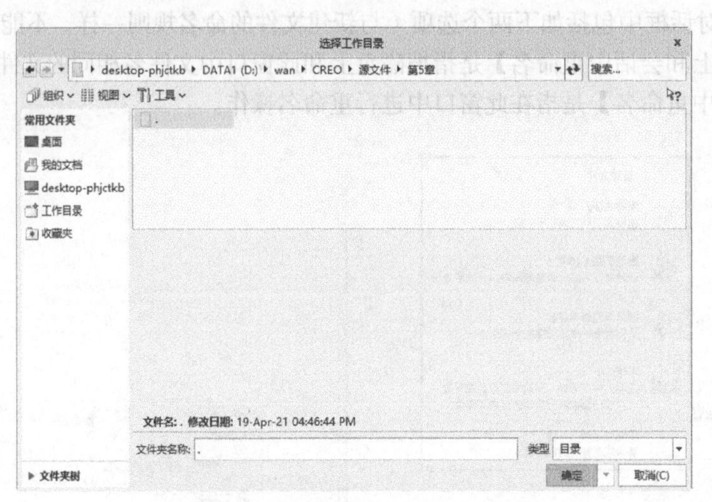

图 1-21 【选择工作目录】对话框

1.4 编辑视图

编辑视图的操作可分为对视图视角的编辑、对模型显示方式的编辑、对视图颜色的编辑和对窗口的控制等几种。在打开 Creo Parametric 三维模型的情况下，编辑视图在【视图】选项卡中完成，如图 1-22 所示。在图 1-23 所示的快捷工具栏中也可以编辑视图。

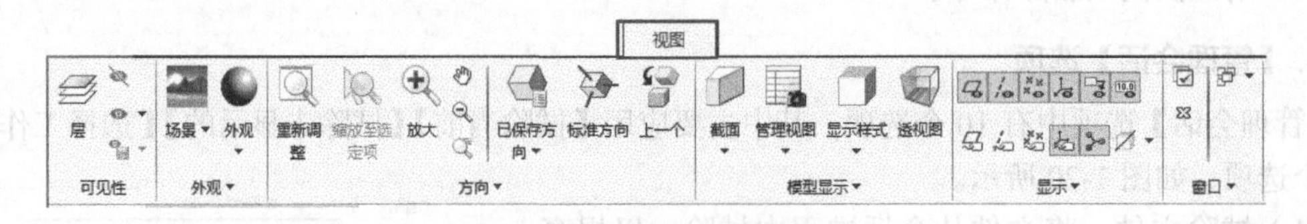

图 1-22 【视图】选项卡

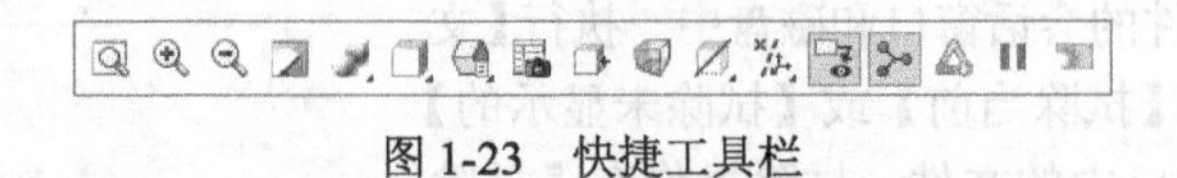

图 1-23 快捷工具栏

1.4.1 视图视角编辑

在建模时通常要切换模型的视角，以便查看模型各个方向上的特征。

最简单的方法是单击【重新调整】按钮，在放大或缩小后仍然找不到整个实体的情况下，把实体自动调整到最佳视角，并放置到绘图窗口的中央位置。也可以单击【平移】按钮、【缩小】按钮、【放大】按钮等分别对实体进行平移、缩小、放大等操作。这些按钮也可以在快捷工具栏中找到。

【已保存方向】按钮：单击打开其下拉列表，通过其中的选项可把视图自动调整为前后视图、左右视图、上下视图，并确定默认和标准方向。前、后、左、右、上、下 6 个视图是由创建模型时所使用的【TOP】【FRONT】【RIGHT】3 个基准平面决定的。默认和标准方向与【重新调整】按钮的一样，即将实体调整到最佳视图。

【重定向】按钮：该按钮用于设置模型方向，可以实现模型多方位的视角切换。在【视图】选项卡中单击【重定向】按钮，弹出【视图】对话框，如图 1-24 所示。单击【类型】右侧的下拉按钮▾，弹出下拉列表，其中包括【动态定向】【按参考定向】【首选项】3 种定义视角的方式。

1.【动态定向】方式

【动态定向】是指对模型进行自定义的动态平移、旋转和缩放等设置。在【方向】选项卡中拖动相应的滑块，或者输入准确数值，即可对模型进行方向上的定位，如图 1-25 所示。

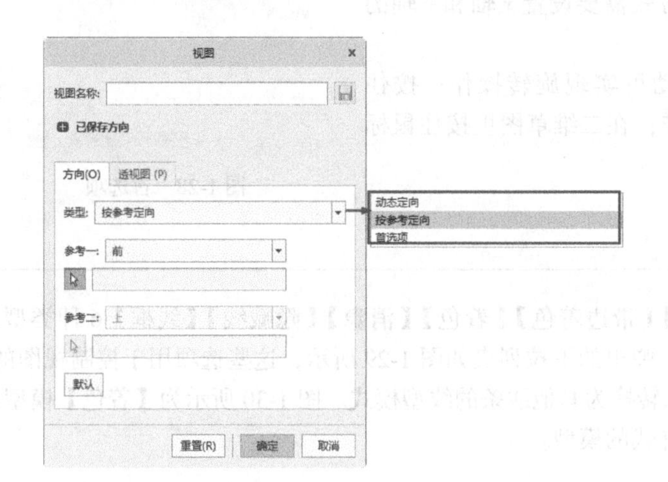

图 1-24 【视图】对话框

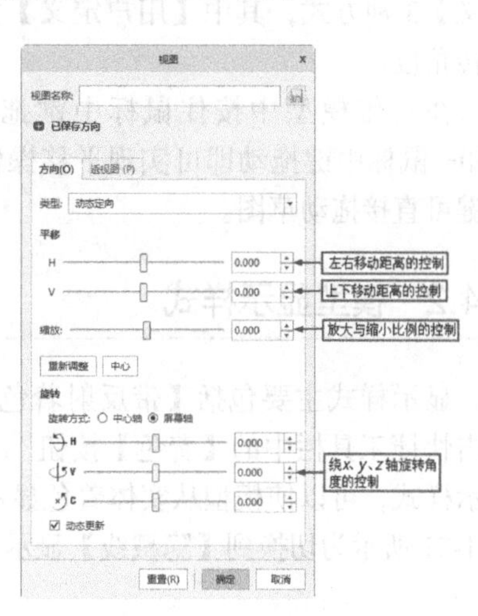

图 1-25　动态定向

2.【按参考定向】方式

【按参考定向】是指定义视图的前后、左右、上下的基准平面来放置实体。定义时要选择实体上的某个平面，或选择基准平面。例如，选择【FRONT】基准平面为前视图，那么在用户面前平铺的即是【FRONT】基准平面，如图 1-26 和图 1-27 所示。

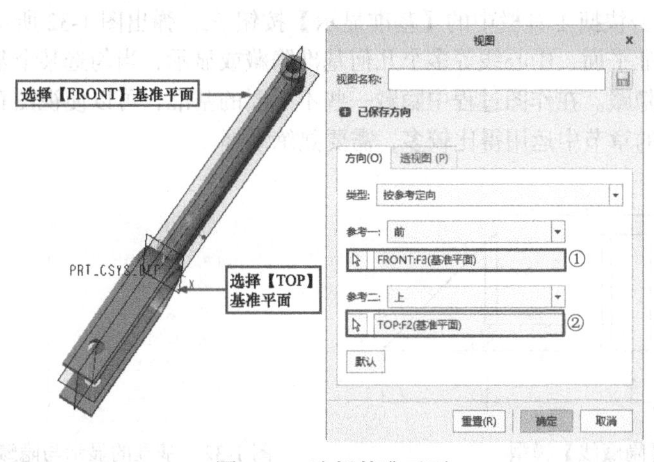

图 1-26　选择基准平面

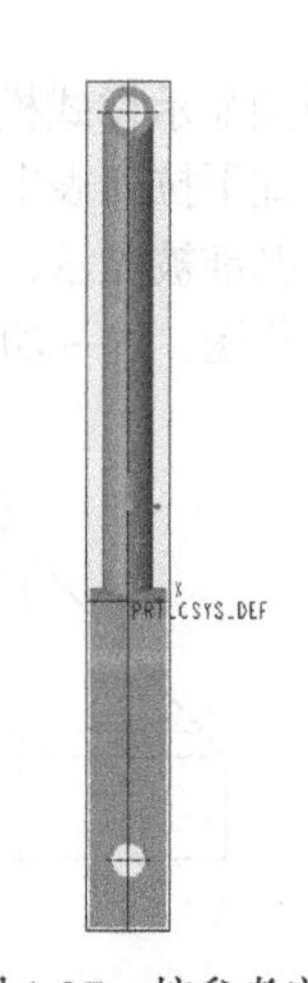

图 1-27　按参考定向

3.【首选项】方式

【首选项】是指通过定义模型的旋转中心和默认方向对模型进行定位，如图 1-28 所示。

- 【模型中心】：定义模型的几何中心为参考旋转中心。
- 【屏幕中心】：定义屏幕的中心为参考旋转中心。
- 【点或顶点】：定义基准点或模型顶点为参考旋转中心。
- 【边或轴】：定义模型实体边或轴线为参考旋转中心。
- 【坐标系】：定义坐标系为参考旋转中心。

【默认方向】下拉列表中提供了【等轴测】【斜轴测】【用户定义】3 种方式，其中【用户定义】方式需要设置 x 轴和 y 轴的旋转角度。

在三维模型中按住鼠标中键拖动可实现旋转操作；按住 Shift+ 鼠标中键拖动即可实现平移操作；在二维草图里按住鼠标中键可直接拖动草图。

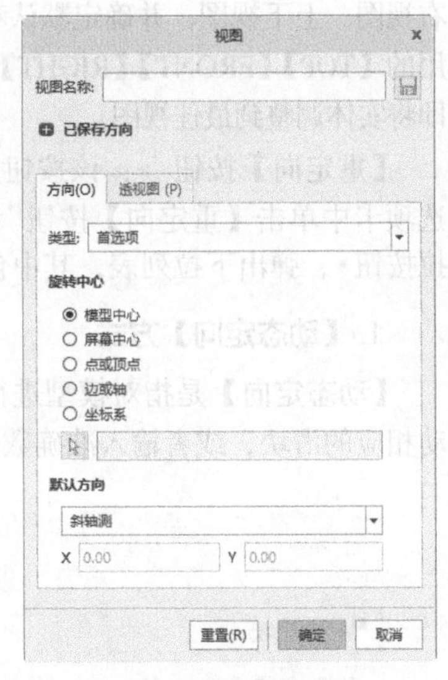

图 1-28 首选项

1.4.2 模型显示样式

显示样式主要包括【带反射着色】【带边着色】【着色】【消隐】【隐藏线】【线框】6 种类型。单击快捷工具栏中的【着色】按钮，弹出的下拉列表如图 1-29 所示，这些选项用于控制视图的显示样式，可以使模型从实体着色显示转换为其他线条的线型模式。图 1-30 所示为【着色】模型，图 1-31 所示为切换到【隐藏线】显示样式的模型。

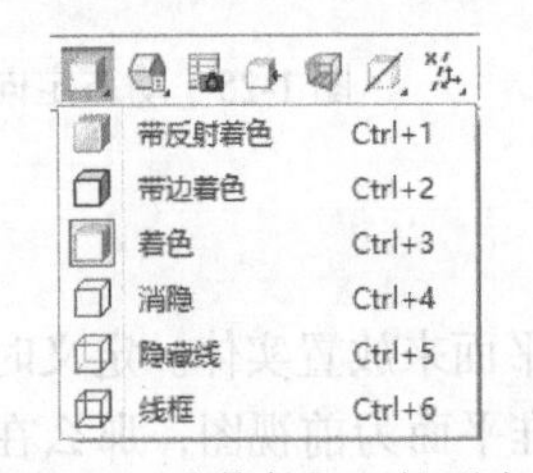

图 1-29 【着色】下拉列表

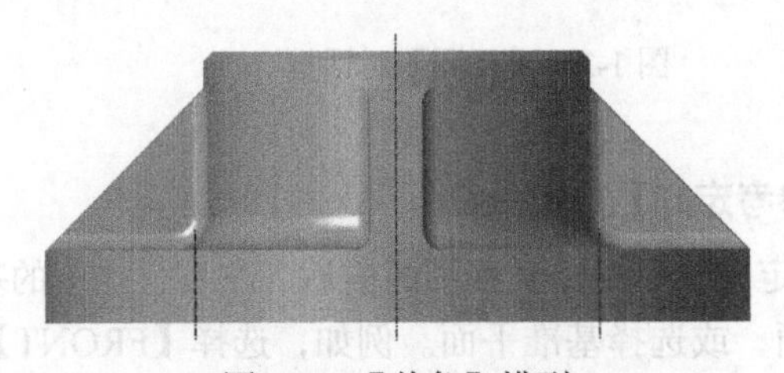

图 1-30 【着色】模型

在模型显示样式模式下，单击快捷工具栏中的【基准显示】按钮，弹出图 1-32 所示的下拉列表，在此下拉列表中可以使基准平面、中心线等多个几何基准隐藏或显示，当勾选某个基准复选框时，该基准被显示，反之则被隐藏。在作图过程中隐藏一些不必要的基准，可以使视图看起来清晰，方便作图，这一功能在后续的章节中运用得比较多，需要熟练掌握。

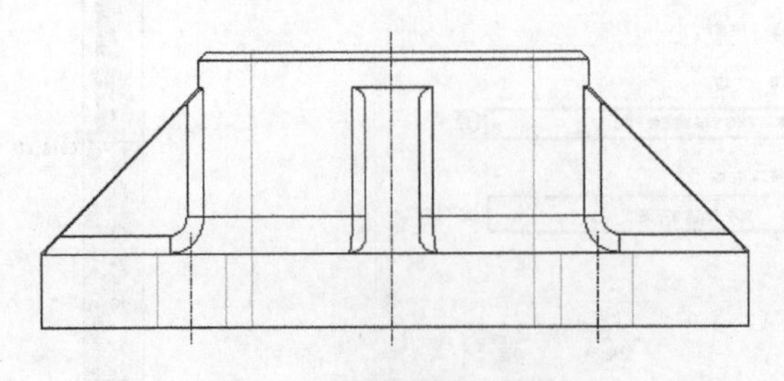

图 1-31 【隐藏线】模型

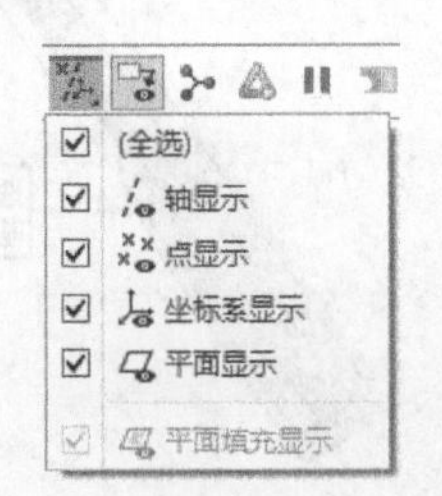

图 1-32 基准的显示与隐藏

1.4.3　窗口控制

对绘图窗口能进行激活、新建、关闭等操作。在打开了多个窗口的情况下，软件一次只能运行一个窗口，其他的窗口都处于未被激活的状态（可以打开窗口，但是不能对其进行创建特征等操作）。如果要激活某个窗口，单击自定义快速访问工具栏中的【窗口】按钮，在弹出的下拉列表中选择要激活的文件，则会切换到所选择文件的窗口中并激活该窗口。

单击自定义快速访问工具栏中的【关闭】按钮，或单击【文件】→【关闭】命令，可以关闭当前的窗口。

注意

这个操作只是关闭窗口，并没有删除窗口中的文件。

1.5　颜色管理

颜色包括系统颜色和模型颜色两种。通过设置颜色，可以改变系统的背景色、模型的颜色、图元对象和用户操作界面的显示效果。

1.5.1　系统颜色设置

系统颜色是指窗口、背景等的颜色。在没有打开文件的情况下，直接单击主页选项卡中的【系统外观】选项，弹出图 1-33 所示的【Creo Parametric 选项】对话框。

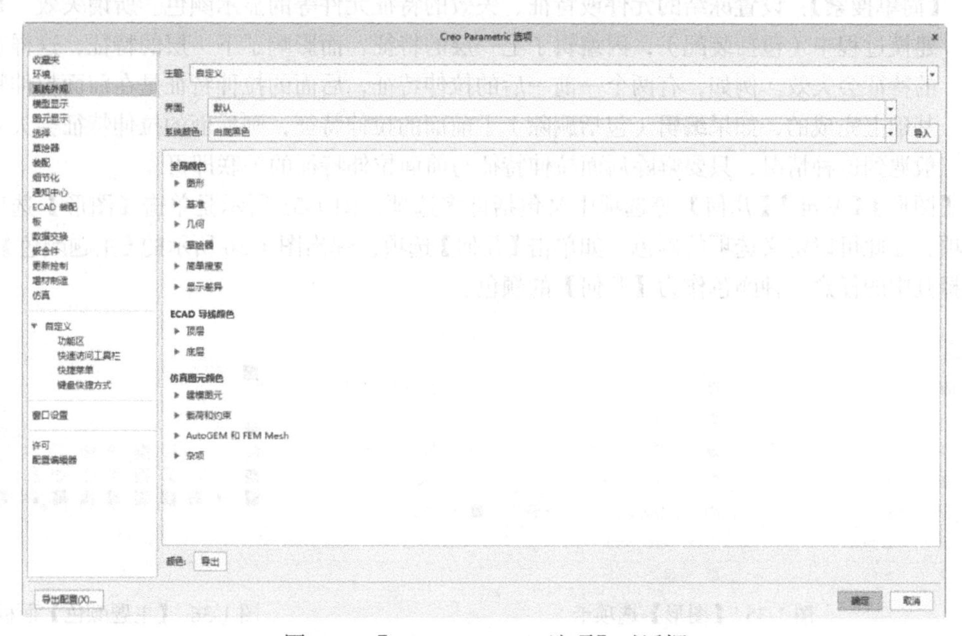

图 1-33　【Creo Parametric 选项】对话框

单击【系统颜色】右侧的下拉按钮，弹出图 1-34 所示的下拉列表，该下拉列表中包含【默认】【浅色（前 Creo 默认值）】【深色】【白底黑色】【黑底白色】【自定义】这几个选项，介绍如下。

- 【默认】：背景颜色为初始系统配置的颜色。
- 【浅色（前 Creo 默认值）】：背景颜色为白色。
- 【深色】：背景颜色为深褐色。
- 【白底黑色】：背景颜色为白色，模型的主体为黑色。
- 【黑底白色】：背景颜色为黑色，模型的主体为白色。
- 【自定义】：通过【自定义】选项，用户可以根据自己的喜好自定义配置系统颜色。选择【自定义】选项，然后单击右侧的【导入】按钮 导入，在弹出的【打开】对话框中选择已经定义好的系统颜色文件，单击【打开】按钮 打开，则系统将采用自定义的系统颜色。

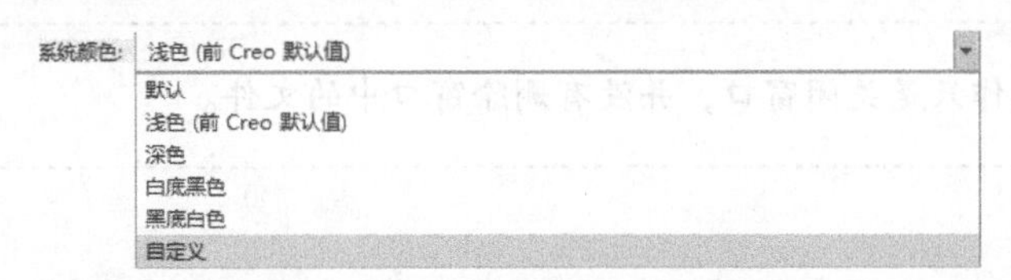

图 1-34 【系统颜色】下拉列表

在【Creo Parametric 选项】对话框中可以单独设置【图形】【基准】【几何】【草绘器】【简单搜索】【显示差异】这几项的颜色，下面介绍这几个选项包括的范围。

- 【图形】：设置草绘图形、基准曲线、基准特征，以及预先高亮的显示颜色。在该选项的列表中任意选择一个颜色块，单击即可弹出【颜色编辑器】对话框。
- 【基准】：设置基准特征显示颜色，包括基准平面、基准线、坐标系等。
- 【几何】：设置所选的参考、面组、钣金件曲面、模具或铸造曲面等几何对象的颜色。
- 【草绘器】：设置草绘截面、中心线、尺寸、注释文本等二维草绘图元的颜色。
- 【简单搜索】：设置冻结的元件或特征、失效的特征元件等的显示颜色。所谓失效，是指在建模过程中（包括装配），因编辑了上一层的特征，而影响了下一层的特征，这样下一层的特征会失效。例如，有两个一前一后的拉伸特征，后面的拉伸特征是在前面拉伸特征的基础上完成的，如果编辑（包括删除）了前面的拉伸特征，则后面的拉伸特征会失效。一般遇到这种情况，只要解除后面拉伸特征与前面拉伸特征的关联即可。

在【图形】【基准】【几何】等选项中又包括许多选项，图 1-35 所示是单击【图形】选项后弹出的选项，在此可以定义选项的颜色。如单击【几何】选项，弹出图 1-36 所示的【主题颜色】面板，可以选择其中的任意一种颜色作为【几何】的颜色。

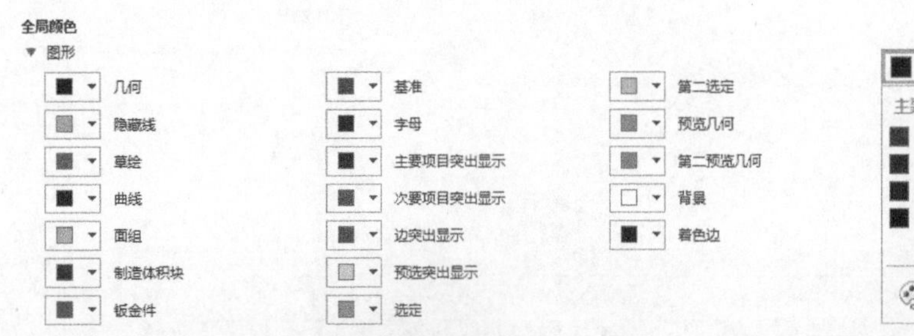

图 1-35 【图形】选项卡

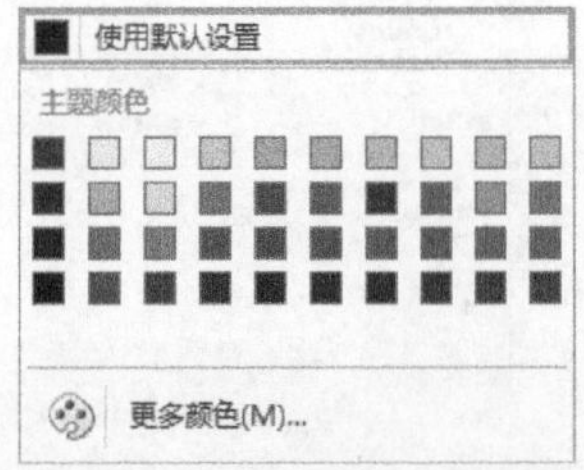

图 1-36 【主题颜色】面板

单击【主题颜色】面板下方的【更多颜色】选项，弹出图 1-37 所示的【颜色编辑器】对话框，在此对话框中可以自定义需要的颜色。

【颜色编辑器】对话框中有【颜色轮盘】【混合调色板】【RGB/HSV 滑块】3 个选项。

- 【颜色轮盘】：单击【颜色轮盘】选项，弹出图 1-38 所示的颜色轮盘，在颜色轮盘中单击即可选择某一个颜色点。
- 【混合调色板】：单击【混合调色板】选项，弹出图 1-39 所示的混合调色板，在调色板上按住鼠标左键并拖动鼠标可以设置颜色。
- 【RGB/HSV 滑块】：拖动滑块或输入精确数值来设置颜色，系统默认展开【RGB/HSV 滑块】选项卡。

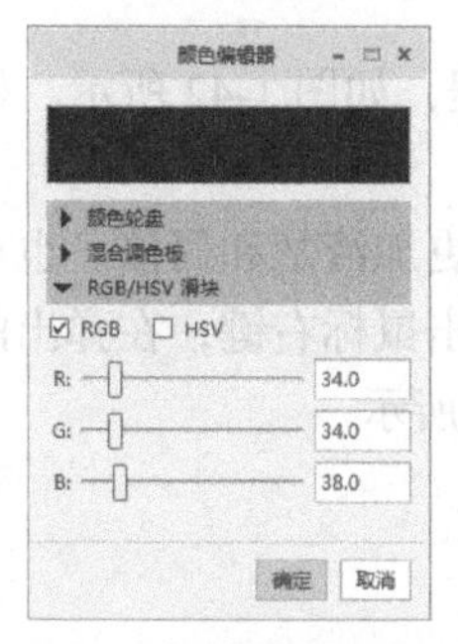

图 1-37　【颜色编辑器】对话框

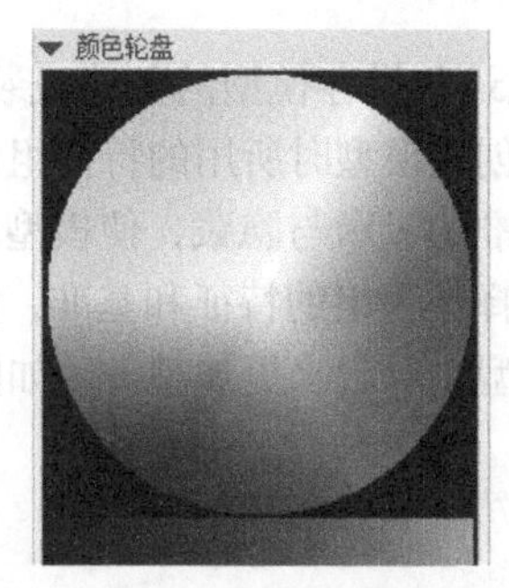

图 1-38　颜色轮盘

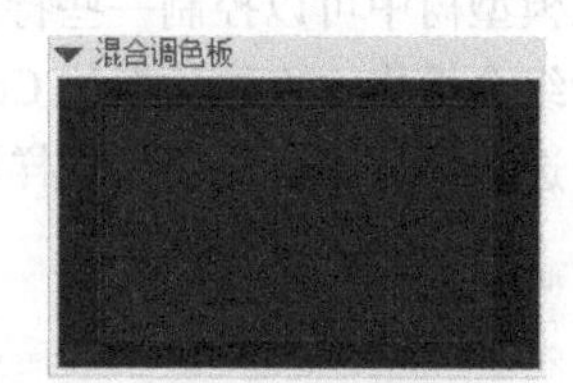

图 1-39　混合调色板

1.5.2　模型外观设置

模型的外观可以通过颜色、纹理或者颜色和纹理的组合来定义。外观的设置是通过【外观管理器】对话框进行的，单击【视图】选项卡，进入视图模块，单击该选项卡中【外观】按钮下方的下拉按钮，弹出图 1-40 所示的下拉列表。单击【我的外观】或【库】中的外观球，弹出【选择】对话框，鼠标指针变成了毛笔形状，在模型中要设置外观的元件表面单击，按住 Ctrl 键可以同时选择多个表面。然后单击【选择】对话框中的【确定】按钮，即可设置模型的外观。

单击图 1-40 所示下拉列表中的【外观管理器】按钮，弹出图 1-41 所示的【外观管理器】对话框，在此对话框中可以对模型的外观进行更多设置。

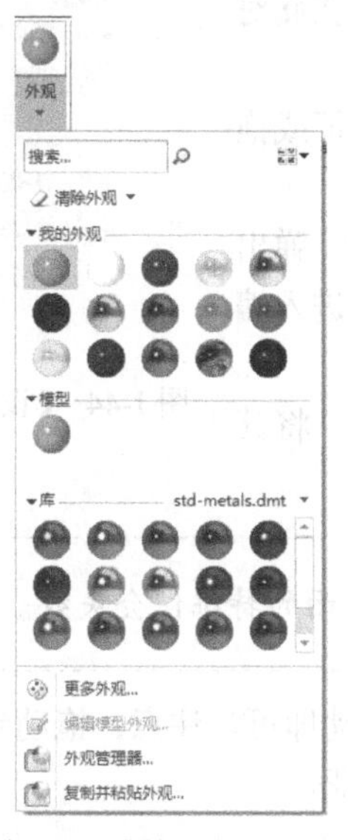

图 1-40　【外观】下拉列表

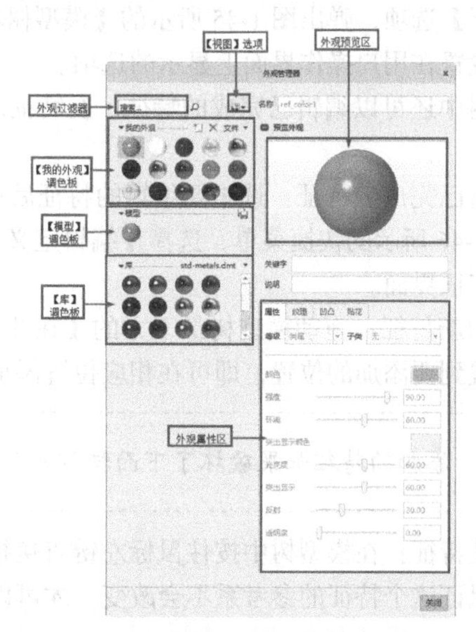

图 1-41　【外观管理器】对话框

【外观管理器】对话框主要由外观过滤器、【视图】选项、【我的外观】调色板、【模型】调色板、【库】调色板、外观预览区、外观属性区等构成。这些选项可以为模型设置各种各样的外观，使其内容和功能更加丰富，这些在后续章节中会做详细的介绍。

1.6 模型树管理

模型树是导航区的一部分，用于记录和保存模型的创建或装配过程，如图 1-42 所示。模型树主要由模型的名称和类型、系统基准和创建模型时所用的特征组成。

在模型树中可以控制一些特征和基准的显示与隐藏，使模型看起来更加清楚和简洁。也可以对其进行组合操作，方法为按住 Ctrl 键选择作为组的特征和基准，然后单击鼠标右键，在弹出的快捷菜单中选择【分组】命令，这样可使模型树看起来更加整齐，如图 1-43 所示。

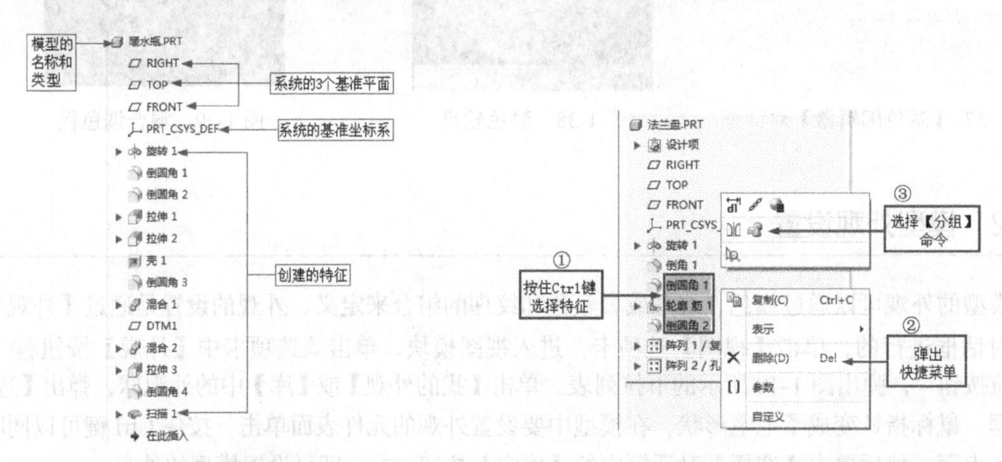

图 1-42 模型树　　图 1-43 在模型树中控制基准的隐藏组

单击模型树的【设置】按钮，弹出图 1-44 所示的下拉列表，单击【树过滤器】选项，弹出图 1-45 所示的【模型树项】对话框，在此对话框中可以设置在用户操作界面上显示的选项。

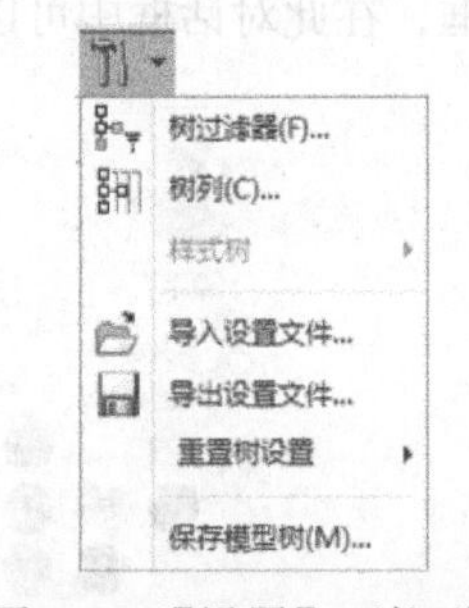

图 1-44 【设置】下拉列表

在模型树中还可以编辑已完成的特征、在特征之间添加新特征或拖动特征。

- 编辑已完成的特征：选中要编辑的特征后单击鼠标右键，弹出图 1-46 所示的快捷菜单，选择【编辑定义】选项，便可进入编辑特征界面。
- 添加新特征：拖动模型树最下方的【在此插入】按钮，将其放置到要添加的位置，即可在相应位置添加特征。

注意

添加的特征如果破坏了下面特征的参考系，那么下面的特征便会失效。

- 拖动特征：在模型树中按住鼠标左键直接把特征上下拖动即可。注意，拖动到某个位置时要保证这个特征的参考系不会改变，才可以拖动这个特征。

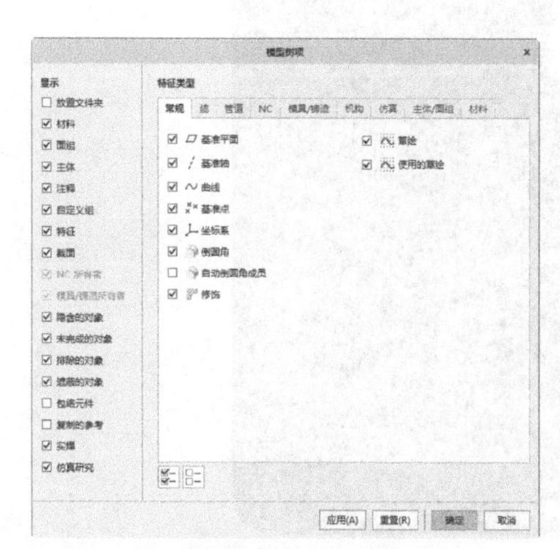

图 1-45　【模型树项】对话框

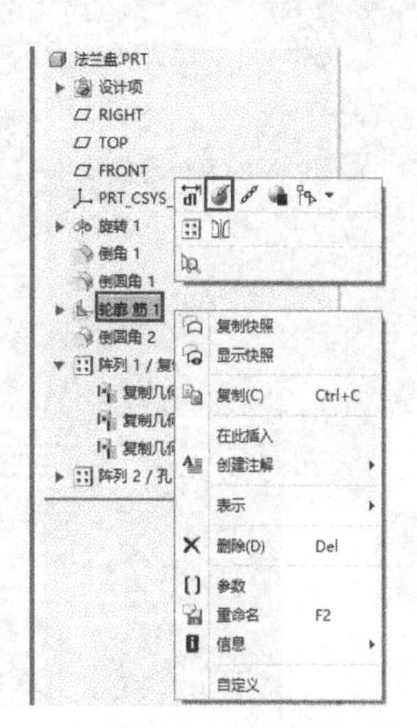

图 1-46　编辑特征

第2章 二维草绘

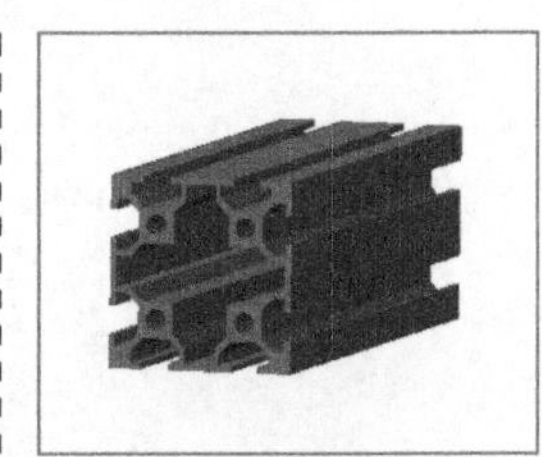

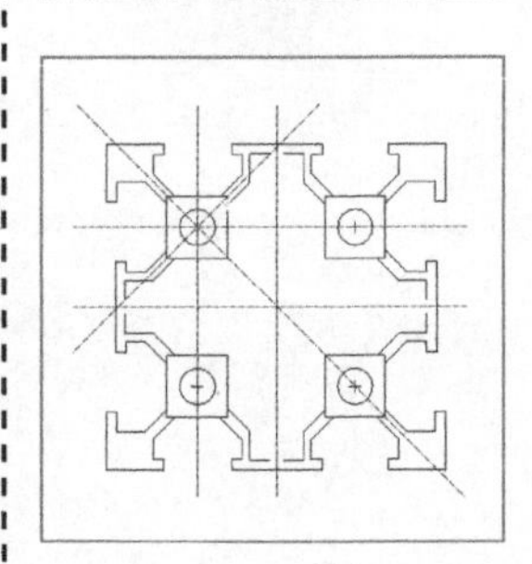

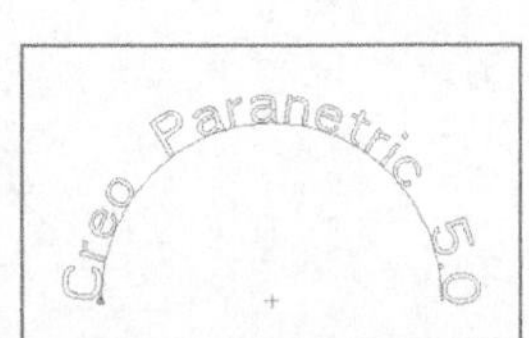

/ 本章导读

建立特征时往往需要先绘制特征的截面形状，在草图绘制过程中就要设置特征的许多参数和尺寸。另外，基准的创建和操作也是在草图绘制的基础上进行的。本章将讲解绘制草图和编辑草图的方法，以及草图的尺寸标注和几何约束。

/ 知识重点

- 基本图形绘制
- 多边形绘制
- 标注与约束
- 图形编辑
- 创建文本

2.1　概述

草绘即 2D 平面图形的绘制。草绘在 Creo Parametric 8 中扮演着重要的角色，也是产品设计过程中需要掌握的一项基本技能，许多建模都是在草绘的基础上进行的。本章的目标是使读者能够准确地绘制出平面图形，使所设计的模型变得更加完美。本章将讲解草绘的命令及应用方法，并且分析和解决经常遇到的问题。

草绘常用的基本图元命令有点、直线、曲线、样条曲线、圆弧等，利用这些命令可以绘制出各种各样的图形。在 Creo Parametric 8 中草绘有自己的文件格式，即 .sec，后面的章节中会经常使用到草绘。值得注意的是，草绘与绘制工程图是不一样的，草绘没有太多的格式和创建要求，而工程图有自己的文件格式及独特的要求。

2.1.1　草绘的创建

创建草绘有以下 3 种方式。

（1）直接通过新建文件的方式创建草绘文件。

（2）在零件和装配环境下创建草绘。

（3）创建特征时选择特征工具栏中的【插入草绘】选项创建草绘。

第一种方式是单击自定义快速访问工具栏中的【新建】按钮，打开【新建】对话框，选择【草绘】选项，并输入文件名，单击【确定】按钮 确定 进入草绘界面。用后两种方式创建草绘前都必须定义一个草绘基准平面，作为草绘的平面。草绘平面可以是模型的表面，但必须是平面。

在零件和装配环境下，单击【模型】选项卡【基准】组中的【草绘】按钮，弹出【草绘】对话框。在绘图窗口中单击选择草绘平面，如【TOP】基准平面、【FRONT】基准平面、【RIGHT】基准平面、用户创建的基准平面或者某个模型的平面；也可以在模型树中单击选择基准平面。【参考】选项会自动生成，单击【草绘】按钮 草绘 进入草绘界面。

在特征的创建过程中，许多特征必须要有草绘图。如拉伸特征需要草绘拉伸截面，旋转特征需要草绘旋转截面，扫描特征需要草绘扫描轨迹和扫描截面等。单击操控板中的【放置】按钮 放置 ，如图 2-1 所示。再单击【定义】按钮 定义... ，并选择草绘基准平面，进入草绘界面。

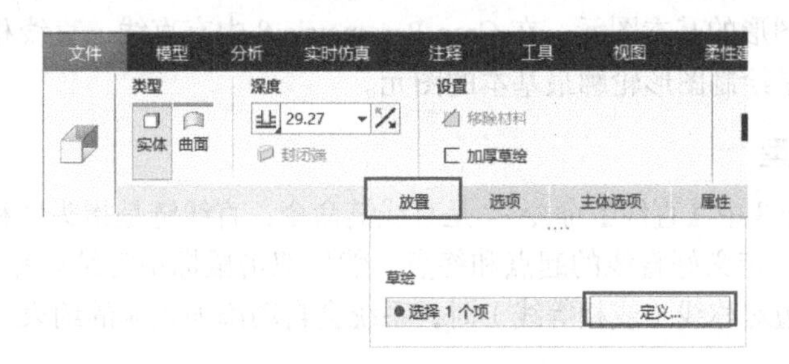

图 2-1　创建特征时创建草绘

2.1.2　草绘工具介绍

草绘界面中包含【草绘】【分析】【工具】【视图】4 个选项卡，每个部分都由功能类似的命令组成。

（1）【草绘】选项卡主要由创建草绘的基本图元命令及编辑图元的命令组成，其主要组成部分如下。

- 【设置】：栅格是在绘制草图时的一个辅助视觉效果，背景中有格子显示，格子的边长、密度等都可以在其下拉列表中进行编辑。
- 【操作】：单击【操作】里的【选择】按钮可以进行选择目标图元、拖动图元等操作，按住 Ctrl 键可以同时选择多个图元进行操作。
- 【基准】：用于创建基准线、基准点、基准坐标系等。
- 【草绘】：用于创建草绘图元，如线、点、文字、倒角等。
- 【编辑】：对绘制的草绘图进行编辑，如修改、镜像等。
- 【约束】：创建两个或多个图元之间的几何约束，减少过多的尺寸，使草绘图更加准确。
- 【尺寸】：对绘制的草绘图元进行标注，如长度、角度、距离等。
- 【检查】：检查绘制的草绘图元是否合并、重复等。

（2）【分析】选项卡用于对绘制的草图进行检测和检查，主要包括【测量】和【检查】两个选项。

- 【测量】：用于对绘制的图元进行检测距离、角度、半径等操作。
- 【检查】：与【草绘】选项卡中的【检查】选项用法一样。

（3）【工具】选项卡中的【关系】选项可以用数学表达式绘制一个图元，如曲线。

（4）【视图】选项卡主要用于控制草图的方向、显示，以及窗口的状态。

2.2 基本图形绘制

基本图形又叫基本图元，是一切图形的组成元素，包括线、圆、弧、样条曲线、坐标系等，还包括倒角、倒圆角等。这些图元的绘制操作基本一样，即先从【草绘】选项卡中选择要绘制的图元命令，然后在绘图窗口中单击进行绘制，双击鼠标中键可结束绘制。

2.2.1 线

直线是绘制几何图形的基本图元，在 Creo Parametric 8 中有直线、直线相切、中心线和中心线相切 4 种类型，直线是绘制图形轮廓最基本的图元。

1.【直线】类型

在 Creo Parametric 8 中【直线】命令是直线链命令，直线链是指头尾相连的多条直线，如果要绘制一条直线，那么定义好直线的起点和终点，然后双击鼠标中键结束命令即可。绘制水平线、竖直线、参考线和两边对称线（或相等线）时，系统会自动添加相应的约束。

2.【直线相切】类型

【直线相切】用于在两个图元之间绘制一条相切直线。选择曲线的时候，选择点的位置不同，得到的切线也不同，如图 2-2 所示。

3.【中心线】和【中心线相切】类型

【中心线】和【中心线相切】的使用方法与【直线】一样。中心线不是线链，直接用两个点便可定义。中心线相切是在两个圆类图元之间绘制一条与两个图元相切的中心线。

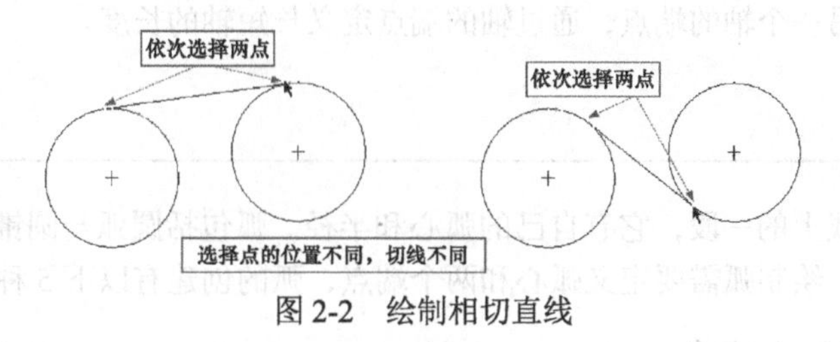

图 2-2　绘制相切直线

2.2.2　圆

在日常生活和数学知识里讲到的圆，主要涉及的名词有圆心、半径、直径。在 Creo Parametric 8 里绘制圆时也要用到这些名词并设置对应参数。【圆】命令下拉列表中有以下 4 种绘制圆的方法。

1.【圆心和点】方法

【圆心和点】是指用圆心和圆周上的某一个点来确定圆，本质上是通过圆心和半径（直径）来定义这个圆。在快捷工具栏中单击【圆心和点】按钮，并在绘图窗口中单击定义圆心，然后拖动鼠标指针在圆周位置处单击，就可以画出一个圆。

2.【同心圆】方法

【同心圆】是指绘制圆心相同的多个圆，绘制此类圆的首要条件是有一个圆心，而这个圆心可以是椭圆的中心，也可以是某条弧的弧心。单击【同心圆】按钮，在绘图窗口中单击选择圆心，然后在适当的位置单击确定圆周位置即可。

3.【3 点】方法

【3 点】是指用圆周上不同的 3 个点来定义圆。单击【3 点】按钮后，在绘图窗口中依次单击需要经过的 3 个点就可以绘制一个圆。

4.【3 相切】方法

【3 相切】是指绘制一个圆，此圆满足与给定的 3 个图元相切的条件。在设计行业中，这种绘制圆的方法应用得比较广泛。单击【3 相切】按钮，在绘图窗口中依次单击需要相切的 3 个图元。

2.2.3　椭圆

在日常生活和数学知识里讲到的椭圆，主要涉及的名词有长轴和短轴。在 Creo Parametric 8 里绘制椭圆时也要用到这些名词并设置对应参数。【椭圆】命令下拉列表中有以下两种绘制椭圆的方法。

1.【轴端点椭圆】方法

【轴端点椭圆】是指通过定义椭圆某个轴的两个端点和另一个轴的一个端点来绘制这个椭圆。在快捷工具栏中单击【轴端点椭圆】按钮，在绘图窗口中用两个端点定义椭圆的某个轴，然后拖动鼠标到适当的位置单击，从而定义另一个轴的端点。

2.【中心和轴椭圆】方法

【中心和轴椭圆】是指利用椭圆的圆心和两个轴的轴端点来定义一个椭圆。在快捷工具栏中单击【中心和轴椭圆】按钮，在绘图窗口中单击定义图元的中心，然后拖动鼠标定义一个轴的端点，再拖动鼠标定义另一个轴的端点，通过轴的端点定义长短轴的长度。

2.2.4 弧

弧就是圆周或曲线上的一段，它有自己的弧心和半径。弧包括圆弧与圆锥弧，其绘制方法与圆的绘制方法大致一样。绘制弧需要定义弧心和两个端点，弧的创建有以下 5 种方法。

1.【3 点 / 相切端】方法

【3 点 / 相切端】是指用不同的 3 个点来约束和确定弧。在快捷工具栏中单击【3 点 / 相切端】按钮，然后在绘图窗口中单击确定弧的两个端点，单击第三个点确定弧的半径。

2.【同心】方法

【同心】是指通过某一条曲线的弧心，绘制多个同心的圆弧。单击【同心】按钮后在绘图窗口中选择一个弧心，然后定义弧的两个端点来确定一条弧，而其他同心弧则只需定义两个端点就可以绘制了。

3.【圆心和端点】方法

【圆心和端点】是指通过定义弧的弧心和两个端点确定一条弧。单击【圆心和端点】按钮后在绘图窗口中单击确定弧心，然后在适当的位置单击确定弧的两个端点。

4.【3 相切】方法

【3 相切】是指绘制一条与 3 个图元相切的弧。在快捷工具栏中单击【3 相切】按钮，在绘图窗口中依次单击 3 个要相切的图元，就可以创建【3 相切】圆弧。

5.【圆锥】方法

【圆锥】是指通过圆锥的竖直轴和其边上的点定义圆锥弧。单击【圆锥】按钮后，在绘图窗口中用两个点定义圆锥弧的竖直轴，然后在适当的位置单击并拖动定义圆锥弧的形状，如图 2-3 所示。

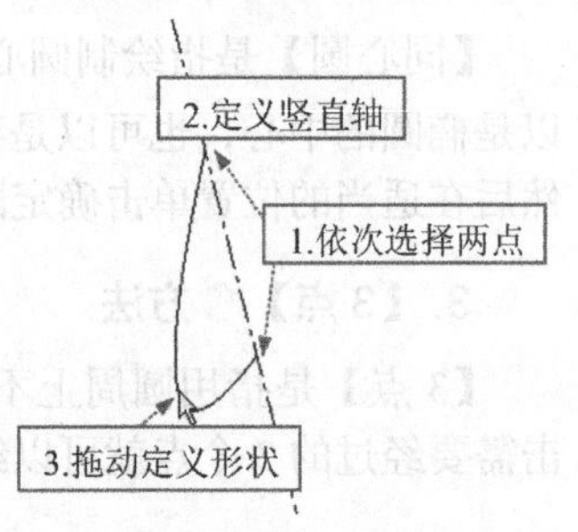

图 2-3 绘制圆锥弧

2.2.5 样条曲线

样条曲线是指通过给定的一组控制点，并且每个相邻控制点上的切线都平行的曲线。曲线的大致形状都由这些点控制，而通过控制点的疏密程度可以控制曲线的凹凸程度。绘制完的曲线随着控制点的移动会发生形状上的改变，样条曲线在数控加工行业中的应用比较广泛，其绘制方法如图 2-4 所示。

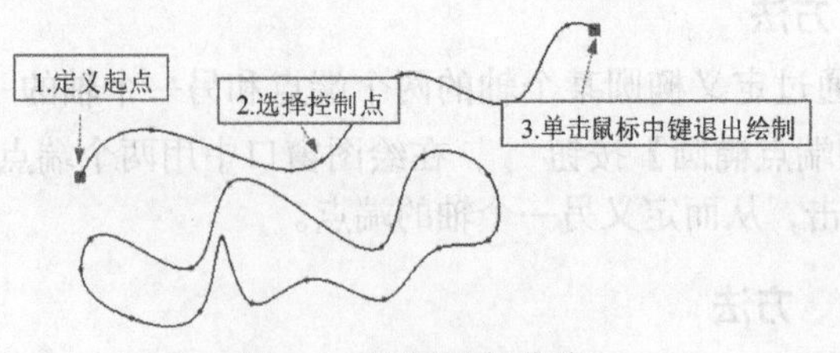

图 2-4 绘制样条曲线

2.2.6 倒角与倒圆角

倒角与倒圆角是为满足生产过程中某些工艺要求而产生的一类特征，不但在机械制造行业中使用，而且在建筑、家电等行业中也得到了广泛应用。

1.【倒角】方法

【倒角】是在两条相交线或端点相邻的两条线之间完成一个有角度和长度参数的直线连接，而相交点会被剪切掉，这个命令在剪切掉相交点后会留下虚线式的延伸线，显现出两条线先前相交之处。在快捷工具栏中单击【倒角】按钮后，在绘图窗口中选择两条目标线，然后更改倒角的参数即可。

【倒角修剪】与【倒角】类似，是在两条相交线或端点相邻的两条线之间完成一个有角度和长度参数的直线连接，而剪切后不会留下任何痕迹。在快捷工具栏中单击【倒角修剪】按钮，在绘图窗口中选择两条目标线，然后修改参数即可。

2.【圆形】方法

【圆形】是在两条相交线或端点相邻的两条线之间用一个有角度和半径参数的弧形进行连接，也可以在两个相邻的圆之间完成倒圆角操作。在快捷工具栏中单击【圆形】按钮，然后在绘图窗口中选择两个目标图元，再修改圆角参数即可。必要时可以拖动圆角的圆心来适当调整位置。

【圆形修剪】与【圆形】类似，是在两条相交线或端点相邻的两条线之间用一个有角度和半径参数的弧形进行连接，而剪切后不会留下任何痕迹。在快捷工具栏中单击【圆形修剪】按钮，在绘图窗口中选择两条目标线，然后修改参数即可。

3.【椭圆形】方法

【椭圆形】是在两条相交线或端点相邻的两条线之间用一个有角度和半径参数的椭圆弧进行连接，同样也可以在两个圆之间完成椭圆形的倒圆角操作。在快捷工具栏中单击【椭圆形】按钮，再在绘图窗口中选择目标图元，然后对圆角参数进行修改。

【椭圆形修剪】与【椭圆形】类似，是在两条相交线或端点相邻的两条线之间用一个有角度和半径参数的椭圆弧进行连接，而剪切后不会留下任何痕迹。在快捷工具栏中单击【椭圆形修剪】按钮，在绘图窗口中选择两条目标线，然后修改参数即可。

2.2.7 基准

基准是机械制造中应用得十分广泛的概念，机械产品在设计时零件尺寸的标注、制造时工件的定位、校验时尺寸的测量、直到装配时零部件的装配位置确定等，都要用到基准的概念。基准就是用来确定生产对象上几何关系所依据的点、线或面。它包括基准点、中心线及坐标系 3 项。

1.【点】按钮

基准点的用途非常广泛，既可用于辅助建立其他基准特征，也可用于辅助定义建模特征的位置或组件安装定位。它与【草绘】选项组里的点不一样,【草绘】里的点是指几何点、二维草绘上的点，而这个点是作为基准的特殊点。在【基准】组中单击【点】按钮，然后在绘图窗口中适当的位置单击就可以了。

2.【中心线】按钮

在工业制图中，常会在物体的中点用一种线型绘出中心线，用以表述与之相关的信息。中心线又叫中线，常用间隔的点和短线段连成一条线来表示。这样的线型叫作点画线，是中心线的特定标志。中心线在机械、建筑、水利等各大专业制图中有其特定的用途，它能给物体以准确的定位。这里的中心线与【草绘】组中的中心线不同，【草绘】组里面的中心线是指几何中心线，在创建旋转特征选择旋转轴时，所采用的中心线必须是【基准】组里的基准中心线。在【基准】组中单击【中心线】按钮，然后在绘图窗口中适当的位置用两个点定义中心线即可。

3.【坐标系】按钮

坐标系用来创建几何坐标系，几何坐标系用于确定空间中一点的位置。坐标系的种类很多，常用的坐标系有笛卡儿直角坐标系、平面极坐标系、柱面坐标系（或称柱坐标系）和球面坐标系（或称球坐标系）等。【草绘】组里的坐标系是指创建草图坐标系，在实体建模中，如果在实体上草绘时用草绘坐标系，那么草绘结束后，草绘点和坐标系就不会在实体上显示，而几何点与几何坐标系会留在实体上。坐标系的创建方法与【点】一样，在快捷工具栏中单击【坐标系】按钮，然后在绘图窗口中适当的位置单击即可。

2.3 多边形绘制

Creo Parametric 8 里的多边形是多种多样的，其分类也较多。在 Creo Parametric 8 里只需要通过简单的步骤便可以绘制多边形，有些图形甚至可以直接调用。

2.3.1 矩形绘制

矩形是常见的多边形。【草绘】组中有专门的【矩形】命令，其中包括【拐角矩形】【斜矩形】【中心矩形】【平行四边形】这 4 个选项。

（1）【拐角矩形】：通过定义对角线的两个端点来绘制矩形。在快捷工具栏中单击【拐角矩形】按钮，在绘图窗口中单击定义一个顶点，然后再单击定义另一个顶点。

（2）【斜矩形】：通过定义相邻的两条边的长度来定义一个矩形。在快捷工具栏中单击【斜矩形】按钮，在绘图窗口中单击定义第一条边的长度，然后单击定义第二条边的端点。

（3）【中心矩形】：通过定义矩形的中心点和一个顶点来确定矩形。在快捷工具栏中单击【中心矩形】按钮，在绘图窗口中单击定义矩形的中心点，然后单击定义矩形的一个端点。

（4）【平行四边形】：与【斜矩形】一样，通过定义两条相邻边来绘制平行四边形。在快捷工具栏中单击【平行四边形】按钮，在绘图窗口中单击定义第一条边的长度，然后单击定义第二条边的端点。

2.3.2 多边形绘制

由 3 条及 3 条以上的线段首尾顺次连接组成的平面图形称为多边形。单击快捷工具栏中的【选项板】按钮，弹出【草绘器选项板】对话框。在该对话框中选择要绘制的多边形并双击，在视图中找到合适的位置，单击定义多边形的质量中心点，然后修改参数。对于正多边形，输入的数值就是边长。而【轮廓】【形状】等图形也可以用同样的方法绘制。

2.4　标注与约束

草绘里除了绘制图元各部分的形状外，还必须准确、详尽和清晰地标注尺寸，以确定其大小，作为加工时的依据。国标规定图上标注的尺寸一律以毫米（mm）为单位，图上的尺寸数字都不再注写单位，而使用的【mmns-part-solid-abs】单位类型正是以 mm 为单位的。约束是定义图元和图元之间关系的工具，比如两条直线的相等、垂直、平行等。这些约束可以简化尺寸，约束和尺寸的作用较为类似，尺寸通过数字参数确定某个图元的大小，而约束则是通过定义图元的几何关系确定这个图元的大小。

2.4.1　标注

Creo Parametric 尺寸有强尺寸与弱尺寸两种：绘图的时候系统自动生成的尺寸为弱尺寸，呈现灰色；双击该尺寸即可修改，修改完成后按 Enter 键确定，那么该尺寸会转变成强尺寸，呈现深色。

在尺寸标注过程中，强尺寸具有比弱尺寸更强的约束力，强尺寸之间不能有冲突，即不能重复标注。强尺寸能被删除，删除后变为弱尺寸。当尺寸标注中出现冲突时，可以通过删除强尺寸来解决。

在 Creo Parametric 草图尺寸可以直接双击尺寸数字进行修改。

1．把弱尺寸变为强尺寸

要把弱尺寸变为强尺寸可以通过双击更改弱尺寸来实现，如图 2-5 所示。

2．标注尺寸

【尺寸】组中用于标注尺寸的选项有以下 4 个。

（1）【尺寸标注】↦：尺寸标注是实际应用中最常见的一种标注方式，是对直线的长度标注、圆的直径或半径的标注、两个图元中心点距离的标注等直观尺寸的最直接的标注方法。在【尺寸】组中单击【尺寸标注】按钮↦，然后在绘图窗口中单击需要标注的目标对象，最后单击鼠标中键确定即可完成标注。

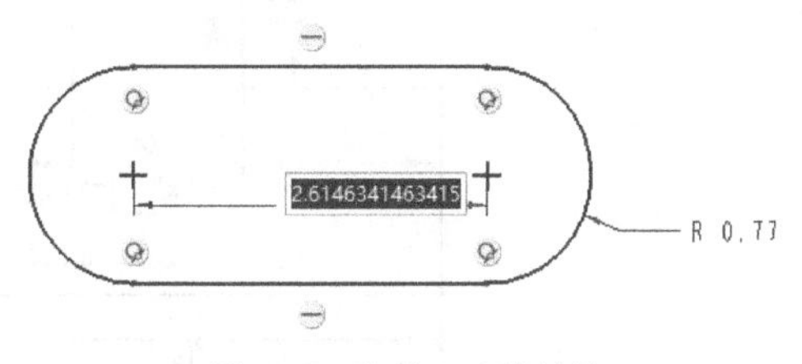

图 2-5　强弱尺寸的转换

（2）【周长标注】：周长标注主要用于图元链或图元环的长度标注。在【尺寸】组中单击【周长标注】按钮，然后按住 Ctrl 键在图元链中选择要标注的图元，再单击【选择】对话框里的【确定】按钮。系统会提示用户选择一个现有尺寸作为可变尺寸，从而创建一个周长尺寸。单击选择一个可变尺寸，再单击鼠标中键，完成周长尺寸的标注。如果删除可变尺寸，那么周长尺寸也会被删除。

（3）【参考尺寸】：对图元可以直接创建参考尺寸。在【尺寸】组中单击【参考】按钮，然后在绘图窗口中单击目标图元，并单击鼠标中键就可以了。用户也可以把现有的尺寸变为参考尺寸：选择要改变的强尺寸，单击鼠标右键，在弹出的快捷菜单中选择【参考】命令即可。

（4）【基线】：基线尺寸是指定相对基线的尺寸。在【尺寸】组中单击【基线】按钮，然后在绘图窗口中单击要变为基线的线，再单击鼠标中键，基线就被选定了。基线尺寸的作用是把有关尺寸变为与基线相关的尺寸。

3. 尺寸的修改

在 Creo Parametric 里，草绘尺寸是可以直接修改的：双击尺寸，输入准确的尺寸数字，然后双击鼠标中键或按 Enter 键就可以了。尺寸线的位置也可以通过选择尺寸，然后拖动到适当位置来改变。很多时候 Creo Parametric 自动生成的尺寸比较多，并且很多都是多余的尺寸，就不可避免地需要修改和删除不必要的尺寸。当用户进行删除或自定义标注尺寸操作的时候，系统往往会弹出一个【解决草绘】对话框，提示用户标注的尺寸与某些尺寸冲突，这时候把列表框里不需要的尺寸、约束等选中，并单击【删除】按钮，就可以删除不必要的尺寸与约束等，如图 2-6 所示。

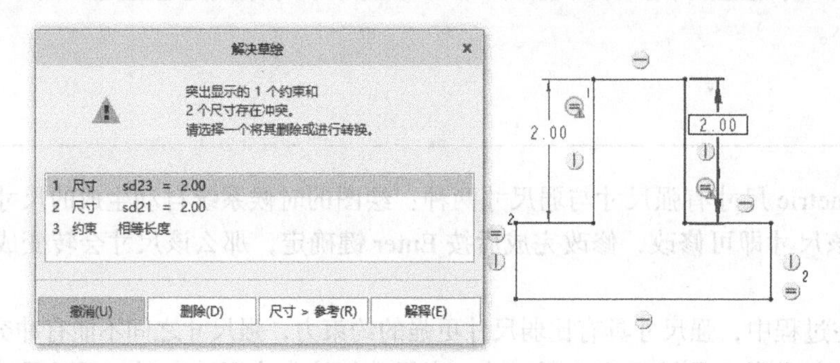

图 2-6 草绘冲突解决

如果要对整个图的尺寸进行修改，那么框选全部图元和尺寸，单击【编辑】组里的【修改】按钮，取消勾选【重新生成】复选框，在尺寸输入框中输入相应的尺寸，按 Enter 键进行下一个尺寸的修改，直到修改完所有尺寸，然后单击【确定】按钮 确定 ，如图 2-7 所示。

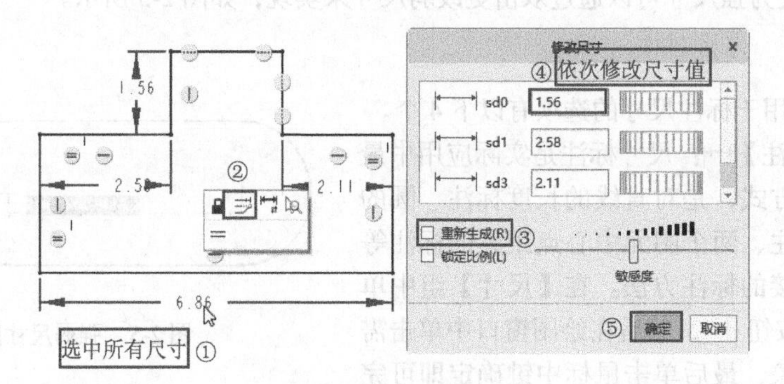

图 2-7 整体修改尺寸

注意 有些尺寸不能修改是因为存在约束条件，可以删除约束后再修改尺寸。选择多余的尺寸后单击鼠标右键，在弹出的快捷菜单中选择【删除】命令将尺寸删除。

2.4.2 约束

几何约束是指草图对象之间的平行、垂直、共线和对称等几何关系，几何约束可以代替某些尺寸标注，更能反映出设计过程中各草图对象之间的几何关系。在 Pro/ENGINEER 草绘器中可以设定智能几何约束，也可以根据需要手动设定几何约束。

Creo Parametric 里有以下 9 种约束。

（1）【竖直】┼：使直线竖直或使两个顶点竖直放置。在快捷工具栏中单击【竖直】按钮┼，然后在绘图窗口中选择直线，单击鼠标中键确定约束。

（2）【水平】┼：使直线水平或使两个顶点水平放置。在快捷工具栏中单击【水平】按钮┼，然后在绘图窗口中选择直线，单击鼠标中键确定约束。

（3）【垂直】⊥：使两个图元互相垂直。在快捷工具栏中单击【垂直】按钮⊥，然后在绘图窗口中选择两条直线（先选的直线是固定不变的，后选的直线是变动的），单击鼠标中键确定约束。

（4）【相切】：使两个图元相切。在快捷工具栏中单击【相切】按钮，然后在绘图窗口中选择两个图元（先选的图元固定不变，后选的图元是变动的），单击鼠标中键确定约束。

（5）【中点】：在线或圆弧的中点放置点（可以是图元上的某一点）。在快捷工具栏中单击【中点】按钮，然后在绘图窗口中选择要放置的点，再选定放置的图元，单击鼠标中键确定约束。

（6）【重合】：使某一点与图元上的一点重合或与图元共线。在快捷工具栏中单击【重合】按钮，然后在绘图窗口中选择要放置的点，再选定放置的图元，单击鼠标中键确定约束。

（7）【对称】：使两点或定点关于某一中心线对称，是点与点的对称，必须要有中心线。在快捷工具栏中单击【对称】按钮，然后在绘图窗口中选择要对称的图元，再选择中心线，最后单击另一个图元，单击鼠标中键确定约束。

（8）【相等】＝：创建等长、等半径、等曲率的约束。在快捷工具栏中单击【相等】按钮＝，然后在绘图窗口中选择几条直线（先选的直线是固定不变的，后选的直线是变化的），单击鼠标中键确定约束。

（9）【平行】//：使两条线平行。在快捷工具栏中单击【平行】按钮//，然后在绘图窗口中选择两条直线（先选的直线是固定不变的，后选的直线是变动的），然后单击鼠标中键确定约束。

约束过多会导致后期制作工程图时尺寸不完整等，这会使加工零件的工人很难加工零件，所以要适当地删除一些不必要的约束。上边已经讲过通过自定义标注尺寸，在【草绘解决】对话框中删除不必要的尺寸和约束即可。还有一个方法就是选择要删除的约束，单击鼠标右键，在弹出的快捷菜单中单击【删除】命令即可。

注意

在【相等】和【平行】约束中，如果是两个图元的相等或平行，单击两个图元即可；如果是多个图元的相等或平等，那么需要依次单击要约束的多个图元。

当绘制线或图元的时候，图元的大小和位置与前面一个图元相等或者有其他约束条件成立的时候，系统会先选择这些约束。

在标注的时候，如果【草绘解决】对话框里有一些约束条件，可以把它删掉。

2.5 图形编辑

单纯地使用前面章节中介绍的绘制图元按钮只能绘制一些简单的图形，要想获得复杂的截面图形，就必须借助草图编辑工具对图元进行位置、形状等调整。

本节主要对【镜像】和【修剪】命令进行介绍。

2.5.1 镜像

（1）【镜像】。镜像是很多软件中都有的一种图形编辑方法。在Creo Parametric里，镜像不仅可以在草图的绘制中应用，也可以在实体建模中应用。在草绘环境中，此工具只在有中心线的时候才会被激活；在建模环境中，此工具只有在选择特征的时候才会被激活。在绘图窗口中单击需要镜像的图元，然后在【编辑】组中单击【镜像】按钮，在绘图窗口中单击中心线即可。

（2）【旋转调整大小】。在已选择对象的情况下，单击【旋转调整大小】按钮，弹出图 2-8 所示的操控板，可以对选中的图元进行移动、调整大小等操作。在水平、垂直、旋转、缩放等参数的相应文本框里输入数字，在【参考】选项相应的文本框里可以选择图元参考的点或线，作为移动调整的固定点和参考点。如果用户没有选择参考项，那么系统默认参考点为图元的中心点。

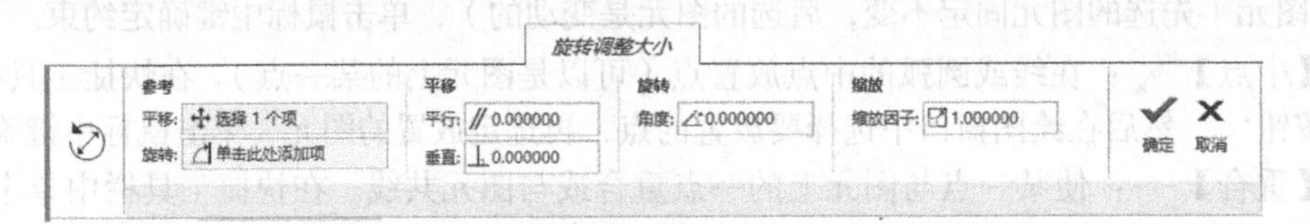

图 2-8 【旋转调整大小】操控板

2.5.2 修剪

修剪就是删除不必要的线段，修剪的步骤是先单击【修剪】命令，再选择修剪对象，按住鼠标中键结束修剪。【修剪】命令中有 3 个选项。

（1）【删除段】：动态修剪图元的多余段，如图 2-9（a）所示。在【编辑】组中单击【删除段】按钮，在绘图窗口中按住鼠标左键，在图元上选择要修剪的部分并拖动鼠标，会出现一条表示拖动路径的红色线段，被它选中的图元的多余段会被修剪掉。

（2）【拐角】：这个命令多用于两个相交而且有多余段的图元间，修剪掉多余的线段，如图 2-9（b）所示。在【编辑】组中单击【拐角】按钮，在绘图窗口中单击选择相交的那两条线，而单击的部分是需要留下的部分。

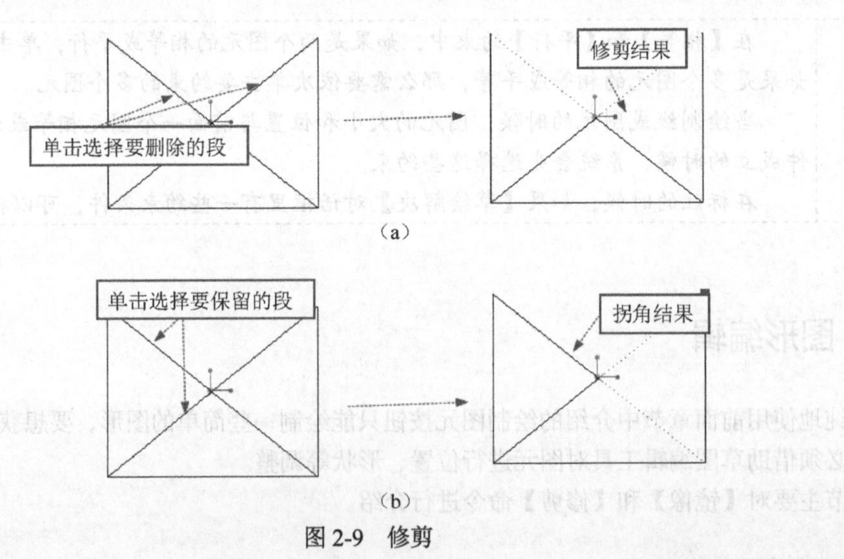

图 2-9 修剪

（3）【分割】：分割就是把图元分割成多块。在【编辑】组中单击【分割】按钮后，鼠标指针上会出现叉号，然后在绘图窗口中单击选择需要分割的地方，并单击添加分割点，即可分割目标图元。

2.6　创建文本

在某些工程图里，为了让图纸更容易被读懂，需要在图里添加必要的文字注释，Creo Parametric 的【草绘】组里有专门添加文字的命令，添加文本的步骤如下。

（1）单击【草绘】组中的【文本】按钮**A**。

（2）在绘图窗口中自下而上单击，确定文本的高度和位置，弹出图 2-10 所示的【文本】对话框。

（3）在对话框的【文本】输入框里输入文本，并设置【字体】【对齐】【长宽比】【倾斜角】等参数。

（4）单击【确定】按钮 确定 ，完成文本的创建。

放置文字的时候可以勾选【沿曲线放置】复选框，使文字按某条曲线放置。完成第（3）步后，勾选【沿曲线放置】复选框，然后在窗口中选择草绘曲线，单击【确定】按钮 确定 ，完成文本的创建，效果如图 2-11 所示。

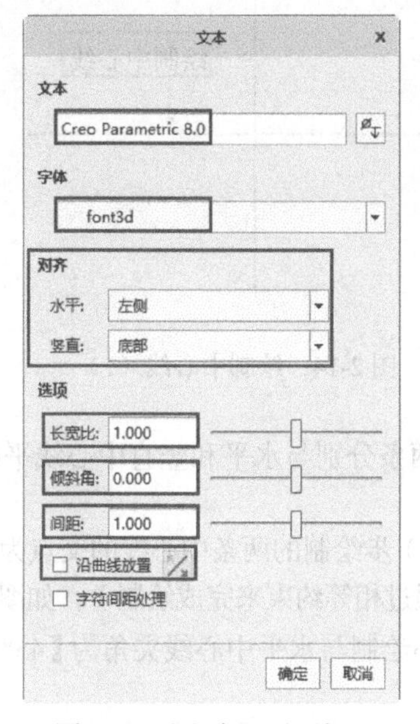

图 2-10 【文本】对话框

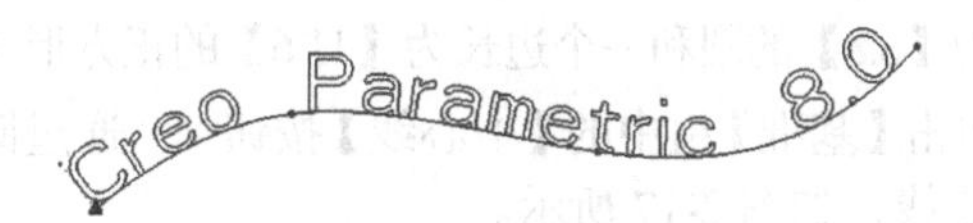

图 2-11　沿曲线放置

2.7　综合实例——绘制型材截面

本节以绘制图 2-12 所示的 aps-60×60 型材横截面为例，讲解草绘创建的一般过程。

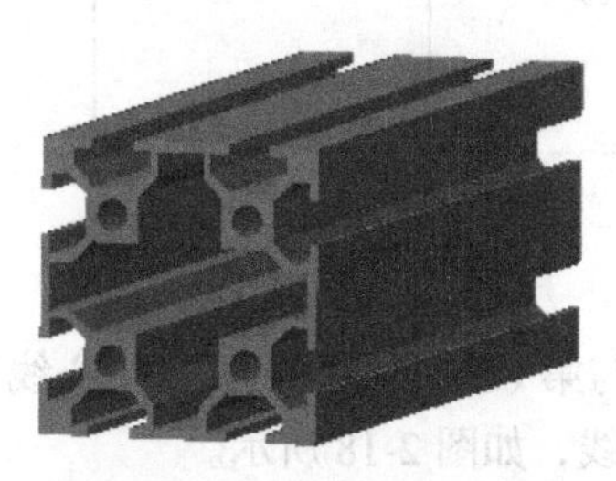

图 2-12　aps-60×60 型材

【绘制步骤】

（1）单击【新建】按钮，在弹出的【新建】对话框里选择【草绘】类型，在【文件名】输入框中输入名称【aps-60×60】，如图 2-13 所示。单击【确定】按钮，进入草绘界面。

（2）单击【基准】组中的【中心线】按钮，绘制水平和竖直两条中心线，如图 2-14 所示。

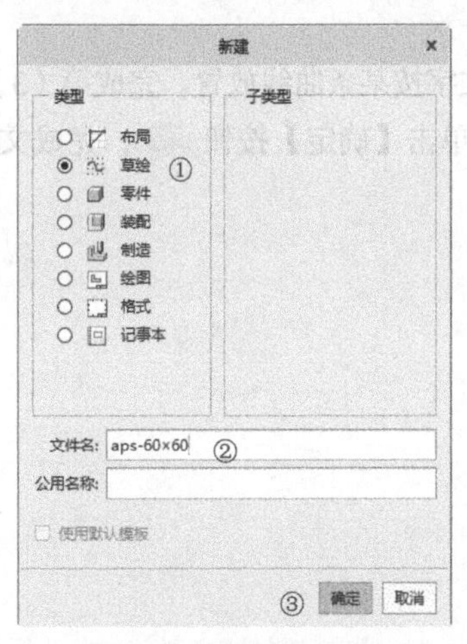

图 2-13 【新建】对话框

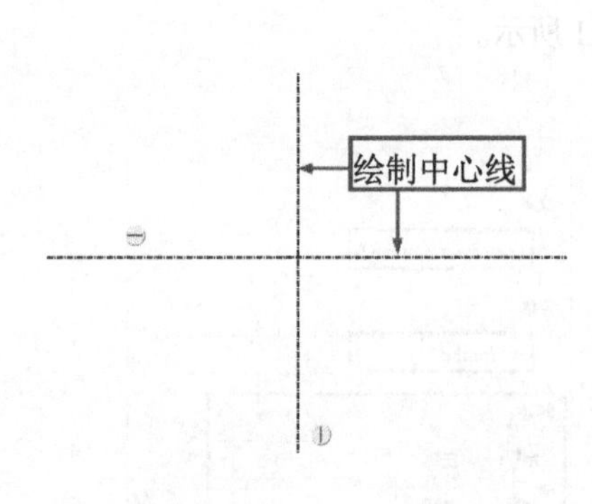

图 2-14 绘制中心线（1）

（3）单击【基准】组中的【中心线】按钮，绘制两条分别与水平和竖直中心线平行且距离为【15】的中心线，如图 2-15 所示。

（4）单击【圆】按钮和【矩形】按钮，以第（3）步绘制的两条中心线的交点为中心，绘制一个直径为【6.8】的圆和一个边长为【11.6】的正方形（通过相等约束来完成绘制），如图 2-16 所示。

（5）单击【基准】组中的【中心线】按钮，通过圆心绘制与水平中心线夹角为【45°】和【135°】的两条中心线，如图 2-17 所示。

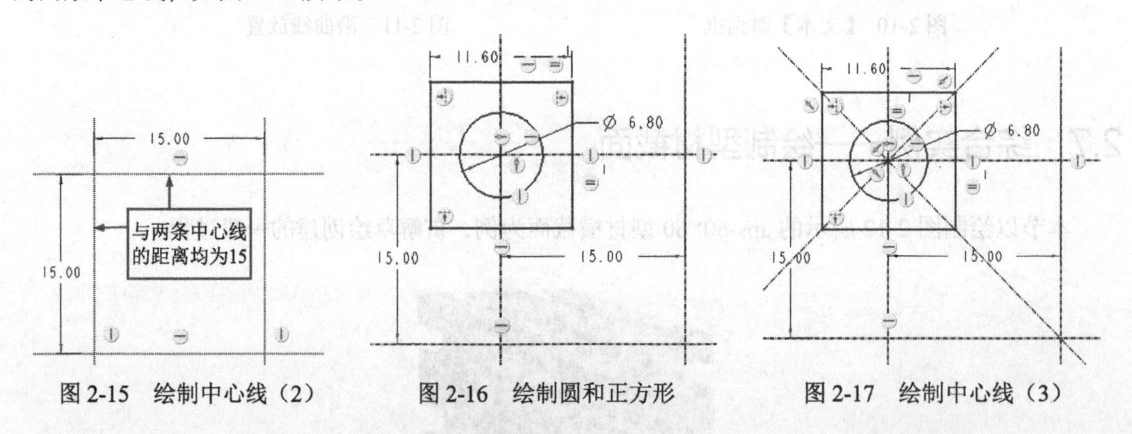

图 2-15 绘制中心线（2） 图 2-16 绘制圆和正方形 图 2-17 绘制中心线（3）

（6）单击【线】按钮，绘制与第（5）步绘制的两条中心线平行距离为【1.06】，长为【5.87】，并且端点在正方形一条边上的两条线，如图 2-18 所示。

（7）选中第（6）步绘制的两条直线中的一条，单击【镜像】按钮，然后单击直线旁边的中心线进行镜像操作，单击鼠标中键结束镜像操作；另一条直线按同样的方法进行镜像操作，所得图形如图 2-19 所示。

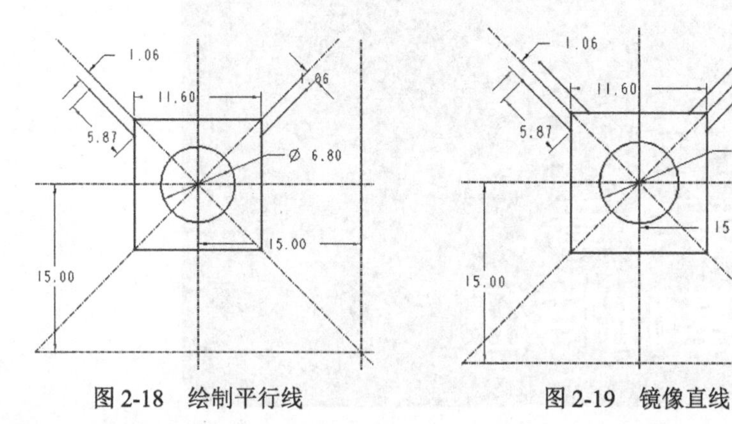

图 2-18　绘制平行线　　　　图 2-19　镜像直线

（8）单击【线】按钮，绘制图 2-20 所示的外部轮廓线，相关尺寸已在图中标注。

（9）按住 Ctrl 键选择图 2-21 所示的部分，对【135°】的中心线进行镜像。

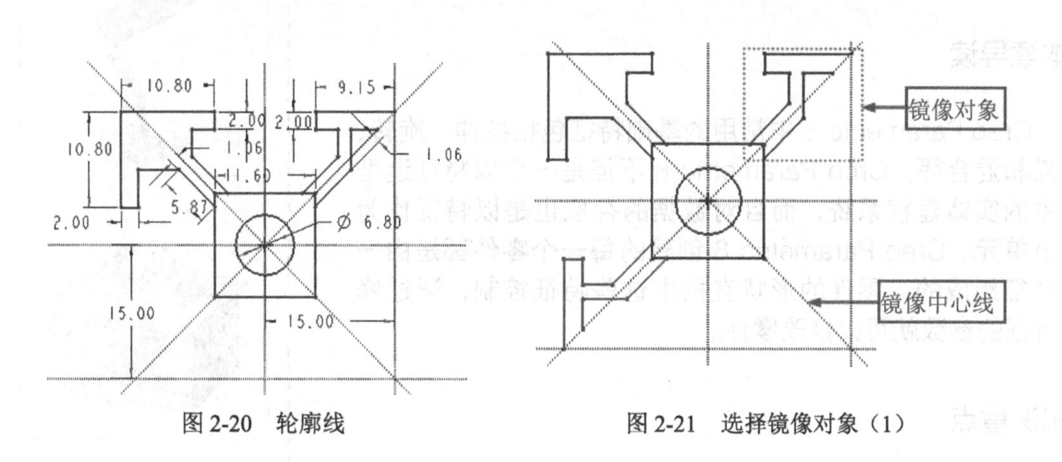

图 2-20　轮廓线　　　　图 2-21　选择镜像对象（1）

（10）按住鼠标左键拖动选择全部图元，根据水平中心线进行镜像，所得图形如图 2-22 所示。

（11）把全部图元相对竖直中心线进行镜像，如图 2-23 所示。然后单击【线】按钮连接断开的点，单击【删除段】按钮删除正方形的某些断点，得到 aps-60×60 型材的横截面，如图 2-24 所示。

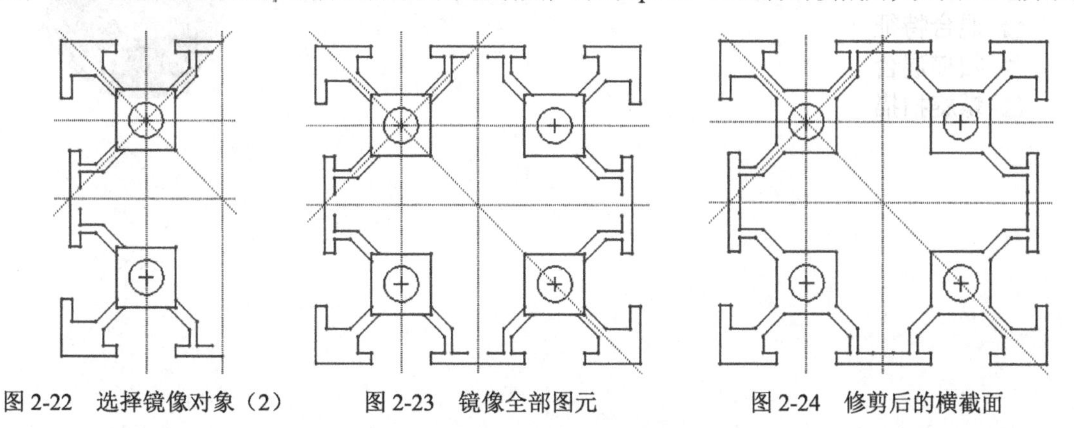

图 2-22　选择镜像对象（2）　　图 2-23　镜像全部图元　　图 2-24　修剪后的横截面

第 3 章 基础特征

/ 本章导读

Creo Parametric 8 中常用的基础特征包括拉伸、旋转、扫描和混合等。Creo Parametric 8 不但是一个以特征造型为主的实体建模系统，而且对数据的存取也是以特征作为最小单元。Creo Parametric 8 创建的每一个零件都是由一串特征组成的，零件的形状直接由这些特征控制，通过修改特征的参数就可以修改零件。

/ 知识重点

- 拉伸特征
- 旋转特征
- 扫描特征
- 混合特征
- 扫描混合
- 螺旋扫描

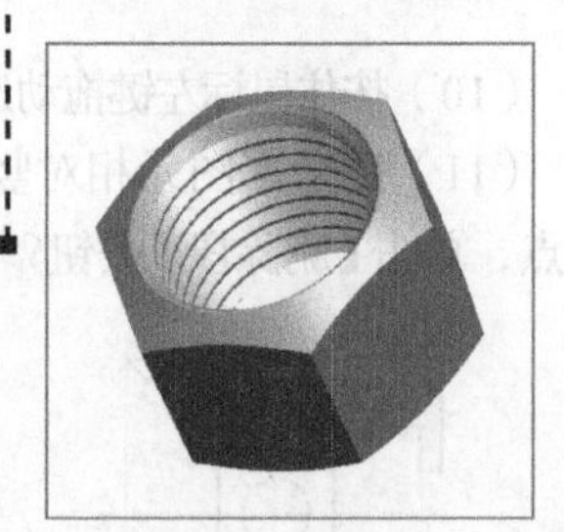

3.1　拉伸特征

拉伸是定义三维几何的一种基本方法，它将二维截面延伸到垂直于草绘平面的指定距离处形成实体。拉伸特征由三维截面轮廓经过拉伸而成，它适用于构造等截面的实体特征。图 3-1 所示为利用拉伸特征生成的零件。

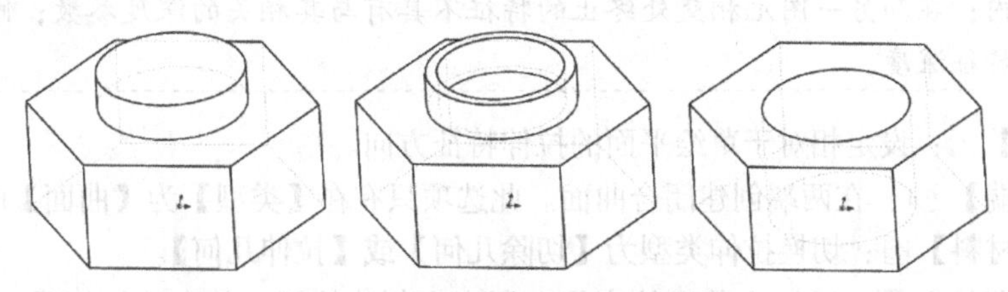

图 3-1　利用拉伸特征生成的零件

3.1.1　操控板选项介绍

拉伸特征的操控板中包括两部分内容：【拉伸】操控板和下拉面板。下面详细地进行介绍。

1.【拉伸】操控板

单击【模型】选项卡中【形状】组上方的【拉伸】按钮，打开图 3-2 所示的【拉伸】操控板。

图 3-2　【拉伸】操控板

操控板中的常用功能介绍如下。

（1）【实体】：创建实体。

（2）【曲面】：创建曲面。

（3）【深度】：用于设置拉伸特征的深度值，分为以下几类。

①【可变】：约束拉伸特征的深度。如果需要深度参考，可在输入框中输入具体的数值。

②【对称】：约束拉伸特征的双向深度。如果需要深度参考，在输入框中输入具体数字即可。

③【到下一个】：使用此选项时，将在特征到达第一个曲面时将其终止。

④【穿透】：拉伸截面，使之与所有曲面相交。使用此选项，在特征到达最后一个曲面时将其终止。

⑤【穿至】：将截面拉伸，使其与选定曲面或平面相交。可选择下列选项作为终止曲面。

- 由一个或几个曲面组成的面组。
- 在一个组件中，可选择另一元件的几何元素。几何元素是指组成模型的基本几何特征，如点、线、面等几何特征。

注意

基准平面不能作为终止曲面。

⑥【到参考】：将截面拉伸至一个选定的点、曲线、平面或曲面。

注意

使用零件图元终止特征的规则：对于和两项，拉伸的轮廓必须位于终止曲面的边界内；在和另一图元相交处终止的特征不具有与其相关的深度参数；修改终止曲面可改变特征深度。

（4）【反向】：设定相对于草绘平面的拉伸特征方向。

（5）【封闭端】：在两端创建闭合曲面。此选项只有在【类型】为【曲面】时才会被激活。

（6）【移除材料】：切换拉伸类型为【切除几何】或【拉伸几何】。

（7）【加厚草绘】：通过为截面轮廓指定厚度来创建特征。单击该按钮后，操控板如图 3-3 所示。

（8）【厚度】输入框：指定应用于截面轮廓的厚度值。

（9）【反向】：改变增加厚度的一侧，或向两侧增加厚度。

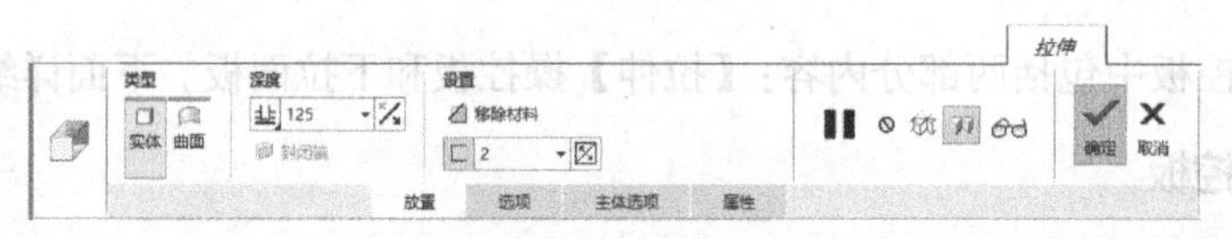

图 3-3 【拉伸】操控板

2. 下拉面板

【拉伸】操控板中有下列下拉面板，如图 3-4 所示。

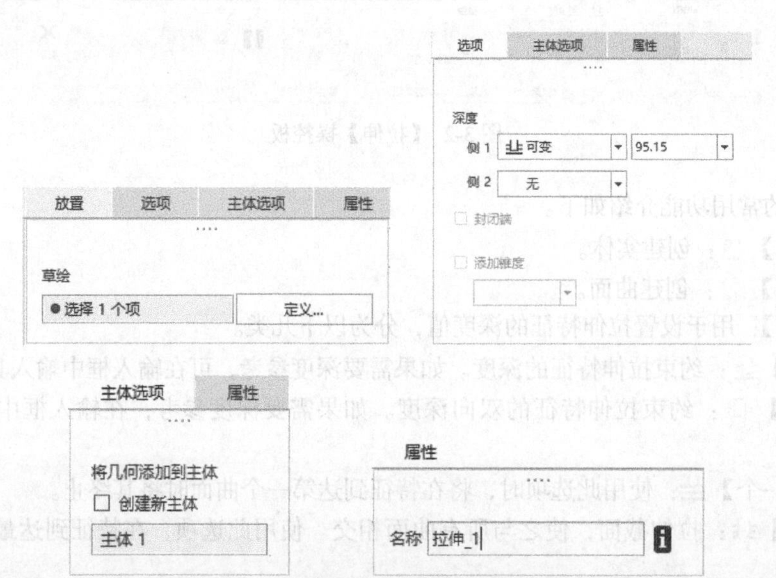

图 3-4 【拉伸】操控板中的下拉面板

（1）【放置】：使用该下拉面板可重定义特征截面。单击【定义】按钮 定义... ，可以创建或更改截面。

（2）【选项】：使用该下拉面板可进行下列操作。

- 重定义草绘平面每一侧的特征深度及孔的类型（如盲孔、通孔），后续章节会具体介绍。
- 通过勾选【封闭端】复选框来用封闭端创建曲面特征。

（3）【主体选项】：将创建的几何实体添加到主体。勾选【创建新主体】复选框，可用于创建新的主体。

（4）【属性】：用于编辑特征名称，并打开 Creo Parametric 浏览器显示特征信息。

3.1.2　练习：创建拉伸特征

接下来，我们通过创建机械部件【销】练习【拉伸】命令的用法，结果如图 3-5 所示。

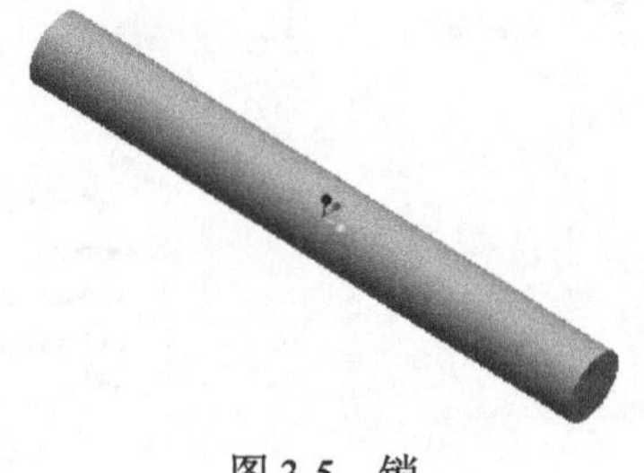

图 3-5　销

1. 创建新文件

单击【新建】按钮，弹出【新建】对话框。选择【mmns_part_solid_abs】模板，单击【确定】按钮，进入实体建模界面。参数设置步骤如图 3-6 所示。

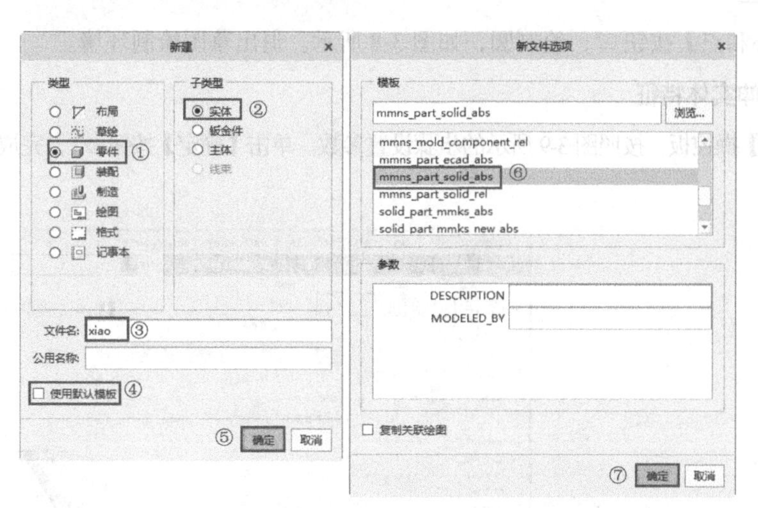

图 3-6　新建文件

> **注意**　本书中 所有的绘图模板均采用【mmns_part_solid_abs】。该模板是采用公制单位和绝对坐标系的模板。

2. 设置绘图基准

注意

【草绘】对话框中的方向可以根据绘图需要设置为上、下、左、右。

单击【拉伸】按钮，弹出【拉伸】操控板，绘图基准的设置步骤如图 3-7 所示。

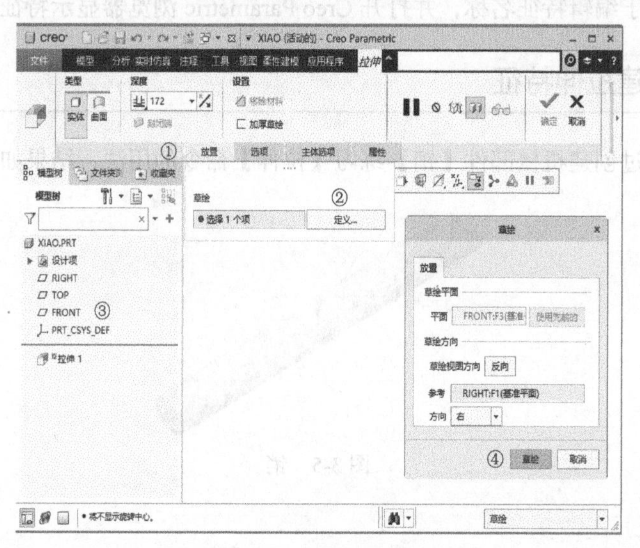

图 3-7　设置绘图基准

3. 绘制草图

单击【圆心和点】按钮，绘制圆，如图 3-8 所示。退出草图绘制环境。

4. 生成拉伸实体特征

返回【拉伸】操控板，按照图 3-9 所示的步骤设置参数。单击【确定】按钮，完成拉伸特征的创建，生成销。

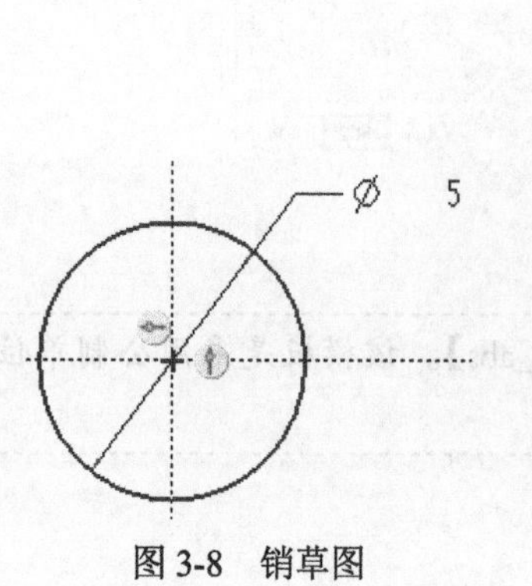

图 3-8　销草图

图 3-9　拉伸实体参数设置

注意 为了能够从不同的角度观察创建的实体，可以在 Creo Parametric 中按住鼠标中键进行旋转观察。

3.2 旋转特征

旋转也是定义三维几何的基本方法之一。它可以添加实体或曲面，也可以去除实体或曲面。旋转特征就是将草绘截面绕定义的中心线旋转一定角度创建的特征。图 3-10 所示的是一个由旋转特征形成的零件。

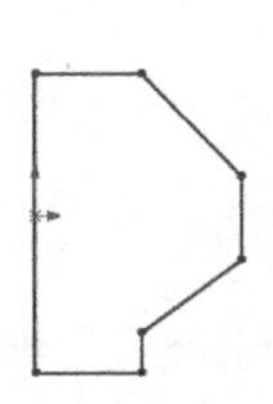

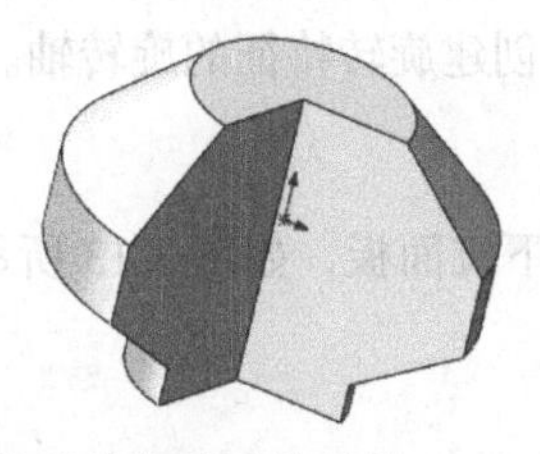

图 3-10 由旋转特征形成的零件

旋转特征应用得比较广泛，是比较常用的特征建模工具。旋转特征主要用于创建环形零件、球形零件、轴类零件、形状规则的轮毂类零件，如图 3-11 所示。

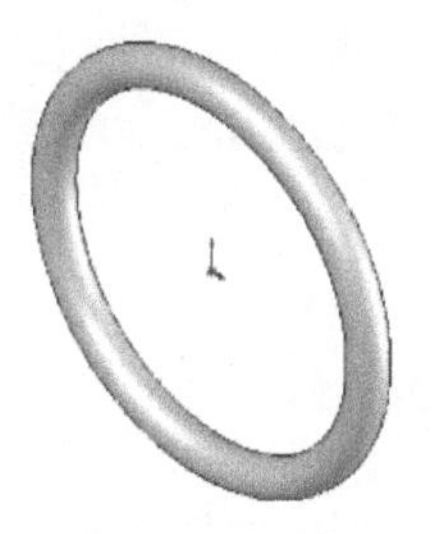

（a）环形零件

（b）球形零件

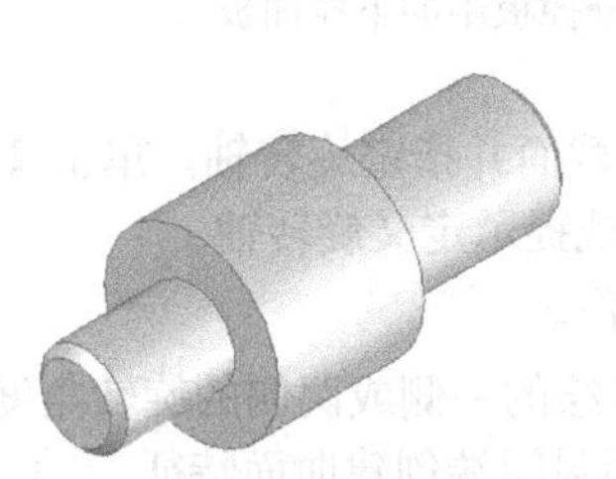

（c）轴类零件

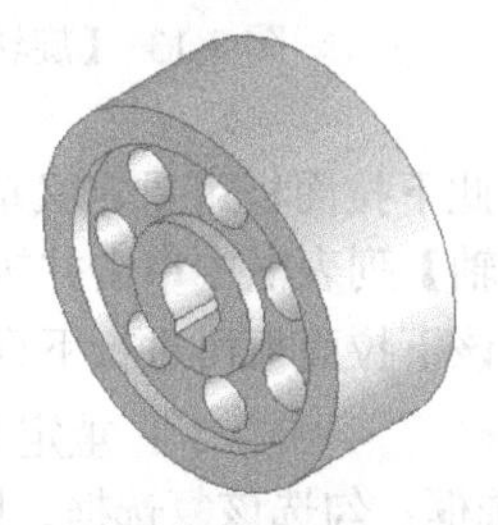

（d）形状规则的轮毂类零件

图 3-11 旋转特征的应用

3.2.1 操控板选项介绍

旋转特征的操控板中包括两部分内容：【旋转】操控板和下拉面板。下面详细地进行介绍。

1.【旋转】操控板

单击【模型】选项卡中【形状】组上方的【旋转】按钮 ，打开图 3-12 所示的【旋转】操控板。

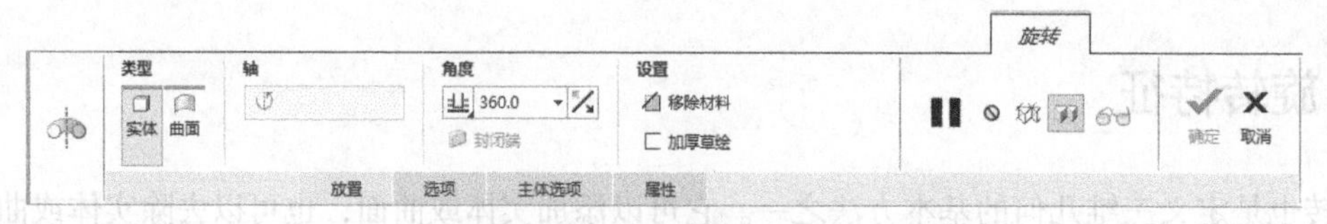

图 3-12 【旋转】操控板

除 3.1.1 小节介绍的类似功能外，操控板中其他常用功能介绍如下。

【轴】：选择创建旋转特征的旋转轴。

2. 下拉面板

【旋转】操控板提供下列下拉面板，如图 3-13 所示。

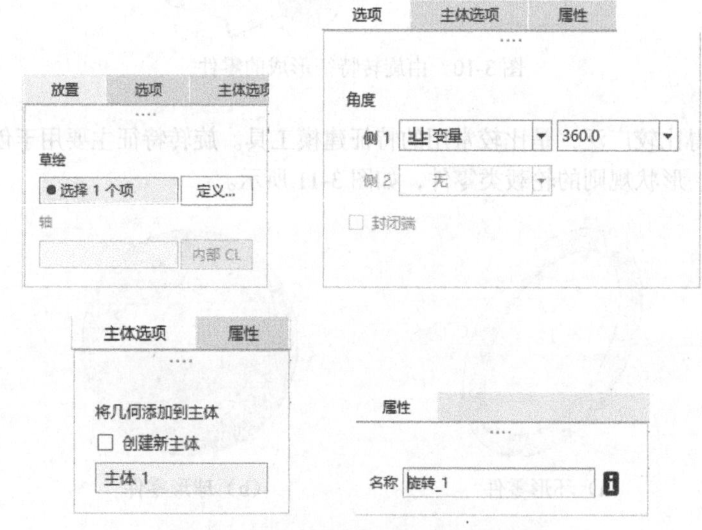

图 3-13 【旋转】操控板中的下拉面板

（1）【放置】：使用此下拉面板可重定义草绘截面并指定旋转轴。单击【定义】按钮 定义... 创建或更改截面，在【轴】列表框中单击并按系统提示定义旋转轴。

（2）【选项】：使用该下拉面板可进行下列操作。

- 【角度】 侧 1 变量 360.0 ：重定义草绘的一侧或两侧的旋转角度及孔的性质。
- 【封闭端】复选框：勾选该复选框，则用封闭端创建曲面特征。

（3）【主体选项】：将创建的几何实体添加到主体。勾选【创建新主体】复选框，可用于创建新的主体。

（4）【属性】：使用该下拉面板编辑特征名，并在浏览器中显示特征信息。

3.2.2 练习：创建旋转特征

本例通过创建挡圈练习旋转特征的创建方法，如图 3-14 所示。先使用【拉伸】命令形成挡圈的主体形状；因为锥形中心孔使用拉伸功能很难完成，所以在此使用另一种基本指令——旋转。

图 3-14　挡圈

1．创建新文件

单击【新建】按钮，弹出【新建】对话框。设置零件名称为【dangquan】，选择【mmns_part_solid_abs】模板，单击【确定】按钮，进入实体建模界面。参数设置步骤如图 3-6 所示。

2．创建拉伸体

（1）设置绘图基准。单击【拉伸】按钮，弹出【拉伸】操控板，选择【TOP】基准平面作为草绘平面，进入草绘界面。

（2）绘制草图。单击【圆心和点】按钮，绘制两个同心圆及一个小圆。

（3）标注尺寸。单击【尺寸】按钮，标注尺寸，如图 3-15 所示。单击【确定】按钮，退出草图绘制环境。

（4）设置拉伸参数。按照图 3-16 所示的步骤设置参数，生成主体特征。

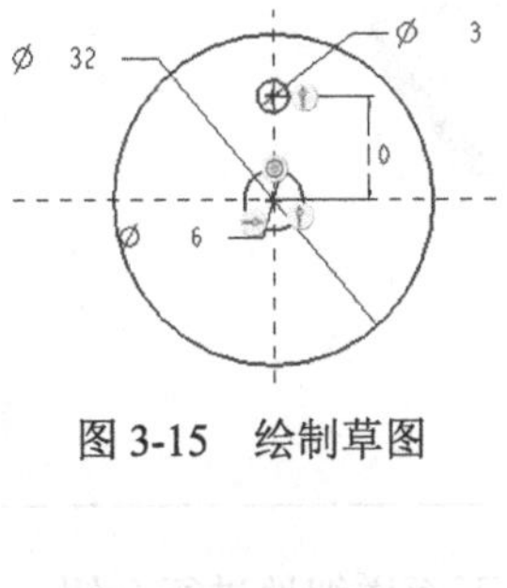

Ø 32　Ø 3　10　Ø 6

图 3-15　绘制草图

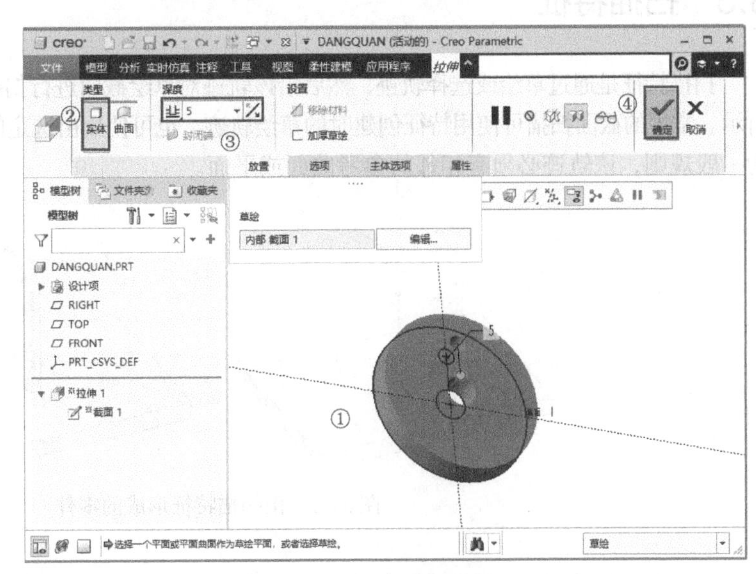

图 3-16　挡圈参数设置

3. 生成旋转切削特征

（1）设置绘图基准。单击【旋转】按钮，弹出【旋转】操控板。选择【RIGHT】基准平面作为草绘平面，接受默认参考方向，单击【草绘】按钮 草绘 ，进入草绘界面。

（2）绘制草图。单击【中心线】按钮和【线】按钮，绘制图 3-17 所示的两条线段。

（3）标注尺寸。单击【尺寸】按钮，标注尺寸，如图 3-17 所示。单击【确定】按钮，退出草图绘制环境。

（4）设置旋转参数。按照图 3-18 所示的步骤设置参数。最后结果如图 3-14 所示。

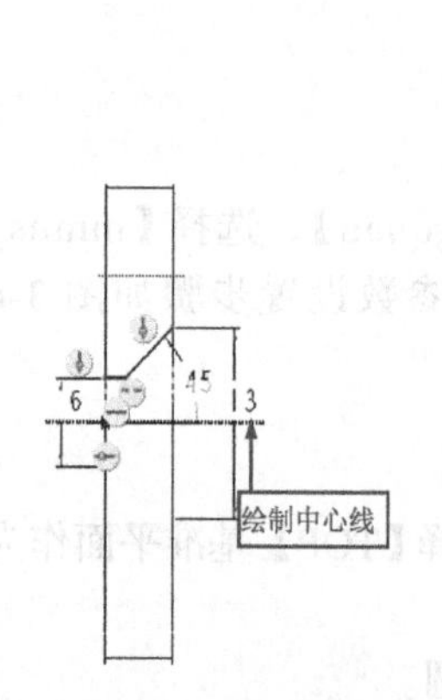

图 3-17　草绘线段

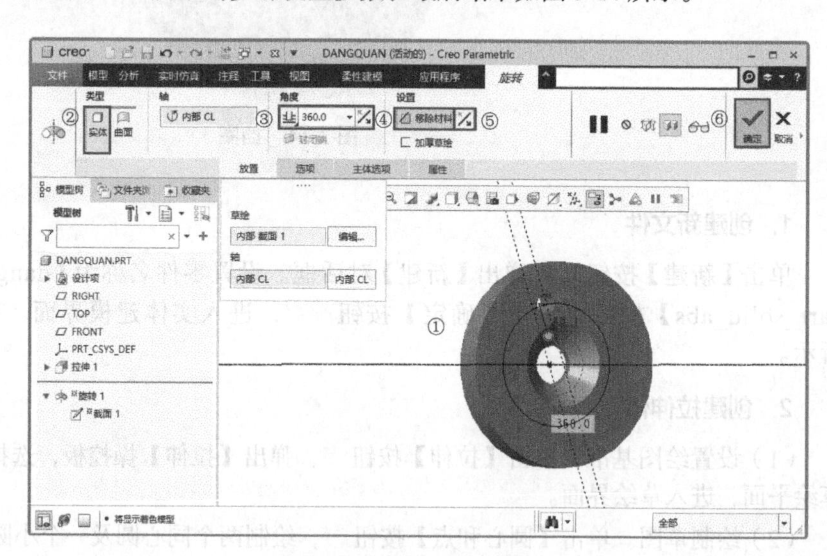

图 3-18　设置旋转参数

3.3　扫描特征

扫描特征是通过草绘或选择轨迹，然后沿该轨迹对草绘截面进行扫描来创建的实体特征，如图 3-19 所示。常规的截面扫描可使用特征创建时的草绘轨迹，也可使用由选定的基准曲线或边组成的轨迹。作为一般规则，该轨迹必须有相邻的参考曲面或平面。

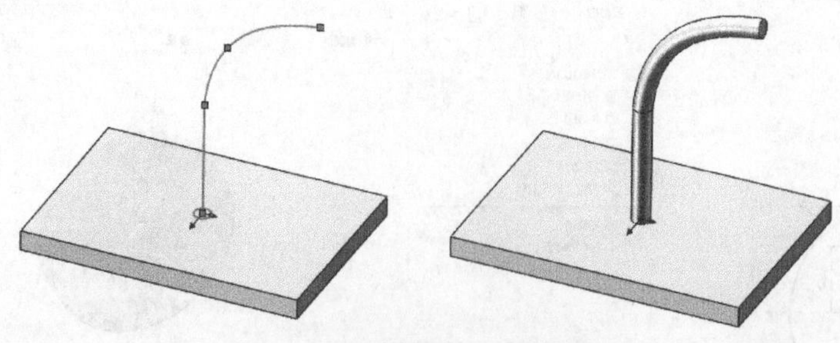

图 3-19　由扫描特征形成的零件

3.3.1　操控板选项介绍

扫描特征的操控板中包括两部分内容：【扫描】操控板和下拉面板。下面详细地进行介绍。

1.【扫描】操控板

单击【模型】选项卡中【形状】组上方的【扫描】按钮，打开图 3-20 所示的【扫描】操控板。

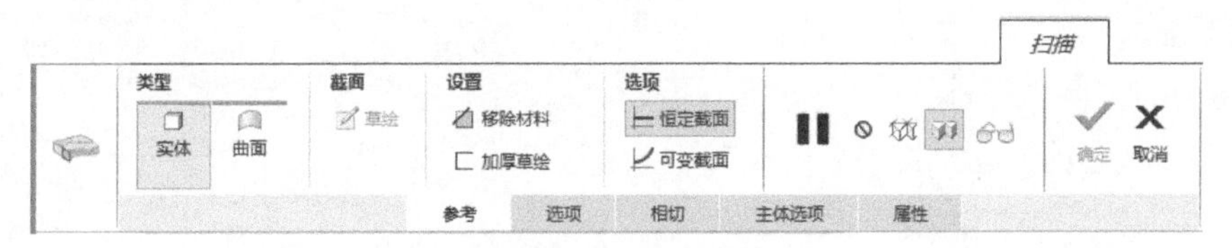

图 3-20 【扫描】操控板

除 3.1.1 小节介绍的类似功能外，操控板中其他常用功能介绍如下。

（1）【草绘】：创建或编辑扫描截面。

（2）【恒定截面】：进行草绘时截面保持不变。

（3）【可变截面】：允许截面根据参考参数或沿扫描的关系进行变化。

2. 下拉面板

【扫描】操控板提供下列下拉面板。

（1）【参考】：该下拉面板如图 3-21 所示。在该下拉面板中，【截平面控制】下拉列表中有【垂直于轨迹】【垂直于投影】【恒定法向】3 个选项，这 3 个选项的意义如下。

- 【垂直于轨迹】：截面平面垂直于轨迹线扫描。普通（默认）扫描。
- 【垂直于投影】：沿投影方向看去，截面平面与【原点轨迹】保持垂直。Z 轴与指定方向上的【原点轨迹】的投影相切。必须指定参考方向。
- 【恒定法向】：Z 轴平行于指定方向的参考向量。必须指定参考方向。

（2）【选项】：该下拉面板如图 3-22 所示。使用该下拉面板可进行下列操作。

- 【合并端】复选框：勾选该复选框，则将轨迹两端的几何与零件合并。
- 【封闭端】复选框：勾选该复选框，则用封闭端创建曲面特征。

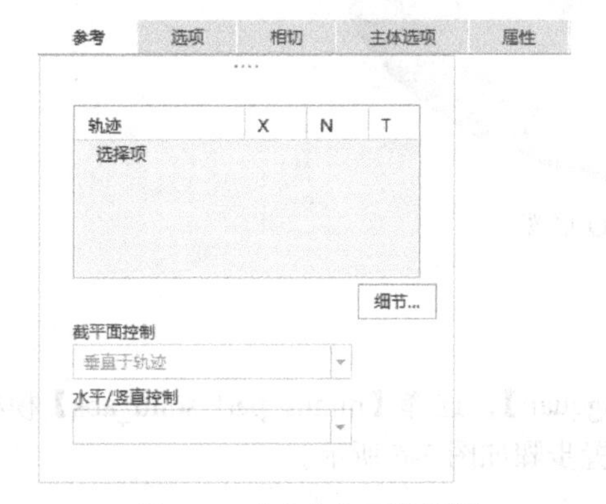

图 3-21 【参考】下拉面板

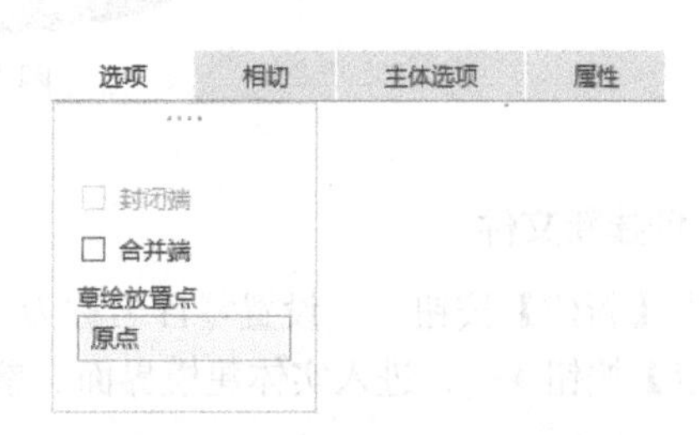

图 3-22 【选项】下拉面板

（3）【相切】：该下拉面板如图 3-23 所示。该下拉面板中显示轨迹链及定义参考。

（4）【主体选项】：该下拉面板如图 3-24 所示。该下拉面板用于设置是否将几何添加到主体。

（5）【属性】：该下拉面板如图 3-25 所示。使用该下拉面板可以编辑特征名，并打开浏览器显示特征信息。

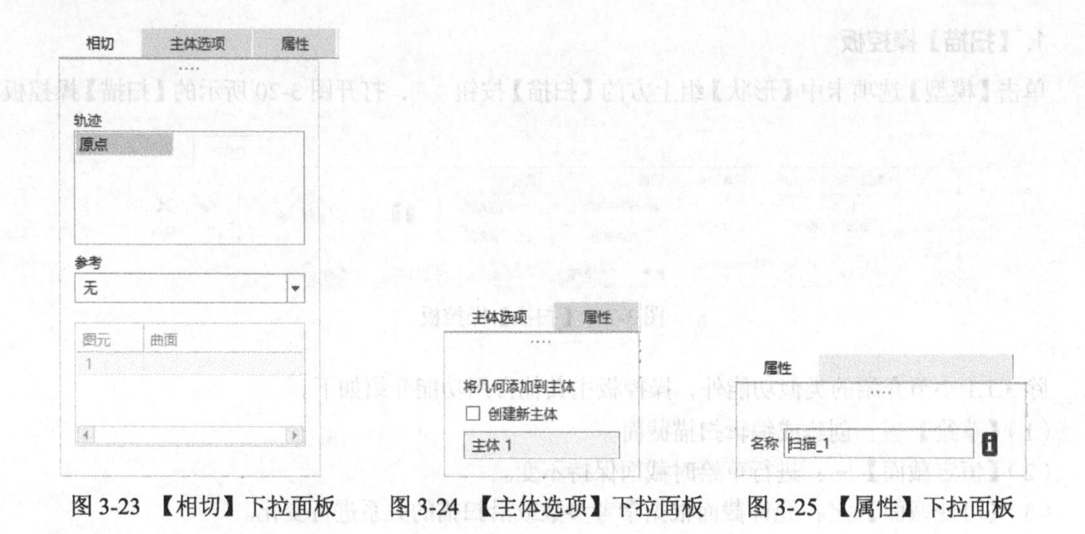

图 3-23 【相切】下拉面板　图 3-24 【主体选项】下拉面板　图 3-25 【属性】下拉面板

3.3.2 练习：通过恒定截面创建扫描特征

接下来通过创建机械部件【O 形圈】练习通过恒定截面创建扫描特征的方法，结果如图 3-26 所示。

O 形圈的绘制采用的是恒定截面扫描。先绘制扫描轨迹线，然后通过扫描完成 O 形圈的创建。

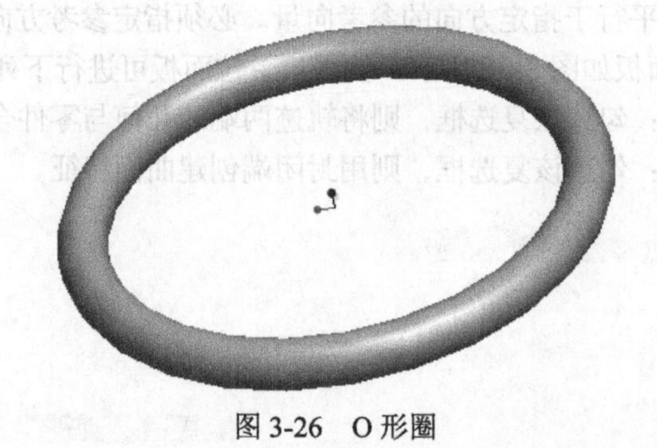

图 3-26 O 形圈

1. 创建新文件

单击【新建】按钮，设置零件名称为【Oxingquan】，选择【mmns_part_solid_abs】模板，单击【确定】按钮，进入实体建模界面。参数设置步骤如图 3-6 所示。

2. 设置绘图基准

单击【基准】组中的【草绘】按钮，选择【TOP】基准平面作为草绘平面，进入草绘环境。

3. 绘制扫描轨迹

单击【圆心和点】按钮，绘制图 3-27 所示的扫描轨迹。

4. 创建扫描特征

单击【扫描】按钮，选择第 3 步绘制的轨迹草图；单击操控板中的【草绘】按钮，绘制图 3-28 所示的扫描截面。单击【确定】按钮，退出草图绘制环境。在操控板中单击【确定】按钮，完成 O 形圈的创建，如图 3-26 所示。

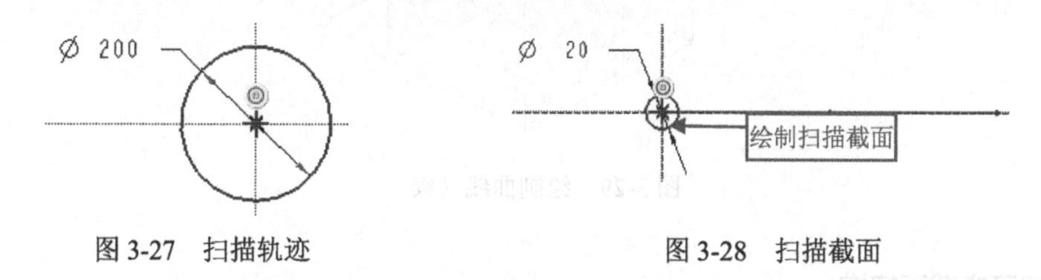

图 3-27　扫描轨迹　　　　图 3-28　扫描截面

3.3.3　练习：通过可变截面创建扫描特征

可变截面扫描特征是指沿一个或多个选定轨迹扫描截面时，通过控制截面的方向、旋转和几何添加或移除材料，以创建实体或曲面特征。在扫描过程中可使用恒定截面或可变截面创建扫描特征。

将草绘图元约束到其他轨迹（中心平面或现有几何），或使用由 trajpar 参数设置的截面关系来使草绘可变。草绘所约束的参考可改变截面形状。另外，控制曲线、关系式（使用 trajpar）或定义标注形式也能使草绘可变。草绘在轨迹点处再生，并相应更新其形状。

下面通过实例来练习通过可变截面创建扫描特征的方法。

1. 新建文件

单击【新建】按钮，名称设置为【bianjiemiansm】，选择【mmns_part_solid_abs】模板，进入实体建模界面。参数设置步骤如图 3-6 所示。

2. 绘制草图

单击【草绘】按钮，分别在【FRONT】基准平面、【DTM1】基准平面（【FRONT】基准平面作为参考平面，偏移距离为【200】）和【RIGHT】基准平面内绘制图 3-29 所示的 3 条曲线。

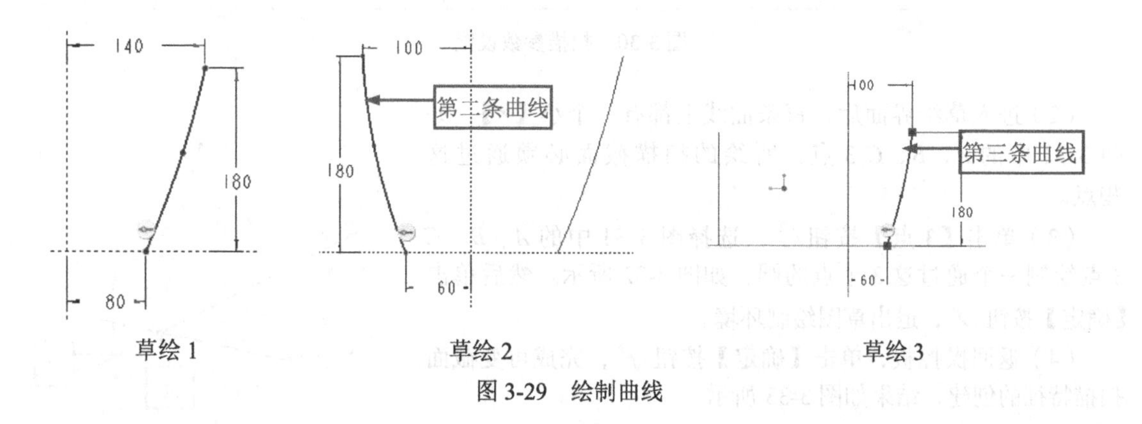

图 3-29　绘制曲线

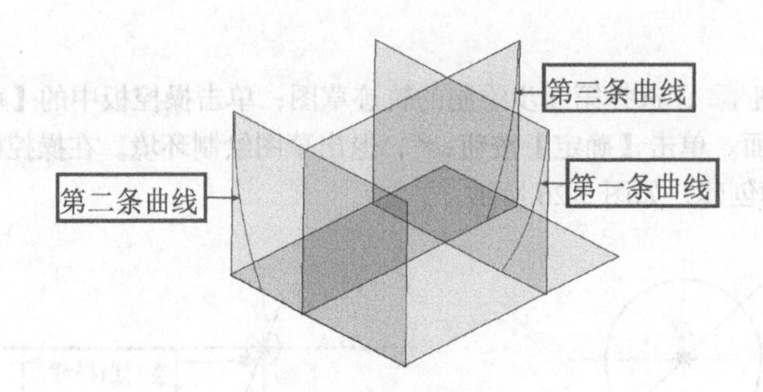

图 3-29　绘制曲线（续）

3. 创建可变截面扫描

（1）单击【扫描】按钮，打开【扫描】操控板。按照图 3-30 所示的步骤操作。

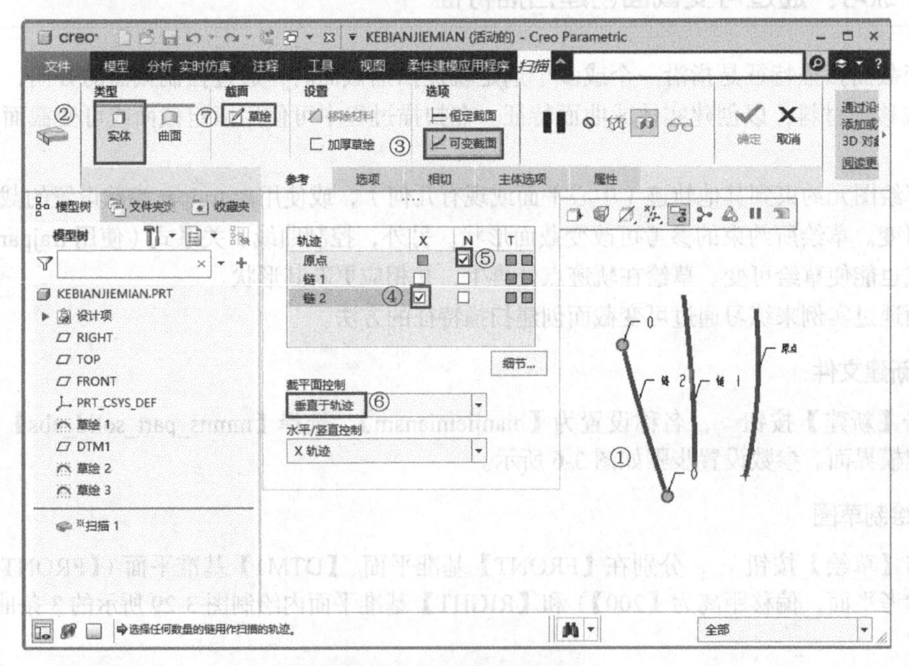

图 3-30　扫描参数设置

（2）进入草绘界面后，每条曲线上都有一个小【×】，如图 3-31 中的 A、B、C 3 点，所绘的扫描截面必须通过这些点。

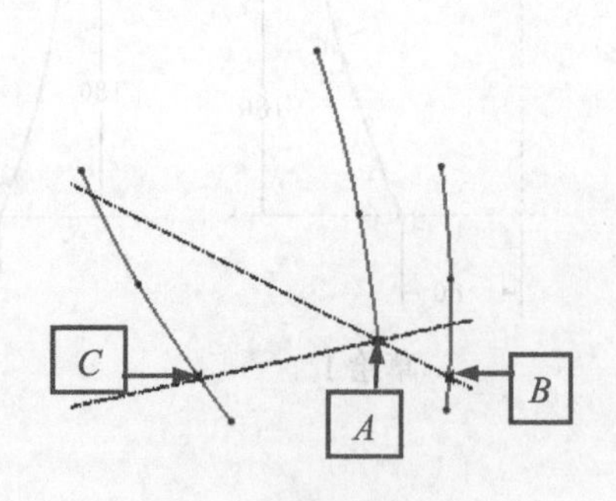

图 3-31　截面控制点

（3）单击【3 点】按钮，选择图 3-31 中的 A、B、C 3 点绘制一个通过这 3 个点的圆，如图 3-32 所示。然后单击【确定】按钮，退出草图绘制环境。

（4）返回操控板，单击【确定】按钮，完成可变截面扫描特征的创建，结果如图 3-33 所示。

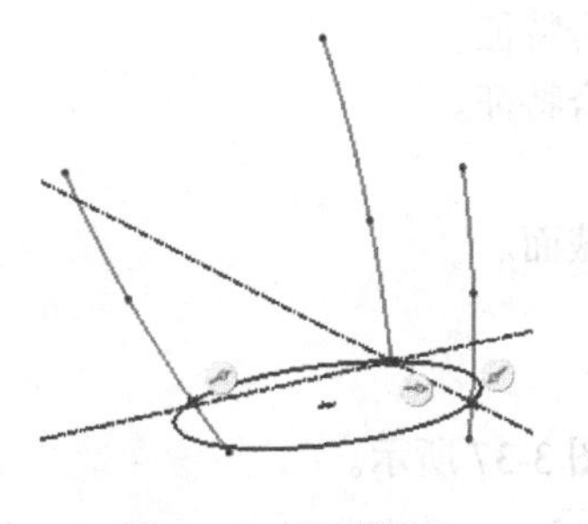

图 3-32　绘制截面

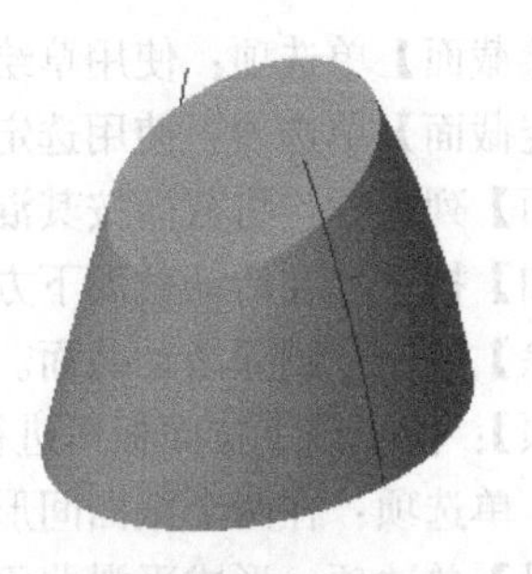

图 3-33　可变截面扫描特征（垂直于轨迹）

3.4　混合特征

扫描特征是由截面沿着轨迹扫描而成的特征，但是截面形状单一。而混合特征由两个或两个以上的平面截面组成，是将这些平面截面在其边处用过渡曲面连接形成的一个连续特征。混合特征可以满足用户在一个实体中出现多个不同的截面的要求。

混合是指所有混合截面都位于截面草绘中的多个平行平面。图 3-34 所示的是混合特征实例。

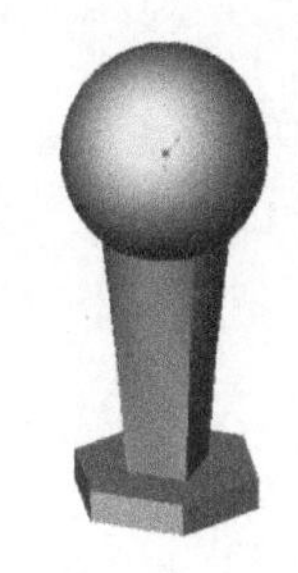

图 3-34　混合特征实例

3.4.1　操控板选项介绍

混合特征的操控板中包括两部分内容：【混合】操控板和【截面】【选项】【主体选项】【属性】4 个下拉面板。下面详细地进行介绍。

1.【混合】操控板

单击【模型】选项卡中【形状】组下方的【混合】按钮，弹出图 3-35 所示的【混合】操控板。

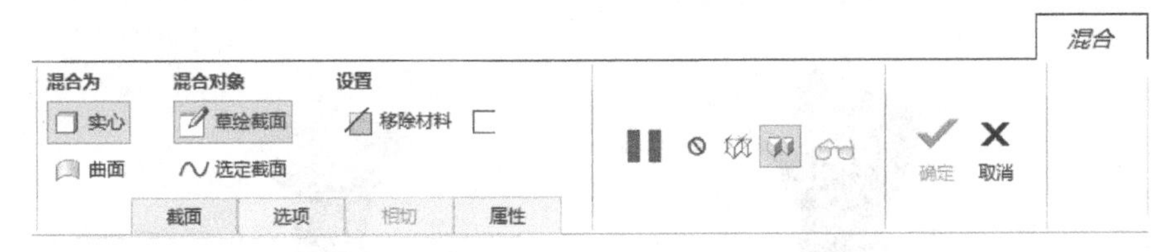

图 3-35　【混合】操控板

除 3.1.1 小节介绍的类似功能外，操控板中其他常用功能介绍如下。

（1）【草绘截面】：创建或编辑扫描截面。

（2）【选定截面】：与选定截面混合。

2. 下拉面板

【混合】操控板提供下列下拉面板，如图 3-36 所示。

（1）【截面】：此下拉面板用于定义混合截面。单击【定义】按钮可创建或更改截面。

- 【草绘截面】单选项：使用草绘截面来创建混合特征。
- 【选定截面】单选项：使用选定截面来创建混合特征。
- 【截面】列表框：将截面按其混合顺序列出。
- 【添加】按钮：在活动截面下方插入一个新的截面。
- 【移除】按钮：删除活动截面。

（2）【选项】：使用该下拉面板可进行下列操作。

- 【直】单选项：在两个截面间形成直曲面，如图 3-37 所示。
- 【平滑】单选项：形成平滑曲面，如图 3-38 所示。
- 【起始截面和终止截面】复选框：将起始截面和终止截面连接起来以形成封闭混合特征。
- 【封闭端】复选框：勾选此复选框，在创建混合曲面时，封闭混合特征的两端。

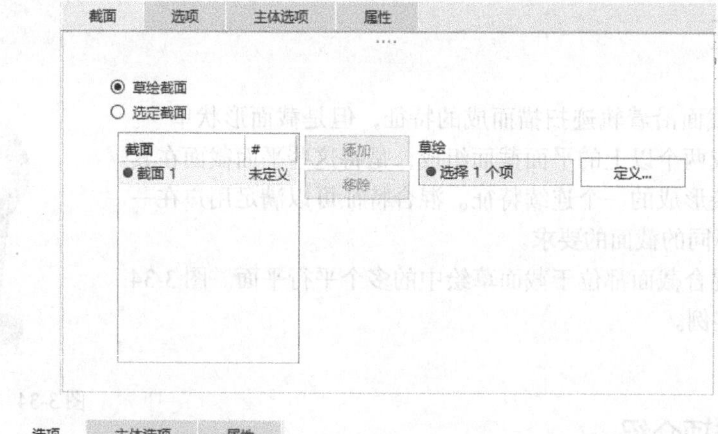

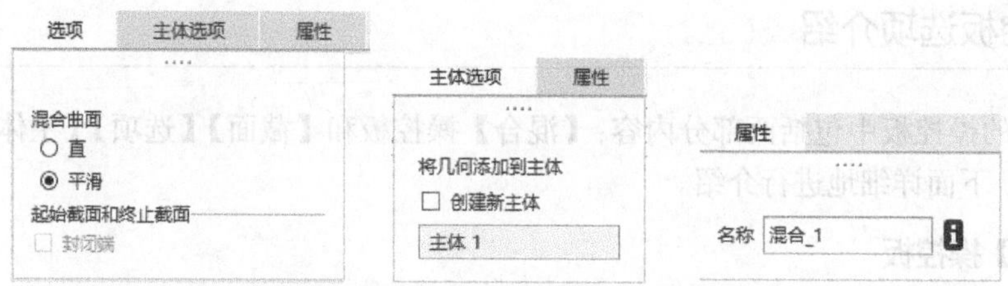

图 3-36 【混合】操控板中的下拉面板

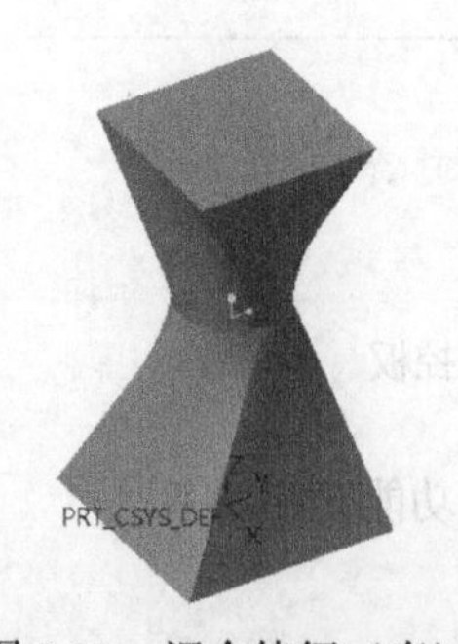

图 3-37 混合特征（直）

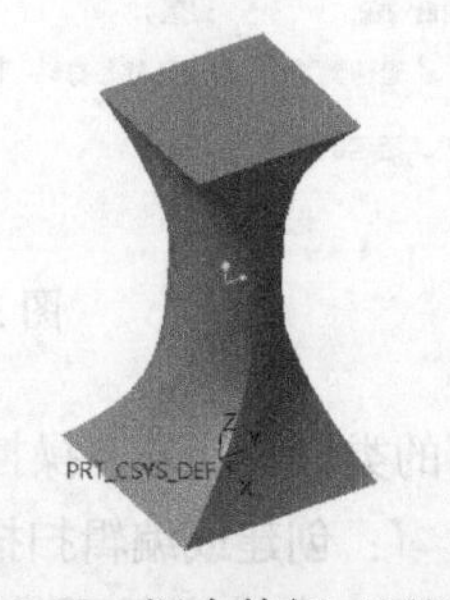

图 3-38 混合特征（平滑）

（3）【主体选项】：将创建的几何实体添加到主体。勾选【创建新主体】复选框可创建新的主体。

（4）【属性】：使用该下拉面板可编辑特征名，并在浏览器中显示特征信息。

3.4.2　练习：创建混合特征

本例通过创建变径进气管来练习混合特征的创建方法。

变径进气管是气动管道中常用的一种管形式，由于其截面变化，创建过程与之前的简单拉伸有所不同，完成后的实体如图 3-39 所示。

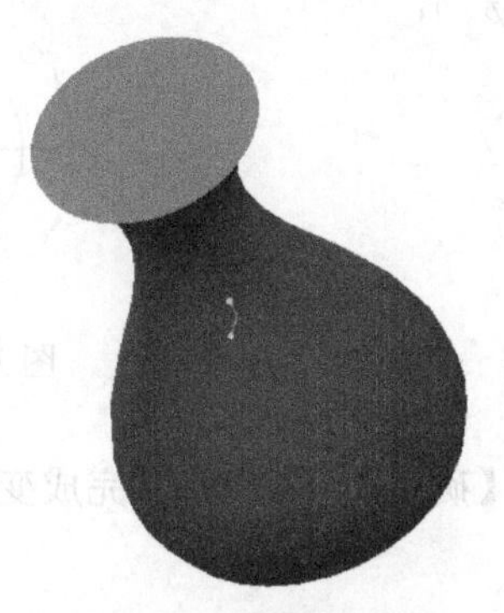

图 3-39　变径进气管

1．创建新文件

单击【新建】按钮，设置零件名称为【bianjingjinqiguan】，选择【mmns_part_solid_abs】模板，进入实体建模界面。参数设置步骤如图 3-6 所示。

2．制作实体管道

（1）单击【混合】按钮，弹出【混合】操控板。按照图 3-40 所示的步骤设置参数。

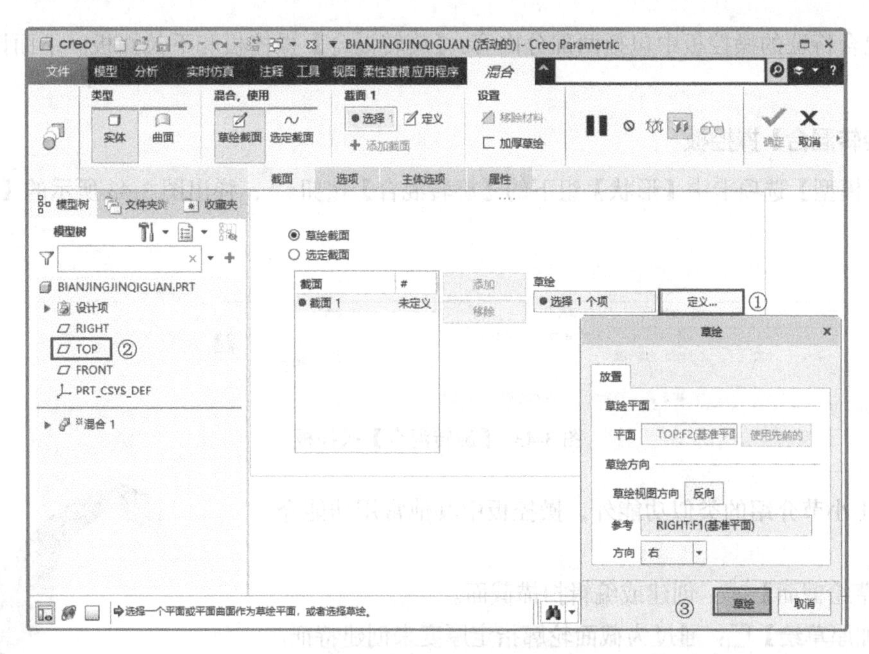

图 3-40　【混合】操控板

（2）进入草绘界面后，单击【圆心和点】按钮，在工作平面内绘制图 3-41 所示的圆。

（3）单击【确定】按钮。返回【混合】操控板。此时系统自动创建截面 2，与截面 1 的偏移值为【10】。单击【草绘】按钮，在截面 2 中绘制同心圆，直径为【30】。单击【添加】按钮，创建截面 3，偏移值为【20】，绘制直径为【15】的同心圆。继续创建截面 4，深度值为【20】，绘制直径为【20】的同心圆，如图 3-42 所示。单击【确定】按钮，退出草图绘制环境。

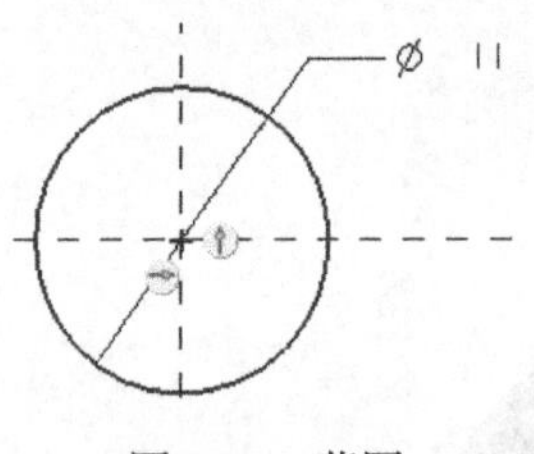

图 3-41　草图

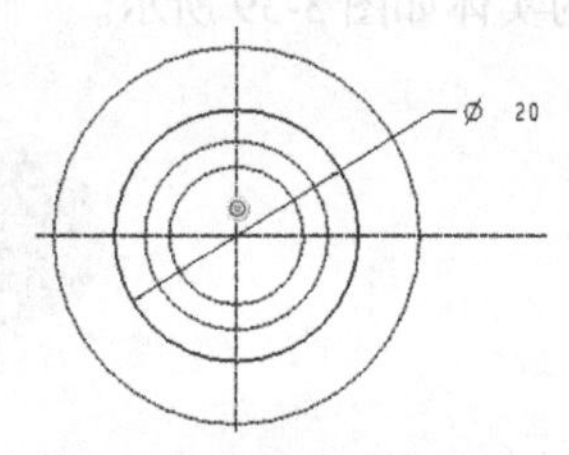

图 3-42　完成的草图

（4）在【混合】操控板上单击【确定】按钮，完成变截面混合特征的创建。最终结果如图 3-39 所示。

3.5　旋转混合特征

旋转混合特征指混合截面可以绕 y 轴旋转且最大角度可达 120° 的特征。每个截面都要单独草绘并用截面坐标系对齐。

3.5.1　操控板选项介绍

旋转混合特征的操控板中包括两部分内容：【旋转混合】操控板和下拉面板。下面详细地进行介绍。

1.【旋转混合】操控板

单击【模型】选项卡中【形状】组下的【旋转混合】按钮，弹出图 3-43 所示的【旋转混合】操控板。

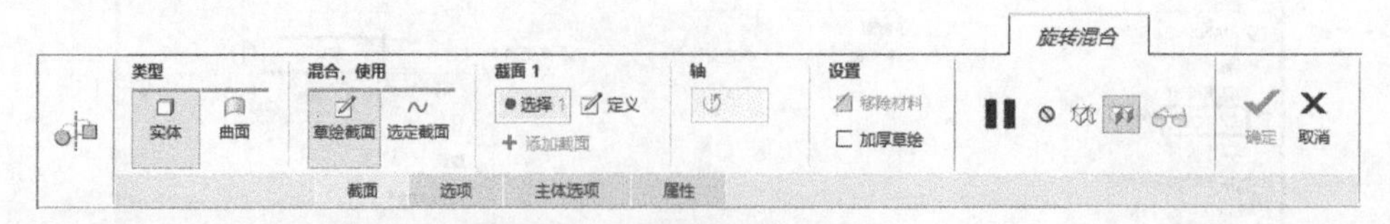

图 3-43　【旋转混合】操控板

除 3.1.1 小节介绍的类似功能外，操控板中其他常用功能介绍如下。

（1）【草绘截面】：创建或编辑扫描截面。

（2）【加厚草绘】：通过为截面轮廓指定厚度来创建特征。图 3-44 所示为指定厚度的旋转混合特征。

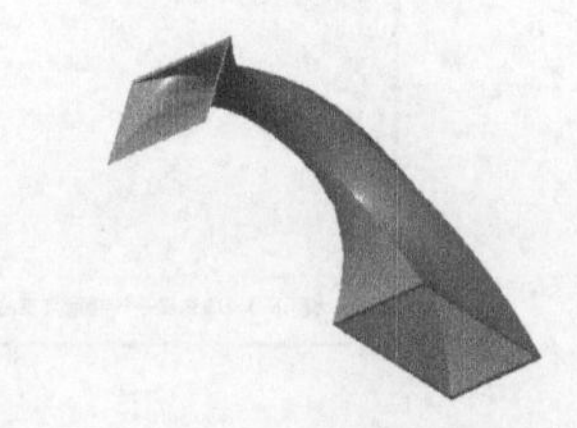
图 3-44　指定厚度的旋转混合特征

2. 下拉面板

【旋转混合】操控板提供下列下拉面板，如图 3-45 所示。

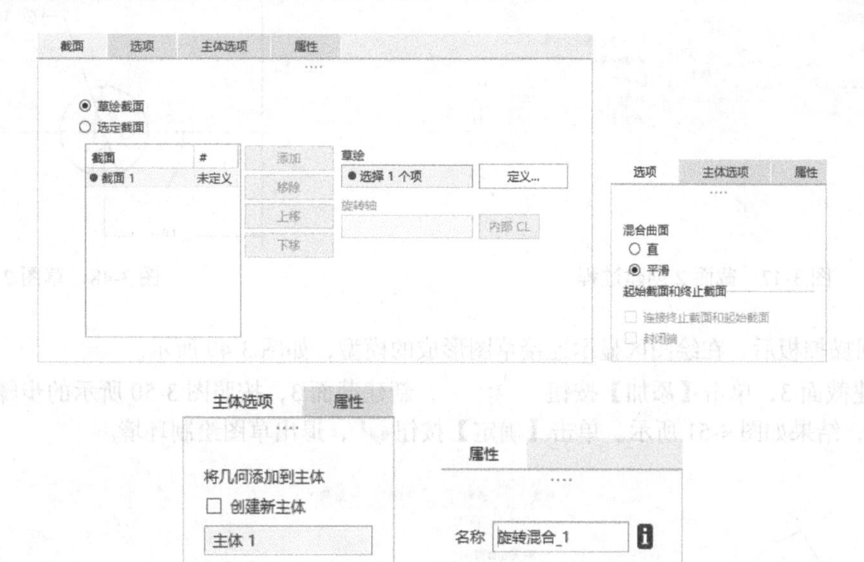

图 3-45 【旋转混合】操控板中的下拉面板

【截面】：此下拉面板用于定义混合截面。单击【定义】按钮即可创建或更改截面。

- 【上移】按钮：按混合顺序向上移动活动截面。
- 【下移】按钮：按混合顺序向下移动活动截面。

其余下拉面板及其选项同混合特征。

3.5.2 练习：创建旋转混合特征

本例将练习旋转混合特征的创建方法，旋转混合特征的创建方法是将绘制的多个截面连接生成实体特征，具体的创建步骤如下。

（1）单击【新建】按钮，设置零件名称为【xuanzhuanhh】，选择【mmns_part_solid_abs】模板，进入实体建模界面。参数设置步骤如图 3-6 所示。

（2）创建旋转混合特征。

① 单击【旋转混合】按钮，弹出【旋转混合】操控板。

② 绘制草图 1。在【截面】操控板中，单击【定义】按钮 定义...，选择【FRONT】基准平面作为草绘平面，进入草绘界面。绘制草图 1。利用【中心线】命令和【中心和轴椭圆】命令绘制一个椭圆，如图 3-46 所示。

③ 绘制草图 2。在【截面】下拉面板中新建截面 2，按照图 3-47 所示的步骤设置参数。绘制草图 2，即图 3-48 所示的的圆。

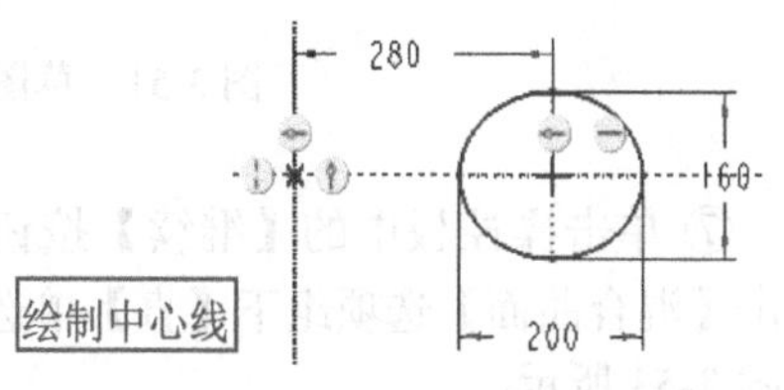

图 3-46 草图 1

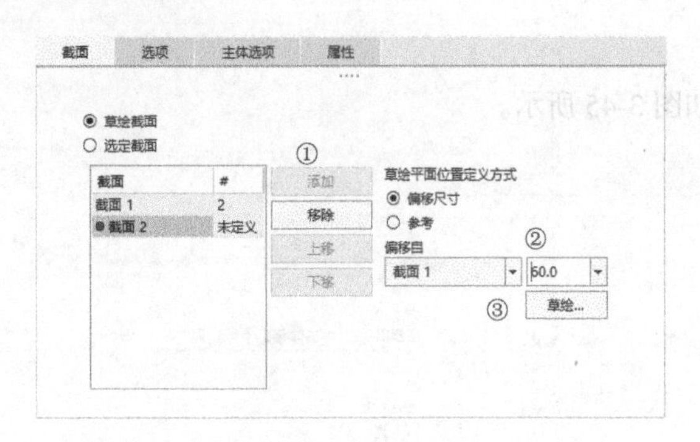

图 3-47　截面 2 创建过程

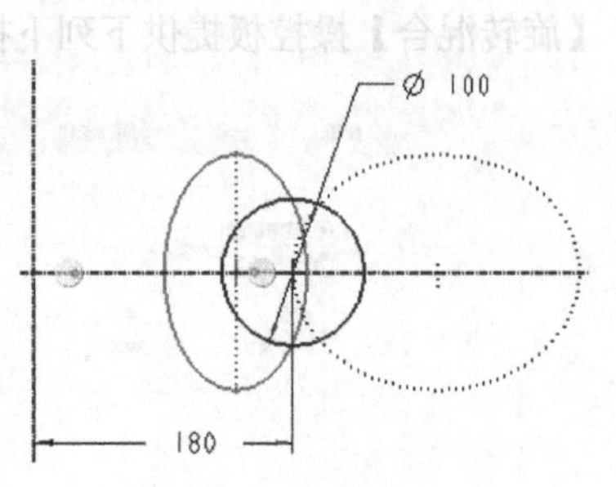

图 3-48　草图 2

④ 返回操控板后，在绘图区显示连接草图形成的模型，如图 3-49 所示。

⑤ 创建截面 3，单击【添加】按钮 添加 ，新建截面 3，按照图 3-50 所示的步骤设置参数。绘制草图 3，结果如图 3-51 所示。单击【确定】按钮✔，退出草图绘制环境。

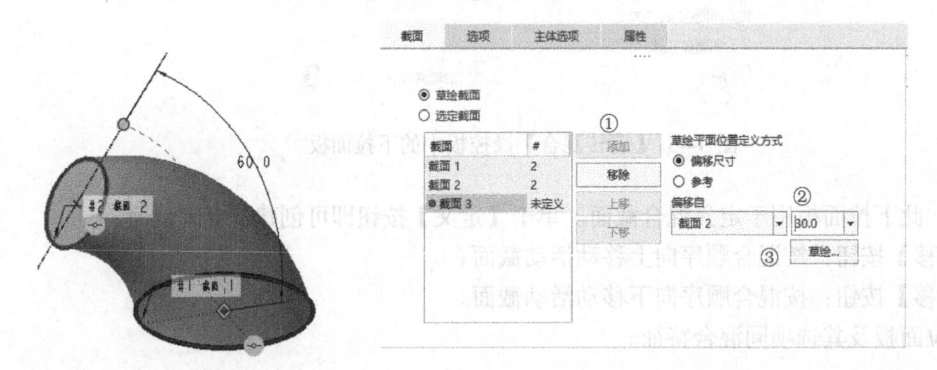

图 3-49　连接草图形成的模型

图 3-50　截面 3 创建过程

⑥ 单击操控板中的【预览】按钮，生成的混合特征如图 3-52 所示。

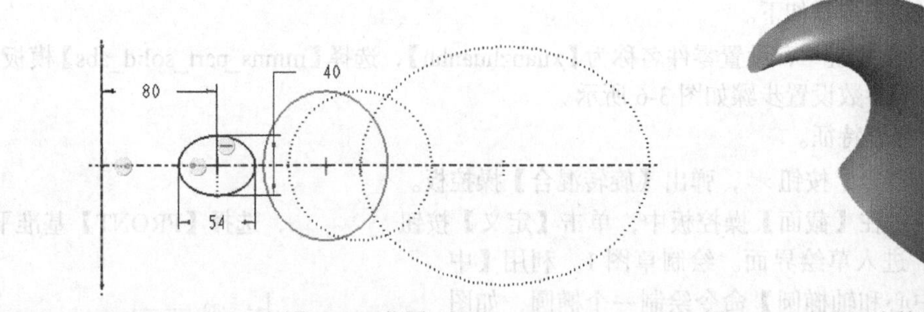

图 3-51　草图 3

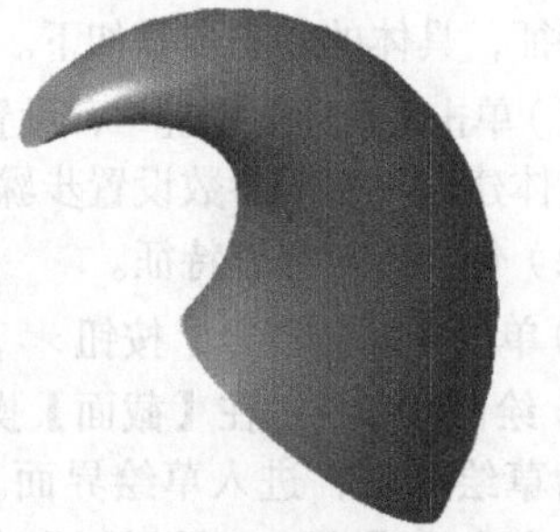

图 3-52　生成混合特征（光滑的）

⑦ 单击操控板中的【继续】按钮▶，取消混合特征模型的预览。进入【选项】下拉面板中，单击【混合曲面】选项组下【直】单选项。单击操控板中的【预览】按钮，预览混合特征模型，如图 3-53 所示。

⑧ 单击操控板中的【继续】按钮▶，取消混合特征模型的预览。单击【混合曲面】选项组下【平滑】单选项，设置模型为平滑样式。

⑨ 单击【截面】选项，打开图 3-54 所示的【截面】下拉面板。通过该下拉面板中的命令可以完成添加截面、移除截面、修改截面等操作。按照图 3-47 所示的步骤设置参数。系统进入截面 1 的草绘界面，将截面 1 修改为直径为【150】的圆，如图 3-55 所示。

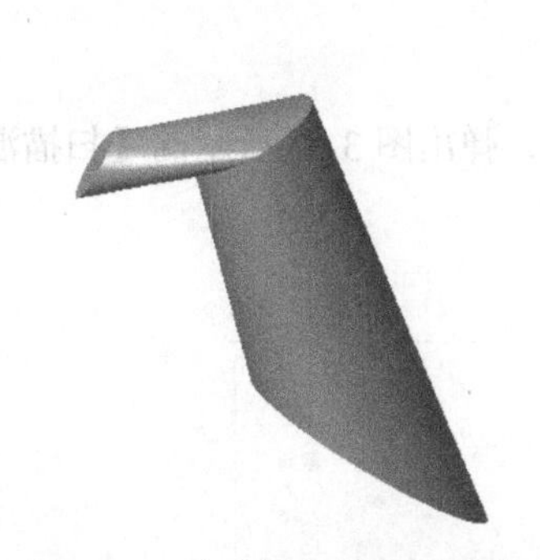

图 3-53　生成混合特征（直的）

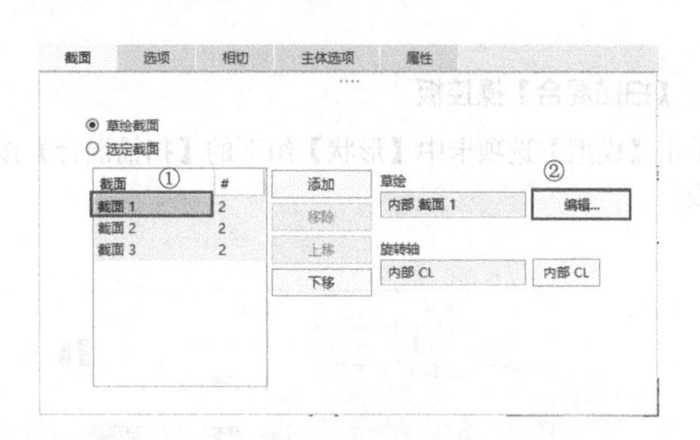

图 3-54 【截面】下拉面板

⑩ 修改完毕，单击【确定】按钮✔，退出草图绘制环境。单击操控板中的【预览】按钮，预览图形如图 3-56 所示。单击【确定】按钮✔或鼠标中键完成旋转混合特征的创建。

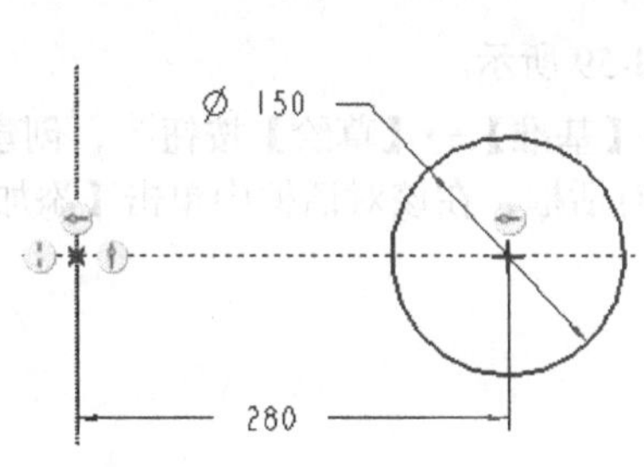

图 3-55　修改后的截面 1

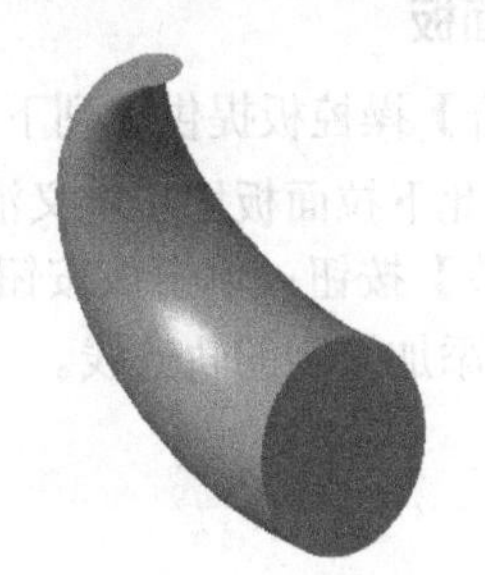

图 3-56　生成的混合特征

3.6　扫描混合

扫描混合特征就是使截面沿着指定的轨迹进行延伸而生成的实体或曲面特征。但是由于沿轨迹的扫描截面是可以变化的，因此该特征又兼备混合特征的特性。扫描混合特征可以具有两种轨迹：原点轨迹（必需）和第二轨迹（可选）。每个轨迹特征至少有两个截面，且可在这两个截面间添加截面。要定义扫描混合的轨迹，可选择一条草绘曲线、基准曲线或边的链。每次只有一个轨迹是活动的。图 3-57 所示为创建的扫描混合特征。

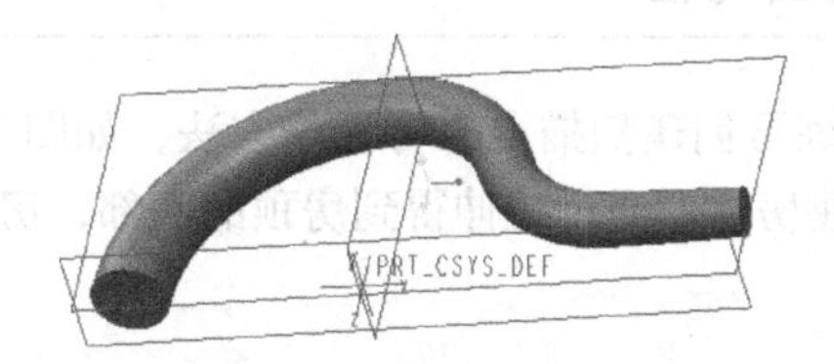

图 3-57　创建的扫描混合特征

3.6.1 操控板选项介绍

扫描混合特征的操控板中包括两部分内容:【扫描混合】操控板和下拉面板。下面详细地进行介绍。

1.【扫描混合】操控板

单击【模型】选项卡中【形状】组下的【扫描混合】按钮，弹出图 3-58 所示的【扫描混合】操控板。

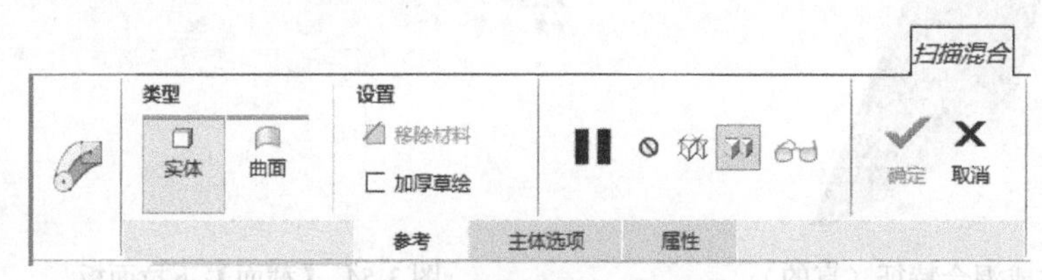

图 3-58 【扫描混合】操控板

操控板中的各功能在前面小节中均已详细介绍过了，这里不再赘述。

2. 下拉面板

【扫描混合】操控板提供下列下拉面板，如图 3-59 所示。

【参考】：此下拉面板用于定义混合轨迹。单击【基准】→【草绘】按钮，创建轨迹。

- 【细节】按钮：单击该按钮，弹出【链】对话框，在该对话框中单击【添加】按钮 添加(A) 可依次添加绘制的轨迹线。

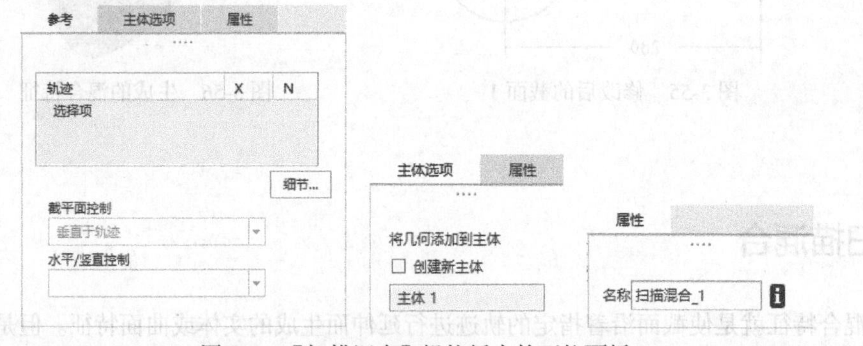

图 3-59 【扫描混合】操控板中的下拉面板

其余下拉面板及其选项与混合特征类似。

3.6.2 练习：创建扫描混合特征

下面通过创建礼堂模型来练习创建扫描混合特征的方法，如图 3-60 所示。先绘制房体截面曲线，将截面曲线进行拉伸以创建房体；通过拉伸得到房顶的底部，房顶通过扫描混合特征得到，最后在房顶旋转得到装饰的球体。

图 3-60 礼堂

1. 新建文件

单击【新建】按钮，设置模型名称为【litang】，选择【mmns_part_solid_abs】模板，单击【确定】按钮，进入实体建模界面。参数设置步骤如图 3-6 所示。

2. 拉伸房体

（1）单击【拉伸】按钮，打开【拉伸】操控板。选择【FRONT】基准平面作为草绘平面。绘制草图截面，如图 3-61 所示。单击【确定】按钮，退出草图绘制环境。

（2）返回【拉伸】操控板，按照图 3-62 所示的步骤设置参数。单击【确定】按钮完成特征的创建，结果如图 3-63 所示。

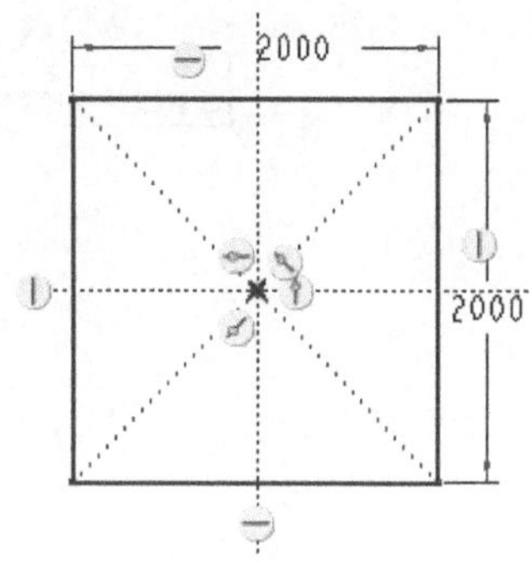

图 3-61 绘制草图

3. 拉伸房顶

（1）单击【拉伸】按钮，打开【拉伸】操控板。

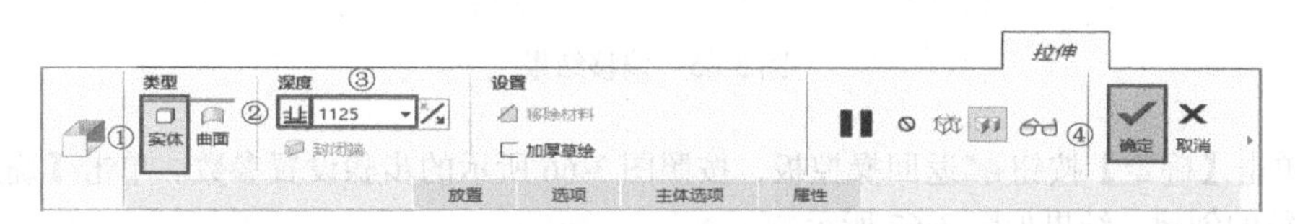

图 3-62 拉伸参数设置

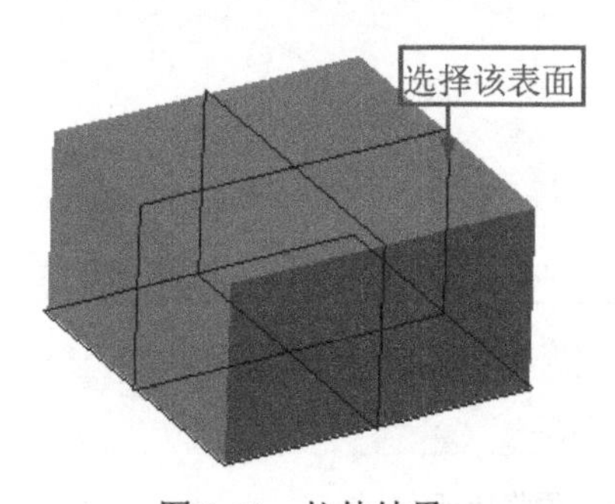

图 3-63 拉伸结果

（2）选择图 3-63 所示的拉伸特征的顶面作为草图绘制平面，利用【偏移】命令绘制草图。偏移的操作步骤如图 3-64 所示。结果如图 3-65 所示。

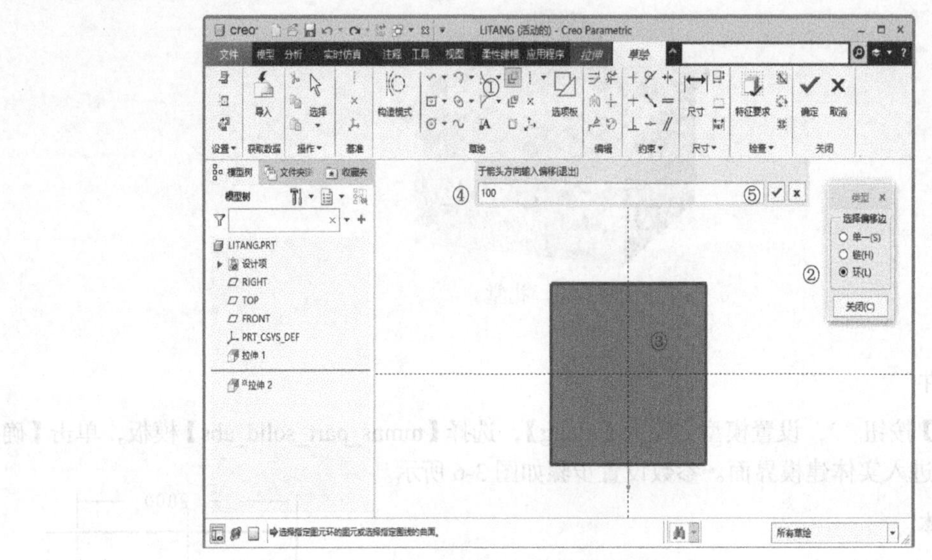

图 3-64　偏移操作步骤

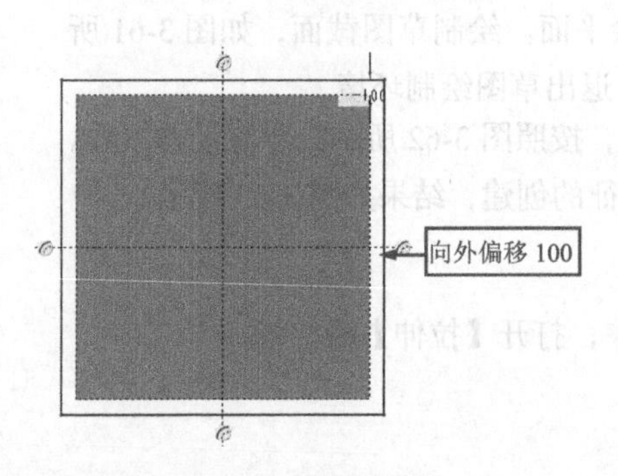

图 3-65　偏移结果

（3）单击【确定】按钮✔返回操控板，按照图 3-66 所示的步骤设置参数。单击【确定】按钮✔完成特征的创建，结果如图 3-67 所示。

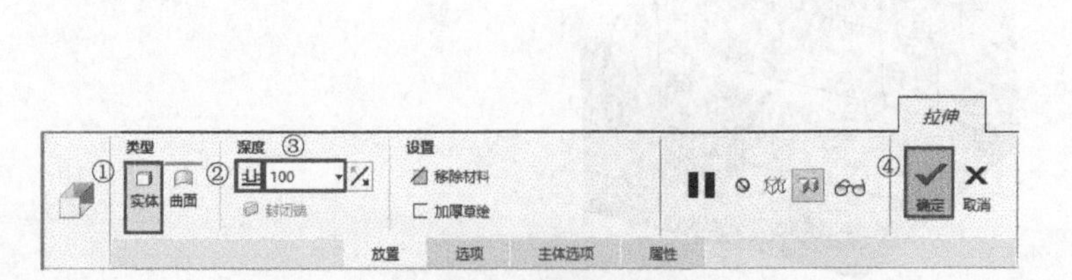

图 3-66　预览特征

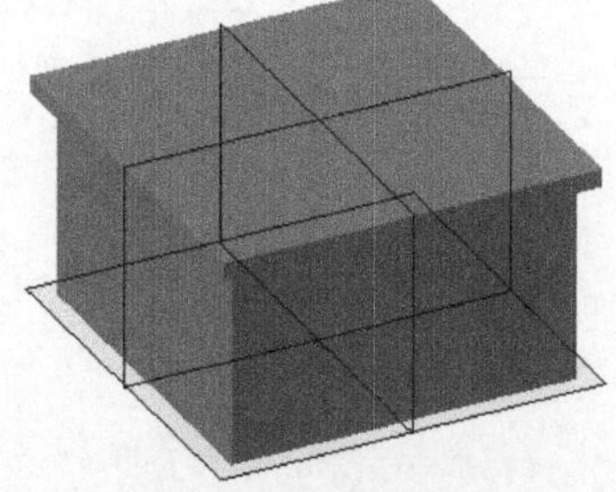

图 3-67　拉伸房顶

4. 绘制草图

（1）单击【草绘】按钮，进入草图绘制环境。

（2）选择拉伸特征的上表面作为草绘平面。

（3）单击【中心矩形】按钮 ，绘制截面，如图 3-68 所示。单击【确定】按钮，退出草图绘制环境。

（4）创建【DIM1】基准平面。按照图 3-69 所示的步骤设置参数。

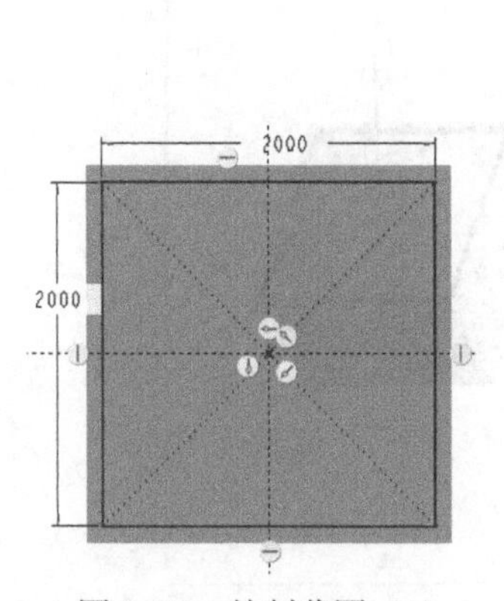

图 3-68　绘制草图（1）

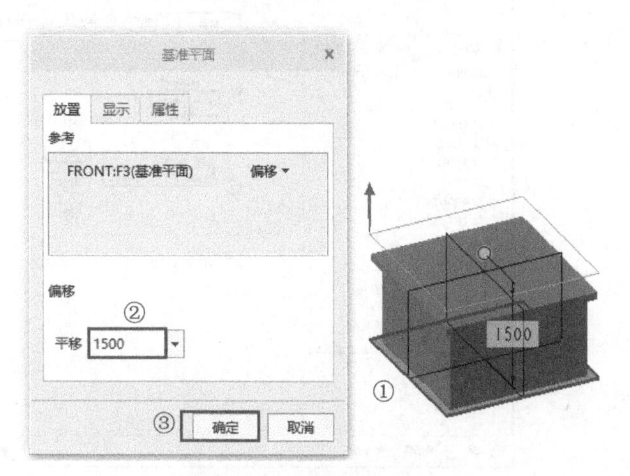

图 3-69　创建基准平面

5. 绘制草图

（1）单击【草绘】按钮，在基准平面【DIM1】上绘制图 3-70 所示的矩形。

（2）单击【草绘】按钮，在【TOP】基准平面上绘制图 3-71 所示的直线。

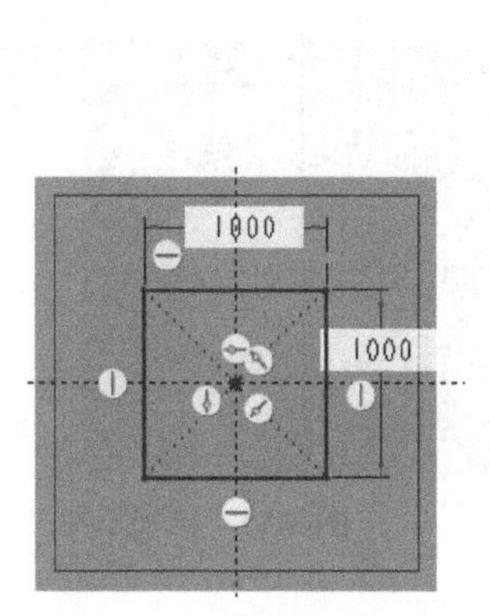

图 3-70　绘制草图（2）

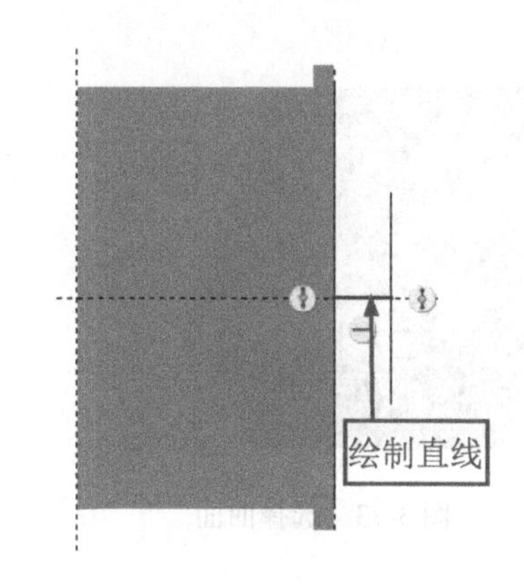

图 3-71　绘制草图（3）

注意　选择前面 3 个草图作为参考，使绘制草图变得方便。

6. 创建房顶

单击【扫描混合】按钮。按照图 3-72 所示的步骤设置参数。单击【确定】按钮完成特征的创建。

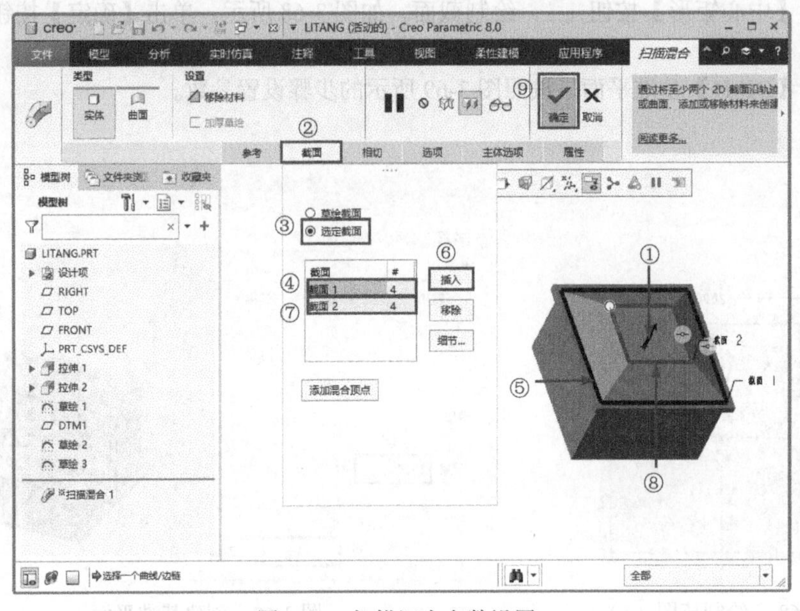

图 3-72　扫描混合参数设置

7. 旋转

（1）单击【旋转】按钮，打开【旋转】操控板。

（2）在工作区中选择图 3-73 所示的特征体的上表面作为草绘平面。绘制草图截面，如图 3-74 所示。

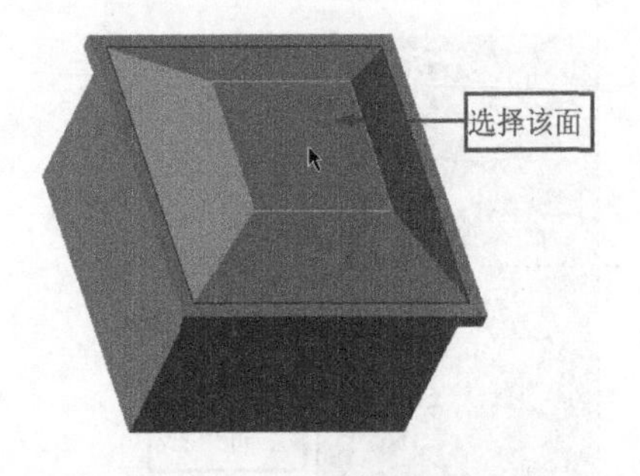

图 3-73　选择曲面

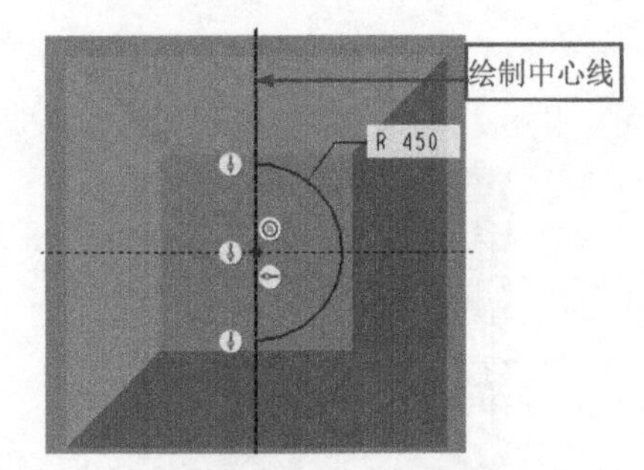

图 3-74　绘制草图

（3）单击【确定】按钮，退出草图绘制环境。

（4）返回操控板。按照图 3-75 所示的步骤设置参数。单击【确定】按钮完成特征的创建，结果如图 3-60 所示。

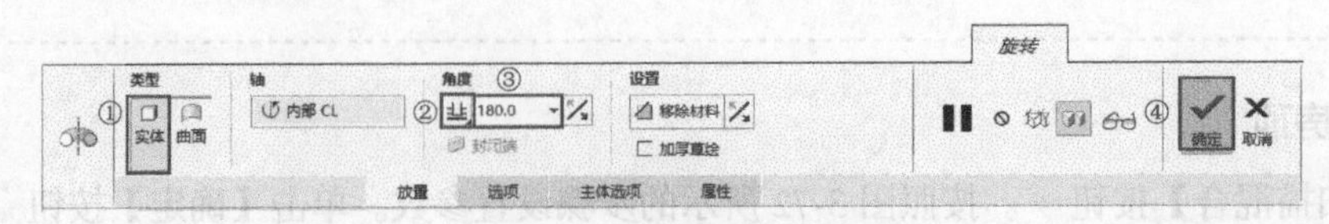

图 3-75　旋转参数设置

3.7　螺旋扫描

螺旋扫描是指沿着螺旋轨迹扫描截面创建螺旋扫描特征。螺旋轨迹由旋转曲面的轮廓（定义螺旋特征的截面原点到其旋转轴的距离）与螺距（螺圈间的距离）定义。其中，轨迹和旋转曲面是不出现在生成几何中的作图工具。

通过【螺旋扫描】命令可以创建实体特征、薄壁特征及其对应的剪切材料特征。下面通过实例讲解运用【螺旋扫描】命令创建实体特征（弹簧）的方法，结果如图 3-76 所示。也可以创建剪切材料特征（螺纹），如图 3-77 所示。通过【螺旋扫描】命令创建薄壁特征及其对应的剪切特征的过程与创建实体的过程基本一致，在此不再重复讲解。

图 3-76　实体特征

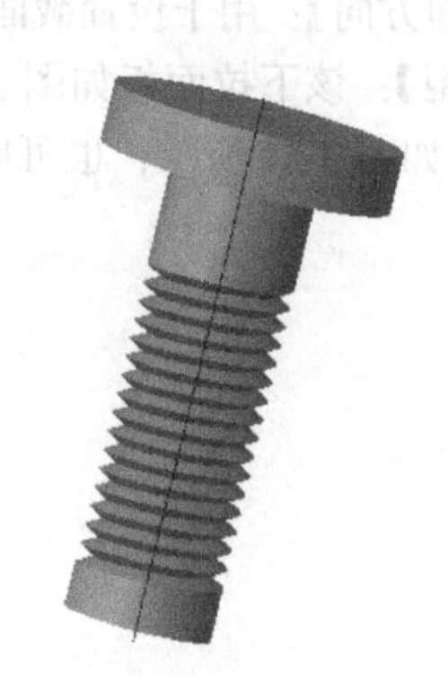

图 3-77　剪切材料特征

3.7.1　操控板选项介绍

螺旋扫描特征的操控板中包括两部分内容：【螺旋扫描】操控板和下拉面板。下面详细地进行介绍。

1.【螺旋扫描】操控板

单击【模型】选项卡中【形状】组上方的【螺旋扫描】按钮，打开图 3-78 所示的【螺旋扫描】操控板。

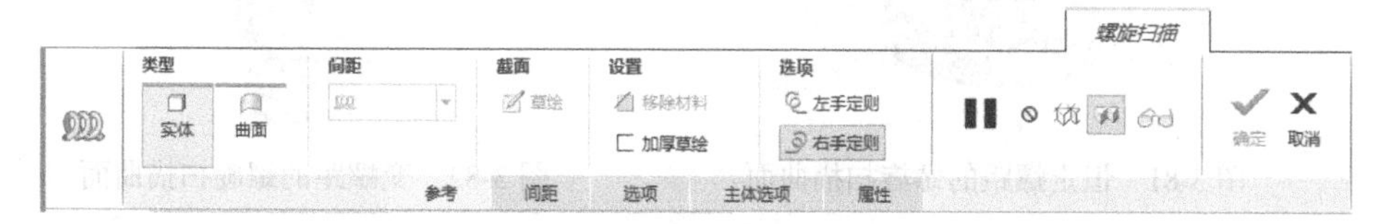

图 3-78 【螺旋扫描】操控板

除 3.1.1 小节介绍的类似功能外，操控板中其他常用功能介绍如下。

【草绘】：创建或编辑螺旋扫描截面。

【移除材料】：使用特征体积块创建切口。

【左手定则】：用左手判断螺纹旋转方向。

【右手定则】：用右手判断螺纹旋转方向。

【加厚草绘】⊏：向草绘曲线添加厚度。

2. 下拉面板

【螺旋扫描】操控板提供下列下拉面板。

（1）【参考】：该下拉面板如图 3-79 所示。该下拉面板中有【螺旋轮廓】【螺旋轴】【创建螺旋轨迹曲线】【截面方向】4 项。

它们的意义如下。

- 【螺旋轮廓】：用于创建或编辑螺旋扫描轮廓线。
- 【螺旋轴】：用于确定轮廓线的旋转中心轴。
- 【创建螺旋轨迹曲线】复选框：用于设置是否创建螺旋轨迹曲线。
- 【截面方向】：用于设置截面方向，包括【穿过螺旋轴】和【垂直于轨迹】。

（2）【间距】：该下拉面板如图 3-80 所示。使用该下拉面板可进行螺旋间距的设置，可以设置为恒定螺距，如图 3-81 所示；也可以设置为变螺距，如图 3-82 所示。

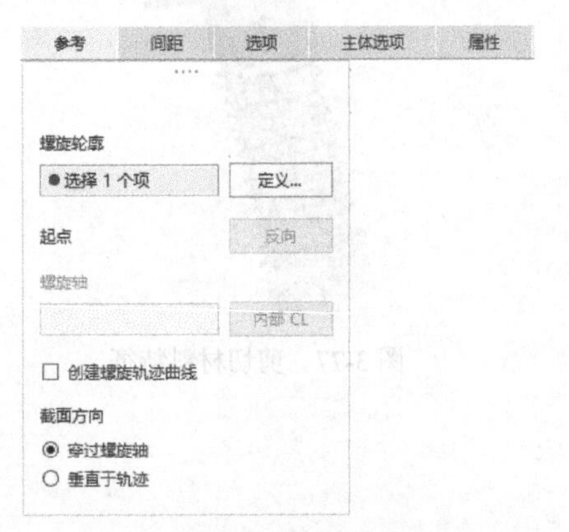

图 3-79 【参考】下拉面板

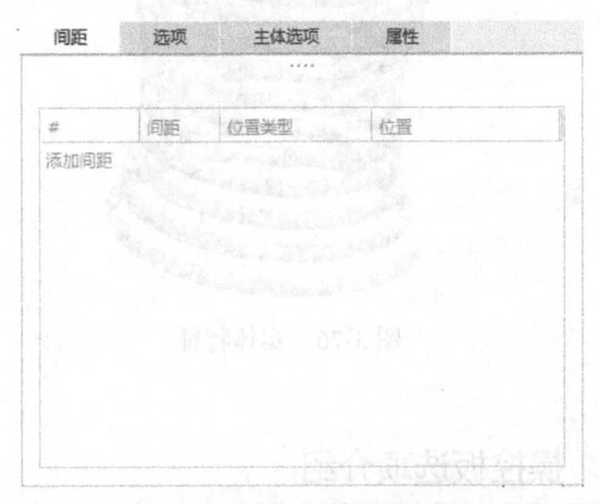

图 3-80 【间距】下拉面板

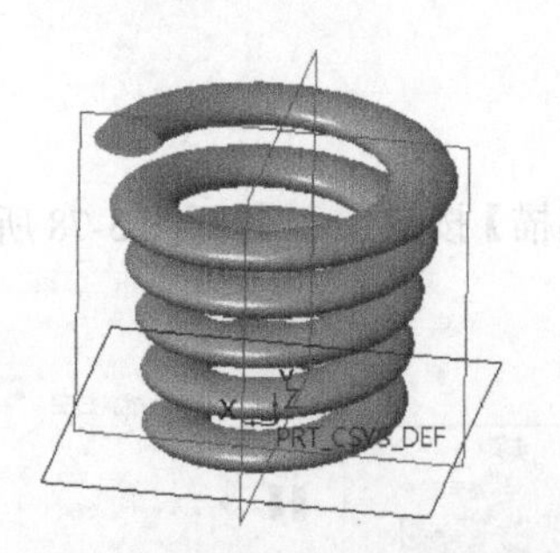

图 3-81 恒定螺距的螺旋扫描曲面

图 3-82 变螺距的螺旋扫描曲面

（3）【选项】：该下拉面板如图 3-83 所示，用于设置沿轨迹扫描时截面是否变化。

（4）【主体选项】：该下拉面板如图 3-84 所示。将创建的几何实体添加到主体。勾选【创建新主体】复选框，可创建新的主体。

（5）【属性】：该下拉面板如图 3-85 所示。使用该下拉面板可以编辑特征名，并打开浏览器显示特征信息。

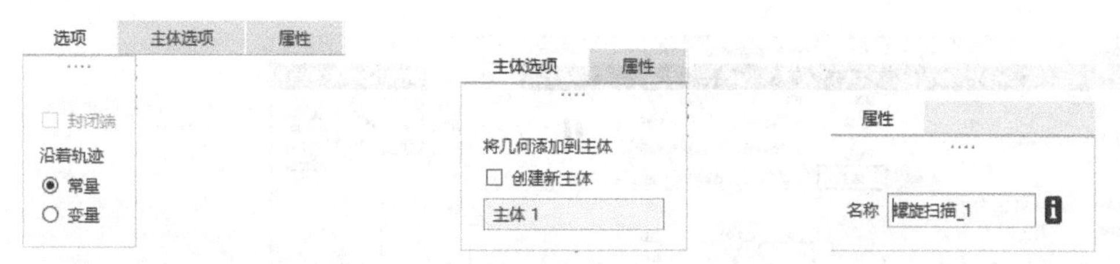

图 3-83 【选项】下拉面板　　图 3-84 【主体选项】下拉面板　　图 3-85 【属性】下拉面板

3.7.2 练习：创建变螺距螺旋扫描特征

下面通过创建弹簧零件来练习创建变螺距螺旋扫描特征的方法。创建弹簧先要绘制扫描轨迹线，然后绘制扫描截面，最后设置参数生成弹簧。

1. 创建新文件

单击【新建】按钮，弹出【新建】对话框。在【文件名】输入框中输入零件的名称【tanhuang】，选择【mmns_part_solid_abs】模板，单击【确定】按钮，进入实体建模界面。参数设置步骤如图 3-6 所示。

2. 绘制轨迹线

单击【螺旋扫描】按钮，选择【FRONT】基准平面作为草绘平面。绘制轨迹线，如图 3-86 所示。

3. 创建截面

单击操控板中的【创建截面】按钮，绘制截面草图，如图 3-87 所示。

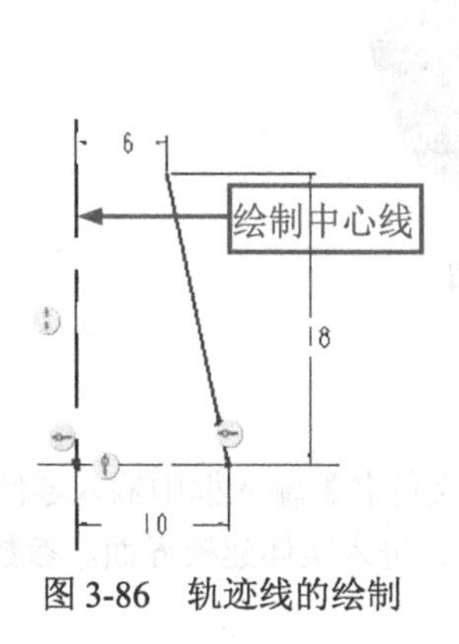

图 3-86　轨迹线的绘制

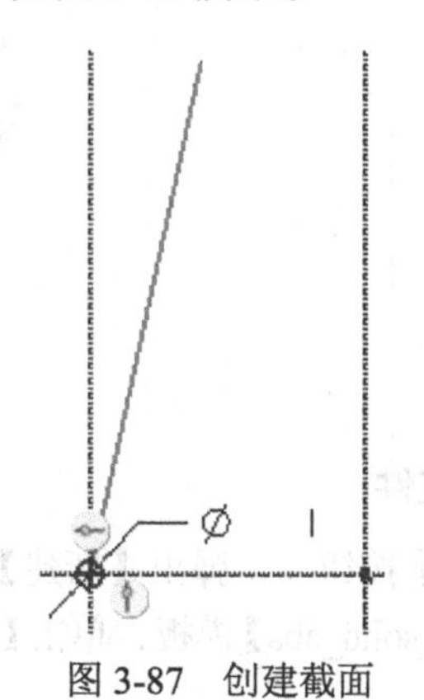

图 3-87　创建截面

4. 设置参数

返回操控板，按照图 3-88 所示的步骤设置参数。单击【确定】按钮，结果如图 3-89 所示。

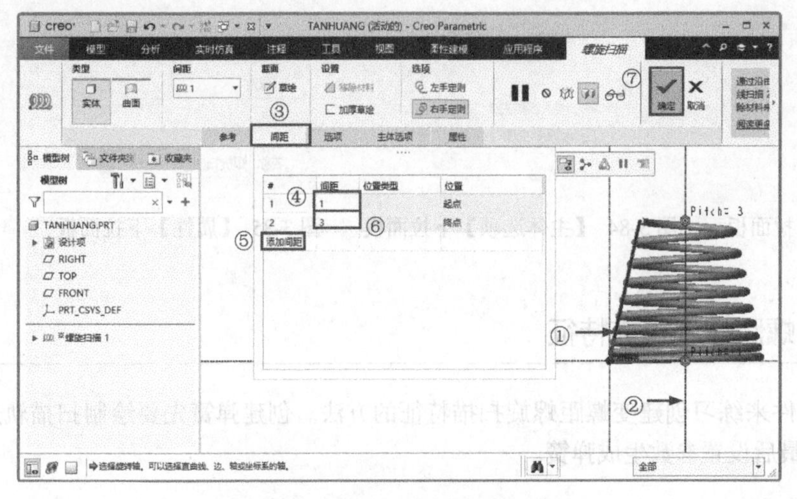

图 3-88　变螺距螺旋参数的设置

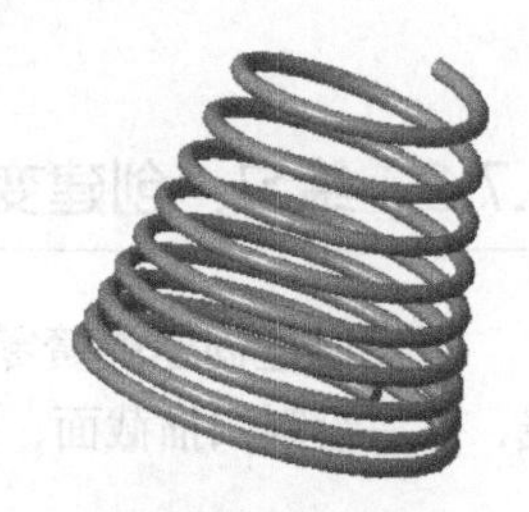

图 3-89　弹簧

3.7.3　练习：创建螺纹的螺旋扫描特征

接下来通过绘制图 3-90 所示的螺母来练习创建螺纹螺旋扫描特征的方法。先利用【拉伸】命令创建正六棱柱，然后利用【旋转】命令创建正六棱柱的倒角，再使用【孔】命令创建螺纹通孔，接着在孔两端创建倒角特征，最后使用【螺旋扫描】命令创建螺纹。

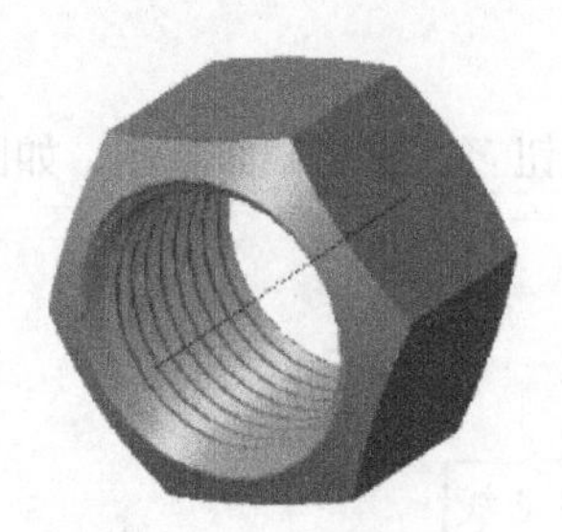

图 3-90　螺母

1．创建新文件

单击【新建】按钮，弹出【新建】对话框。在【文件名】输入框中输入零件的名称【luomu】，选择【mmns_part_solid_abs】模板，单击【确定】按钮，进入实体建模界面。参数设置步骤如图 3-6 所示。

2．创建正六棱柱

（1）单击【拉伸】按钮，打开【拉伸】操控板。

（2）选择【TOP】基准平面作为草绘平面，绘制正六边形，如图 3-91 所示。单击【确定】按钮，退出草图绘制环境。

（3）返回操控板，按照图 3-92 所示的步骤设置参数。单击【确定】按钮，创建图 3-93 所示的正六棱柱。

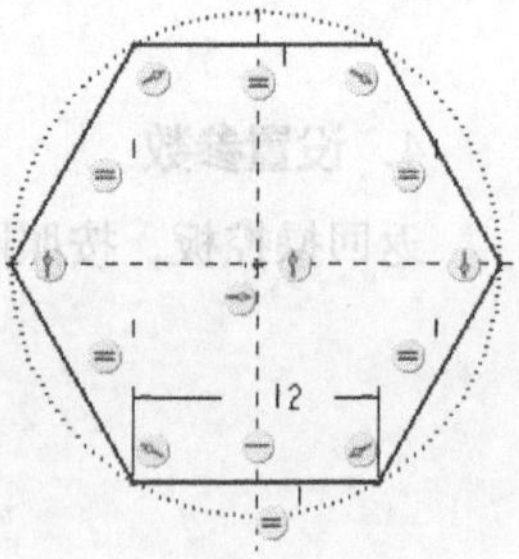

图 3-91　草绘正六边形

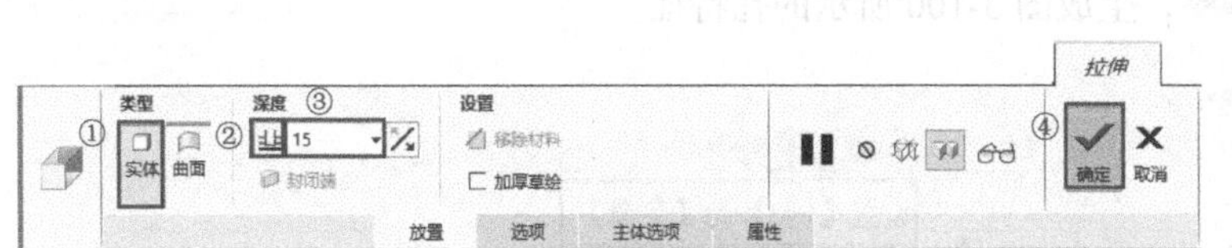

图 3-92　拉伸参数设置

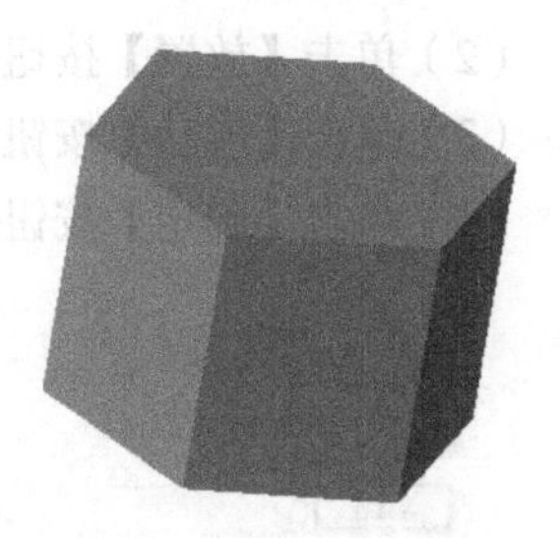

图 3-93　生成正六棱柱

3. 旋转创建倒角

（1）单击【旋转】按钮，打开【旋转】操控板。

（2）选择【FRONT】基准平面作为草绘平面，参考面采用系统默认的【RIGHT】基准平面，方向为向下，绘制图 3-94 的草绘截面。单击【确定】按钮，退出草图绘制环境。

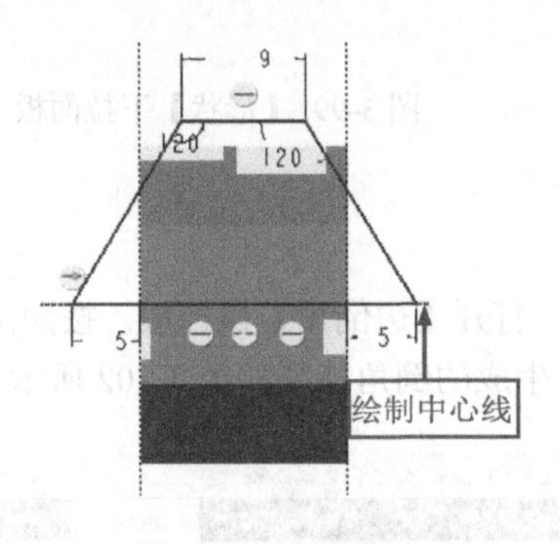

图 3-94　草绘截面

（3）返回操控板，按照图 3-95 所示的步骤设置参数。注意剪切方向为向外，单击【确定】按钮，正六棱柱两头的倒角创建完成后，结果如图 3-96 所示。

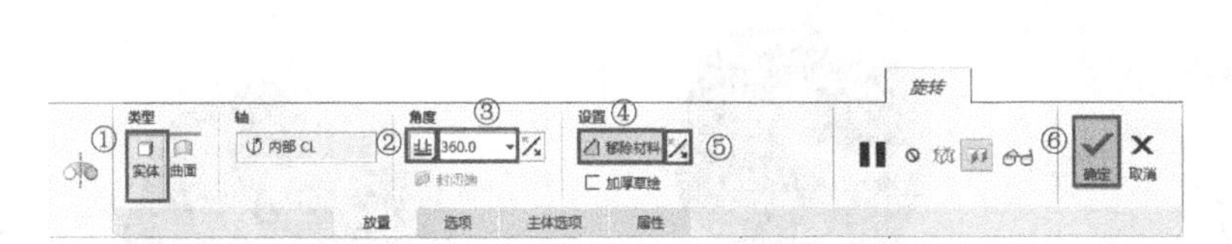

图 3-95　旋转参数设置

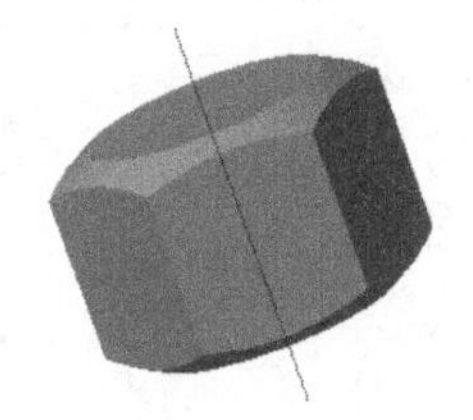

图 3-96　倒角创建完成后的正六棱柱

4. 创建孔

（1）单击【孔】按钮，打开【孔】操控板。按照图 3-97 所示的步骤设置参数。

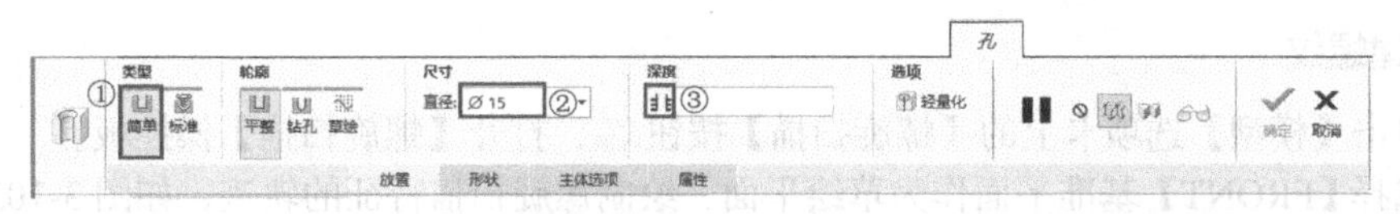

图 3-97　孔参数设置

（2）单击【放置】按钮 放置 ，打开【放置】下拉面板，按照图 3-98 所示的步骤设置参数。

（3）单击【形状】按钮 形状 ，打开【形状】下拉面板，按照图 3-99 所示的步骤设置参数。

（4）单击【确定】按钮✔，生成图 3-100 所示的孔特征。

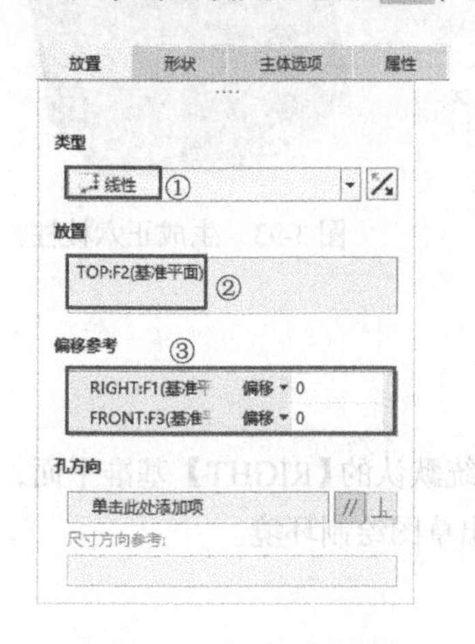

图 3-98 【放置】下拉面板

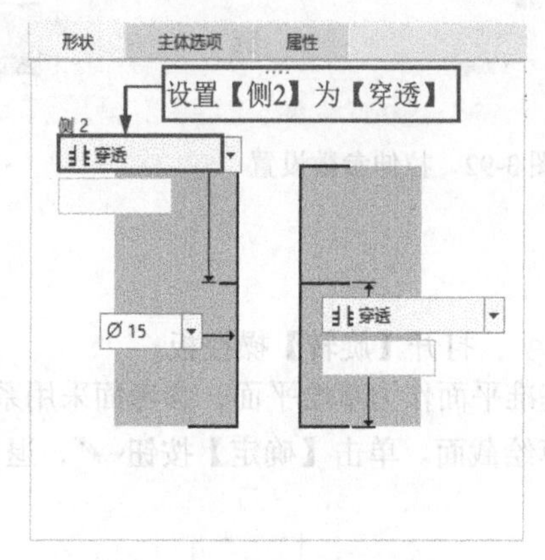

图 3-99 【形状】下拉面板

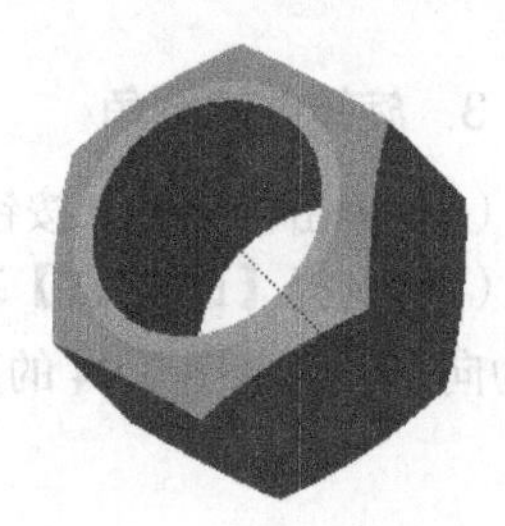

图 3-100 孔特征的生成

5. 创建倒角

（1）单击【边倒角】按钮 ，打开【边倒角】操控板。按照图 3-101 所示的步骤设置参数。

（2）单击【确定】按钮✔，生成的倒角特征如图 3-102 所示。

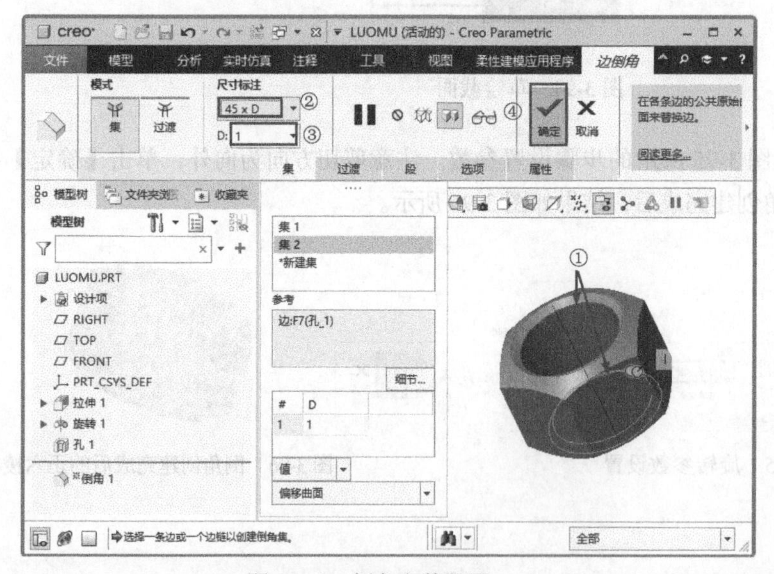

图 3-101 倒角参数设置

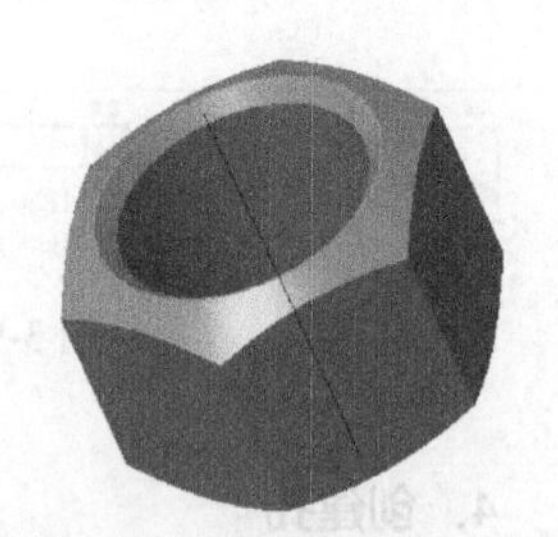

图 3-102 倒角特征的生成

6. 创建螺纹

（1）单击【模型】选项卡上的【螺旋扫描】按钮 ，打开【螺旋扫描】操控板。

（2）选择【FRONT】基准平面作为草绘平面，绘制螺旋扫描特征的轨迹，如图 3-103 所示。单击【确定】按钮✔，退出草图绘制环境。

（3）在操控板中单击【草绘】按钮，进入草绘环境，在扫描起始点处绘制图 3-104 所示的截面。单击【确定】按钮，退出草图绘制环境。

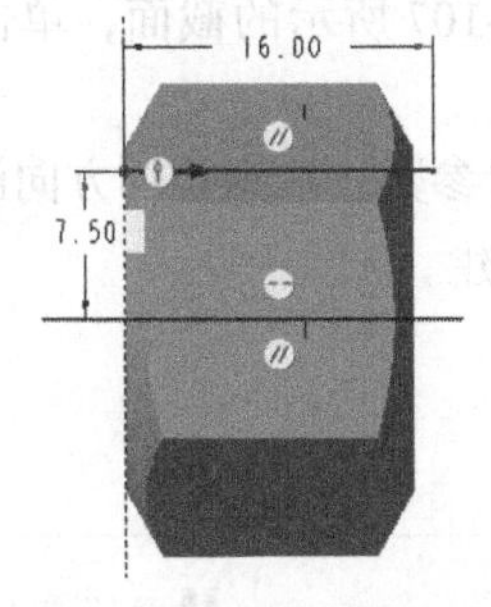

图 3-103 螺旋扫描特征的轨迹

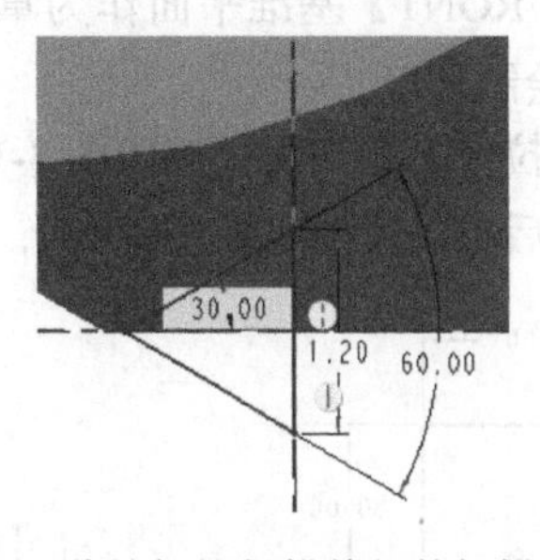

图 3-104 草绘螺旋扫描特征的扫描截面

（4）返回操控板，按照图 3-105 所示的步骤设置参数。单击【确定】按钮，完成螺母的创建，结果如图 3-90 所示。

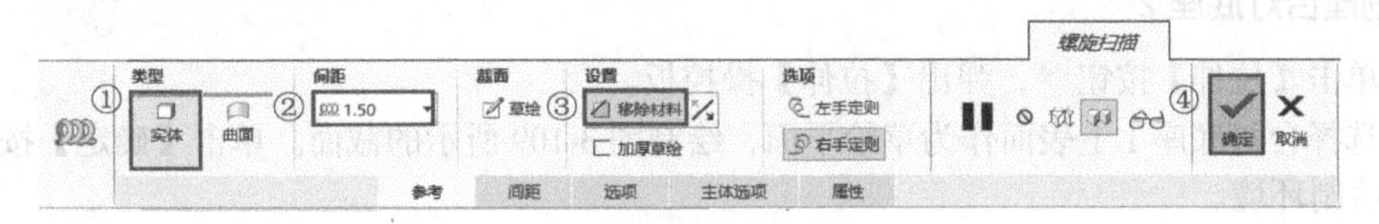

图 3-105 螺旋扫描参数的设置

3.8 综合实例——绘制台灯

本例将通过创建不同的基础特征来创建台灯模型，如图 3-106 所示。台灯的主要创建步骤如下所示。

第一步，创建拉伸特征——台灯底座。

第二步，创建旋转特征——台灯灯罩。

第三步，创建扫描混合特征——台灯灯杆。

第四步，创建拉伸切除特征——台灯灯槽。

第五步，创建旋转切除特征——台灯灯管。

第六步，创建旋转混合特征——台灯底座切口。

图 3-106 台灯

【绘制步骤】

1. 新建文件

单击【新建】按钮，设置【文件名】为【taideng】，选择【mmns_part_solid_abs】模板，单击【确定】按钮，进入实体建模界面。参数设置步骤如图 3-6 所示。

2. 创建台灯底座1

（1）单击【拉伸】按钮，弹出【拉伸】操控板。

（2）选择【FRONT】基准平面作为草绘平面，绘制图3-107所示的截面，单击【确定】按钮，退出草图绘制环境。

（3）返回【拉伸】操控板，按照图3-108所示的步骤设置参数。注意拉伸方向沿【FRONT】基准平面向下。然后单击【确定】按钮，完成拉伸特征的创建。

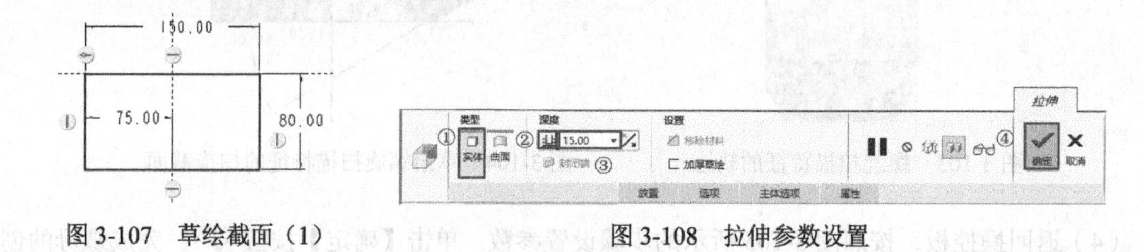

图3-107　草绘截面（1）　　图3-108　拉伸参数设置

3. 创建台灯底座2

（1）单击【拉伸】按钮，弹出【拉伸】操控板。

（2）选择台灯底座1上表面作为草绘平面，绘制图3-109所示的截面。单击【确定】按钮，退出草图绘制环境。

（3）返回【拉伸】操控板，按照图3-110所示的步骤设置参数。单击【确定】按钮，拉伸结果如图3-111所示。

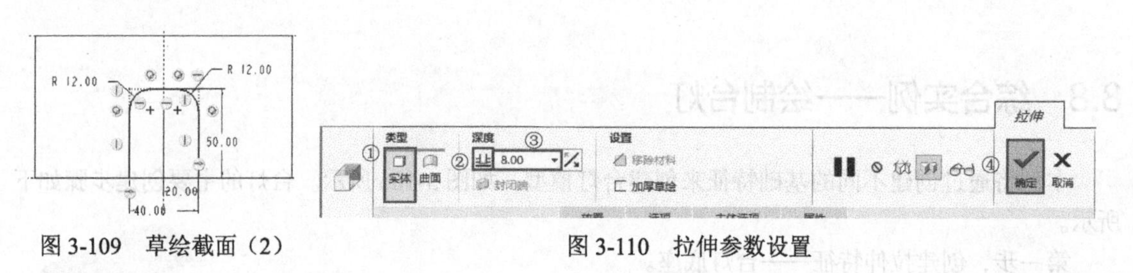

图3-109　草绘截面（2）　　图3-110　拉伸参数设置

4. 绘制草图

（1）单击【基准】组中的【草绘】按钮，在【RIGHT】基准平面内绘制图3-112所示的曲线。

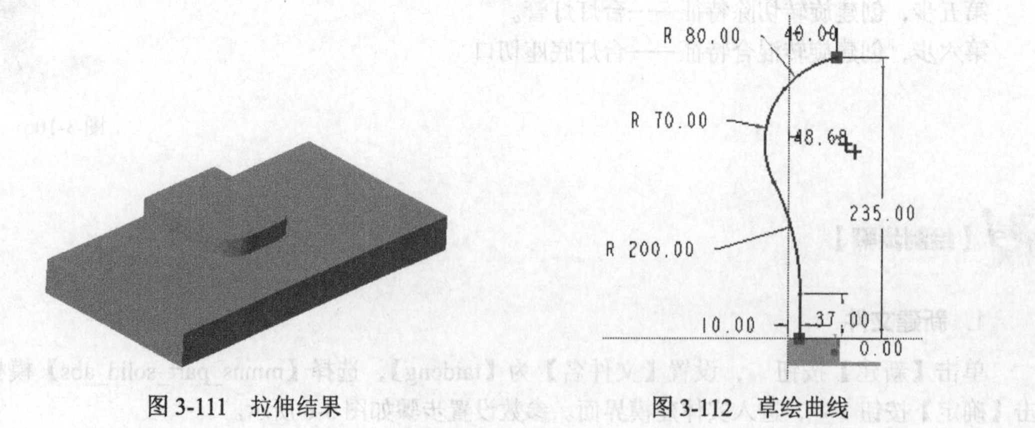

图3-111　拉伸结果　　图3-112　草绘曲线

（2）单击【点】按钮 ✕ ，在图 3-113 所示的位置创建两个点，单击【确定】按钮✔，退出草绘环境。

5. 创建基准平面

（1）单击【基准】组中的【平面】按钮▱，弹出【基准平面】对话框。

（2）创建基准平面【DTM1】。按照图 3-114 所示的步骤设置参数。注意：偏移方向为向上。

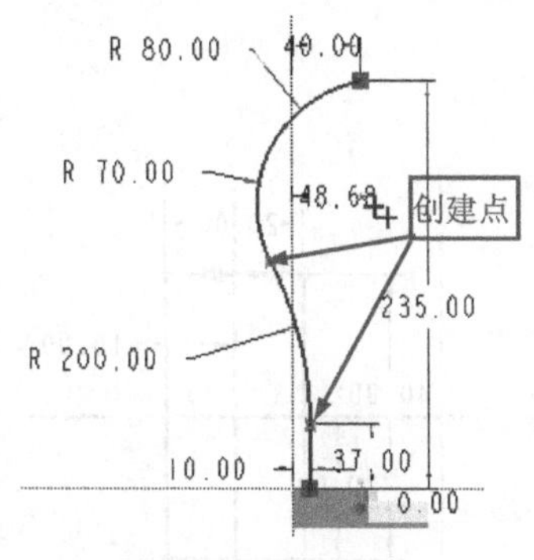

图 3-113 创建点

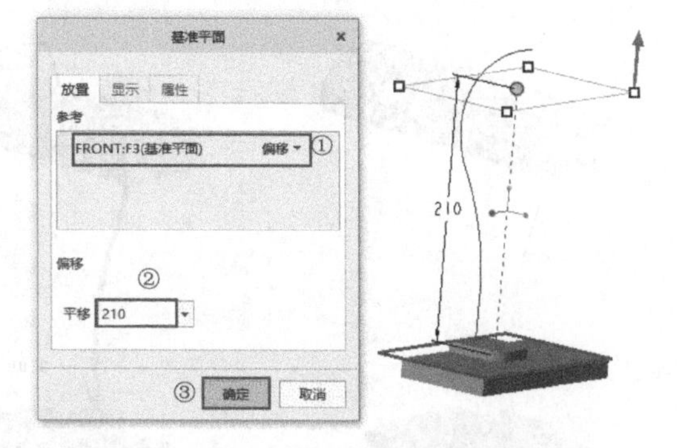

图 3-114 【DTM1】基准平面参数的设置

6. 创建灯罩

（1）单击【旋转】按钮 ，打开【旋转】操控板。

（2）在基准平面【DTM1】内草绘，绘制图 3-115 所示的封闭曲线。

（3）选择上一步绘制的封闭曲线，单击【镜像】按钮 ，选择水平中心线作为镜像对称轴，结果如图 3-116 所示。退出草绘环境。

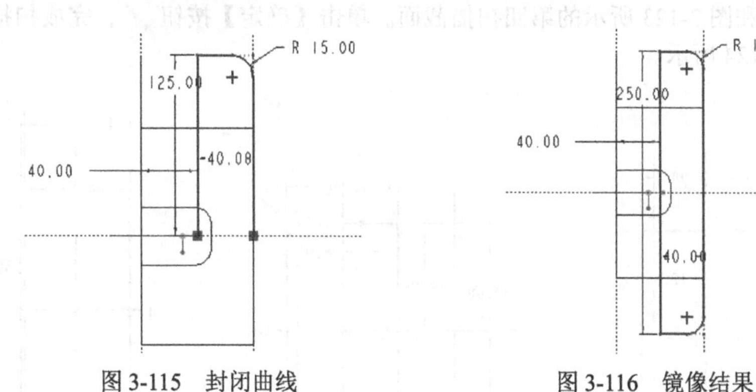

图 3-115 封闭曲线　　图 3-116 镜像结果

（4）返回【旋转】操控板，按照图 3-117 所示的步骤设置参数。单击【确定】按钮✔，完成旋转特征的创建，结果如图 3-118 所示。

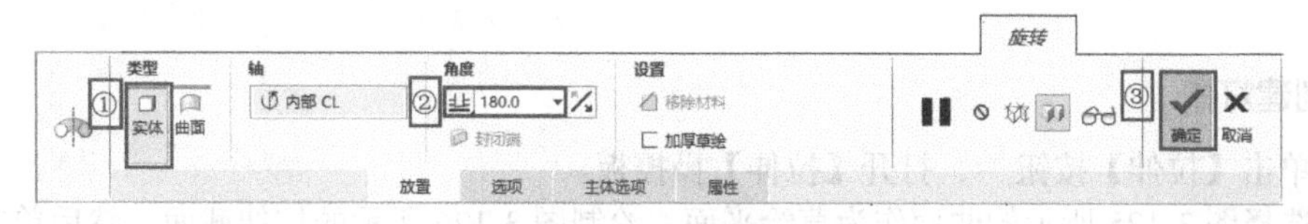

图 3-117 旋转参数设置

7. 创建灯杆

（1）单击【模型】选项卡里的【扫描混合】按钮，打开【扫描混合】操控板。在绘图区中拾取【草绘 1】，单击箭头调整其方向，箭头所在位置为扫描混合的起始点，如图 3-119 所示。

（2）单击【截面】按钮 截面 ，在【截面】下拉面板中选择【截面 1】，再单击【草绘】按钮 草绘 ，以参考轴交点为对称中心绘制图 3-120 所示的第一扫描截面，然后单击【确定】按钮，退出草绘环境。

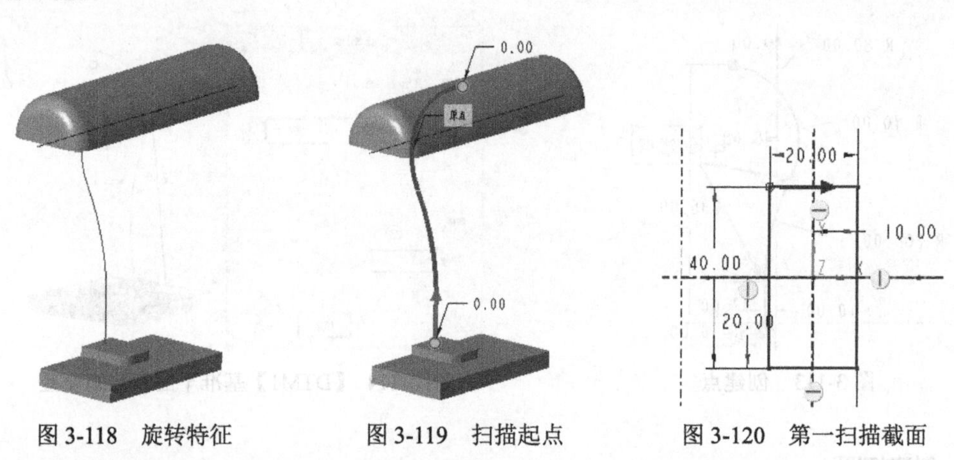

图 3-118　旋转特征　　图 3-119　扫描起点　　图 3-120　第一扫描截面

（3）返回【截面】下拉面板。单击【添加】按钮 添加 ，在模型中选择图 3-119 中的下方点，然后单击【草绘】按钮 草绘 ，进入第二截面的草绘。

（4）绘制图 3-121 所示的第二扫描截面，然后单击【确定】按钮，退出草图绘制环境。

（5）重复执行上述操作，分别选择图 3-120 中的上方点和扫描曲线的顶点，并绘制图 3-122 所示的第三扫描截面和图 3-123 所示的第四扫描截面。单击【确定】按钮，完成扫描混合特征的创建，结果如图 3-124 所示。

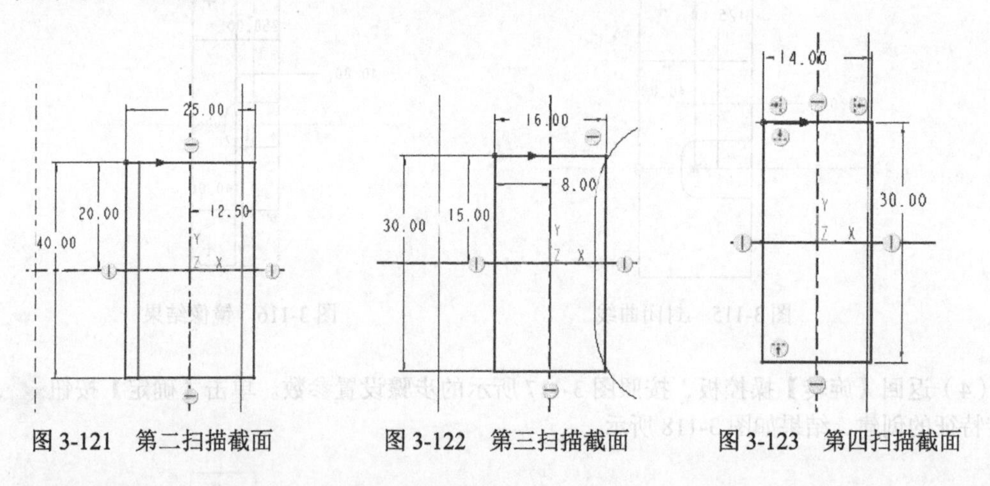

图 3-121　第二扫描截面　　图 3-122　第三扫描截面　　图 3-123　第四扫描截面

8. 创建灯槽

（1）单击【拉伸】按钮，打开【拉伸】操控板。

（2）选择图 3-125 所示的曲面作为草绘平面，绘制图 3-126 所示的拉伸截面。然后单击【确定】按钮，退出草图绘制环境。

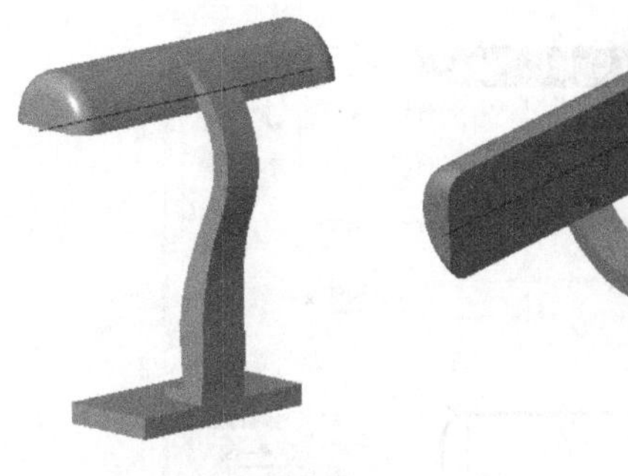

图 3-124 扫描混合特征

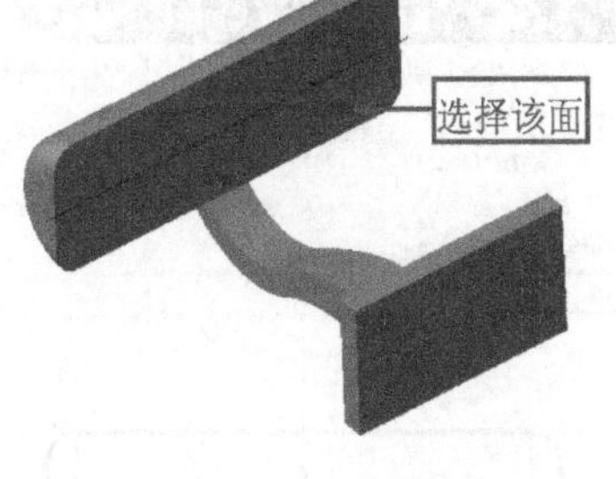

图 3-125 拉伸草绘平面

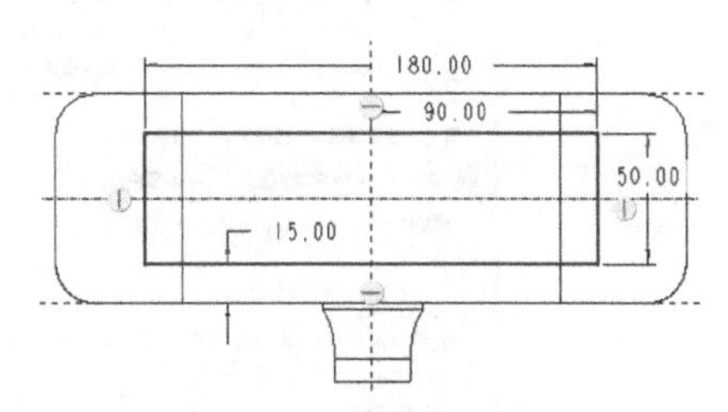

图 3-126 拉伸截面

（3）返回【拉伸】操控板，按照图 3-127 所示的步骤设置参数。

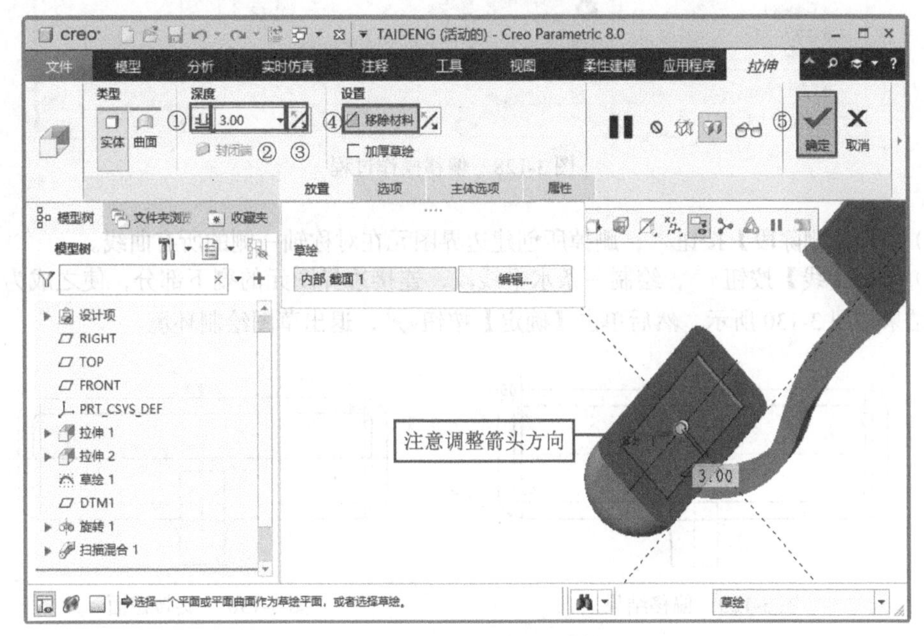

图 3-127 拉伸切除参数设置

9. 创建基准平面

（1）单击【基准】组中的【平面】按钮，弹出【基准平面】对话框。

（2）选择【DTM1】基准平面作为参考平面，并设置为【偏移】方式，将【DTM1】基准平面向上偏移【3】，建立新的基准平面【DTM2】。

10. 创建灯管

（1）单击【模型】选项卡里的【旋转】按钮，打开【旋转】操控板。

（2）在基准平面【DTM2】内草绘。单击【偏移】按钮，绘制草图，偏移操作过程如图 3-128 所示。

（3）单击【类型】对话框中的【关闭】按钮 关闭(C) ，结果如图 3-129 所示。

（4）单击【基准】组中的【中心线】按钮，绘制一条水平中心线，并使之成为上面创建的边界图元的对称轴。

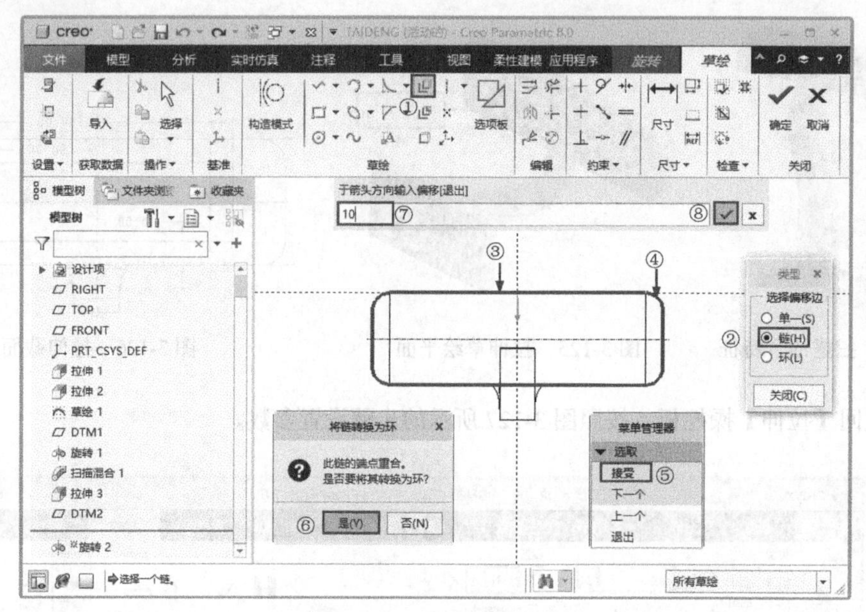

图 3-128　偏移操作过程

（5）单击【删除段】按钮，删掉所创建边界图元在对称轴一侧的所有曲线。

（6）单击【线】按钮，绘制一条水平线段，连接边界图元的剩下部分，使之成为一个封闭的环，结果如图 3-130 所示。然后单击【确定】按钮，退出草图绘制环境。

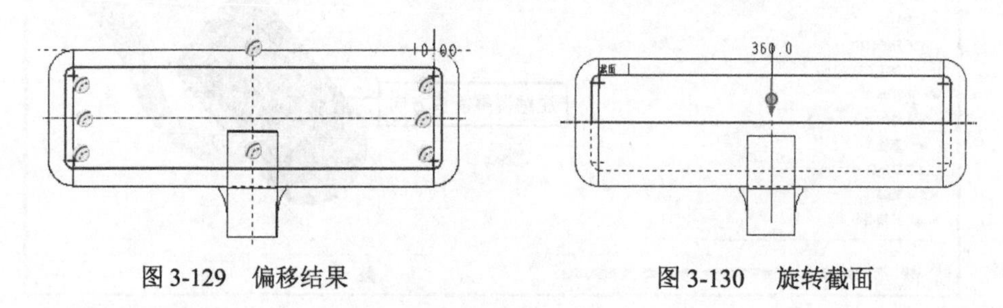

图 3-129　偏移结果　　　　图 3-130　旋转截面

（7）返回【旋转】操控板，按照图 3-131 所示的步骤设置参数。预览结果如图 3-132 所示。单击【确定】按钮，完成旋转剪切特征的创建。

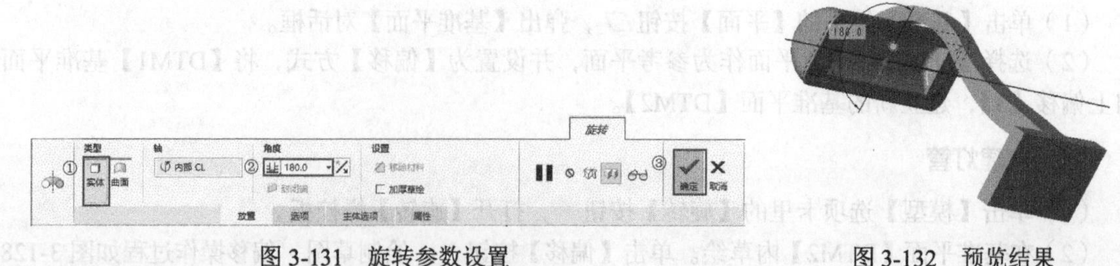

图 3-131　旋转参数设置　　　　图 3-132　预览结果

11．创建底座切口

（1）单击【旋转混合】按钮，弹出【旋转混合】操控板，如图 3-133 所示。

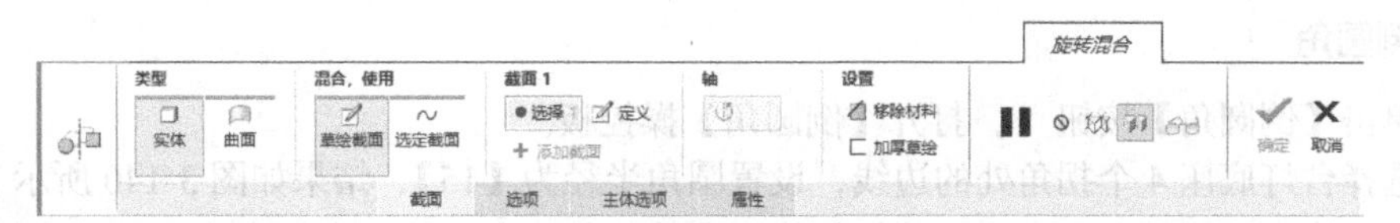

图 3-133 【旋转混合】操控板

（2）单击操控板中的【选项】按钮，在【选项】下拉面板中选择【平滑】单选项，如图 3-134 所示。

（3）单击操控板中的【截面】按钮，弹出【截面】下拉面板，单击【定义】按钮，弹出【草绘】对话框。选择台灯底座 1 的下底面作为草绘平面。绘制图 3-135 所示的第一混合截面。注意要添加旋转轴。

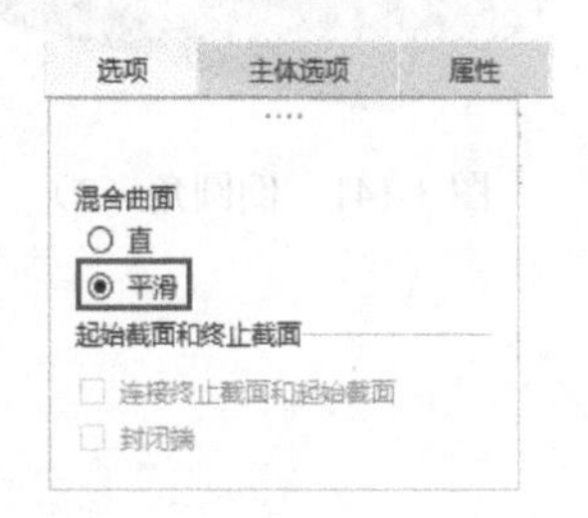

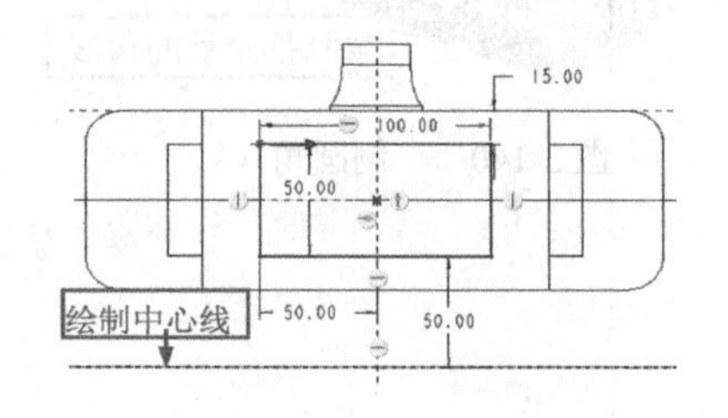

图 3-134 【选项】下拉面板

图 3-135 第一混合截面

（4）单击【确定】按钮，退出草图绘制环境，完成第一混合截面的绘制。返回【旋转混合】操控板。按照图 3-136 所示的步骤设置参数。

（5）在【截面】下拉面板中单击【草绘】按钮，进入草绘环境。绘制图 3-137 所示的第二混合截面，并设置混合起始点的位置和方向与第一混合截面一致。然后单击【确定】按钮，退出草图绘制环境。

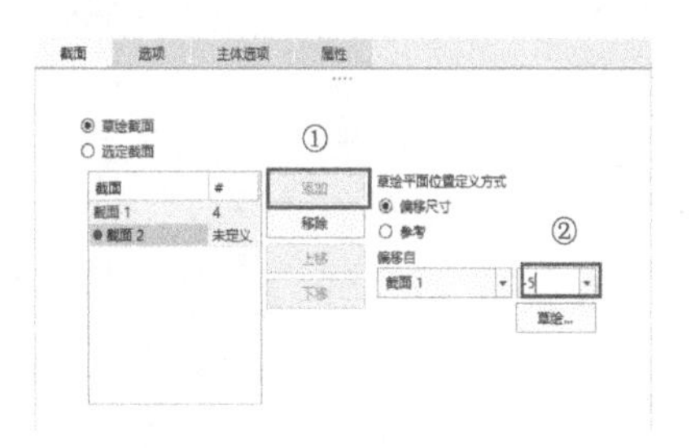

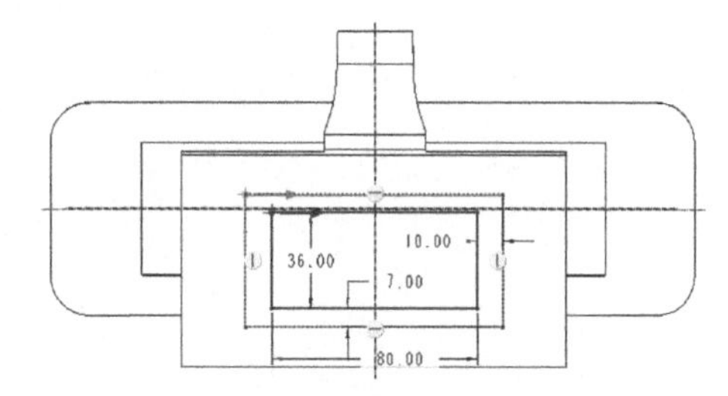

图 3-136 设置截面偏移距离

图 3-137 第二混合截面

（6）返回【旋转混合】操控板，按照图 3-138 所示的步骤设置参数。设置混合方向为向内，然后单击【确定】按钮，混合特征如图 3-139 所示。

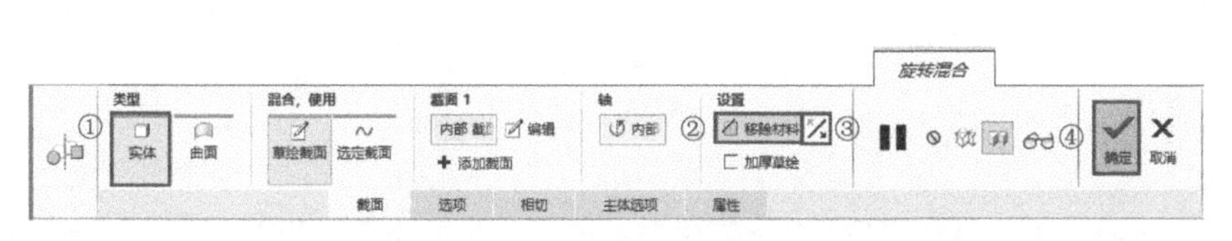

图 3-138 旋转混合参数设置

图 3-139 混合特征

12. 倒圆角

（1）单击【倒圆角】按钮，打开【倒圆角】操控板。

（2）选择台灯底座4个拐角处的边线，设置圆角半径为【15】，结果如图3-140所示。

（3）重复执行【倒圆角】命令，选择扫描混合特征的4条边线和台灯底座上面的边线，设置圆角半径为【2】，结果如图3-141所示。

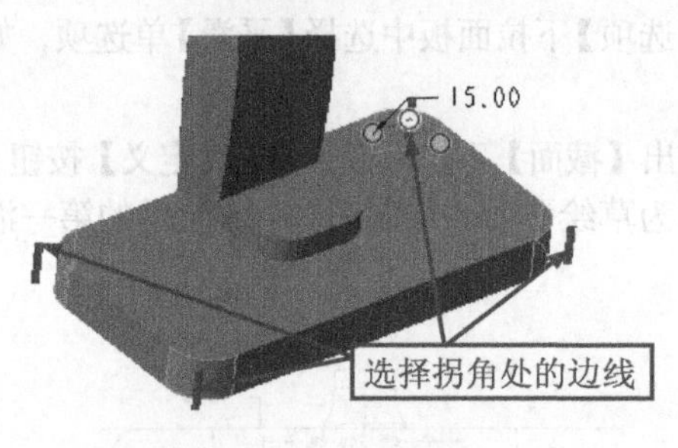

图3-140 倒圆角（1）

图3-141 倒圆角（2）

第 4 章 工程特征

/ 本章导读

常用的工程特征包括孔、倒圆角、倒角、抽壳、筋、拔模等。创建的每一个零件都由一系列特征组成，零件的形状直接由这些特征控制，通过修改特征的参数就可以修改零件的形状。

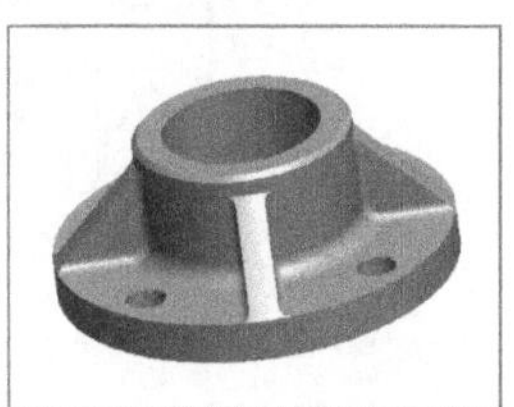

/ 知识重点

- 倒圆角特征
- 倒角特征
- 孔特征
- 抽壳特征
- 筋特征
- 拔模特征

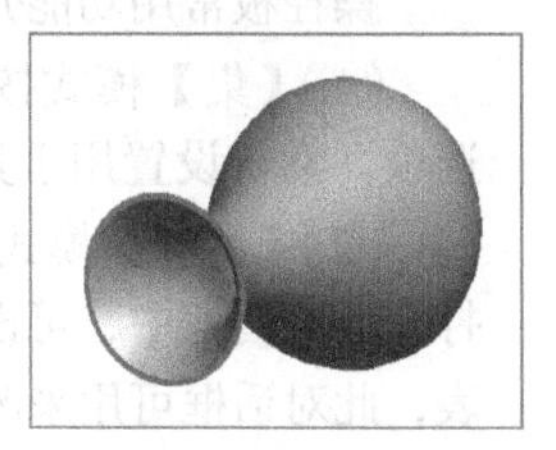

4.1 倒圆角特征

在 Creo Parametric 中可创建和修改倒圆角。倒圆角是一种边处理特征，通过向一条或多条边、边链或在曲面之间添加半径形成。曲面可以是实体模型曲面或常规的 Creo Parametric 零厚度面组和曲面。

要创建倒圆角，需定义一个或多个倒圆角集。倒圆角集是一种结构单位，包含一个或多个倒圆角段（倒圆角几何）。在指定倒圆角放置参考后，Creo Parametric 将使用默认属性、半径值及最适合于被参考几何的默认过渡创建倒圆角。Creo Parametric 在绘图窗口中显示倒圆角的预览几何，允许用户在创建特征前创建和修改倒圆角段和过渡。

注意

默认设置适用于大多数建模情况。用户也可自定义倒圆角集或过渡以获得满意的倒圆角几何。

4.1.1 操控板选项介绍

倒圆角特征的操控板包括两部分内容：【倒圆角】操控板和下拉面板。下面我们详细地进行介绍。

1.【倒圆角】操控板

单击【模型】选项卡中【工程】组上方的【倒圆角】按钮，打开图 4-1 所示的【倒圆角】操控板。

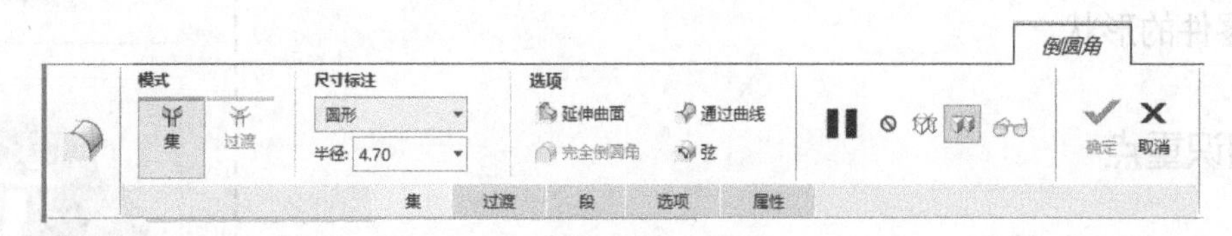

图 4-1 【倒圆角】操控板

操控板常用功能介绍如下。

（1）【集】模式按钮：激活【集】模式按钮，可用来处理倒圆角集。系统默认选择此选项。默认设置用于具有【圆形】截面倒圆角的选项。

（2）【过渡】模式按钮：激活【过渡】模式按钮，可以定义倒圆角特征的所有过渡。在打开的对话框中，可设置显示当前过渡的默认过渡类型，并包含基于几何环境的有效过渡类型的列表，此对话框可用来改变当前过渡的类型。

2. 下拉面板

（1）【集】：使用该下拉面板可进行下列操作。

①【截面形状】下拉列表框 圆形：控制活动倒圆角集的截面形状。

②【圆锥参数】输入框 0.50：控制当前【圆锥】倒圆角的锐度。可输入新值，或从下拉列表中选择最近使用的值。默认值为 0.50。当仅选择了【圆锥】或【D1×D2 圆锥】截面形状时，此框才可用。

③【创建方法】下拉列表框 滚球：控制活动的倒圆角集的创建方法。

④【延伸曲面】按钮 [延伸曲面]：启用倒圆角集，以在连接曲面的延伸部分继续展开，而非把边转换为曲面倒圆角。

⑤【完全倒圆角】按钮 [完全倒圆角]：将活动倒圆角集切换为完全倒圆角，或允许使用第三个曲面来将曲面转换为曲面完全倒圆角。再次单击此按钮可将倒圆角恢复为先前状态。图 4-2 所示为完全倒圆角示意图。

⑥【通过曲线】按钮 [通过曲线]：允许由选定曲线驱动活动的倒圆角半径，以创建由曲线驱动的倒圆角。单击此按钮会激活【驱动曲线】列表框。再次单击此按钮可将倒圆角恢复为先前状态。

图 4-2　完全倒圆角

⑦【参考】列表框：包含为倒圆角集所选择的有效参考。可在该列表框中单击或使用【参考】快捷菜单命令将其激活。

⑧【骨架】列表框：根据活动的倒圆角类型，可激活下列列表框。

- 驱动曲线：包含曲线的参考，由该曲线驱动倒圆角半径来创建由曲线驱动的倒圆角。可在该列表框中单击或使用【通过曲线】快捷菜单命令将其激活。将半径捕捉（按住 Shift 键单击并拖动）至曲线即可打开该列表框。
- 驱动曲面：包含将由完全倒圆角替换的曲面参考。可在该列表框中单击或使用【延伸曲面】快捷菜单命令将其激活。
- 骨架：包含用于【垂直于骨架】或【滚动】曲面至曲面倒圆角集的可选骨架参考。可在该列表框中单击或使用【可选骨架】快捷菜单命令将其激活。

⑨【细节】按钮：打开【链】对话框以便修改链属性，【链】对话框如图 4-3 所示。

⑩【半径】列表框：控制活动的倒圆角集的半径的距离和位置。对于【完全倒圆角】或由曲线驱动的倒圆角，该列表框不可用。【半径】列表框包含以下选项。

- 【距离】下拉列表：指定倒圆角集中的圆角半径特征。其位于【半径】列表框下面，包含以下选项。

值：使用数字指定当前半径。此距离值在【半径】列表框中显示。

参考：使用参考设置当前半径。此选项会在【半径】列表框中激活一个列表框，以显示相应参考信息。特别地，对于【D1×D2 圆锥】倒圆角，会显示两个【距离】下拉列表。

（2）【过渡】：要使用此下拉面板，必须激活【过渡】模式。【过渡】下拉面板如图 4-4 所示，【过渡】下拉面板包含用户定义的整个倒圆角特征的所有过渡，可用来修改过渡。

（3）【段】：可查看倒圆角特征的全部倒圆角集，查看当前倒圆角集中的全部倒圆角段，修剪、延伸或排除这些倒圆角段，以及解决放置模糊问题。

【段】下拉面板如图 4-5 所示，包含下列选项。

①【集】列表框：列出包含放置模糊的所有倒圆角集。此列表框针对整个倒圆角特征。

②【段】列表框：列出当前倒圆角集中因放置不明确而产生模糊的所有倒圆角段，并指示这些段的当前状态（【包括】【排除】【已编辑】）。

（4）【选项】：该下拉面板如图 4-6 所示，包含下列选项。

①【实体】单选项：以与现有几何相交的实体形式创建倒圆角特征。当仅选择实体作为倒圆角集参考时，此连接类型才可用。如果选择实体作为倒圆角集参考，则系统自动默认选择此单选项。

②【曲面】单选项：以与现有几何不相交的曲面形式创建倒圆角特征。当仅选择实体作为倒圆角集参考时，此连接类型才可用。系统自动默认不选择此单选项。

③【创建终止曲面】复选框：创建终止曲面，以封闭倒圆角特征的倒圆角段端点。当仅选择了

有效几何及【曲面】或【新面组】连接类型时，此复选框才可用。系统自动默认不勾选此复选框。

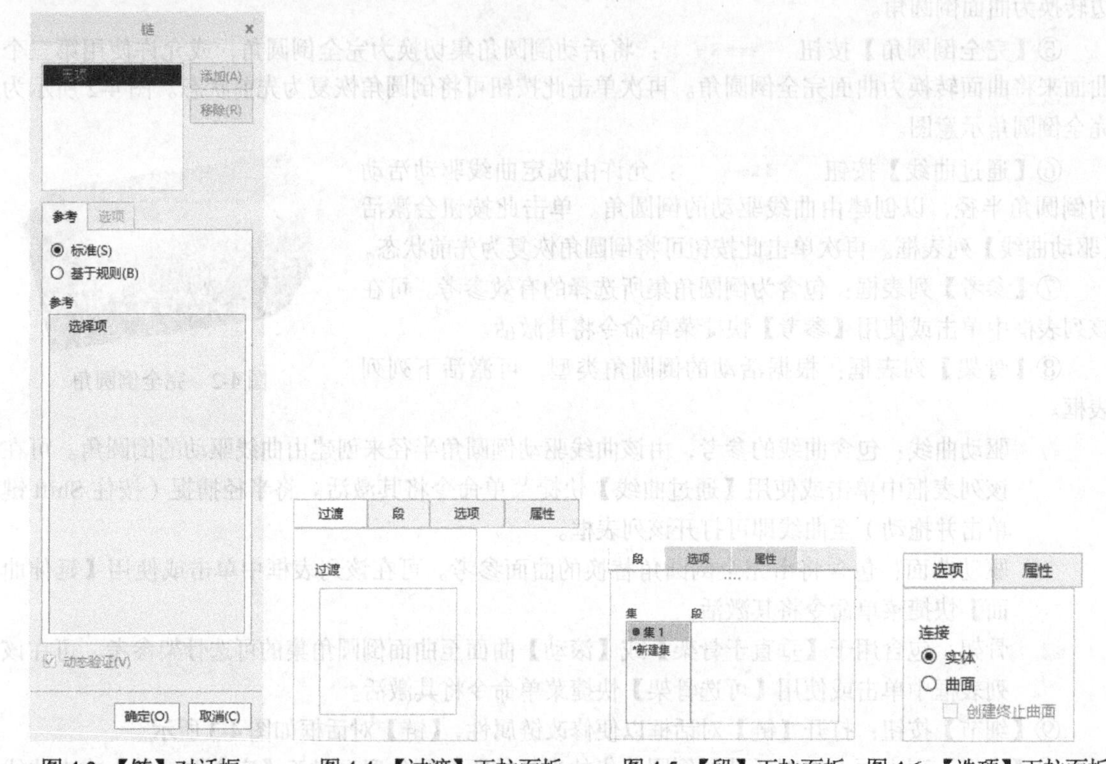

图 4-3 【链】对话框　　图 4-4 【过渡】下拉面板　　图 4-5 【段】下拉面板　　图 4-6 【选项】下拉面板

> **注意** 要进行延伸，就必须存在侧面，并将这些侧面作为封闭曲面。如果不存在侧面，则不能封闭倒圆角段端点。

（5）【属性】：该下拉面板包含下列选项。

①【名称】输入框：显示当前倒圆角特征名称，可对其重命名。

②【显示此特征的信息】按钮：单击此按钮，打开系统浏览器并显示倒圆角特征信息。

4.1.2 练习：创建倒圆角特征

接下来通过创建机械部件【挡圈 2】练习创建倒圆角特征的方法，先利用【拉伸】命令创建挡圈的主体，然后利用【倒圆角】命令对其进行倒圆角操作。结果如图 4-7 所示。

图 4-7 挡圈 2

1. 新建文件

单击【新建】按钮，弹出【新建】对话框。选择【mmns_part_solid_abs】模板，单击【确定】按钮，进入实体建模界面。参数设置步骤如图 4-8 所示。

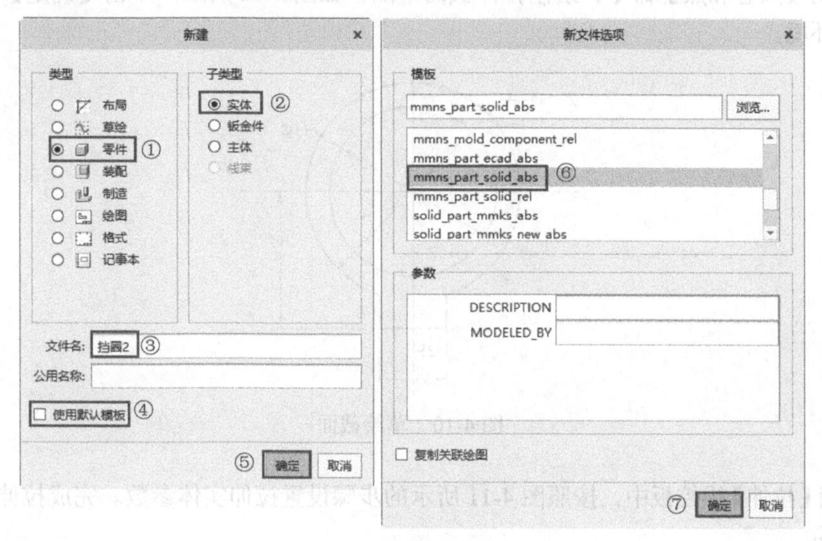

图 4-8　新建文件

2. 创建拉伸实体

（1）单击【拉伸】按钮，打开【拉伸】操控板。绘图基准平面设置步骤如图 4-9 所示，进入草绘界面。

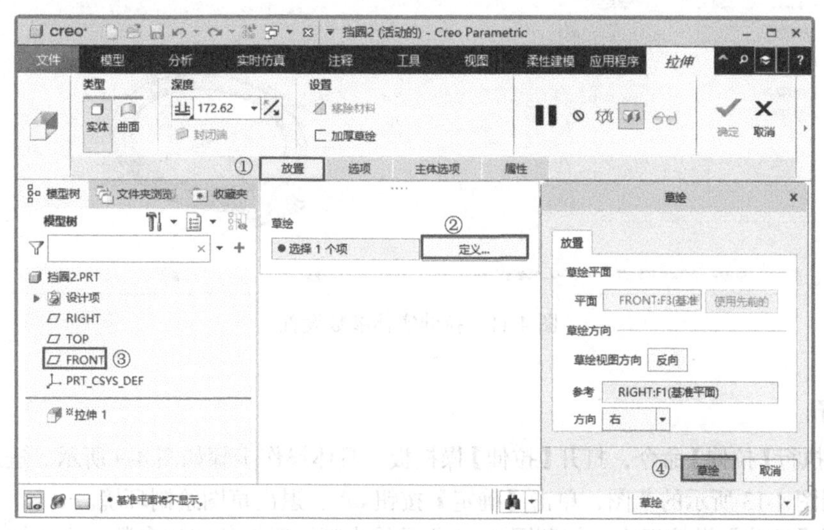

图 4-9　设置绘图基准平面

（2）单击【草绘制图】按钮，将草绘平面调整到用户的正视视角。

注意　如果勾选了【使草绘平面与屏幕平行】复选框，此步可以省略。

（3）利用【圆心和点】命令，绘制拉伸截面草图，如图 4-10 所示。单击【确定】按钮✔，退出草图绘制环境。

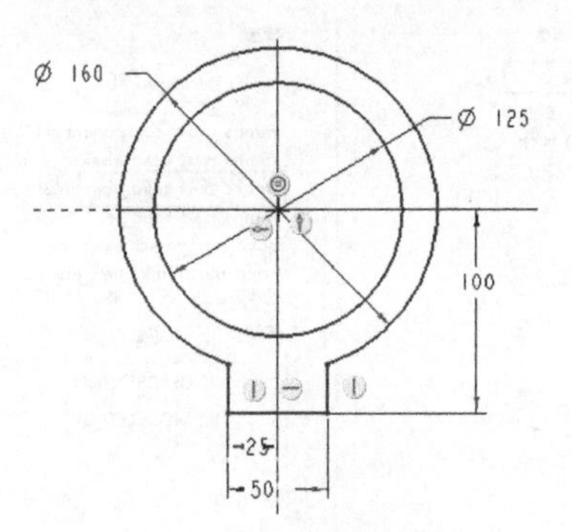

图 4-10　草绘截面

（4）返回【拉伸】操控板中，按照图 4-11 所示的步骤设置拉伸实体参数。完成拉伸特征的创建，如图 4-12 所示。

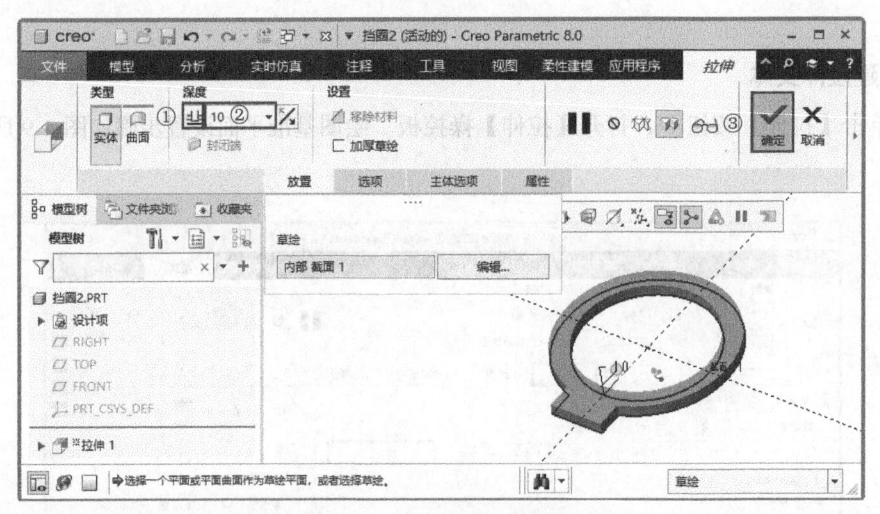

图 4-11　拉伸实体参数设置

3. 创建孔

（1）重复执行【拉伸】命令，打开【拉伸】操控板。具体操作步骤如图 4-9 所示。进入草绘界面。

（2）绘制图 4-13 所示的草图，单击【确定】按钮✔，退出草图绘制环境。

（3）返回【拉伸】操控板中，按照图 4-14 所示的步骤设置拉伸实体参数。完成拉伸切除操作，如图 4-15 所示。

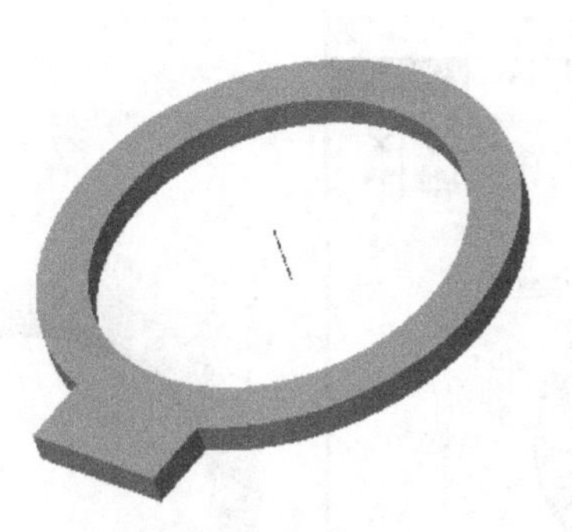

图 4-12　拉伸完成

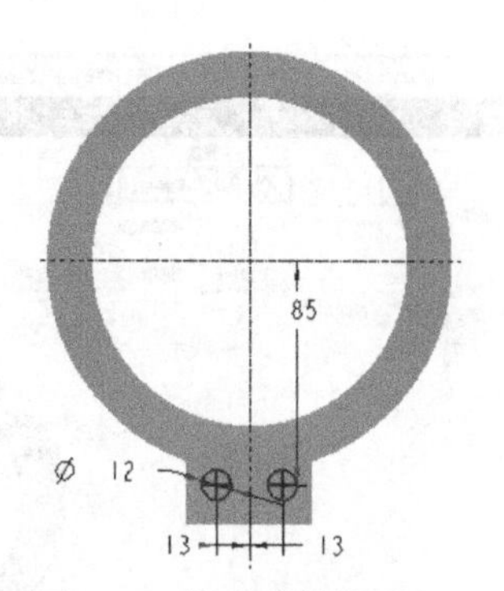

图 4-13　拉伸草绘截面（1）

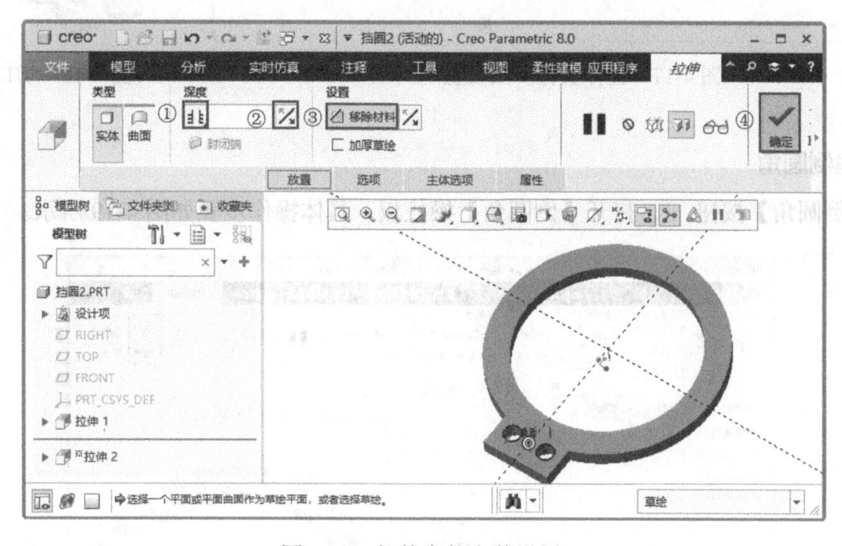

图 4-14　拉伸实体参数设置

4．绘制槽

（1）重复执行【拉伸】命令，打开【拉伸】操控板。具体操作步骤如图 4-9 所示。进入草绘界面。

（2）绘制图 4-16 所示的草图，单击【确定】按钮✔，退出草图绘制环境。

图 4-15　孔特征完成

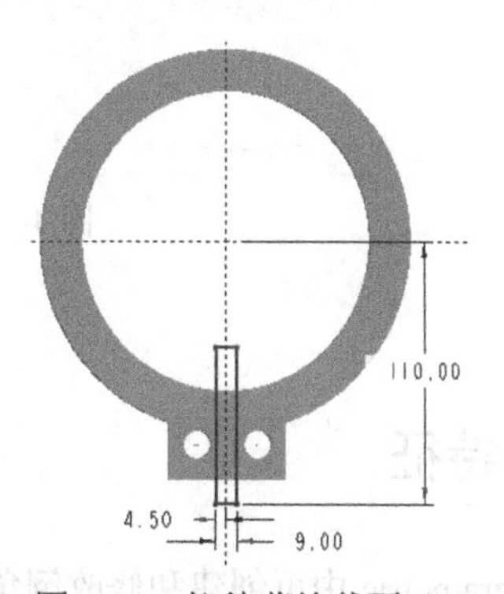

图 4-16　拉伸草绘截面（2）

（3）返回【拉伸】操控板，拉伸实体参数设置步骤如图 4-17 所示。切口完成，如图 4-18 所示。

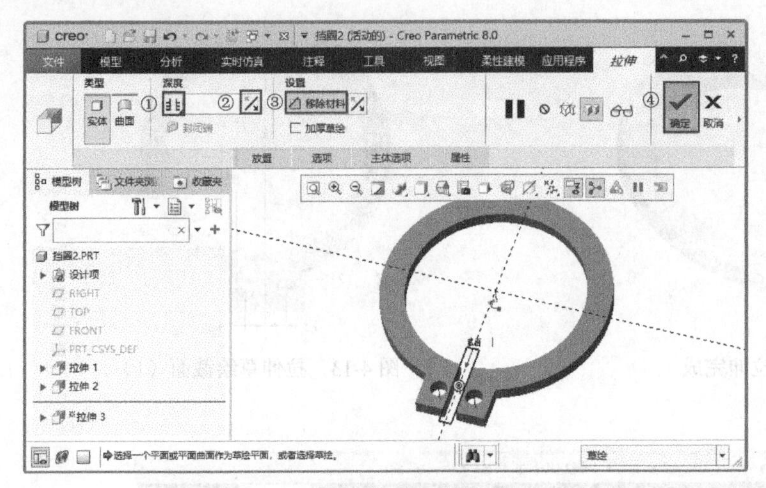

图 4-17　拉伸实体参数设置

图 4-18　切口完成

5. **创建倒圆角**

单击【倒圆角】按钮，打开【倒圆角】操控板。具体操作步骤如图 4-19 所示。

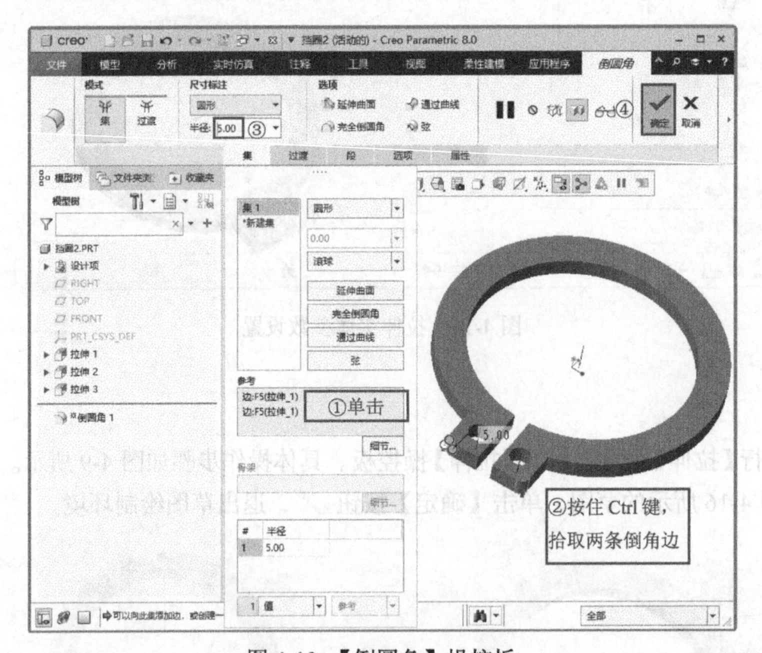

图 4-19　【倒圆角】操控板

4.2　倒角特征

在 Creo Parametric 中可创建和修改倒角，倒角是对边或拐角进行斜切削，曲面可以是实体模型曲面或常规的零厚度面组和曲面。用户可创建两种倒角类型，即边倒角和拐角倒角。

4.2.1 操控板选项介绍

倒角特征的操控板包括两部分内容：【倒角】操控板和下拉面板。下面详细地进行介绍。

1.【倒角】操控板

Creo Parametric 可创建不同的倒角，能创建的倒角类型取决于用户选择的参考类型。

单击【模型】选项卡的【工程】组中的【边倒角】按钮，打开【边倒角】操控板。

操控板中常用功能介绍如下。

（1）【集】模式按钮：用来处理倒角集。系统会默认选择此选项，如图 4-20 所示。【标注形式】下拉列表框 D×D 中显示了倒角集的当前标注形式，并包含基于几何环境的有效标注形式的列表，系统包含的标注方式有【D×D】【D1×D2】【角度 ×D】【45×D】【O×O】【O1×O2】6 种。

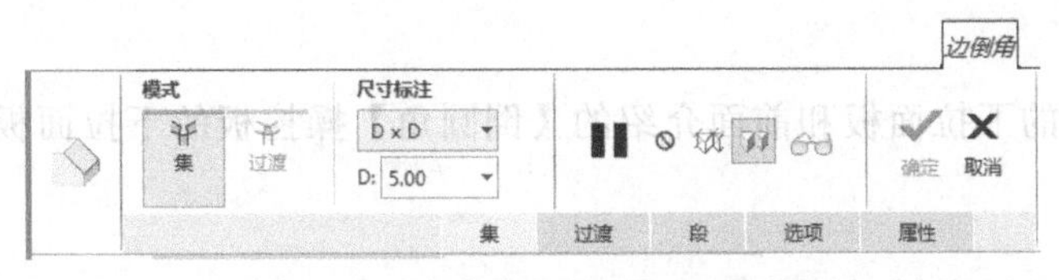

图 4-20 集模式【边倒角】操控板

6 种倒角方式具体含义如下。

- 【D×D】：在各曲面上与边相距 *D* 处创建倒角。Creo Parametric 默认选择此选项。
- 【D1×D2】：在一个曲面距选定边 *D*1、在另一个曲面距选定边 *D*2 处创建倒角。
- 【角度 ×D】：创建一个倒角，它与相邻曲面的选定边距离为 *D*，与该曲面的夹角为指定角度。

注意

只有符合下列条件时，前面 3 个方案才可使用【偏移曲面】方法对边进行倒角处理，边链的所有成员必须正好由两个 90° 平面或两个 90° 曲面（如圆柱的端面）形成。要进行【曲面到曲面】倒角，必须选择恒定角度平面或恒定 90° 曲面。

- 【45×D】：创建一个倒角，它与两个曲面都成 45°，且与各曲面上边的距离为 *D*。
- 【O×O】：在沿各曲面上的边偏移 *O* 后创建倒角，如图 4-21 所示。当两曲面为垂直关系时，该方式创建的倒角结果同【D×D】倒角方式。

注意

此方案仅适用于使用 90° 曲面和用【相切距离】方法创建的倒角。

- 【O1×O2】：在一个曲面距选定边的偏移距离 *O*1、在另一个曲面距选定边的偏移距离 *O*2 处创建倒角，如图 4-22 所示。当两曲面为垂直关系时，该方式创建的倒角结果同【D1×D2】倒角方式。

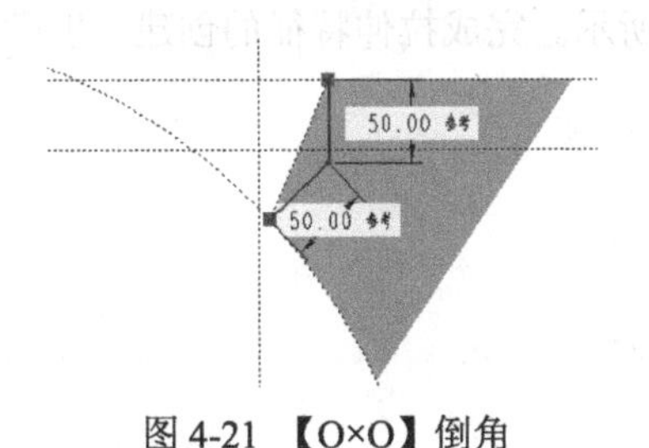

图 4-21 【O×O】倒角

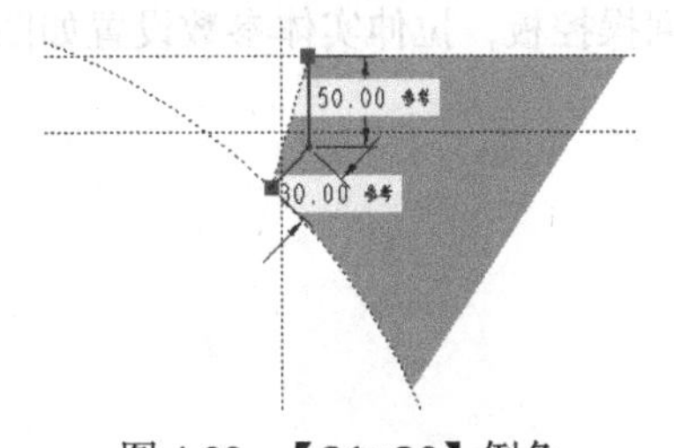

图 4-22 【O1×O2】倒角

（2）【过渡】模式按钮：当在绘图区中选择倒角几何时，图 4-20 所示的【过渡】模式按钮被激活，【集】模式转变为【过渡】模式。相应的操控板如图 4-23 所示，可以定义倒角特征的所有过渡。其中【过渡设置】下拉列表框用于显示当前过渡的默认过渡类型，并包含基于几何环境的有效过渡类型的列表。此下拉列表框可用来改变当前过渡的类型。

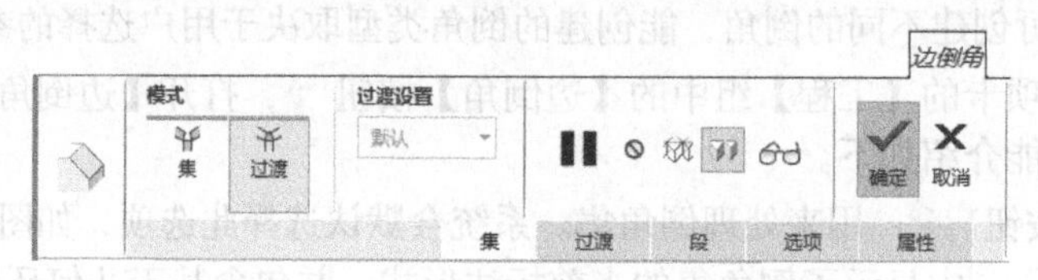

图 4-23　过渡模式【边倒角】操控板

2. 下拉面板

【倒角】操控板的下拉面板和前面介绍的【倒圆角】操控板的下拉面板类似，故不再重复介绍。

4.2.2　练习：创建边倒角特征

接下来通过创建机械部件——平键练习边倒角特征的创建步骤，先利用【拉伸】命令创建平键的主体，然后利用【边倒角】命令对平键进行倒角操作，结果如图 4-24 所示。

图 4-24　平键

1. 创建新文件

单击【新建】按钮，弹出【新建】对话框。在【文件名】输入框中输入零件的名称【平键】，选择【mmns_part_solid_abs】模板，单击【确定】按钮，进入实体建模界面。参数设置步骤如图 4-8 所示。

2. 创建平键的主体

（1）单击【拉伸】按钮，打开【拉伸】操控板。基准平面设置步骤如图 4-25 所示。

（2）进入草绘界面。绘制草图，如图 4-26 所示。单击【确定】按钮，退出草图绘制环境。

（3）返回操控板，拉伸实体参数设置如图 4-27 所示。完成拉伸特征的创建，生成键体，如图 4-28 所示。

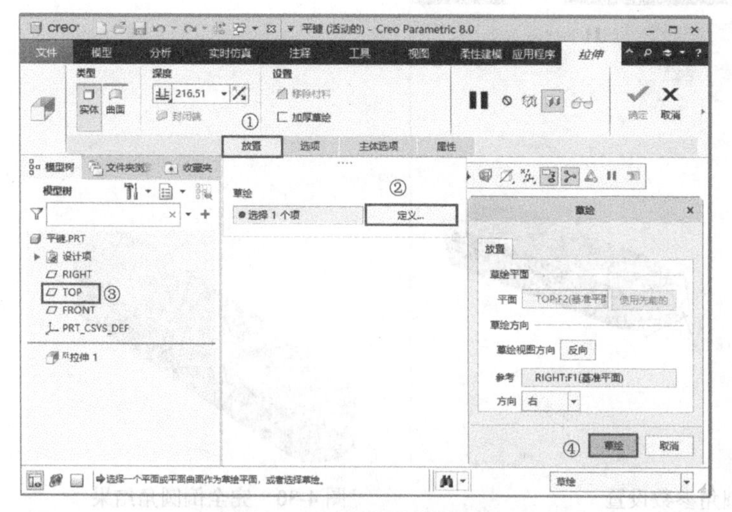
图 4-25　设置绘图基准平面

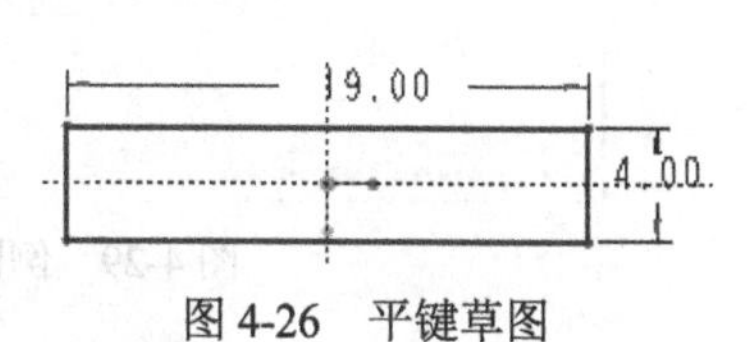

图 4-26　平键草图

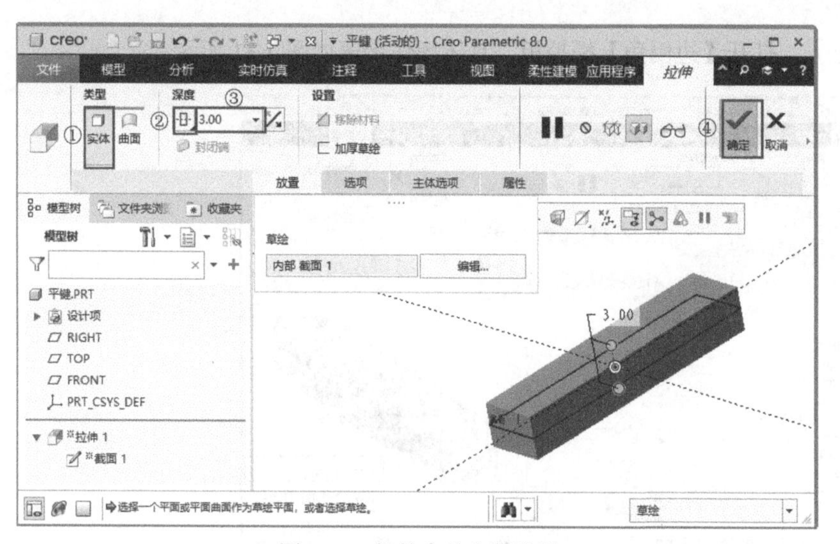
图 4-27　拉伸实体参数设置

图 4-28　平键主体

3. 创建倒圆角特征

（1）单击【倒圆角】按钮，打开【倒圆角】操控板。倒圆角参数设置如图 4-29 所示。注意在进行第②、③步操作时要按住 Ctrl 键。

（2）同理，创建另一端的完全倒圆角，结果如图 4-30 所示。

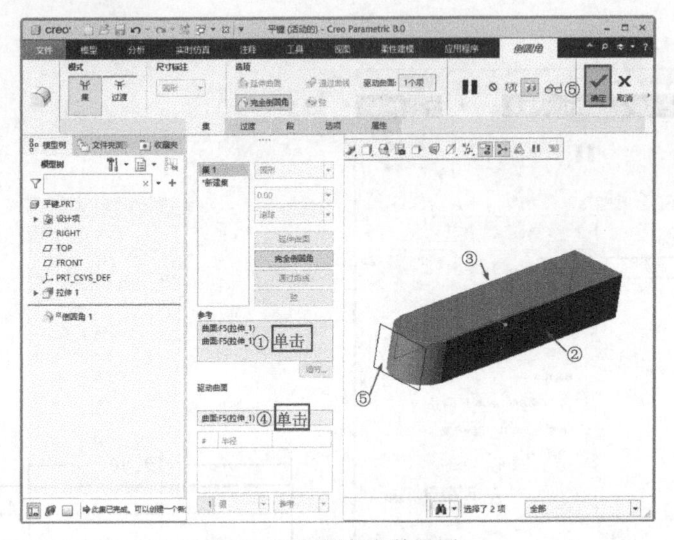

图 4-29　倒圆角参数设置

图 4-30　完全倒圆角结果

4. 创建边倒角特征

单击【边倒角】按钮，打开【边倒角】操控板。具体操作步骤如图 4-31 所示。

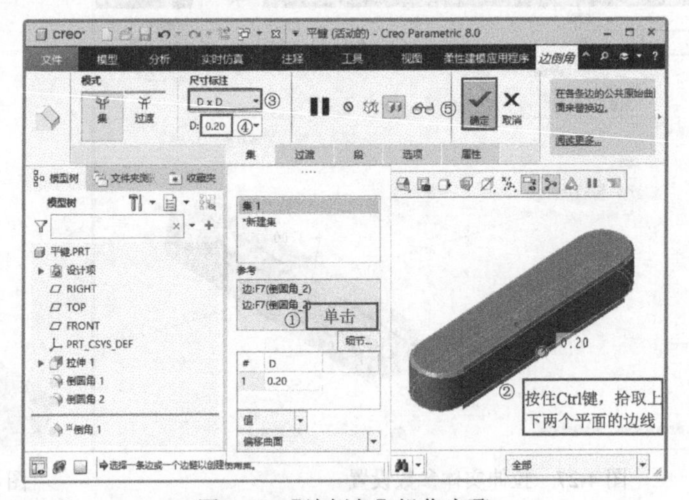

图 4-31　【边倒角】操作步骤

4.2.3 练习：创建拐角倒角特征

接下来通过绘制【八角方凳】来练习创建拐角倒角特征的方法。先利用【拉伸】命令创建立方体，然后利用【拐角倒角】命令创建 8 个拐角倒角，如图 4-32 所示。

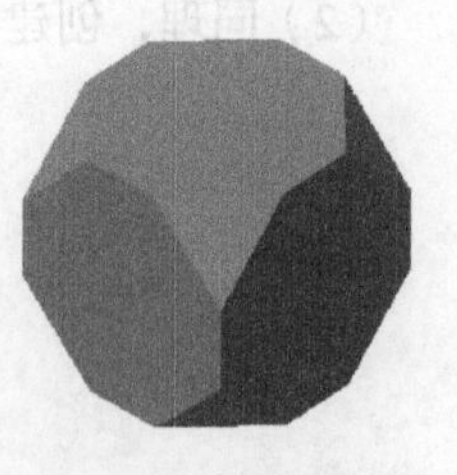

图 4-32　拐角倒角

1. 创建新文件

单击【新建】按钮，弹出【新建】对话框。在【文件名】输入框中输入零件的名称【八角方凳】，参数设置步骤如图 4-8 所示。

2. 创建立方体

（1）单击【拉伸】按钮，打开【拉伸】操控板。绘图基准平面设置步骤如图 4-33 所示。

（2）进入草绘界面。绘制草图，如图 4-34 所示。单击【确定】按钮，退出草图绘制环境。

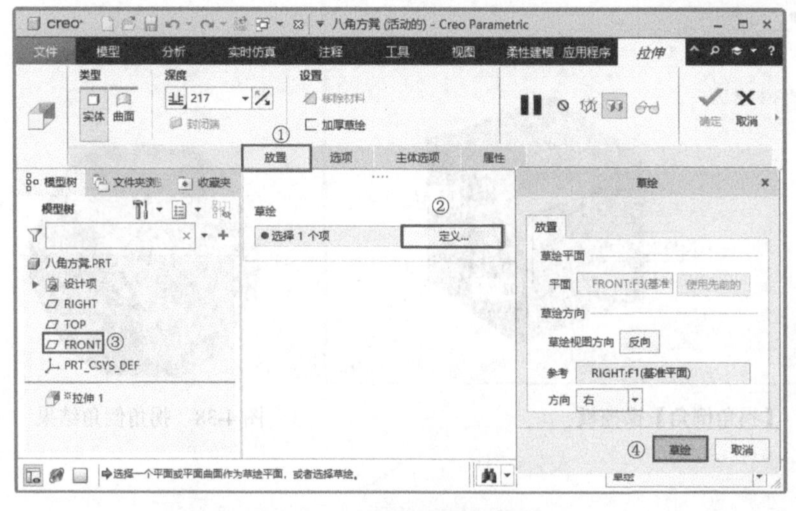

图 4-33　设置绘图基准平面

200
200

图 4-34　八角方凳草图

（3）返回操控板，拉伸实体参数设置如图 4-35 所示。完成拉伸特征的创建，生成实体，如图 4-36 所示。

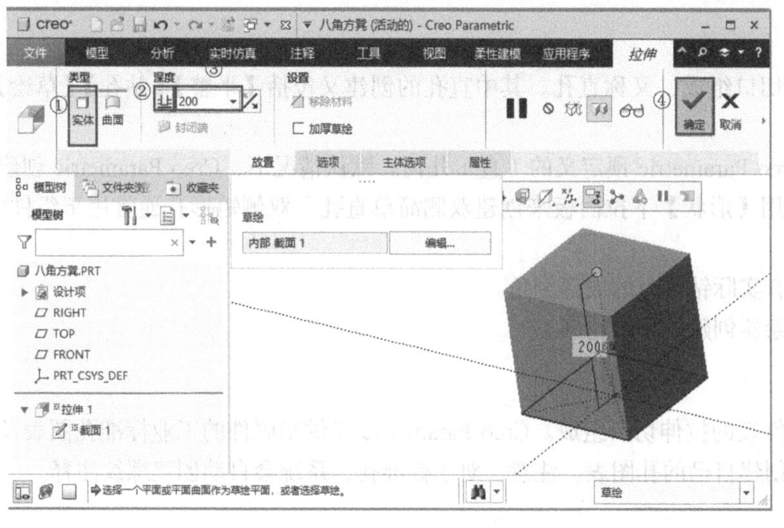

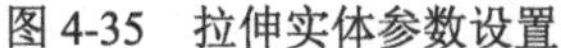

图 4-35　拉伸实体参数设置　　图 4-36　拉伸实体

3. 创建拐角倒角

（1）单击【拐角倒角】按钮，弹出【拐角倒角】操控板。具体操作步骤如图 4-37 所示。

（2）单击【确定】按钮，完成倒角的创建。

（3）重复执行【拐角倒角】命令，对其他 7 个顶点进行倒角处理，结果如图 4-38 所示。

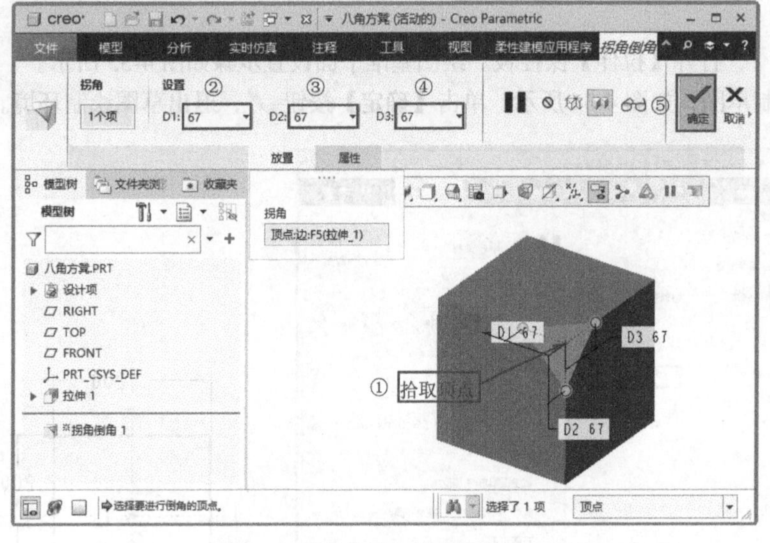

图 4-37 【拐角倒角】操控板

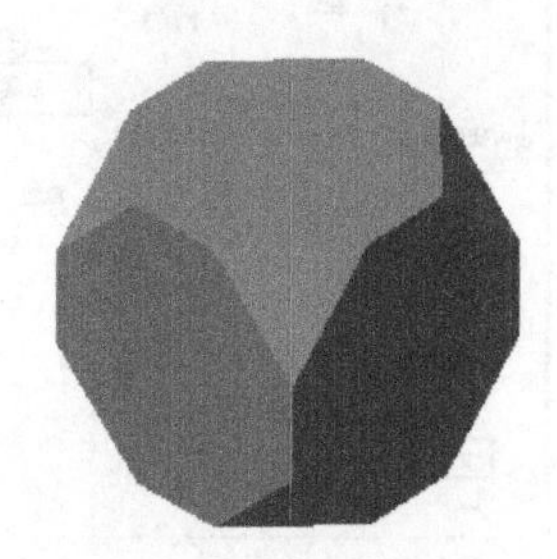

图 4-38 拐角倒角结果

4.3 孔特征

利用【孔】工具可向模型中添加简单孔、定制孔和工业标准孔。用户可通过定义放置参考、设置次（偏移）参考及定义孔的具体特性来添加孔。通过【孔】命令可以创建以下类型的孔。

1.【简单】孔

由带矩形剖面的旋转切口组成，又称直孔。其中直孔的创建又包括【平整】【钻孔】【草绘】3 种方式。

（1）【平整】：使用 Creo Parametric 预定义的（直）几何。默认情况下，Creo Parametric 创建单侧矩形孔。但是，可以使用【形状】下拉面板来创建双侧简单直孔。双侧矩形孔通常用于组件中，允许同时格式化孔的两侧。

（2）【钻孔】：孔底部有实际钻孔时的底部倒角。

（3）【草绘】：使用草绘器创建的草绘轮廓。

2.【标准】孔

由基于工业标准紧固件表的拉伸切口组成。Creo Parametric 提供紧固件的工业标准孔图表及螺纹或间隙直径，用户也可创建自己的孔图表。注意，对于标准孔，系统会自动创建螺纹注释。

4.3.1 操控板选项介绍

单击【模型】选项卡的【工程】组中的【孔】按钮，打开【孔】操控板。【孔】操控板由一些命令组成，这些命令从左向右排列，引导用户逐步完成整个设计过程。根据设计条件和孔类型的不同，某些选项会不可用。在该操控板中，用户主要可以创建两种类型的孔。

1. 创建【简单】孔

（1）简单【孔】操控板如图 4-39 所示。

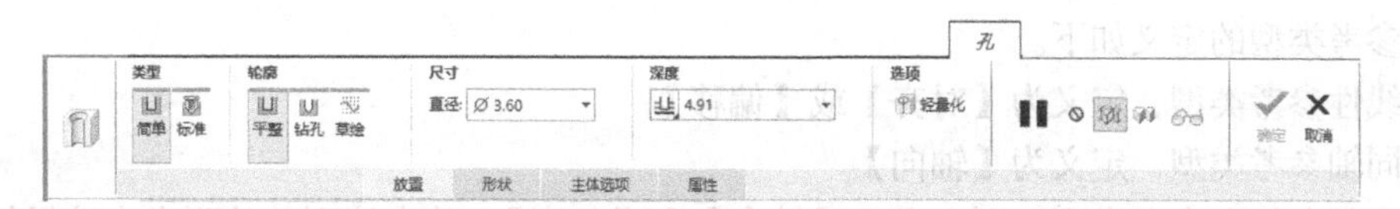

图 4-39　简单【孔】操控板

①【轮廓】：表示要用于孔特征轮廓的几何类型，主要有【平整】【钻孔】【草绘】3 种类型。其中，【平整】孔使用预定义的矩形；【钻孔】孔使用标准轮廓作为钻孔轮廓；而【草绘】孔允许创建新的孔轮廓草绘或选择目录中的所需草绘。

②【直径】输入框：控制简单孔特征的直径。【直径】输入框中包含最近使用的直径值，输入创建的孔特征的直径数值即可。

③【深度】下拉列表框：包括直孔的可能深度选项，如图 4-40 所示。

- 【盲孔】：从放置参考处开始以指定深度值在第一方向钻孔。
- 【对称】：在放置参考的两个方向上，以指定深度值的一半分别在各方向钻孔。
- 【到下一个】：在第一方向钻孔直到下一个曲面，该选项在【组件】模式下不可用。
- 【穿透】：在第一方向钻孔直到与所有曲面相交。
- 【穿至】：在第一方向钻孔直到与选定曲面或平面相交，该选项在【组件】模式下不可用。
- 【到参考】：在第一方向钻孔，直到选定的点、曲线、平面或曲面。

④【深度】输入框 105.67：表示孔特征的深度值。

（2）下拉面板。

①【放置】：用于选择和修改孔特征的位置与参考，如图 4-41 所示。

图 4-40　【深度】下拉列表

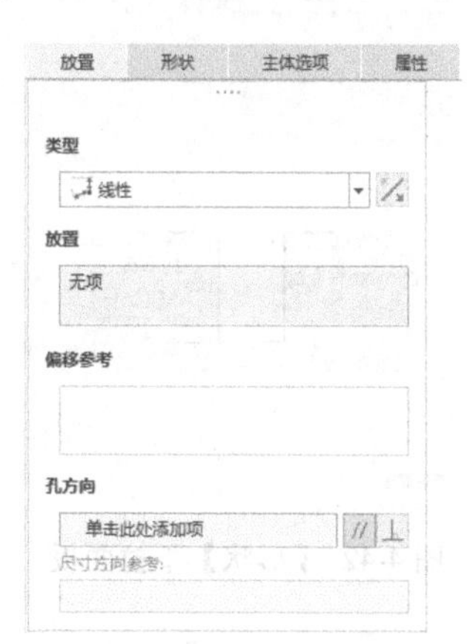

图 4-41　【放置】下拉面板

- 【类型】下拉列表框：用于选择孔特征使用偏移或偏移参考的方法。
- 【反向】按钮：改变孔放置的方向。
- 【放置】列表框：指示孔特征放置参考的名称。主参考列表框中只能包含一个孔特征参考。该工具处于激活状态时，用户可以选择新的放置参考。
- 【偏移参考】列表框：指示在设计中放置孔特征的偏移参考。如果主放置参考是基准点，则该列表框不可用。该列表框中有以下 3 列。

第一列显示参考名称。

第二列显示偏移参考类型的信息。

偏移参考类型的定义如下。

对于线性参考类型，定义为【对齐】或【偏移】。

对于同轴参考类型，定义为【轴向】。

对于直径和径向参考类型，则定义为【轴向】和【角度】。单击该列并从列表中选择偏移定义，可改变线性参考类型的偏移参考定义。

第三列显示参考偏移值，可输入正值或负值，负值会自动反向于孔的选定参考侧。偏移值列中包含最近使用的值。

孔工具处于激活状态时，可选择新参考及修改参考类型和值。如果主放置参考改变，则仅当现有的偏移参考对新的孔放置有效时，才能继续使用。

②【形状】：该下拉面板如图 4-42 所示。

- 【侧 2】下拉列表框：对于【简单】孔特征，可确定【简单】孔特征第二侧的深度选项的格式。所有【简单】孔深度选项均可用。默认情况下，【侧 2】下拉列表框中的深度选项为【无】。【侧 2】下拉列表框不可用于【草绘】孔。

对于【草绘】孔特征，在打开【形状】下拉面板时，嵌入窗口中会显示草绘几何。用户可以在各参数下拉列表框中选择使用过的参数值或输入新的值。

③【属性】下拉面板：用于获得孔特征的一般信息和参数信息，并可以重命名孔特征，如图 4-43 所示。

- 【名称】输入框：用于修改孔特征的名称。
- 【显示此特征的信息】按钮：打开包含孔特征信息的嵌入式浏览器。

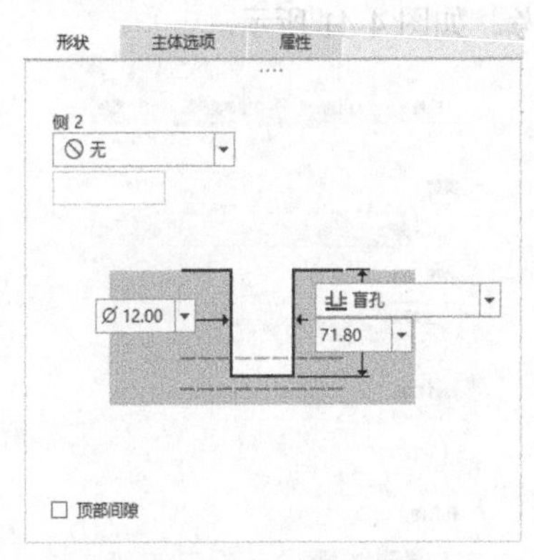

图 4-42 【形状】下拉面板

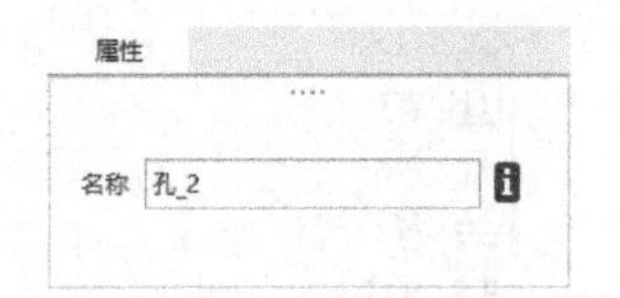

图 4-43 【属性】下拉面板

2. 创建【标准】孔

（1）标准【孔】操控板如图 4-44 所示。

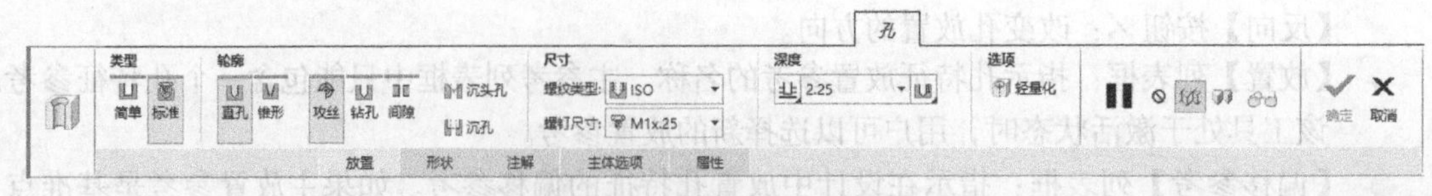

图 4-44 标准【孔】操控板

①【攻丝】：指示孔特征是螺纹孔还是间隙孔，即是否添加攻丝。如果【标准】孔使用的是【盲孔】深度选项，则不能清除螺纹选项。

②【沉头孔】：指示孔特征为埋头孔。

③【沉孔】：指示孔特征为沉头孔。

④【螺纹类型】下拉列表框 ISO ：列出了可用的孔图表，其中包含螺纹类型及其直径信息。默认列出工业标准孔图表（UNC、UNF 和 ISO）。

⑤【螺钉尺寸】下拉列表框 M1x.25 ：根据用户在【螺纹类型】下拉列表框中选择的孔图表，列出可用的螺纹尺寸。用户可在编辑框中输入值，或拖动直径图柄让系统自动选择最接近的螺纹尺寸。默认情况下，选择下拉列表中的第一个值，【螺钉尺寸】下拉列表框中显示最近使用的螺纹尺寸。

⑥【深度】下拉列表框与【深度值】输入框：与直孔的类似，不再重复介绍。

⑦【深度】类型包含以下选项。

- 【肩】：指示其前尺寸值为钻孔的肩部深度。
- 【刀尖】：指示其前尺寸值为钻孔的刀尖深度。

> **注意**　不能使用两条边作为一个偏移参考来放置孔特征；也不能选择垂直于主参考的边；还不能选择定义【内部基准平面】的边，而应该创建一个异步基准平面。

（2）下拉面板。

①【形状】：该下拉面板如图 4-45 所示。

- 【包括螺纹曲面】复选框：创建螺纹曲面以代表孔特征的内螺纹。
- 【退出沉头孔】复选框：在孔特征的底面创建沉头孔，孔所在的曲面应垂直于当前的孔特征。

对于有螺纹的【标准】孔特征，可定义其螺纹特性，如图 4-45 所示。

- 【全螺纹】：创建贯通所有曲面的螺纹。此选项对于【可变】和【穿过下一个】孔及在【组件】模式下，均不可用。
- 【盲孔】：创建到达指定深度值的螺纹。可输入一个值，也可从最近使用的值中选择一个值。
- 【到参考】：创建直到选定的点、曲线、平面或曲面的螺纹。

对于无螺纹的【标准】孔特征，可定义孔配合的标准，如图 4-46 所示。

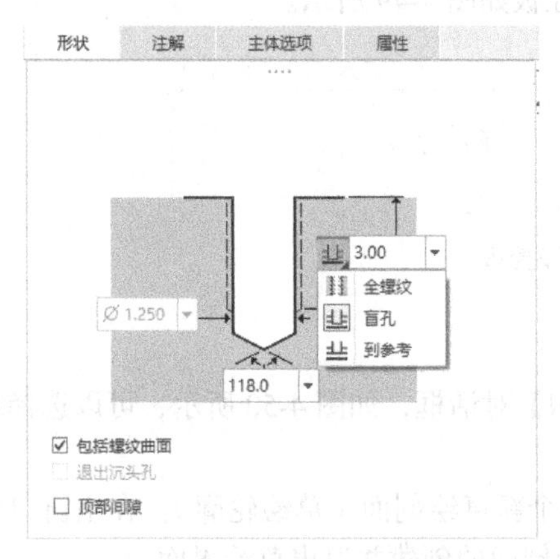

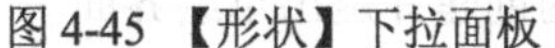
图 4-45 【形状】下拉面板

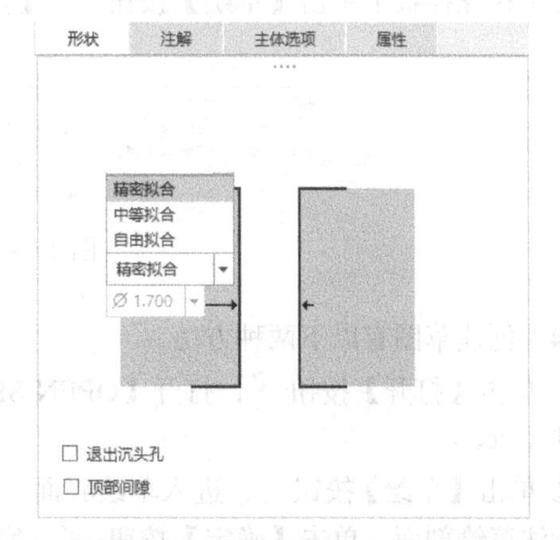

图 4-46 无螺纹【标准】孔特征的【形状】下拉面板

- 【精密拟合】：用于保证零件的位置精确，这些零件装配后必须不发生明显的运动。
- 【中等拟合】：适合于普通钢质零件或轻型钢材的热压配合；它们可能是用于高级铸铁外部

构件的最紧密的配合，此配合仅适用于公制孔。

- 【自由拟合】：专用于精度要求不是很高的场合或者用于温度变化很大的场合。

②【注解】：仅适用于【标准】孔特征，如图 4-47 所示。该下拉面板用于预览正在创建或重定义的【标准】孔特征的注释。螺纹注释在模型树和绘图窗口中显示，而且在打开【注释】下拉面板时，还会出现在嵌入窗口中。

③【属性】：用于显示孔特征的一般信息和参数信息，并可以重命名孔特征，如图 4-48 所示。【标准】孔的【属性】下拉面板比【简单】孔的多了一个【参数】列表。

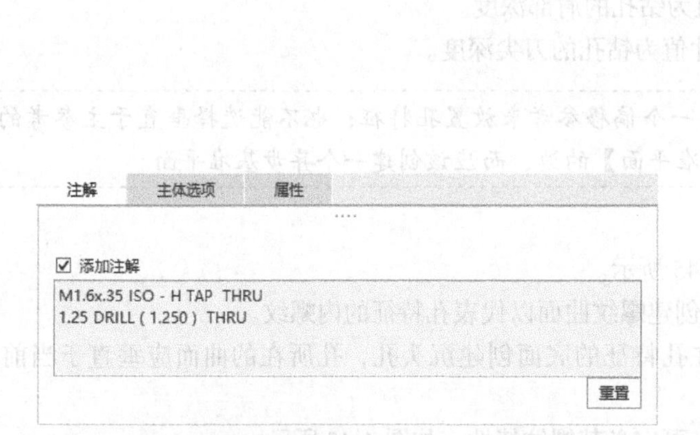

图 4-47 【标准】孔的【注解】下拉面板

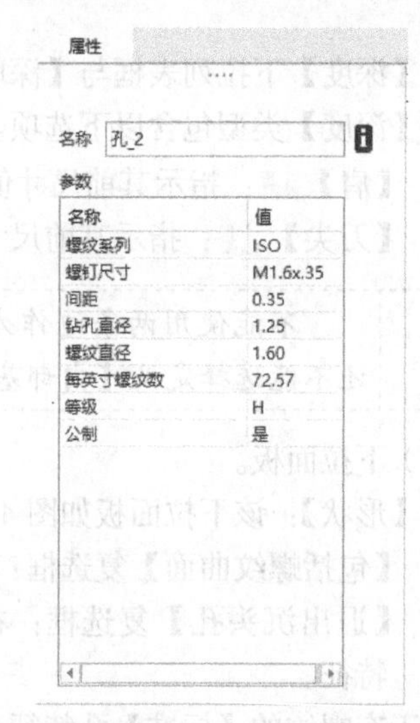

图 4-48 【标准】孔【属性】下拉面板

3. 创建【草绘】孔

（1）单击【模型】选项卡的【工程】组中的【孔】按钮，打开【孔】操控板。

（2）单击【简单】按钮，创建直孔。系统默认选择此选项。

（3）在操控板上单击【草绘】按钮，【孔】操控板如图 4-49 所示。

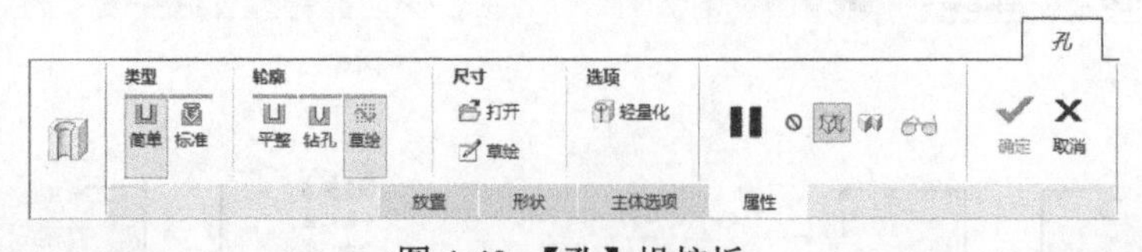

图 4-49 【孔】操控板

（4）创建草图有以下两种方法。

① 单击【打开】按钮，打开【OPEN SECTION】对话框，如图 4-50 所示，可以选择现有草绘文件（.sec）。

② 单击【草绘】按钮，进入草绘界面，创建一个新草绘剖面（草绘轮廓）。在空窗口中，草绘并标注草绘剖面。单击【确定】按钮，完成草绘剖面的创建并退出草绘界面。

注意

草绘时要有旋转轴（即中心线），它的要求与【旋转】命令相似。

③ 如果需要重新定位孔，请将主放置句柄拖到新的位置，或将其捕捉至参考。必要时，可从【放置】下拉面板的【类型】下拉列表框中选择新类型，以便更改孔的放置类型。

④ 将此放置（偏移）参考句柄拖到相应参考上以约束孔。如果要将孔与偏移参考对齐，请在【偏移参考】列表框中选择该偏移参考，并将【偏移】改为【对齐】，如图 4-51 所示。

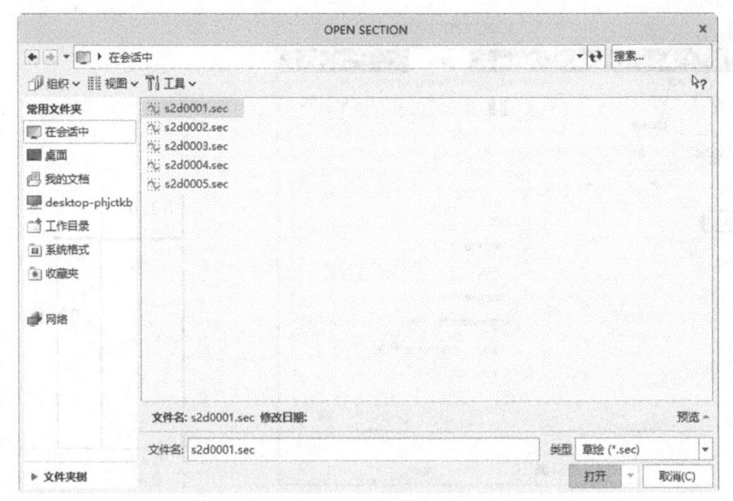

图 4-50 【OPEN SECTION】对话框

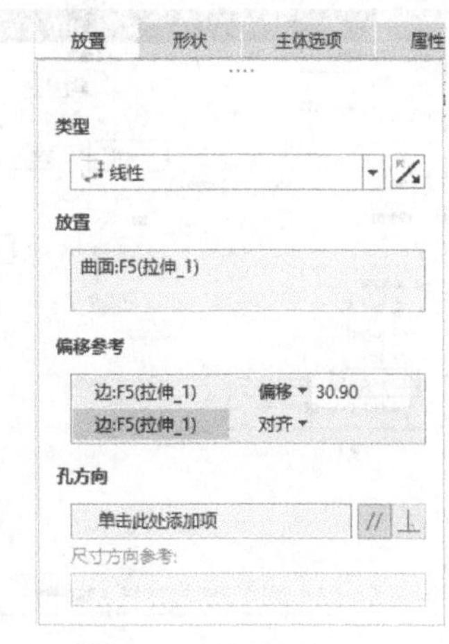

图 4-51 修改对齐方式

注意

这只适用于使用【线性】放置类型的孔。

4.3.2 练习：创建孔特征

本例通过绘制活塞来练习创建孔特征的方法。先利用【旋转】命令创建活塞的实体特征，然后利用移除材料的方法形成活塞顶部凹坑，再切割出活塞的内部孔及活塞孔，最后加工出活塞的裙部特征。结果如图 4-52 所示。

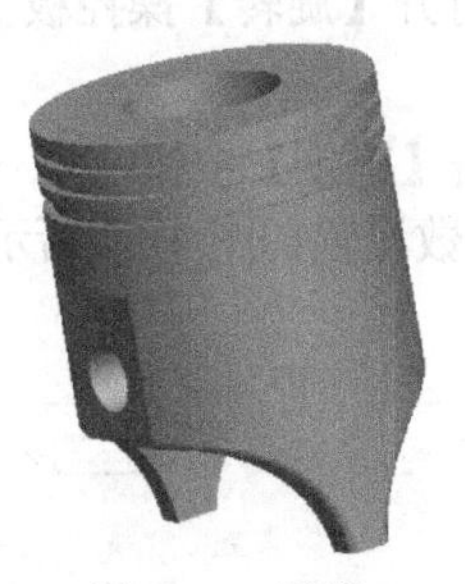

图 4-52 活塞

1. 创建文件

单击【新建】按钮，弹出【新建】对话框。在【文件名】输入框中输入零件的名称【活塞】。选择【mmns_part_solid_abs】模板，单击【确定】按钮，进入实体建模界面。参数设置步骤如图 4-8 所示。

2. 创建活塞主体

（1）单击【旋转】按钮，打开【旋转】操控板。绘图基准平面设置步骤如图4-53所示。进入草绘界面。

（2）绘制图4-54所示的截面，单击【确定】按钮，退出草图绘制环境。

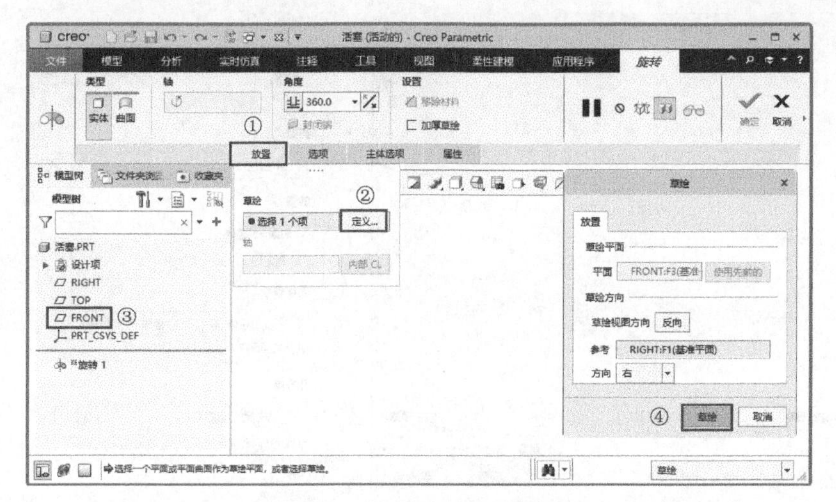

图4-53 设置绘图基准平面 图4-54 草绘截面

（3）返回操控板，旋转参数设置如图4-55所示，单击【确定】按钮，完成旋转特征的创建。

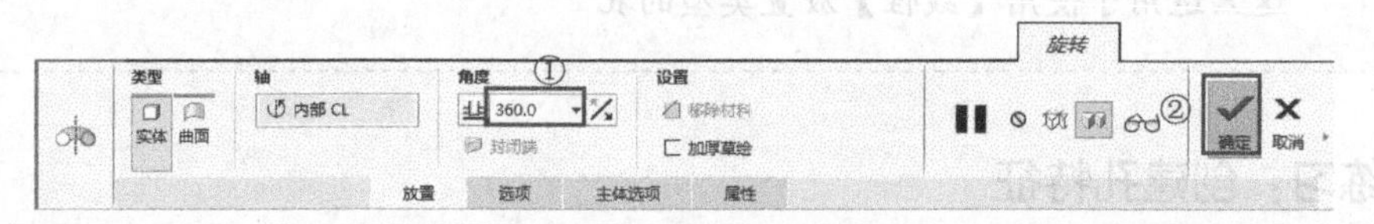

图4-55 旋转参数设置

3. 创建活塞凹坑

（1）重复执行【旋转】命令，打开【旋转】操控板。基准平面设置步骤如图4-53所示。进入草绘界面。

（2）绘制图4-56所示的截面，单击【确定】按钮，退出草图绘制环境。

（3）返回操控板，凹坑旋转移除参数设置如图4-57所示。生成的活塞凹坑如图4-58所示。

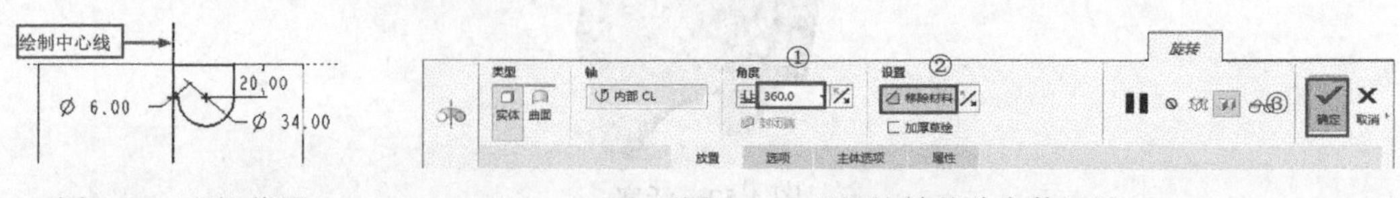

图4-56 凹坑截面 图4-57 凹坑旋转移除参数设置

4. 创建隔热槽、气环槽、油环槽

（1）重复执行【旋转】命令，打开【旋转】操控板。进入草绘界面。

（2）绘制隔热槽、气环槽及油环槽的截面草图，如图4-59所示，单击【确定】按钮，退出草图绘制环境。

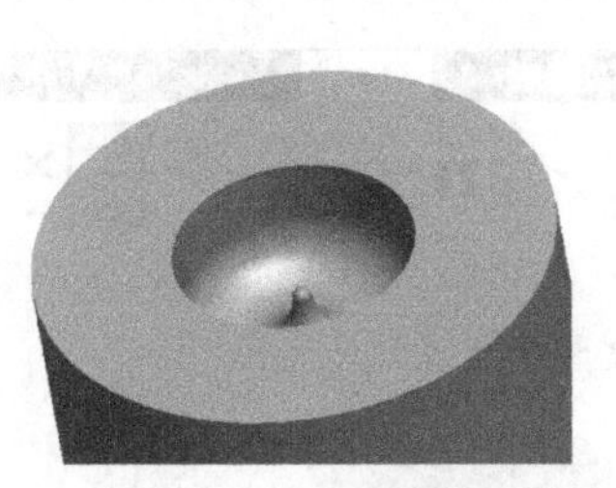

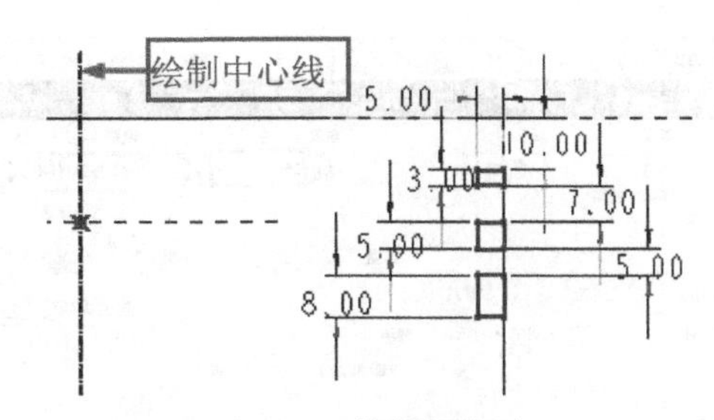

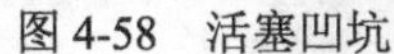

图 4-58 活塞凹坑　　　　图 4-59 槽草绘截面

（3）返回操控板，切槽参数设置如图 4-60 所示。完成特征的创建，如图 4-61 所示。

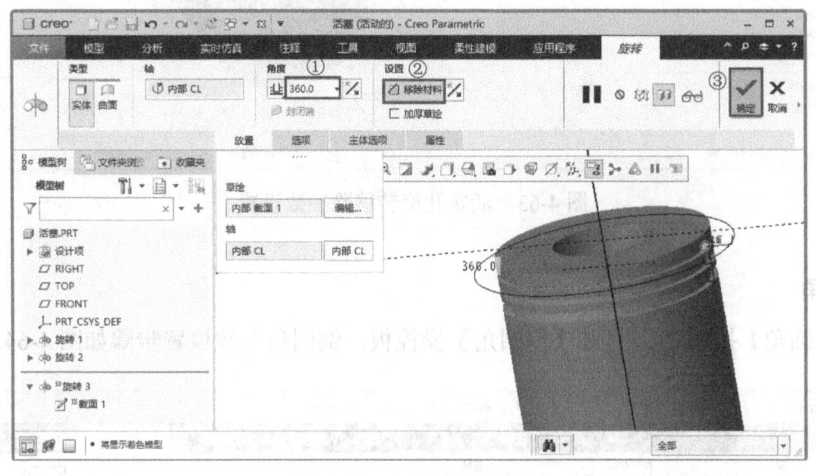

图 4-60 切槽参数设置

5. 创建活塞内部孔

（1）重复执行【旋转】命令，打开【旋转】操控板。基准平面设置步骤如图 4-53 所示。进入草绘界面。

（2）绘制图 4-62 所示的截面，单击【确定】按钮✔，退出草图绘制环境。

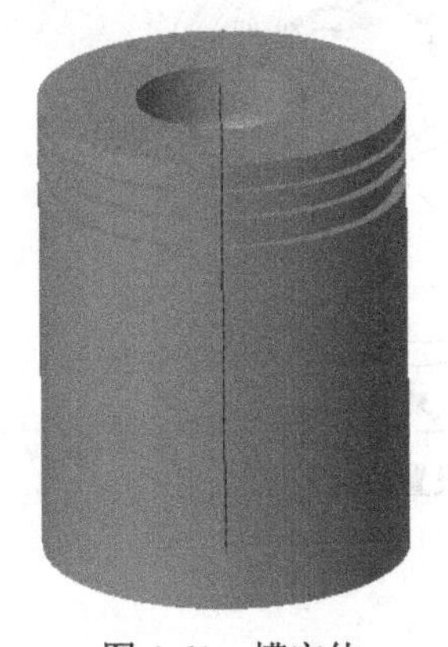

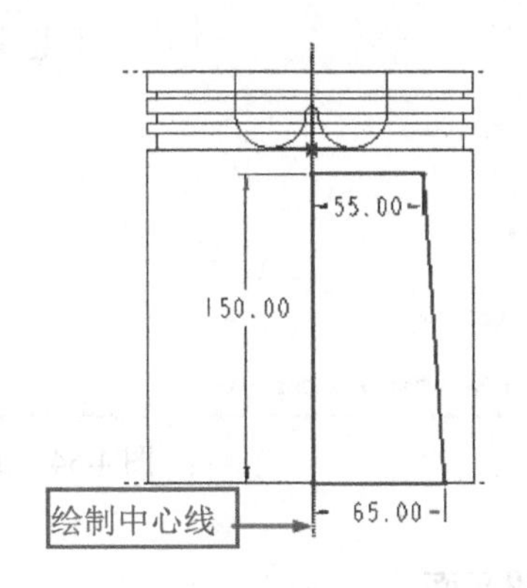

图 4-61 槽实体　　　　图 4-62 活塞孔草绘截面

（3）返回操控板，活塞孔旋转移除参数设置如图 4-63 所示。完成实体的创建。

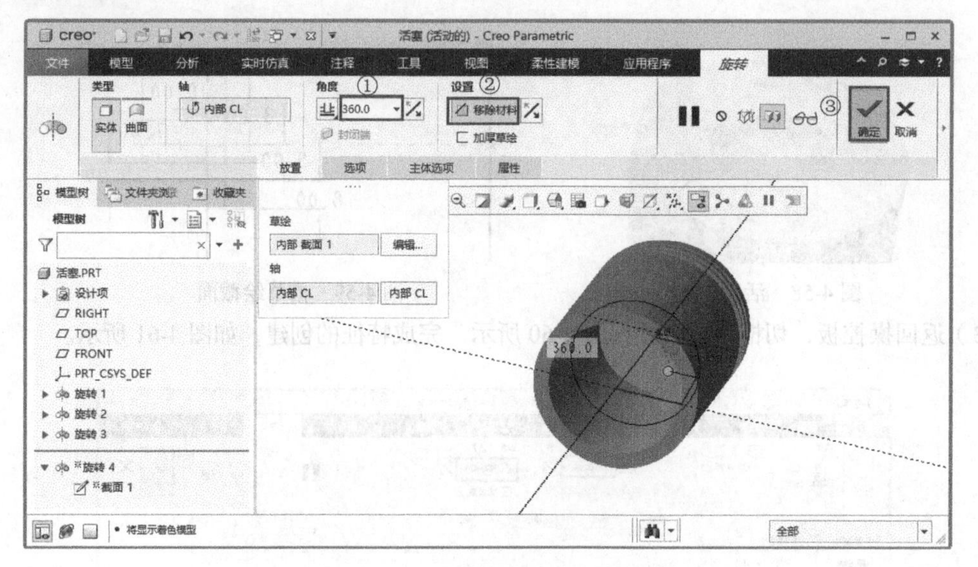

图 4-63　活塞孔旋转移除参数设置

6. 倒圆角

单击【倒圆角】按钮，打开【倒圆角】操控板。倒圆角参数设置步骤如图 4-64 所示。

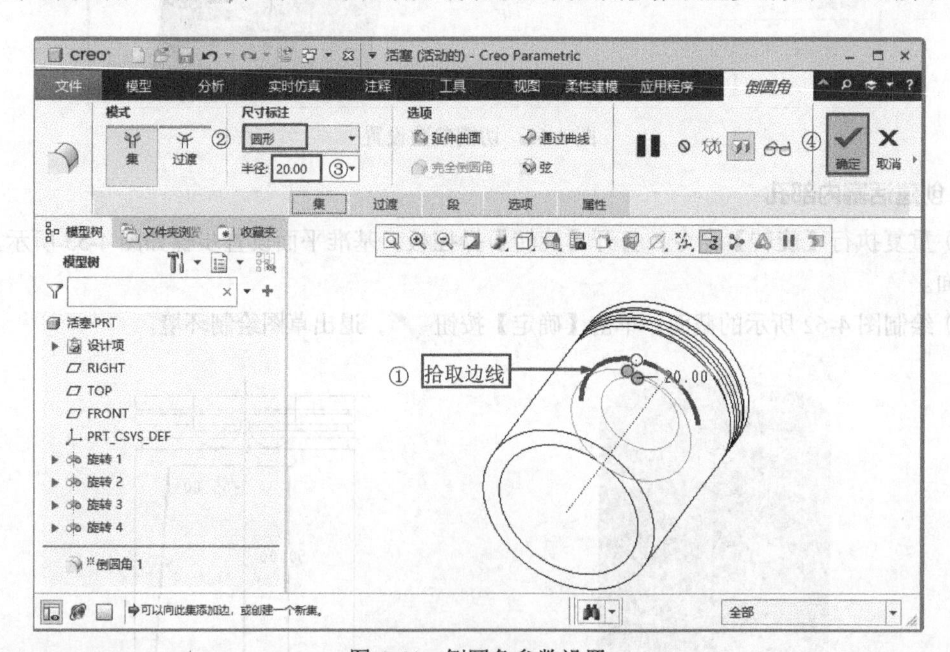

图 4-64　倒圆角参数设置

7. 创建基准平面

单击【平面】按钮，打开【基准平面】对话框，基准平面设置步骤如图 4-65 所示。生成【DTM1】基准平面。

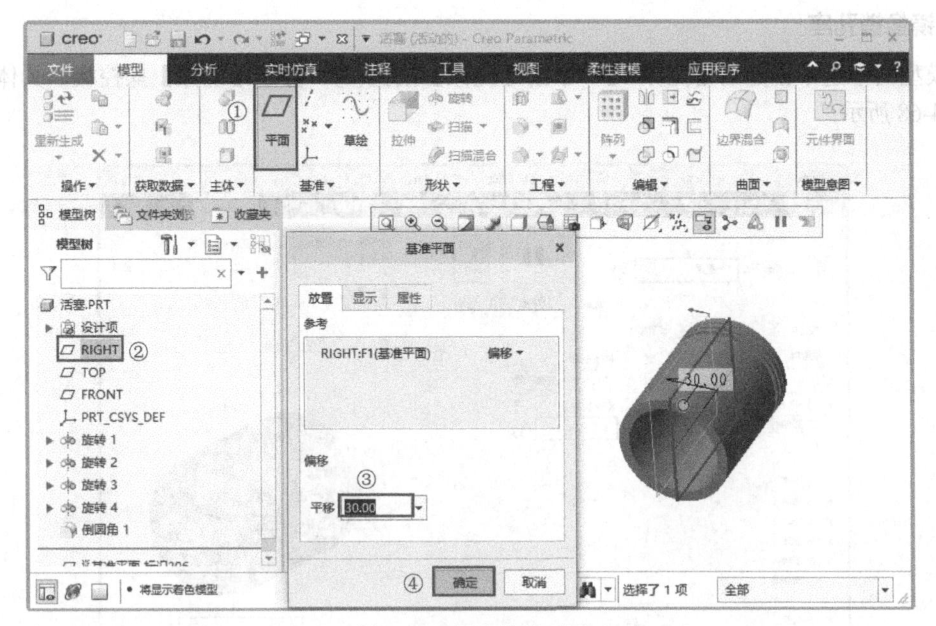

图 4-65　创建基准平面

8. 创建活塞销孔座

（1）单击【拉伸】按钮，打开【拉伸】操控板。

（2）选择【DTM1】基准平面作为草绘平面，接受系统提供的默认参考线，进入草绘环境。绘制图 4-66 所示的截面，单击【确定】按钮，退出草图绘制环境。

（3）返回操控板，具体操作步骤如图 4-67 所示，完成特征的创建。

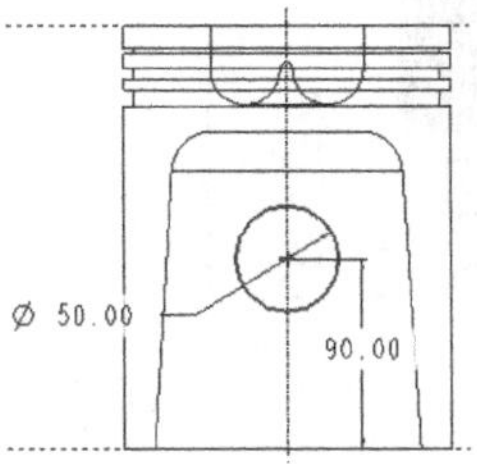

Ø 50.00
90.00

图 4-66　销孔座草绘截面

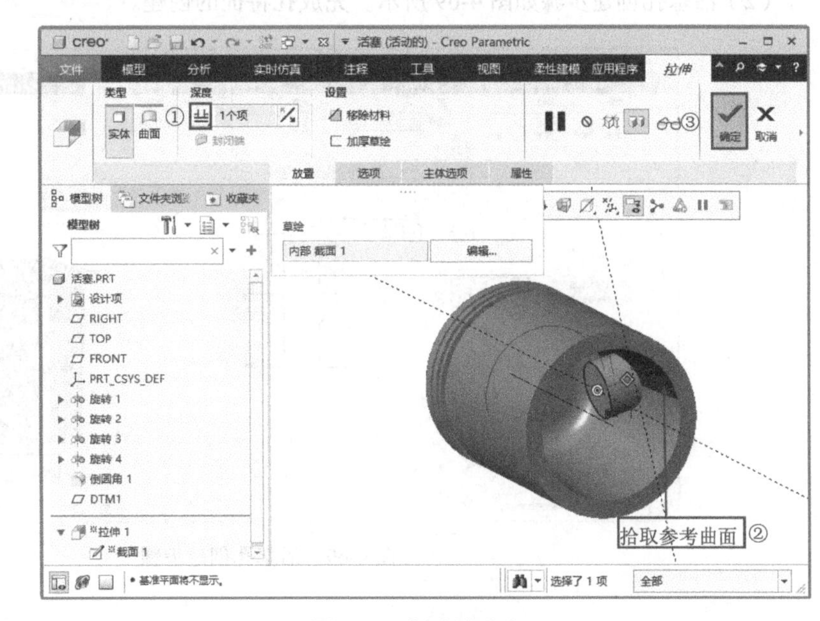

图 4-67　创建销孔座

9. 镜像销孔座

在模型树中选中创建的【拉伸 1】，单击【镜像】按钮，打开【镜像】操控板。具体操作步骤如图 4-68 所示。

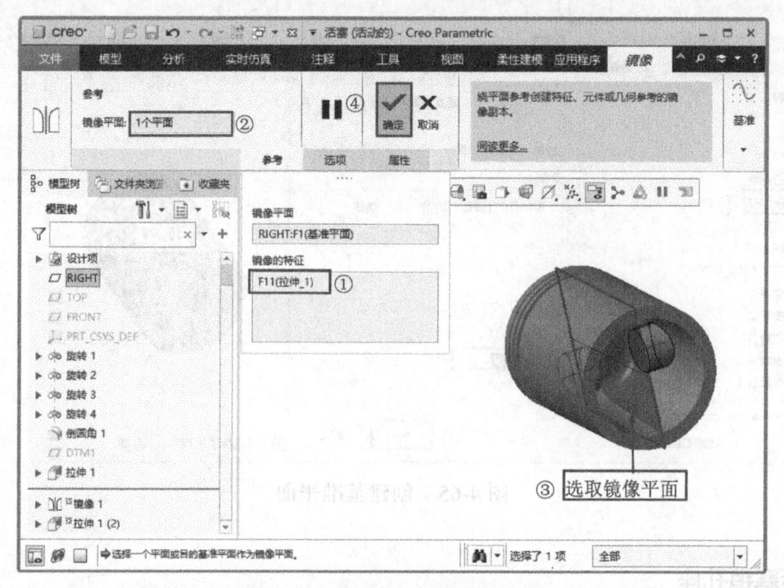

图 4-68　镜像销孔座操作步骤

10. 创建活塞孔

（1）单击【孔】按钮，打开【孔】操控板。

（2）活塞孔创建步骤如图 4-69 所示。完成孔特征的创建。

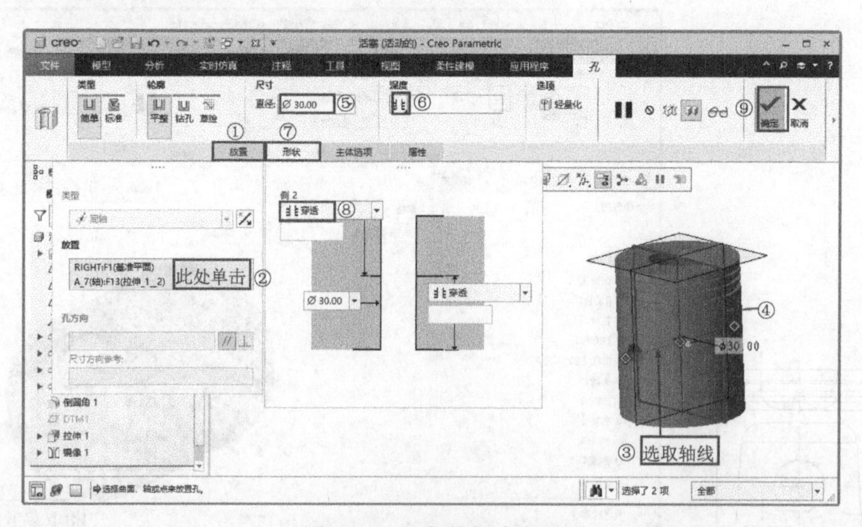

图 4-69　活塞孔创建步骤

11. 活塞销孔倒角

单击【边倒角】按钮，打开【边倒角】操控板。边倒角参数设置如图 4-70 所示。生成边倒角特征。

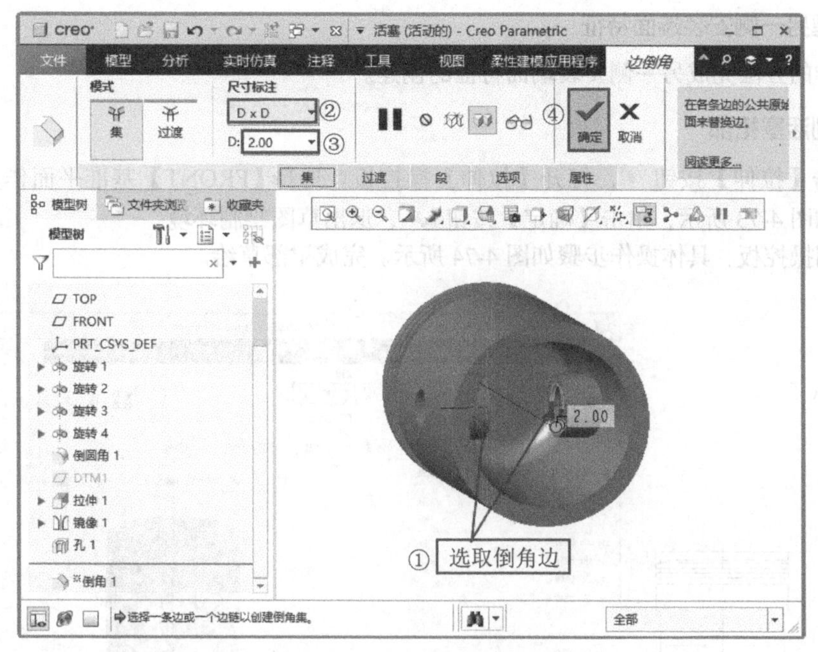

图 4-70　边倒角参数设置

12. 创建安装端面特征

（1）单击【拉伸】按钮，打开【拉伸】操控板。选择【FRONT】基准平面作为草绘平面，进入草绘界面。

（2）绘制图 4-71 所示的草图，单击【确定】按钮，退出草图绘制环境。

（3）返回操控板，拉伸移除参数设置如图 4-72 所示。

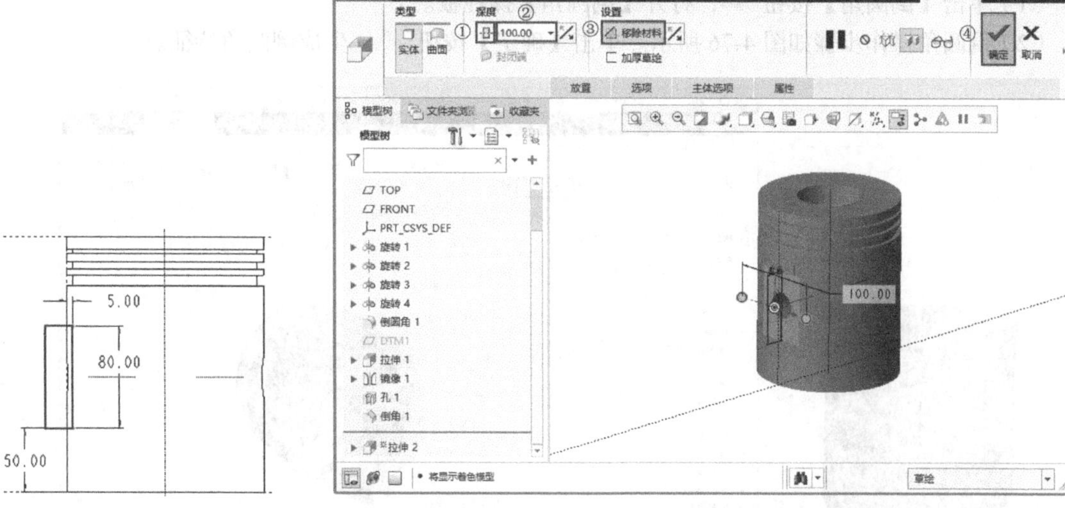

图 4-71　端面草图

图 4-72　拉伸移除参数设置

13. 创建另一侧安装端面特征

采用同样的方法完成另一侧安装端面特征的创建。

14. 切割活塞裙部

（1）单击【拉伸】按钮，打开【拉伸】操控板。选择【FRONT】基准平面作为草绘平面。绘制的草图如图 4-73 所示，单击【确定】按钮，退出草图绘制环境。

（2）返回操控板，具体操作步骤如图 4-74 所示。完成裙部草绘。

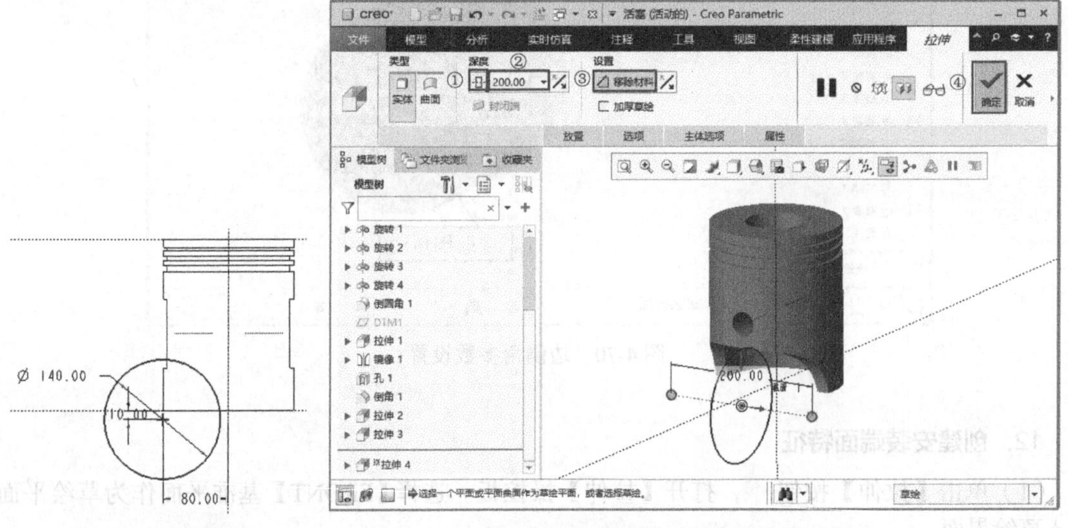

图 4-73 裙部草图　　图 4-74 拉伸移除裙部操作步骤

（3）采用同样的方法切割出另一侧活塞裙部，实体如图 4-75 所示。

15. 倒圆角特征

（1）单击【倒圆角】按钮，打开【倒圆角】操控板。

（2）倒圆角操作步骤如图 4-76 所示。单击【确定】按钮，生成倒圆角特征。

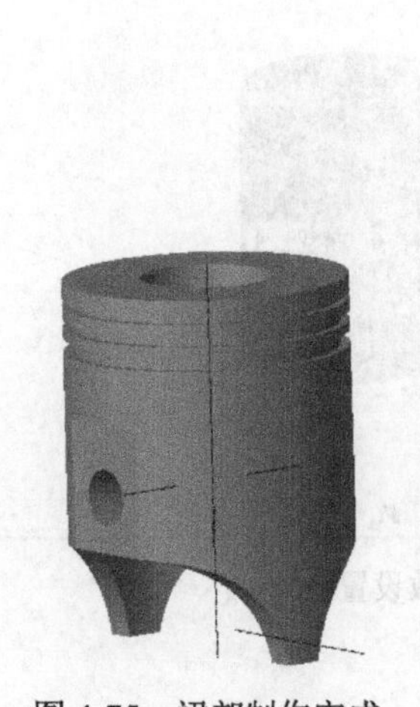

图 4-75 裙部制作完成

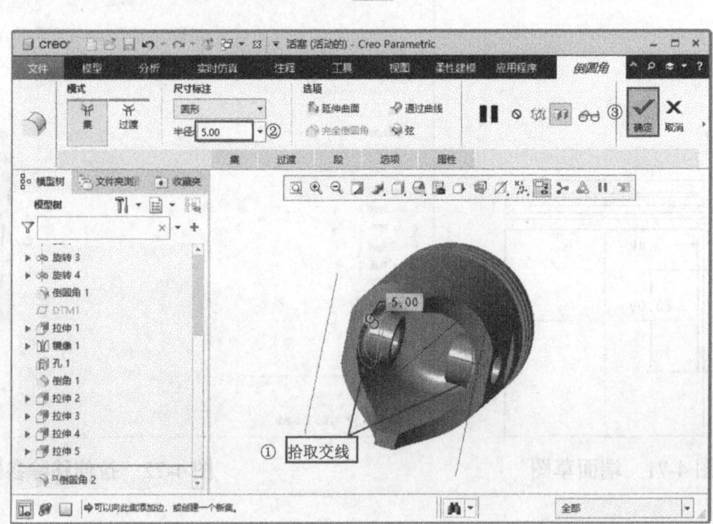

图 4-76 倒圆角操作步骤

4.4 抽壳特征

壳特征可将实体内部掏空，只留一个特定厚度的壳。它可用于指定要从壳上移除的一个或多个曲面。如果未选择要移除的曲面，则会创建一个封闭壳，将零件的内部都掏空，且空心部分没有入口。在这种情况下，可添加必要的切口或孔来获得特定的几何。如果将厚度侧反向（如输入负值或在对话栏中单击），那么壳厚度将被添加到零件的外部。

定义壳时，也可选择要在其中指定不同厚度的曲面，为每个此类曲面指定单独的厚度值。但是，无法为这些曲面输入负的厚度值或反向厚度侧。厚度侧由壳的默认厚度确定。

用户也可通过在【排除曲面】收集器中指定曲面来排除一个或多个曲面，使其不被壳化。此过程称作部分壳化。要排除多个曲面，请在按住 Ctrl 键的同时选择这些曲面。不过，Creo Parametric 不能壳化与在【排除曲面】收集器中指定的曲面相垂直的材料。

4.4.1 操控板选项介绍

壳特征的操控板中包括两部分内容:【壳】操控板和下拉面板。下面详细地进行介绍。

1.【壳】操控板

单击【模型】选项卡的【工程】组中的【壳】按钮，打开图 4-77 所示的【壳】操控板。

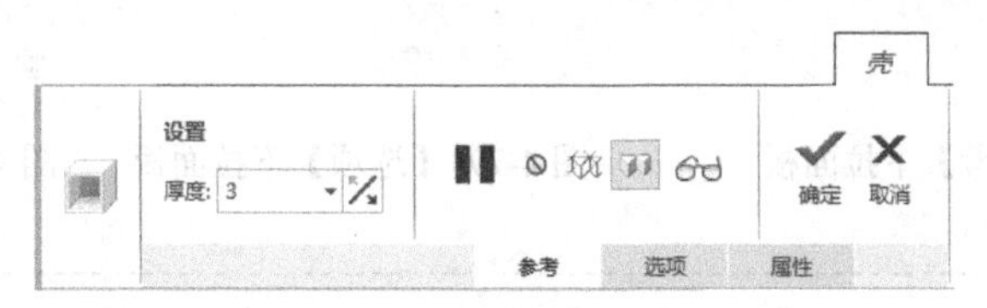

图 4-77 【壳】操控板

操控板中常用功能介绍如下。

- 【厚度】输入框：可用来更改默认的壳厚度值。可输入新值，或从下拉列表中选择一个最近使用过的值。
- 【更改厚度方向】按钮：可用于反向壳的创建侧。

2. 下拉面板

【壳】操控板提供下列下拉面板。

（1）【参考】：包含用于壳特征中的参考列表框，如图 4-78 所示。

①【要壳化的主体】：设置要进行抽壳的主体。

- 【全部】：全部主体结构都要进行抽壳操作。
- 【选定】：选定的主体要进行抽壳操作。

②【移除曲面】列表框：可用来选择要移除的曲面。如果未选择任何曲面，则会创建一个封闭壳，将零件的内部都掏空，且空心部分没有入口。

③【非默认厚度】列表框：可用于选择要在其中指定不同厚度的曲面，可为包括在此列表框中的每个曲面指定单独的厚度值。

（2）【选项】：包含用于从壳特征中排除曲面的选项，如图 4-79 所示。

①【排除曲面】列表框：可用于选择一个或多个要从壳中排除的曲面。如果未选择任何要排除

的曲面，则将壳化整个零件。

②【细节】按钮：打开用来添加或移除曲面的【曲面集】对话框，如图 4-80 所示。

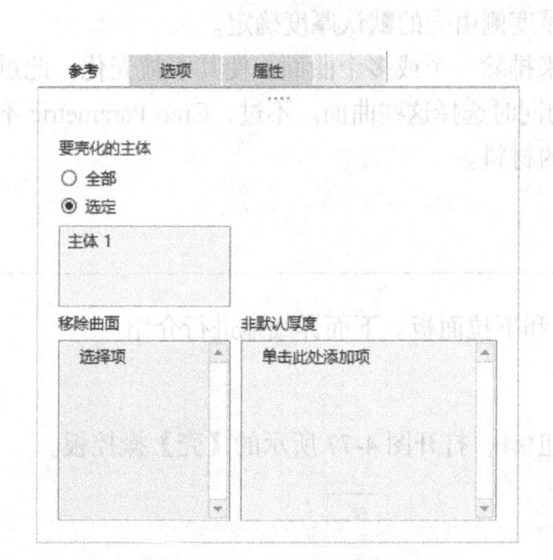

图 4-78 【参考】下拉面板

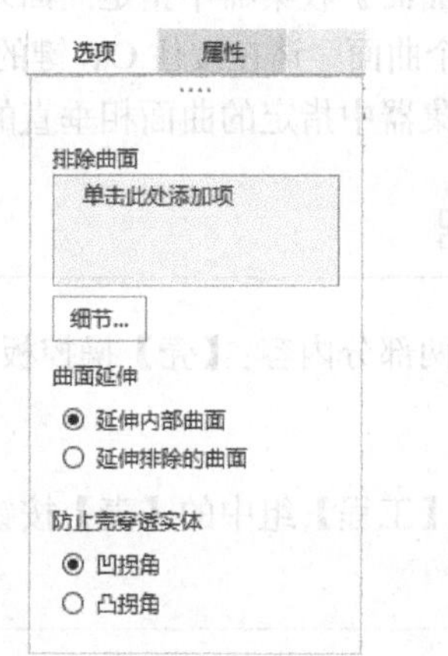

图 4-79 【选项】下拉面板

图 4-80 【曲面集】对话框

注意

通过【壳】操控板访问【曲面集】对话框时不能选择面组曲面。

③【延伸内部曲面】单选项：在壳特征的内部曲面上形成一个盖。

④【延伸排除的曲面】单选项：在壳特征的排除曲面上形成一个盖。

（3）【属性】：包含特征名称和用于访问特征信息的按钮，如图 4-81 所示。

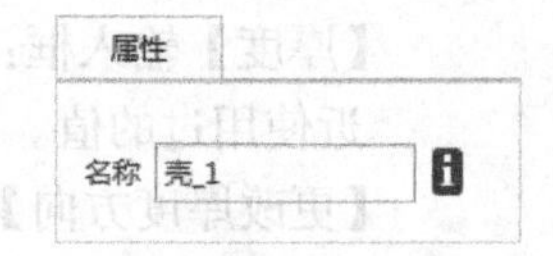

图 4-81 【属性】下拉面板

4.4.2 练习：创建壳特征

下面通过绘制变径进气管来练习创建壳特征的方法。先打开前面实例中绘制的变径进气管，然后利用【抽壳】命令完成变径进气管的创建。结果如图 4-82 所示。

图 4-82 变径进气管（1）

1. 打开文件

单击【打开】按钮，打开【文件打开】对话框，打开【变径进气管 .prt】文件。

2. 抽壳

（1）单击【壳】按钮，打开【壳】操控板。

（2）返回操控板。抽壳操作参数设置及操作步骤如图 4-83 所示。完成变径进气管的创建，结果如图 4-84 所示。

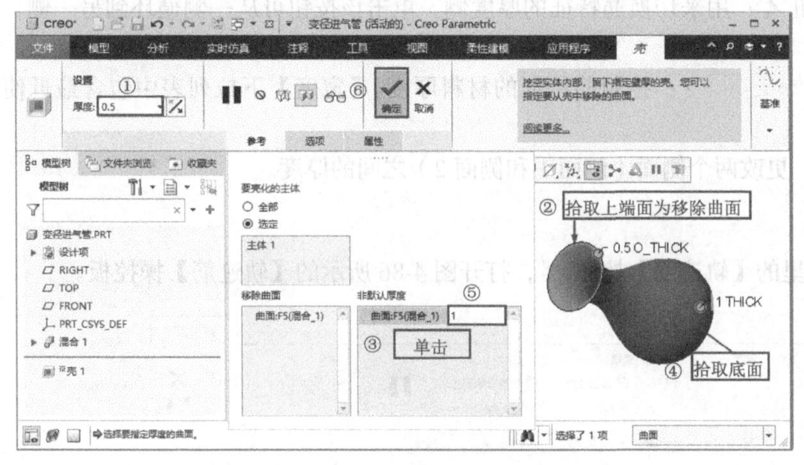

图 4-83 抽壳参数设置及操作步骤

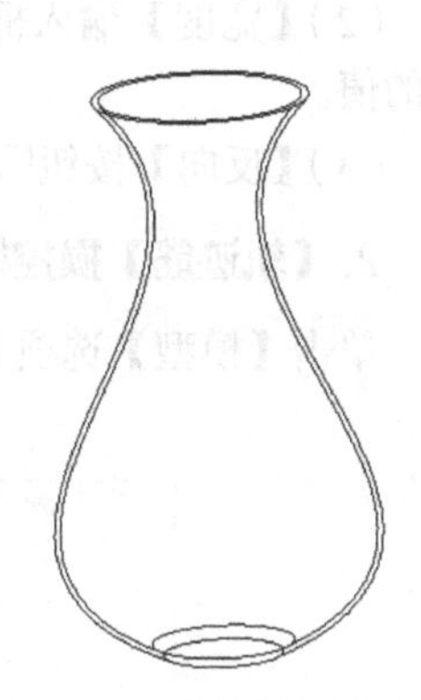

图 4-84 变径进气管（2）

> **注意** 在选择抽壳平面的时候，如果要选择两个或两个以上的平面，按住 Ctrl 键进行拾取。

4.5 筋特征

筋特征是连接到实体曲面的薄翼或腹板伸出项。筋通常用来加固零件，防止其出现不需要的折弯。利用筋工具可快速创建简单的或复杂的筋特征。

4.5.1 操控板选项介绍

在任意一种情况下，指定筋的草绘后，即可对草绘的有效性进行检查，如果有效，则将其放置在列表框中。【参考】列表框中一次只接受一个有效的筋草绘。指定筋特征的有效草绘后，在绘图窗口中会出现预览几何。可在绘图窗口、对话框或在这两者的组合中直接操纵并定义模型。预览几何会自动更新，以反映所做的任何修改。筋特征包括【轮廓筋】【轨迹筋】两种，下面进行详细的介绍。

1.【轮廓筋】操控板

单击【模型】选项卡的【工程】组中的【轮廓筋】按钮，打开图 4-85 所示的【轮廓筋】操控板。

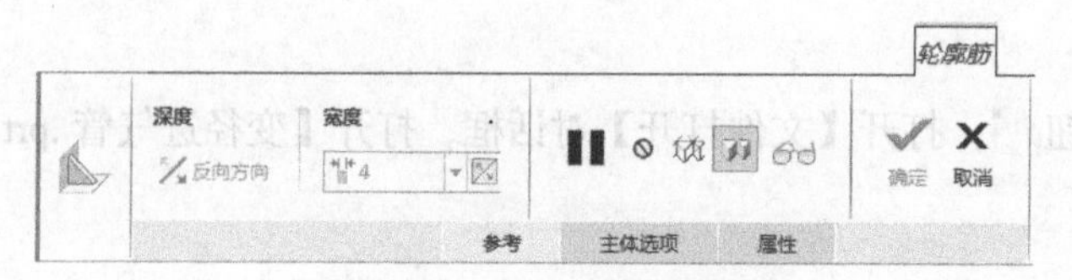

图 4-85 【轮廓筋】操控板

操控板中常用功能介绍如下。

（1）【反向方向】按钮：用来切换筋特征的厚度侧。单击该按钮可从一侧循环到另一侧，使其相对于草绘平面对称。

（2）【宽度】输入框：控制筋特征的材料厚度。【宽度】下拉列表中包含最近使用过的值。

（3）【反向】按钮：更改两个侧面（侧面 1 和侧面 2）之间的厚度。

2.【轨迹筋】操控板

单击【模型】选项卡里的【轨迹筋】按钮，打开图 4-86 所示的【轨迹筋】操控板。

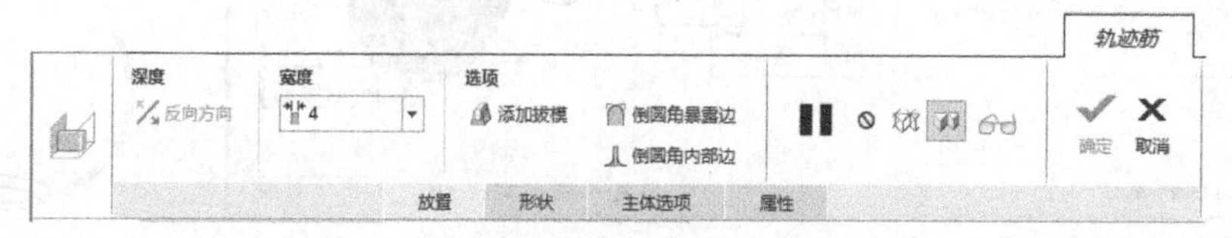

图 4-86 【轨迹筋】操控板

除【轮廓筋】操控板中介绍的常用功能外，【轨迹筋】操控板中其他常用功能介绍如下。

（1）【添加拔模】按钮：添加拔模特征。

（2）【倒圆角暴露边】按钮：在筋的暴露边上添加圆角边。

（3）【倒圆角内部边】按钮：在筋的内部边上进行倒圆角操作。

3. 下拉面板

【轮廓筋】操控板和【轨迹筋】操控板提供下列下拉面板。

（1）【参考】/【放置】：包含有关筋特征的参考 / 放置的信息并允许对其进行修改，如图 4-87 所示。

①【草绘】列表框：包含为筋特征选定的有效草绘特征参考。可使用快捷菜单（将鼠标指针位于列表框中即可看到）中的【移除】命令来移除草绘参考。【草绘】列表框中每次只能包含一个筋特征草绘参考。

②【反向】：在截面的另一侧添加材料。

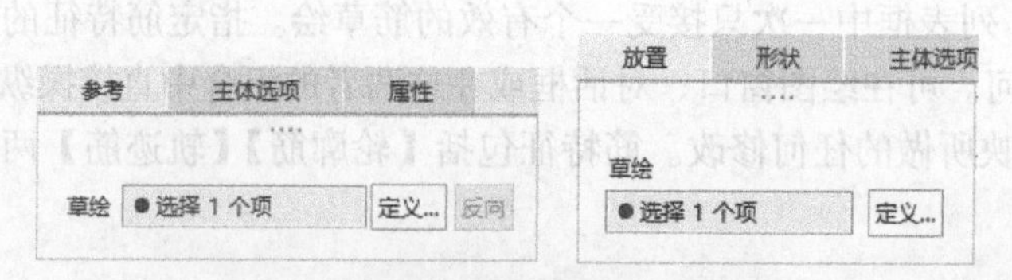

图 4-87 【参考】/【放置】下拉面板

（2）【形状】：包含有关筋特征的形状和参数，如图 4-88 所示。

（3）【属性】：可用来获取筋特征的信息并允许重命名筋特征，如图 4-89 所示。

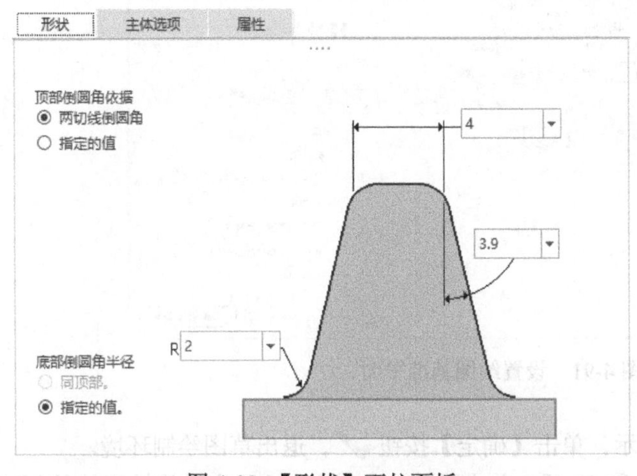

图 4-88　【形状】下拉面板

图 4-89　【属性】下拉面板

4.5.2　练习：创建轮廓筋特征

下面通过绘制法兰盘来练习创建轮廓筋特征的方法。先利用【旋转】命令创建法兰盘的主体结构，然后利用【轮廓筋】命令创建筋特征，最后利用【孔】命令创建孔特征。结果如图 4-90 所示。

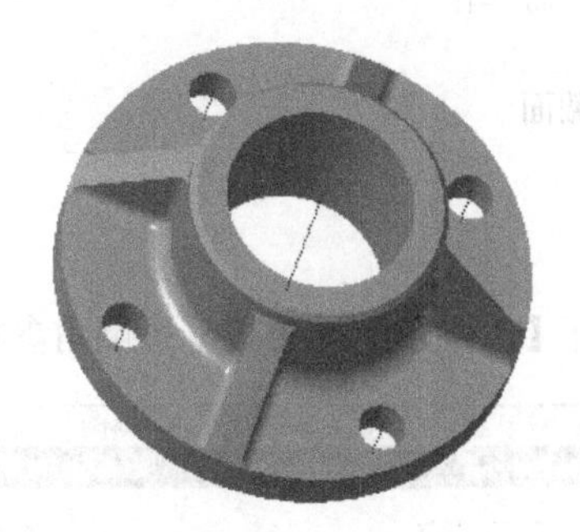

图 4-90　法兰盘

1. 创建新文件

单击【新建】按钮，弹出【新建】对话框。在【文件名】输入框中输入零件的名称【法兰盘】，选择【mmns_part_solid_abs】模板，单击【确定】按钮，进入实体建模界面。参数设置步骤如图 4-8 所示。

2. 制作旋转实体

（1）单击【旋转】按钮，打开【旋转】操控板。绘图基准平面设置步骤如图 4-91 所示。

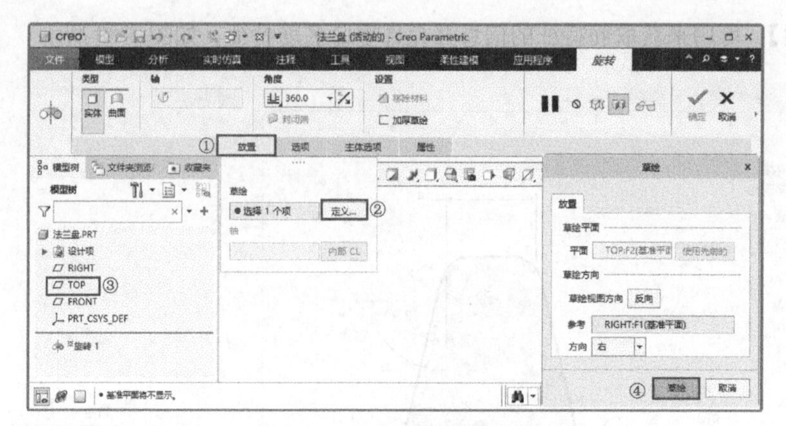

图 4-91　设置绘图基准平面

（2）绘制旋转截面，如图 4-92 所示，单击【确定】按钮✔，退出草图绘制环境。

（3）返回操控板，输入旋转角度【360.0】，单击【确定】按钮✔，完成旋转实体的创建，如图 4-93 所示。

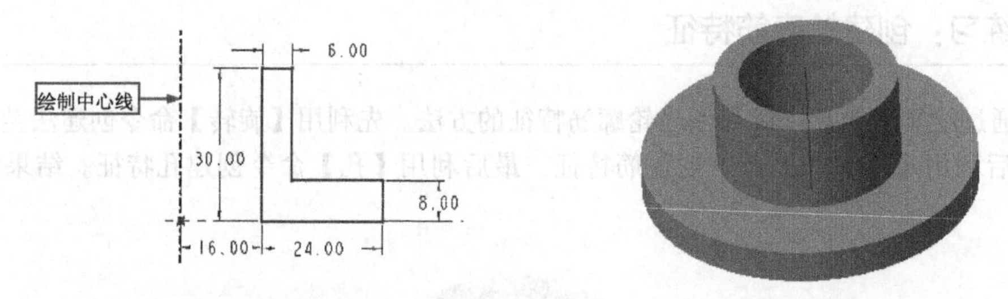

图 4-92　旋转截面　　　　图 4-93　旋转实体

3. 边倒角

单击【边倒角】按钮，打开【边倒角】操控板。边倒角参数设置如图 4-94 所示。

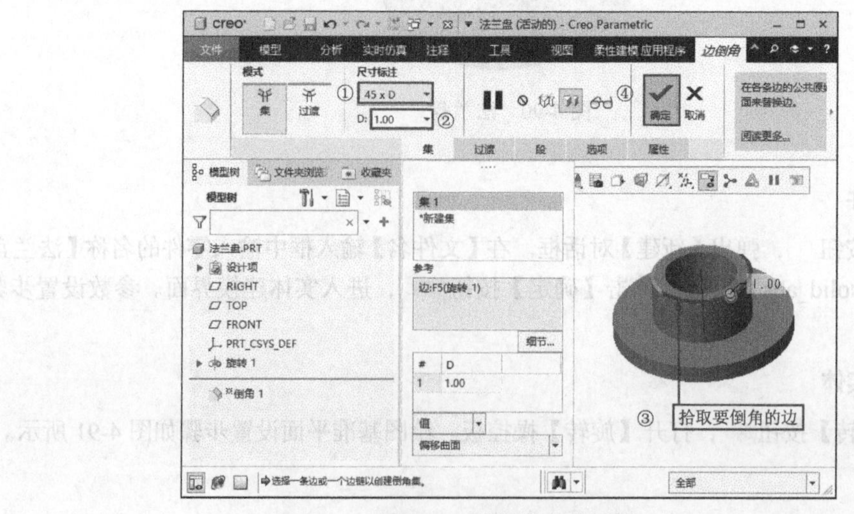

图 4-94　边倒角参数设置

4．倒圆角

单击【倒圆角】按钮，打开【倒圆角】操控板。倒圆角参数设置如图4-95所示。完成圆角的创建。

图4-95　倒圆角参数设置

5．加强筋的创建

（1）单击【轮廓筋】按钮，打开【轮廓筋】操控板。基准平面设置步骤如图4-96所示。进入草绘界面。

图4-96　设置绘图基准平面

（2）绘制图4-97所示的直线，单击【确定】按钮，退出草图绘制环境。

（3）返回操控板，轮廓筋参数设置如图4-98所示。

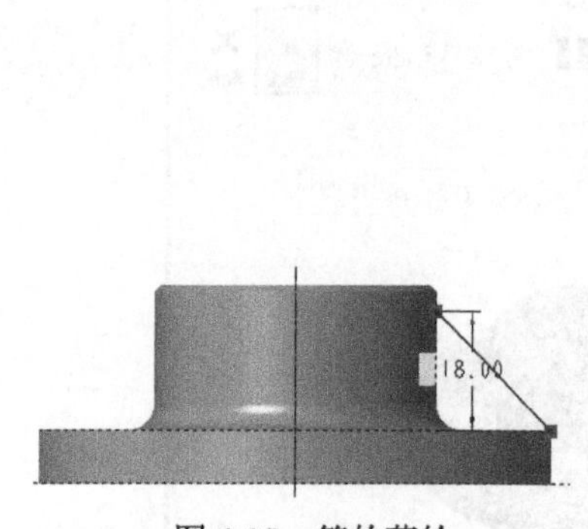

图 4-97　筋的草绘

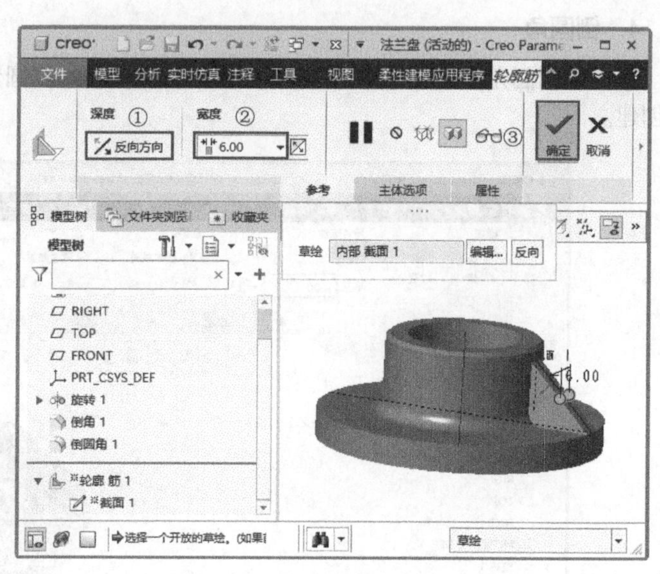

图 4-98　轮廓筋参数设置

6. 创建加强筋圆角

单击【倒圆角】按钮，打开【倒圆角】操控板。参数设置如图 4-99 所示。完成圆角的创建。

7. 绘制其余加强筋特征

采用同样的方法绘制另外 3 个加强筋，结果如图 4-100 所示。

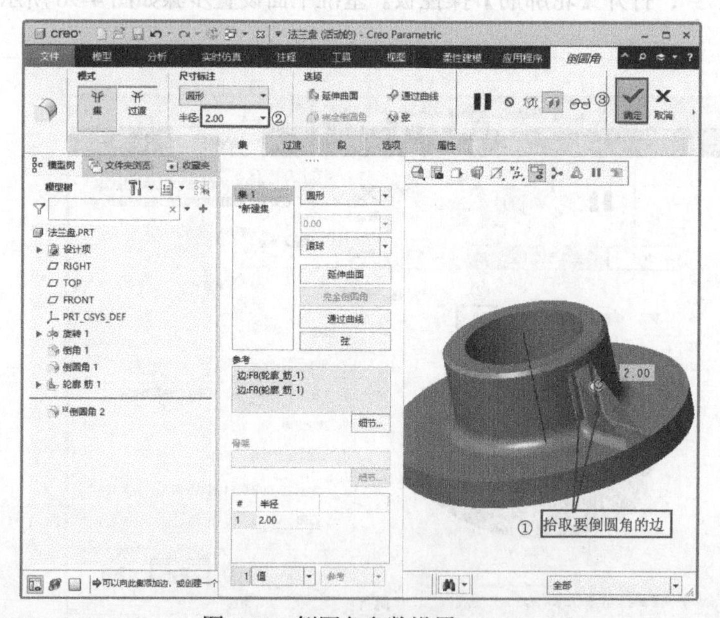

图 4-99　倒圆角参数设置

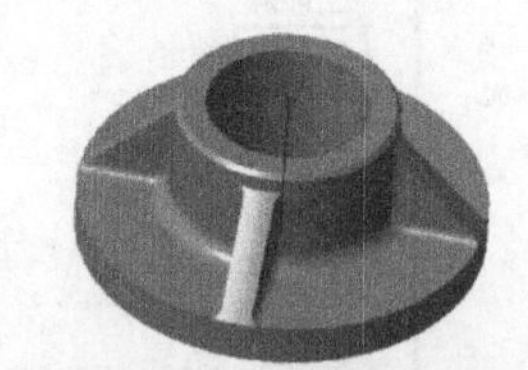

图 4-100　绘制其余加强筋

8. 创建孔特征

单击【孔】按钮，打开【孔】操控板。孔特征创建步骤如图 4-101 所示。

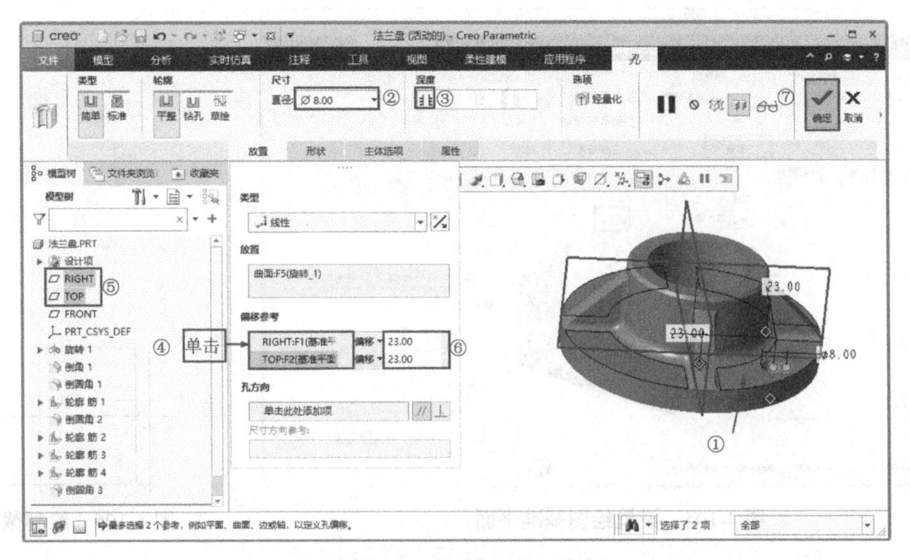

图 4-101　孔特征创建步骤

重复执行【孔】命令，绘制其他 3 个孔，结果如图 4-90 所示。

4.5.3　练习：创建轨迹筋特征

下面通过创建【轨迹筋】来练习创建轨迹筋特征的方法。先打开创建好的源文件，然后执行【轨迹筋】命令，通过绘制截面草图来生成轨迹筋特征，结果如图 4-102 所示。

（1）打开文件。

单击【打开】按钮，打开【文件打开】对话框，打开【轨迹筋 .prt】文件，如图 4-103 所示。

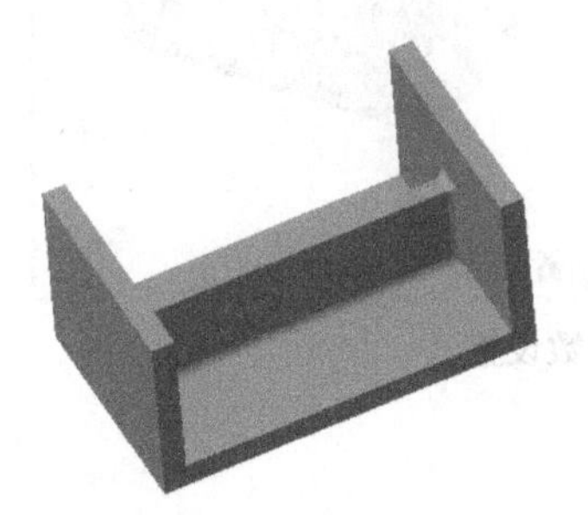

图 4-102　轨迹筋特征

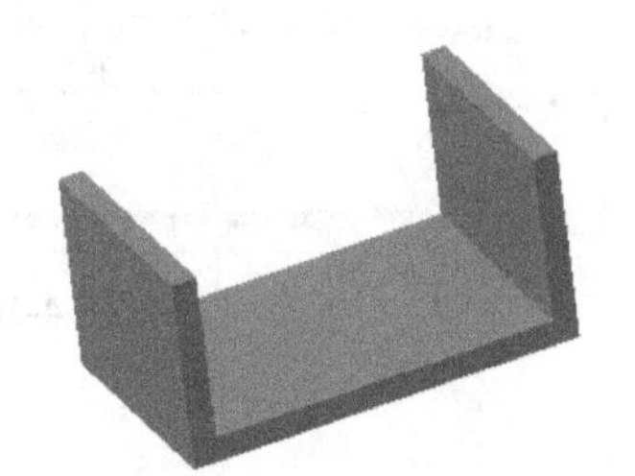

图 4-103　原始模型

（2）创建轨迹筋。

① 单击【轨迹筋】按钮，绘图基准平面设置步骤如图 4-104 所示。进入草绘界面。

② 绘制图 4-105 所示的截面，注意绘制的截面要与实体相交。单击【确定】按钮，退出草图绘制环境。

③ 返回操控板，轨迹筋参数设置如图 4-106 所示。单击【确定】按钮，完成轨迹筋特征的创建，结果如图 4-102 所示。

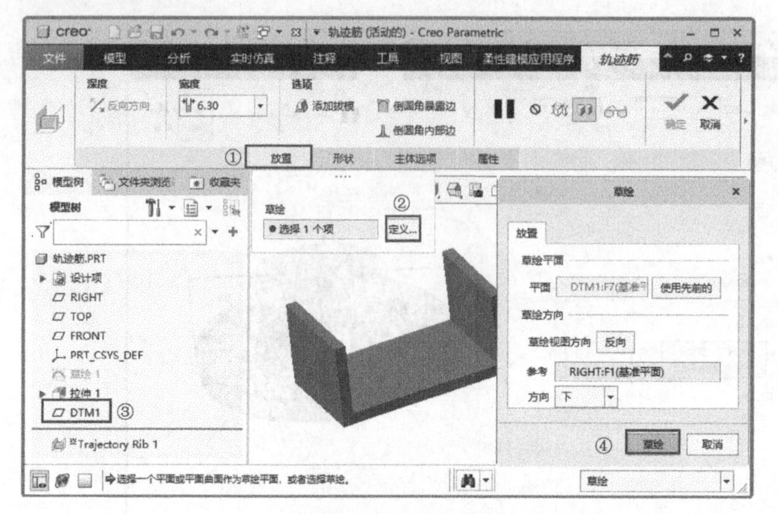

图 4-104　设置绘图基准平面

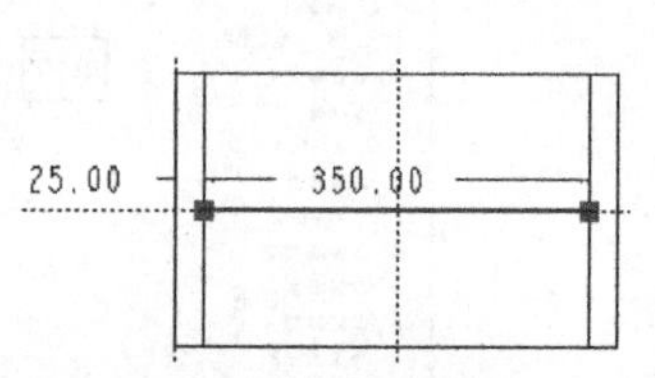

图 4-105　绘制截面

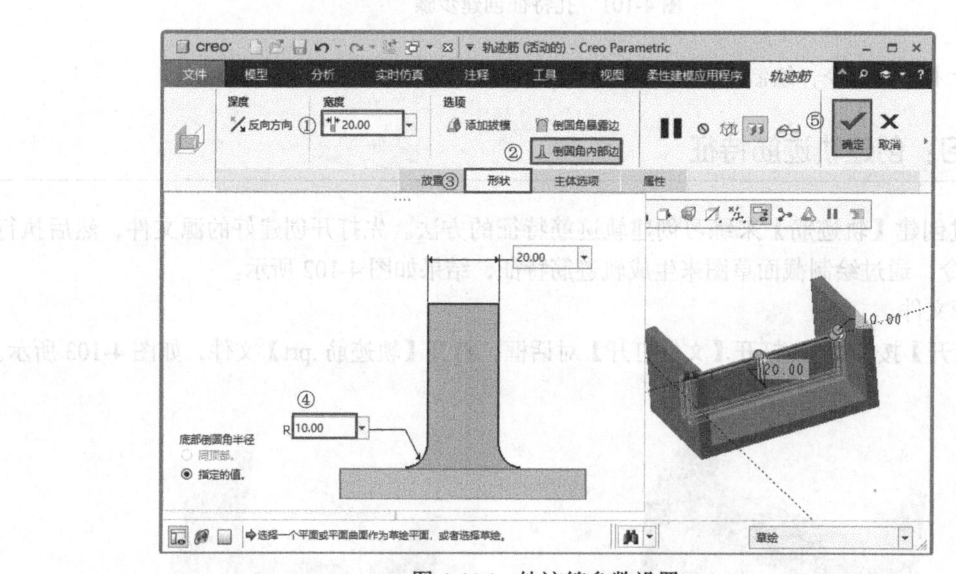

图 4-106　轨迹筋参数设置

4.6　拔模特征

拔模特征将向单独曲面或一系列曲面中添加一个 −30° ~ +30° 的拔模角度。当曲面仅由列表圆柱面或平面形成时，才可拔模。曲面的边界周围有圆角时不能拔模。不过，可以先拔模，然后对边进行圆角过渡处理。

4.6.1　操控板选项介绍

【拔模】命令有两种：【拔模】和【可变拖拉方向拔模】。下面分别对二者进行介绍。

1. 拔模

拔模特征的操控板中包括两部分内容：【拔模】操控板和下拉面板。下面详细地进行介绍。

（1）【拔模】操控板。

单击【模型】选项卡的【工程】组中的【拔模】按钮，打开图 4-107 所示的【拔模】操控板。

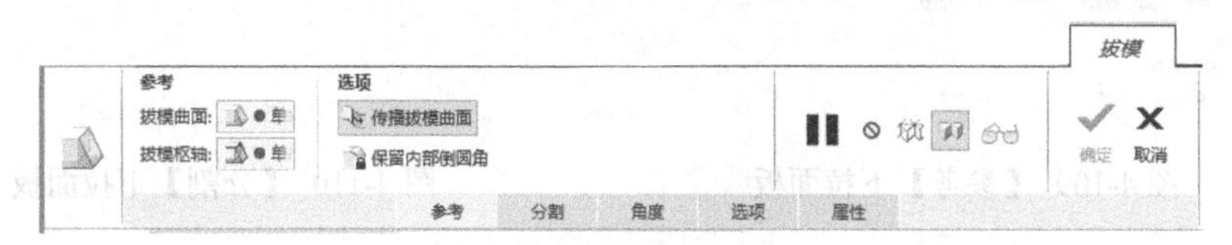

图 4-107 【拔模】操控板（1）

操控板中常用功能介绍如下。

①【拔模曲面】列表框 单击此处添加项 ：用于选择要拔模的曲面。

②【拔模枢轴】列表框 单击此处添加项 ：用来指定拔模曲面上的中性直线或曲线，即曲面绕其旋转的直线或曲线。单击列表框可将其激活。最多可选择两个平面或曲线链。要选择第二枢轴，必须先用分割工具分割拔模曲面。

③ 拔模角度。拾取拔模曲面和拔模枢轴后，操控板会变为图 4-108 所示的样子。拔模角度是指拔模方向与生成的拔模曲面之间的角度。若拔模曲面被分割，则可为拔模曲面的每侧定义两个独立的角度。拔模角度必须为 −30° ~ +30°。

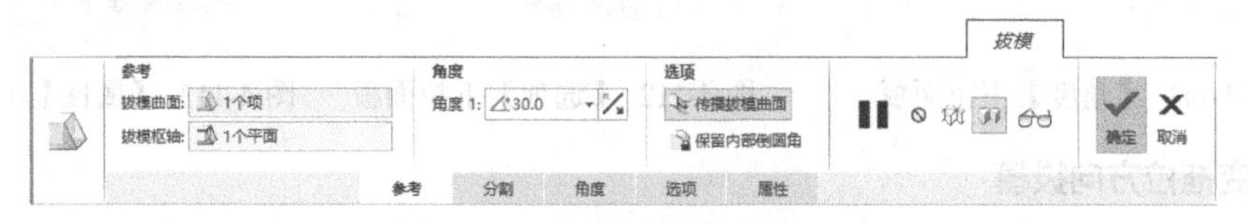

图 4-108 【拔模】操控板（2）

拔模曲面可按拔模曲面上的拔模枢轴或不同的曲线进行分割，如与面组或草绘曲线的交线。如果使用不在拔模曲面上的草绘进行分割，那么系统会沿着垂直于草绘平面的方向将其投影到拔模曲面上。若拔模曲面被分割，则可以进行以下操作。

- 为拔模曲面的每一侧指定两个独立的拔模角度。
- 指定一个拔模角度，第二侧以相反方向拔模。
- 仅拔模曲面的一侧（任意一侧均可），另一侧仍位于中性位置。

④【反转角度】按钮：用来反转拖拉方向，在拔模模型中由黄色箭头指示。

对于具有独立拔模侧的分割拔模特征，该操控板包含【角度 2】下拉列表框和【反转角度】按钮，以控制第二侧的拔模角度。

（2）下拉面板。

【拔模】操控板提供下列下拉面板。

①【参考】：包含在拔模特征和分割选项中使用的参考列表框，如图 4-109 所示。

- 【拖拉方向】列表框 选择 1 个项 ：用来确定拔模角度的方向，单击列表框可将其激活。可以选择平面、直边、基准轴、两点（如基准点或模型顶点）或坐标系。

②【分割】：包含【分割选项】【分割对象】【侧选项】，如图 4-110 所示。

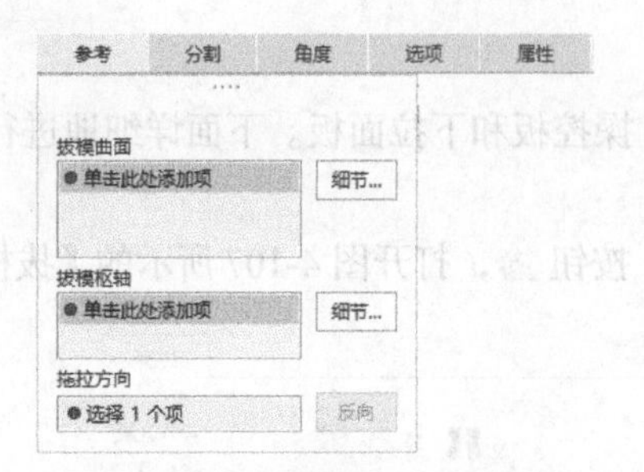

图 4-109 【参考】下拉面板

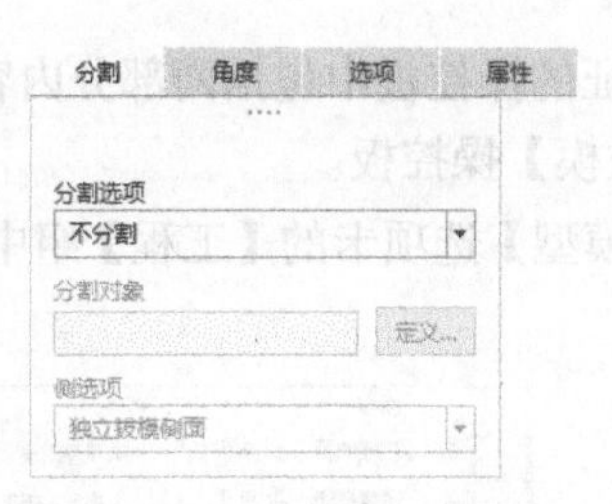

图 4-110 【分割】下拉面板

③【角度】：包含拔模角度值及其位置的列表，如图 4-111 所示。

④【选项】：包含定义拔模几何的选项，如图 4-112 所示。

⑤【属性】：包含特征名称和用于访问特征信息的按钮，如图 4-113 所示。

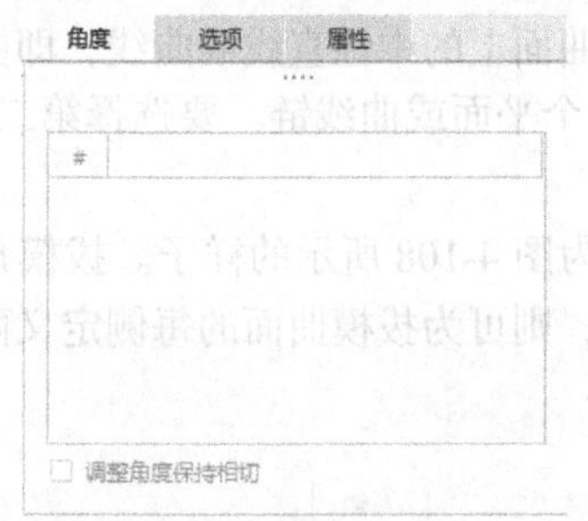

图 4-111 【角度】下拉面板

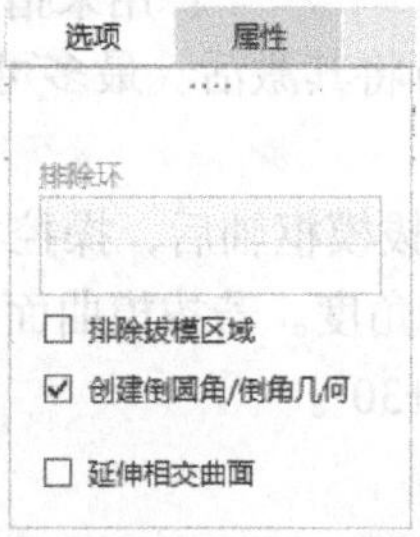

图 4-112 【选项】下拉面板

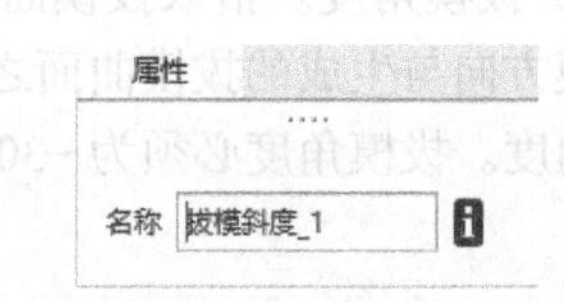

图 4-113 【属性】下拉面板

2. 可变拖拉方向拔模

可变拖拉方向拔模特征的操控板中包括两部分内容：【可变拖拉方向拔模】操控板和下拉面板。下面详细地进行介绍。

（1）【可变拖拉方向拔模】操控板。

单击【模型】选项卡的【工程】组中的【可变拖拉方向拔模】按钮，打开图 4-114 所示的【可变拖拉方向拔模】操控板。

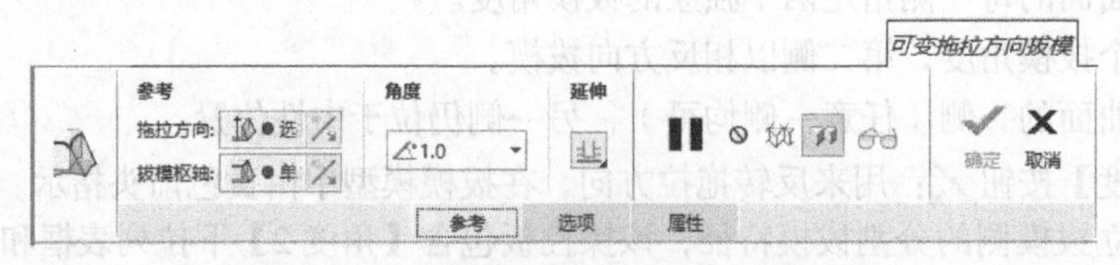

图 4-114 【可变拖拉方向拔模】操控板

操控板中其他功能介绍。

①【角度】下拉列表框：单击下拉按钮，弹出【角度】下拉列表，可选择拔模角度。

②【延伸】下拉列表框：用于设置创建的新面组的长度值。只有在【选项】下拉面板中选择了【创建新面组】单选项时，该下拉列表框才会被激活。

其余选项同【拔模】操控板。

（2）下拉面板。

【拔模】操控板提供下列下拉面板。

①【参考】：包含在可变拖拉方向拔模特征中使用的参考列表框，如图 4-115 所示。

- 【分割曲面】复选框：若勾选【分割曲面】复选框，可最多选择两个面组来分割拔模几何。

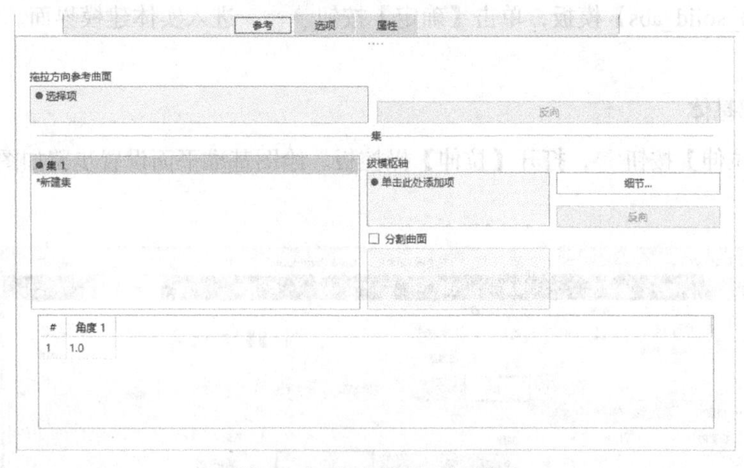

图 4-115 【参考】下拉面板

②【选项】：包含定义拔模几何的选项，如图 4-116 所示。

- 【连接到实体或面组】单选项：选择该单选项，创建的拔模面与原实体或面组是一体的。
- 【创建新面组】单选项：选择该单选项，创建的拔模面根据选择的长度方式不同可与原实体或面组一体，也可与原实体或面组分离。

③【属性】：包含特征名称和用于访问特征信息的按钮，如图 4-117 所示。

图 4-116 【选项】下拉面板　　　图 4-117 【属性】下拉面板

4.6.2　练习：创建拔模特征

本例通过绘制充电器来练习创建拔模特征的方法。先分 4 个部分进行拉伸，形成充电器的基体，对其中的两个拉伸体进行拔模操作，然后拉伸形成插销部分，得到最终的实体。结果如图 4-118 所示。

图 4-118　充电器

1. 创建新文件

单击【新建】按钮，弹出【新建】对话框。在【文件名】输入框中输入零件的名称【充电器】，选择【mmns_part_solid_abs】模板，单击【确定】按钮，进入实体建模界面。参数设置步骤如图 4-8 所示。

2. 拉伸后部基体

（1）单击【拉伸】按钮，打开【拉伸】操控板。绘图基准平面设置步骤如图 4-119 所示。进入草绘界面。

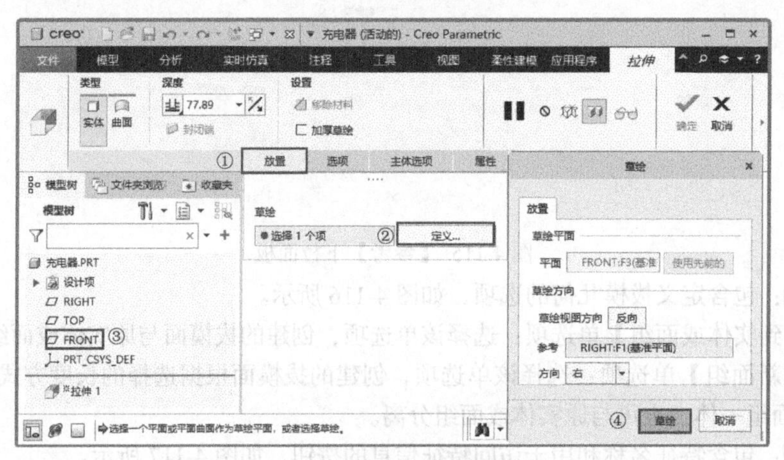

图 4-119　设置绘图基准平面

（2）绘制矩形，如图 4-120 所示。单击【确定】按钮，退出草图绘制环境。

（3）返回操控板，拉伸参数设置如图 4-121 所示。

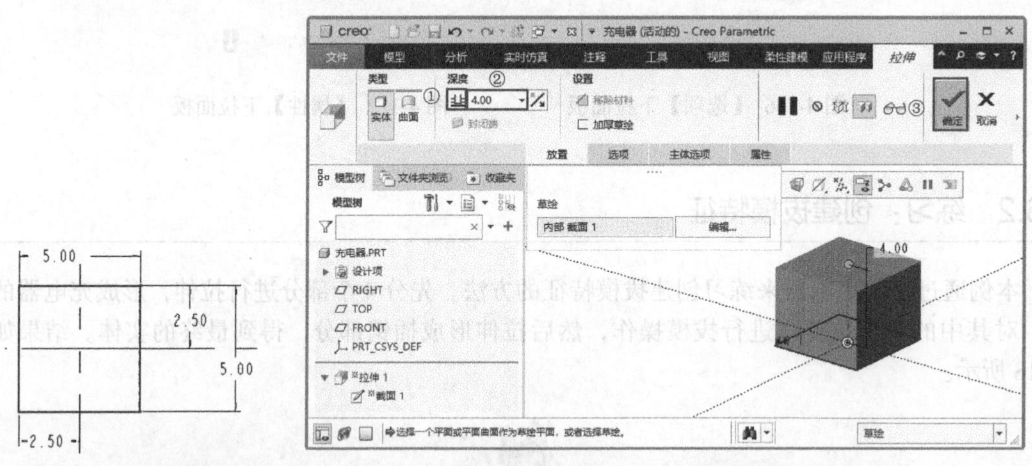

图 4-120　绘制的矩形

图 4-121　拉伸参数设置

3. 创建偏移基准平面【DTM1】

（1）单击【平面】按钮，打开【基准平面】对话框。

（2）基准平面参数设置如图 4-122 所示。单击【确定】按钮，创建【DTM1】基准平面。

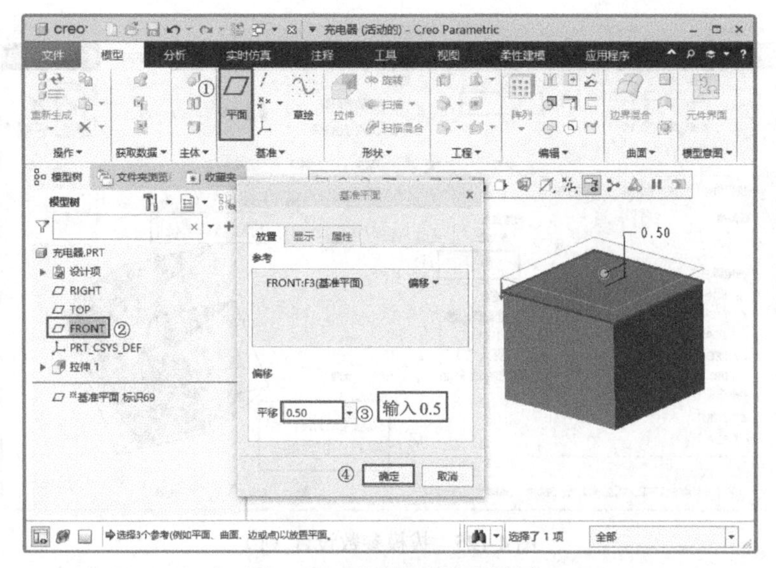

图 4-122　基准平面参数设置

4. 拉伸前部基体

（1）单击【拉伸】按钮，打开【拉伸】操控板。

（2）在刚创建的【DTM1】基准平面上，绘制图 4-123 所示的矩形。单击【确定】按钮，退出草图绘制环境。

（3）返回操控板，拉伸参数设置如图 4-124 所示。

图 4-123　绘制矩形

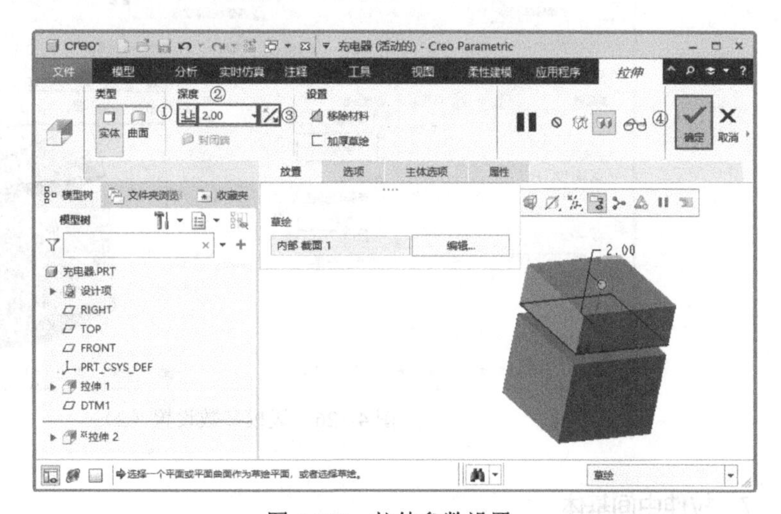

图 4-124　拉伸参数设置

5. 创建拔模面 1

（1）单击【拔模】按钮，打开【拔模】操控板。

（2）拔模参数设置如图 4-125 所示。

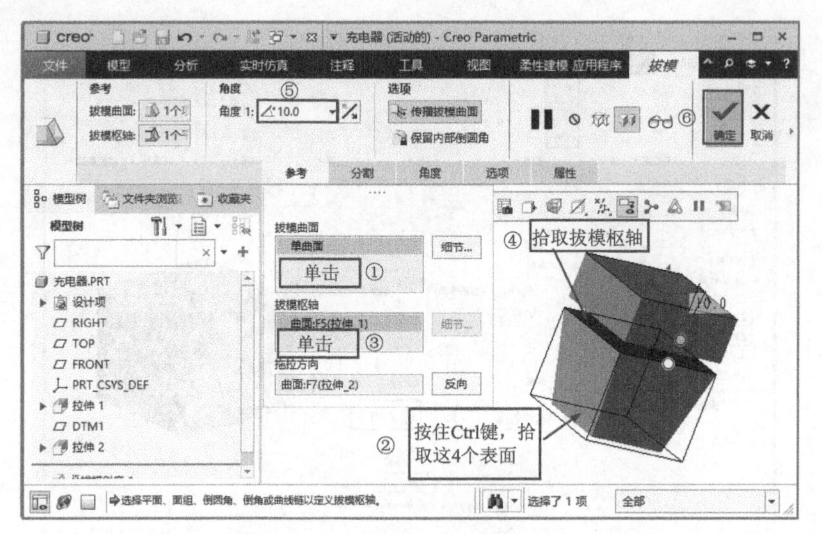

图 4-125　拔模参数设置（1）

6. 创建拔模面 2

（1）重复执行【拔模】命令，打开【拔模】操控板。

（2）拔模参数设置如图 4-126 所示。

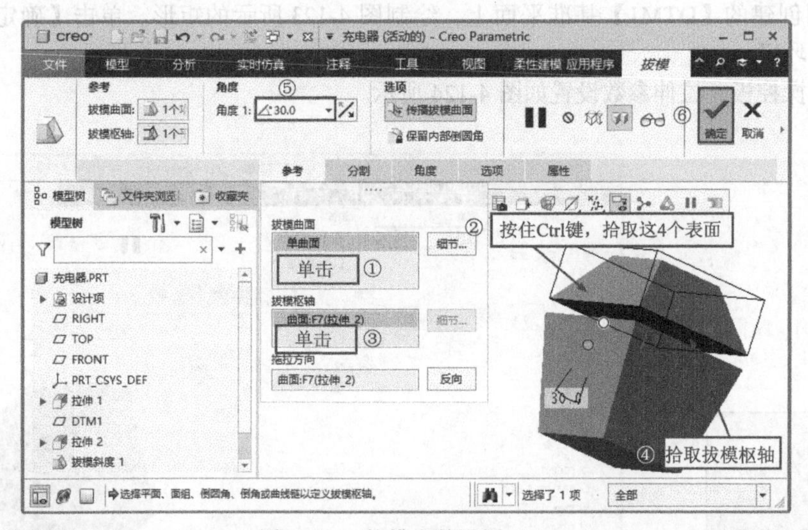

图 4-126　拔模参数设置（2）

7. 拉伸中间基体

（1）单击【拉伸】按钮，打开【拉伸】操控板。

（2）选择【FRONT】基准平面作为草图绘制平面，执行【投影】命令，选择矩形的 4 条边作为投影参考，绘制的草图如图 4-127 所示。单击【确定】按钮，退出草图绘制环境。

（3）返回操控板，拉伸参数设置如图 4-128 所示。单击【确定】按钮，生成拉伸实体，如图 4-129 所示。

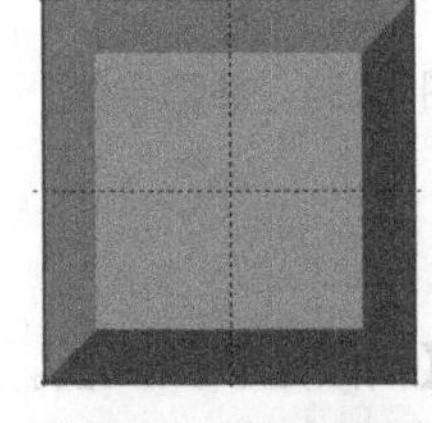

图 4-127　投影草图

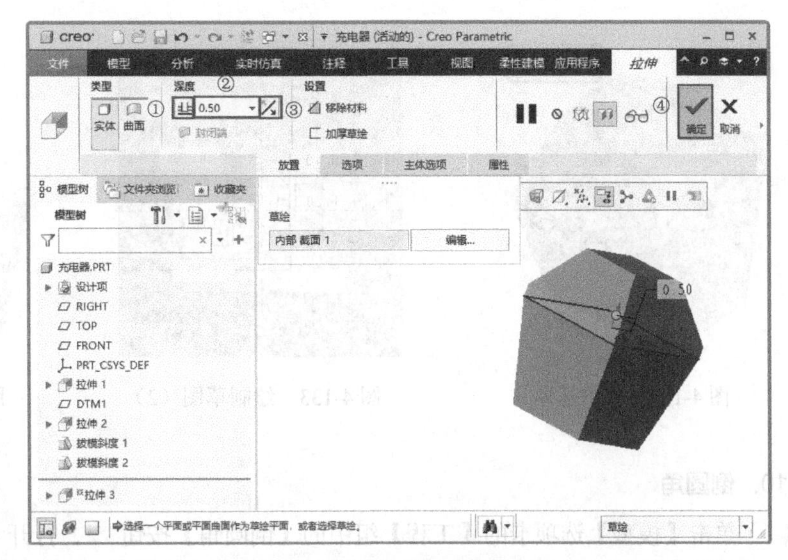

图 4-128　拉伸参数设置

8. 拉伸突出基体

（1）重复执行【拉伸】命令，打开【拉伸】操控板。

（2）选择图 4-130 所示的端面作为草绘平面，绘制图 4-131 所示的草图截面。单击【确定】按钮✔，退出草图绘制环境。

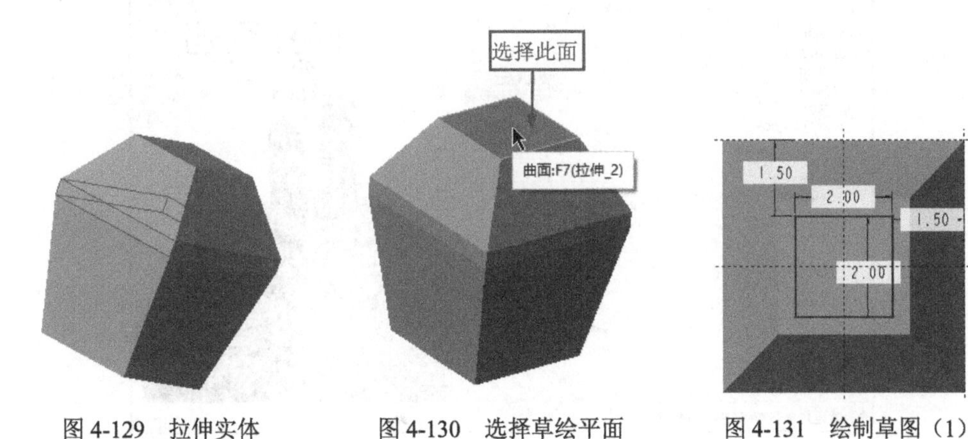

图 4-129　拉伸实体　　图 4-130　选择草绘平面　　图 4-131　绘制草图（1）

（3）在操控板中输入可变深度值【0.3】，单击【确定】按钮✔，完成拉伸操作。结果如图 4-132 所示。

9. 拉伸插销

（1）重复执行【拉伸】命令，打开【拉伸】操控板。

（2）选择图 4-132 所示的拉伸实体上表面为草绘平面，绘制截面，如图 4-133 所示。

单击【确定】按钮✔，退出草图绘制环境。

（3）在操控板中输入可变深度值【2.00】，单击【确定】按钮✔。结果如图 4-134 所示。

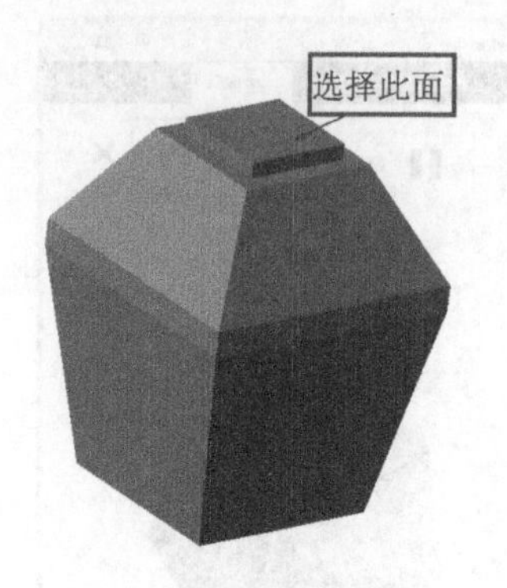

图 4-132　突出基体

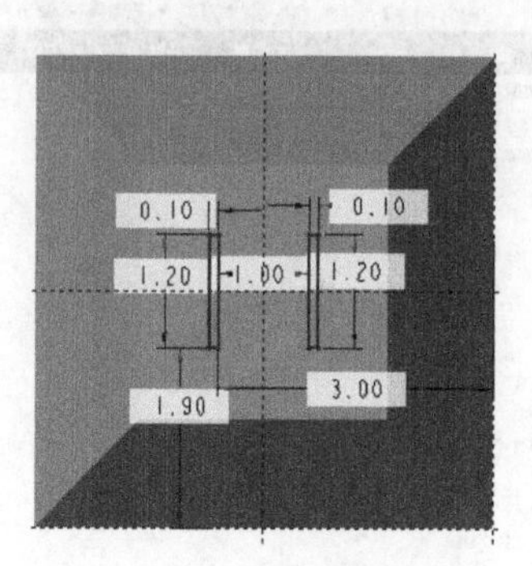

图 4-133　绘制草图（2）

图 4-134　插销实体

10. 倒圆角

（1）单击【模型】选项卡的【工程】组中的【倒圆角】按钮，打开【倒圆角】操控板。

（2）倒圆角参数设置如图 4-135 所示，单击【确定】按钮，结果如图 4-118 所示。

图 4-135　倒圆角参数设置

4.6.3　练习：创建可变拖拉方向拔模特征

本实例通过创建支座来练习创建可变拖拉方向拔模特征的方法，如图 4-136 所示。

（1）打开文件。单击【打开】按钮，打开【文件打开】对话框，打开【支座】文件，如图 4-137 所示。

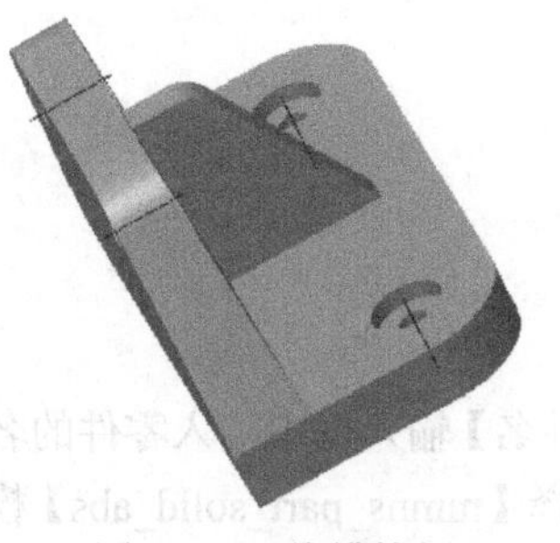

图 4-136　拔模特征

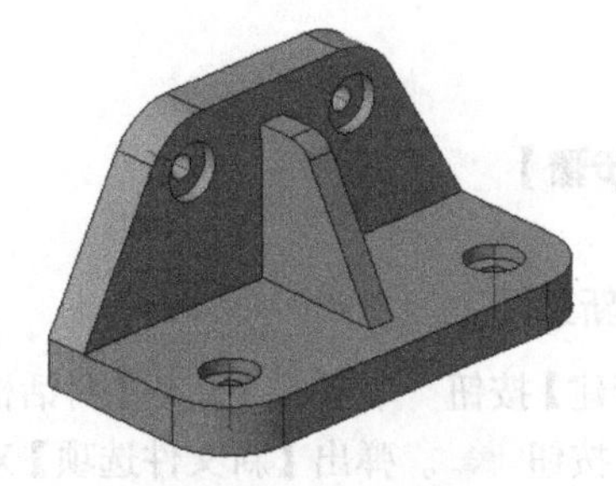

图 4-137　原始模型

（2）单击【可变拖拉方向拔模】按钮，弹出【可变拖拉方向拔模】操控板，具体参数设置及操作步骤参照图 4-138 所示。单击【确定】按钮，完成拔模特征的创建，结果如图 4-136 所示。

图 4-138　可变拖拉方向拔模参数设置及操作步骤

4.7　综合实例——绘制暖水瓶

暖水瓶的外壳如图 4-139 所示。先利用【旋转】命令创建暖水瓶主体，然后利用【拉伸】命令创建细节，再利用【混合】命令创建暖水瓶嘴，最后利用【扫描】命令创建暖水瓶把。

图 4-139　暖水瓶

【绘制步骤】

1. 创建新文件

单击【新建】按钮，弹出【新建】对话框。在【文件名】输入框中输入零件的名称【暖水瓶】，单击【确定】按钮 确定 。弹出【新文件选项】对话框，选择【mmns_part_solid_abs】模板，单击【确定】按钮 确定 ，进入实体建模界面。参数设置步骤如图 4-8 所示。

2. 绘制主体

（1）单击【旋转】按钮，打开【旋转】操控板，选择【RIGHT】基准平面作为草绘平面，绘制图 4-140 所示的图形。其中右图为左图的局部放大效果。单击【确定】按钮，退出草图绘制环境。

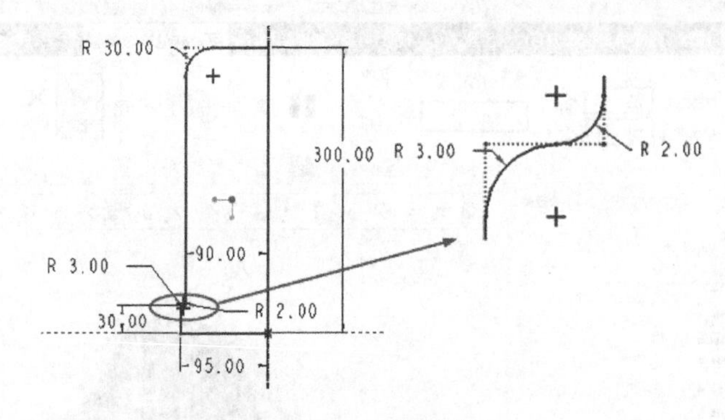

图 4-140　草绘图形

（2）在操控板上设置旋转角度为【360°】，然后单击【确定】按钮，完成旋转特征的创建，结果如图 4-141 所示。

3. 创建拉伸体 1

（1）单击【模型】选项卡的【形状】组中的【拉伸】按钮，打开【拉伸】操控板。

（2）选择旋转特征的底面作为草绘平面，绘制图 4-142 所示的图形。然后单击【确定】按钮，退出草图绘制环境。

图 4-141　旋转特征

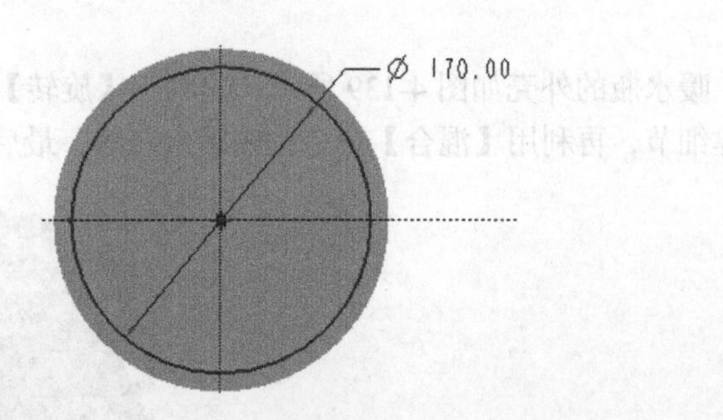

图 4-142　拉伸截面（1）

（3）返回操控板，拉伸参数设置如图 4-143 所示。

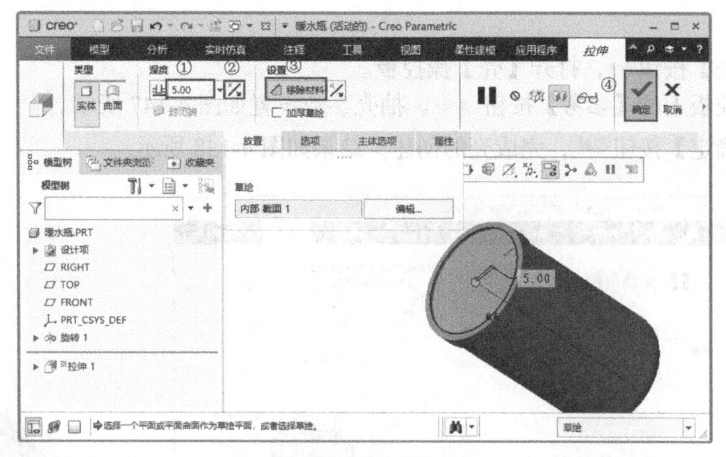

图 4-143　拉伸参数设置（1）

（4）单击【确定】按钮✔，完成拉伸特征的创建，结果如图 4-144 所示。

4. 创建拉伸体 2

（1）重复执行【拉伸】命令，打开【拉伸】操控板。

（2）选择旋转特征的上表面作为草绘平面，绘制图 4-145 所示的图形。单击【确定】按钮✔，退出草图绘制环境。

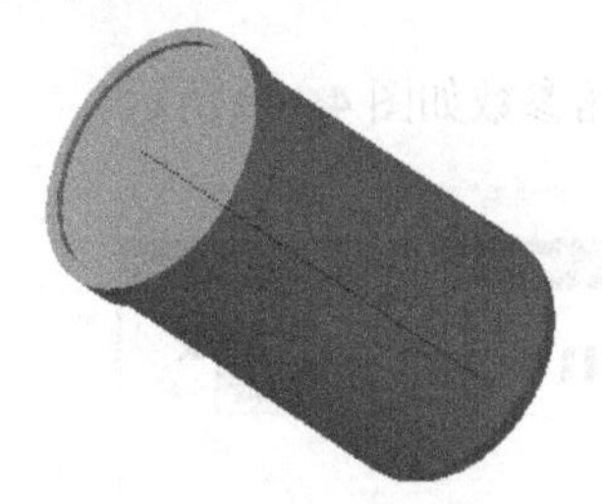

图 4-144　拉伸体

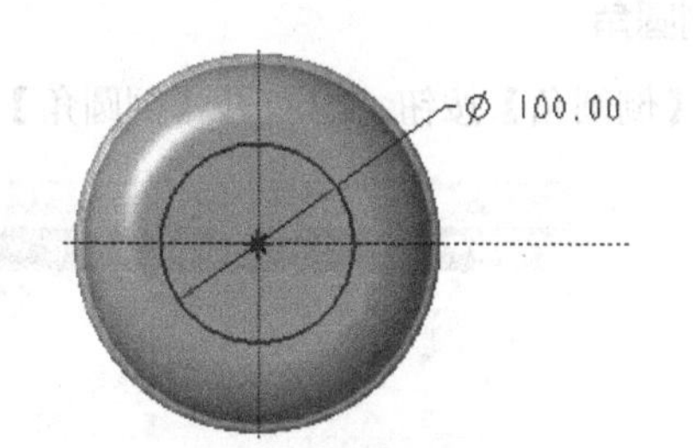

图 4-145　拉伸截面（2）

（3）返回操控板，拉伸参数设置如图 4-146 所示。

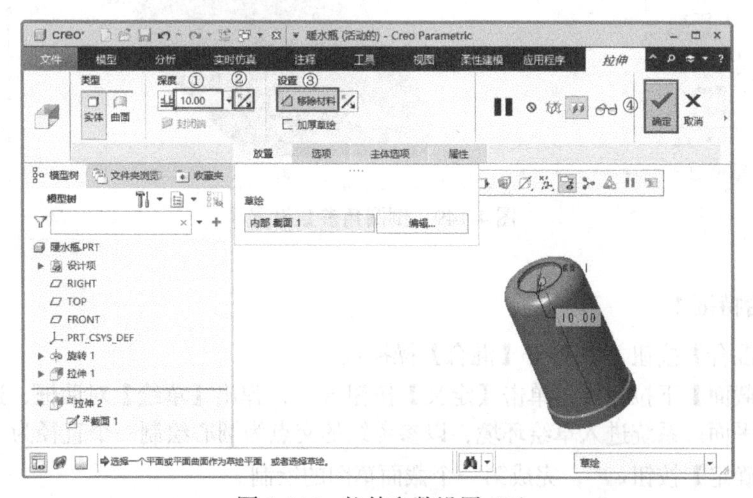

图 4-146　拉伸参数设置（2）

5. 抽壳

（1）单击【壳】按钮，打开【壳】操控板。

（2）单击操控板上的【参考】按钮 参考 。抽壳参数设置如图 4-147 所示。

（3）单击【确定】按钮，完成壳的创建，结果如图 4-148 所示。

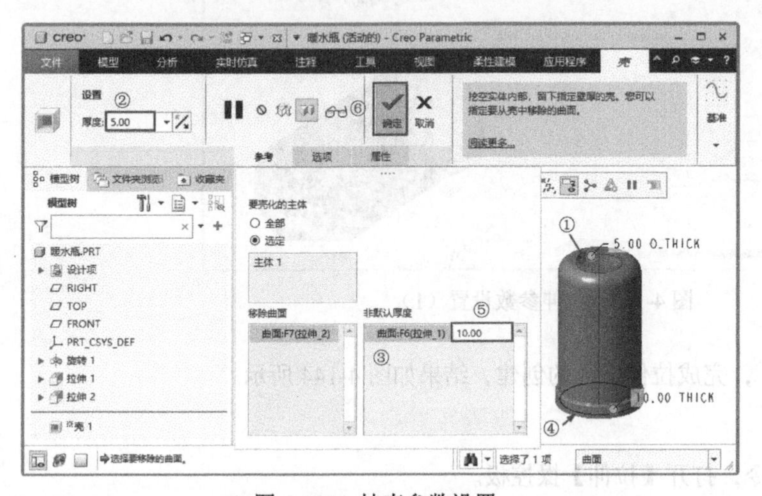

图 4-147 抽壳参数设置

图 4-148 制作完成的壳

6. 倒圆角

单击【倒圆角】按钮，打开【倒圆角】操控板。倒圆角参数如图 4-149 所示。

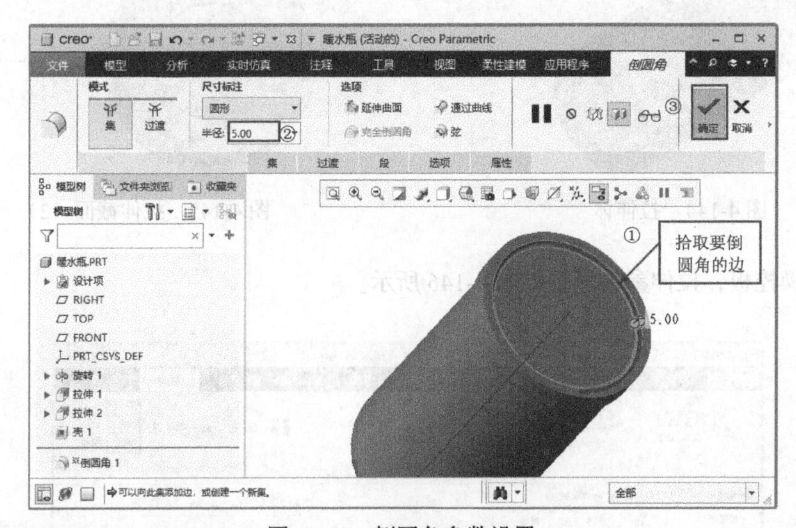

图 4-149 倒圆角参数设置

7. 创建混合特征 1

（1）单击【混合】按钮，打开【混合】操控板。

（2）打开【截面】下拉面板，单击【定义】按钮 定义... ，弹出【草绘】对话框，选择旋转特征的上表面作为草绘平面。系统进入草绘环境，以参考线的交点为圆心绘制一个直径为【100】的圆。

（3）单击【确定】按钮，完成第一个截面草图的绘制。

（4）打开【截面】下拉面板，设置【截面 2】与【截面 1】偏移距离为【20.00】，如图 4-150 所示。单击【草绘】按钮 草绘... ，进入草绘环境，绘制一个直径为【80】的同心圆。单击【确定】按钮✔，完成第二个截面草图的绘制。

（5）单击【添加】按钮 添加 ，创建【截面 3】，与【截面 2】距离为【5.00】，再绘制一个直径为【70】的圆，结果如图 4-151 所示。单击【确定】按钮✔，退出草图绘制环境。

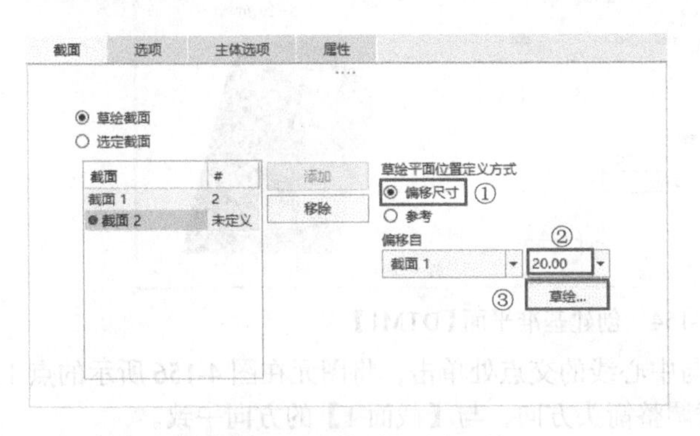

图 4-150 【截面】下拉面板

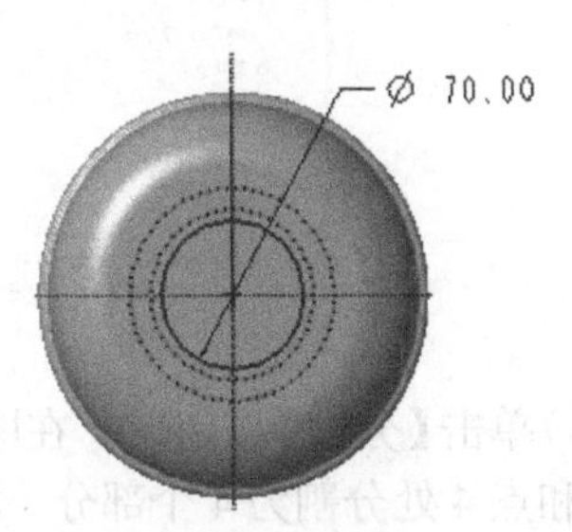

图 4-151　截面草图

（6）单击【加厚草绘】按钮 加厚草绘 ，选择向内添加材料为正向，如图 4-152 所示。输入薄壁特征的厚度【5】。

（7）单击操控板中的【确定】按钮✔或鼠标中键完成混合特征的创建，结果如图 4-153 所示。

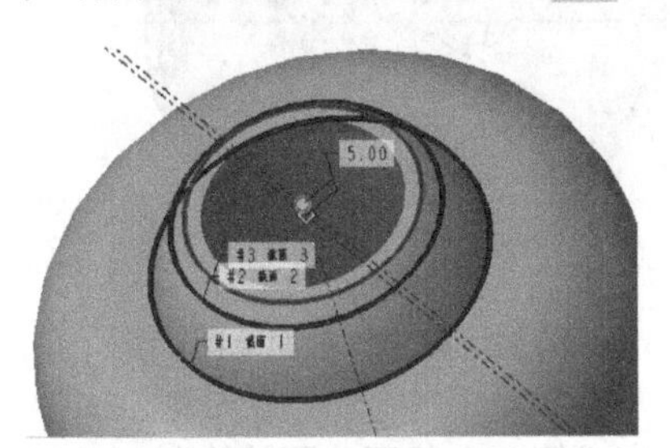

图 4-152　添加材料方向

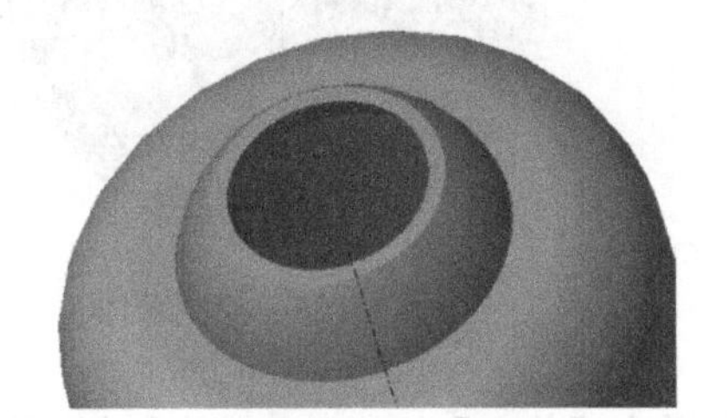

图 4-153　混合特征

8. 创建基准平面

单击【平面】按钮▱，打开【基准平面】对话框，创建【DTM1】基准平面，参数设置如图 4-154 所示。单击【确定】按钮 确定 ，生成【DTM1】基准平面。

9. 创建混合特征 2

（1）单击【混合】按钮，打开【混合】操控板。

（2）选择新建的【DTM1】基准平面作为草绘平面，并选择向上为正方向，进入草绘环境，绘制图 4-155 所示的草图，注意箭头方向。

（3）单击【确定】按钮✔，退出草图绘制环境，完成第一个截面草图的绘制。

（4）打开【截面】下拉面板，将【截面 2】以【截面 1】为参考向下偏移【–20.00】。单击【草绘】按钮 草绘 ，进入草绘环境，绘制一个直径为【60】的同心圆和 4 条中心线，并分别设置中心线与【截面 1】的交点的重合约束。

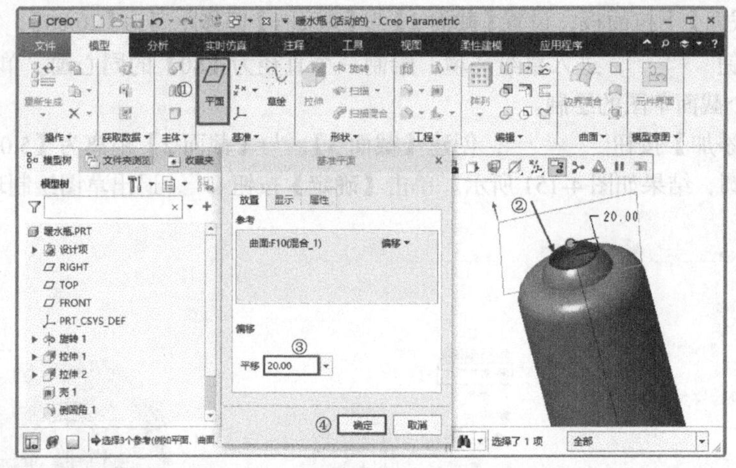

图 4-154 创建基准平面【DTM1】

（5）单击【分割】按钮，在图元与中心线的交点处单击，将图元在图 4-156 所示的点 1、点 2、点 3、和点 4 处分割为 4 个部分。注意调整箭头方向，与【截面 1】的方向一致。

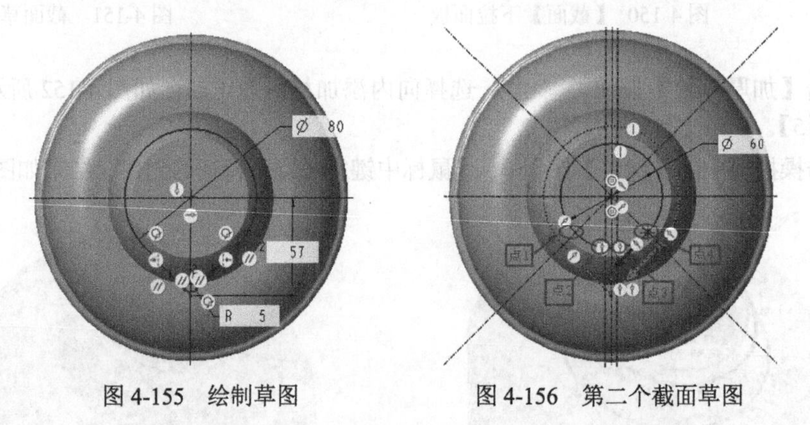

图 4-155 绘制草图　　图 4-156 第二个截面草图

（6）单击【确定】按钮，退出草图绘制环境，完成第二个截面草图的绘制。

（7）返回操控板，参数设置如图 4-157 所示。完成混合特征的创建。

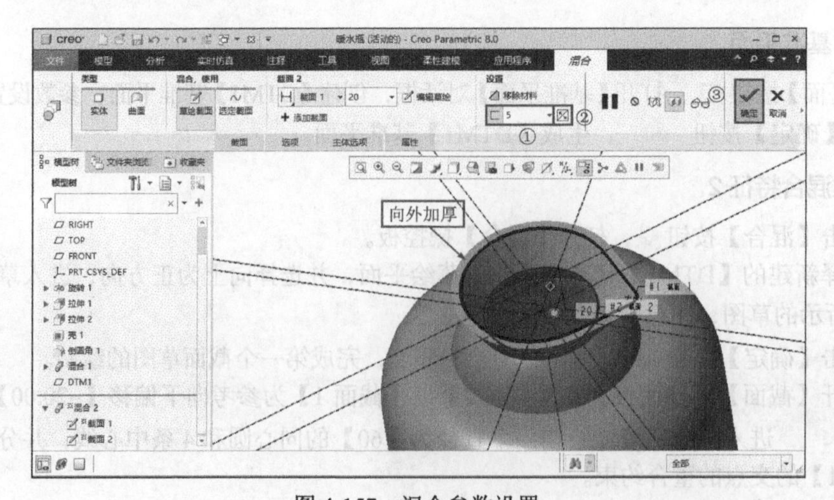

图 4-157 混合参数设置

10. 创建拉伸切除材料

（1）单击【拉伸】按钮，打开【拉伸】操控板。

（2）选择【RIGHT】基准平面作为草绘平面，绘制图 4-158 所示的图形。单击【确定】按钮，退出草图绘制环境。

（3）拉伸参数设置如图 4-159 所示。单击【确定】按钮，完成拉伸特征的创建。

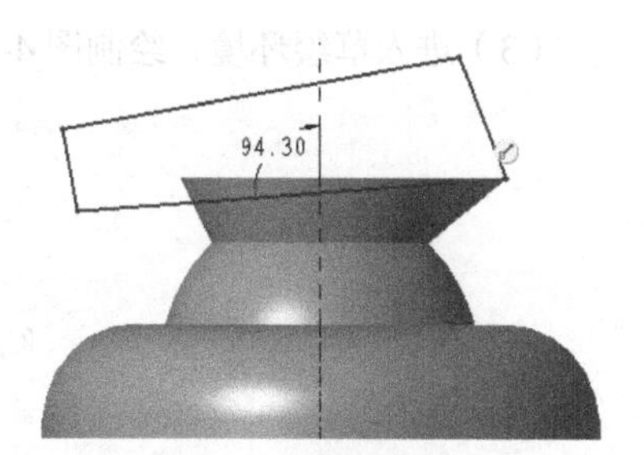

图 4-158　拉伸截面

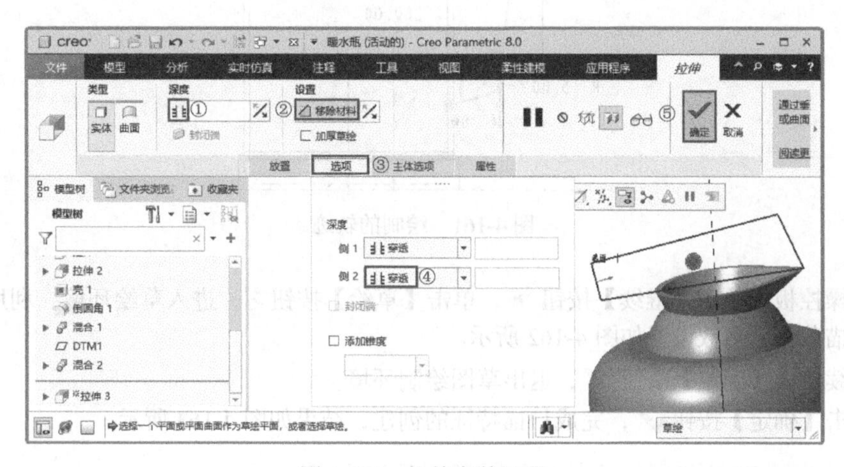

图 4-159　拉伸参数设置

11. 创建倒圆角

单击【倒圆角】按钮，打开【倒圆角】操控板。倒圆角参数设置如图 4-160 所示。

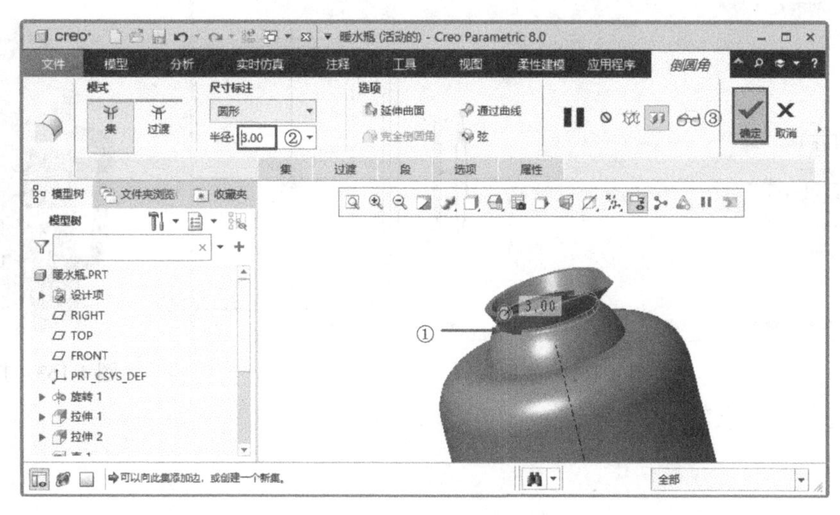

图 4-160　倒圆角参数设置

12. 创建扫描特征

（1）单击【扫描】按钮，弹出【扫描】操控板。

（2）单击【基准】组中的【草绘】按钮，选择【RIGHT】基准平面作为草绘平面。

（3）进入草绘环境，绘制图 4-161 所示的轨迹。

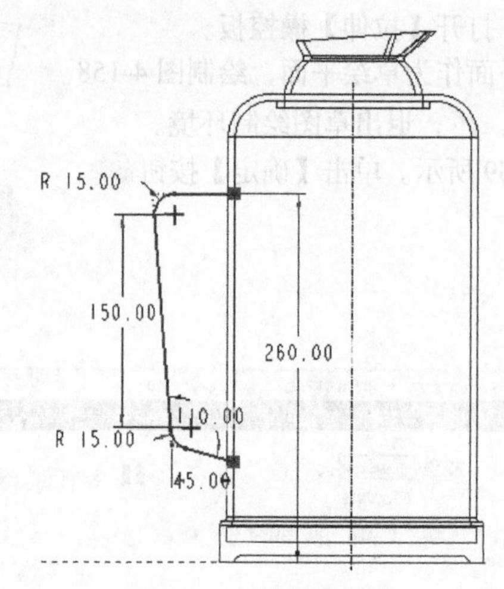

图 4-161 绘制的轨迹

（4）在操控板中单击【继续】按钮 ▶，单击【草绘】按钮，进入草绘环境，利用【选项板】命令绘制扫描截面，参数设置如图 4-162 所示。

（5）连续单击【确定】按钮✔，退出草图绘制环境。

（6）单击【确定】按钮✔，完成扫描特征的创建，结果如图 4-163 所示。

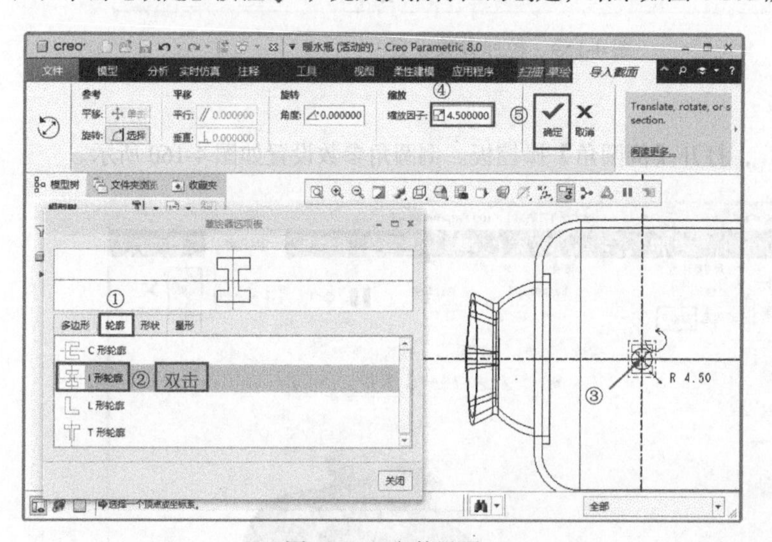

图 4-162 参数设置

图 4-163 扫描特征

第 5 章 实体特征编辑

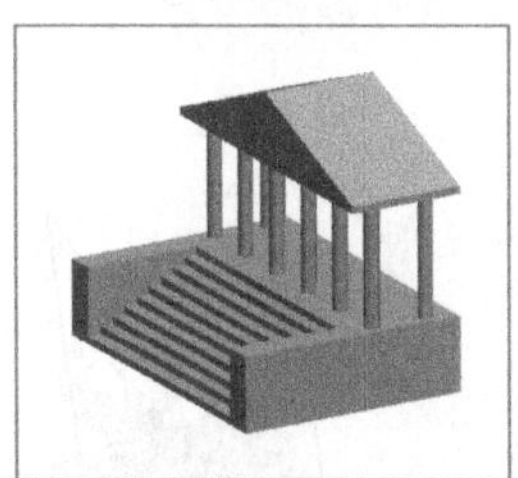

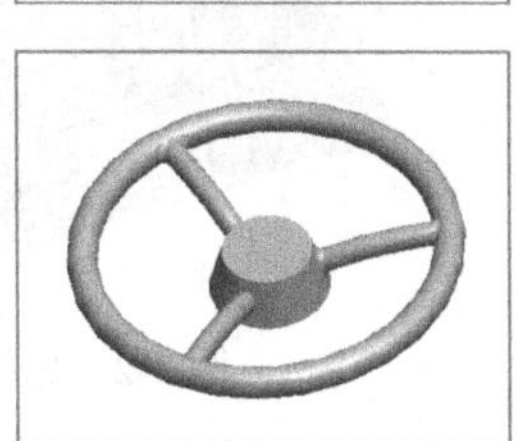

/ 本章导读

直接创建的特征往往不能完全符合我们的设计要求，这时我们就需要通过特征编辑命令对创建的特征进行编辑操作，使之符合要求。本章将讲解实体特征的各种编辑方法。通过本章的学习，读者应该能够熟练地掌握各种编辑命令及它们的使用方法。

/ 知识重点

- 特征操作
- 特征的删除、隐含与隐藏
- 镜像命令
- 缩放命令
- 阵列命令

5.1 特征操作

本节所讲的特征操作指的是利用【旧版】命令进行的特征镜像、特征移动、和特征排序等操作。Creo Parametric 8 中将以前版本的【继承】改名为【旧版】，可以在【文件】→【选项】→【自定义】【功能区】→【过滤命令】列表框中找到【旧版】命令，将命令添加到【操作】组中；也可以通过选项卡上的搜索栏进行搜索。

单击【模型】选项卡，选择【操作】组下的【旧版】命令，打开【继承零件】菜单管理器，如图 5-1 所示。

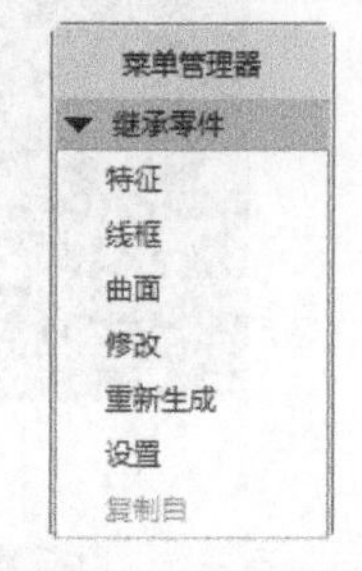

图 5-1 【继承零件】菜单管理器

5.1.1 练习：创建特征镜像

特征镜像就是将模型上的某些细节特征根据基准平面或平面进行镜像以生成对称的模型，接下来将通过实例具体讲解特征的【镜像】命令的操作步骤。

1. 打开文件

单击【打开】按钮，打开【文件打开】对话框，打开【特征镜像 .prt】文件，如图 5-2 所示。

2. 特征镜像

（1）单击【模型】选项卡的【操作】组中的【旧版】命令，打开【继承零件】菜单管理器。特征镜像的操作步骤如图 5-3 所示。

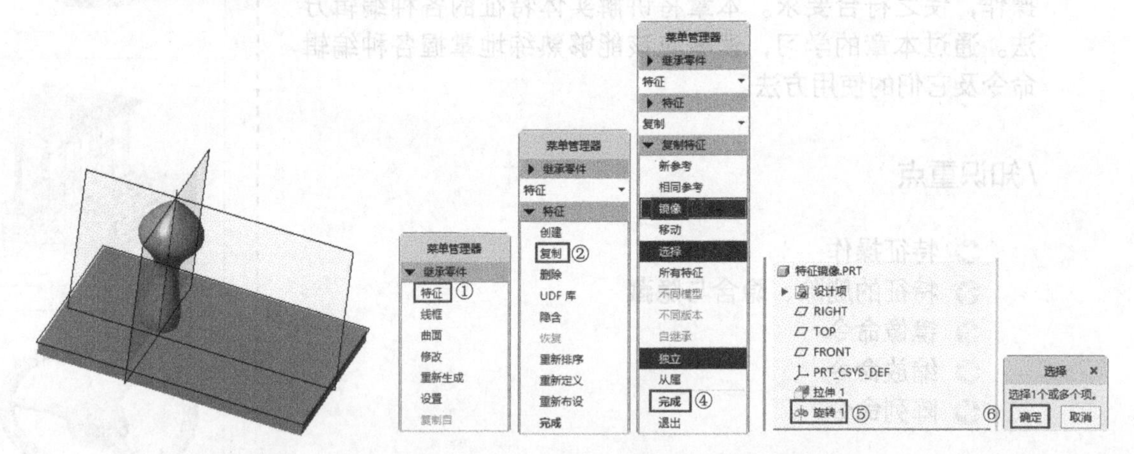

图 5-2 原始模型　　　图 5-3 操作步骤（1）

（2）单击【复制】菜单中的【完成】命令，弹出【设置平面】菜单。具体操作步骤如图 5-4 所示。

（3）单击【完成】命令，即可完成特征镜像操作，结果如图 5-5 所示。

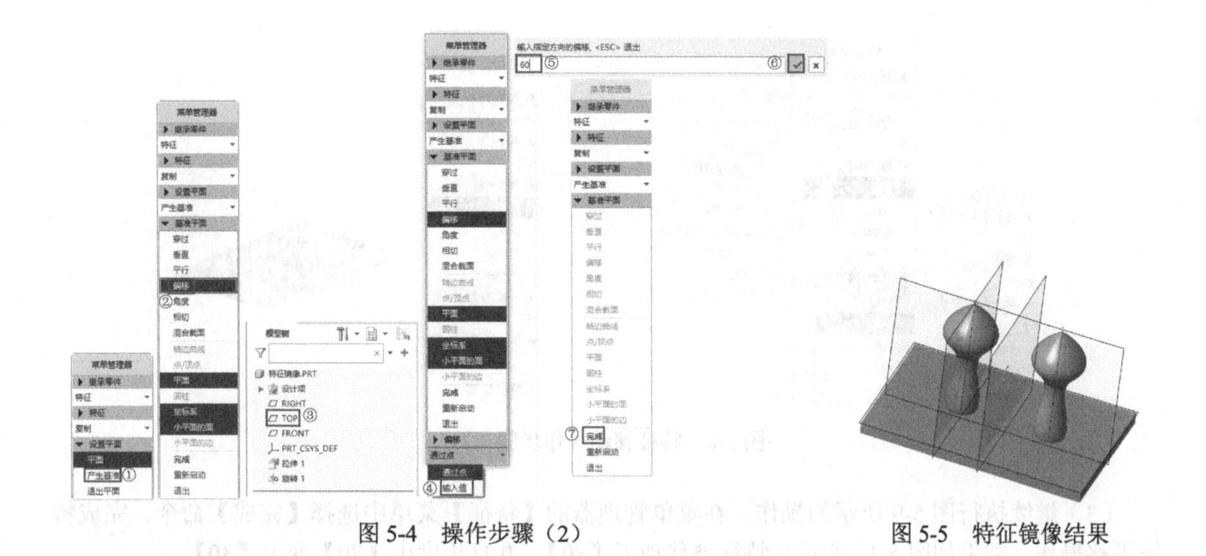

图 5-4　操作步骤（2）　　　　图 5-5　特征镜像结果

5.1.2　练习：特征移动操作

特征移动就是将特征从一个位置复制到另外一个位置。特征移动可以使特征在平面内平行移动，也可以使特征绕某一轴做旋转运动。

接下来将通过实例练习特征移动的具体操作步骤。

1. 打开文件

单击【打开】按钮，打开【文件打开】对话框，打开【特征移动 .prt】文件，如图 5-6 所示。

2. 特征移动

（1）单击【模型】选项卡的【操作】组中的【旧版】命令，打开【继承零件】菜单管理器。特征移动的具体操作步骤如图 5-7 所示。

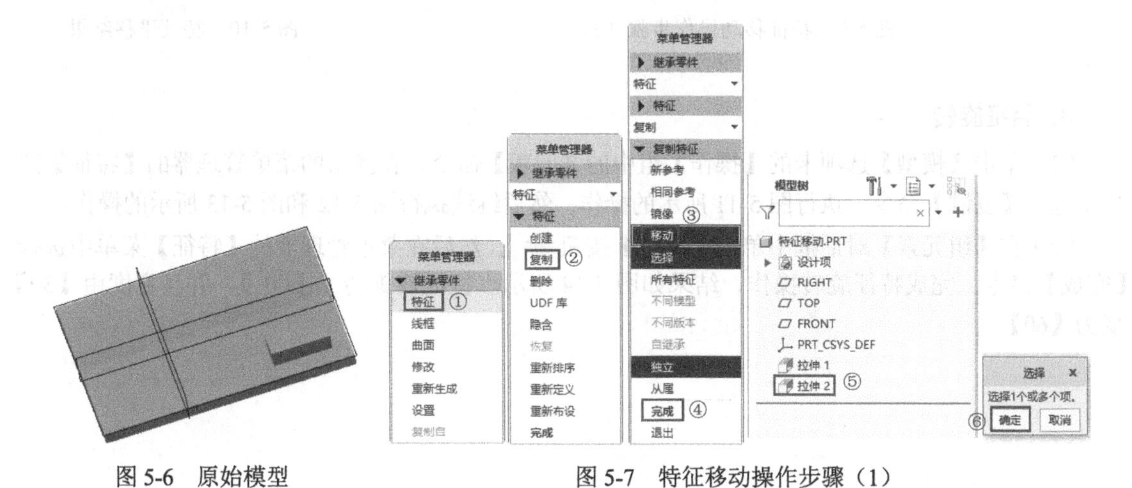

图 5-6　原始模型　　　　图 5-7　特征移动操作步骤（1）

（2）选择完成以后，单击【选择】对话框中的【确定】按钮，继续执行图 5-8 所示的操作。

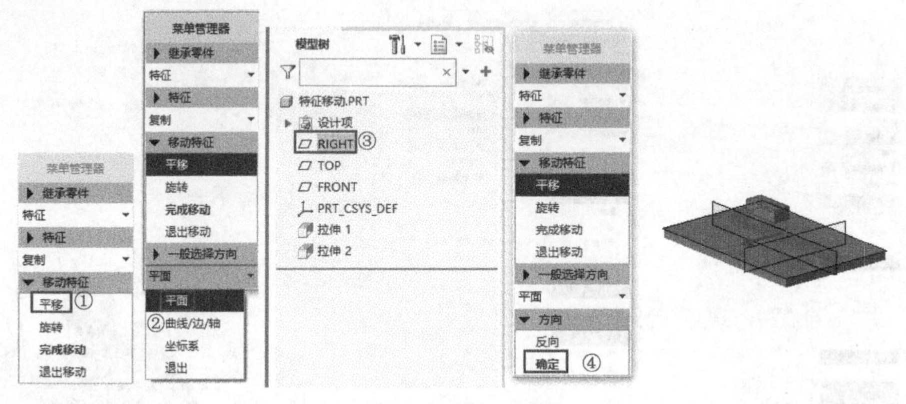

图 5-8　特征移动操作步骤（2）

（3）继续执行图 5-9 所示的操作。在菜单管理器的【特征】菜单中选择【完成】命令，完成特征平移操作，结果如图 5-10 所示。特征被移动了【80】，并且长度由【70】变为【30】。

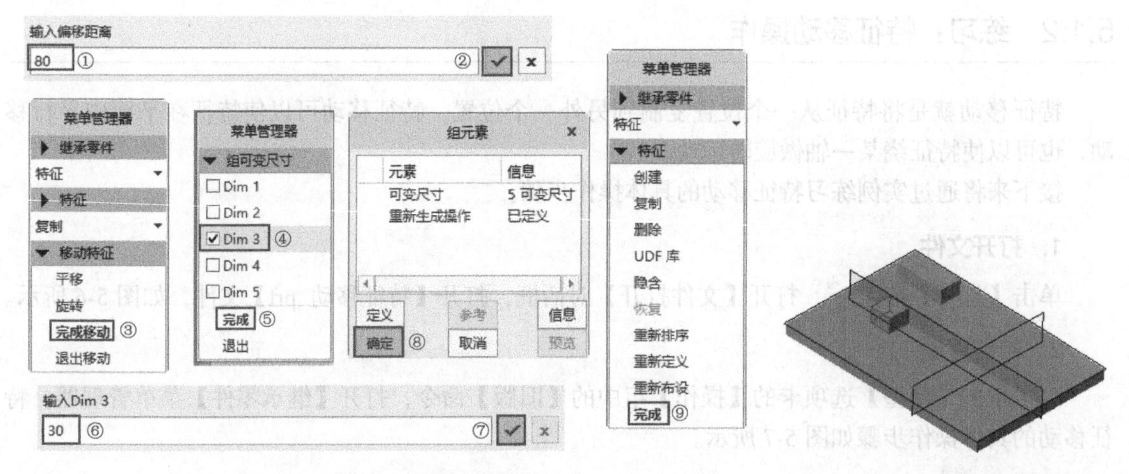

图 5-9　特征移动操作步骤（3）　　　　图 5-10　特征平移结果

3. 特征旋转

（1）单击【模型】选项卡的【操作】组中的【旧版】命令，在弹出的菜单管理器的【特征】菜单中选择【复制】命令。执行图 5-11 所示的操作，然后继续执行图 5-12 和图 5-13 所示的操作。

（2）在【组元素】对话框中单击【确定】按钮 确定 ，然后在菜单管理器的【特征】菜单中选择【完成】命令，完成特征旋转操作，结果如图 5-14 所示。特征被旋转了【60°】，并且宽度由【30】变为【60】。

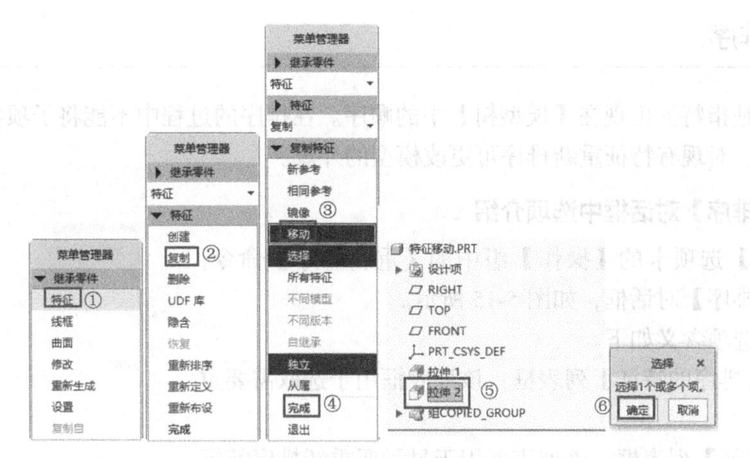

图 5-11　特征移动操作步骤

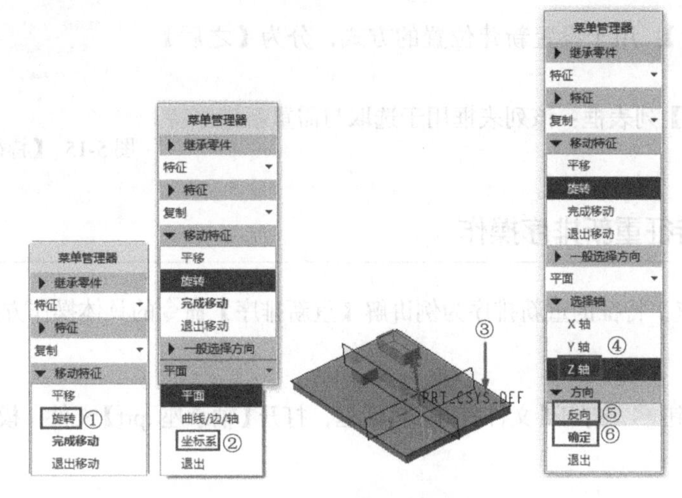

图 5-12　特征旋转操作步骤（1）

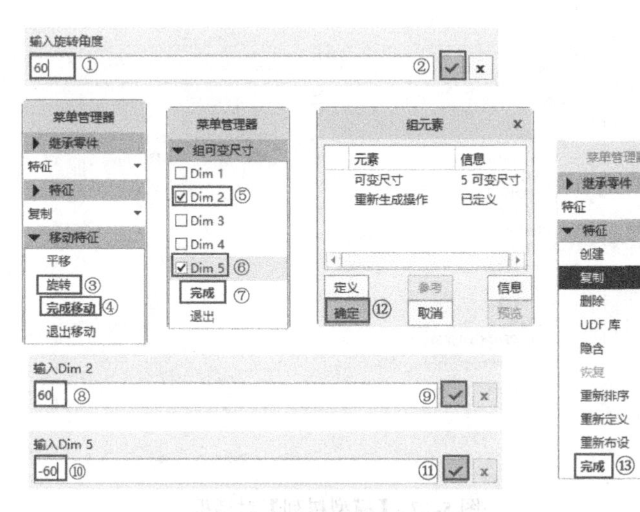

图 5-13　特征旋转操作步骤（2）

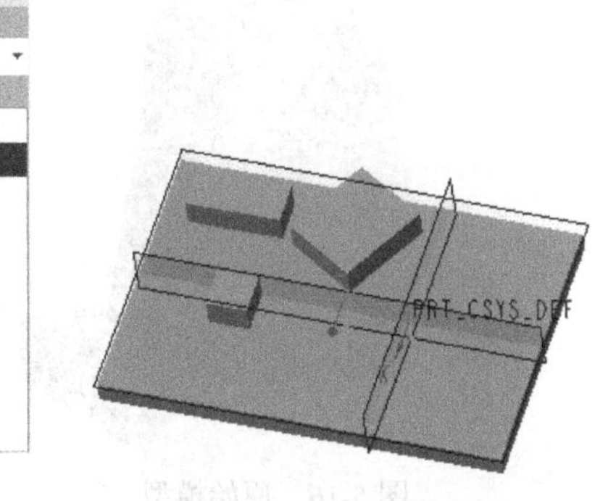

图 5-14　特征旋转结果

5.1.3 重新排序

特征的顺序是指特征出现在【模型树】中的顺序。在排序的过程中不能将子项特征排在父项特征的前面。同时，对现有特征重新排序可更改模型的外观。

特征【重新排序】对话框中选项介绍

单击【模型】选项卡的【操作】组中的【重新排序】命令，打开【特征重新排序】对话框，如图 5-15 所示。

对话框中各选项含义如下。

（1）【要重新排序的特征】列表框：该列表框用于选取需要重新排序的特征。

（2）【从属特征】列表框：该列表框用于显示要重新排序特征的从属特征。

（3）【新建位置】：用于设置新建位置的方式，分为【之后】和【之前】两种。

（4）【目标特征】列表框：该列表框用于选取与需重新排序特征交换位置的特征。

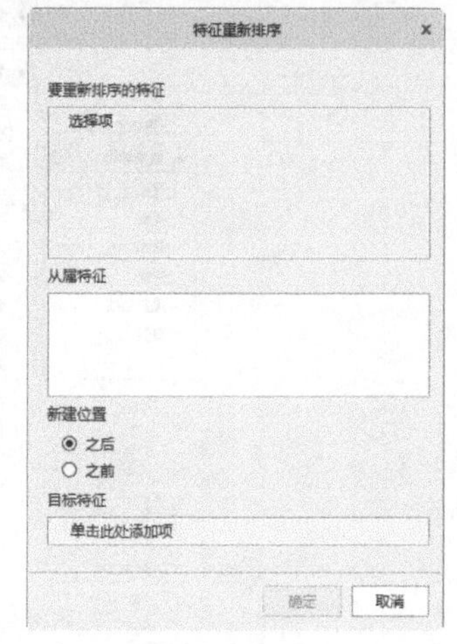

图 5-15 【特征重新排序】对话框

5.1.4 练习：特征重新排序操作

下面以【轴承座】特征的重新排序为例讲解【重新排序】命令的具体操作方法。

1. 打开文件

单击【打开】按钮，打开【文件打开】对话框，打开【轴承座 .prt】文件，模型如图 5-16 所示。

2. 设置特征号

（1）单击模型树中的【设置】按钮，从其下拉列表中选择【树列】命令，弹出【模型树列】对话框，如图 5-17 所示。

图 5-16 原始模型

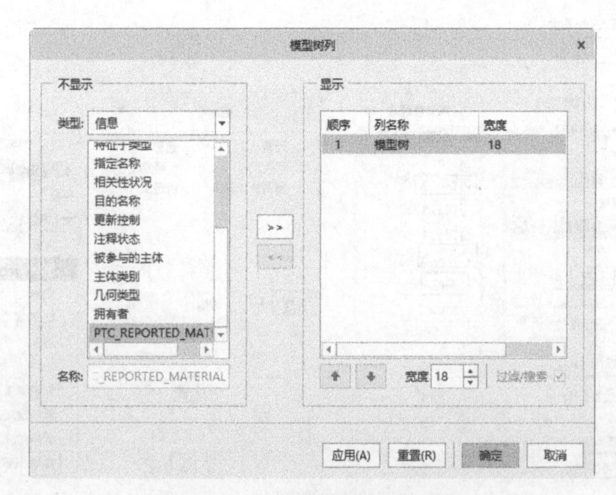

图 5-17 【模型树列】对话框

（2）在【模型树列】对话框中的【类型】下拉列表中选择【特征号】选项，然后单击【添加列】

按钮 >> ，将【特征号】选项添加到【显示】列表框中，如图 5-18 所示。

（3）单击【模型树列】对话框中的【确定】按钮 确定 ，即可在模型树中显示特征的【特征号】属性，如图 5-19 所示。

图 5-18　添加【特征号】选项

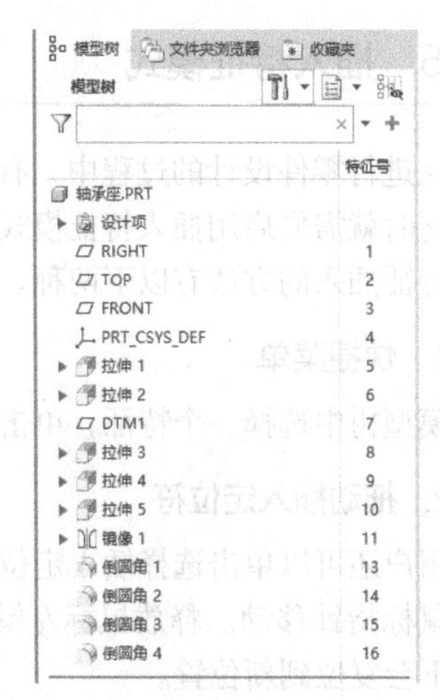

图 5-19　显示了【特征号】属性的模型树

3. 特征重新排序

单击【模型】选项卡的【操作】组中的【重新排序】命令，打开【特征重新排序】对话框，参数设置如图 5-20 所示。单击【确定】按钮 确定 ，结果如图 5-21 所示。

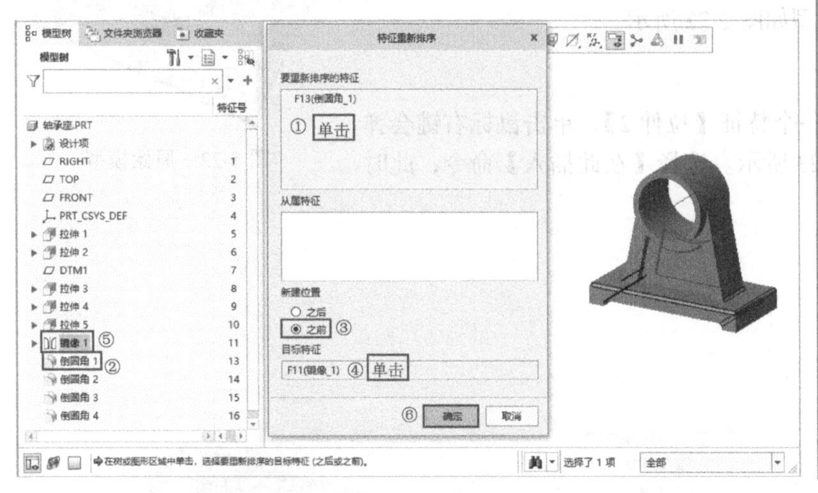

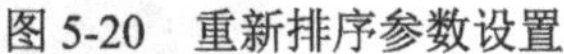

图 5-20　重新排序参数设置

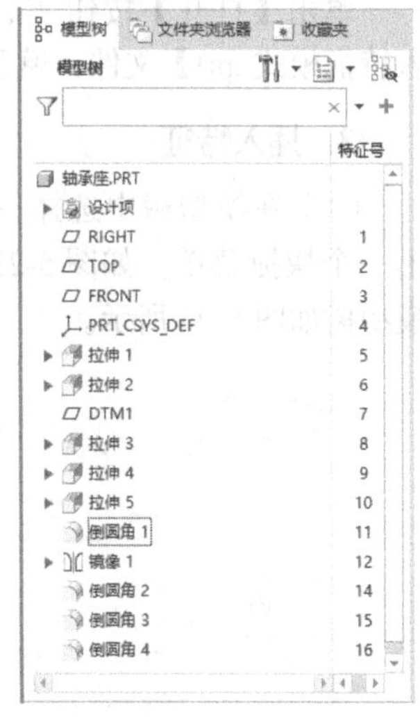

图 5-21　重新排序后的模型树

还有一种更简单的重新排序方法：从【模型树】中选择一个或多个特征，然后在特征列表中拖动鼠标指针，将所选特征拖动到新位置即可。但是这种方法没有重新排序提示，有时可能会引起错误。

注意

有些特征不能重新排序，例如 3D 注释的隐含特征；并且如果试图将一个子零件移动到比其父零件更高的位置，父零件将随子零件一起移动，且保持父 / 子关系。此外，如果将父零件移动到另一位置，子零件也将随父零件一起移动，以保持父 / 子关系。

5.1.5 插入特征模式

在进行零件设计的过程中，有时创建了一个特征后需要在该特征或者几个特征之前创建其他特征，这时就需要启用插入特征模式。

特征插入的方法有以下两种。

1. 快捷菜单

模型树中选择一个特征，单击鼠标右键，在弹出的快捷菜单中选择【在此插入】命令。

2. 拖动插入定位符

用户还可以单击选择插入定位符，按住鼠标左键并拖动鼠标指针到所需的位置，插入定位符会随着鼠标指针移动。释放鼠标左键，插入定位符将置于新位置，并且会保持当前视图的模型方向，模型不会复位到新位置。

5.1.6 练习：特征插入操作

下面通过实例来练习特征插入模式的启用方法。

1. 打开文件

单击【打开】按钮，打开【文件打开】对话框，打开【插入特征模式 .prt】文件，模型如图 5-22 所示。

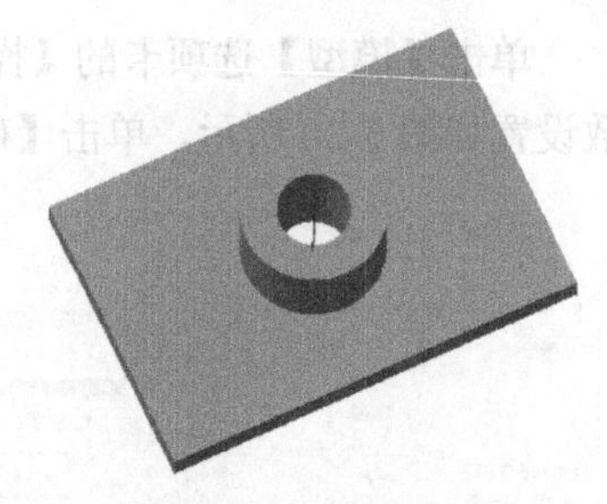

图 5-22 原始模型

2. 插入特征

（1）在模型树中选择一个特征【拉伸 2】，单击鼠标右键会弹出一个快捷菜单，如图 5-23 所示。选择【在此插入】命令，此时模型树如图 5-24 所示。

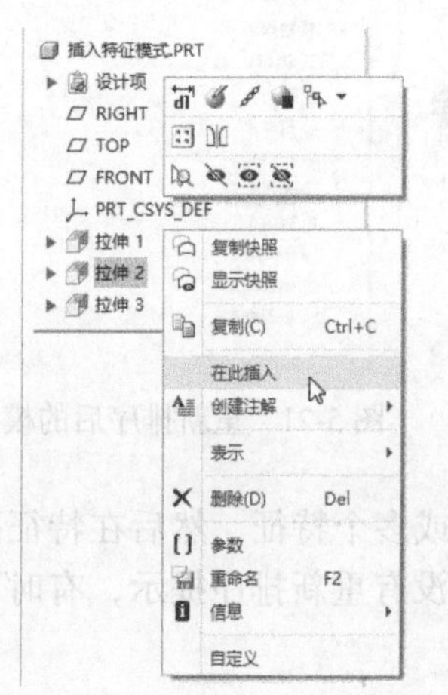

图 5-23 选择【在此插入】命令

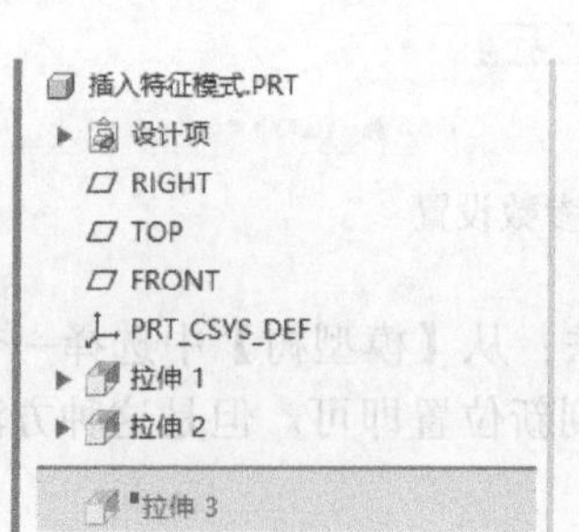

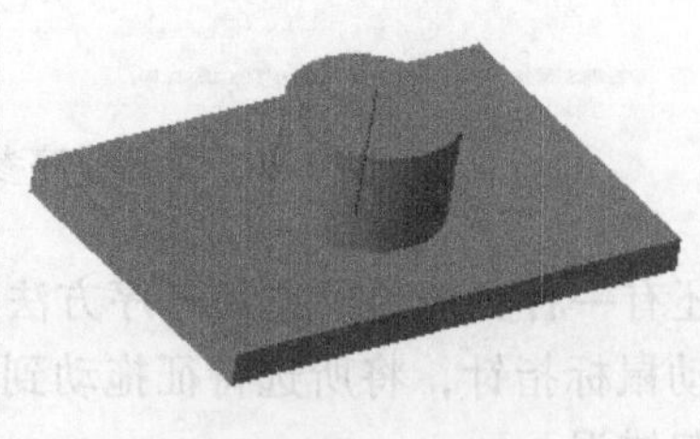

图 5-24 插入完成

（2）操作完成后就可以在插入定位符的当前位置创建新特征。创建完成后，可以通过单击鼠标右键在此插入定位符。单击弹出的【退出插入模式】命令，可以让插入定位符返回默认位置。

5.2　特征删除

特征的【删除】命令的作用就是将已经创建的特征从模型树和绘图区中删除。

5.2.1　特征删除命令介绍

在模型树或绘图区中选择要删除的特征，然后单击鼠标右键，弹出快捷菜单。在快捷菜单中选择【删除】命令。

如果所选的特征没有子特征，则会弹出图 5-25 所示的【删除】对话框，同时该特征会在模型树和绘图区中高亮显示。单击【确定】按钮，即可删除该特征。

如果选择的特征存在子特征，则在选择【删除】命令后会出现图 5-26 所示【删除】对话框，同时该特征及其所有的子特征都会在模型树和绘图区中高亮显示。

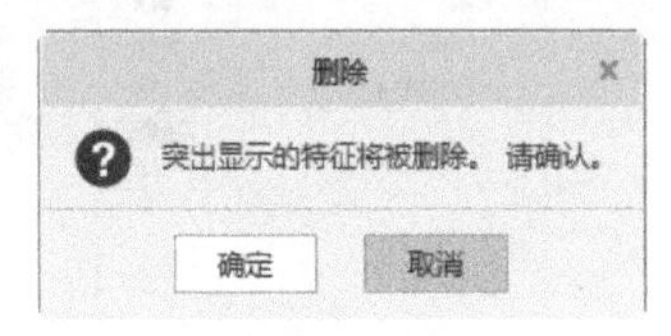

图 5-25　【删除】对话框（1）

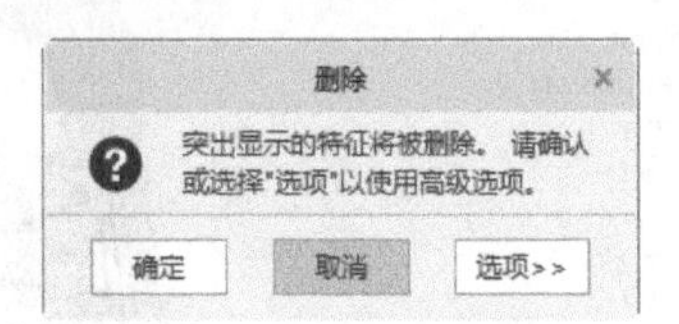

图 5-26　【删除】对话框（2）

5.2.2　练习：特征删除操作

下面通过【轴承座】实例讲解特征删除操作具体的步骤。

1. 打开文件

单击【打开】按钮，打开【文件打开】对话框，打开【轴承座 .prt】文件，模型如图 5-16 所示。

2. 删除特征

（1）在模型树上选择【镜像 1】特征，然后单击鼠标右键，弹出图 5-27 所示的快捷菜单。

（2）选择【删除】命令，打开图 5-28 所示【删除】对话框，同时该特征及其所有的子特征都会在模型树和绘图区中高亮显示，如图 5-29 所示。

（3）如果单击【确定】按钮，即可删除该特征及其所有子特征。

（4）用户也可以单击【选项】按钮，从弹出的【子项处理】对话框中对子特征进行处理，如图 5-30 所示。

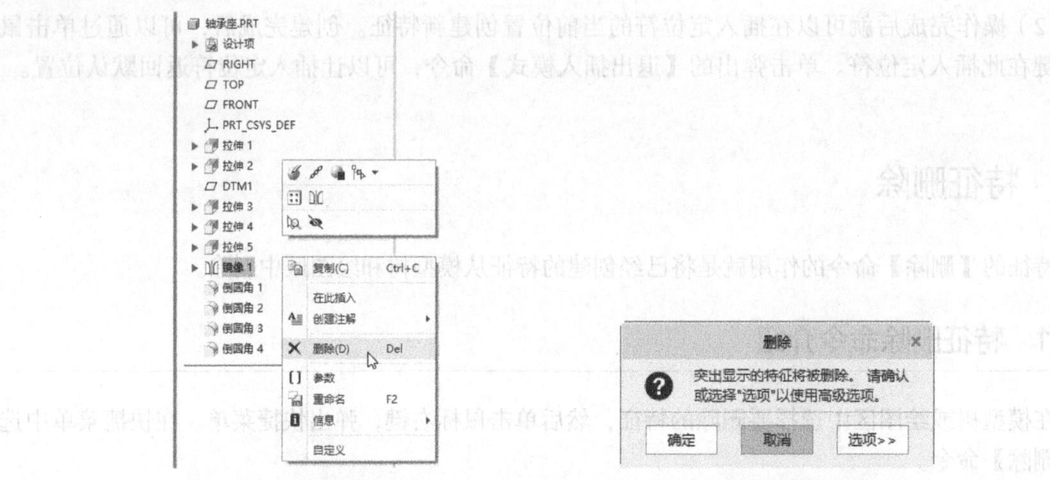

图 5-27　右键快捷菜单

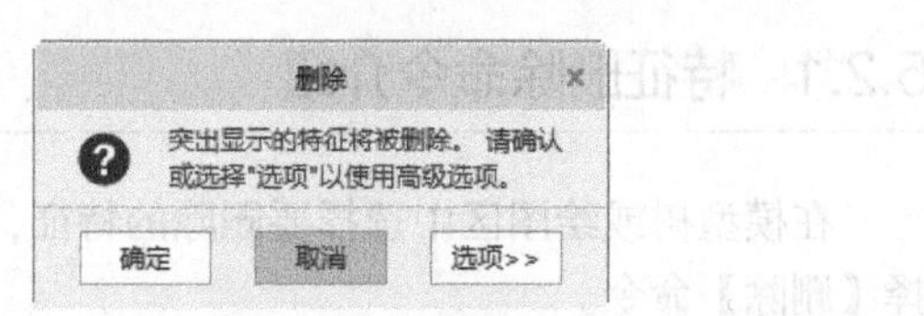

图 5-28　【删除】对话框

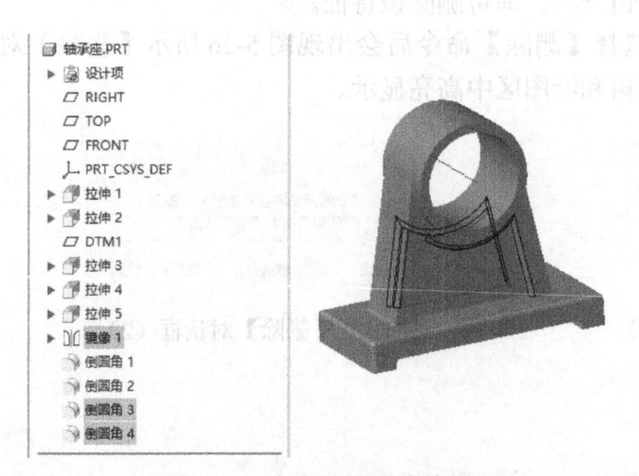

图 5-29　高亮显示所选特征

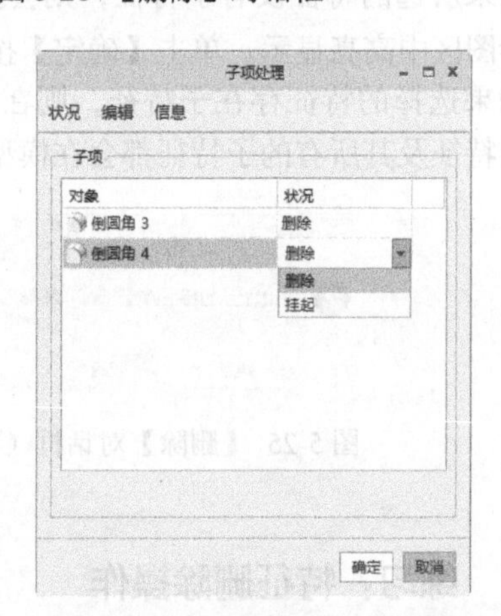

图 5-30　【子项处理】对话框

5.3　特征隐含

隐含特征类似于将其从再生中暂时删除。不过，可以随时显示出（恢复）已隐含的特征。可以隐含零件上的特征来简化零件，并减少再生时间。例如，当对轴肩的一端进行处理时，可能希望隐含轴肩另一端的特征。当处理一个复杂组件时，可以隐含一些当前并不需要的特征和元件。在设计过程中隐含某些特征，具有以下多种作用。

（1）隐含其他区域的特征后，可更专注于当前工作区。

（2）隐含当前不需要的特征，可以使更新较快，从而加速修改进程。

（3）隐含特征可以使显示内容较少，从而加速显示进程。

（4）隐含特征可以起到暂时删除特征，尝试不同的设计迭代的作用。

5.3.1　特征隐含命令介绍

选择要隐含的特征，单击【模型】选项卡的【操作】组中的【隐含】命令，或单击鼠标右键，在弹出的快捷菜单中单击【隐含】按钮，打开【隐含】对话框。

如果所选的特征没有子特征，则会弹出图 5-31 所示的【隐含】对话框，同时该特征会在模型树和绘图区中高亮显示。单击【确定】按钮，即可隐含该特征。

如果选择的特征存在子特征，则在选择【隐含】命令后会出现图 5-32 所示的【隐含】对话框，同时该特征及其所有的子特征都会在模型树和绘图区中高亮显示。

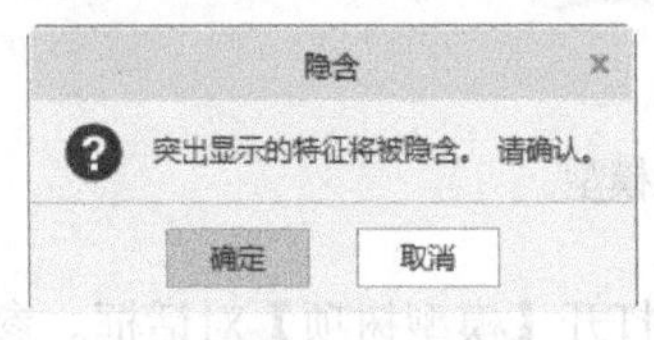

图 5-31　【隐含】对话框（1）

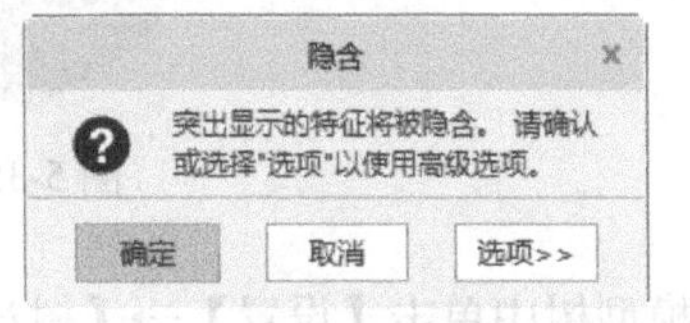

图 5-32　【隐含】对话框（2）

一般情况下，模型树上是不显示被隐含的特征的。如果要显示隐含特征，可以在【模型树】选项卡中单击【设置】→【树过滤器】命令，打开【模型树项】对话框。

在【模型树项】对话框的【显示】选项组下，勾选【隐含的对象】复选框。然后单击【确定】按钮，这样隐含对象就会在模型树中列出，并带有一个项目符号，表示该特征被隐含。

5.3.2　练习：隐含特征操作

下面通过【轴承座】实例来练习隐含特征的创建步骤。

1. 打开文件

单击【打开】按钮，打开【文件打开】对话框，打开【轴承座 .prt】文件，模型如图 5-16 所示。

2. 隐含特征

（1）从模型树中选择【拉伸 3】特征，然后单击鼠标右键，弹出图 5-33 所示的快捷菜单。

（2）从快捷菜单中选择【隐含】命令，则弹出【隐含】对话框，同时选择的特征在模型树和绘图区中高加亮显示，如图 5-34 所示。

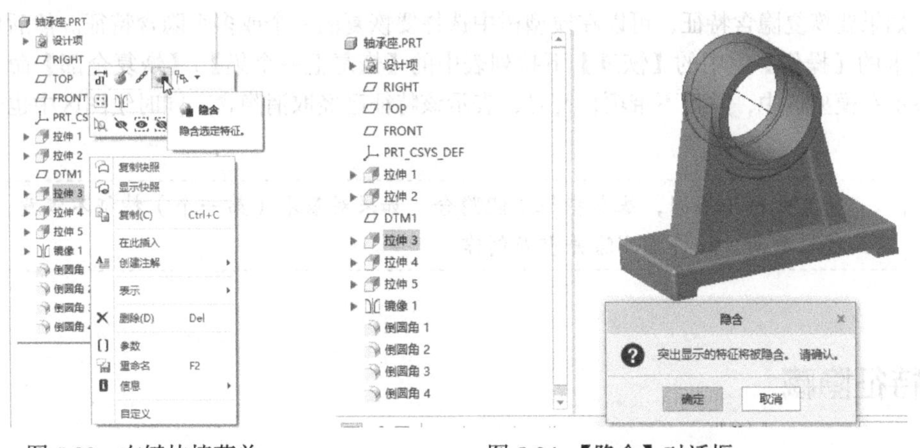

图 5-33　右键快捷菜单　　　　图 5-34　【隐含】对话框

（3）单击【隐含】对话框中的【确定】按钮，将选择的特征进行隐含，隐含特征后的模型如图 5-35 所示。

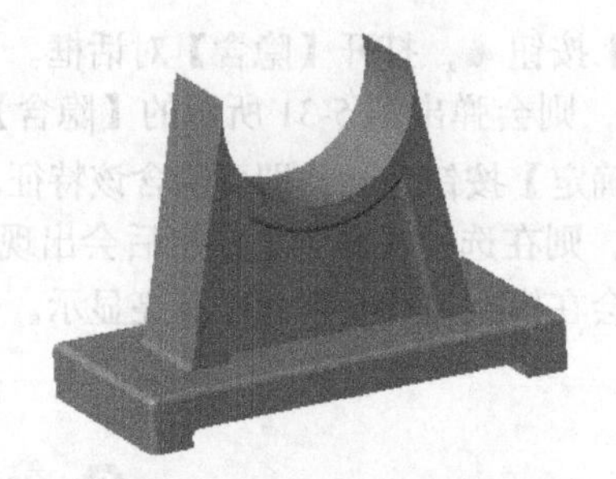

图 5-35　隐含特征后的模型

（4）在模型树中单击【设置】→【树过滤器】命令，打开【模型树项】对话框。参数设置如图 5-36 所示。单击【确定】按钮 确定，结果如图 5-37 所示。

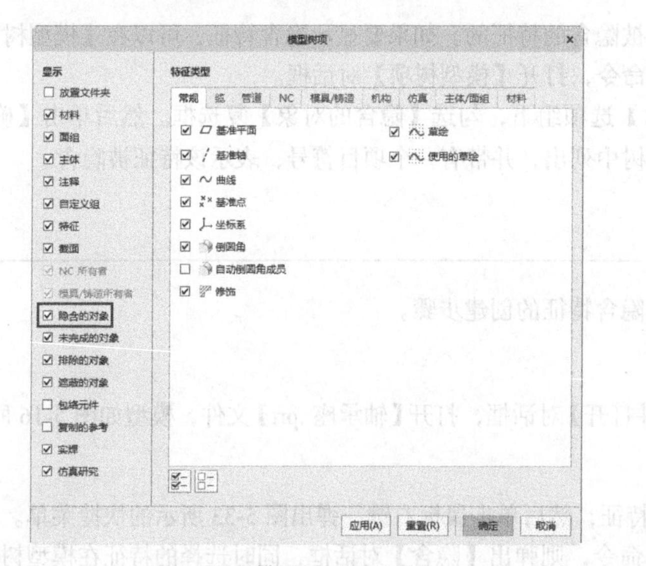

图 5-36 【模型树项】对话框

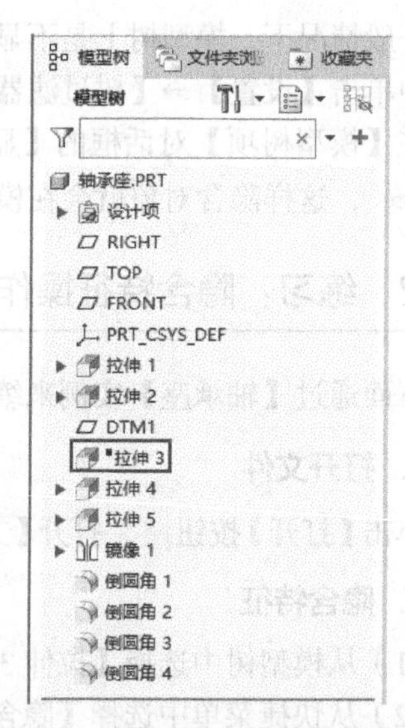

图 5-37　显示了隐含特征的模型树

（5）如果要恢复隐含特征，可以在模型树中选择要恢复的一个或多个隐含特征。然后单击【模型】选项卡的【操作】组中的【恢复】下拉列表中的【恢复上一个集】/【恢复全部】命令，所选特征将显示在模型树中，并且不带项目符号，表示该特征已经取消隐含，同时绘图区中也会显示该特征。

注意

与其他特征不同，基本特征不能隐含。如果对基本（第一个）特征不满意，可以重定义特征截面，或将其删除并重新创建。

5.4　特征隐藏

系统允许用户在当前进程中的任何时间即时隐藏和取消隐藏所选的模型图元。使用【隐藏】和【取消隐藏】命令可以节约设计时间。

使用【隐藏】命令时无须将图元分配到某一层中并遮蔽整个层。可以隐藏和重新显示单个基准特征，如基准平面和基准轴，而无须同时隐藏或重新显示所有基准特征。下列项目类型可以即时隐藏。

- 单个基准平面（与同时隐藏或显示所有基准平面相对）。
- 基准轴。
- 含有轴、平面和坐标系的特征。
- 分析特征（点和坐标系）。
- 基准点（整个阵列）。
- 坐标系。
- 基准曲线（整条曲线，不是单个曲线段）。
- 面组（整个面组，不是单个曲面）。
- 组件元件。

如果要隐藏某一项目或者多个项目，可以在模型树或绘图区中的某一项目或多个项目上单击鼠标右键，弹出图 5-38 所示的快捷菜单。然后从快捷菜单选择【隐藏】选项即可将该特征隐藏。隐藏某一项目时，系统会将该项目从绘图窗口中删除。隐藏的项目仍存在于模型树中，其图标以灰色显示，表示该项目处于隐藏状态，如图 5-39 所示。

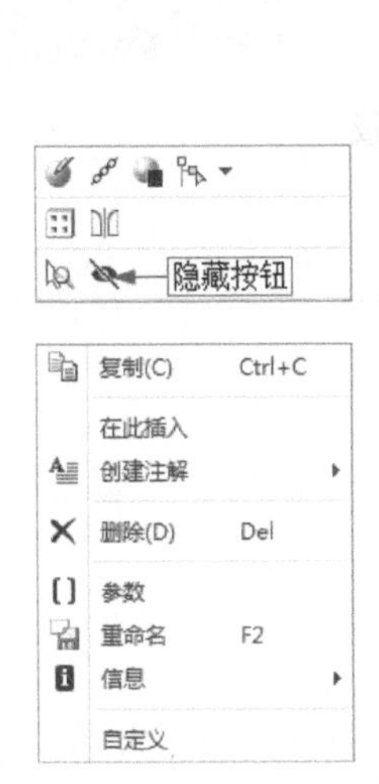

图 5-38　右键快捷菜单

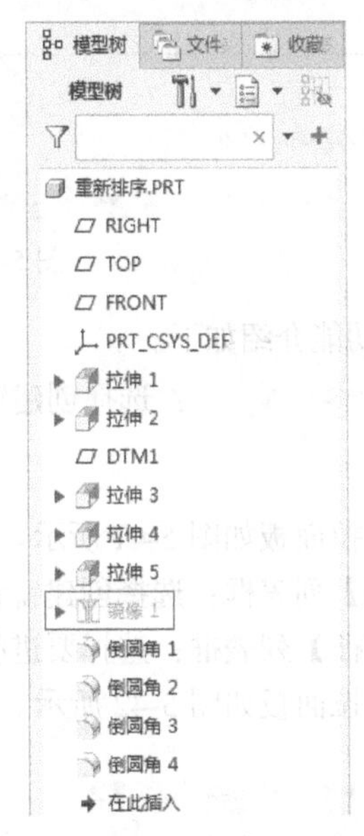

图 5-39　隐藏项目在模型树中显示

如果要取消隐藏，可以在图形窗口或模型树中选择要隐藏的项目，然后单击鼠标右键，在弹出的快捷菜单中选择【隐藏】选项。取消隐藏某一项目时，其图标正常显示（不显示为灰色），该项目在图形窗口中也会重新显示。

用户还可以使用模型树中的搜索功能（单击【工具】选项卡里的【查找】按钮）选择某一指定类型的所有项目（例如，某一组件内所有元件中的相同类型的全部特征），然后单击【视图】选项卡里的【隐藏】按钮，将它们隐藏。

当使用模型树手动隐藏项目或创建异步项目时，这些项目会自动添加到被称为【隐藏项目】的层（如果该层已存在）中。如果该层不存在，系统将自动创建一个名为【隐藏项目】的层，并将隐藏项目添加到其中。该层始终被创建在【层树】列表的顶部。

5.5 镜像命令

Creo Parametric 8 提供的【镜像】命令不仅能够镜像实体上的某些特征，还能够镜像整个实体。【镜像】工具允许复制镜像平面周围的曲面、曲线、阵列和基准特征。可用多种方法实现镜像。

- 特征镜像：可复制特征并创建包含模型所有特征几何的合并特征和选定的特征。
- 几何镜像：允许镜像基准、面组和曲面等几何项目，用户也可通过在模型树中选择相应节点来镜像整个零件。

5.5.1 操控板选项介绍

镜像特征的操控板中包括两部分内容：【镜像】操控板和下拉面板。下面详细地进行介绍。

1.【镜像】操控板

单击【模型】选项卡的【编辑】组中的【镜像】按钮，打开图 5-40 所示的【镜像】操控板。

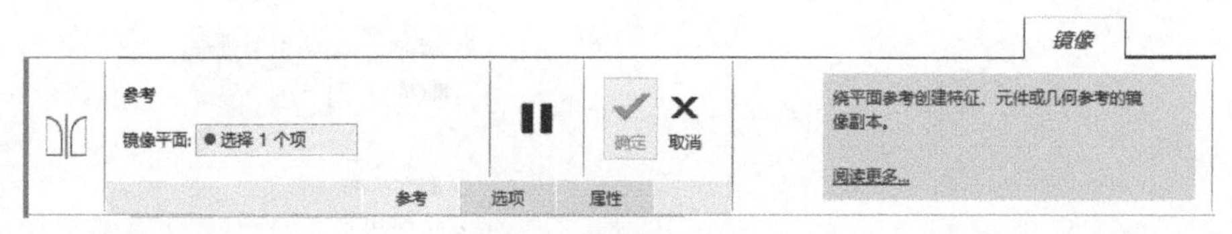

图 5-40 【镜像】操控板

操控板中常用功能介绍如下。

【镜像平面】 ● 选择 1 个项 ：选择创建镜像特征的平面。

2. 下拉面板

（1）【参考】下拉面板如图 5-41 所示。

- 【镜像平面】列表框：选择创建镜像特征的平面。
- 【镜像的特征】列表框：选择要进行镜像的特征。

（2）【选项】下拉面板如图 5-42 所示。

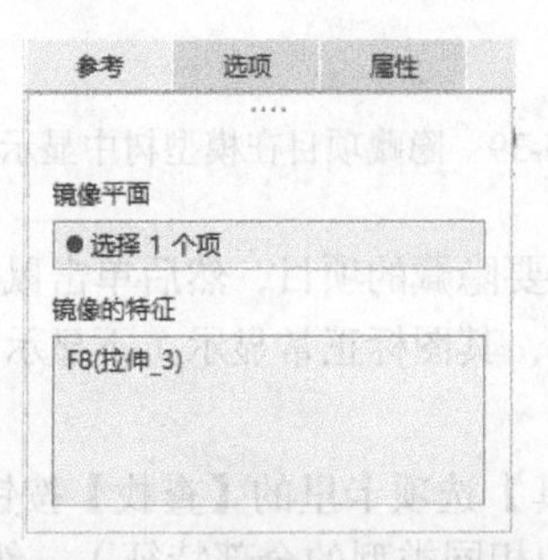

图 5-41 【参考】下拉面板

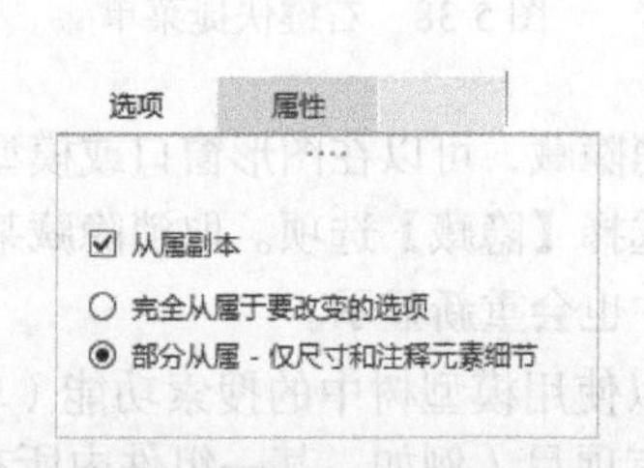

图 5-42 【选项】下拉面板

- 【从属副本】复选框：勾选该复选框，使镜像特征的尺寸从属于选定特征的尺寸。当勾选该复选框时镜像特征是原特征的从属特征，当原特征改变时，镜像特征也发生改变。不勾选该复选框时，原特征的改变对镜像特征不产生影响。

- 【完全从属于要改变的选项】：镜像特征完全从属于原特征。
- 【部分从属 - 仅尺寸和注释元素细节】：镜像特征仅尺寸和注释元素细节从属于原特征。

5.5.2　练习：创建镜像特征

接下来通过【镜像实体】实例来练习创建镜像特征的操作步骤。

1. 打开文件

单击【打开】按钮，打开【文件打开】对话框，打开【镜像实体 .prt】文件，如图 5-43 所示。

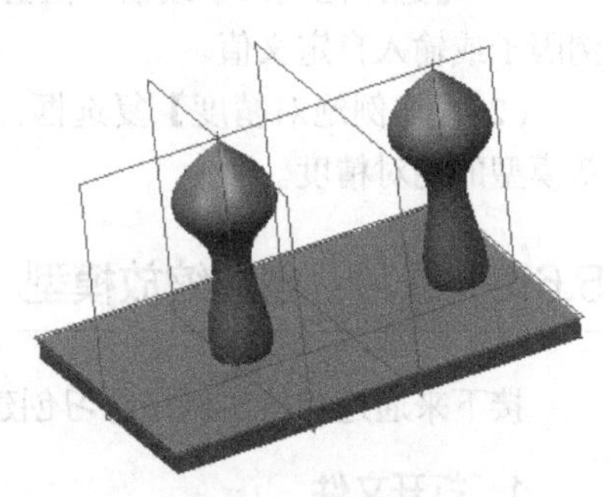

图 5-43　原始模型

2. 镜像特征

（1）选择模型中所有的特征，单击【镜像】按钮，打开【镜像】操控板。先创建镜像平面【DTM2】，参数设置如图 5-44 所示。

（2）单击【确定】按钮，完成镜像平面【DTM2】的创建。

（3）返回操控板，单击【镜像平面】列表框，然后选择镜像平面为【DTM2】。单击【确定】按钮，结果如图 5-45 所示。

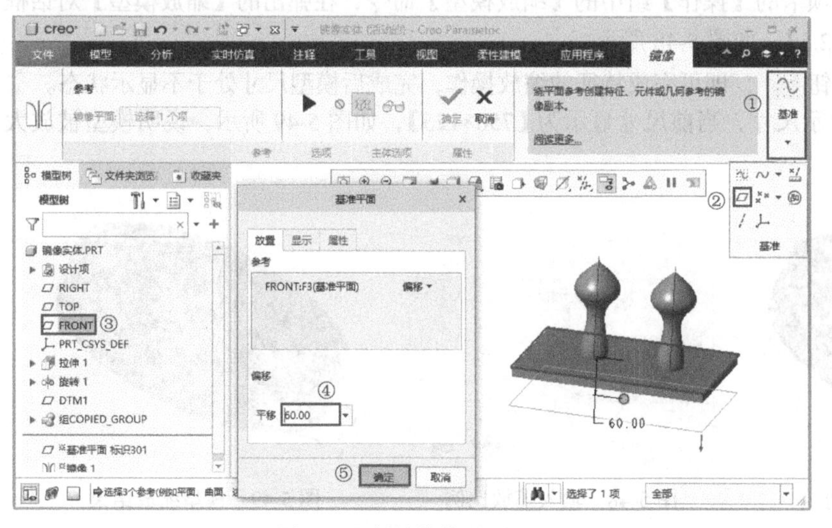

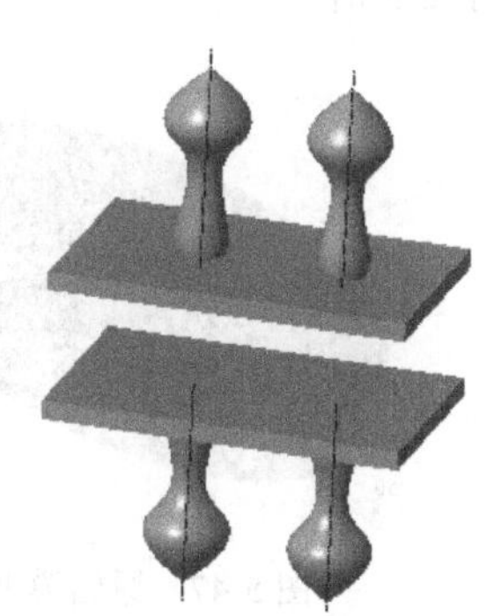

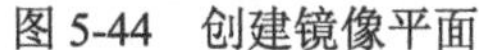

图 5-44　创建镜像平面　　　　图 5-45　镜像结果

5.6　缩放命令

用户利用【缩放模型】命令可以按照自己的需求对整个零件进行指定比例的缩放操作，通过【缩放模型】命令可以对特征尺寸进行缩小或放大。

5.6.1　缩放命令介绍

单击【模型】选项卡的【操作】组中的【缩放模型】命令，打开【缩放模型】对话框，如图 5-46 所示。

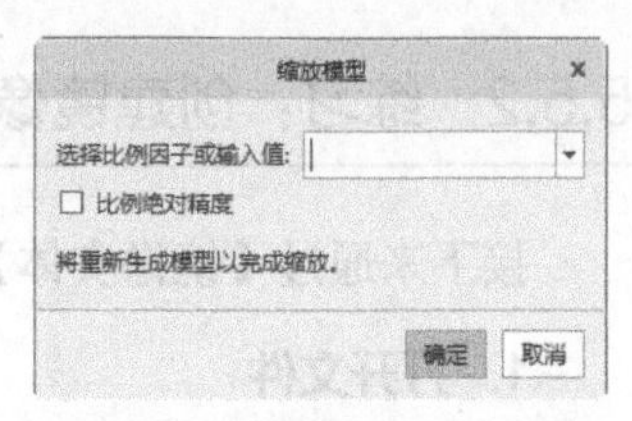

图 5-46 【缩放模型】对话框

【缩放模型】对话框中各选项的含义如下。

（1）【选择比例因子或输入值】：在预定义的值下拉列表中选择比例因子或输入自定义值。

（2）【比例绝对精度】复选框：勾选该复选框，按照以上因子更新模型的绝对精度。

5.6.2　练习：创建缩放模型

接下来通过缩放实例来练习创建缩放模型的操作步骤。

1. 打开文件

单击【打开】按钮，打开【文件打开】对话框，打开【缩放 .prt】文件，并双击该模型使之显示出【300×50】，如图 5-47 所示。

2. 缩放模型

（1）单击【模型】选项卡的【操作】组中的【缩放模型】命令，在弹出的【缩放模型】对话框中输入模型的缩放比例【2.5】，如图 5-48 所示。

（2）单击【确定】按钮 确定 ，即可完成特征的缩放操作，完成后模型尺寸处于不显示状态。

（3）双击模型使之显示尺寸，当前尺寸显示为【750×125】，如图 5-49 所示，说明模型被放大了 2.5 倍。

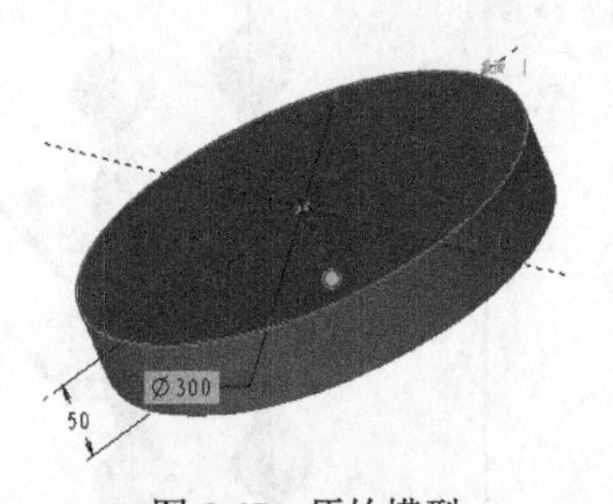

图 5-47　原始模型

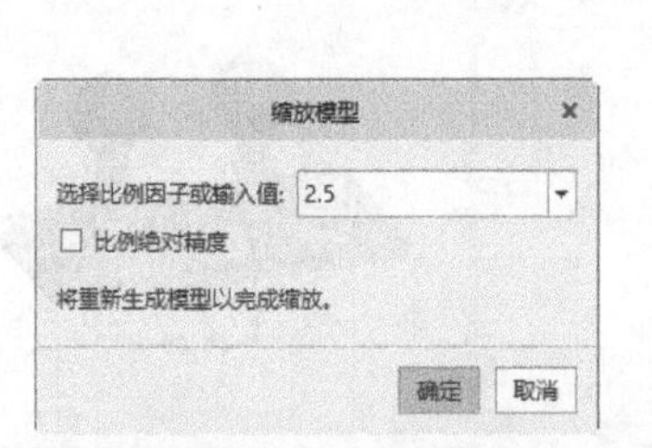

图 5-48　输入缩放比例

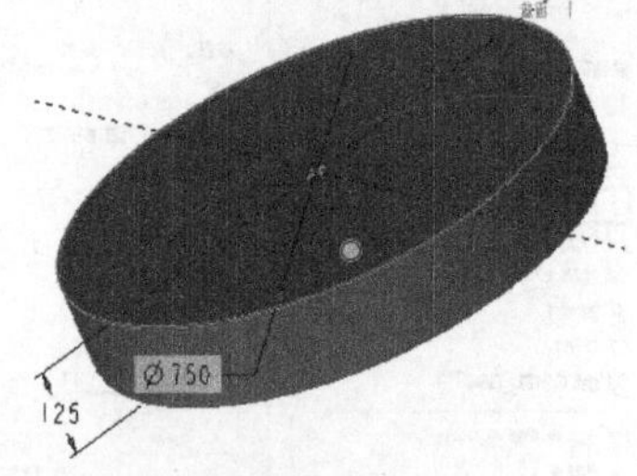

图 5-49　模型缩放结果

5.7　阵列命令

阵列特征就是按照一定的排列方式复制特征。在创建阵列时，通过改变某些指定尺寸，可创建选定特征的实例，结果将得到一个特征阵列。特征阵列有【Dimension】（尺寸）、【Direction】（方向）、【Axis】（轴）和【Fill】（填充）4 种类型，其中【Dimension】（尺寸）和【Direction】（方向）两种类型的阵列结果为矩形阵列，而【Axis】（轴）类型的阵列结果为圆形阵列。阵列有如下优点。

（1）创建阵列是重新生成特征的快捷方式。

（2）阵列是由参数控制的。因此，通过改变阵列参数，如实例数、实例之间的间距和原始特征尺寸，可修改阵列。

（3）修改阵列比分别修改特征更有效。在阵列中改变原始特征尺寸时，Creo Parametric 会自动更新整个阵列。

（4）对包含在一个阵列中的多个特征同时进行操作，比操作单独的特征更加方便和高效。例如，可方便地隐含阵列或将其添加到层。

下面用实例来分别讲解这 4 种阵列类型的操作方法。

5.7.1　尺寸阵列

尺寸阵列是通过选择特征的定位尺寸来确定阵列参数的阵列方式。创建尺寸阵列时，选择特征尺寸，并指定这些尺寸的增量变化及阵列中的特征数。尺寸阵列可以是单向阵列，如孔的线性阵列；也可以是双向阵列，如孔的矩形阵列。

1.【Dimension】（尺寸）阵列操控板

在模型树中选择要阵列的特征，单击【模型】选项卡的【编辑】组中的【阵列】按钮，打开【阵列】操控板。在阵列【类型】下拉列表中选择【Dimension】类型，则弹出尺寸【阵列】操控板，如图 5-50 所示。

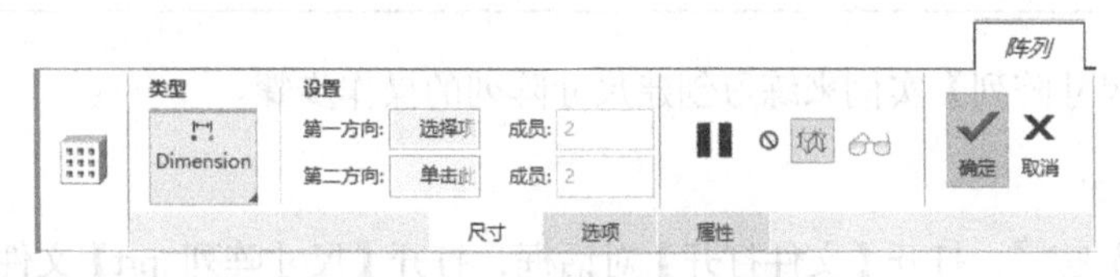

图 5-50　尺寸【阵列】操控板

操控板中各选项含义如下。

（1）【第一方向】。

- 收集器 选择项 ：第一方向的阵列尺寸。单击将其激活，然后添加或删除尺寸。
- 【成员】 2 ：输入第一方向的阵列成员数。

（2）【第二方向】。

- 收集器 单击此处添加项 ：第二方向的阵列尺寸。单击将其激活，然后添加或删除尺寸。
- 【成员】 2 ：输入第二方向的阵列成员数。

2. 下拉面板

尺寸【阵列】操控板中提供下列下拉面板，如图 5-51 所示。

（1）【尺寸】下拉面板：此下拉面板用来定义阵列方向 1 和方向 2 的尺寸及增量值。

- 【方向 1】列表框：用于确定第一方向阵列尺寸及增量值。
- 【方向 2】列表框：用于确定第二方向阵列尺寸及增量值。

（2）【选项】下拉面板：使用该下拉面板可对重新生成的选项进行下列操作。

- 【相同】：通过假定所有成员都相同、不相交且不打断零件边来计算成员几何。
- 【可变】：通过假定所有成员形状各异且彼此不相交来计算成员几何。
- 【常规】：通过假定所有成员形状各异且可能彼此相交来计算成员几何。

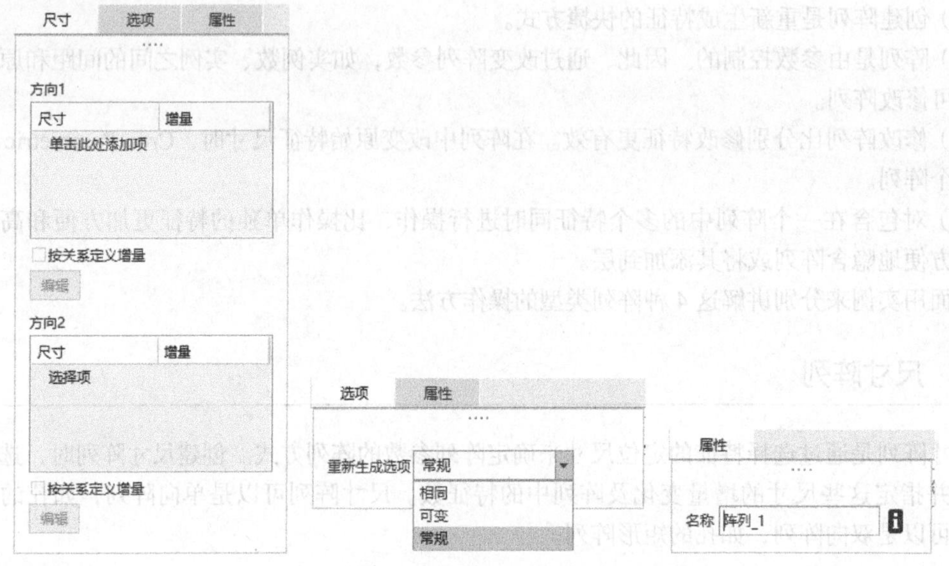

图 5-51 尺寸【阵列】操控板中的下拉面板

（3）【属性】下拉面板：使用该下拉面板可编辑特征名，并打开浏览器显示特征信息。

5.7.2 练习：创建尺寸阵列

接下来通过【尺寸阵列】实例来练习创建尺寸阵列的操作步骤。

1. 打开文件

单击【打开】按钮，打开【文件打开】对话框，打开【尺寸阵列 .prt】文件，如图 5-52 所示。

图 5-52 原始模型

2. 创建【Dimension】（尺寸）阵列

（1）在模型树中选择【拉伸 2】特征，然后单击【阵列】按钮，打开【阵列】操控板。【类型】选择为【Dimension】（尺寸），具体参数设置步骤如图 5-53 所示。

（2）单击【确定】按钮，完成阵列操作，阵列结果如图 5-54 所示。

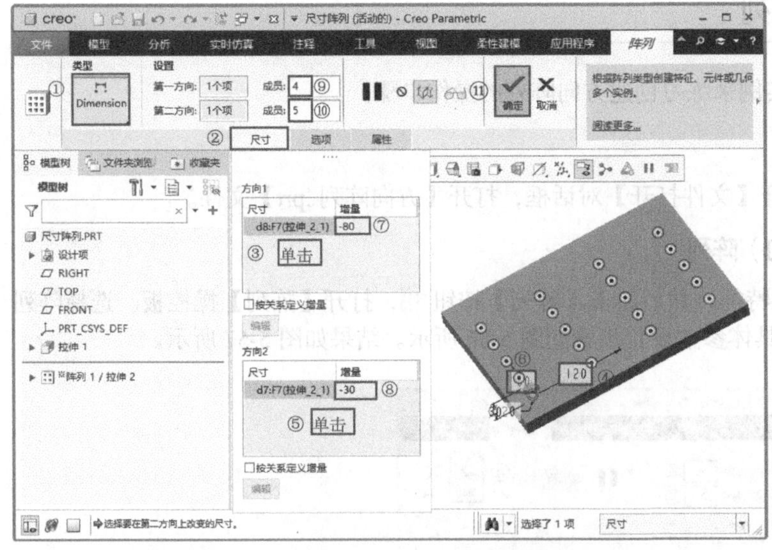

图 5-53 【Dimension】（尺寸）阵列参数设置

图 5-54　尺寸阵列结果

5.7.3　方向阵列

方向阵列通过指定方向并拖动控制滑块设置阵列增长的方向和增量来创建自由形式的阵列，即先指定特征的阵列方向，然后再指定尺寸值和行列数的阵列方式。方向阵列可以为单向或双向。

1.【Direction】（方向）阵列操控板

在模型树中选择要阵列的特征，单击【模型】选项卡的【编辑】组中的【阵列】按钮，打开【阵列】操控板。在阵列【类型】下拉列表中选择【Direction】类型，则弹出方向【阵列】操控板，如图 5-55 所示。

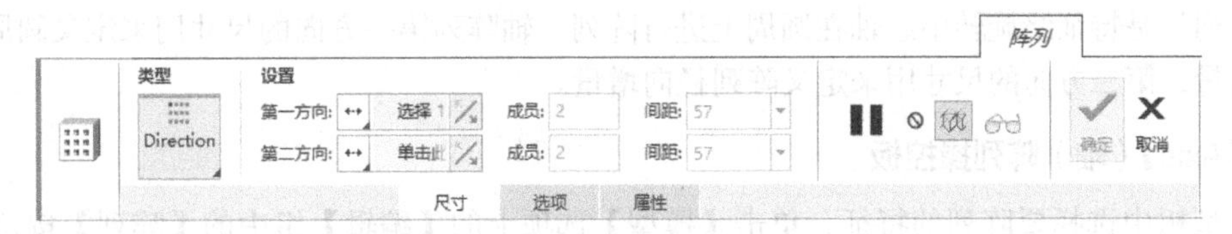

图 5-55　方向【阵列】操控板

方向【阵列】操控板中其他选项含义如下。

（1）【第一方向】。

- 收集器 选择项 ：第一方向参考，选择建立第一方向的参考。

（2）【第二方向】。

- 收集器 单击此处添加项 ：第二方向参考，选择建立第二方向的参考。

2. 下拉面板

方向【阵列】操控板中的下拉面板与尺寸【阵列】操控板中的完全相同，这里不再赘述。

5.7.4 练习：创建方向阵列

接下来通过【方向阵列】实例来练习创建方向阵列的操作步骤。

1. 打开文件

单击【打开】按钮，打开【文件打开】对话框，打开【方向阵列 .prt】文件。

2. 创建【Direction】（方向）阵列

在模型树中选择【拉伸 2】特征，然后单击【阵列】按钮，打开【阵列】操控板。选择阵列【类型】为【Direction】类型，具体参数设置步骤如图 5-56 所示。结果如图 5-57 所示。

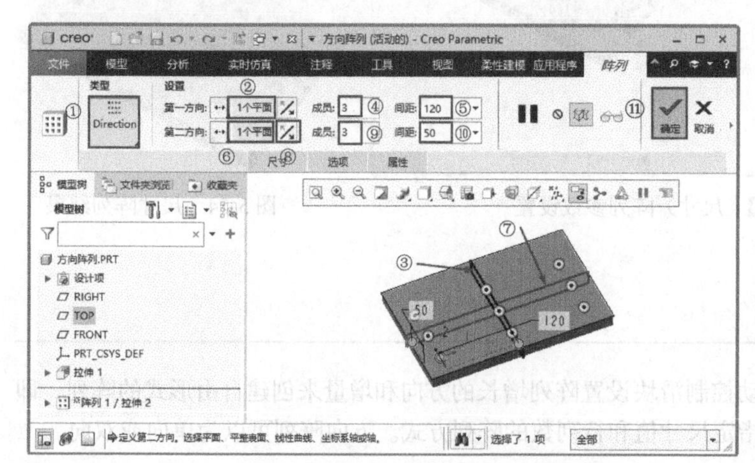

图 5-56 【Direction】（方向）阵列参数设置　　图 5-57 阵列结果

5.7.5 轴阵列

轴阵列就是特征绕旋转中心轴在圆周上进行阵列。轴阵列第一方向的尺寸用来定义圆周方向上的角度增量，第二方向的尺寸用来定义阵列径向增量。

1.【Axis】（轴）阵列操控板

在模型树中选择要阵列的特征，单击【模型】选项卡的【编辑】组中的【阵列】按钮，打开【阵列】操控板。在阵列【类型】下拉列表中选择【Axis】类型，则弹出轴【阵列】操控板，如图 5-58 所示。

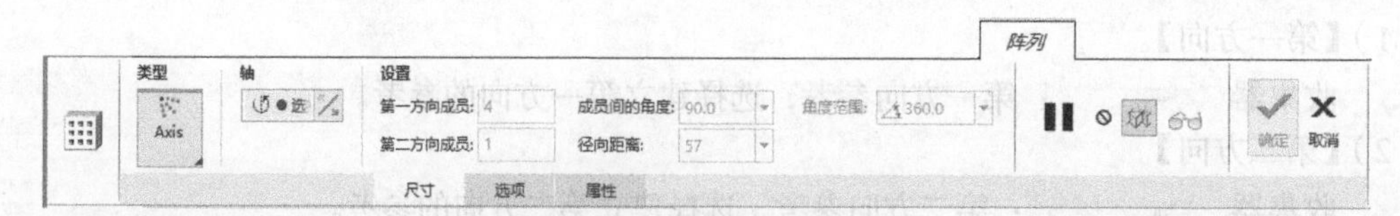

图 5-58 轴【阵列】操控板

轴【阵列】操控板中各选项含义如下。

（1）【中心轴】：选择要成为阵列中心的基准轴。

（2）【第一方向成员】：输入第一方向的阵列成员数。

（3）【成员间的角度】：输入阵列成员间的角度。

（4）【角度范围】：设置阵列的角度范围，阵列成员将按指定的角度均分。

（5）【第二方向成员】：输入第二方向的阵列成员数。

（6）【径向距离】：输入阵列成员间的径向距离。

2. 下拉面板

【选项】下拉面板如图 5-59 所示。

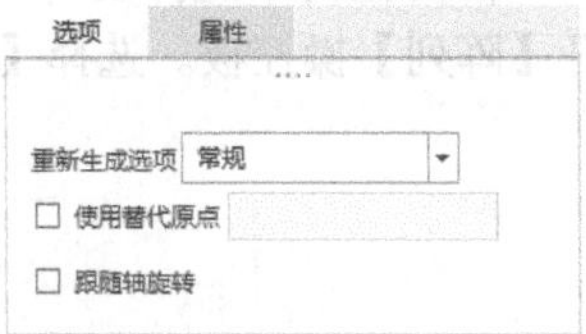

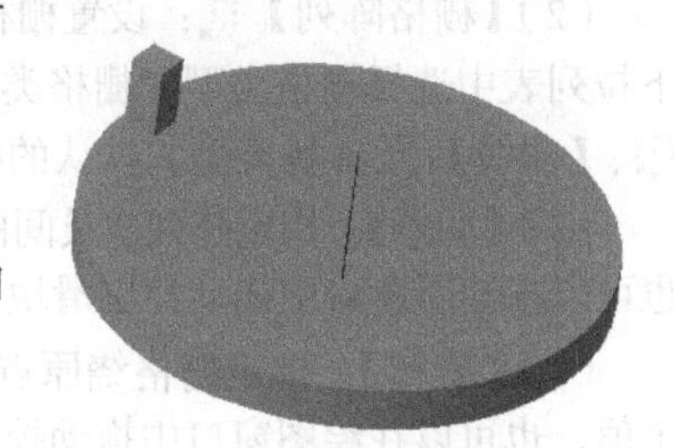

图 5-59 【选项】下拉面板

【选项】下拉面板中部分选项含义如下。

（1）【使用替代原点】复选框：勾选该复选框，使用替代原点表示引线的中心。

（2）【跟随轴旋转】复选框：勾选该复选框，对旋转平面中的阵列成员进行旋转，使其跟随轴旋转。

5.7.6 练习：创建轴阵列

接下来通过【轴阵列】实例来练习创建轴阵列的操作步骤。

1. 打开文件

单击【打开】按钮，打开【文件打开】对话框，打开【轴阵列 .prt】文件，如图 5-60 所示。

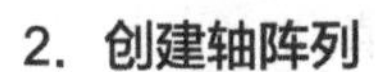

2. 创建轴阵列

图 5-60 原始模型

（1）在模型树中选择【拉伸 2】特征，然后单击【阵列】按钮，选择阵列【类型】为【Axis】，具体参数设置步骤如图 5-61 所示。

（2）单击【确定】按钮，阵列结果如图 5-62 所示。

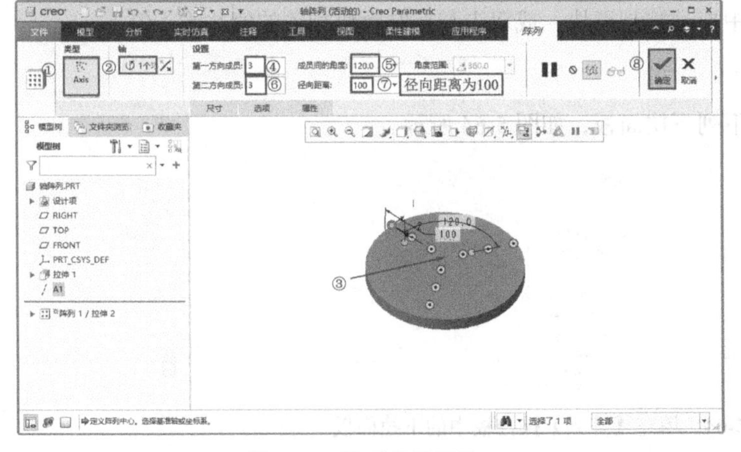

图 5-61 阵列结果预览

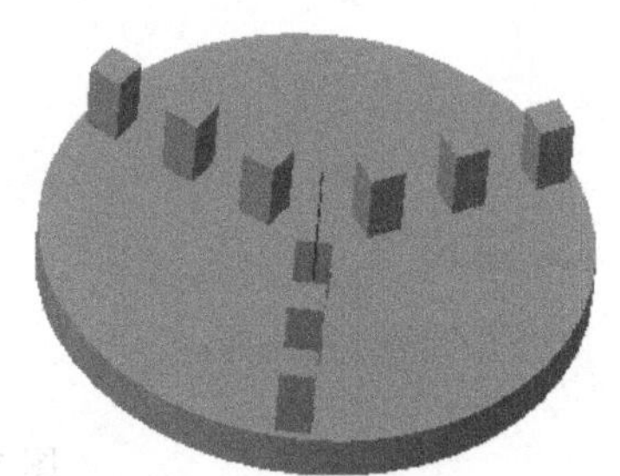
图 5-62 阵列结果

5.7.7 填充阵列

填充阵列是根据栅格、栅格方向和成员间的距离从原点变换成员位置而创建的。草绘的区域和边界余量决定将创建哪些成员。创建中心位于草绘边界内的任何成员处。边界余量不会改变成员的位置。

1.【Fill】(填充)阵列操控板

在模型树中选择要阵列的特征，单击【模型】选项卡的【编辑】组中的【阵列】按钮，打开【阵列】操控板。选择【Fill】类型，则弹出填充【阵列】操控板，如图 5-63 所示。

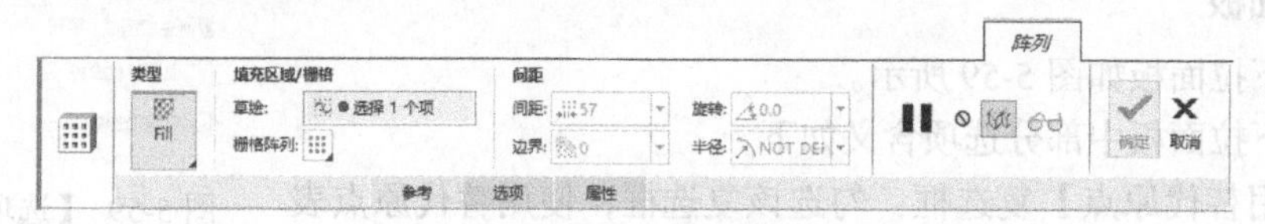

图 5-63　填充【阵列】操控板

填充【阵列】操控板中各选项含义如下。

(1)【草绘】：选择或草绘要填充的区域，单击收集器将其激活，然后添加或删除草绘。

(2)【栅格阵列】：设置栅格类型，单击【栅格阵列】按钮右下方的下拉按钮，在弹出的下拉列表中选择栅格类型。栅格类型包括【正方形】、【菱形】、【六边形】、【圆】、【Sprial】、【曲线】6 种类型。默认的栅格类型为【正方形】。

(3)【间距】：指定阵列成员间的距离，可在操控板上【间距】按钮右侧的框中输入一个新值；也可以在绘图窗口中拖动控制滑块，或双击与【间距】相关的值并输入新值。

(4)【旋转】：指定栅格绕原点的旋转角度，可在操控板上【旋转】按钮右侧的框中输入一个值；也可以在绘图窗口中拖动控制滑块，或双击与控制滑块相关的值并输入值。

(5)【边界】：指定阵列成员中心与草绘边界间的最小距离，可在操控板上【边界】按钮右侧的框中输入一个新值。输入负值可使中心位于草绘的外面。也可以在绘图窗口中拖动控制滑块，或双击与控制滑块相关的值并输入新值。

(6)【半径】：指定圆形和螺旋形栅格的径向间隔，可在操控板上【半径】按钮右侧的框中输入一个值；也可以在绘图窗口中拖动控制滑块，或双击与控制滑块相关的值并输入值。

2. 下拉面板

填充【阵列】操控板中提供下列下拉面板，如图 5-64 所示。

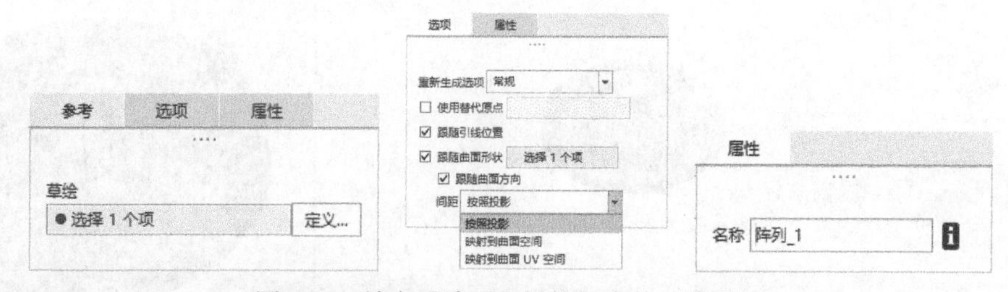

图 5-64　填充【阵列】操控板中的下拉面板

(1)【参考】：用于创建或编辑草绘截面。

【定义】按钮：用于创建草绘截面。

(2)【选项】下拉面板。

①【使用替代原点】复选框：勾选该复选框，使用替代原点表示引线的中心。

②【跟随引线位置】复选框：勾选该复选框，使用相同距离作为阵列导引，从草绘平面中偏移

阵列成员。

③【跟随曲面形状】复选框：勾选该复选框，使定位成员跟随选定曲面的形状；单击收集器将其激活，添加或删除要跟随的曲面。

④【跟随曲面方向】复选框：勾选该复选框，使空间中的成员跟随选定曲面的方向。

⑤【间距】：用于调整成员间距离。

- 【按照投影】：将成员直接投影到曲面上。
- 【映射到曲面空间】：将成员映射到曲面空间。
- 【映射到曲面 UV 空间】：将成员映射到曲面 UV 空间。

（3）【属性】下拉面板。

5.7.8　练习：创建填充阵列

接下来通过【填充阵列】实例来练习创建填充阵列的步骤。图 5-65 所示为填充后的阵列图形。

1. 打开文件

单击【打开】按钮，打开【文件打开】对话框，打开【填充阵列 .prt】文件，如图 5-66 所示。

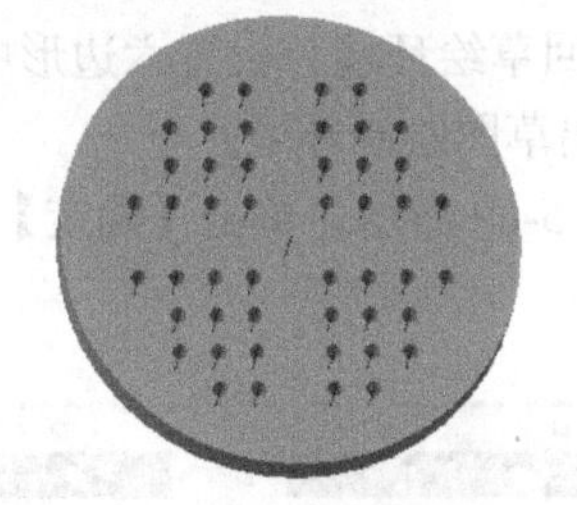

图 5-65　填充阵列创建结果

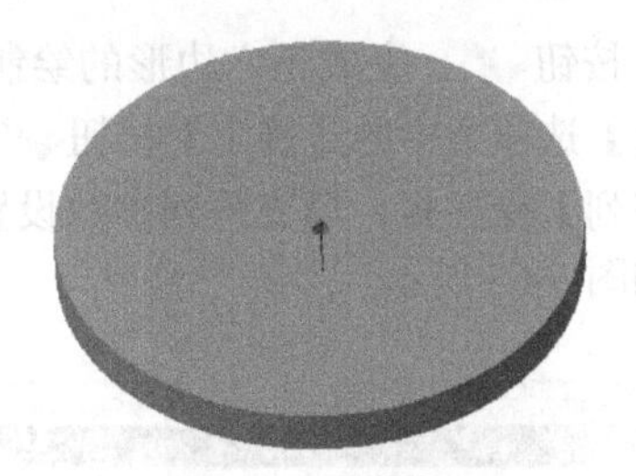

图 5-66　原始模型

2. 创建填充阵列

（1）在模型树中选择【拉伸 2】特征，单击【阵列】按钮，打开【阵列】操控板。选择阵列【类型】为【Fill】，具体参数设置步骤如图 5-67 所示。进入草绘环境。

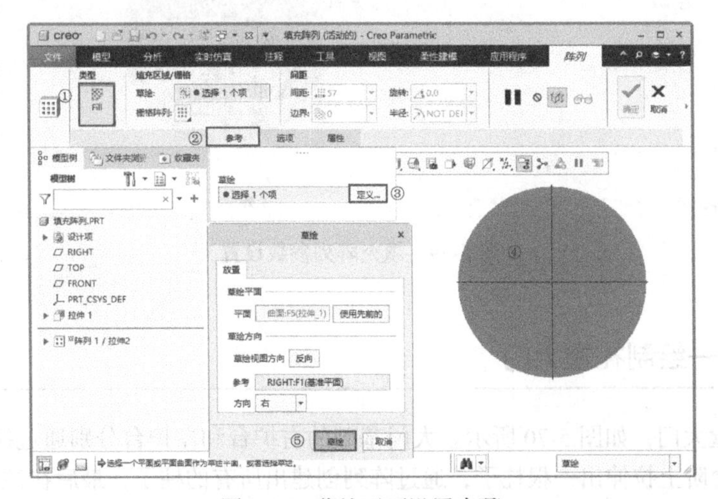

图 5-67　草绘平面设置步骤

（2）单击【选项板】按钮，绘制正六边形，具体参数设置步骤如图 5-68 所示。

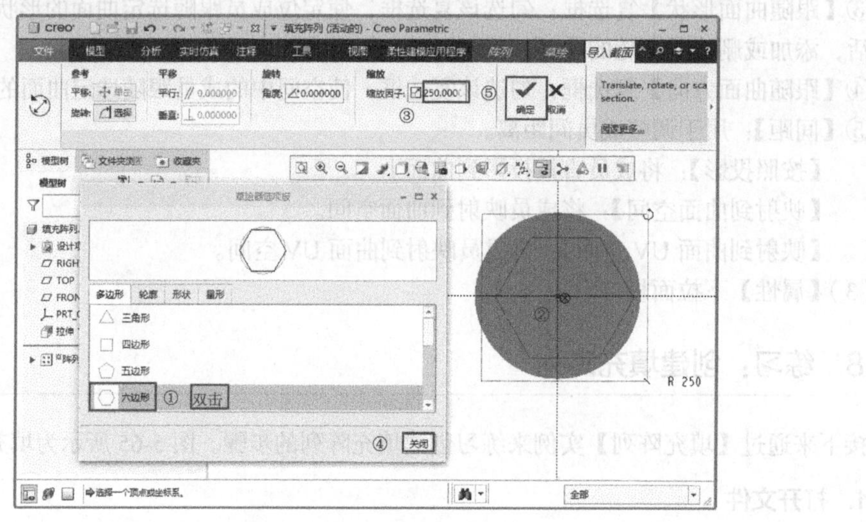

图 5-68　绘制正六边形

单击【确定】按钮✔，完成正六边形的绘制。返回草绘环境，设置六边形中心与原点的重合约束。单击【草绘】选项卡中的【确定】按钮✔，退出草图绘制环境。

（3）返回【阵列】操控板，填充阵列参数设置如图 5-69 所示。单击【确定】按钮✔，完成阵列的创建。结果如图 5-65 所示。

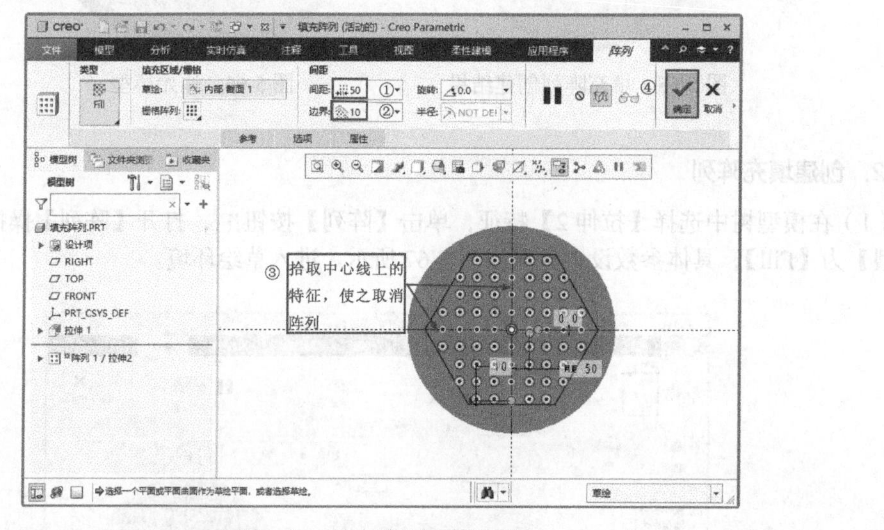

图 5-69　填充阵列参数设置

5.7.9　实例——绘制礼堂大门

本例创建礼堂大门，如图 5-70 所示。大门基础的右护台和左护台分别通过拉伸创建，在中间拉伸出台阶，在台阶上拉伸出一根柱子，通过阵列创建出所有的柱子，最后在柱子上方创建顶篷，得到完整的模型。

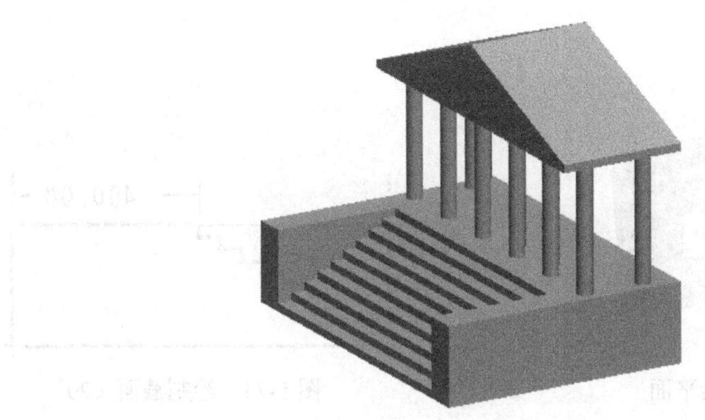

图 5-70　礼堂大门

1. 新建文件

单击【新建】按钮，弹出【新建】对话框。在【文件名】输入框中输入零件的名称【礼堂大门】，选择【mmns_part_solid_abs】模板，单击【确定】按钮，进入实体建模界面。具体操作步骤在 3.1.2 小节已经详细介绍过，这里不再赘述。

2. 拉伸右护台

（1）单击【拉伸】按钮，打开【拉伸】操控板。

（2）在工作区中选择【FRONT】基准平面作为草绘平面。绘制截面，如图 5-71 所示。单击【确定】按钮，退出草图绘制环境。

（3）返回【拉伸】操控板，选择【可变】深度选项，将深度值设置为【250】。单击【确定】按钮，完成特征的创建，如图 5-72 所示。

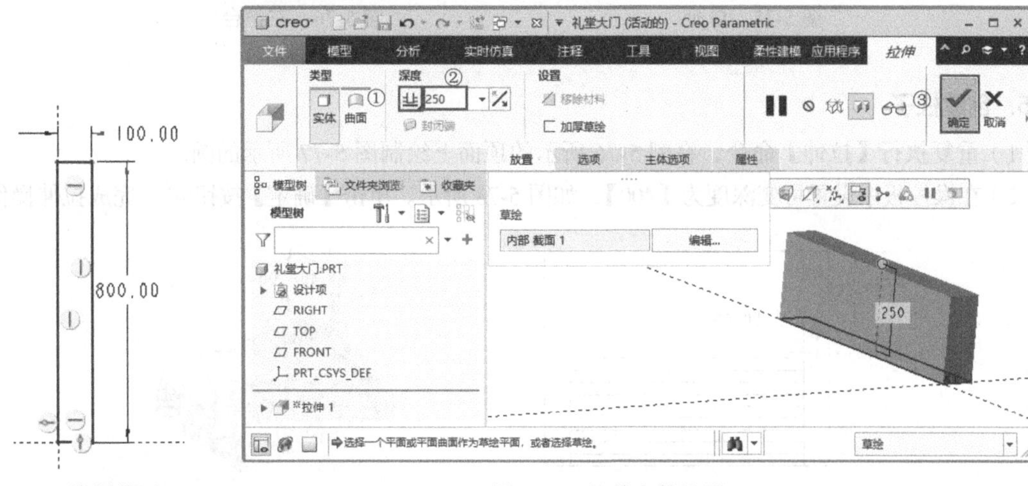

图 5-71　绘制截面（1）　　　　图 5-72　拉伸参数设置

3. 拉伸台阶

（1）重复执行【拉伸】命令，打开【拉伸】操控板。

（2）选择图 5-73 所示的侧面作为草图绘制平面，在其上绘制图 5-74 所示的截面，并分别将水平方向和垂直方向的直线进行相等约束。

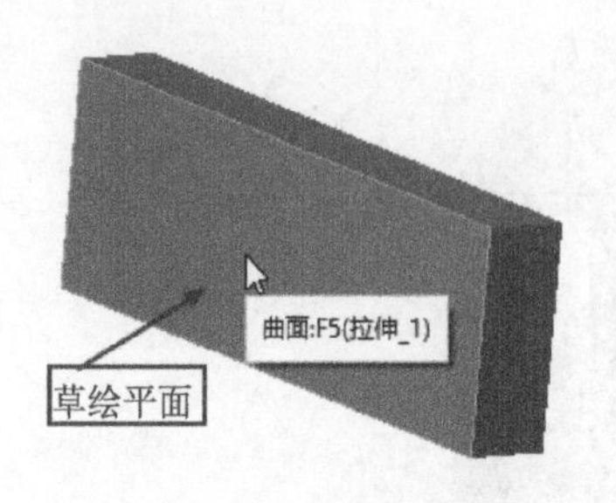

图 5-73　选择草绘平面

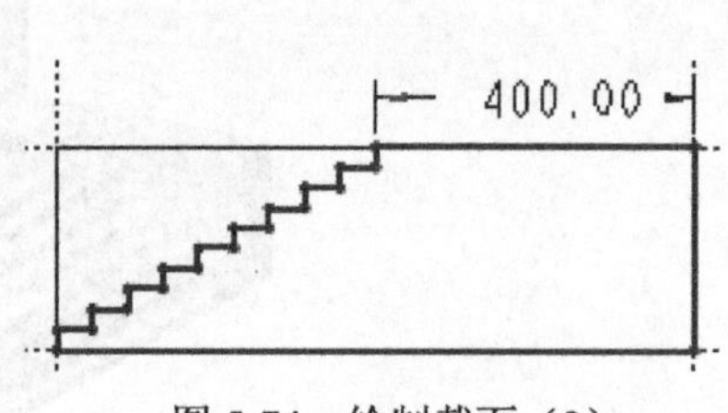

图 5-74　绘制截面（2）

（3）单击【确定】按钮✔，退出草图绘制环境。

（4）在操控板上设置可变深度为【900】，如图 5-75 所示。单击【确定】按钮✔，完成拉伸操作。

4. 拉伸左护台

草图及拉伸参数设置与第 2 步“拉伸右护台”相同，结果如图 5-76 所示。

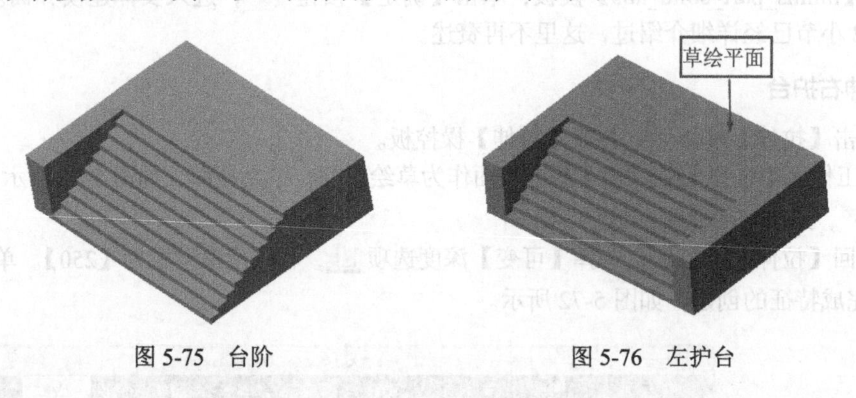

图 5-75　台阶　　　　图 5-76　左护台

5. 创建柱子

（1）重复执行【拉伸】命令，在图 5-76 所示的顶面上绘制图 5-77 所示的圆。

（2）在操控板中设置可变深度为【400】，如图 5-78 所示。单击【确定】按钮✔，完成拉伸操作。

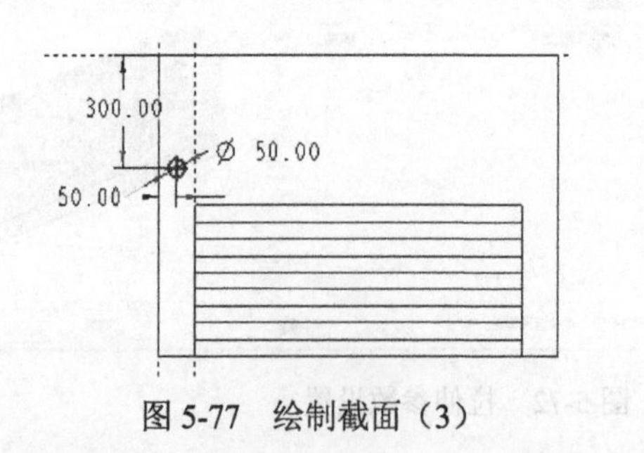

图 5-77　绘制截面（3）　　　　图 5-78　预览特征

6. 阵列柱子

（1）在模型树中选择第 5 步创建的拉伸特征。

（2）单击【模型】选项卡的【编辑】组中的【阵列】按钮▦，打开【阵列】操控板。参数设置如图 5-79 所示。

（3）单击【确定】按钮 ，完成阵列操作，如图 5-80 所示。

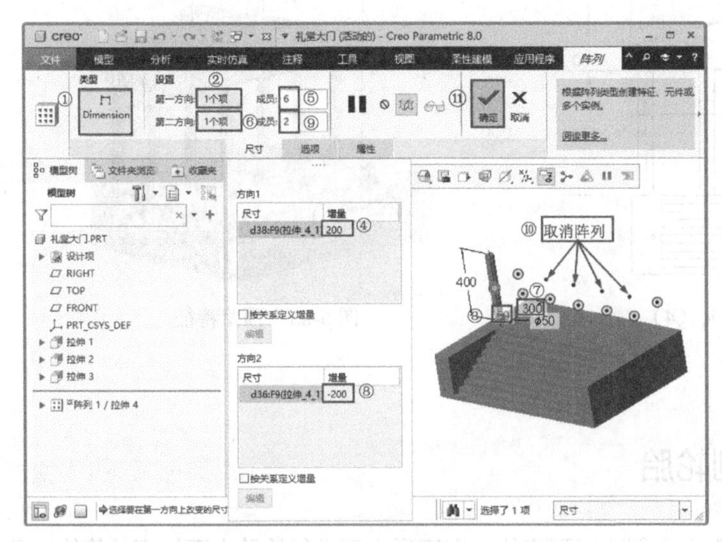

图 5-79　阵列参数设置

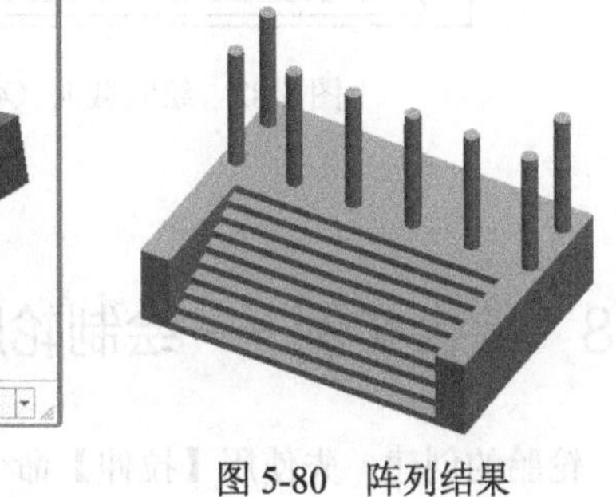
图 5-80　阵列结果

7. 创建偏移基准平面

单击【基准】组中的【平面】按钮 ，打开【基准平面】对话框。基准平面参数设置如图 5-81 所示。

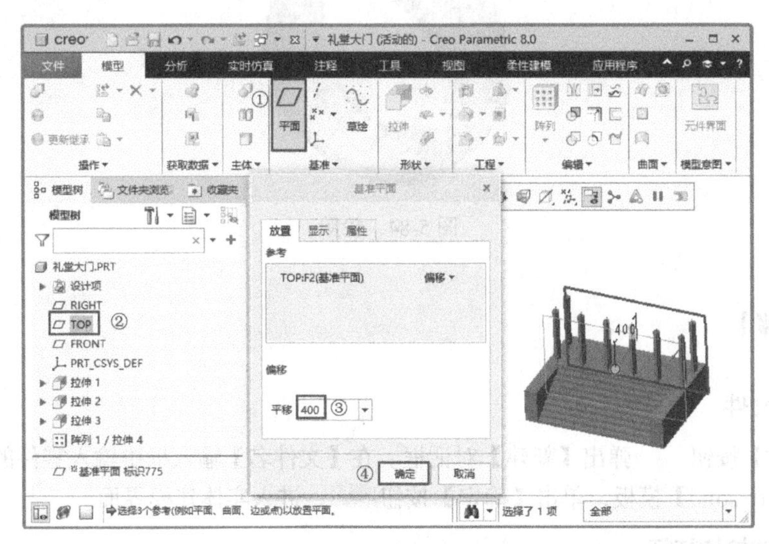

图 5-81　创建偏移基准平面

8. 拉伸顶篷

（1）单击【拉伸】按钮 ，打开【拉伸】操控板。选择新创建的基准平面【DIM1】作为草图绘制平面。绘制图 5-82 所示的截面，单击【确定】按钮 ，退出草图绘制环境。

（2）在操控板中设置可变深度为【400】，如图 5-83 所示。单击【确定】按钮 ，完成拉伸操作。完成后的模型如图 5-70 所示。

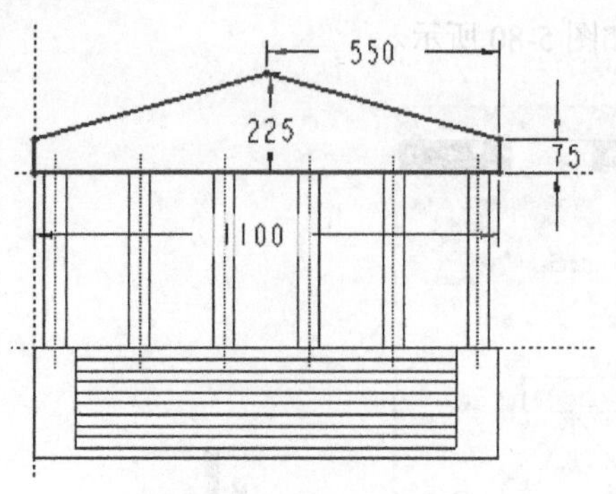

图 5-82 绘制截面（4）

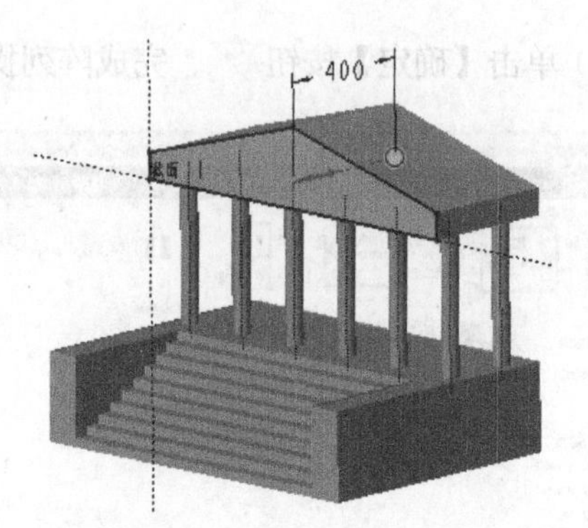

图 5-83 预览特征

5.8 综合实例——绘制轮胎

轮胎的创建：先使用【拉伸】命令创建矩形实体，在矩形表面进行轮胎表面纹理的修饰，此处可使用阵列的方法；完成修饰特征的创建后进行环形折弯形成轮胎的基本外形，最后镜像上面的特征，得到轮胎的实体，如图 5-84 所示。

图 5-84 轮胎

【绘制步骤】

1. 创建新文件

单击【新建】按钮，弹出【新建】对话框。在【文件名】输入框中输入零件的名称【轮胎】，选择【mmns_part_solid】模板，单击【确定】按钮，进入实体建模界面。

2. 创建实体拉伸特征

（1）单击【拉伸】按钮，打开【拉伸】操控板。

（2）选择【FRONT】基准平面作为草绘平面，创建截面形状，如图 5-85 所示；拉伸深度为【600】，结果如图 5-86 所示。

3. 创建拉伸移除特征

（1）重复执行【拉伸】命令，选择图 5-86 所示的草绘平面，绘制图 5-87 所示的截面草图。单击【确定】按钮。

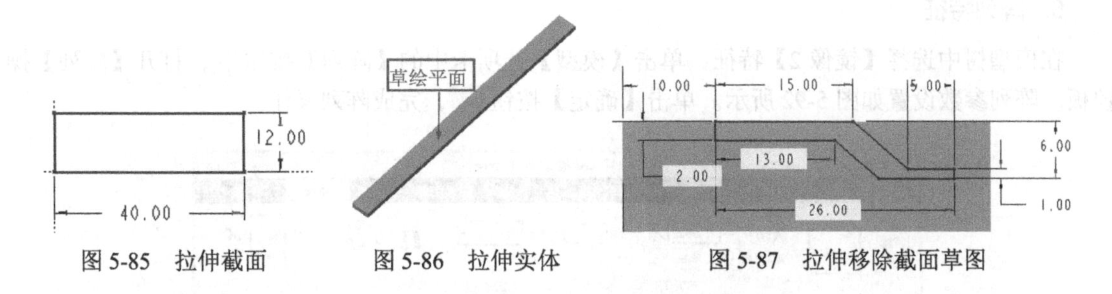

图 5-85　拉伸截面　　图 5-86　拉伸实体　　图 5-87　拉伸移除截面草图

（2）返回操控板，拉伸移除参数设置如图 5-88 所示。单击【确定】按钮✔。结果如图 5-89 所示。

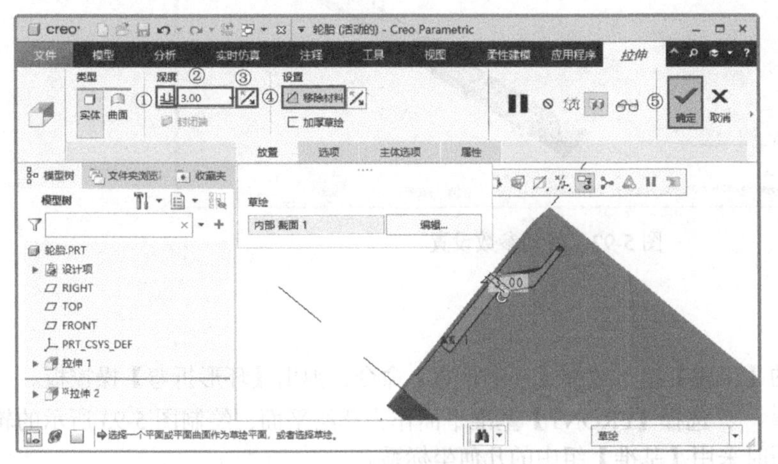

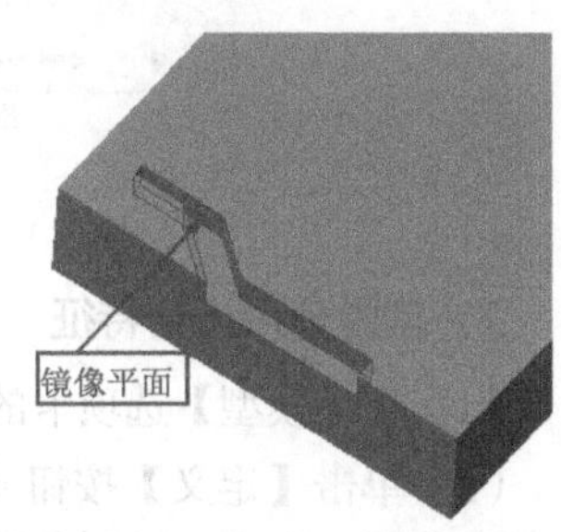

图 5-88　拉伸移除参数设置　　图 5-89　拉伸移除结果

4. 镜像拉伸移除特征

在模型树中选择【拉伸 2】特征，单击【镜像】按钮，选择图 5-89 所示的平面作为镜像平面，完成特征的创建，如图 5-90 所示。

5. 镜像特征

按住 Ctrl 键，在模型树中选择【拉伸 2】和【镜像 1】特征，单击【镜像】按钮，选择图 5-90 所示的平面作为镜像平面，完成特征的创建，如图 5-91 所示。

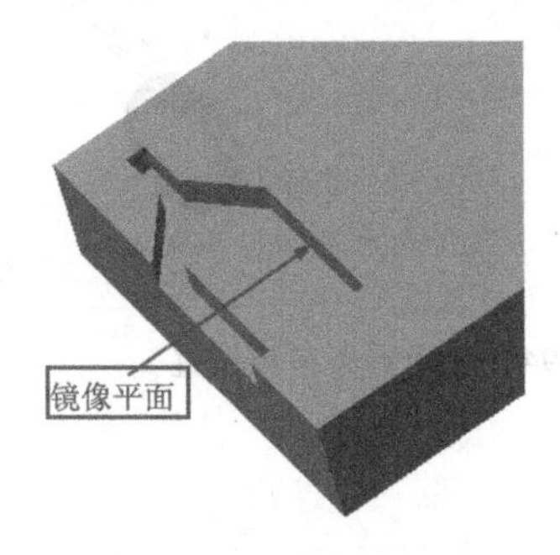

图 5-90 【镜像 1】特征

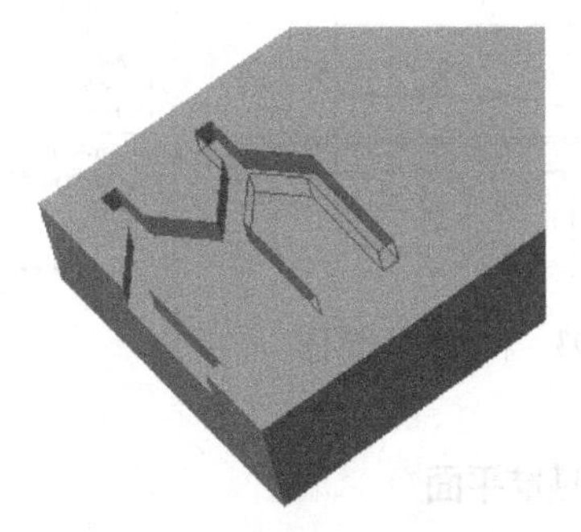

图 5-91 【镜像 2】特征

6. 阵列特征

在模型树中选择【镜像 2】特征，单击【模型】选项卡中的【阵列】按钮，打开【阵列】操控板。阵列参数设置如图 5-92 所示。单击【确定】按钮，完成阵列操作。

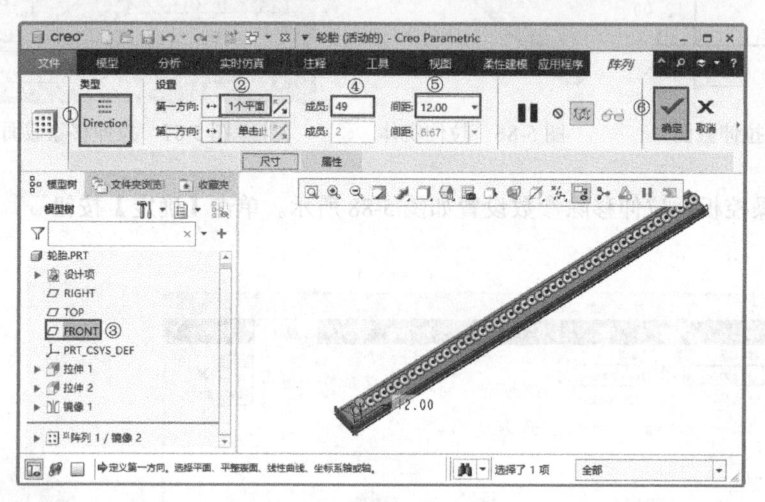

图 5-92　阵列参数设置

7. 创建环形折弯特征

（1）在【模型】选项卡的【工程】组下选择【环形折弯】命令，弹出【环形折弯】操控板。

（2）单击【定义】按钮，选择【FRONT】基准平面作为草绘平面，绘制图 5-93 所示的轮廓截面草图。注意，绘制草图时采用【基准】组中的几何坐标系。

（3）返回操控板，参数设置如图 5-94 所示。单击【确定】按钮，完成折弯操作。

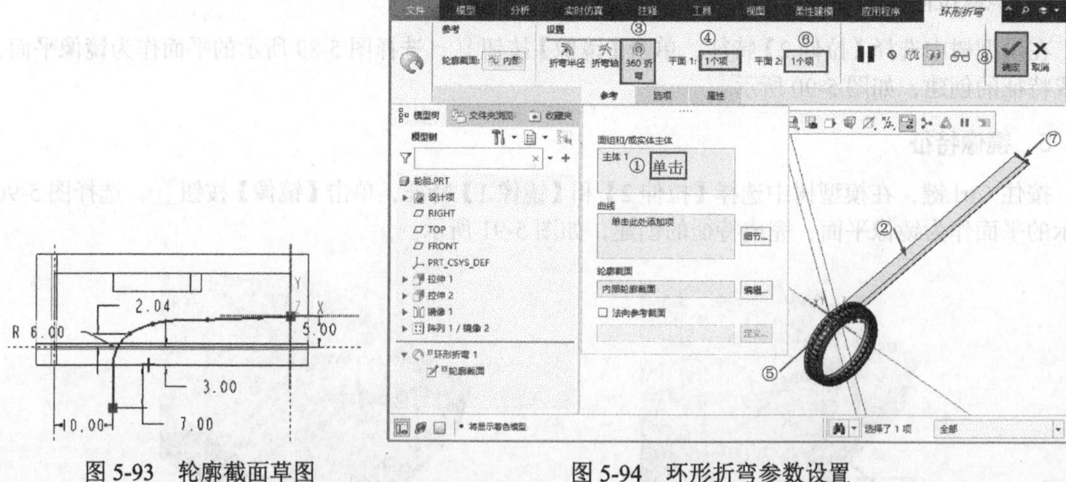

图 5-93　轮廓截面草图　　　　图 5-94　环形折弯参数设置

8. 创建基准平面

（1）单击【基准】组中的【平面】按钮，弹出【基准平面】对话框。

（2）选择【RIGHT】基准平面作为参考平面，设置平移距离为【39.7】，单击【确定】按钮 确定 ，完成基准平面【DTM1】的创建。

9. 镜像环形折弯特征

在模型树中选择【轮胎】零件，单击【镜像】按钮，选择【DTM1】平面作为镜像平面，完成特征的创建，最终结果如图 5-84 所示。

第 6 章 高级曲面

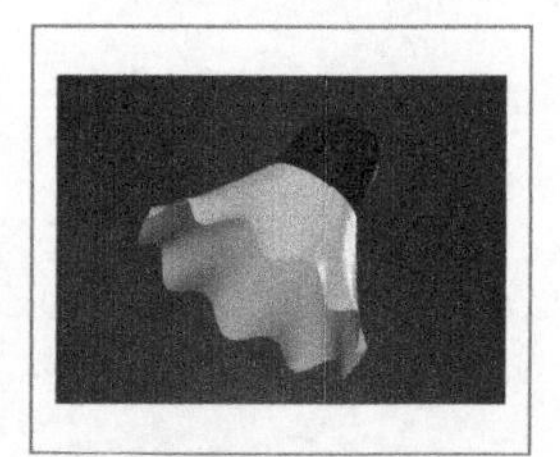

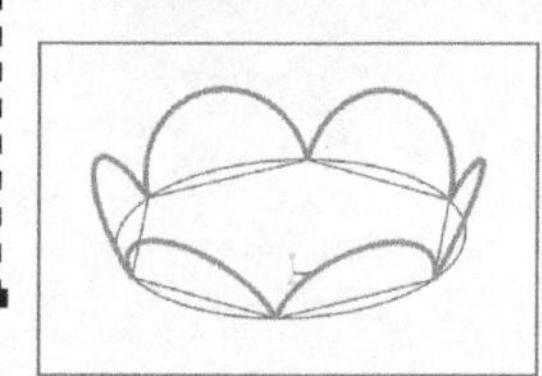

/ 本章导读

本章将介绍 Creo Parametric 8 中各种高级曲面的使用方式和便利的模块化成型方式，这些特征针对特殊造型曲面或实体所定义的高级功能。本章的目的是让读者初步掌握 Creo Parametric 8 高级曲面的绘制方法与技巧。

/ 知识重点

- 圆锥曲面和多边曲面
- 混合相切曲面
- 相切曲面
- 利用文件创建曲面
- 曲面的自由变形
- 展平面组

6.1　圆锥曲面和多边曲面

圆锥曲面是指以两条边界线（仅限单段曲线）形成曲面，再以一条控制曲线调整曲面隆起程度的曲面。其中构成圆锥曲面需要用圆锥曲线形成曲面，即曲面的截面为圆锥曲线。

多边曲面的建立使用的是【N 侧曲面】命令。N 侧曲面片用来处理 *N* 条线段所围成的曲面，线段数目不得少于 5，N 侧曲面边界不能包括相切的边、曲线。*N* 条线段形成一个封闭的环。N 侧曲面的形状由连接到一起的边界几何决定。

6.1.1　菜单管理器选项介绍

Creo Parametric 8 中将以前版本的【继承】改名为【旧版】。可以在【文件】→【选项】→【自定义】【功能区】→【过滤命令】列表框中找到【旧版】命令，将命令添加到【操作】组中。

打开菜单管理器，选择【曲面】→【新建】→【高级】→【完成】→【边界】→【完成】选项，弹出图 6-1 所示的【边界选项】菜单。选择【圆锥曲面】选项。此时【肩曲线】和【相切曲线】两个选项被激活，如图 6-2 所示。这两个选项的意义如下。

- 【肩曲线】：曲面穿过控制曲线，这种情况下，控制曲线定义曲面的每个横截面圆锥肩的位置。
- 【相切曲线】：曲面不穿过控制曲线，这种情况下，控制曲线定义穿过圆锥截面渐进曲线交点的直线。

选择【肩曲线】→【完成】选项，弹出【曲面：圆锥，肩曲线】对话框和【曲线选项】菜单，如图 6-3 所示。各选项意义如下。

图 6-1 【边界选项】菜单

图 6-2 选择【圆锥曲】面后的【边界选项】菜单

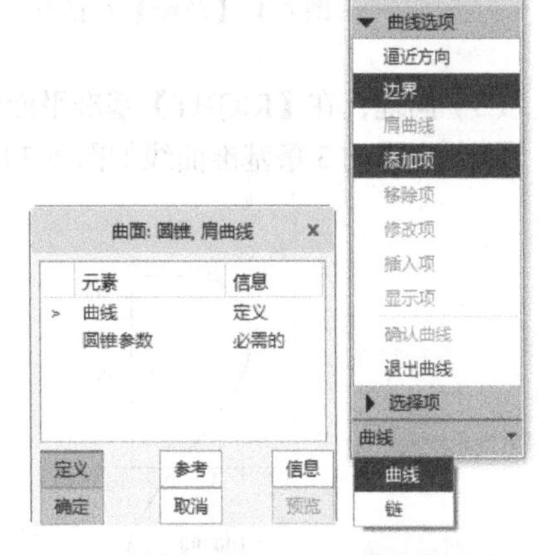

图 6-3 【曲面：圆锥，肩曲线】对话框和【曲线选项】菜单

（1）【曲线】：定义圆锥曲面的边界曲线和控制曲线，其中包含以下几种类型。

①【逼近方向】：指定逼近曲面的曲线。

②【边界】：指定圆锥混合的两条边界线。

③【肩曲线】：指定控制曲线隆起程度的曲线。

④ 5 种编辑方式：包括【添加项】【移除项】【修改项】【插入项】【显示项】。

（2）【圆锥参数】：控制生成曲面的形式，范围是 0.05 ~ 0.95，分为以下几种类型。

① 0<【圆锥线参数】<0.5：椭圆。

②【圆锥线参数】=0.5：抛物线。

③ 0.5<【圆锥线参数】<0.95：双曲线。

6.1.2 练习：创建高级圆锥曲面

本小节介绍高级圆锥曲面的创建步骤。

（1）单击【新建】按钮，弹出【新建】对话框。输入名称【高级圆锥曲面 1】，单击对话框中的【确定】按钮 确定。选择【mmns_part_solid_abs】模板，进入建模界面。

（2）单击【基准】组中的【草绘】按钮，选择【TOP】基准平面作为草绘平面，【草绘】对话框中的设置如图 6-4 所示。进入草绘界面。绘制图 6-5 所示的草图。

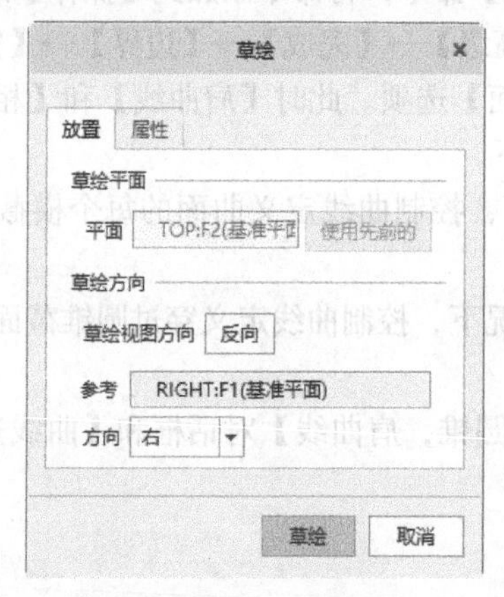

图 6-4 【草绘】对话框

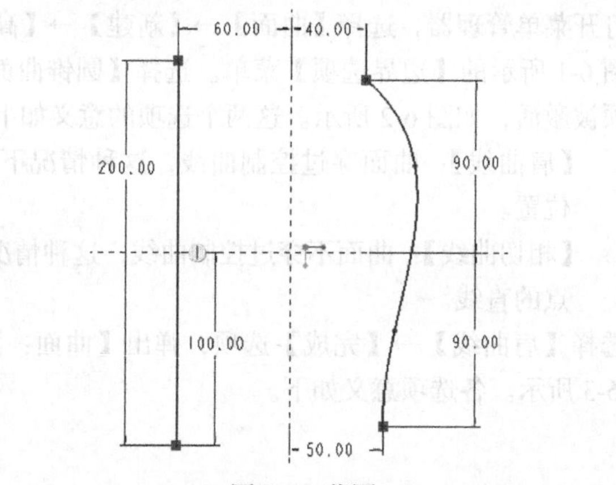

图 6-5 草图

（3）同理，在【RIGHT】基准平面内，用【样条曲线】命令绘制图 6-6 所示的基准曲线。

（4）生成的 3 条基准曲线如图 6-7 所示。

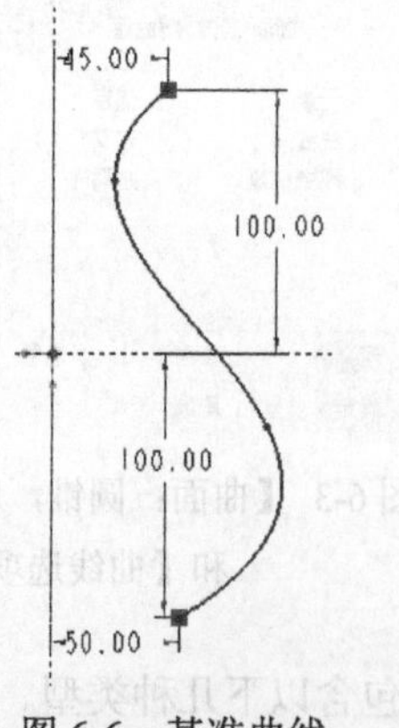

图 6-6 基准曲线

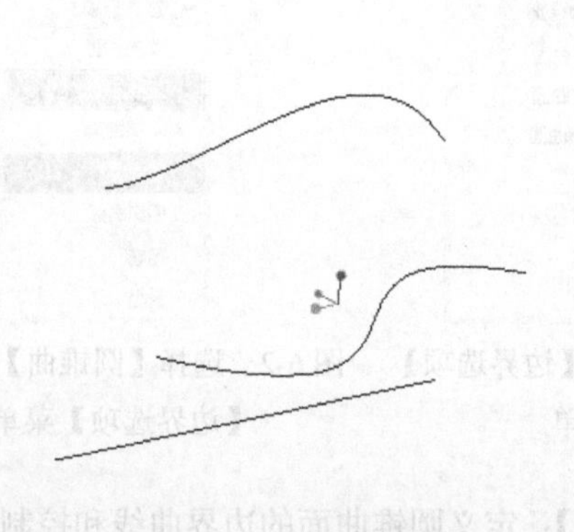

图 6-7 3 条基准曲线

（5）单击【模型】选项卡的【操作】组中的【旧版】命令后，选择【曲面】→【新建】→【高级】→【完成】→【边界】→【完成】选项，弹出【边界选项】菜单，参数设置步骤如图 6-8 所示。

（6）单击【曲面：圆锥，肩曲线】对话框中的【确定】按钮 确定，生成的曲面如图6-9所示。

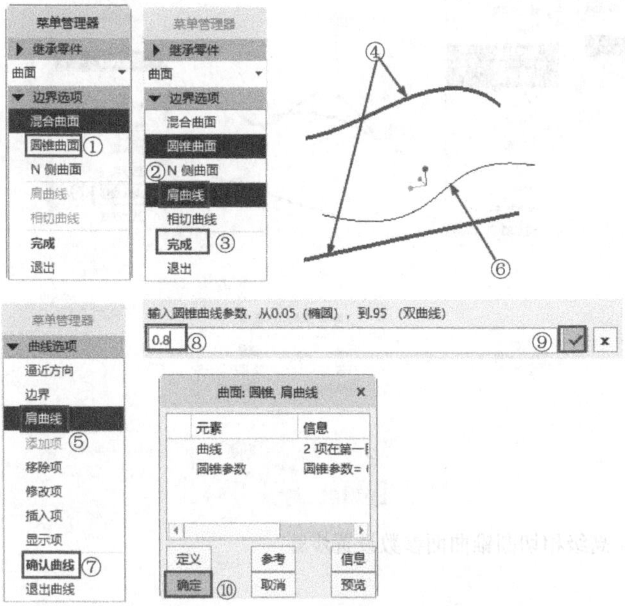

图6-8 高级圆锥曲面参数设置步骤

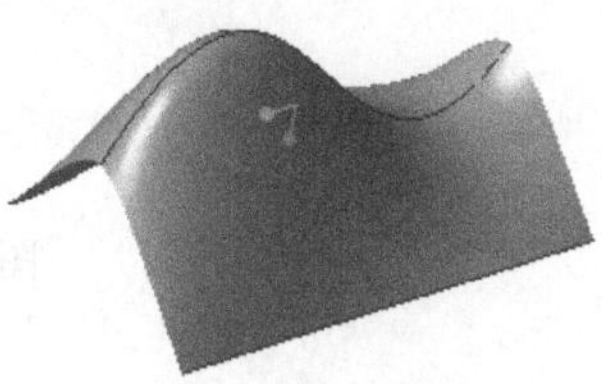

图6-9 圆锥曲面

（7）选择【文件】→【另存为】→【保存备份】命令，保存当前模型文件。

6.1.3 练习：创建高级相切圆锥曲面

本小节介绍高级相切圆锥曲面的创建步骤。

（1）打开上个实例创建的高级圆锥曲面文件——【高级圆锥曲面1】。

（2）在模型树中选择曲面特征后单击鼠标右键，在弹出的快捷菜单中选择【隐藏】选项，将曲面隐藏。

（3）创建高级相切曲线圆锥曲面，操作同创建高级肩曲线圆锥曲面相似。单击【模型】选项卡的【操作】组中的【旧版】命令后，选择【曲面】→【新建】→【高级】→【完成】→【边界】→【完成】选项，弹出【边界选项】菜单，选择【圆锥曲面】→【相切曲线】→【完成】选项。弹出【曲面：圆锥，相切曲线】对话框和【曲线选项】菜单。选择图6-10所示的两条曲线作为边界曲线，具体参数设置步骤如图6-10所示。

（4）单击【曲面：圆锥，相切曲线】对话框中的【确定】按钮 确定，生成的曲面如图6-11所示。

（5）在模型树中选择隐藏的曲面特征后单击鼠标右键，在弹出的快捷菜单中选择【显示】选项，将曲面显示出来，最终完成的曲面如图6-12所示。

（6）选择【文件】→【另存为】→【保存副本】命令，输入名称为【高级圆锥曲面2】，保存当前模型文件。

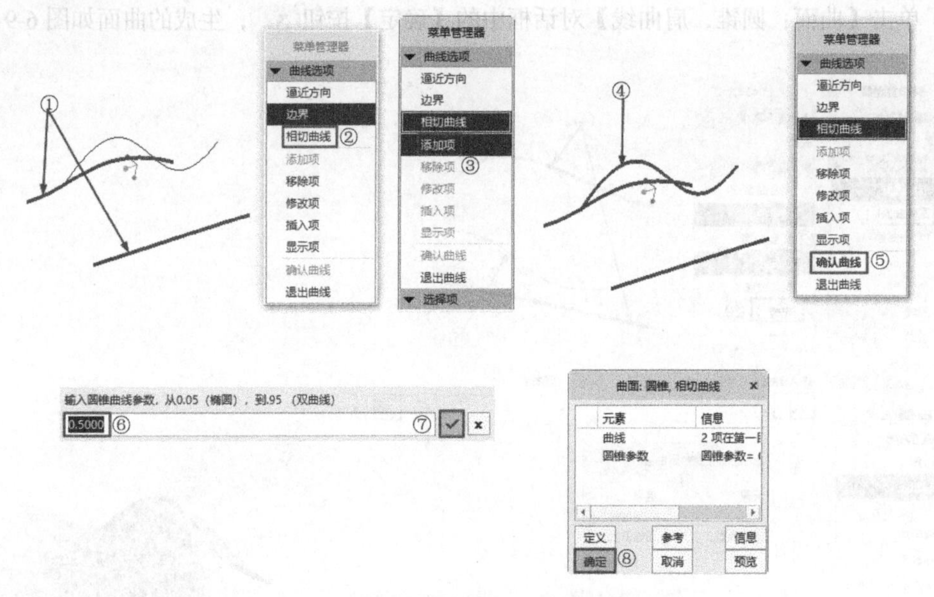

图 6-10　高级相切圆锥曲面参数设置步骤

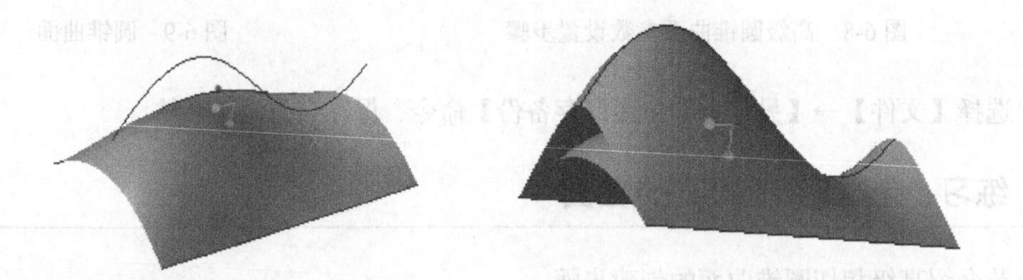

图 6-11　相切圆锥曲面　　　　图 6-12　圆锥曲面与相切圆锥曲面

6.1.4　多边曲面的建立

单击【模型】选项卡的【操作】组中的【旧版】命令后，选择【曲面】→【新建】→【高级】→【完成】→【边界】→【完成】命令，弹出【边界选项】菜单，如图 6-13 所示。在其中选择【N 侧曲面】命令，然后选择多条曲线即可进行多边曲面的创建。

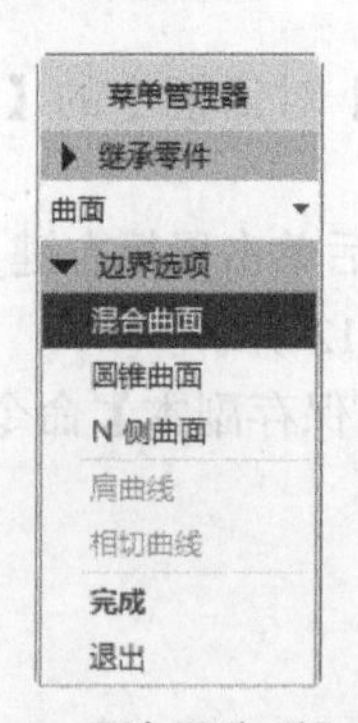

图 6-13　【边界选项】菜单

6.1.5　练习：创建多边曲面

本小节介绍多边曲面的创建步骤。

（1）单击【新建】按钮，弹出【新建】对话框。输入名称【多边曲面】，选择【mmns_part_solid_abs】模板，进入建模界面。

（2）单击【基准】组中的【草绘】按钮，选择【TOP】基准平面作为草绘平面，进入草绘界面。绘制图 6-14 所示的曲线。

（3）单击【平面】按钮，打开【基准平面】对话框，操作步骤如图 6-15 所示，生成的基准平面【DTM1】如图 6-16 所示。

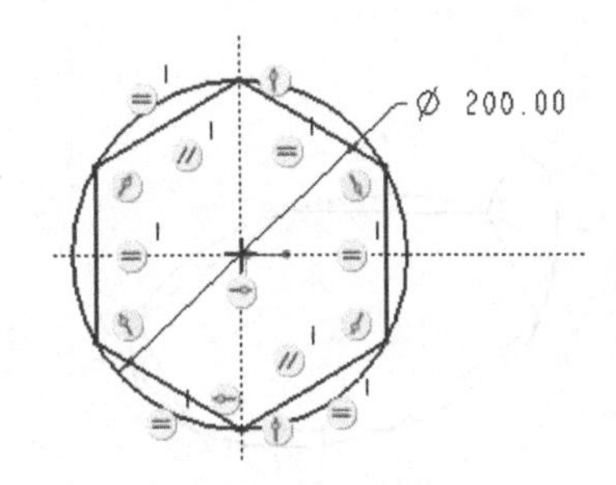

图 6-14　草绘曲线（1）

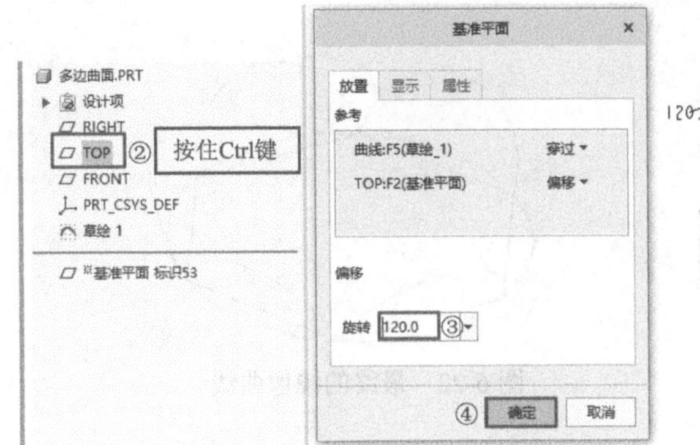

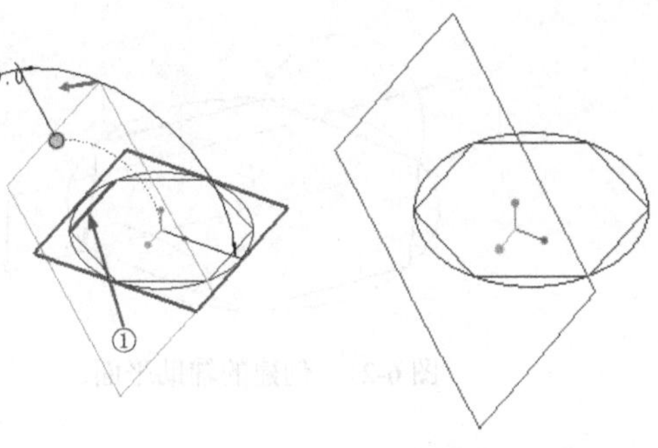

图 6-15　基准平面【DTM1】的创建步骤

图 6-16　生成的基准平面

（4）单击【基准】组中的【草绘】按钮，选择【DTM1】基准平面作为草绘平面，进入草绘界面。

（5）绘制图 6-17 所示的曲线。单击【确定】按钮，退出草图绘制环境。

（6）选择第（5）步创建的曲线，单击【镜像】按钮，弹出【镜像】操控板，如图 6-18 所示，根据系统提示选择【RIGHT】基准平面作为镜像平面。完成曲线的镜像，如图 6-19 所示。

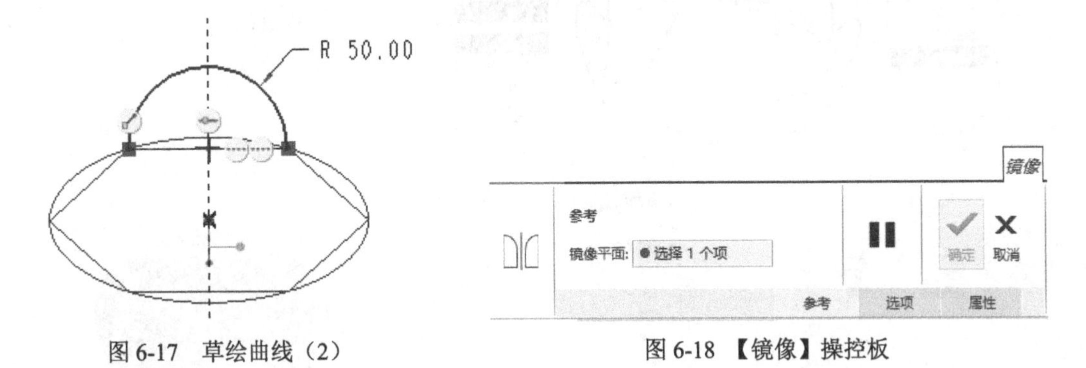

图 6-17　草绘曲线（2）

图 6-18　【镜像】操控板

（7）单击【模型】选项卡的【基准】组上的【平面】按钮，弹出【基准平面】对话框，参数设置如图 6-20 所示。创建的辅助平面【DTM2】如图 6-21 所示。

（8）重复执行【镜像】命令，分别以【DTM2】【RIGHT】基准平面为镜像平面，镜像曲线，效果如图 6-22 所示。

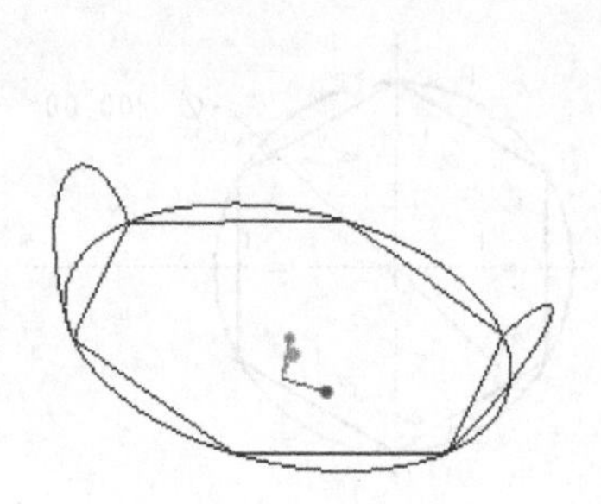

图 6-19　镜像的曲线

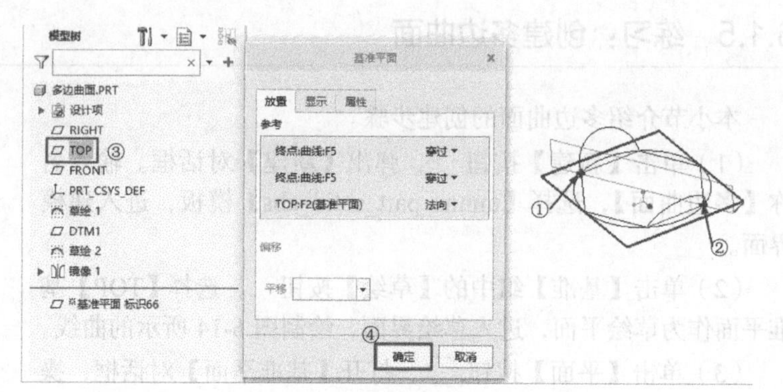

图 6-20　参数设置

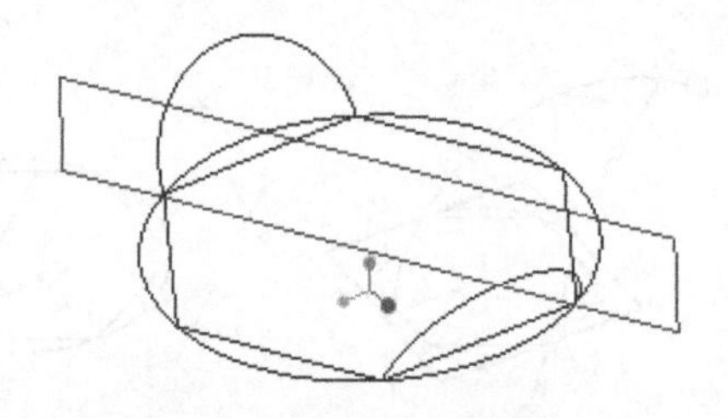

图 6-21　创建的辅助平面

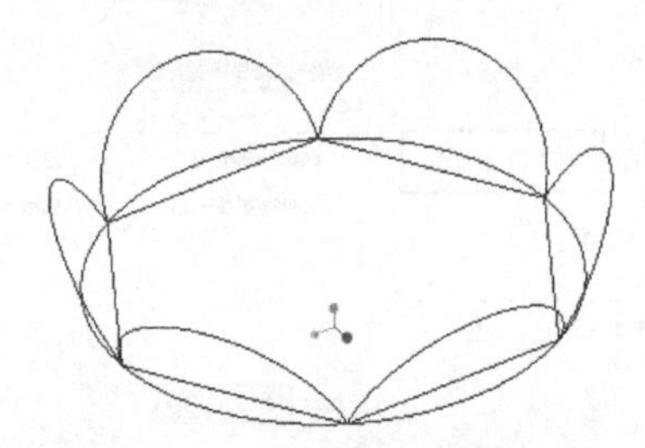

图 6-22　最终的镜像曲线

（9）单击【模型】选项卡的【操作】组中的【旧版】命令后，选择【曲面】→【新建】→【高级】→【完成】→【边界】→【完成】命令，弹出【边界选项】菜单，对多边曲面进行设置，其具体操作步骤如图 6-23 所示。

（10）单击【曲面：圆锥，肩曲线】对话框中的【确定】按钮 确定，生成的曲面如图 6-24 所示。

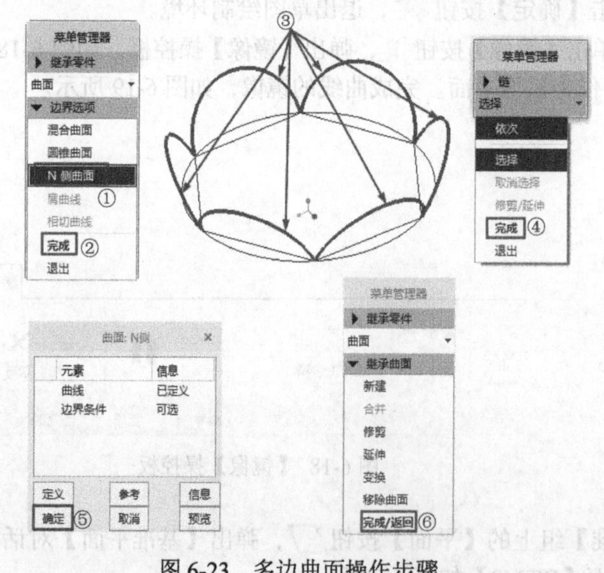

图 6-23　多边曲面操作步骤

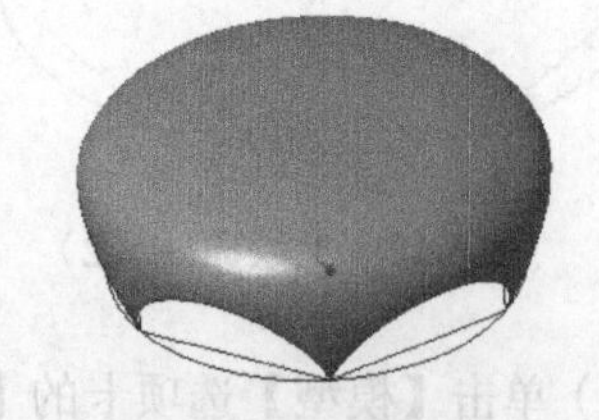

图 6-24　N 侧曲面

（11）选择【文件】→【另存为】→【保存副本】命令，保存当前模型文件。

6.2　混合相切曲面

将切面混合到曲面是指从指定曲线或者实体的边界线沿着指定表面的切线方向混合成曲面，用于创建与曲面相切的新面组。

6.2.1　对话框选项介绍

单击【模型】选项卡的【曲面】组中的【将切面混合到曲面】命令，弹出图 6-25 所示的【曲面：相切曲面】对话框。

该对话框中的【基本选项】中各选项的含义如下。

↑：通过创建曲线进行相切拔模。

↓：使用超出拔模曲面的恒定拔模角度进行相切拔模。

↑：在拔模曲面内部使用恒定拔模角度进行相切拔模。

单击【曲面：相切曲面】对话框中的【参考】选项卡，弹出【链】菜单和【选择】对话框，如图 6-26 所示，该菜单中各选项的作用如下。

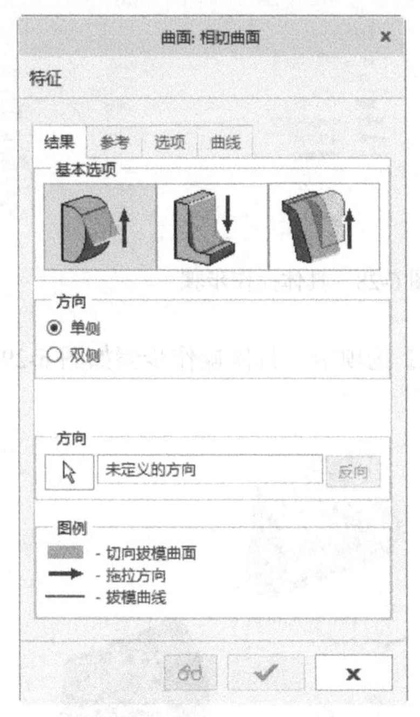

图 6-25 【曲面 : 相切曲面】对话框

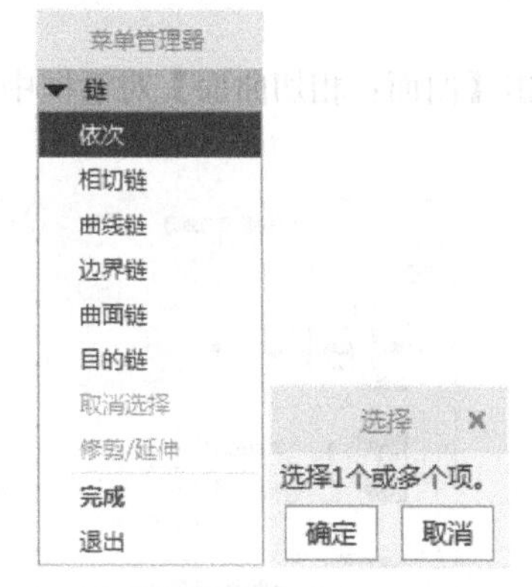

图 6-26 【链】菜单和【选择】对话框

（1）【依次】：一段一段地选择曲线或模型边界线来组成线段（一定要依次选择）。

（2）【相切链】：选择相切的曲线来组成线段。

（3）【曲线链】：选择曲线来组成线段。

（4）【边界链】：选择模型的边界线来组成线段。

（5）【曲面链】：选择曲面的边界线来组成线段。

（6）【目的链】：选择目的链来组成线段。

6.2.2 练习：创建通过外部曲线并与曲面相切的曲面

本小节介绍通过外部曲线并与曲面相切的曲面的创建步骤。

（1）单击【新建】按钮，选择【mmns_part_solid_abs】模板，进入建模界面。

（2）执行【拉伸】命令，以【TOP】作为基准平面，创建图 6-27 所示的拉伸封闭曲面及一条曲线。

（3）单击【将切面混合到曲面】命令，弹出【曲面：相切曲面】对话框，具体操作步骤如图 6-28 所示。

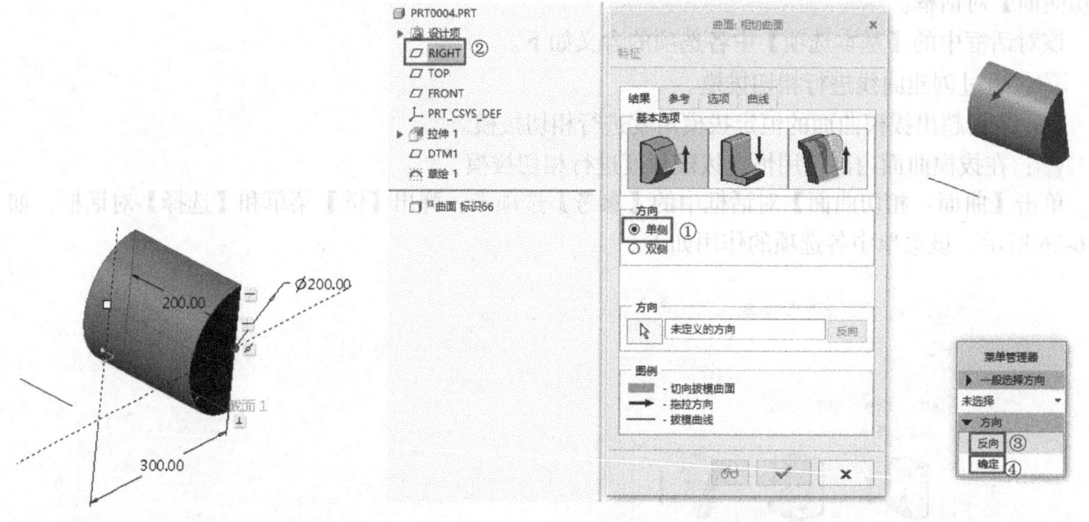

图 6-27 拉伸曲面及曲线　　　　图 6-28 具体操作步骤

（4）单击【曲面：相切曲面】对话框中的【参考】选项卡，具体操作步骤如图 6-29 所示。

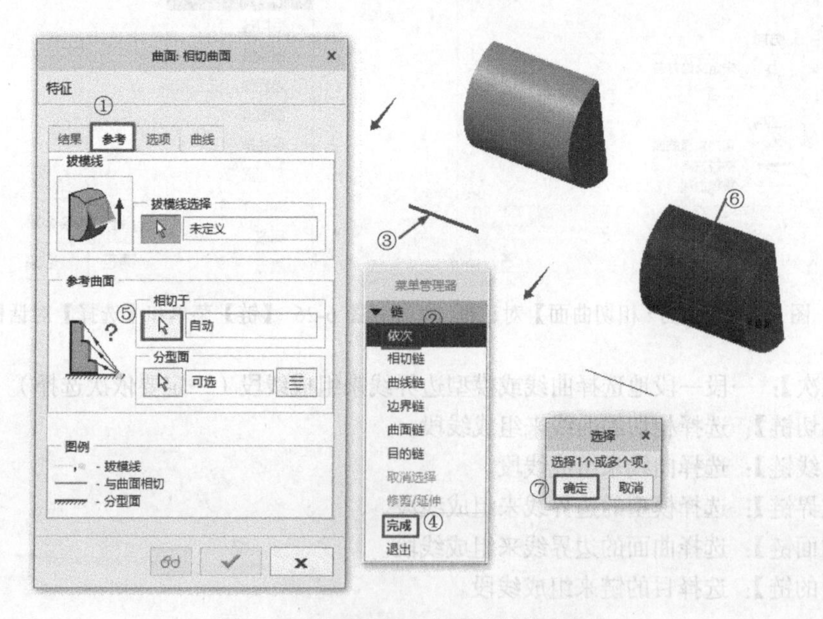

图 6-29 选择曲线和曲面的操作步骤

（5）单击【曲面：相切曲面】对话框中的【预览】按钮，生成的通过曲线并与曲面相切的曲面如图 6-30 所示。

（6）单击【曲面：相切曲面】对话框中的【结果】选项卡，选择【方向】栏中的【双侧】单选项，如图 6-31 所示。

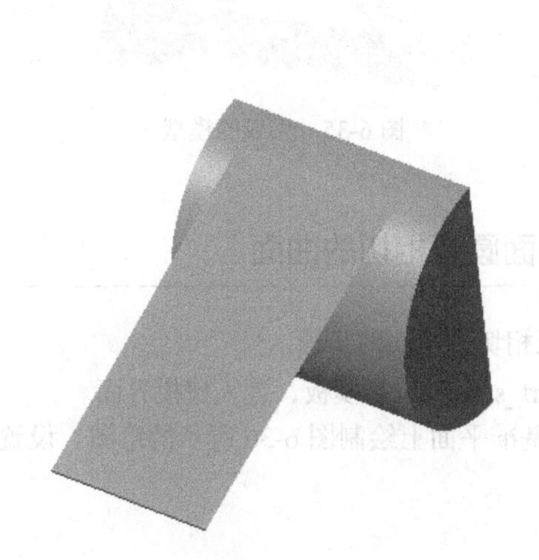

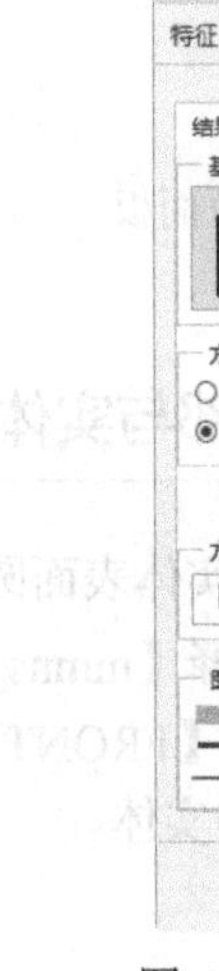

图 6-30　单侧通过曲线并与曲面相切的曲面　　图 6-31　选择【双侧】单选项

（7）单击【曲面：相切曲面】对话框中的【确定】按钮，完成曲面的绘制。结果如图 6-32 所示。

（8）把封闭拉伸曲面修改为开放拉伸曲面。选择拉伸曲面后单击鼠标右键，在弹出的快捷菜单中选择【编辑定义】选项，如图 6-33 所示。

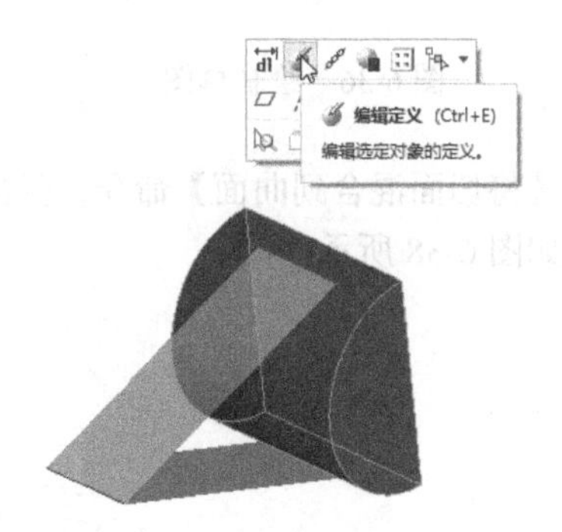

图 6-32　双侧通过曲线并与曲面相切的曲面　　图 6-33　选择【编辑定义】选项

（9）在弹出的【拉伸】操控板中单击【选项】按钮 选项，在弹出的下拉面板中取消勾选【封闭端】复选框，如图 6-34 所示。

（10）单击操控板中的【确定】按钮，生成的模型如图 6-35 所示。

（11）选择【文件】→【另存为】→【保存副本】命令，输入名称为【混合相切曲面 1】，保存当前模型文件。

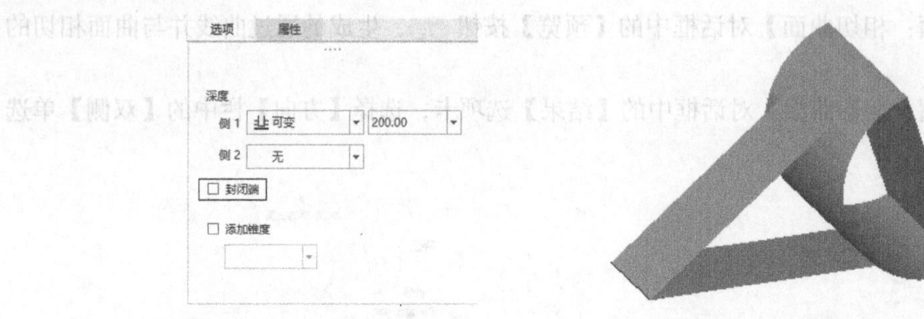

图 6-34 【选项】下拉面板　　图 6-35 生成的模型

6.2.3 练习：创建在实体外部与实体表面圆弧相切的曲面

本小节介绍在实体外部创建与实体表面圆弧相切的曲面的步骤。

（1）单击【新建】按钮，选择【mmns_part_solid_abs】模板，进入建模界面。

（2）单击【拉伸】按钮，在【FRONT】基准平面上绘制图 6-36 所示的草图。设置拉伸距离为【200】，得到图 6-37 所示的拉伸实体。

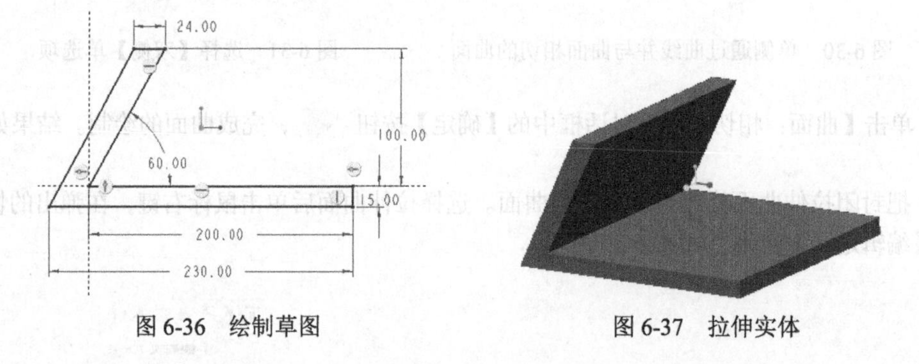

图 6-36 绘制草图　　图 6-37 拉伸实体

（3）单击【将切面混合到曲面】命令，弹出【曲面：相切曲面】对话框和【一般选择方向】菜单，操作步骤如图 6-38 所示。

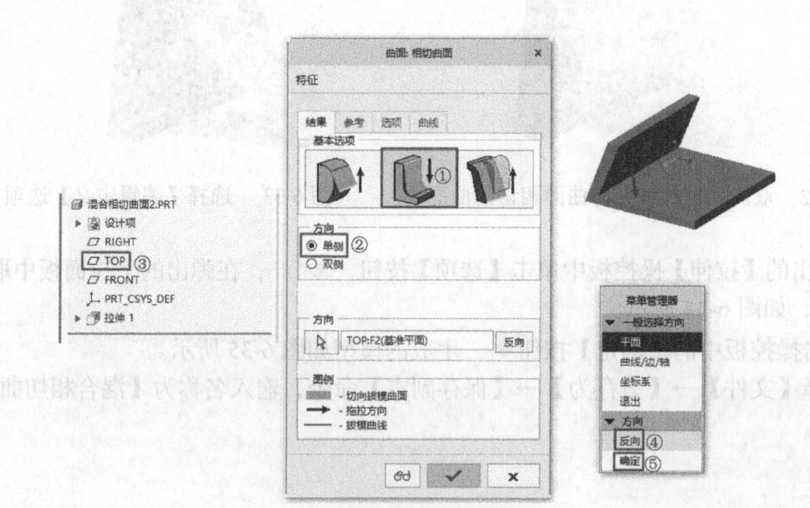

图 6-38 选择方向操作步骤

（4）单击【曲面：相切曲面】对话框中的【参考】选项卡，弹出【链】菜单和【选择】对话框，操作步骤如图 6-39 所示。

（5）单击对话框中的【确定】按钮 ✓，生成的模型如图 6-40 所示。

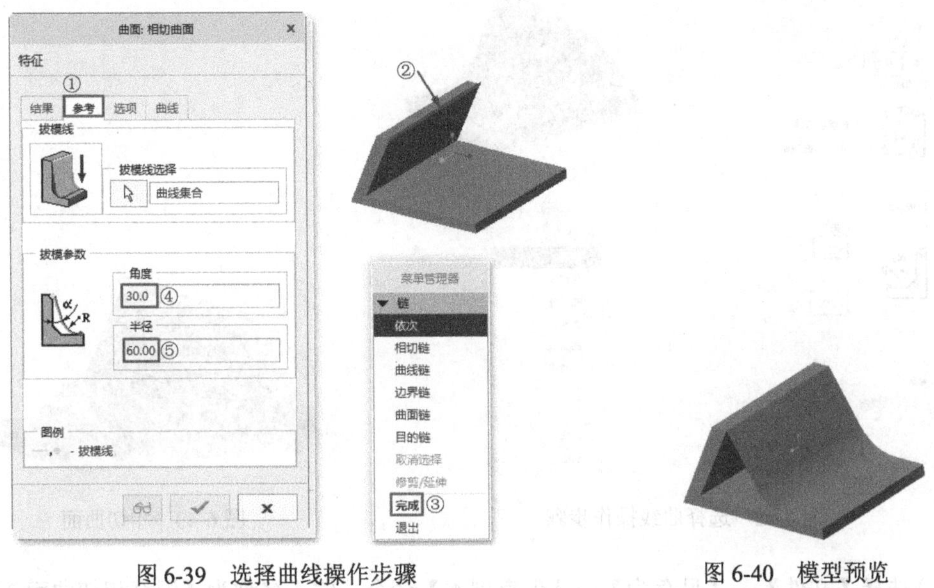

图 6-39 选择曲线操作步骤　　图 6-40 模型预览

（6）选择【文件】→【另存为】→【保存副本】命令，输入名称为【混合相切曲面 2】，保存当前模型文件。

（7）重复执行【将切面混合到曲面】命令，操作步骤如图 6-41 所示。

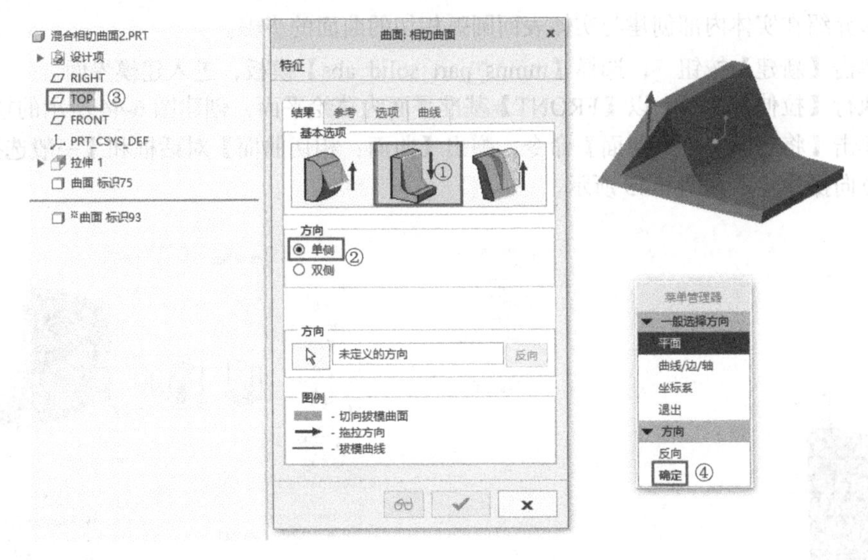

图 6-41 选择方向操作步骤

（8）单击【曲面：相切曲面】对话框中的【参考】选项卡选择曲线，其操作步骤如图 6-42 所示，然后选择【链】菜单中的【完成】选项。

（9）在【拔模参数】栏中输入角度为【60.0】、半径为【10.00】。

（10）单击对话框中的【确定】按钮 ✓ ，完成曲面的绘制。创建的两个外部实体相切曲面如图 6-43 所示。

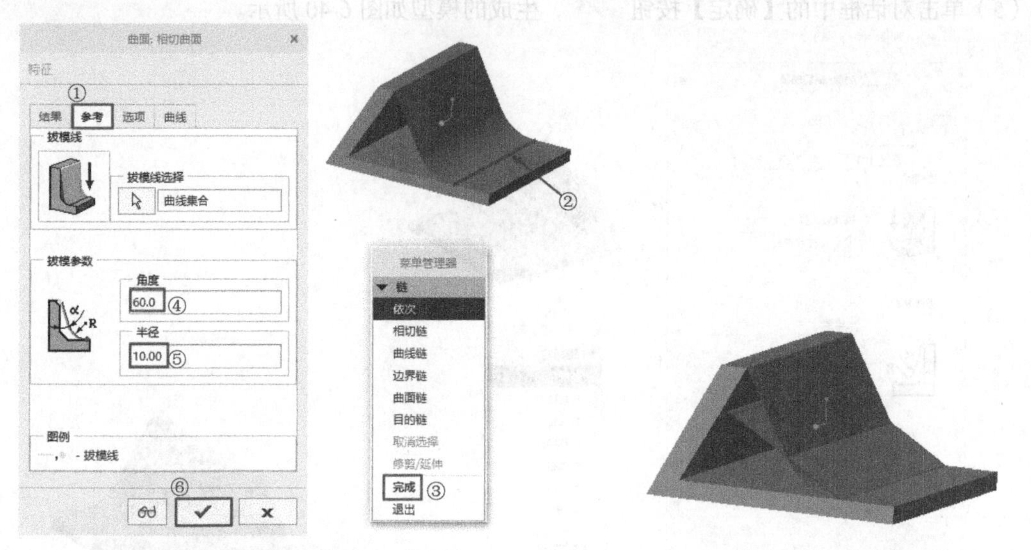

图 6-42　选择曲线操作步骤　　　图 6-43　相切曲面

（11）选择【文件】→【另存为】→【保存副本】命令，输入名称为【混合相切曲面 3】，保存当前模型文件。

6.2.4　练习：创建在实体内部与实体表面圆弧相切的曲面

本小节介绍在实体内部创建与实体表面圆弧相切的曲面的步骤。

（1）单击【新建】按钮，选择【mmns_part_solid_abs】模板，进入建模界面。

（2）执行【拉伸】命令，以【FRONT】基准平面为草绘平面，创建图 6-44 所示的拉伸实体。

（3）单击【将切面混合到曲面】命令，弹出【曲面：相切曲面】对话框和【一般选择方向】菜单。选择方向操作步骤如图 6-45 所示。

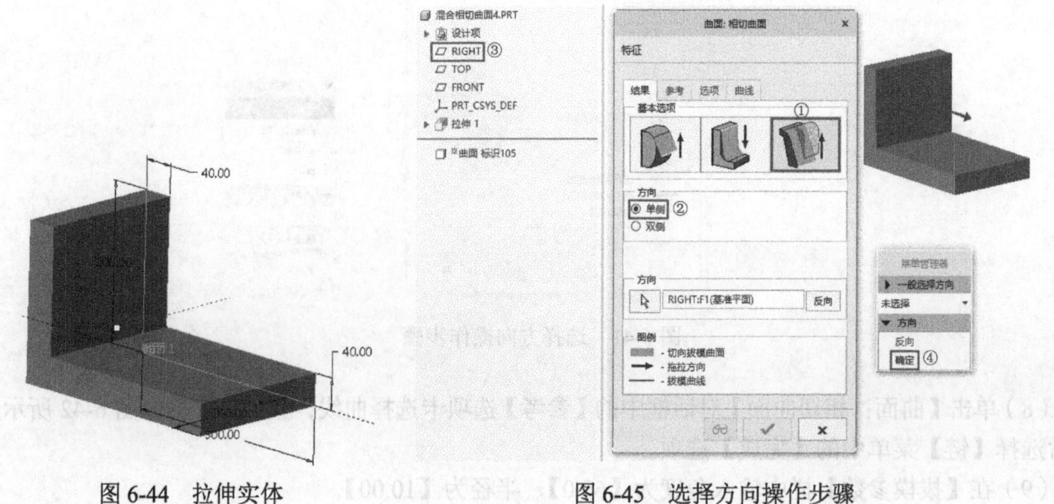

图 6-44　拉伸实体　　　图 6-45　选择方向操作步骤

（4）单击【曲面：相切曲面】对话框中的【参考】选项卡，选择曲线操作步骤如图 6-46 所示。

（5）单击【曲面：相切曲面】对话框中的【预览】按钮，生成的模型如图 6-47 所示。

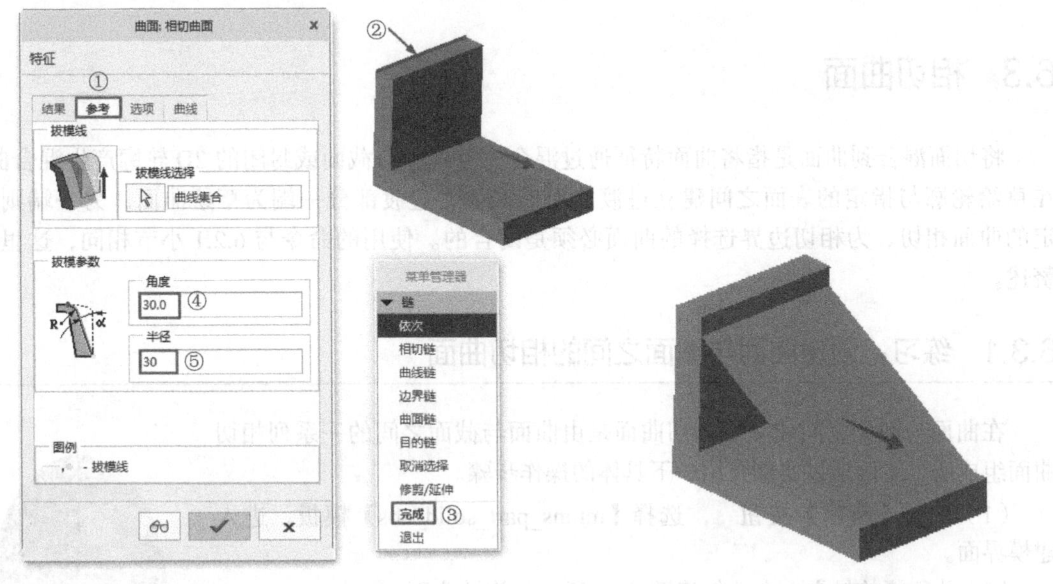

图 6-46 选择曲线操作步骤（1）　　图 6-47 模型预览

（6）单击【拔模线选择】栏中的【选择】按钮，选择曲线操作步骤如图 6-48 所示。

注意

此处选择曲线时要按住 Ctrl 键。

（7）单击【曲面：相切曲面】对话框中的【确定】按钮，完成曲面的创建，如图 6-49 所示。

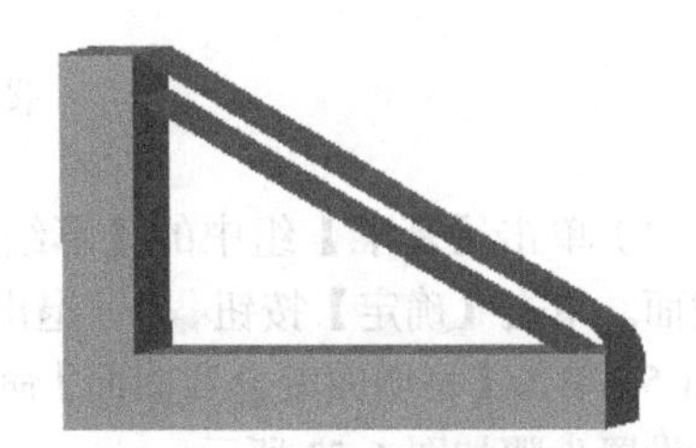

图 6-48 选择曲线操作步骤（2）　　图 6-49 生成的曲面

（8）选择【文件】→【另存为】→【保存副本】命令，输入名称为【混合相切曲面 4】，保存当前模型文件。

6.3 相切曲面

将切面混合到曲面是指将曲面特征通过混合的方式，与截面或封闭的 2D 轮廓产生混合曲面，在草绘轮廓与指定的表面之间建立过渡曲面或实体。过渡部分一端为草绘曲面，另一端则与指定的曲面相切。为相切边界选择的曲面必须是闭合的。使用的命令与 6.2.1 小节相同，这里不再赘述。

6.3.1 练习：创建曲面与截面之间的相切曲面

在曲面与截面之间建立的相切曲面是由曲面与截面之间的一系列相切曲面组成的。下面通过实例介绍一下具体的操作步骤。

（1）单击【新建】按钮，选择【mmns_part_solid_abs】模板，进入建模界面。

（2）执行【旋转】命令，创建图 6-50 所示的旋转曲面。

（3）单击【基准】组上的【平面】按钮，弹出【基准平面】对话框，创建步骤如图 6-51 所示。单击【确定】按钮，建立辅助平面【DTM1】。

图 6-50　旋转曲面

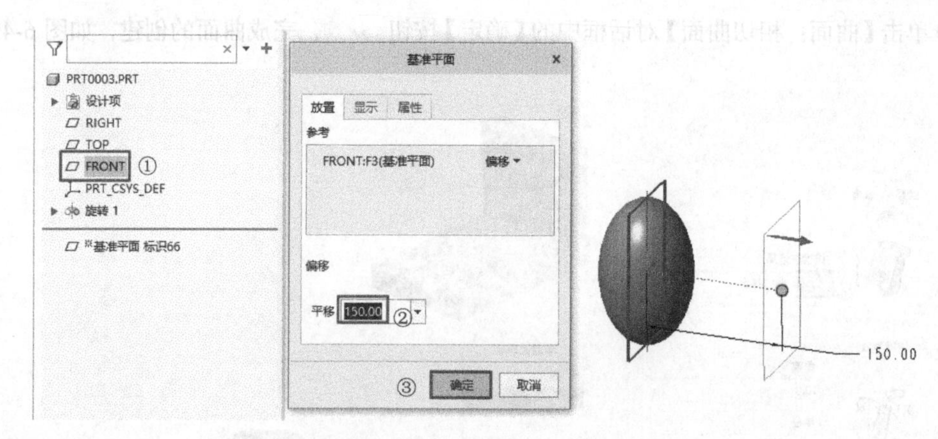

图 6-51　【DTM1】的创建步骤

（4）单击【基准】组中的【草绘】按钮，选择【DTM1】作为草绘平面，绘制图 6-52 所示的截面。单击【确定】按钮，退出草图绘制环境。

（5）单击【将切面混合到曲面】命令，弹出【曲面：相切曲面】对话框和【一般选择方向】菜单，参数设置步骤如图 6-53 所示。

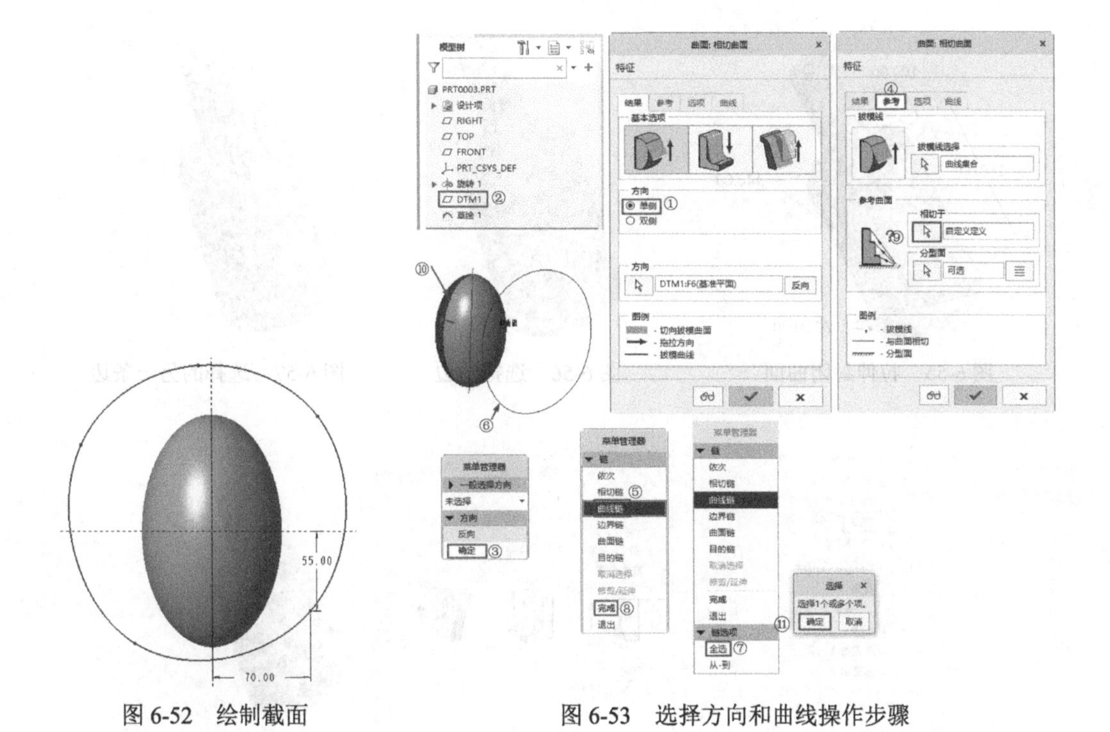

图 6-52　绘制截面

图 6-53　选择方向和曲线操作步骤

（6）单击【曲面 : 相切曲面】对话框中的【确定】按钮✓，完成曲面的创建，如图 6-54 所示。

（7）选择【文件】→【另存为】→【保存副本】命令，输入名称为【相切曲面 1】，保存当前模型文件。

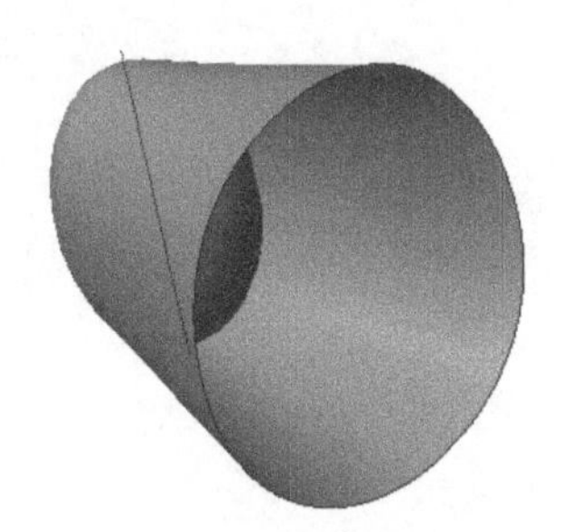

图 6-54　与截面相切的曲面

6.3.2　练习：创建与两个曲面相切的曲面

用户不仅可以在曲面与截面之间建立相切曲面，也可以在曲面与曲面之间建立与之相切的曲面。下面通过实例介绍一下具体的操作步骤。

（1）单击【新建】按钮，建立新文件。选择【mmns_part_solid_abs】模板，进入建模界面。

（2）执行【拉伸】命令，以【TOP】基准平面为草绘平面，创建图 6-55 所示的拉伸封闭曲面。

（3）单击【倒圆角】按钮，弹出【倒圆角】操控板，设置倒圆角的值为【12】，根据提示选择拉伸曲面的一条边，如图 6-56 所示。

（4）同理，创建半径为【9】的圆角，选择拉伸曲面的另一条边，如图 6-57 所示。

（5）单击【将切面混合到曲面】命令，弹出【曲面 : 相切曲面】对话框和【一般选择方向】菜单，选择方向，操作步骤如图 6-58 所示。

（6）在对话框单击【参考】选项卡，弹出【链】菜单及【选择】对话框，选择曲线，操作步骤如图 6-59 所示。

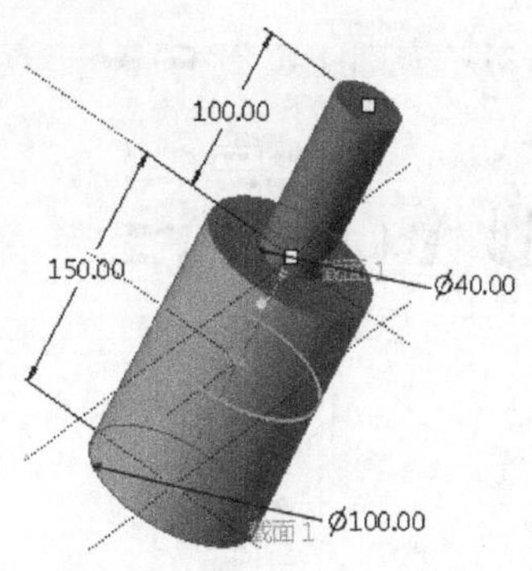

图 6-55　拉伸封闭曲面

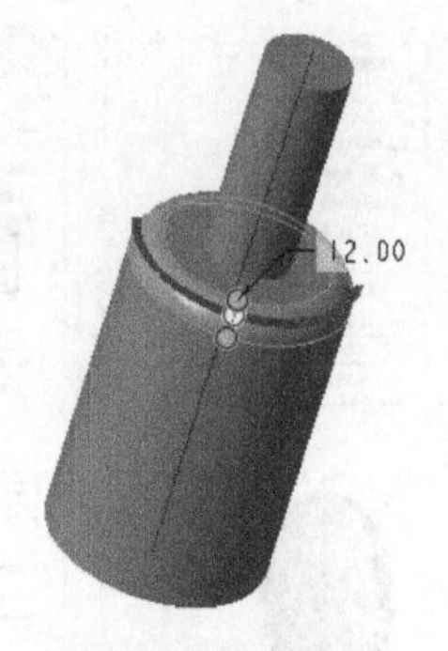

图 6-56　选择的边

图 6-57　选择的另一条边

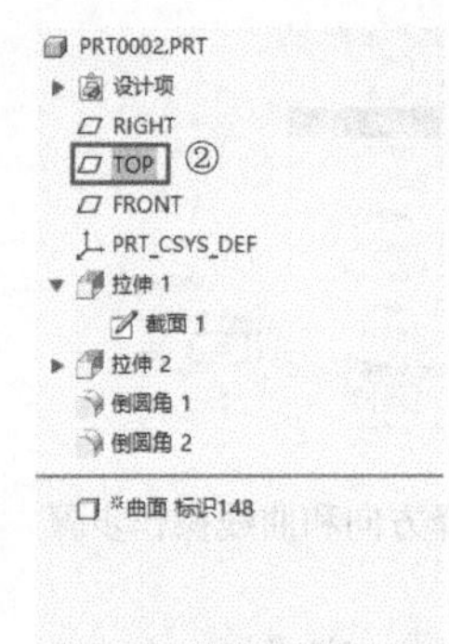

图 6-58　选择方向操作步骤

注意

选择图 6–59 所示的曲线时按住 Ctrl 键。

图 6-59　选择曲线操作步骤

（7）在【参考】选项卡中单击【参考曲面】栏中的【选择】按钮 ，选择曲面操作步骤如图 6-60 所示。

（8）单击【曲面 : 相切曲面】对话框中的【确定】按钮 ，完成曲面的创建。结果如图 6-61 所示。

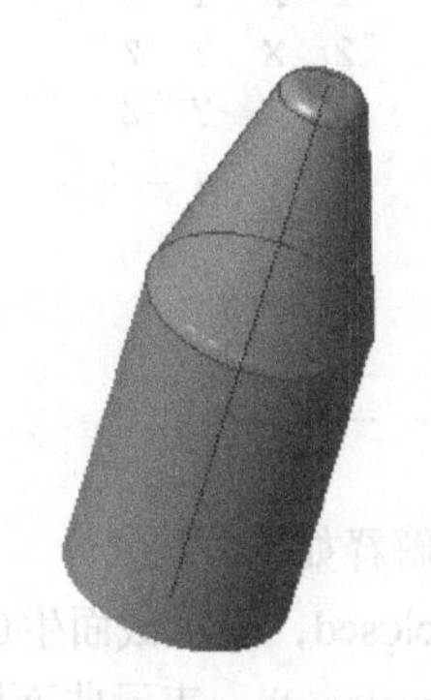

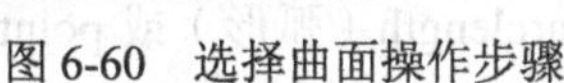

图 6-60　选择曲面操作步骤　　　　图 6-61　与两个曲面相切的曲面

（9）选择【文件】→【另存为】→【保存副本】命令，输入名称为【相切曲面 2】，保存当前模型文件。

6.4　利用文件创建曲面

使用文件创建曲面的方法经常用于对已有的实物曲面进行特征曲线关键点的测绘后，将测绘点保存为系统接受文件，文件格式为【.ibl】，然后再用 Creo Parametric 对曲面进行修改。

6.4.1　数据文件的创建

打开 Windows 记事本，将各特征的关键点坐标按格式依次写在记事本上，并将该文件保存为扩展名为【.ibl】的文件。其默认的格式如下。

```
closed
arclength
begin section!1
        begin curve!1
        1  X  Y  Z
        2  X  Y  Z
            … … … …
            begin curve!2
        1  X  Y  Z
        2  X  Y  Z
        3  X  Y  Z
            … … … …
```

```
        :
        :
        :
begin section!2
     begin curve!1
     1  X  Y  Z
     2  X  Y  Z
     3  X  Y  Z
       … … … …
       begin curve!2
     1  X  Y  Z
     2  X  Y  Z
     3  X  Y  Z
       … … … …
        :
        :
        :
… … … …
```

具体解释如下。

- closed，表示截面生成的类型，可以是 open（开放）或 closed（封闭）。
- arclength，表示曲面混合成的类型，可以是 arclength（弧形）或 pointwise（逐点）。
- begin section，表示新生成截面，在生成每个截面前必须要有这一句。
- begin curve，表示将列出截面处的曲线的数据点。
- 数字部分从左到右第 1 列为各点坐标的编号，第 2、3、4 列依次为笛卡儿坐标的 x、y、z 值，每一段数据前，都要指明该数据属于哪一个截面。
- 如果曲线中只有两个数据点，则该曲线为一个直线段，如果多于两点，则为一条自由曲线。

6.4.2 练习：创建文件曲面

本小节介绍文件曲面的创建步骤。

（1）打开 Windows 记事本，在记事本中输入下面的数据。

```
open
   Arclength
begin
section!1 begin Curve!1
1    -65     -160     0
2    0       -150     0
3    60      -120     0
begin curve!2
1    60      -120     0
2    90      -70      0
3    100     0        0
4    100     70       0
begin curve!3
1    100     70       0
2    60      100      0
3    0       95       0
4    -46     69       0
```

```
begin curve!4
1    -46    69       0
2    -80    25       0
3    -100   -10      0
4    -90    -76      0
begin section!2 begin curve!1
1    25     -70      200
2    80     -10      200
begin curve!2
1    80     -10      200
2    20     70       200
begin curve!3
1    20     70       200
2    -65    30       200
begin curve!4
1    -65    30       200
2    -50    -50      200
```

（2）选择【文件】→【另存为】命令，弹出【另存为】对话框，在【文件名】输入框中输入【c1.ibl】，如图 6-62 所示。单击【保存】按钮 保存(S)，保存数据文件。

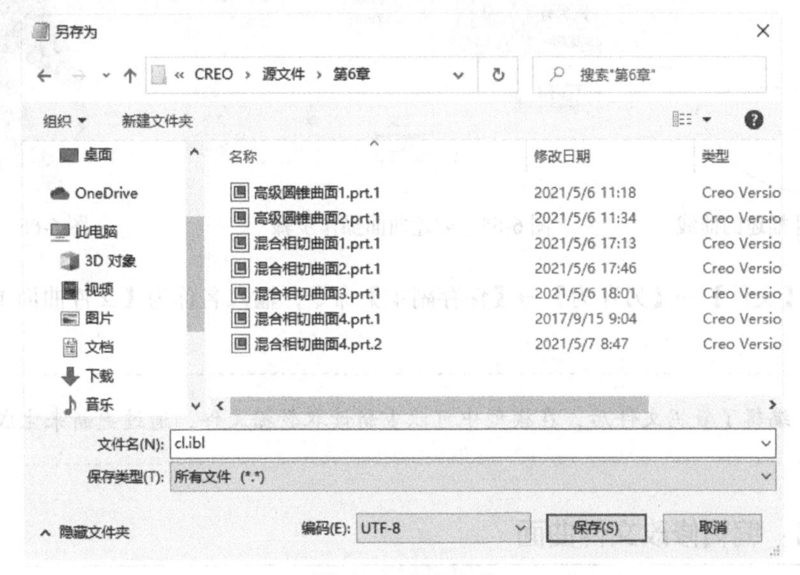

图 6-62　保存文件

（3）单击【新建】按钮，选择【mmns_part_solid_abs】模板，进入建模界面。

（4）单击【模型】选项卡的【操作】组中的【旧版】命令，打开【继承零件】菜单，依次选择【曲面】→【高级】→【完成】→【自文件】→【完成】命令，弹出图 6-63 所示的【打开】对话框和【获取坐标系】菜单。打开文件操作步骤如图 6-63 所示。

（5）文件描述的曲线显示在窗口中了，如图 6-64 所示。同时弹出图 6-65 所示的【方向】菜单，创建曲面操作步骤如图 6-65 所示。

（6）单击【曲面：从文件混合】对话框中的【确定】按钮 确定，生成的曲面如图 6-66 所示。

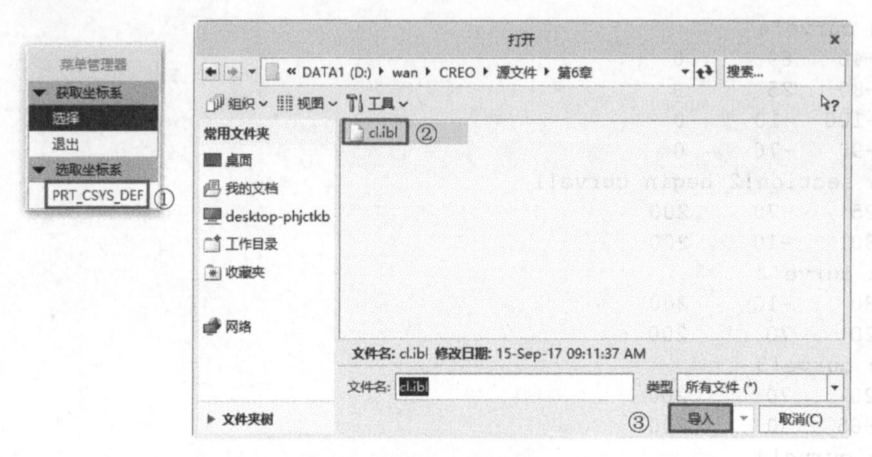

图 6-63　打开文件操作步骤

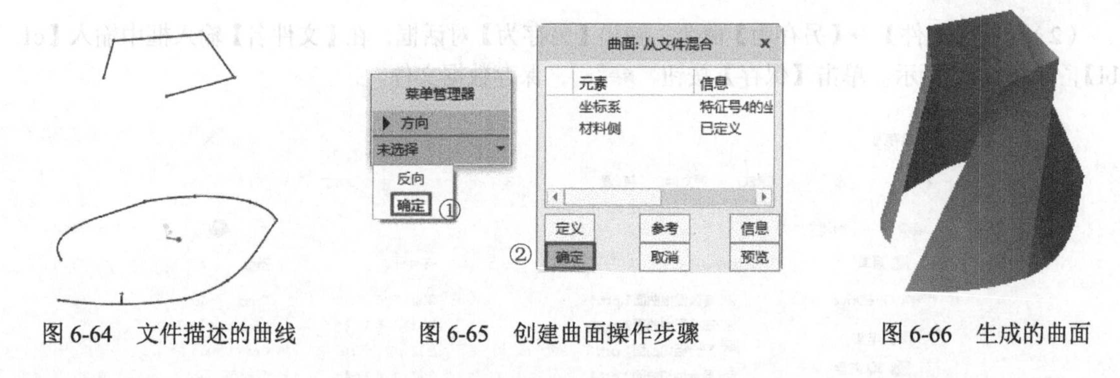

图 6-64　文件描述的曲线　　图 6-65　创建曲面操作步骤　　图 6-66　生成的曲面

（7）选择【文件】→【另存为】→【保存副本】命令，输入名称为【文件曲面 1】，保存当前模型文件。

注意

编辑了数据文件后，在模型中可以重新读取数据文件，通过更新来生成曲面。

6.4.3　练习：编辑修改文件曲面

本小节介绍文件曲面的编辑修改，具体操作如下。

（1）打开上个实例创建的曲面文件——【文件曲面 1】。

（2）在【模型】选项卡里选择【操作】组中的【旧版】命令，打开菜单管理器，修改文件操作步骤如图 6-67 所示。

（3）单击【是】按钮，打开图 6-68 所示的记事本。

（4）编辑点数据，使第二个截面的 4 条线段首尾倒置，如图 6-69 所示。将修改后的文件保存，单击【模型】选项卡的【操作】组上的【重新生成】按钮，生成的曲面如图 6-70 所示。

（5）选择【文件】→【另存为】→【保存副本】命令，输入名称为【文件曲面 2】，保存当前模型文件。

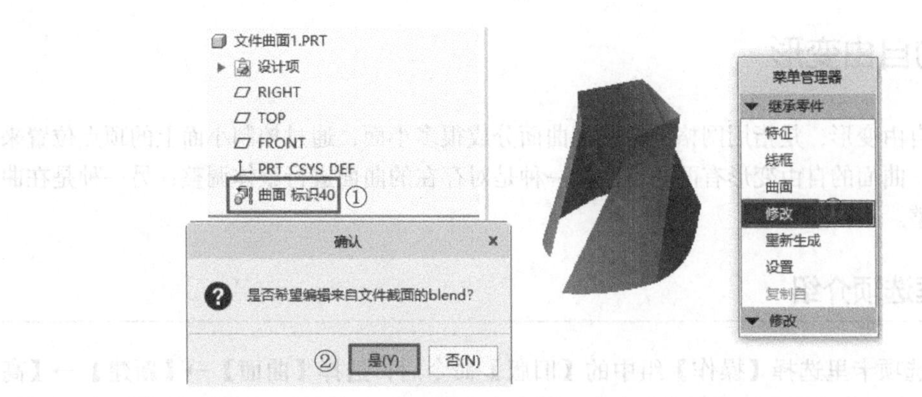

图 6-67　修改文件操作步骤

```
feat_40.ibl - 记事本
文件(F) 编辑(E) 格式(O) 查看(V) 帮助(H)
Open   Index   Arclength
Begin section ! 1
        Begin curve ! 1
        1                   -65          -160          0
        2                     0          -150          0
        3                    60          -120          0

        Begin curve ! 2
        1                    60          -120          0
        2                    90           -70          0
        3                   100             0          0
        4                   100            70          0

        Begin curve ! 3
        1                   100            70          0
        2                    60           100          0
        3                     0            95          0
        4                   -46            69          0

        Begin curve ! 4
        1                   -46            69          0
        2                   -80            25          0
        3                  -100           -10          0
        4                   -90           -76          0

Begin section ! 2
        Begin curve ! 1
        1                    25           -70        200
        2                    80           -10        200

        Begin curve ! 2
        1                    80           -10        200
        2                    20            70        200

        Begin curve ! 3
        1                    20            70        200
        2                   -65            30        200

        Begin curve ! 4
        1                   -65            30        200
        2                   -50           -50        200
```

图 6-68　记事本

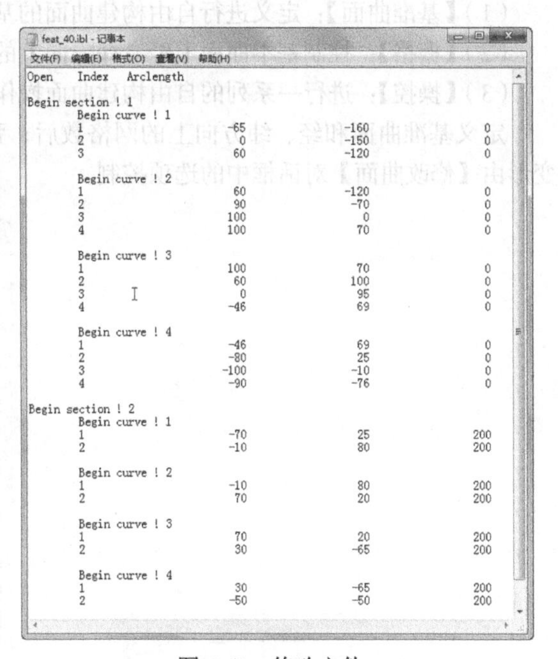

```
feat_40.ibl - 记事本
文件(F) 编辑(E) 格式(O) 查看(V) 帮助(H)
Open   Index   Arclength
Begin section ! 1
        Begin curve ! 1
        1                   -65          -160          0
        2                     0          -150          0
        3                    60          -120          0

        Begin curve ! 2
        1                    60          -120          0
        2                    90           -70          0
        3                   100             0          0
        4                   100            70          0

        Begin curve ! 3
        1                   100            70          0
        2                    60           100          0
        3                     0            95          0
        4                   -46            69          0

        Begin curve ! 4
        1                   -46            69          0
        2                   -80            25          0
        3                  -100           -10          0
        4                   -90           -76          0

Begin section ! 2
        Begin curve ! 1
        1                   -70            25        200
        2                   -10            80        200

        Begin curve ! 2
        1                   -10            80        200
        2                    70            20        200

        Begin curve ! 3
        1                    70            20        200
        2                    30           -65        200

        Begin curve ! 4
        1                    30           -65        200
        2                   -50           -50        200
```

图 6-69　修改文件

图 6-70　生成的曲面

6.5 曲面的自由变形

所谓曲面的自由变形，是指用网格的方式把曲面分成很多小面，通过控制小面上的顶点位置来控制曲面的变形。曲面的自由变形有两种方法：一种是对存在的曲面进行整体调整；另一种是在曲面的局部进行调整。

6.5.1 对话框选项介绍

在【模型】选项卡里选择【操作】组中的【旧版】命令后，选择【曲面】→【新建】→【高级】→【完成】→【自由成型】→【完成】命令，弹出【曲面：自由成型】对话框，如图 6-71 所示。相关选项含义解释如下。

（1）【基准曲面】：定义进行自由构建曲面的基本曲面。

（2）【栅格】：控制基本曲面上经、纬方向上的网格数。

（3）【操控】：进行一系列的自由构建曲面操作，如移动曲面、限定曲面自由构建区域等。

定义基准曲面和经、纬方向上的网格数后，弹出【修改曲面】对话框，如图 6-72 所示。曲面变形由【修改曲面】对话框中的选项控制。

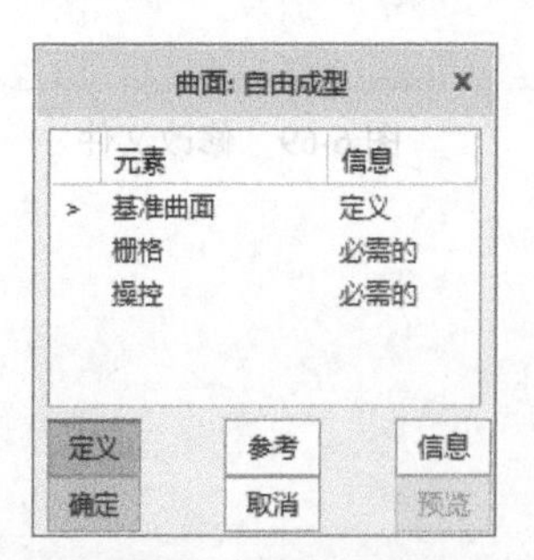

图 6-71 【曲面：自由成型】对话框

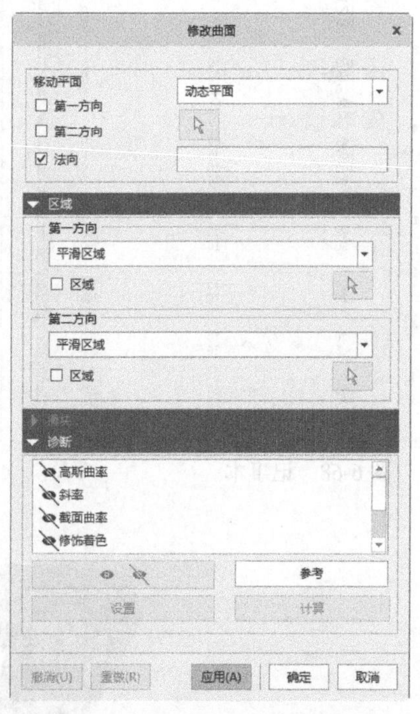

图 6-72 【修改曲面】对话框

在【修改曲面】对话框的【移动平面】栏中，可以指定参考平面，利用参考平面来控制曲面的自由变形，如图 6-73 所示。

（1）【第一方向】：可以拖动控制点沿着第一方向移动。

（2）【第二方向】：可以拖动控制点沿着第二方向移动。

（3）【法向】：可以拖动控制点沿着定义的移动平面的法线方向移动。

单击动态平面右侧的下拉按钮，弹出图 6-74 所示的 3 个移动平面选项。

图 6-73 【移动平面】栏

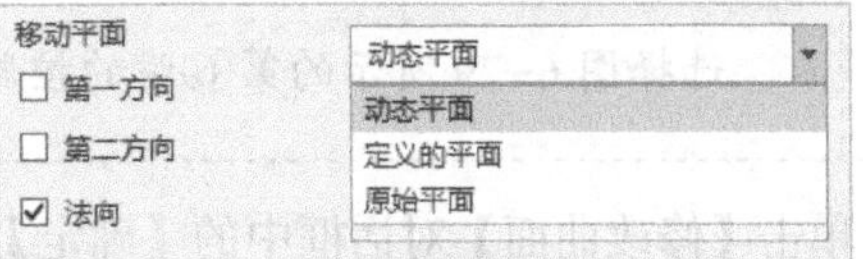

图 6-74 【动态平面】选项

（1）【动态平面】：根据移动方向，系统自动定义移动平面。

（2）【定义的平面】：选择一个平面定义移动方向。

（3）【原始平面】：用选择的底层基本曲面定义移动方向。

单击【修改曲面】对话框中的【区域】选项，打开【区域】面板，可以设定在曲面自由变形的过程中指定区域是光滑过渡，还是按直线过渡等，如图 6-75 所示。单击平滑区域右侧的下拉按钮，可以分别设定两个方向上的过渡方式，如图 6-76 所示。各选项含义说明如下。

（1）【局部】：只移动选定点。

（2）【平滑区域】：将点的运动应用到立方体空间指定的区域内，选择两点可以确定一个区域。

（3）【线性区域】：将点的运动应用到平面内的指定区域内，选择两点可以确定一个区域。

（4）【恒定区域】：以相同距离移动指定区域中的所有点，选择两点可以确定一个区域。

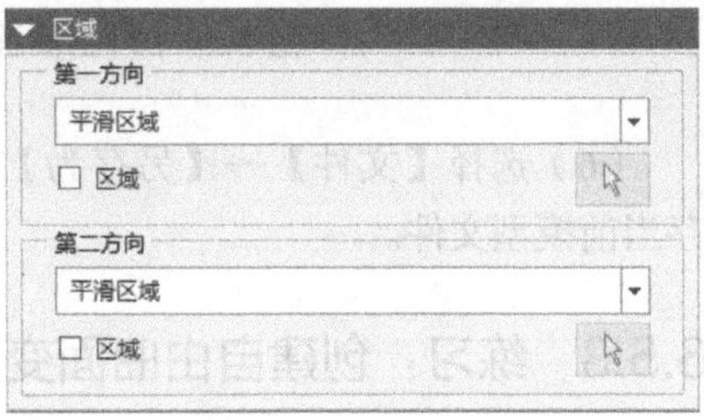

图 6-75 【区域】面板

在【修改曲面】对话框的【诊断】面板中，可以在曲面自由变形的过程中，显示曲面的不同特性，从而直观地观看曲面的变形情况，如图 6-77 所示。

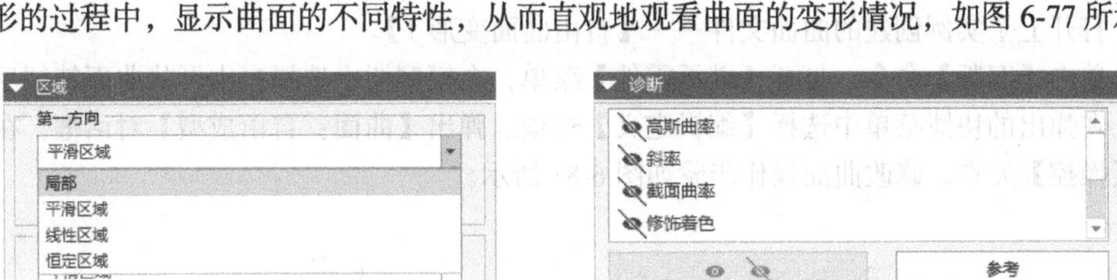

图 6-76 【第一方向】栏　　　图 6-77 【诊断】面板

6.5.2　练习：创建自由曲面变形 1

本小节介绍自由曲面变形的创建步骤。

（1）单击【新建】按钮，选择【mmns_part_solid_abs】模板，进入建模界面。

（2）执行【拉伸】命令，以【RIGHT】基准平面为草绘平面，创建图 6-78 所示的拉伸曲面。

（3）单击【旧版】命令后选择【曲面】→【新建】→【高级】→【完成】→【自由成型】→【完成】命令，弹出【曲面：自由成型】对话框。

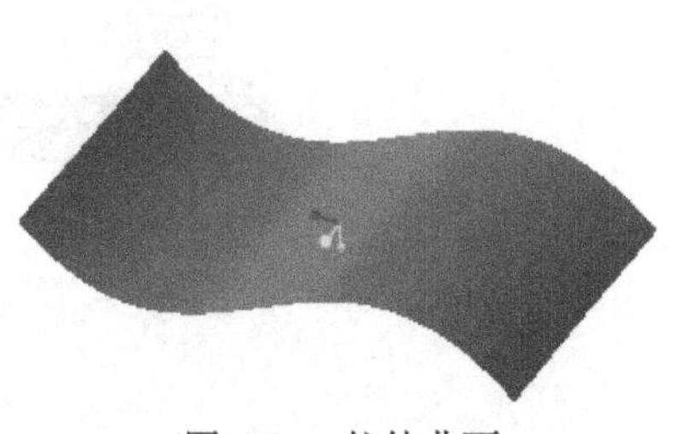

图 6-78　拉伸曲面

（4）选择创建的曲面，然后按照图 6-79 所示的步骤进行操作。

注意

选择图 6–79 所示的第⑥步的控制点后，按住鼠标左键拖动该控制点向上移动。

（5）单击【修改曲面】对话框中的【确定】按钮 确定 ，关闭【修改曲面】对话框。在【曲面：自由成型】对话框中单击【确定】按钮 确定 ，创建的自由形状曲面如图 6-80 所示。

图 6-79　自由曲面创建步骤

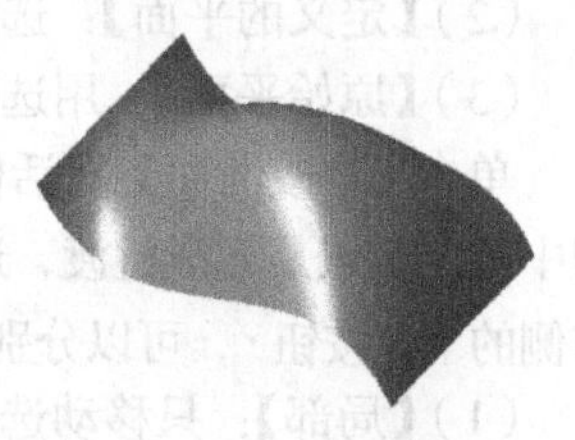

图 6-80　自由形状曲面

（6）选择【文件】→【另存为】→【保存副本】命令，将文件命名为【自由曲面变形 1】，保存当前模型文件。

6.5.3　练习：创建自由曲面变形 2

本小节继续介绍自由曲面变形的创建步骤。

（1）打开上个实例创建的曲面文件——【自由曲面变形 1】。

（2）单击【旧版】命令，打开【继承零件】菜单，在模型树中选择自由形状曲面特征后单击鼠标右键，在弹出的快捷菜单中选择【编辑定义】选项。弹出【曲面：自由成型】对话框，在对话框中双击【操控】元素。修改曲面操作步骤如图 6-81 所示。

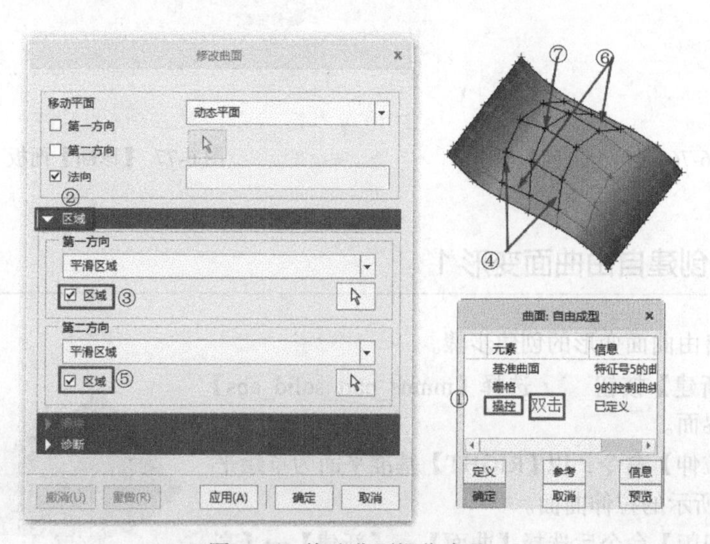

图 6-81　修改曲面操作步骤

注意

选择控制线时要按住 Ctrl 键。

（3）选择图 6-81 所示的第⑦步的指定区域内的控制点，按住鼠标左键拖动该控制点向下移动。

（4）单击【修改曲面】对话框中的【确定】按钮 确定 ，关闭【修改曲面】对话框。在【曲面：自由成型】对话框中单击【确定】按钮 确定 ，创建的自由形状曲面如图 6-82 所示。

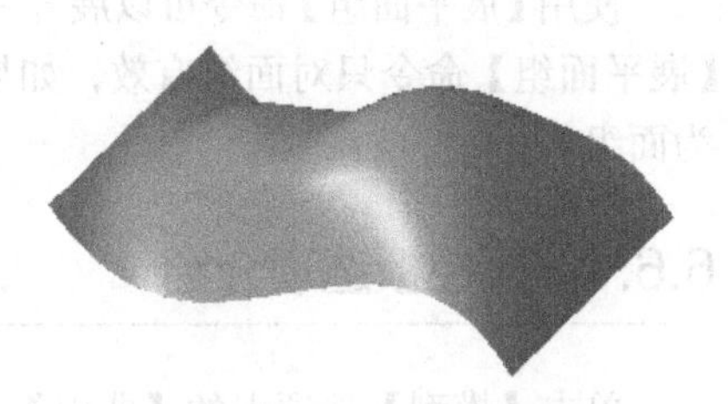
图 6-82　自由形状曲面

（5）选择【文件】→【另存为】→【保存副本】命令，将文件命名为【自由曲面变形 2】，保存当前模型文件。

6.5.4　练习：创建自由曲面变形 3

本小节仍介绍自由曲面变形的创建步骤。

（1）打开上个实例创建的曲面文件——【自由曲面变形 2】。

（2）单击【旧版】命令，打开【继承零件】菜单，在模型树中选择自由形状曲面特征后单击鼠标右键，在弹出的快捷菜单中选择【编辑定义】选项。弹出【曲面：自由成型】对话框，在对话框中双击【操控】元素。修改曲面操作步骤如图 6-83 所示。

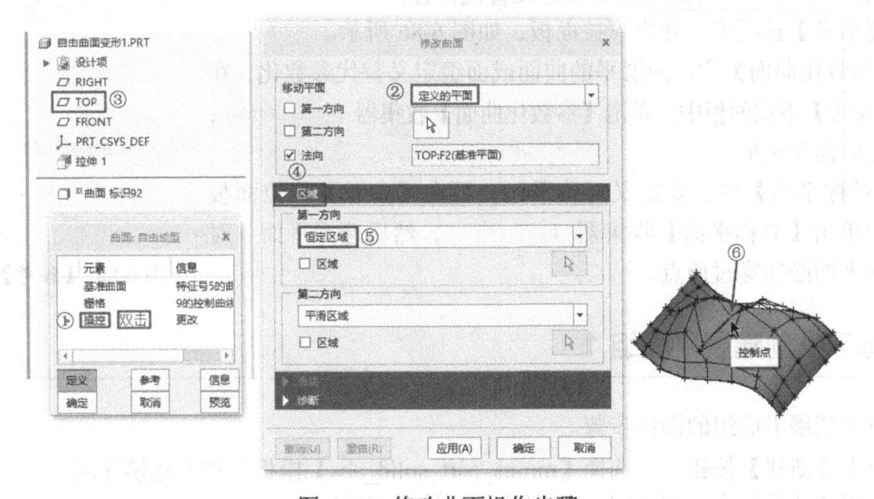

图 6-83　修改曲面操作步骤

（3）选择中间控制点，按住鼠标左键拖动该控制点向上移动。

（4）移动一定距离后，单击【修改曲面】对话框中的【确定】按钮 确定 ，关闭【修改曲面】对话框。在【曲面：自由成型】对话框中单击【确定】按钮 确定 ，创建的自由形状曲面如图 6-84 所示。

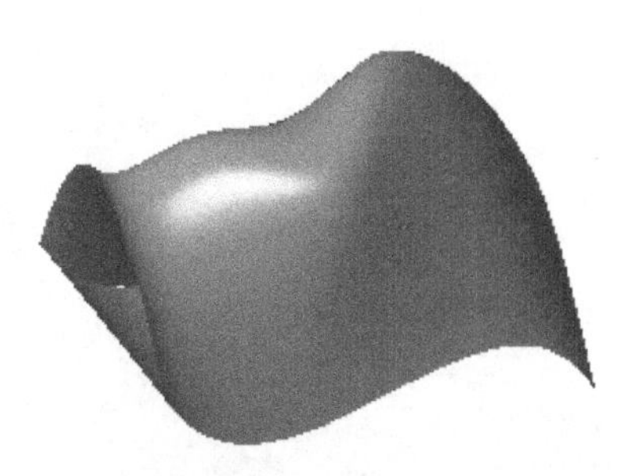
图 6-84　恒定区域的自由形状曲面

（5）选择【文件】→【另存为】→【保存副本】命令，将文件命名为【自由曲面变形 3】，保存当前模型文件。

6.6 展平面组

使用【展平面组】命令可以展开一个面组，从而形成一个与源面组具有相同参数的平面型曲面。【展平面组】命令只对面组有效，如果要展开实体的表面，可以先复制实体表面，把实体表面转换为面组。

6.6.1 操控板选项介绍

单击【模型】选项卡的【曲面】组中的【展平面组】按钮，弹出图 6-85 所示的【展平面组】操控板。

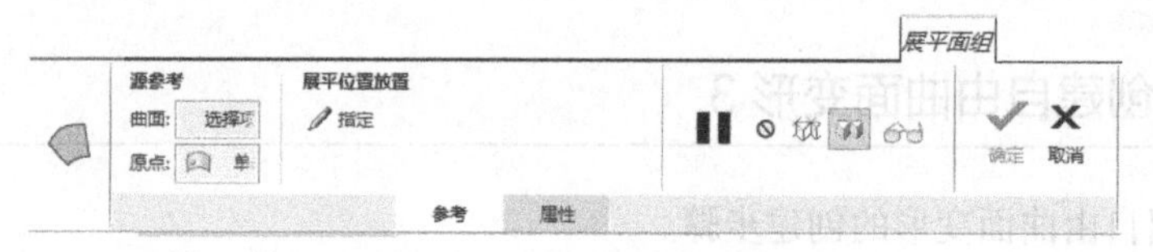

图 6-85 【展平面组】操控板

【曲面】：选择一个曲面的面组，面组中的各曲面必须相切。

【原点】：选择一个基准点，原点必须位于源面组上。

【指定】：为展平的面组或曲面定义替代位置。

单击【参考】选项卡，弹出下拉面板，如图 6-86 所示。

- 【参数化曲面】栏：为展平的曲面或面组定义替代参数化，在【参考】下拉面板中，单击【参数化曲面】收集器，然后选择曲面。
- 【对称平面】栏：要定义对称平面，可在【参考】下拉面板中单击【对称平面】收集器，然后选择平面。对称平面必须穿过原点。

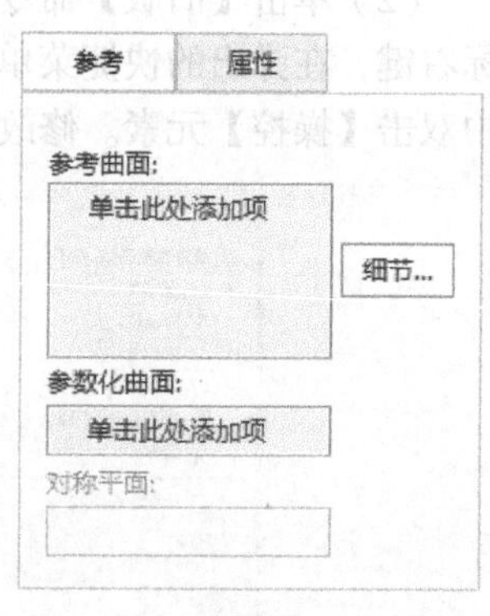

图 6-86 【参考】下拉面板

6.6.2 练习：创建展平面组 1

本小节介绍展平面组的操作步骤。

（1）单击【新建】按钮，选择【mmns_part_solid_abs】模板，进入建模界面。

（2）利用【拉伸】命令创建图 6-87 所示的拉伸曲面。

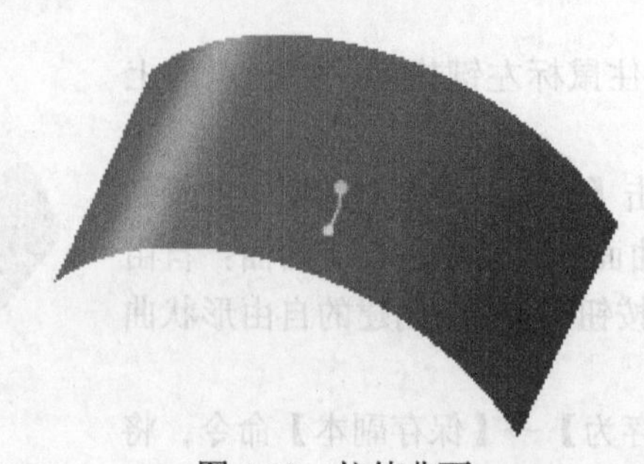

图 6-87 拉伸曲面

（3）单击【点】按钮，弹出【基准点】对话框。创建基准点操作步骤如图 6-88 所示。

（4）生成的基准点如图 6-89 所示。

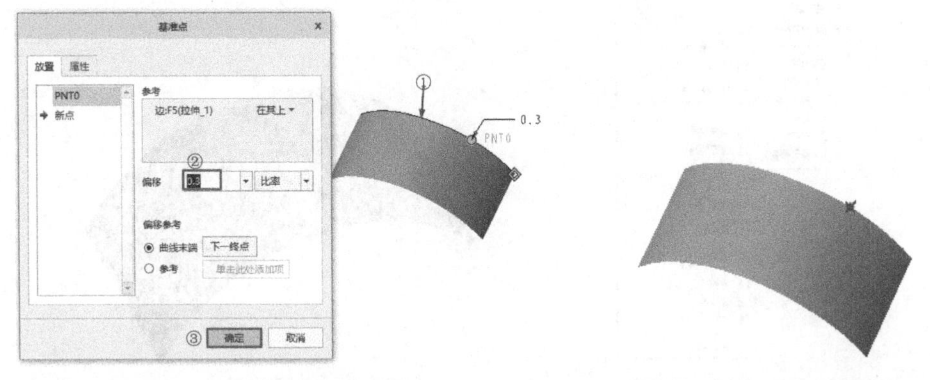

图 6-88　创建基准点操作步骤　　　　图 6-89　生成的基准点

（5）单击【展平面组】按钮，弹出【展平面组】操控板。展平曲面操作步骤如图 6-90 所示。

（6）单击操控板中的【确定】按钮，生成的模型如图 6-91 所示。

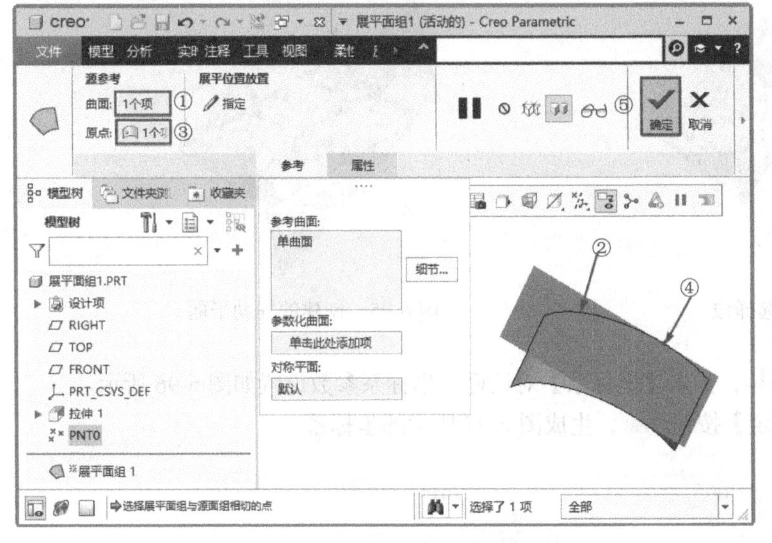

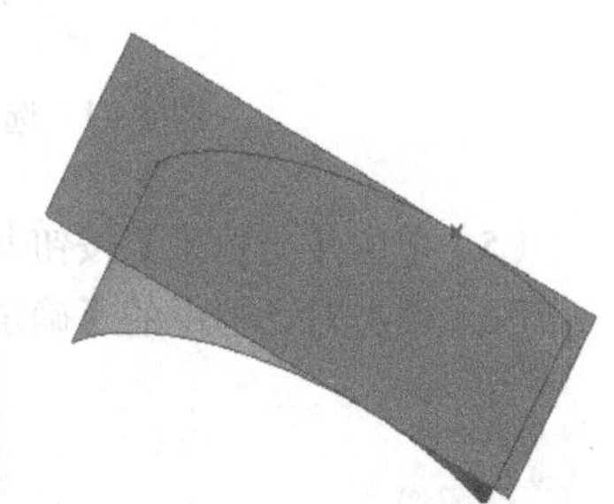

图 6-90　展平曲面操作步骤　　　　图 6-91　生成的模型

（7）选择【文件】→【另存为】→【保存副本】命令，将文件命名为【展平面组 1】，保存当前模型文件。

6.6.3　练习：创建展平面组 2

本小节继续介绍展平面组的操作步骤。

（1）打开上个实例创建的文件——【展平面组 1】。

（2）在模型树中选择【展平面组 1】特征后单击鼠标右键，在弹出的快捷菜单中选择【删除】选项，如图 6-92 所示。

（3）单击【点】按钮，在拉伸曲面的另一侧上创建另一个基准点【PNT1】，如图 6-93 所示。

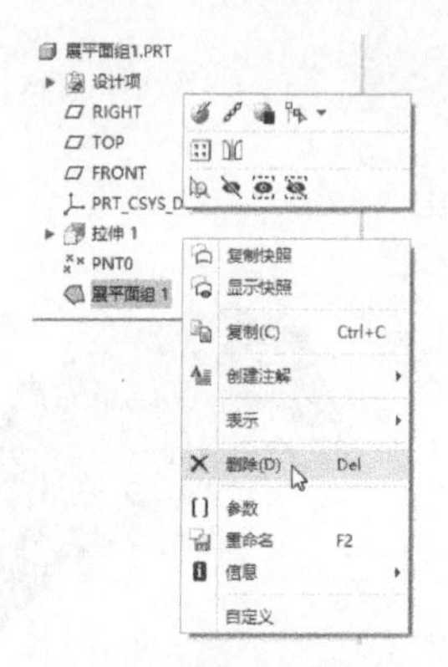

图 6-92　删除展平面组

图 6-93　创建的基准点

（4）单击【平面】按钮，选择图 6-94 所示的拉伸曲面边作为参考边，建立辅助平面【DTM1】，如图 6-95 所示。

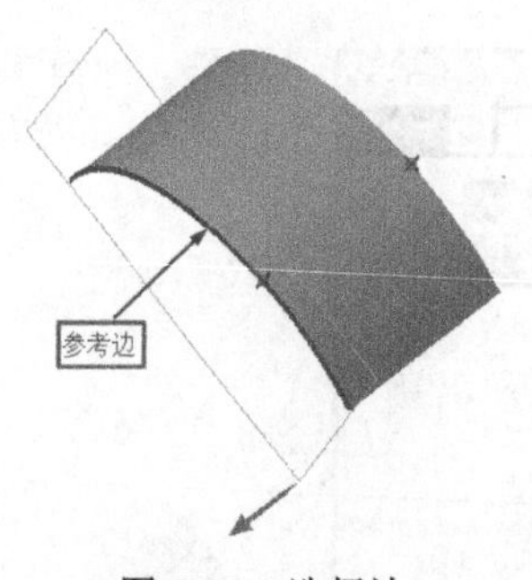

图 6-94　选择边

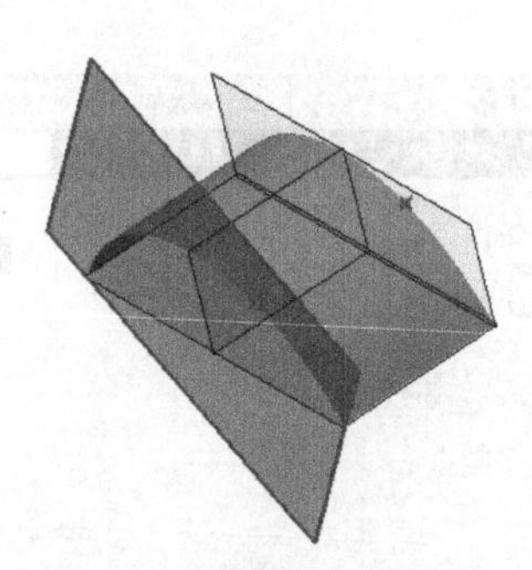

图 6-95　创建的辅助平面

（5）单击【坐标系】按钮，弹出【坐标系】对话框。坐标系参数设置如图 6-96 所示。

（6）单击对话框中的【确定】按钮，生成图 6-97 所示的坐标系。

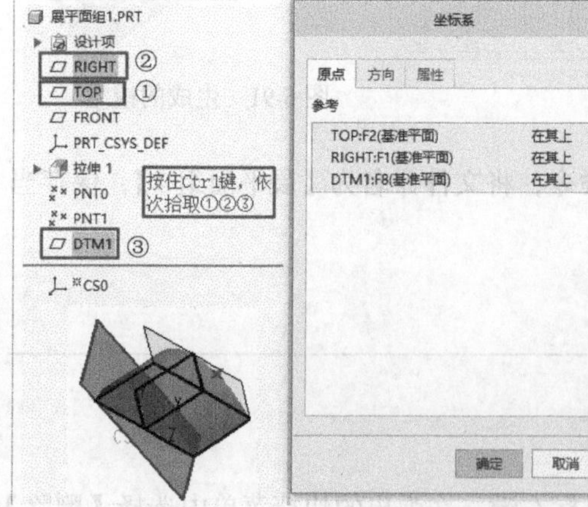

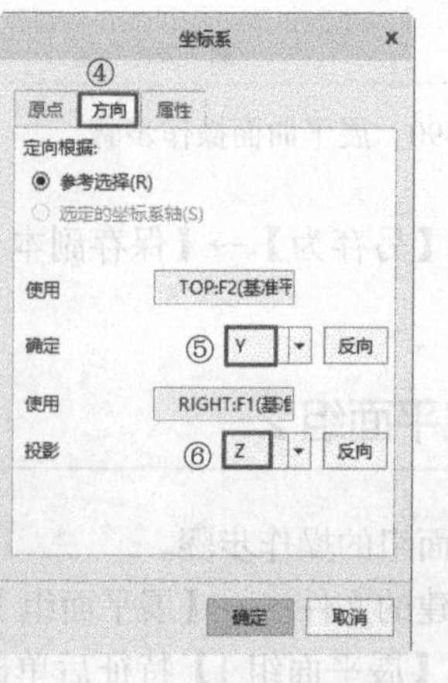

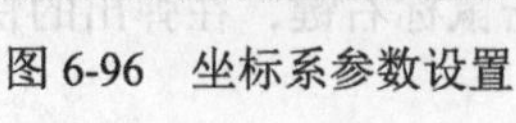

图 6-96　坐标系参数设置

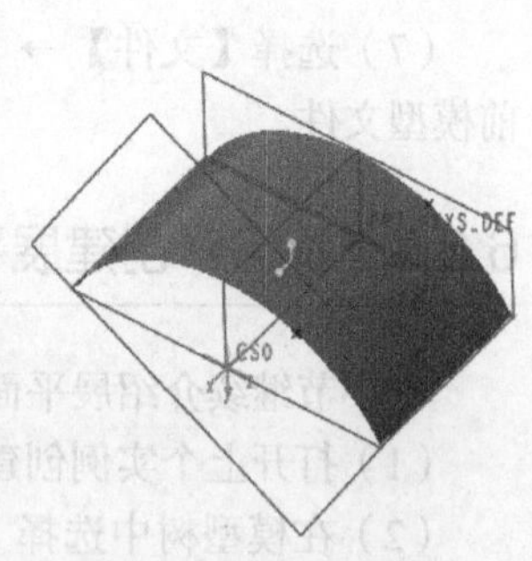

图 6-97　创建的坐标系

（7）单击【展平面组】按钮，弹出【展平面组】操控板。展平曲面操作步骤如图 6-98 所示。

（8）单击【展平面组】操控板中的【确定】按钮，生成的模型如图 6-99 所示。

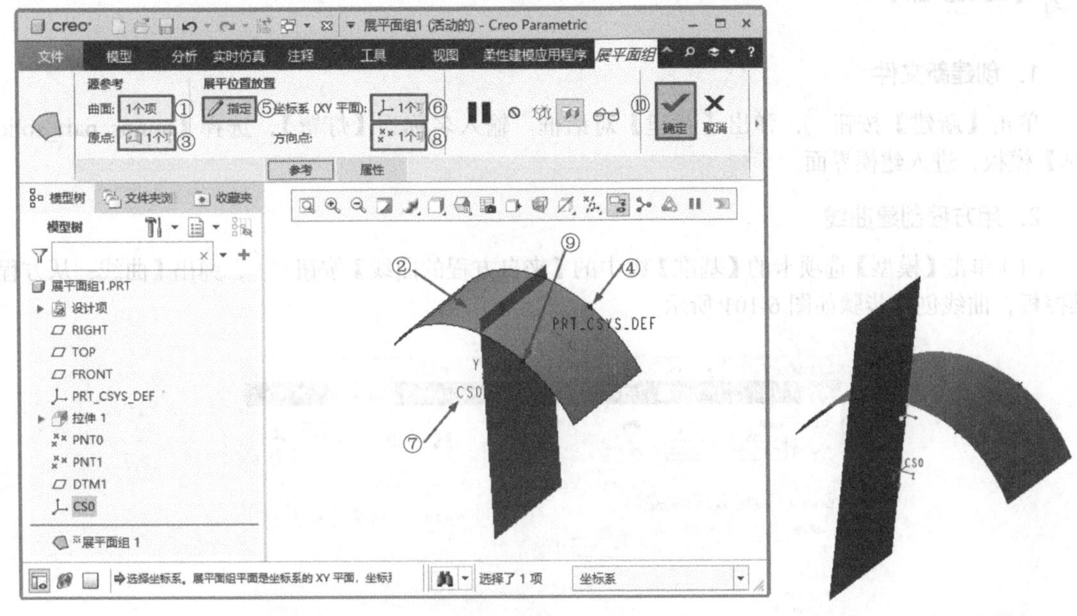

图 6-98　展平曲面操作步骤　　　　图 6-99　生成的模型

（9）选择【文件】→【另存为】→【保存副本】命令，将文件命名为【展平面组 2】，保存当前模型文件。

6.7　综合实例——绘制灯罩

本综合实例主要熟悉高级曲面中的圆锥曲面及将切面混合到曲面等高级曲面功能，最终生成的模型如图 6-100 所示。

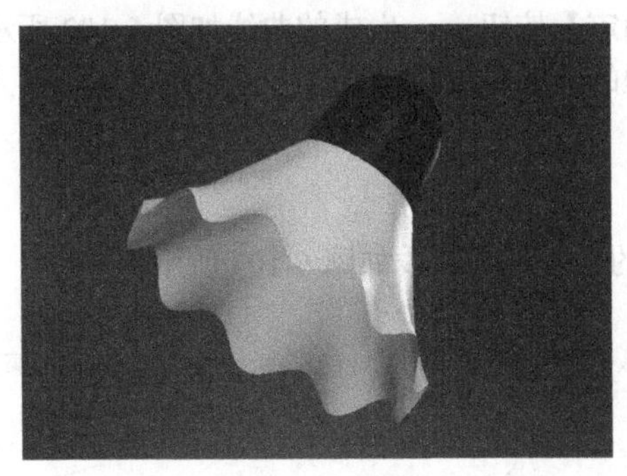

图 6-100　灯罩

1. 创建新文件

单击【新建】按钮，弹出【新建】对话框。输入名称为【灯罩】，选择【mmns_part_solid_abs】模板，进入建模界面。

2. 用方程创建曲线

（1）单击【模型】选项卡的【基准】组中的【来自方程的曲线】按钮 ∿ ，弹出【曲线：从方程】操控板，曲线创建步骤如图 6-101 所示。

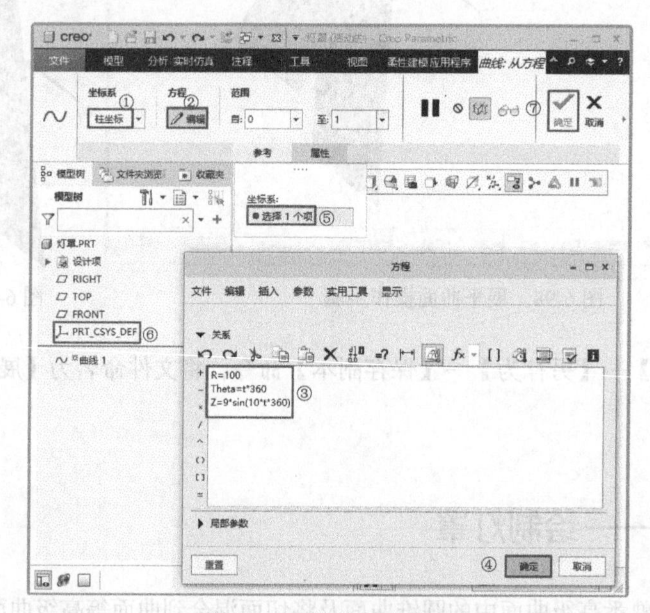

图 6-101　曲线创建步骤

（2）单击操控板中的【确定】按钮✓，生成的曲线如图 6-102 所示。

（3）重复执行【来自方程的曲线】命令，在【方程】对话框中输入如下公式创建圆。

```
r=70
theta=t*360
z=40
```

同理创建出 r=40、z=90 的圆，最终曲线如图 6-103 所示。

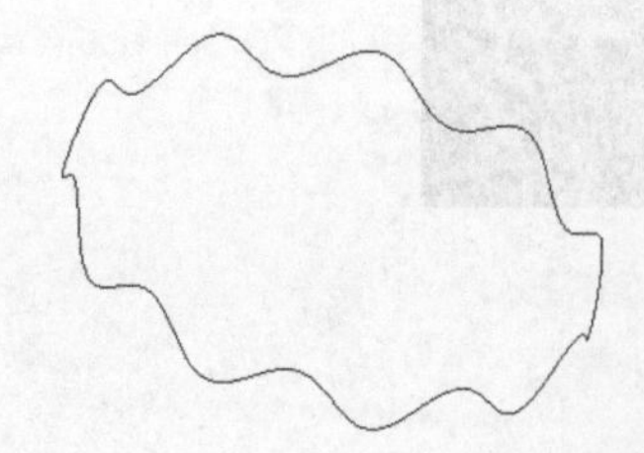
图 6-102　用方程生成的曲线

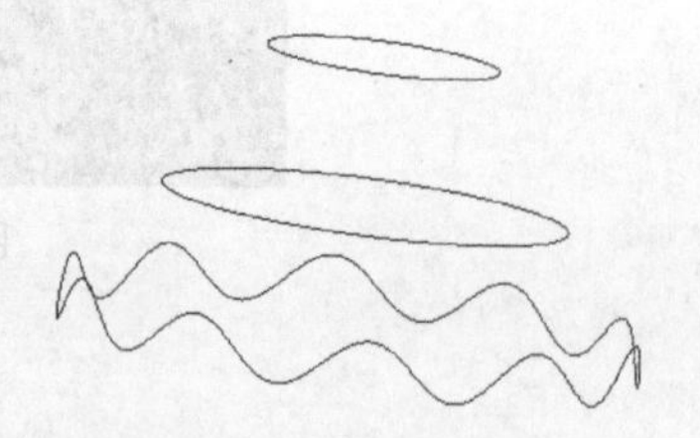
图 6-103　最终生成的曲线

3. 创建曲面特征

（1）单击【模型】选项卡的【操作】组中的【旧版】按钮，然后依次选择【曲面】→【新建】→【高级】→【完成】→【边界】→【完成】命令，弹出【边界选项】菜单，选择【圆锥曲面】→【肩曲线】→【完成】选项。弹出【曲面：圆锥，肩曲线】对话框和【曲线选项】菜单。

（2）灯罩曲面创建步骤如图 6-104 所示。

（3）单击【曲面：圆锥，肩曲线】对话框中的【确定】按钮，生成的灯罩曲面如图 6-105 所示。

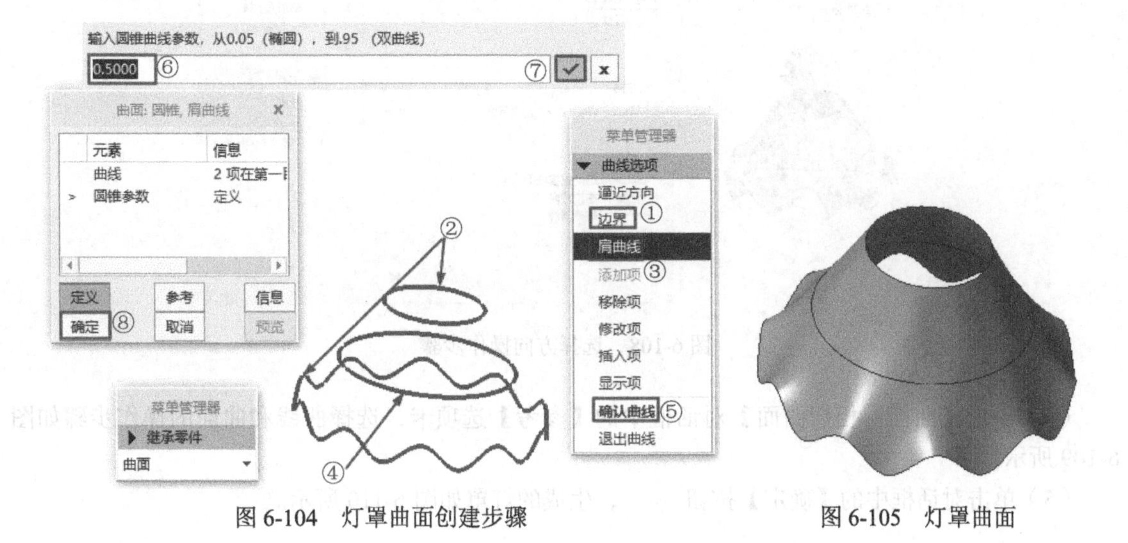

图 6-104　灯罩曲面创建步骤　　图 6-105　灯罩曲面

4. 生成灯罩的顶部

（1）单击【旋转】按钮，在【旋转】操控板中单击【旋转为曲面】按钮。

（2）选择【RIGHT】基准平面作为草绘平面，绘制图 6-106 所示的截面，生成的曲面如图 6-107 所示。

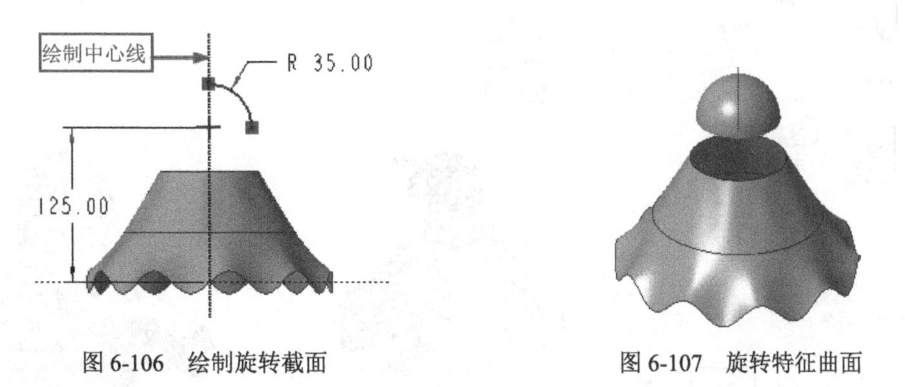

图 6-106　绘制旋转截面　　图 6-107　旋转特征曲面

（3）单击【将切面混合到曲面】命令，弹出【曲面：相切曲面】对话框和【一般选择方向】菜单，选择方向操作步骤如图 6-108 所示。

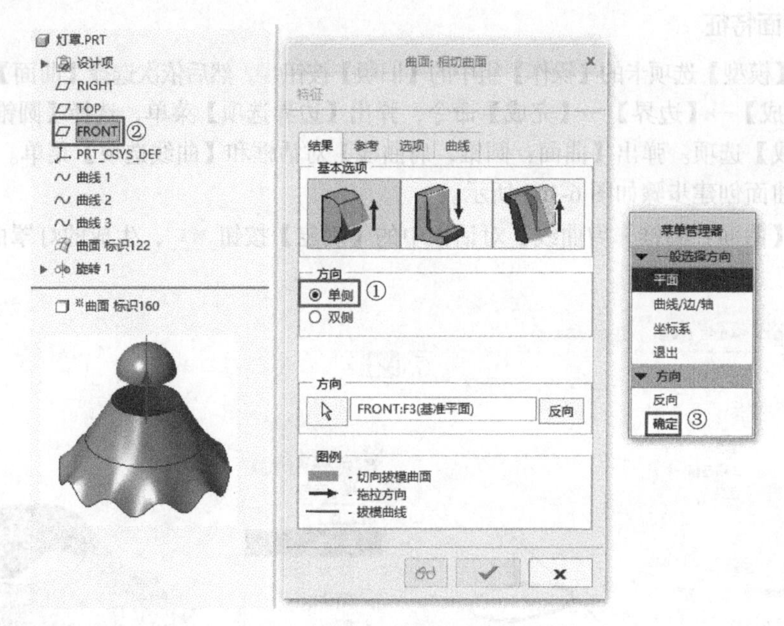

图 6-108　选择方向操作步骤

（4）单击【曲面：相切曲面】对话框中的【参考】选项卡，选择曲线和曲面的操作步骤如图 6-109 所示。

（5）单击对话框中的【确定】按钮 ✓，生成的灯罩如图 6-110 所示。

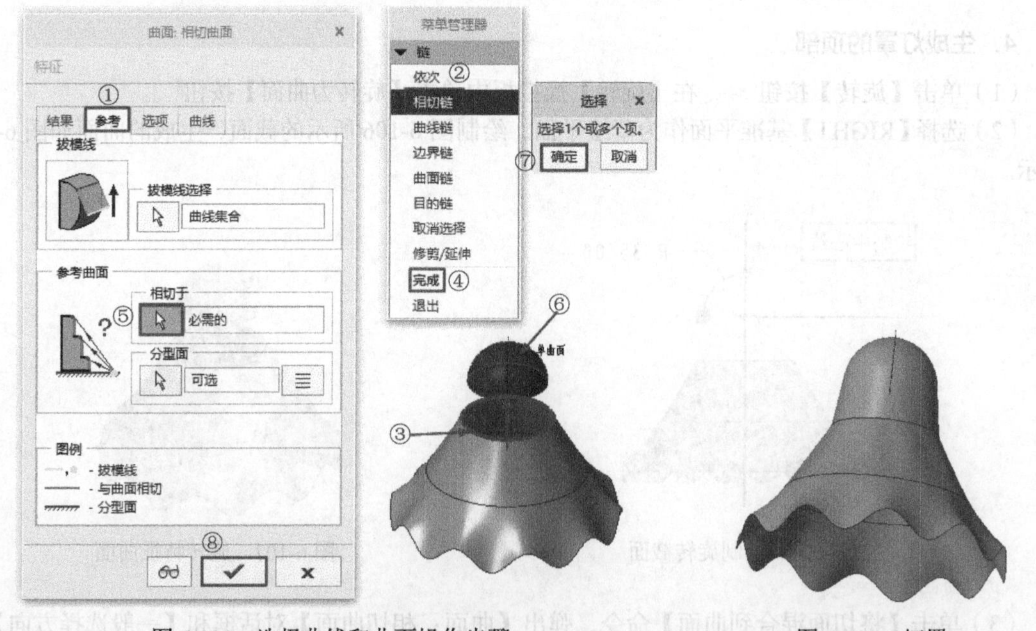

图 6-109　选择曲线和曲面操作步骤　　图 6-110　灯罩

（6）单击快速访问工具栏中的【保存】按钮，保存当前模型文件。

第 7 章
曲面编辑

/ 本章导读

曲面完成后，根据新的设计要求，可能需要对曲面进行修改与调整。曲面的修改与调整命令主要位于【模型】选项卡的【编辑】组中。只有在模型中选择曲面后，这些的命令才能使用。本章将讲解曲面的编辑与修改命令，在曲面模型的建立过程中，利用这些命令可以加快建模速度。

/ 知识重点

- 镜像曲面
- 复制曲面
- 合并曲面
- 修剪曲面
- 曲面偏移
- 曲面加厚
- 延伸曲面
- 曲面的实体化
- 曲面拔模

7.1 镜像曲面

镜像功能可以相对于一个平面对称复制特征，通过镜像简单特征完成复杂模型的设计，这样可以节约大量的时间。使用镜像工具，用户可以建立一个或多个曲面相对于某个平面的镜像曲面。

7.1.1 操控板选项介绍

镜像特征的操控板中包括两部分内容：【镜像】操控板和下拉面板。下面详细地进行介绍。

1.【镜像】操控板

选择要镜像的曲面，单击【模型】选项卡的【编辑】组中的【镜像】按钮，弹出【镜像】操控板，如图 7-1 所示。

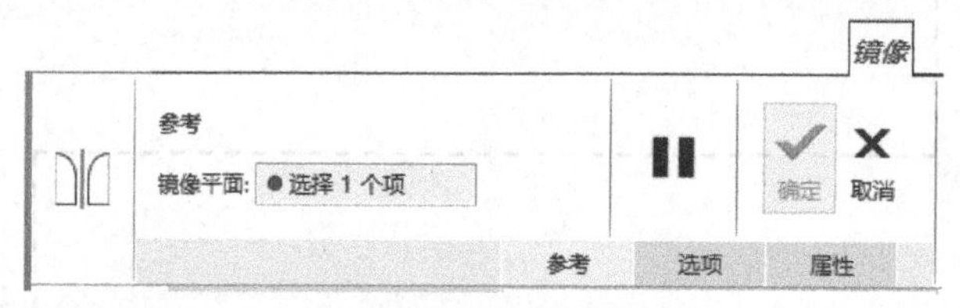

图 7-1 【镜像】操控板

操控板中常用功能介绍如下。

【镜像平面】● 选择 1 个项：保持镜像特征与原特征对称的平面。

2. 下拉面板

【镜像】操控板提供下列下拉面板。

（1）【参考】：与【镜像平面】的作用相同，如图 7-2 所示。

（2）【选项】：勾选【从属副本】复选框，镜像的特征从属于原特征，原特征改变，镜像特征随之改变，如图 7-3 所示。

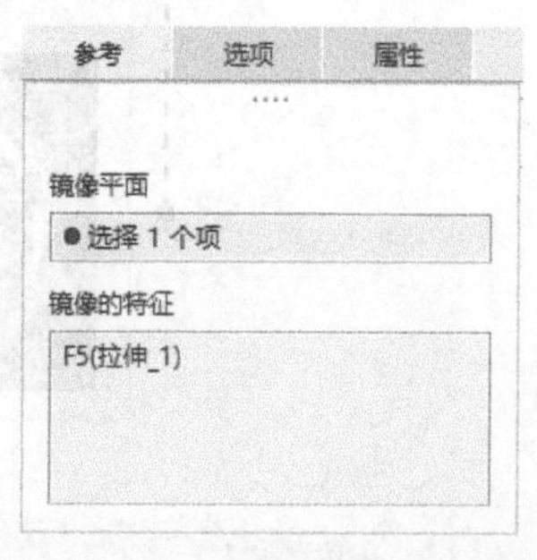

图 7-2 【参考】下拉面板

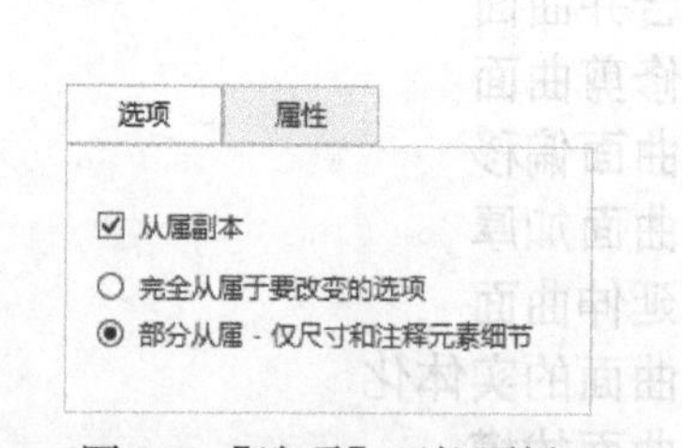

图 7-3 【选项】下拉面板

（3）【属性】：用于编辑特征名称，并打开 Creo Parametric 8 浏览器显示特征信息。

7.1.2 练习：创建镜像曲面

本小节介绍镜像曲面的创建步骤。

（1）单击【打开】按钮，打开【文件打开】对话框，打开【源文件 \ 原始文件 \ 第 7 章 \ 旋转混合 .prt】文件，如图 7-4 所示。

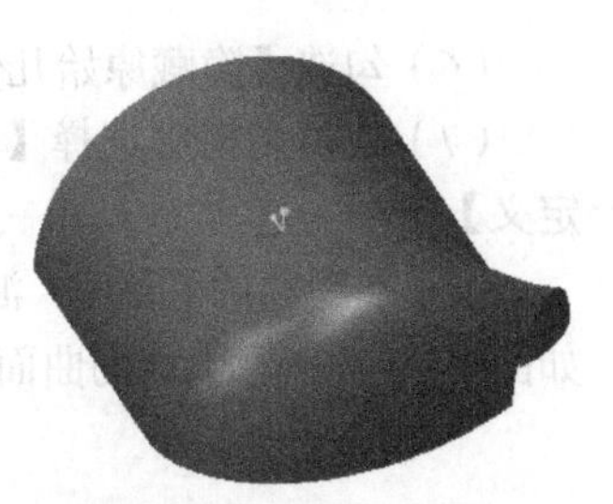

图 7-4　旋转混合模型

（2）单击【平面】按钮，弹出【基准平面】对话框，参数设置如图 7-5 所示。单击对话框中的【确定】按钮，创建基准平面【DTM1】，如图 7-6 所示。

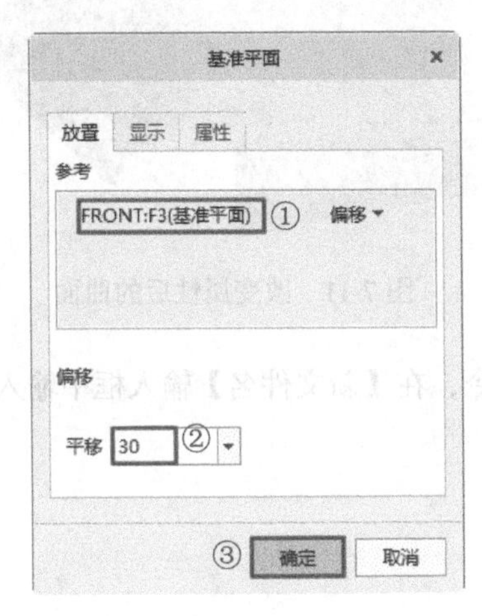

图 7-5 【基准平面】对话框

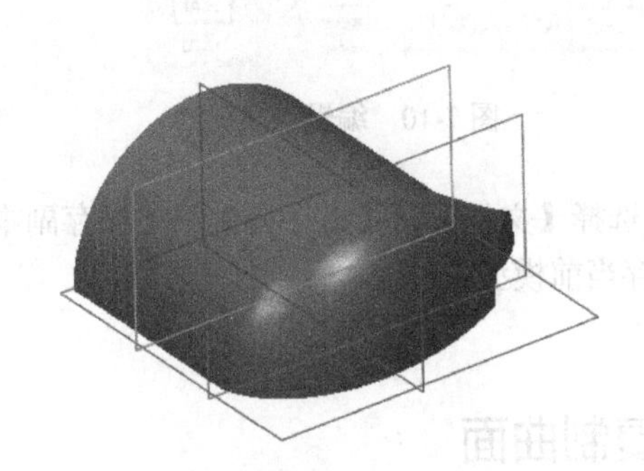

图 7-6　基准平面【DTM1】

（3）选择图 7-7 所示的曲面特征。

（4）单击【镜像】按钮，弹出【镜像】操控板。选择【DTM1】基准平面作为镜像平面，单击【确定】按钮，镜像后的模型如图 7-8 所示。

（5）在模型树中选择【镜像 1】特征后单击鼠标右键，在弹出的快捷菜单中选择【编辑定义】选项，如图 7-9 所示。

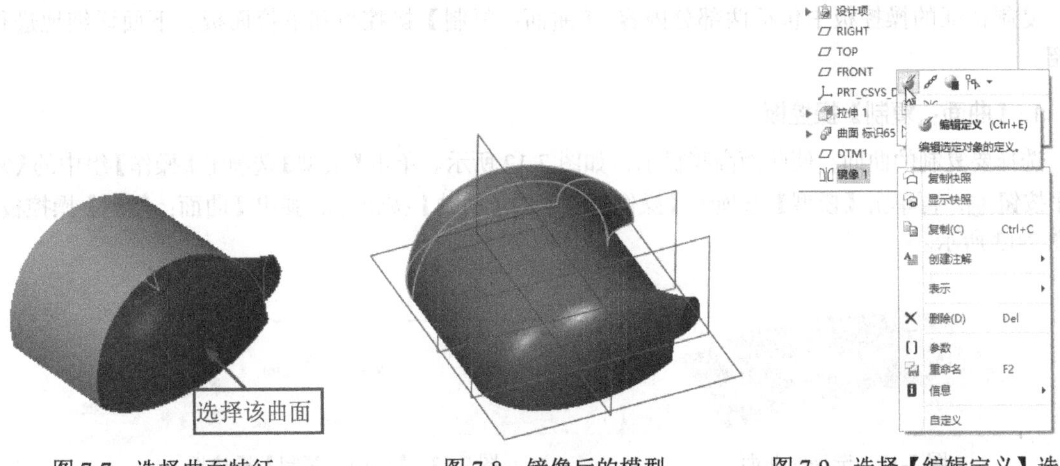

图 7-7　选择曲面特征

图 7-8　镜像后的模型

图 7-9　选择【编辑定义】选项

（6）勾选【隐藏原始几何】复选框，再单击【确定】按钮✓，完成修改。

（7）在模型树中选择【曲面 标识 65】特征后单击鼠标右键，在弹出的快捷菜单中选择【编辑定义】选项。

（8）在弹出的【曲面：混合，旋转，草绘截面】对话框中双击【属性】元素，将其更改为【直】，如图 7-10 所示。生成的曲面如图 7-11 所示。

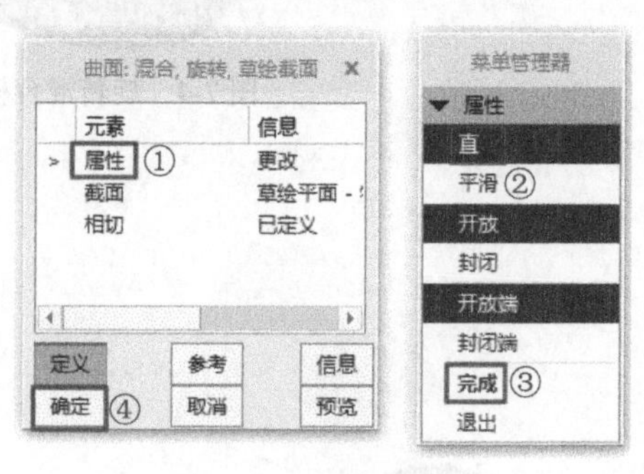

图 7-10　编辑定义

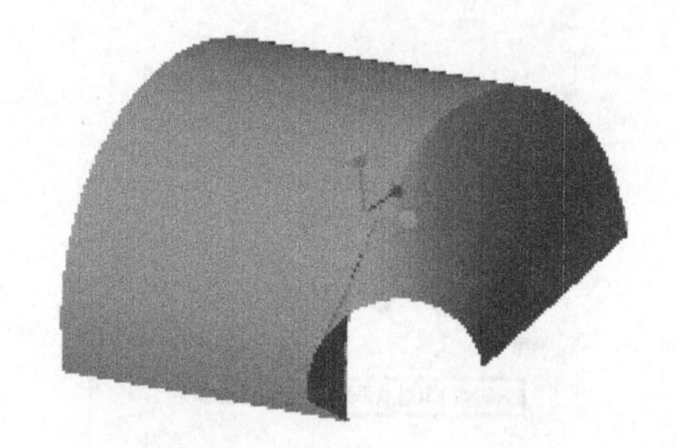

图 7-11　改变属性后的曲面

（9）选择【文件】→【另存为】→【保存副本】命令，在【新文件名】输入框中输入【镜像曲面】，保存当前模型文件。

7.2　复制曲面

利用【复制】命令，可以直接在选定的曲面上创建一个面组，生成的面组含有与父项曲面形状和大小相同的曲面。使用该命令可以复制已存在的曲面或实体表面。

7.2.1　普通复制操控板选项介绍

曲面的复制有 3 种形式：一是复制选择的所有曲面；二是复制曲面并填充曲面上的孔；三是复制曲面上封闭区域内的部分曲面。

复制特征的操控板中包括两部分内容：【曲面：复制】操控板和下拉面板。下面详细地进行介绍。

1.【曲面：复制】操控板

选择要复制的曲面，使曲面高亮显示，如图 7-12 所示。单击【模型】选项卡【操作】组中的【复制】按钮，再单击【模型】选项卡【操作】组中的【粘贴】按钮，弹出【曲面：复制】操控板，如图 7-13 所示。

图 7-12　选择的曲面

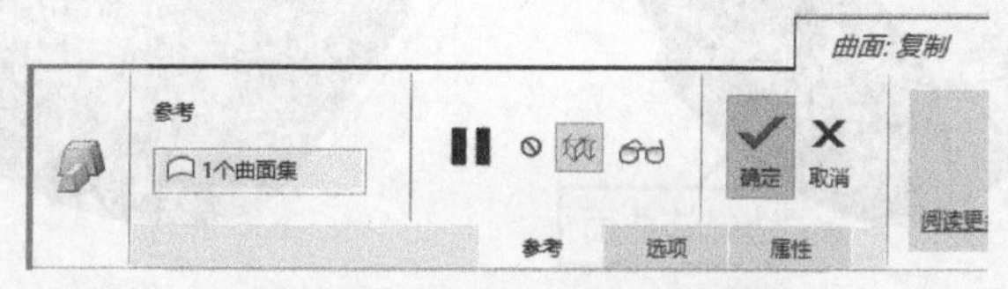

图 7-13　【曲面：复制】操控板

操控板中常用功能介绍如下。

【参考】1个曲面集：用于选取要进行复制的曲面。

2. 下拉面板

【曲面：复制】操控板提供下列下拉面板。

(1)【选项】：使用该下拉面板可进行下列操作，如图 7-14 所示。

①【按原样复制所有曲面】：复制选择的所有曲面。

②【排除曲面并填充孔】：如果选择此单选项，以下的两个编辑框将被激活，如图 7-15 所示。

- 【排除轮廓】：从当前复制特征中选择排除曲面。
- 【填充孔 / 曲面】：在已选择曲面上选择孔的边来填充孔。

③【复制内部边界】：如果选择此单选项，【边界曲线】编辑框被激活，如图 7-16 所示。选择封闭的边界，复制边界内部的曲面。

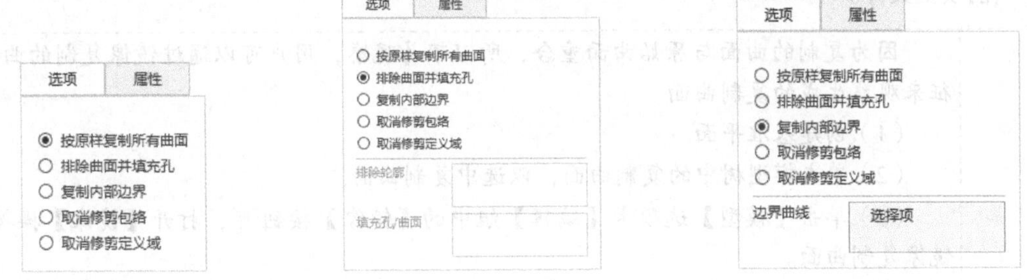

图 7-14 【选项】下拉面板　图 7-15 【排除曲面并填充孔】单选项　图 7-16 【复制内部边界】单选项

④【取消修剪包络】：复制曲面、移除所有内轮廓，并用当前轮廓的包络替换外轮廓，如图 7-17 所示。

⑤【取消修剪定义域】：复制曲面、移除所有内轮廓，并用与曲面定义域相对应的轮廓替换外轮廓，如图 7-18 所示。

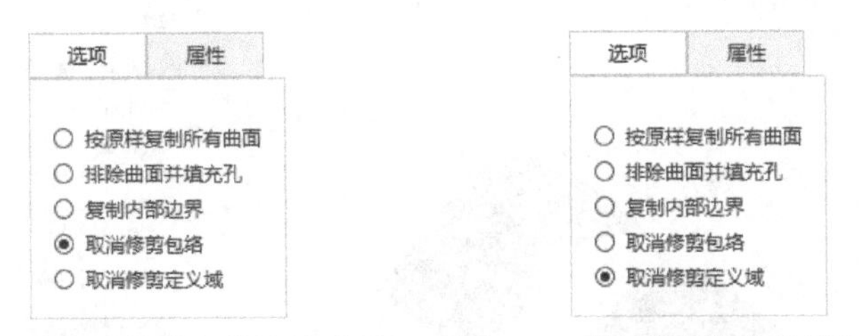

图 7-17 【取消修剪包络】单选项　图 7-18 【取消修剪定义域】单选项

(2)【参考】和【属性】下拉面板，在前面章节中已多次介绍，这里不再重复介绍。

7.2.2 练习：复制所有选择

本小节介绍复制选择的所有曲面的步骤，具体如下。

(1) 单击【打开】按钮，打开【文件打开】对话框，打开【源文件 \ 原始文件 \ 第 7 章 \ 复制 1.prt】文件，如图 7-19 所示。

(2) 按住 Ctrl 键，在绘图窗口中选择图 7-20 所示的 3 个曲面。

图 7-19　原始模型

图 7-20　选择的曲面

（3）单击【复制】按钮，再单击【粘贴】按钮，弹出【曲面：复制】操控板。

（4）接受系统默认值，单击【确定】按钮，完成所选曲面的复制，此时模型树中新增了一个曲面特征——【复制 1】。

（5）选择【文件】→【另存为】→【保存副本】命令，在【新文件名】输入框中输入【复制 1-1】，保存当前模型文件。

注意

因为复制的曲面与原始曲面重合，所以不易观察，用户可以通过镜像复制的曲面特征来观察生成的复制曲面。

（1）创建基准平面。

（2）单击模型树中的复制曲面，以选中复制曲面。

（3）单击【模型】选项卡【编辑】组中的【镜像】按钮，打开【镜像】操控板，镜像复制曲面。

（4）观察生成的复制曲面，如图 7-21 所示。

这一操作是为了查看曲面复制结果，故要删除此镜像特征。在模型树中选择镜像特征，单击鼠标右键，在弹出的快捷菜单中选择【删除】选项，如图 7-22 所示，删除镜像特征。

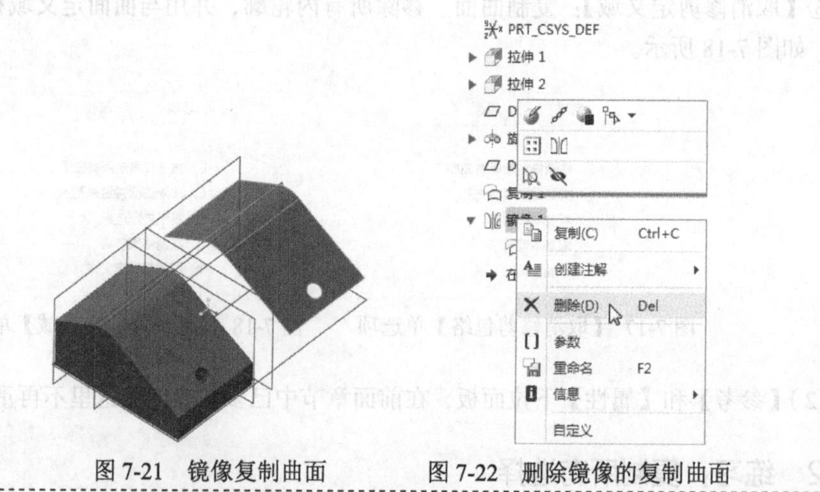

图 7-21　镜像复制曲面　　图 7-22　删除镜像的复制曲面

7.2.3　练习：用排除曲面并填充孔的方式复制曲面

本小节介绍用排除曲面并填充孔的方式复制曲面的步骤，具体如下。

（1）单击【打开】按钮，打开【文件打开】对话框，打开【源文件\原始文件\第 7 章\复制 1.prt】文件。

（2）选择图 7-20 所示的 3 个曲面。

（3）单击【复制】按钮，再单击【粘贴】按钮，弹出【曲面：复制】操控板。操作步骤如图 7-23 所示。

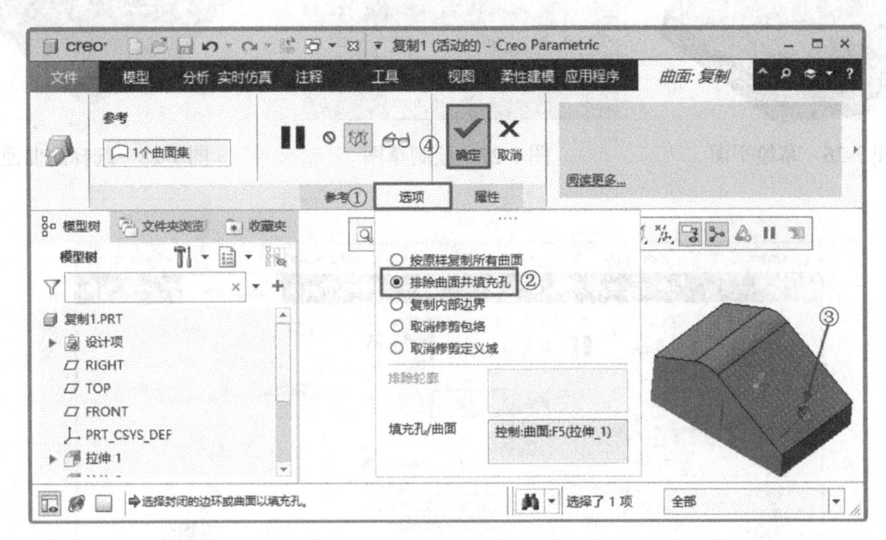

图 7-23　复制曲面操作步骤

（4）单击【确定】按钮，完成所选曲面的复制，现在的模型如图 7-24 所示。通过镜像操作观察生成的复制曲面，如图 7-25 所示。

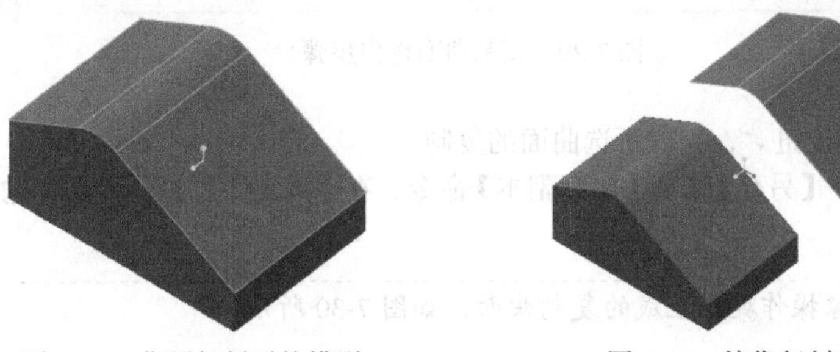

图 7-24　曲面复制后的模型　　　　图 7-25　镜像复制曲面

（5）选择【文件】→【另存为】→【保存副本】命令，在【新文件名】输入框中输入【复制 1-2】，保存当前模型文件。

7.2.4　练习：用复制内部边界的方式复制曲面

（1）单击【打开】按钮，打开【文件打开】对话框，打开【源文件 \ 原始文件 \ 第 7 章 \ 复制 1.prt】文件。

（2）单击【基准】组中的【草绘】按钮，选择图 7-26 所示的表面作为草绘平面。

（3）绘制图 7-27 所示的草图，单击【确定】按钮，退出草图绘制环境。

（4）选择图 7-28 所示的曲面，单击【复制】按钮，再单击【粘贴】按钮，弹出【曲面：复制】操控板。操作步骤如图 7-29 所示。

图 7-26　草绘平面

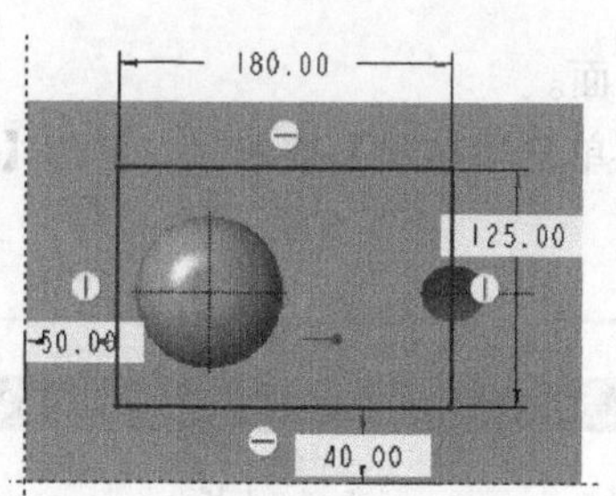

图 7-27　绘制草图

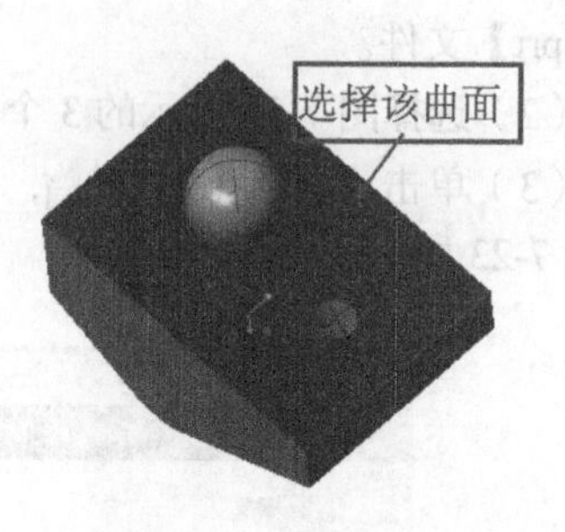

图 7-28　选择的曲面

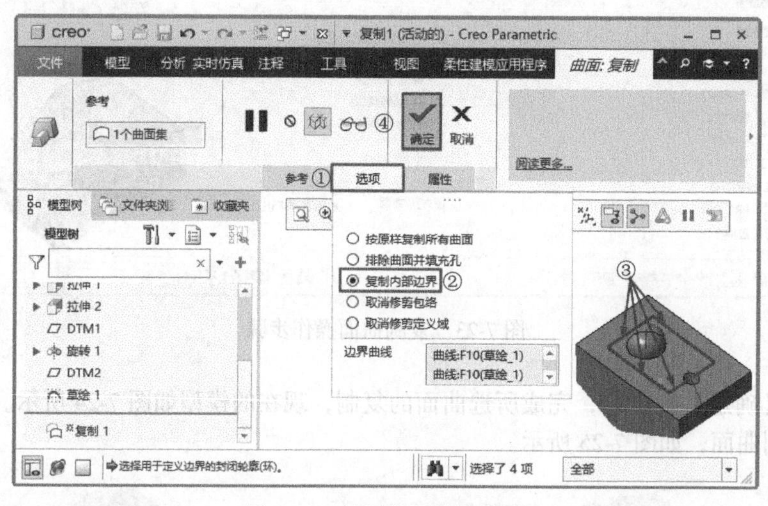

图 7-29　复制曲面操作步骤

（5）单击【确定】按钮✓，完成所选曲面的复制。

（6）选择【文件】→【另存为】→【保存副本】命令，在【新文件名】输入 框中输入【复制 1-3】，保存当前模型文件。

注意

通过镜像操作观察生成的复制曲面，如图 7-30 所示。

图 7-30　镜像复制曲面

7.2.5　练习：用种子和边界曲面的方式复制曲面 1

本小节介绍用种子和边界曲面的方式复制曲面的步骤，具体如下。

（1）单击【打开】按钮，打开【文件打开】对话框，打开【源文件 \ 原始文件 \ 第 7 章 \ 复制 1.prt】文件。

（2）按住 Ctrl 键，选择拉伸特征的 4 个侧面，如图 7-31 所示。

（3）单击【复制】按钮，再单击【粘贴】按钮，弹出【曲面：复制】操控板。操作步骤如图 7-32 所示。

（4）单击【确定】按钮，完成所选曲面的复制，通过镜像操作观察复制的曲面，如图 7-33 所示。

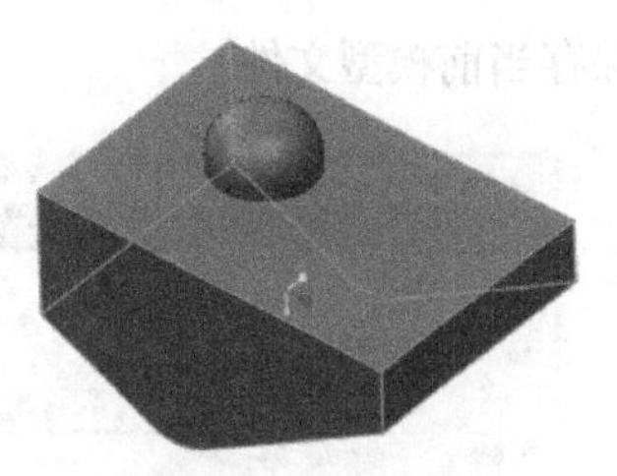

图 7-31　选择侧面

（5）选择【文件】→【另存为】→【保存副本】命令，在【新文件名】输入框中输入【复制 1-4】，保存当前模型文件。

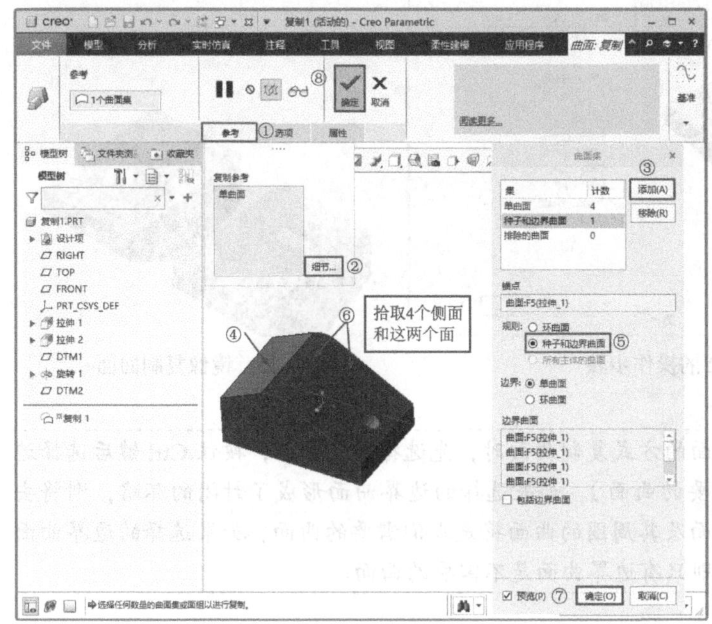

图 7-32　操作步骤

图 7-33　镜像复制曲面

7.2.6　练习：用种子和边界曲面的方式复制曲面 2

本小节仍介绍用种子和边界曲面的方式复制曲面的步骤，具体如下。

（1）单击【打开】按钮，打开【文件打开】对话框，打开【源文件 \ 原始文件 \ 第 7 章 \ 复制 1.prt】文件。

（2）在模型树中选择【拉伸 2】特征后单击鼠标右键，在弹出的快捷菜单中选择【隐含】选项，将【拉伸 2】特征隐含。

（3）按住 Ctrl 键，仍然选择拉伸特征的 4 个侧面。

（4）单击【复制】按钮，再单击【粘贴】按钮，弹出【曲面：复制】操控板。

（5）单击操控板中的【参考】按钮 参考 ，弹出【参考】下拉面板，单击【细节】按钮 细节... ，弹出【曲面集】对话框。复制曲面 2 的操作步骤如图 7-34 所示。

（6）单击【确定】按钮，完成所选曲面的复制，通过镜像操作观察复制的曲面，如图 7-35 所示。

（7）选择【文件】→【另存为】→【保存副本】命令，在【新文件名】输入框中输入【复制 1-5】，保存当前模型文件。

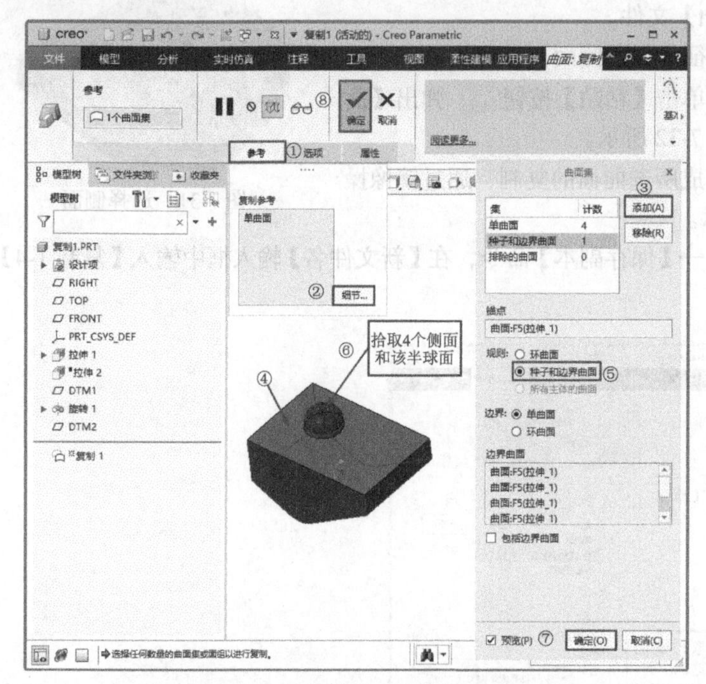

图 7-34　复制曲面 2 的操作步骤

图 7-35　镜像复制曲面

注意

在使用种子和边界曲面的方式复制曲面时，先选择种子曲面，按住 Ctrl 键后选择边界曲面（边界曲面是不需要的曲面）。如果选择的边界曲面形成了封闭的环路，则将去掉其他所有曲面，种子曲面及其周围的曲面将是我们需要的曲面；如果选择的边界曲面是一个或多个单一曲面，则只有边界曲面是不需要的曲面。

7.2.7　选择性复制操控板选项介绍

单击系统窗口中的选择过滤器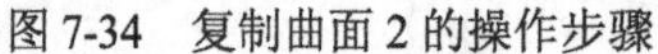右侧的下拉按钮，在弹出的下拉列表中选择【几何】选项，如图 7-36 所示。

选择要复制的曲面或面组，单击【模型】选项卡【操作】组中的【复制】按钮，再单击【模型】选项卡【操作】组中的【选择性粘贴】按钮，弹出图 7-37 所示的【移动（复制）】操控板。

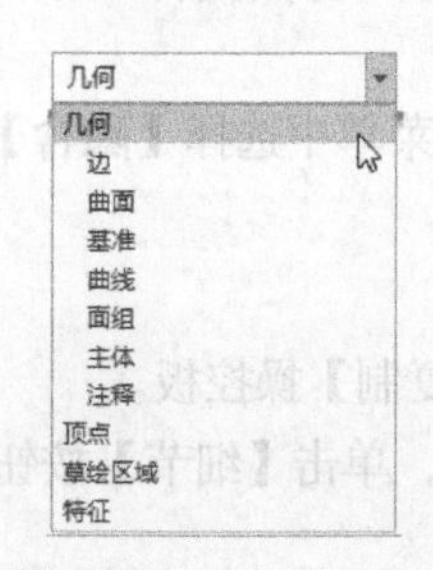

图 7-36　选择过滤器

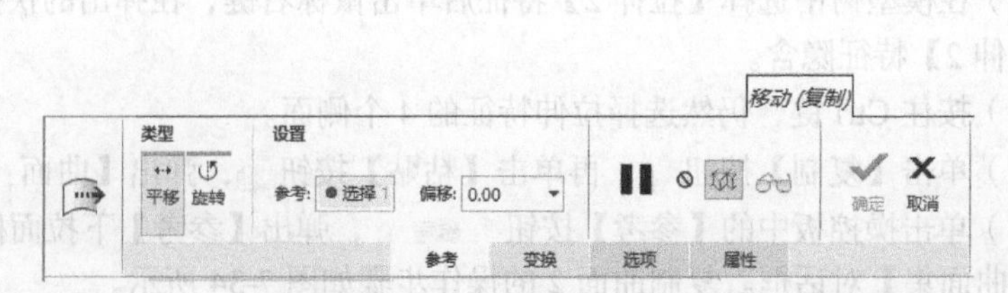

图 7-37　【移动（复制）】操控板

1. 操控板中常用功能

【平移】按钮 ↔：可以沿选择参考平移复制曲面。

【旋转】按钮 ：可以绕选择参考旋转复制曲面。

2. 下拉面板

单击【参考】按钮 参考 ，弹出图 7-38 所示【参考】下拉面板，在此下拉面板中定义要复制的曲面面组。

单击【变换】按钮 变换 ，弹出图 7-39 所示的【变换】下拉面板，在此下拉面板中定义复制曲面面组的形式，如移动或旋转，移动距离或旋转角度，以及方向参考。

单击【选项】按钮 选项 ，弹出的【选项】下拉面板中有两个复选框，如图 7-40 所示。

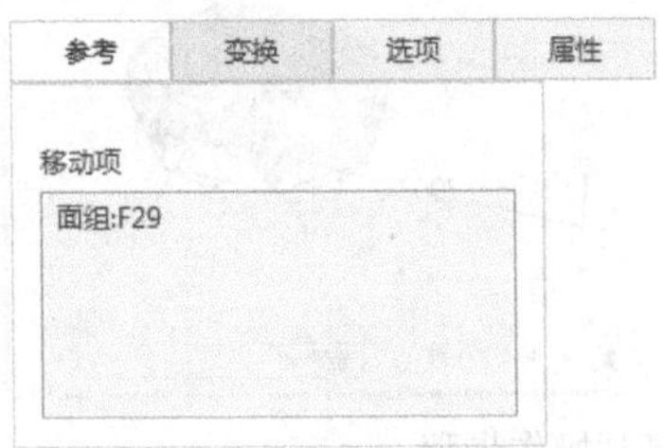

图 7-38　【参考】下拉面板

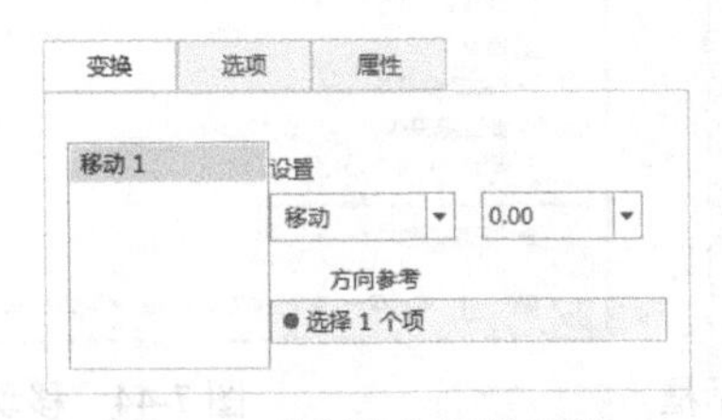

图 7-39　【变换】下拉面板

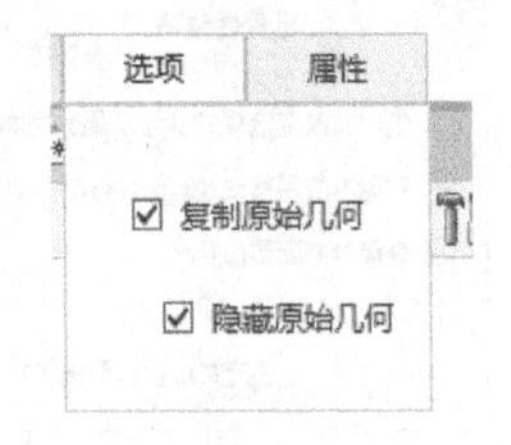

图 7-40　【选项】下拉面板

7.2.8　练习：创建选择性复制 1

本小节介绍选择性复制曲面的步骤，具体如下。

（1）单击【打开】按钮，打开【文件打开】对话框，打开【源文件 \ 原始文件 \ 第 7 章 \ 多边曲面 .prt】文件，如图 7-41 所示。

（2）单击系统窗口中的选择过滤器 特征 右侧的下拉按钮，在弹出的下拉列表中选择【几何】选项，选择图 7-42 所示的曲面。

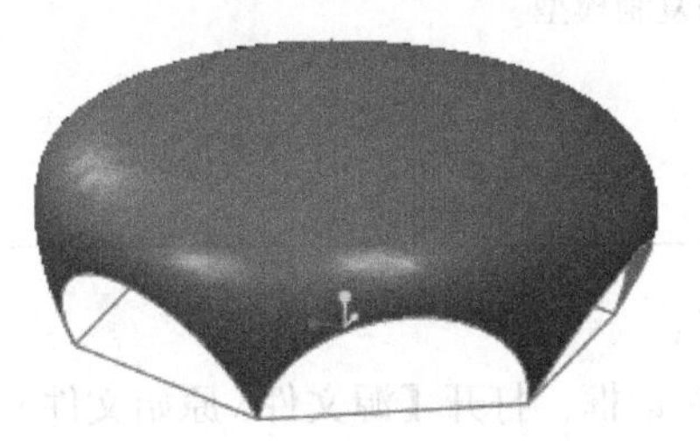

图 7-41　原始模型

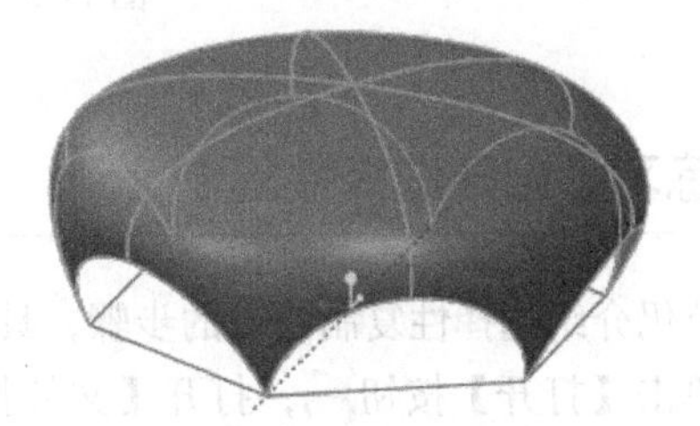

图 7-42　选择的曲面

（3）单击【复制】按钮，再单击【选择性粘贴】按钮，弹出【选择性粘贴】对话框，勾选【对副本应用移动 / 旋转变换】复选框，如图 7-43 所示。单击【确定】按钮 确定(O) ，弹出【移动（复制）】操控板。移动复制操作步骤如图 7-44 所示。

（4）单击【确定】按钮 ✓，生成的复制模型如图 7-45 所示。

（5）选择【文件】→【另存为】→【保存副本】命令，在【新文件名】输入框中输入【选择性复制 1】，保存当前模型文件。

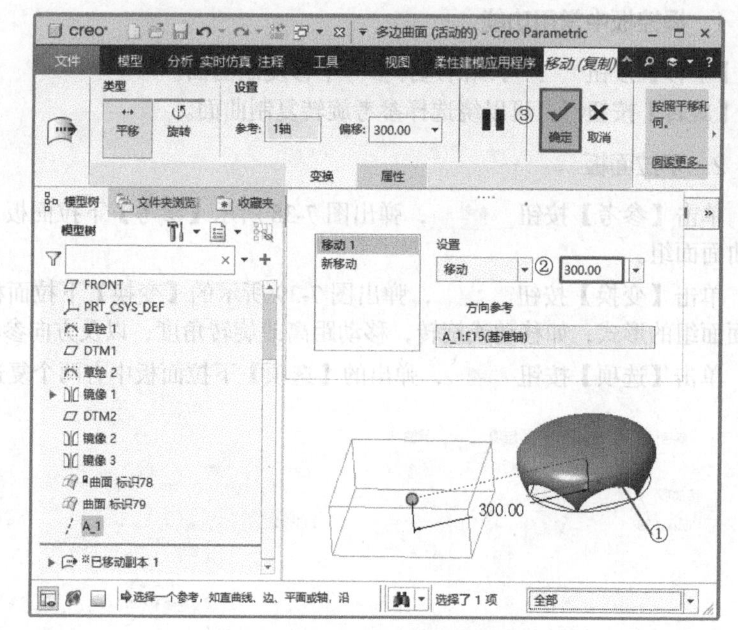

选择性粘贴

☐ 制作有改变选项的完全从属的副本

☑ 对副本应用移动/旋转变换(A)

☐ 高级参考配置(V)

确定(O)　取消(C)

图 7-43 【选择性粘贴】对话框　　　图 7-44 移动复制操作步骤

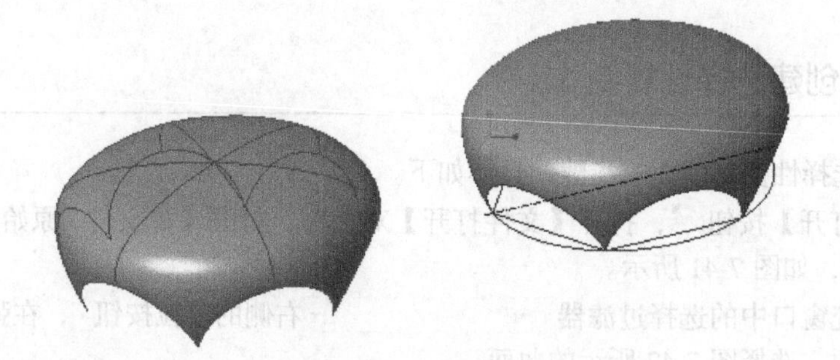

图 7-45 生成的复制模型

7.2.9 练习：创建选择性复制 2

本小节仍介绍选择性复制曲面的步骤，具体如下。

（1）单击【打开】按钮，打开【文件打开】对话框，打开【源文件\原始文件\第 7 章\多边形曲面 .prt】文件。

（2）单击系统窗口中的选择过滤器 特征 右侧的下拉按钮，在弹出的下拉列表中选择【几何】选项。

（3）单击【模型】选项卡【基准】组中的【轴】按钮，弹出【基准轴】对话框。参数设置如图 7-46 所示，生成基准轴 A2。

（4）选择曲面特征。单击【复制】按钮，再单击【选择性粘贴】按钮，旋转复制操作步骤如图 7-47 所示。单击操控板上的【确定】按钮，生成的模型如图 7-48 所示。

（5）选择【文件】→【另存为】→【保存副本】命令，在【新文件名】输入框中输入【选择性复制 2】，保存当前模型文件。

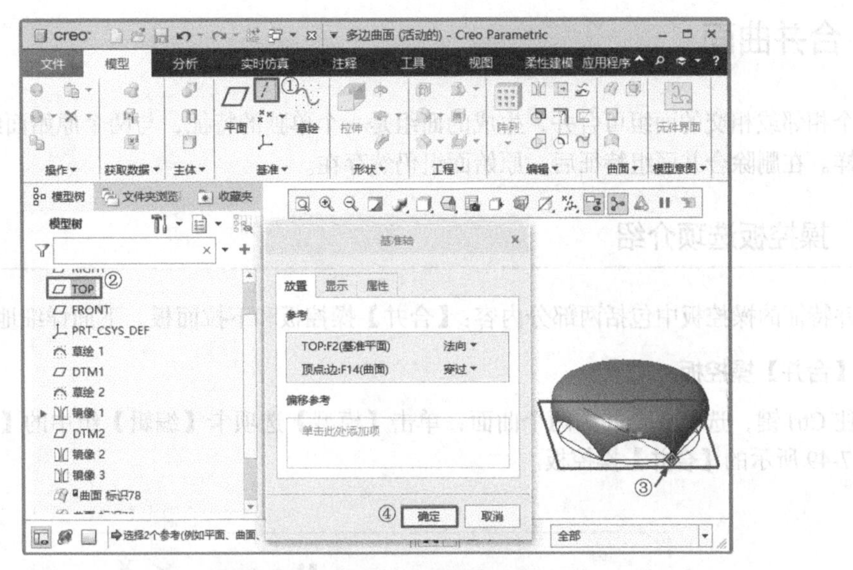

图 7-46　基准轴 A2 的参数设置

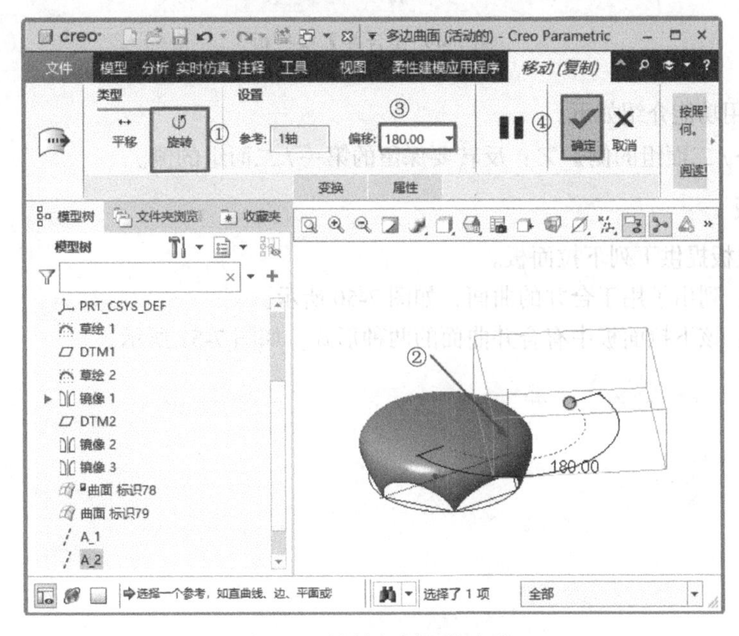

图 7-47　旋转复制操作步骤

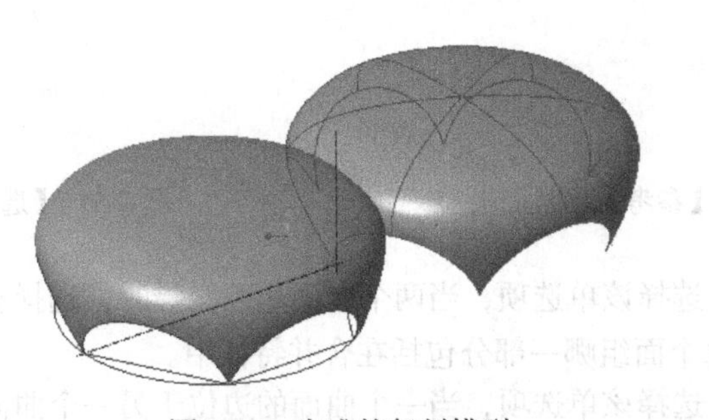

图 7-48　生成的复制模型

7.3 合并曲面

两个相邻或相交的面组可合并，生成的面组是一个单独的特征，与两个原始面组及其他单独的特征一样。在删除合并面组特征后，原始面组仍然存在。

7.3.1 操控板选项介绍

合并特征的操控板中包括两部分内容：【合并】操控板和下拉面板。下面详细地进行介绍。

1.【合并】操控板

按住 Ctrl 键，选择要合并的两个曲面，单击【模型】选项卡【编辑】组中的【合并】按钮，弹出图 7-49 所示的【合并】操控板。

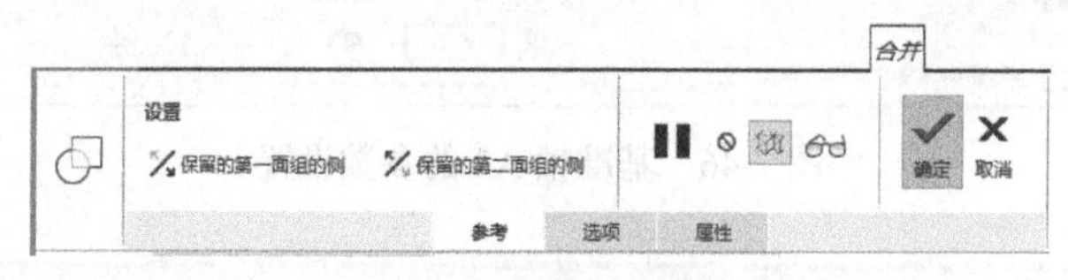

图 7-49 【合并】操控板

操控板中常用功能介绍如下。

【保留的第一 / 二面组的侧】：反转要保留的第一 / 二面组的侧。

2. 下拉面板

【合并】操控板提供下列下拉面板。

（1）【参考】：列出了用于合并的曲面，如图 7-50 所示。

（2）【选项】：该下拉面板中有合并曲面的两种形式，如图 7-51 所示。

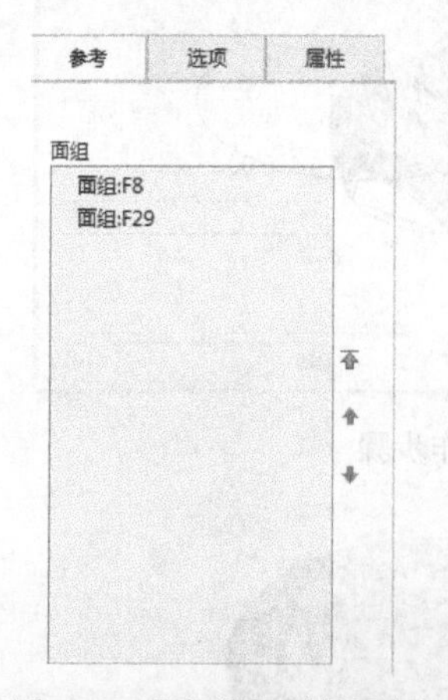

图 7-50 【参考】下拉面板

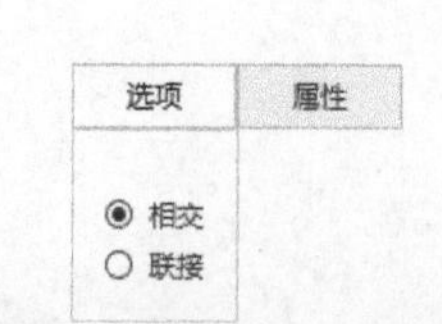

图 7-51 【选项】下拉面板

①【相交】单选项：选择该单选项，当两个曲面相互交错时，选择相交形式合并，通过单击两个【反向】按钮指定每个面组哪一部分包括在合并特征中。

②【联接】单选项：选择该单选项，当一个曲面的边位于另一个曲面的表面时，将与边重合的曲面合并在一起。

7.3.2　练习：创建合并曲面 1

本小节介绍合并曲面的创建步骤，具体如下。

（1）单击【打开】按钮，打开【文件打开】对话框，打开【源文件 \ 原始文件 \ 第 7 章 \ 合并 1.prt】文件，如图 7-52 所示。

（2）按住 Ctrl 键，选择两个曲面，单击【合并】按钮。单击两个【反向】按钮，调整箭头方向，如图 7-53 所示。

（3）单击【确定】按钮，完成合并曲面的建立，如图 7-54 所示。

（4）选择【文件】→【另存为】→【保存副本】命令，在【新文件名】输入框中输入【合并 1-1】，保存当前模型文件。

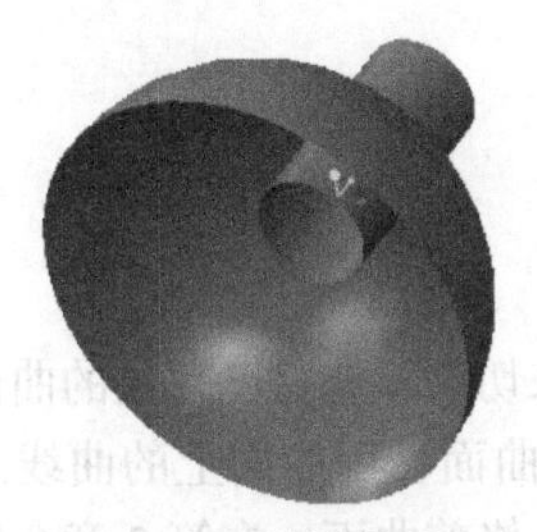
图 7-52　原始模型 1

图 7-53　箭头方向

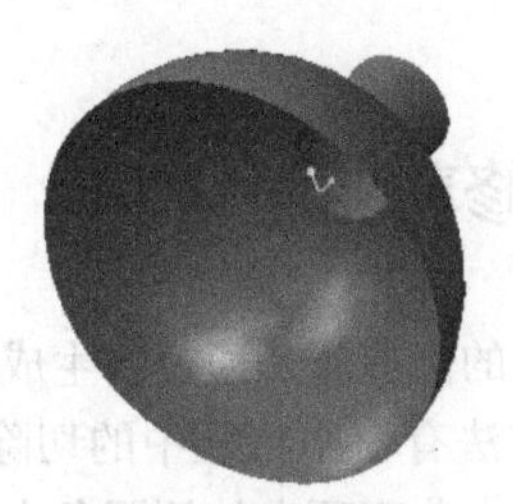
图 7-54　合并后的曲面

7.3.3　练习：创建合并曲面 2

本小节介绍【选项】为【联接】时合并曲面的创建步骤，具体如下。

（1）单击【打开】按钮，打开【文件打开】对话框，打开【源文件 \ 原始文件 \ 第 7 章 \ 合并 2.prt】文件，如图 7-55 所示。

（2）按住 Ctrl 键，选择两个曲面，单击【合并】按钮，弹出【合并】操控板，合并曲面操作步骤如图 7-56 所示。

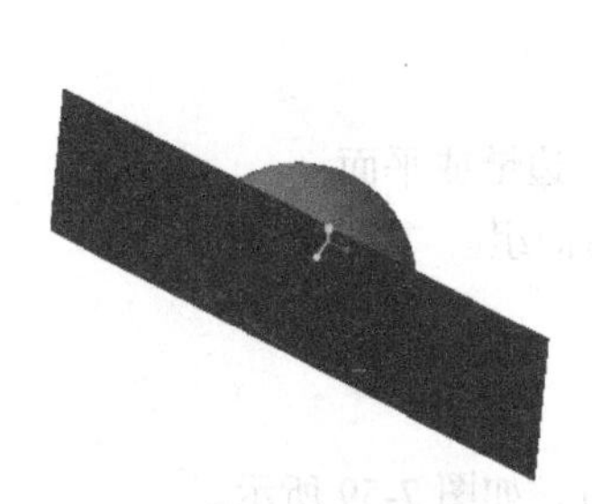
图 7-55　原始模型 2

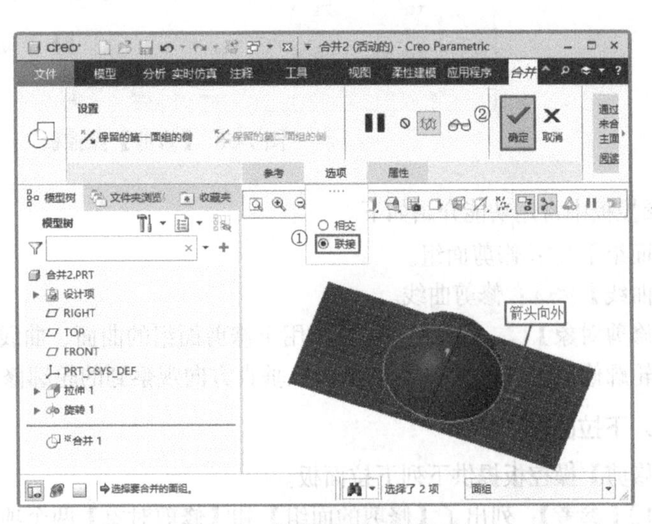

图 7-56　合并曲面操作步骤

（3）单击【确定】按钮✓，完成曲面的建立。生成的模型如图 7-57 所示。

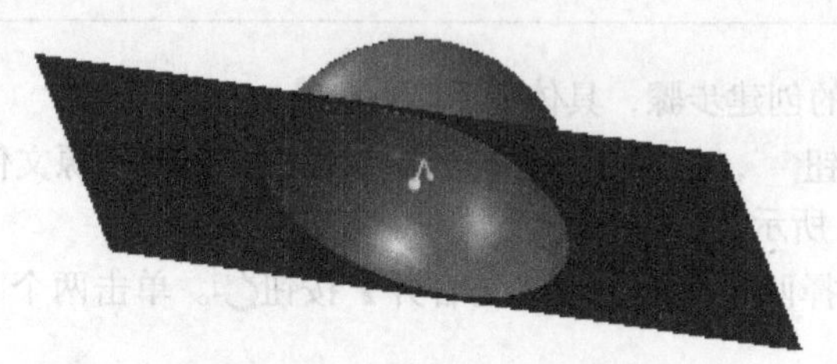

图 7-57　箭头向外时的合并模型

（4）选择【文件】→【另存为】→【保存副本】命令，在【新文件名】输入框中输入【合并 2-1】，保存当前模型文件。

7.4　修剪曲面

曲面的修剪就是通过新生成的曲面或利用曲线、基准平面等来切割、修剪已存在的曲面。常用的修剪方法有：用特征中的切除方法来修剪曲面、用曲面来修剪曲面、用曲面上的曲线来修剪曲面、通过在曲面顶点处倒圆角来修剪曲面。用特征中的切除方法来修剪曲面，在第 2 章介绍基本曲面时已经做过介绍，在此不再赘述，本节主要介绍后面 3 种修剪曲面的方法。

7.4.1　操控板选项介绍

修剪特征的操控板中包括两部分内容：【修剪】操控板和下拉面板。下面详细地进行介绍。

1.【修剪】操控板

单击【模型】选项卡【编辑】组中的【修剪】按钮，弹出图 7-58 所示的【修剪】操控板。

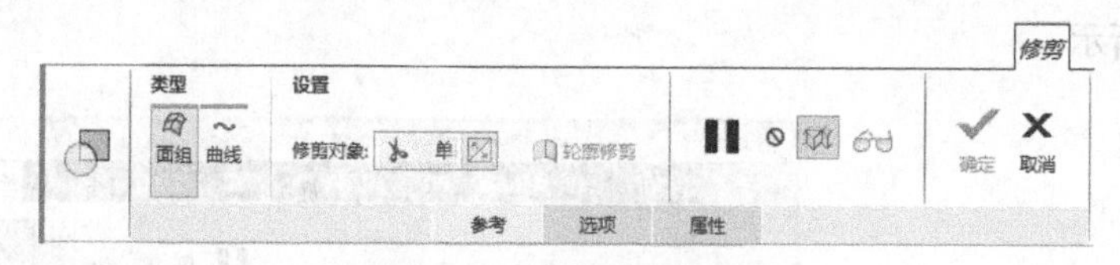

图 7-58　【修剪】操控板

操控板中常用功能介绍如下。

【面组】：修剪面组。

【曲线】：修剪曲线。

【修剪对象】选择 1 个项：收集用于修剪面组的曲面、曲线、边链或平面。

【轮廓修剪】：按照从修剪对象垂直方向观察到的轮廓修剪面组。

2．下拉面板

【修剪】操控板提供下列下拉面板。

（1）【参考】：列出了【修剪的面组】和【修剪对象】两个项目，如图 7-59 所示。

（2）【选项】：使用该下拉面板可进行下列操作，如图 7-60 所示。

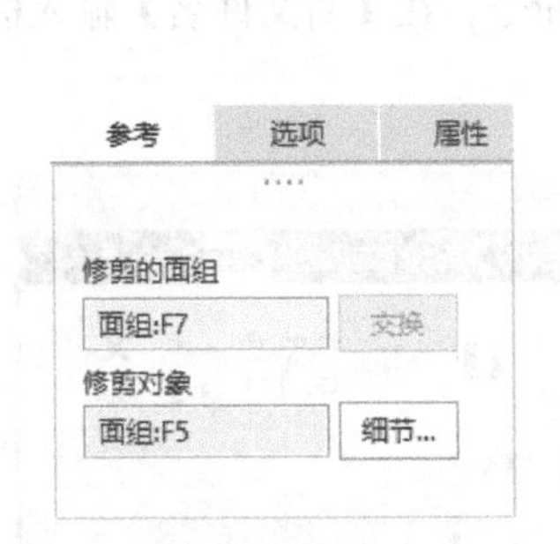

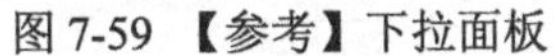

图 7-59 【参考】下拉面板

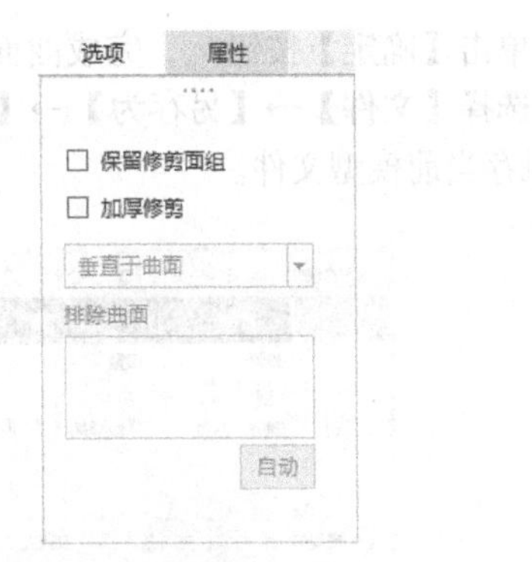

图 7-60 【选项】下拉面板

①【保留修剪面组】复选框：勾选该复选框，则会保留被修剪的面组。

②【加厚修剪】复选框：勾选该复选框，可向修剪面组添加厚度，如图 7-61 所示。

单击 垂直于曲面 右侧的下拉按钮，弹出图 7-62 所示的 3 个修剪方式选项，各选项的意义如下。

- 【垂直于曲面】：在垂直于曲面的方向上加厚曲面。
- 【自动拟合】：确定缩放坐标系并沿 3 个轴自动拟合。
- 【控制拟合】：用特定的缩放坐标系和受控制的拟合运动来加厚曲面。

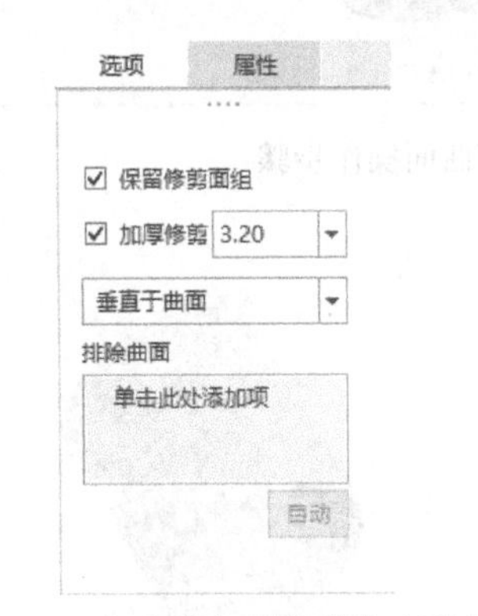

图 7-61　勾选【加厚修剪】复选框

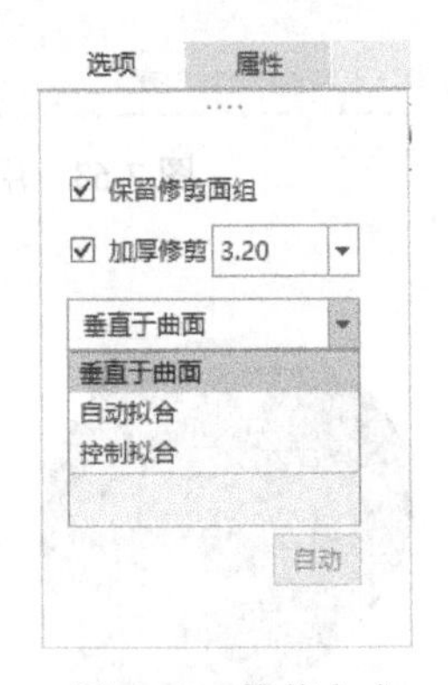

图 7-62　修剪方式

7.4.2　练习：用曲面来修剪曲面

本小节介绍如何用曲面来修剪曲面。

1. 用曲面来修剪曲面的实例 1

（1）单击【打开】按钮，打开【文件打开】对话框，打开【源文件\原始文件\第 7 章\合并 1】文件。

（2）单击【修剪】按钮，弹出【曲面修剪】操控板。用曲面来修剪曲面的操作步骤如图 7-63 所示。单击【预览】按钮，修剪后的曲面如图 7-64 所示。

（3）单击【暂停】按钮，重新返回编辑状态。在【选项】下拉面板中，取消勾选【保留修剪曲面】复选框，再单击【预览】按钮，生成的模型如图 7-65 所示。

（4）单击【确定】按钮，完成曲面的建立。

（5）选择【文件】→【另存为】→【保存副本】命令，在【新文件名】输入框中输入【修剪曲面 1】，保存当前模型文件。

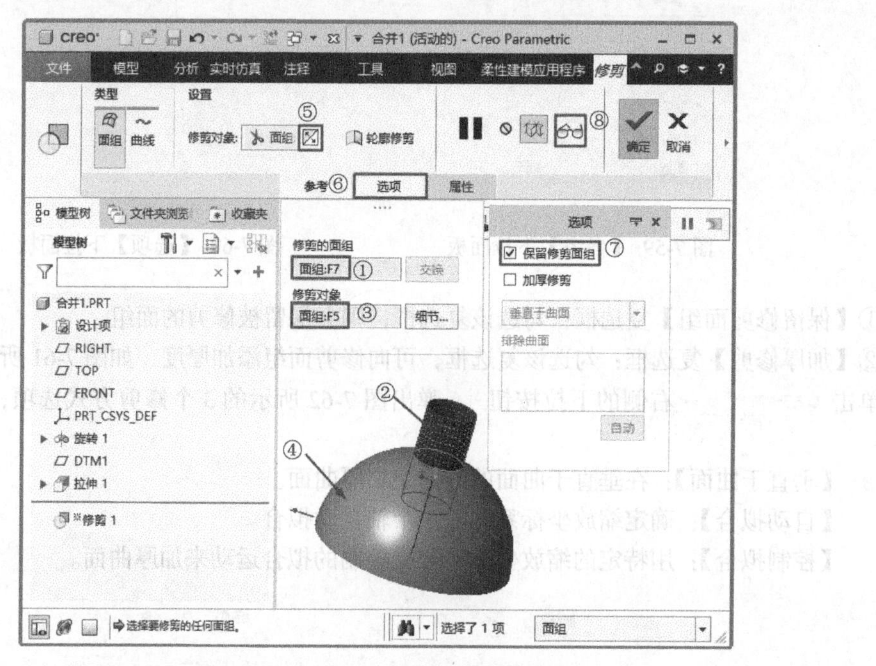

图 7-63 用曲面来修剪曲面操作步骤

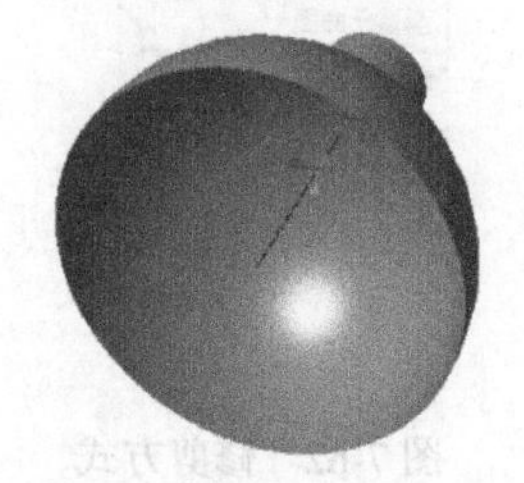

图 7-64 修剪后的曲面

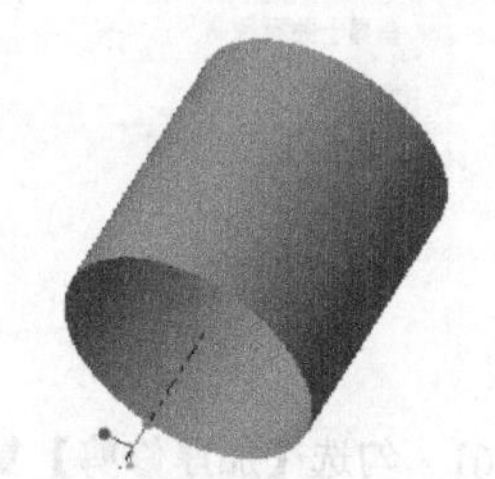

图 7-65 修剪后的模型

2. 用曲面来修剪曲面的实例 2

（1）单击【打开】按钮，打开【文件打开】对话框，打开【合并 1.prt】文件。

（2）单击【修剪】按钮，弹出【曲面修剪】操控板。曲面修剪操作步骤如图 7-66 所示。

（3）单击【预览】按钮，修剪后的曲面如图 7-67 所示。

（4）单击【暂停】按钮，重新返回编辑状态。单击【选项】按钮 选项 ，取消勾选【保留修剪曲面】复选框，单击【预览】按钮，生成的模型如图 7-68 所示。

（5）单击【确定】按钮，完成曲面的建立。

（6）选择【文件】→【另存为】→【保存副本】命令，在【新文件名】输入框中输入【修剪曲面 2】，保存当前模型文件。

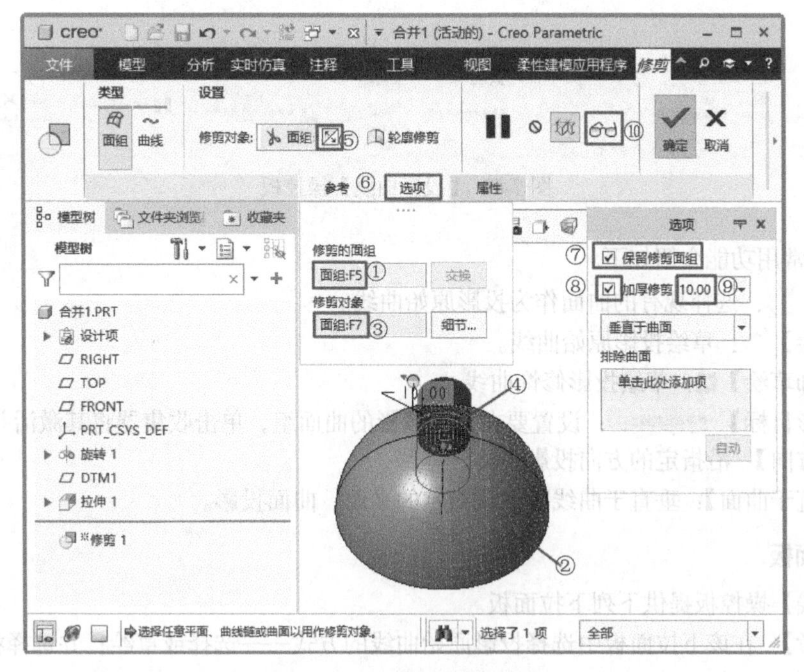

图 7-66　修剪曲面操作步骤

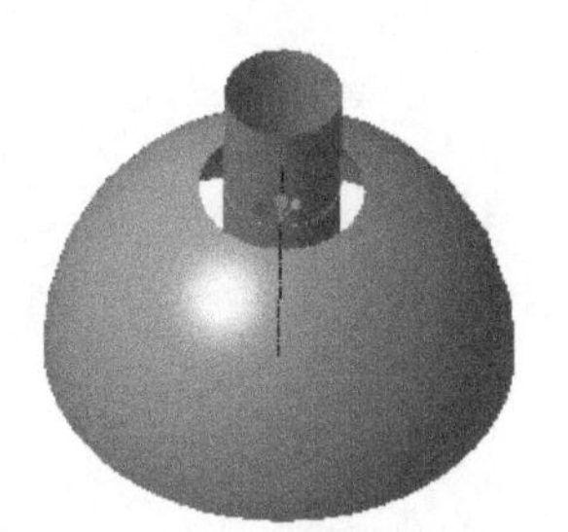

图 7-67　修剪后的曲面

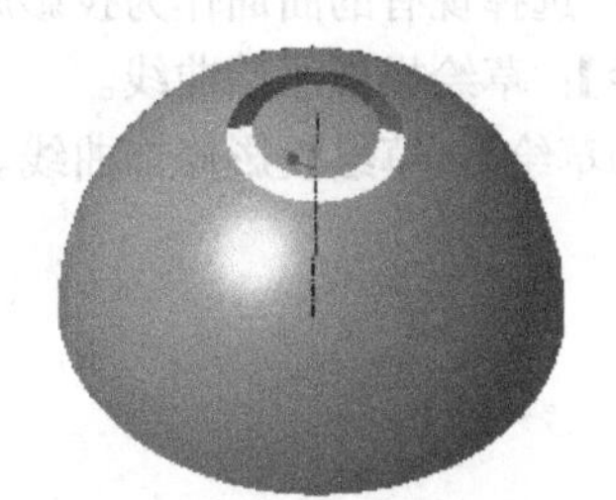

图 7-68　修剪后的模型

7.4.3　操控板选项介绍

曲面上的曲线可以用来修剪曲面，用来修剪曲面的曲线不一定是封闭的，但曲线一定要位于曲面上。因此所选择的用来修剪曲面的曲线必须位于曲面上，不能选择任意的空间曲线。我们可以通过投影的方法将空间曲线投影到曲面上，再利用投影曲线修剪曲面。

投影特征的操控板中包括两部分内容：【投影曲线】操控板和下拉面板。下面详细地进行介绍。

1.【投影曲线】操控板

单击【模型】选项卡【编辑】组中的【投影】按钮，弹出【投影曲线】操控板，如图 7-69 所示。

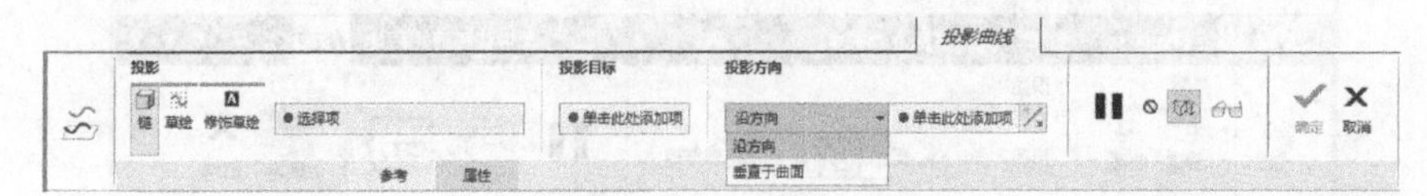

图 7-69 【投影曲线】操控板

操控板中常用功能介绍如下。

（1）【链】：选择现有的曲面作为投影原始曲线。

（2）【草绘】：草绘投影原始曲线。

（3）【修饰草绘】：草绘投影修饰曲线。

（4）【投影目标】 ●单击此处添加项 ：设置要在其上投影的曲面组，单击收集器将其激活并替换参考。

（5）【沿方向】：沿指定的方向投影。

（6）【垂直于曲面】：垂直于曲线平面或指定的平面、曲面投影。

2. 下拉面板

【投影曲线】操控板提供下列下拉面板。

（1）【参考】：在该下拉面板中选择投影原始曲线的方式——选择或草绘；并选择将曲线投影到的曲面及投影方向，如图 7-70 所示。

单击 投影链 右侧的下拉按钮，弹出 3 个投影方式选项，如图 7-71 所示。

①【投影链】：选择现有的曲面作为投影原始曲线。

②【投影草绘】：草绘投影原始曲线。

③【投影修饰草绘】：草绘投影修饰曲线。

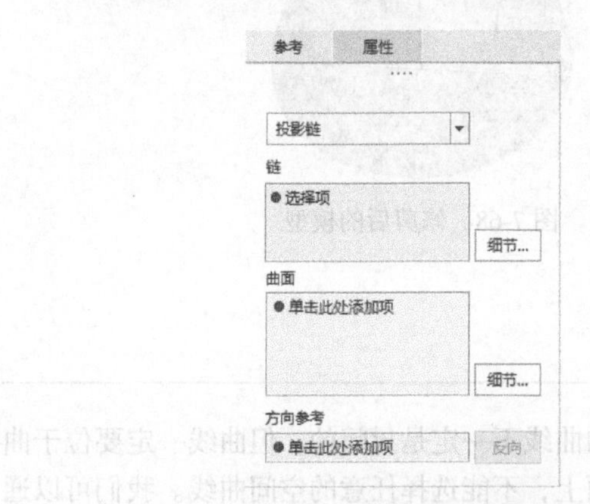

图 7-70 【参考】下拉面板

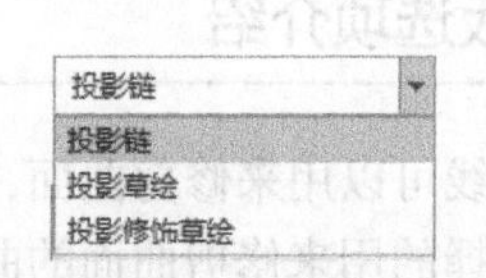

图 7-71 投影方式

（2）【属性】：用于编辑特征名称，并打开 Creo Parametric 8 浏览器显示特征信息。

7.4.4 练习：用曲面上的曲线来修剪曲面

本小节介绍如何用曲面上的曲线来修剪曲面，具体操作步骤如下。

（1）单击【打开】按钮，打开【文件打开】对话框，打开【源文件\原始文件\第 7 章\修剪曲面】文件，如图 7-72 所示。

（2）单击【投影】按钮，弹出【投影曲线】操控板，进入草绘环境的操作步骤如图 7-73 所示。

（3）绘制图 7-74 所示的投影曲线。单击【确定】按钮✔，退出草图绘制环境。

（4）返回操控板，投影曲线操作步骤如图 7-75 所示。

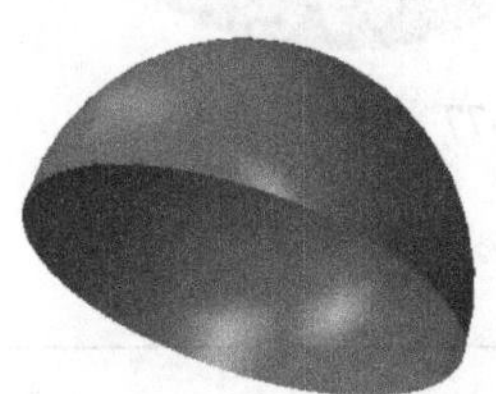

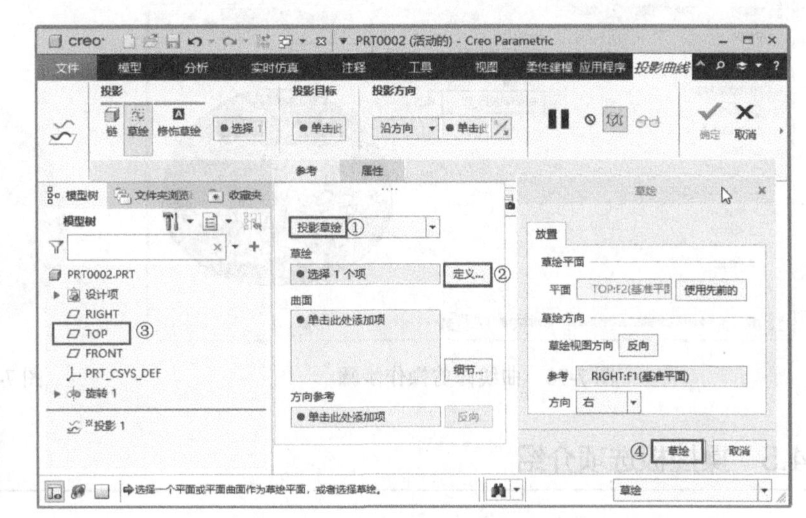

图 7-72　原始模型　　　　图 7-73　进入草绘环境的操作步骤

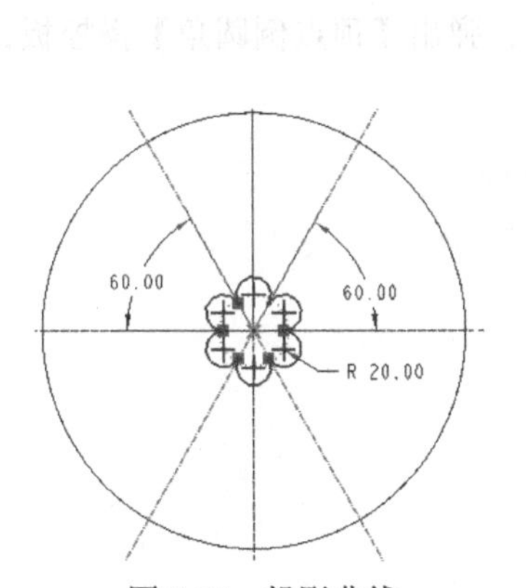

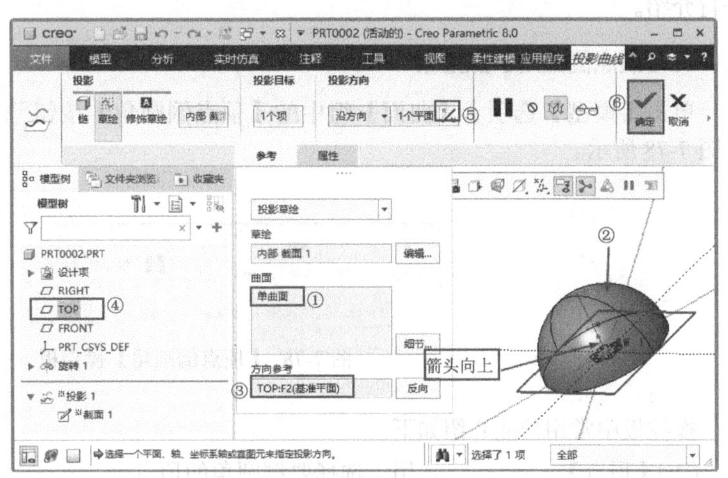

图 7-74　投影曲线　　　　图 7-75　投影曲线操作步骤

（5）单击【确定】按钮✔，完成曲线投影的建立。

（6）单击【修剪】按钮，弹出【投影曲线】操控板，曲线修剪操作步骤如图 7-76 所示。

（7）单击【确定】按钮✔，完成修剪曲面的建立，如图 7-77 所示。

（8）选择【文件】→【另存为】→【保存副本】命令，在【新文件名】输入框中输入【修剪曲面 3】，保存当前模型文件。

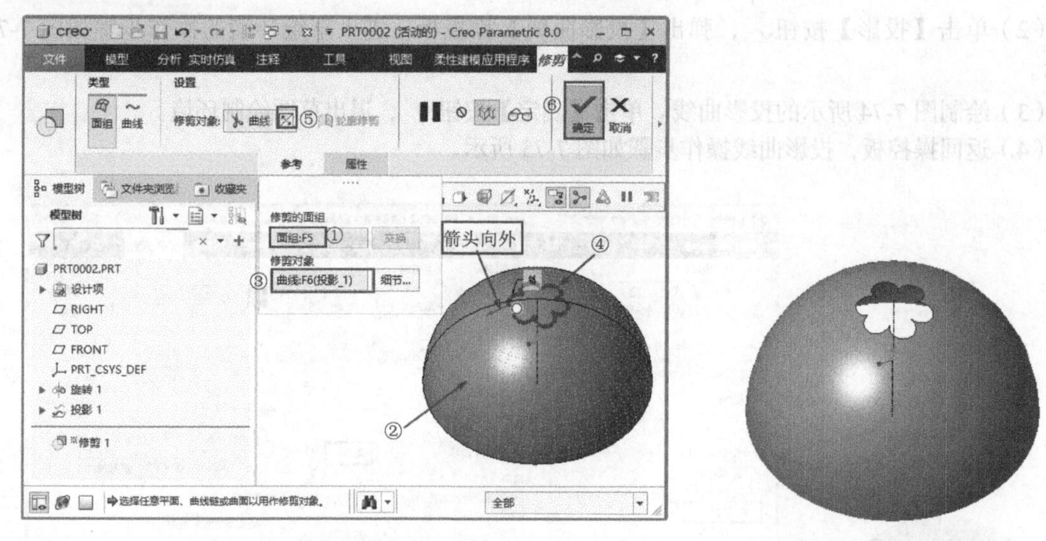

图 7-76　曲线修剪操作步骤

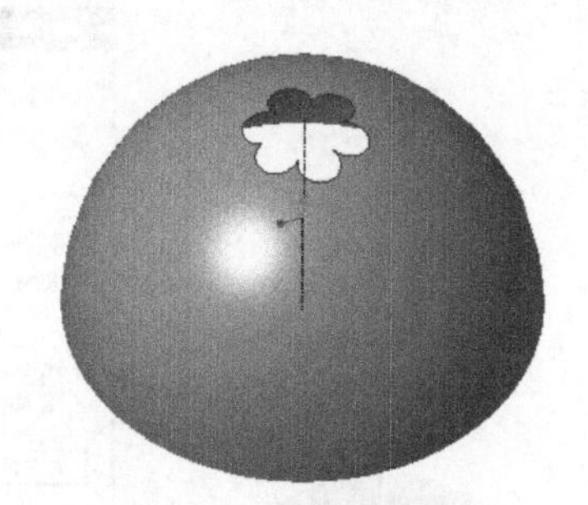

图 7-77　修剪后的模型

7.4.5　操控板选项介绍

使用顶点倒圆角功能可以在外部面组的边上创建圆角。

顶点倒圆角特征的操控板中包括两部分内容：【顶点倒圆角】操控板和下拉面板。下面详细地进行介绍。

1.【顶点倒圆角】操控板

单击【模型】选项卡【曲面】组中的【顶点倒圆角】按钮，弹出【顶点倒圆角】操控板，如图 7-78 所示。

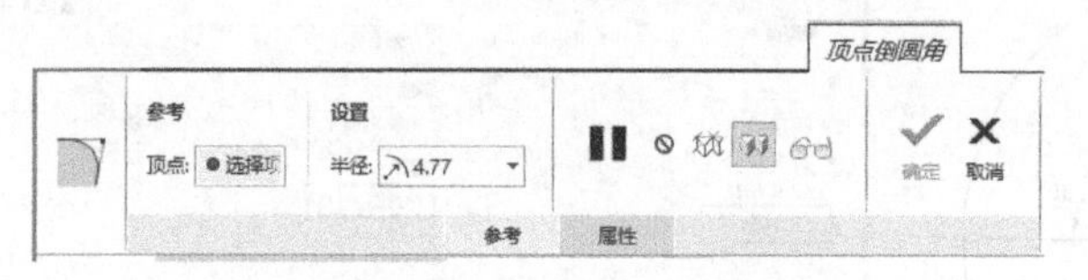

图 7-78　【顶点倒圆角】操控板

操控板中常用功能介绍如下。

（1）【顶点】 ●选择项 ：用于选择要倒圆角的顶点。

（2）【半径】 3 ：用于设置圆角值，从最近使用的值下拉列表中选择或拖动控制滑块调整值。

2. 下拉面板

【顶点倒圆角】操控板提供下列下拉面板。

（1）【参照】：收集顶点以在其上创建圆角。

（2）【属性】：用于编辑特征名称，并打开 Creo Parametric 8 浏览器显示特征信息。

7.4.6　练习：通过在曲面的顶点处倒圆角来修剪曲面

本小节介绍如何用在曲面顶点处倒圆角的方式来修剪曲面，具体操作步骤如下。

（1）单击【打开】按钮，打开【文件打开】对话框，打开【源文件\原始文件\第 7 章\合并 2-1】文件。

（2）单击【顶点倒圆角】命令，弹出【顶点倒圆角】操控板。在顶点处倒圆角操作步骤如图 7-79 所示。

（3）单击【确定】按钮，生成的模型如图 7-80 所示。

（4）选择【文件】→【另存为】→【保存副本】命令，在【新文件名】输入框中输入【修剪曲面 4】，保存当前模型文件。

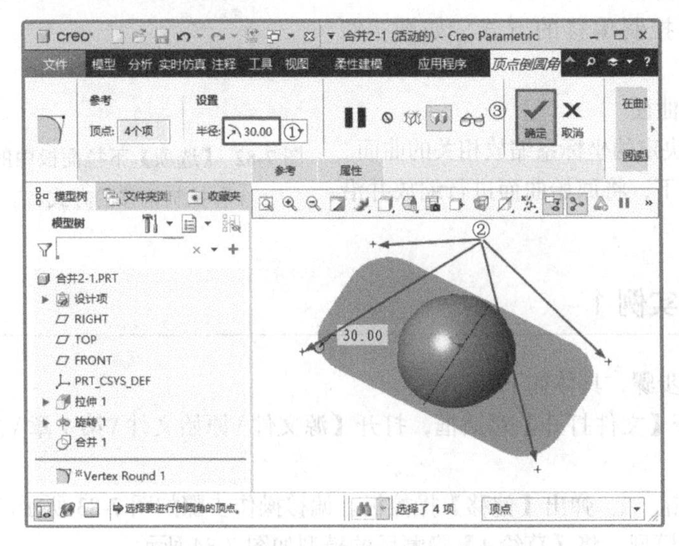

图 7-79　在顶点处倒圆角操作步骤

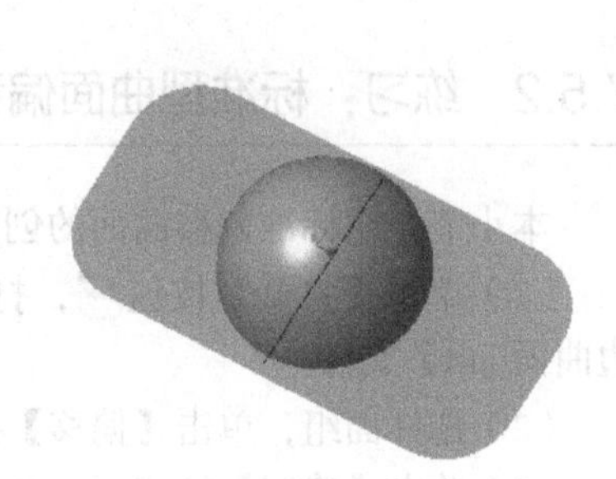

图 7-80　圆角修剪

7.5　曲面偏移

偏移特征可以用于曲线特征，也可以用于曲面特征。曲面偏移也是一个很重要的曲面特征。用户使用偏移工具，通过一个曲面、一条偏移距离恒定或者可变的曲线，就可以创建一个新的偏移曲面。然后，使用此偏移曲面来构建几何或创建阵列几何，同时也可以使用该偏移曲线构建一组可在以后用来构建曲面的曲线。

7.5.1　操控板选项介绍

偏移特征的操控板中包括两部分内容：【偏移】操控板和下拉面板。下面详细地进行介绍。

1.【偏移】操控板

在模型中选择一个面，然后单击【模型】选项卡【编辑】组中的【偏移】按钮，弹出【偏移】操控板，如图 7-81 所示。

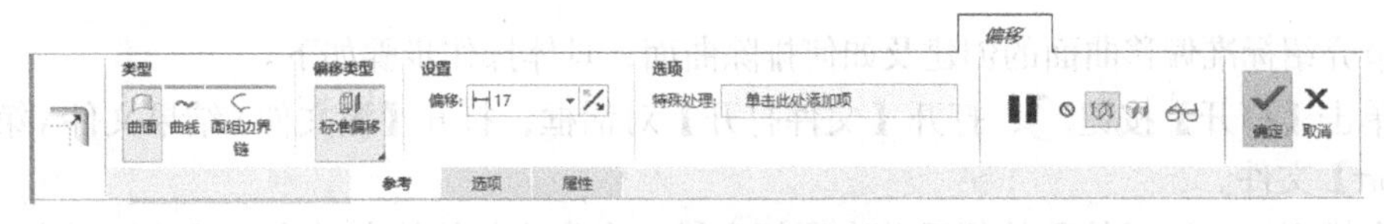

图 7-81　【偏移】操控板

操控板中常用功能介绍如下。

（1）偏移类型：【标准偏移】、【具有拔模】、【展开】、【替换曲面】。

（2）【偏移】11.16：该输入框用于设置偏移距离。

2. 下拉面板

下面主要介绍一下【选项】下拉面板。

【选项】：该下拉面板中有3种控制偏移的方式，如图7-82所示。

（1）【垂直于曲面】：垂直于原始曲面。

（2）【自动拟合】：系统根据自动决定的坐标系缩放相关的曲面。

（3）【控制拟合】：在指定坐标系下，将原始曲面进行缩放并沿指定轴移动。

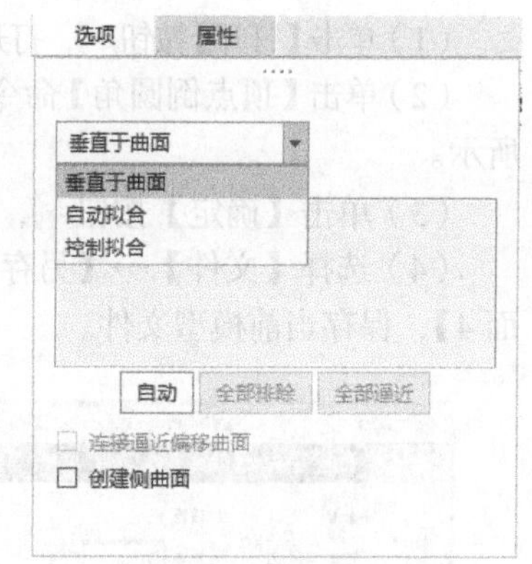

图7-82 【选项】下拉面板中的3种控制偏移的方式

7.5.2 练习：标准型曲面偏移实例1

本小节介绍标准偏移曲面的创建步骤，具体如下。

（1）单击【打开】按钮，打开【文件打开】对话框，打开【源文件\原始文件\第7章\多边曲面.prt】文件。

（2）选择面组，单击【偏移】按钮，弹出【偏移】操控板。偏移操作步骤如图7-83所示。

（3）单击【确定】按钮，生成模型，将【草绘1】隐藏后的模型如图7-84所示。

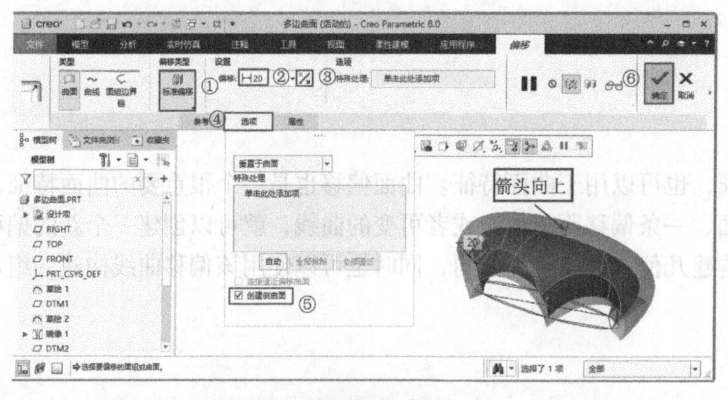

图7-83 偏移操作步骤

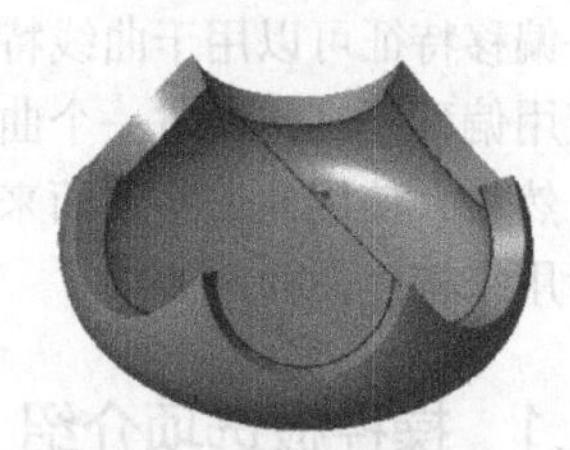

图7-84 偏移后的模型

（4）选择【文件】→【另存为】→【保存副本】命令，在【新文件名】输入框中输入【曲面偏移1】，保存当前模型文件。

7.5.3 练习：标准型曲面偏移实例2

本小节介绍标准偏移曲面的创建及如何排除曲面，具体操作步骤如下。

（1）单击【打开】按钮，打开【文件打开】对话框，打开【源文件\结果文件\第7章\曲面偏移1.prt】文件。

（2）在模型树中选择偏移特征后单击鼠标右键，在弹出的快捷菜单中选择【编辑定义】选项。

弹出【偏移】操控板，偏移操作步骤如图 7-85 所示。

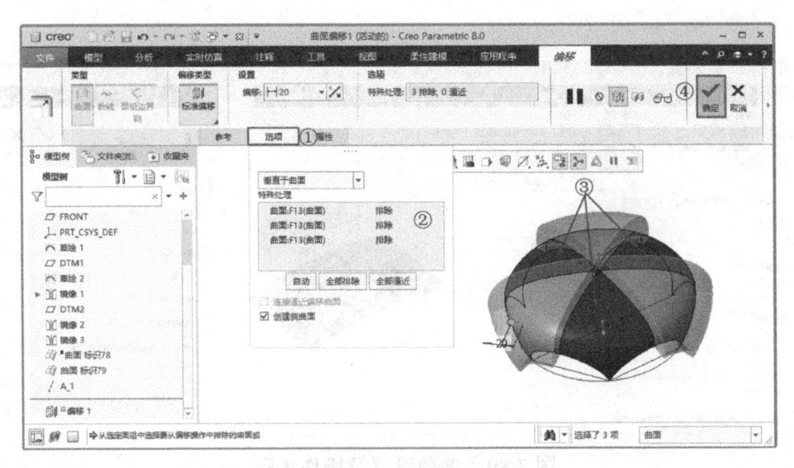

图 7-85　偏移操作步骤

（3）单击【确定】按钮✓，生成相应的模型。

（4）按住 Ctrl 键，在模型树中选择所有的曲线及原始的曲面，单击鼠标右键，在弹出的快捷菜单中选择【隐藏】选项，将它们全部隐藏，如图 7-86 所示。

（5）观察生成的模型，如图 7-87 所示。

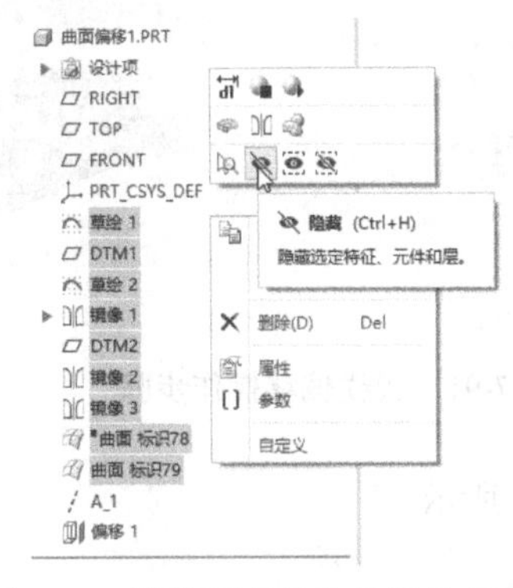

图 7-86　隐藏所有曲线及原始曲面

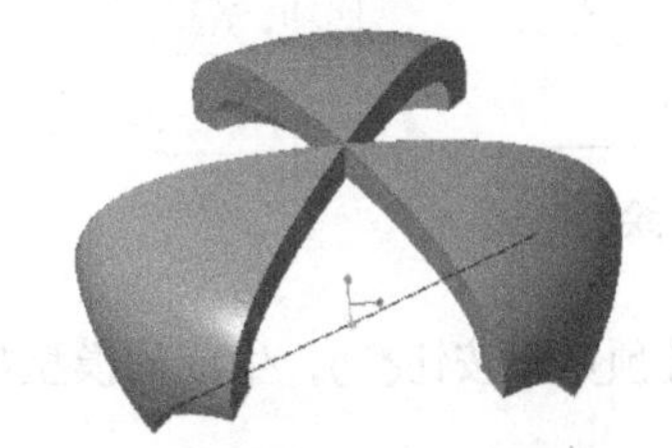

图 7-87　排除曲面后的偏移模型

（6）选择【文件】→【另存为】→【保存副本】命令，在【新文件名】输入框中输入【曲面偏移 2】，保存当前文件。

7.5.4　练习：具有拔模特征的曲面偏移

使用拔模型曲面偏移，可在模型局部创建拔模特征，具体操作步骤如下。

（1）单击【打开】按钮，打开【文件打开】对话框，打开【源文件 \ 原始文件 \ 第 7 章 \ 偏移 1-1.prt】文件，如图 7-88 所示。

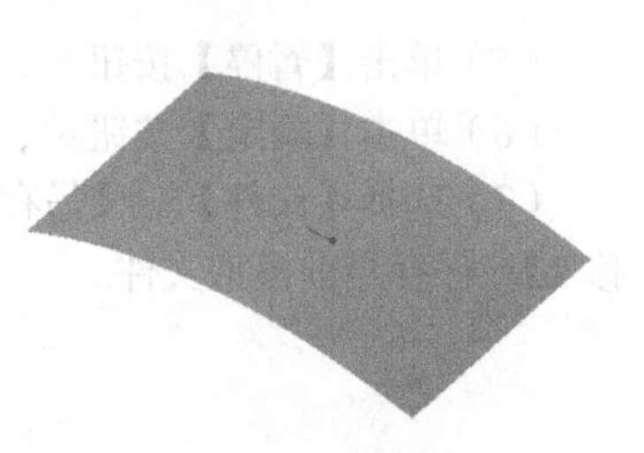

图 7-88　原始模型

（2）单击【偏移】按钮，弹出【偏移】操控板。参数设

置及操作步骤如图 7-89 所示。进入草绘环境，绘制图 7-90 所示的截面。单击【确定】按钮，退出草绘环境。

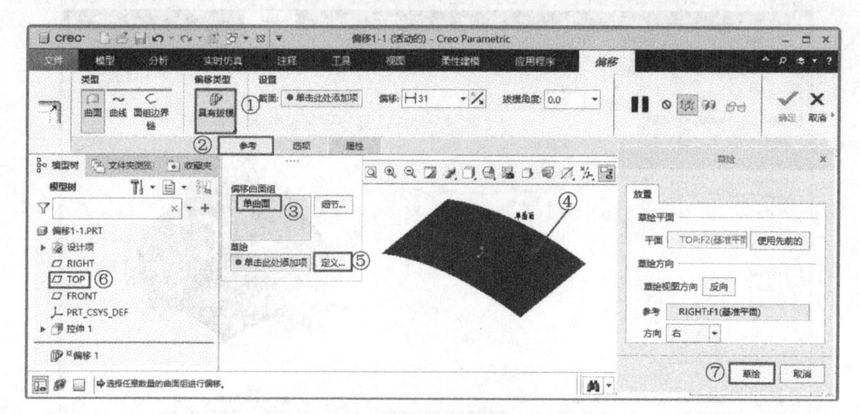

图 7-89　参数设置及操作步骤

（3）返回操控板，拔模偏移操作步骤如图 7-91 所示。

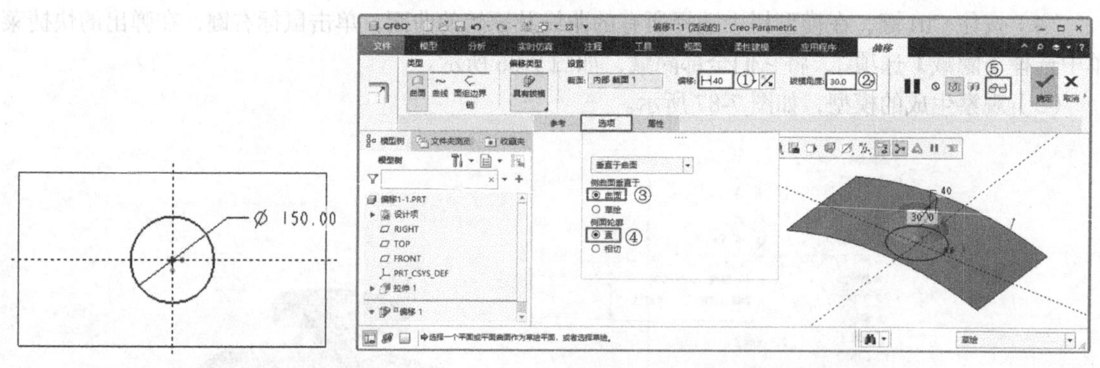

图 7-90　绘制截面　　　　图 7-91　拔模偏移操作步骤

（4）单击【预览】按钮，生成的模型如图 7-92 所示。

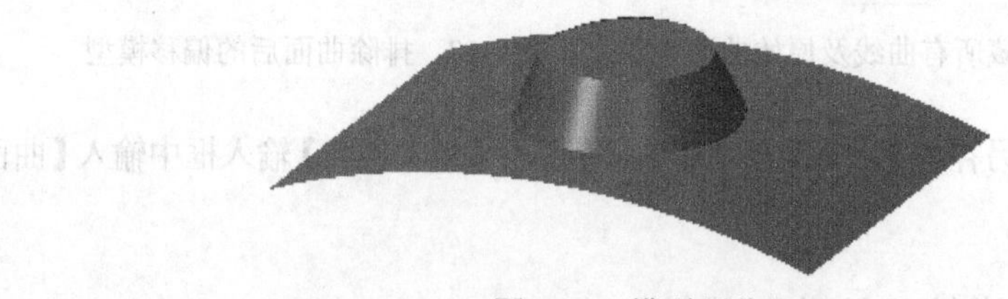

图 7-92　模型预览

（5）单击【暂停】按钮，重新返回编辑状态。修改参数，具体参数设置如图 7-93 所示。

（6）单击【确定】按钮，生成的模型如图 7-94 所示。

（7）选择【文件】→【另存为】→【保存副本】命令，在【新文件名】输入框中输入【曲面偏移 3】，保存当前模型文件。

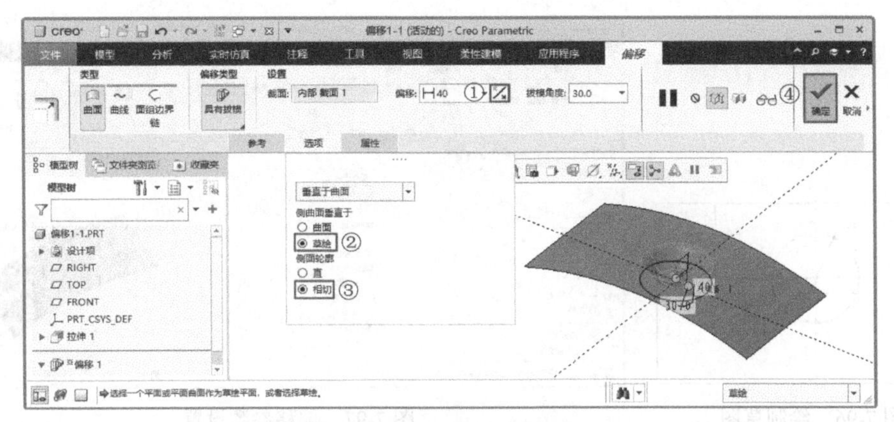

图 7-93 具体参数设置

图 7-94 侧面垂直于草绘并且与侧面轮廓相切的偏移模型

7.5.5 练习：展开型曲面偏移

使用展开型曲面偏移，在选择的面之间可创建连续的包容体，也可对开放曲线或实体表面的局部进行偏移，具体操作步骤如下。

（1）单击【打开】按钮，打开【文件打开】对话框，打开【源文件\原始文件\第7章\偏移1-1.prt】文件。

（2）选择曲面，单击【偏移】按钮，弹出【偏移】操控板。参数设置步骤如图 7-95 所示。

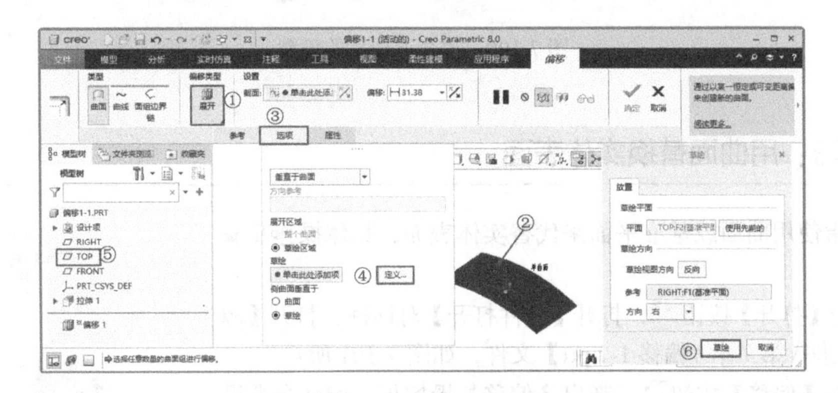

图 7-95 参数设置步骤

（3）绘制图 7-96 所示的草图，返回操控板，参数设置如图 7-97 所示。

（4）单击【预览】按钮，生成的模型如图 7-98 所示。

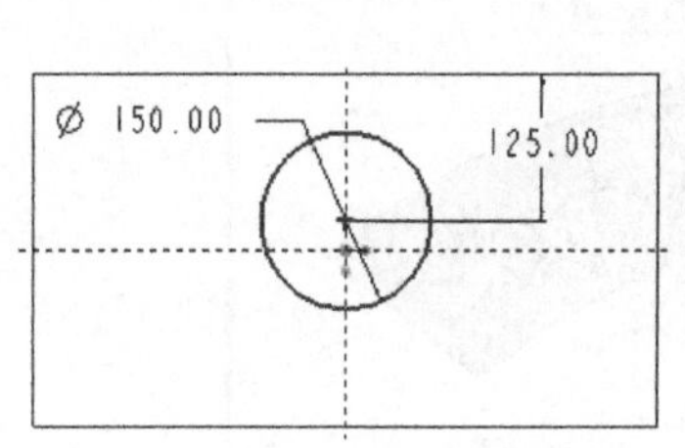

图 7-96　绘制草图

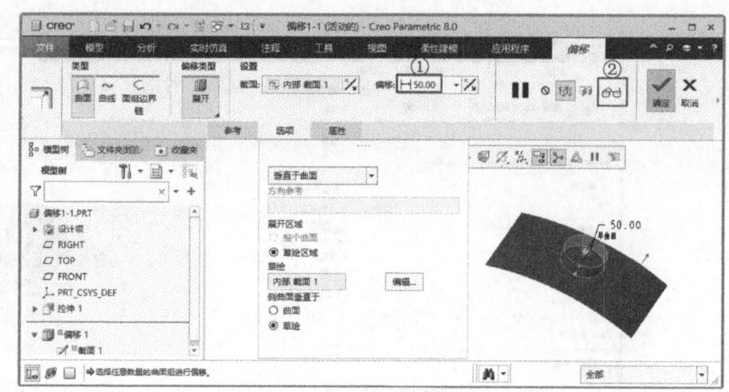

图 7-97　偏移参数设置

（5）单击【暂停】按钮▶，重新返回编辑状态。单击【反向】按钮，这时，在模型中可以看到，原始曲面整体进行了偏移，如图 7-99 所示。

图 7-98　模型预览

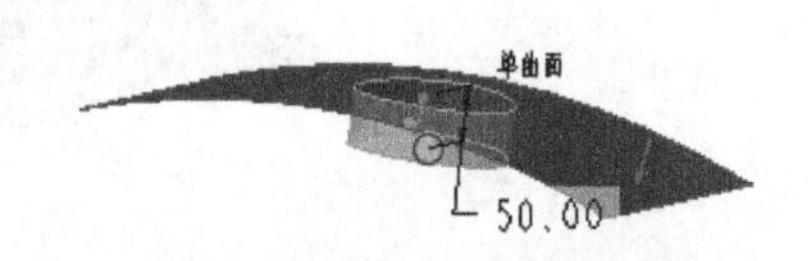

图 7-99　改变方向后的模型预览

（6）单击【确定】按钮，完成偏移曲面的建立。生成的模型如图 7-100 所示。

（7）选择【文件】→【另存为】→【保存副本】命令，在【新文件名】输入框中输入【曲面偏移 4】，保存当前模型文件。

图 7-100　改变方向后的模型

7.5.6　练习：用曲面替换实体表面

替换是指使用曲面或基准平面来代替实体表面，具体操作步骤如下。

（1）单击【打开】按钮，打开【文件打开】对话框，打开【源文件\原始文件\第 7 章\偏移 1-2.prt】文件，如图 7-101 所示。

（2）单击【偏移】按钮，弹出【偏移】操控板。偏移参数设置如图 7-102 所示。

（3）单击【确定】按钮，完成偏移曲面的建立。生成的模型如图 7-103 所示。

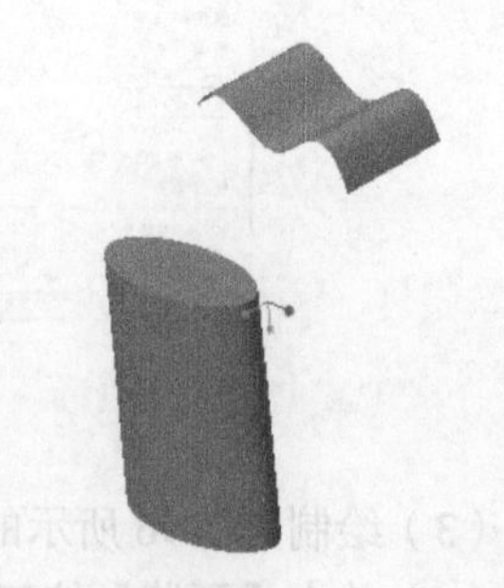

图 7-101　拉伸实体及拉伸曲面

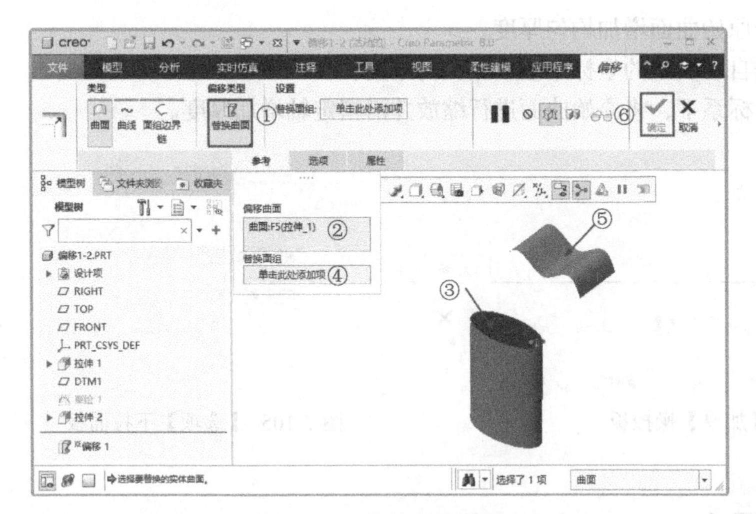

图 7-102　偏移参数设置

图 7-103　替换实体表面后的偏移曲面

（4）选择【文件】→【另存为】→【保存副本】命令，在【新文件名】输入框中输入【曲面偏移 5】，保存当前模型文件。

注意

替换的实体表面需与替换的曲面平行。

7.6　曲面加厚

从理论上讲，曲面是没有厚度的，因此，如果以曲面为参考生成薄壁实体，就要用到曲面加厚功能。该功能在设计一些复杂的均匀薄壁塑料件、压铸件、钣金件时经常用到。

7.6.1　操控板选项介绍

加厚特征的操控板中包括两部分内容：【加厚】操控板和下拉面板。下面详细地进行介绍。

1.【加厚】操控板

选择面组，单击【模型】选项卡【编辑】组中的【加厚】按钮，弹出图 7-104 所示的【加厚】操控板。

操控板中常用功能介绍如下。

（1）【填充实体】：用实体材料填充加厚的面组。

（2）【移除材料】：从加厚的面组中移除材料。

（3）【厚度】：输入总加厚偏移值。

（4）【反向】：反转结果几何的方向。

2. 下拉面板

下面主要介绍一下【选项】下拉面板。

【选项】：该下拉面板中有 3 个选项，如图 7-105 所示。

（1）【垂直于曲面】：垂直于原始曲面增加均匀厚度。

（2）【自动拟合】：系统根据自动决定的坐标系缩放相关的厚度。

（3）【控制拟合】：在指定坐标系下，将原始曲面进行缩放并沿指定轴增加厚度。

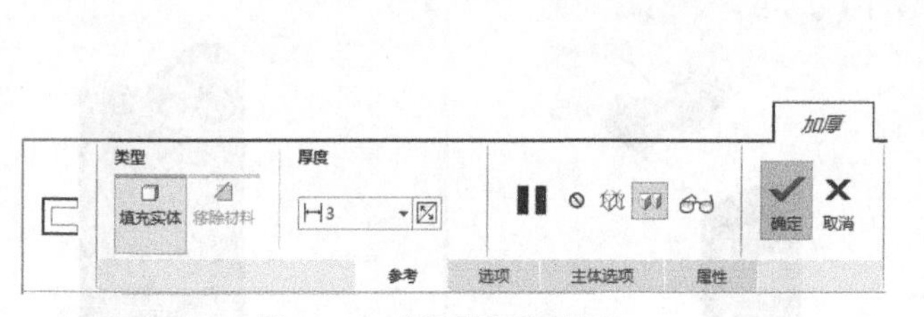

图 7-104 【加厚】操控板

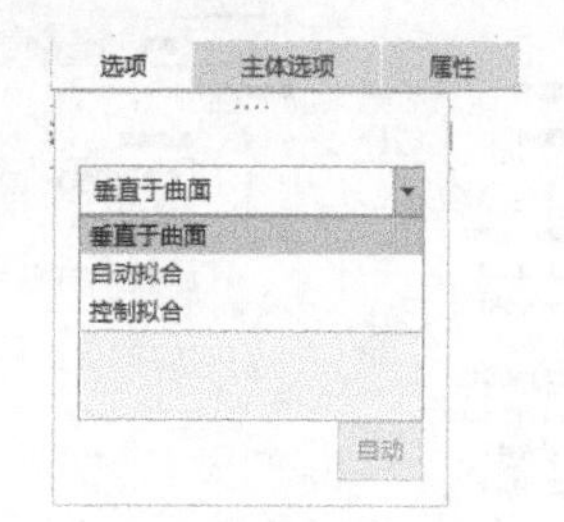

图 7-105 【选项】下拉面板

7.6.2 练习：创建曲面加厚 1

本例讲解利用【填充实体】选项进行曲面加厚的操作步骤，具体如下。

（1）单击【打开】按钮，打开【文件打开】对话框，打开【源文件 \ 原始文件 \ 第 7 章 \ 混合曲面 .prt】文件，如图 7-106 所示。

（2）选中面组，然后单击【模型】选项卡【编辑】组中的【加厚】按钮，在弹出的【加厚】操控板中输入厚度值【10】。

（3）单击操控板中的【反向】按钮，调整方向为向外加厚。单击【确定】按钮，完成模型的制作，如图 7-107 所示。

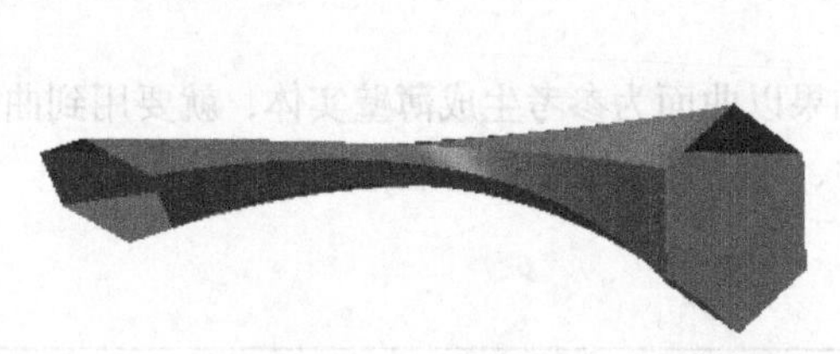

图 7-106 混合曲面

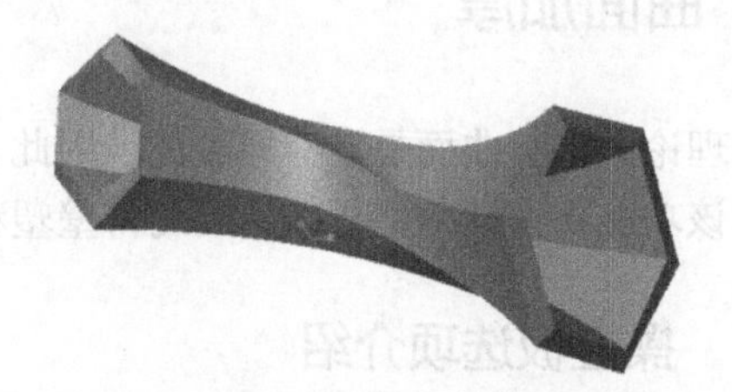

图 7-107 曲面加厚模型

（4）选择【文件】→【另存为】→【保存副本】命令，在【新文件名】输入框中输入【曲面加厚 1】，保存当前模型文件。

7.6.3 练习：创建曲面加厚 2

本例讲解利用【移除材料】选项进行曲面加厚的操作步骤，具体如下。

（1）单击【打开】按钮，打开【文件打开】对话框，打开【源文件 \ 原始文件 \ 第 7 章 \ 曲面加厚 .prt】文件，创建图 7-108 所示的拉伸曲面。

（2）选中拉伸曲面，单击【模型】选项卡【编辑】组中的【加厚】按钮，弹出【加厚】操控板，参数设置步骤如图 7-109 所示。

图 7-108 拉伸曲面

（3）单击【确定】按钮✓，完成模型的建立，如图7-110所示。

（4）选择【文件】→【另存为】→【保存副本】命令，在【新文件名】输入框中输入【曲面加厚2】，保存当前模型文件。

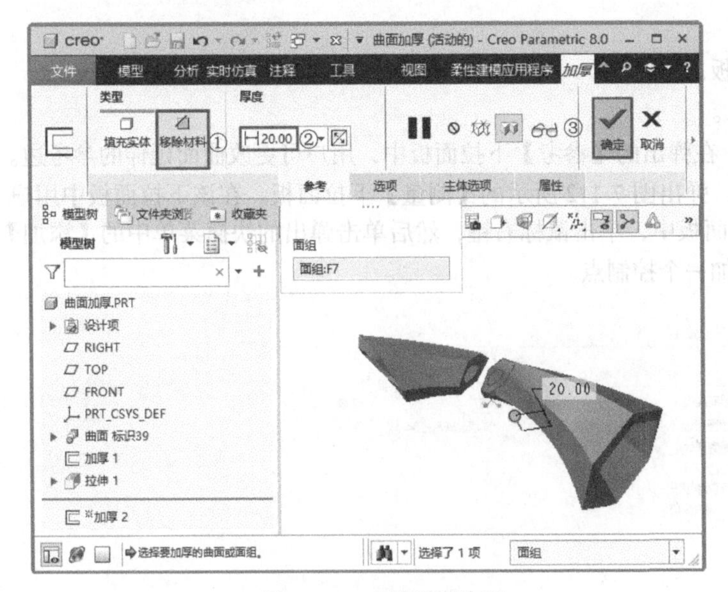

图7-109　参数设置步骤

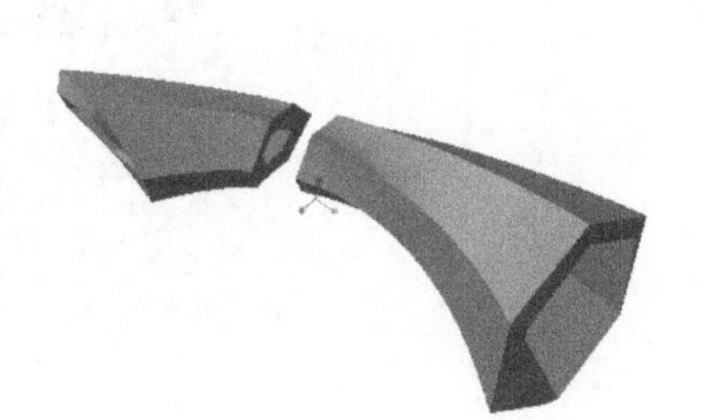

图7-110　曲面加厚模型

7.7　延伸曲面

延伸曲面的方法有4种，分别是同一曲面类型的延伸、延伸曲面到指定的平面、与原曲面相切延伸、与原曲面逼近延伸。

7.7.1　操控板选项介绍

延伸特征的操控板中包括两部分内容：【延伸】操控板和下拉面板。下面详细地进行介绍。

1.【延伸】操控板

选择要延伸曲面的边链，再单击【模型】选项卡【编辑】组中的【延伸】按钮，这时弹出图7-111所示的【延伸】操控板。

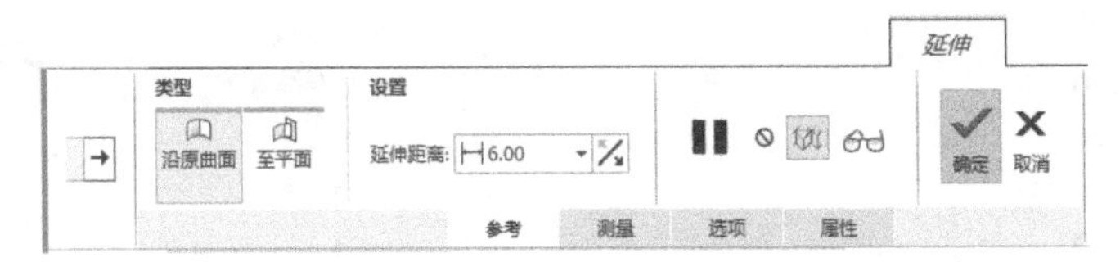

图7-111　【延伸】操控板

操控板中常用功能介绍如下。

【沿原曲面】：沿原始曲面延伸曲面。

【至平面】：将曲面延伸到参考平面。

【延伸距离】6.00：输入曲面延伸的距离。

【反向】：改变曲面延伸的方向。

2. 下拉面板

下面按照延伸类型介绍下拉面板。

（1）单击【沿原曲面】按钮。

① 单击【参考】按钮 参考 ，在弹出的【参考】下拉面板中，用户可更改曲面延伸的参考边。

② 单击【测量】按钮 测量 ，弹出图 7-112 所示的【测量】下拉面板。在该下拉面板中用户可进行延伸的相关配置。在该下拉面板中，单击鼠标右键，然后单击弹出的快捷菜单中的【添加】命令，可在延伸特征的参考边上添加一个控制点。

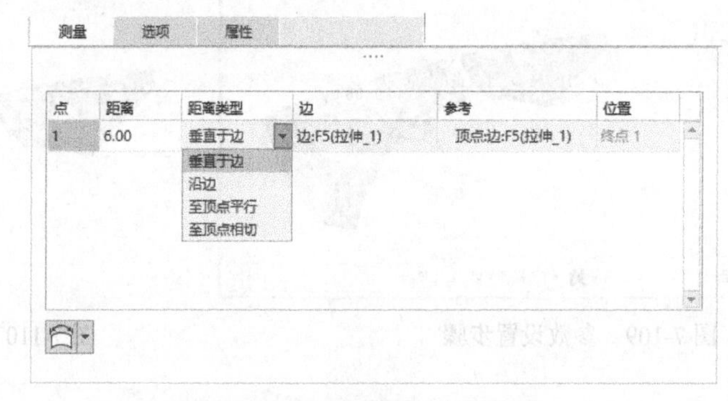

图 7-112 【测量】下拉面板

单击【测量】下拉面板中按钮右侧的下拉按钮，弹出以下两个测量距离的方式。

：测量参考曲面中的延伸距离。

：测量选定平面中的延伸距离。

每种测量方式又有 4 种距离类型，如图 7-112 所示。

- 【垂直于边】：垂直于边测量延伸距离。
- 【沿边】：沿测量边测量延伸距离。
- 【至顶点平行】：在顶点处开始延伸边并平行于测量边。
- 【至顶点相切】：在顶点处开始延伸边并与下一单侧边相切。

③ 单击操控板中的【选项】按钮 选项 ，弹出图 7-113 所示的【选项】下拉面板。在【方法】栏中可以选择沿原始曲面延伸曲面下的 3 种延伸方式，如图 7-114 所示。

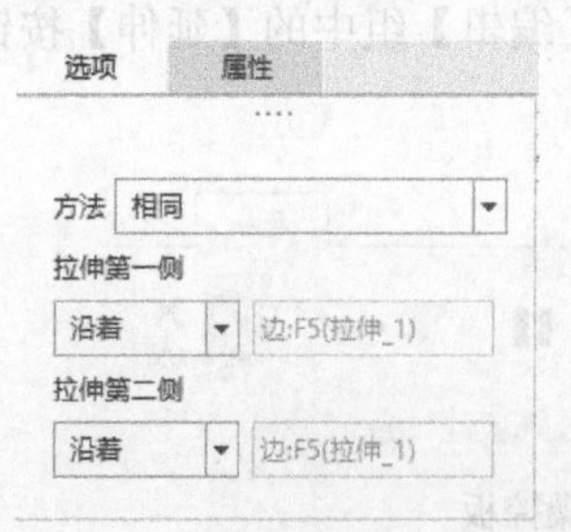

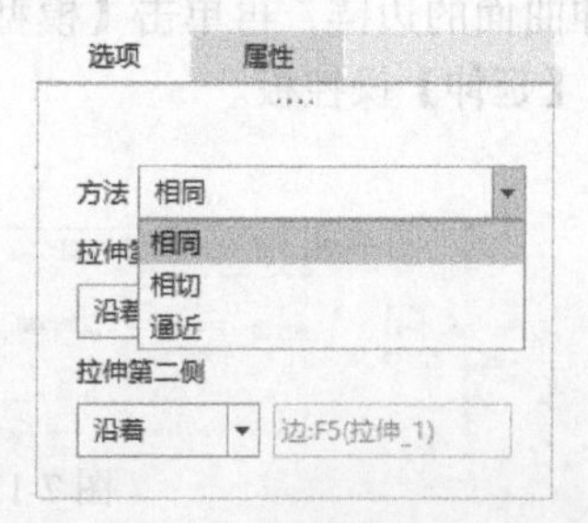

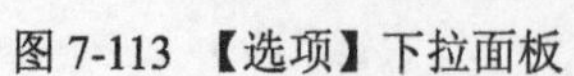

图 7-113 【选项】下拉面板

图 7-114 【选项】下拉面板中的 3 种延伸方式

- 【相同】：在保证连续曲率变化的前提下延伸原始曲面，如平面类型、圆柱类型、圆锥面类型或样条曲面类型。原始曲面将按指定的距离通过选定的原始边界。

- 【相切】：建立的延伸曲面与原始曲面相切。
- 【逼近】：在原始曲面和延伸边之间，以边界混合的方式创建延伸特征。

（2）单击【至平面】按钮，【延伸】操控板中不再有【测量】和【选项】按钮，如图 7-115 所示。

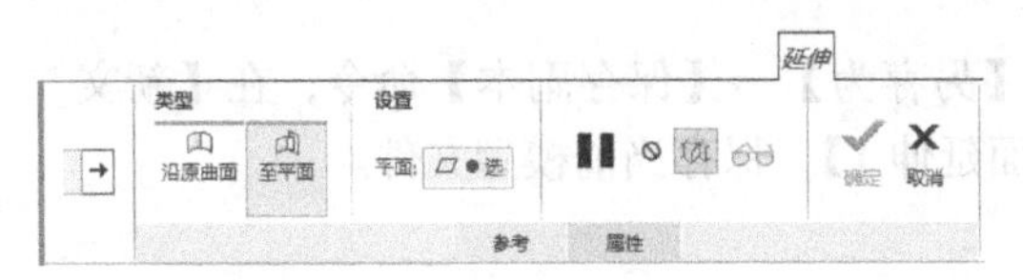

图 7-115　【延伸】操控板

7.7.2　练习：以相同方式延伸曲面

以相同方式延伸曲面的具体操作步骤如下。

（1）单击【打开】按钮，打开【文件打开】对话框，打开【源文件 \ 原始文件 \ 第 7 章 \ 旋转混合 .prt】文件，如图 7-116 所示。

（2）选择拉伸曲面的边线，如图 7-117 所示。单击【延伸】按钮，弹出【延伸】操控板，操作步骤如图 7-118 所示。

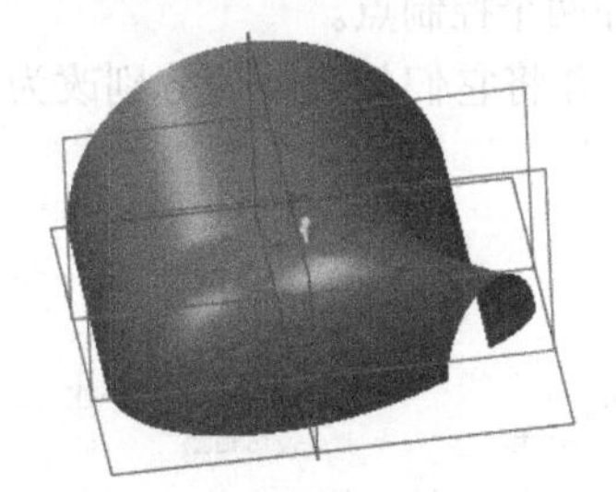

图 7-116　原始模型

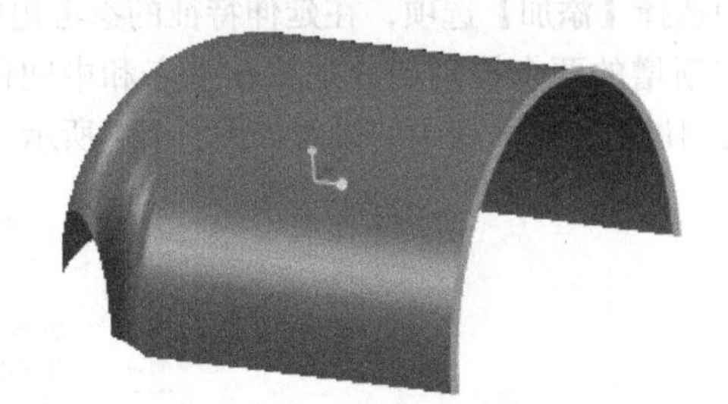

图 7-117　选择的边线

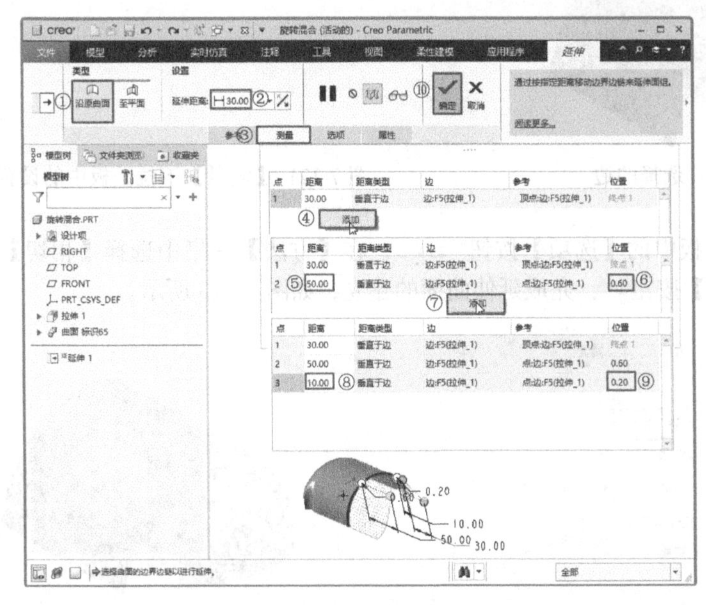

图 7-118　操作步骤

注意

图 7-118 中第④步和第⑦步是在快捷菜单中选择【添加】选项。

（3）单击【确定】按钮✓，完成延伸曲面的建立，模型如图 7-119 所示。

（4）选择【文件】→【另存为】→【保存副本】命令，在【新文件名】输入框中输入【曲面延伸 1】，保存当前模型文件。

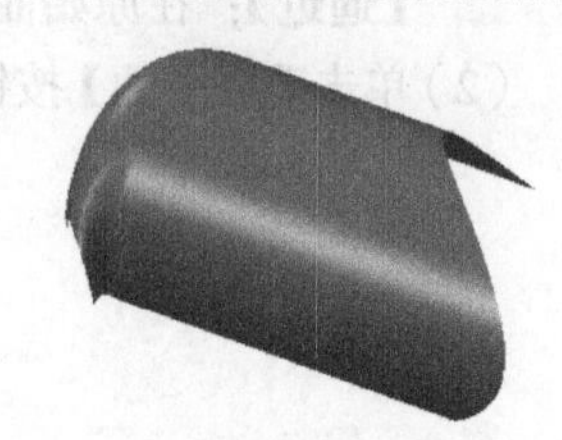
图 7-119　延伸曲面后的模型

7.7.3　练习：以相切方式延伸曲面

以相切方式延伸曲面的具体操作步骤如下。

（1）单击【打开】按钮，打开【文件打开】对话框，打开【源文件\原始文件\第 7 章\旋转混合 .prt】文件。

（2）选择图 7-120 所示的边。

（3）单击【延伸】按钮，弹出【延伸】操控板，设置延伸值为【8.00】。

（4）单击【测量】按钮 测量，在弹出的【测量】下拉面板中单击鼠标右键，然后在弹出的快捷菜单中选择【添加】选项，在延伸特征的参考边中添加两个控制点。

（5）将新增的两个控制点分别放在端点和中间位置，并将它们的延伸值分别改为【7.00】和【13.50】。【测量】下拉面板中的设置如图 7-121 所示。

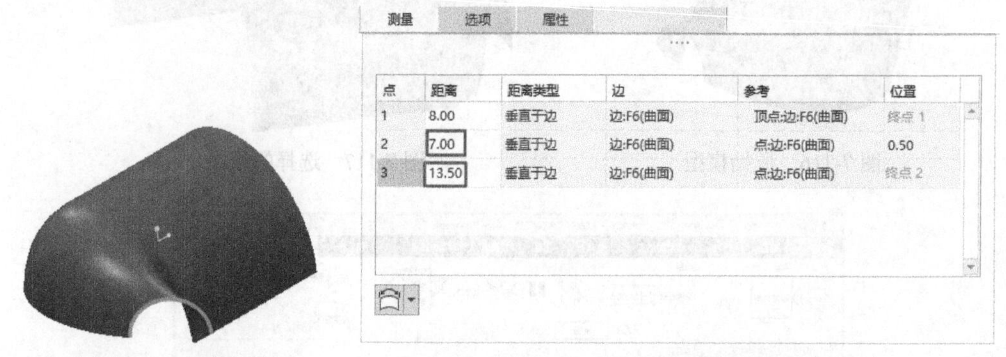

图 7-120　选择的边　　图 7-121 【测量】下拉面板中的设置

（6）单击操控板中的【选项】按钮 选项，在【方法】一栏中选择【相切】选项，如图 7-122 所示。单击【确定】按钮✓，完成延伸曲面的建立，如图 7-123 所示。

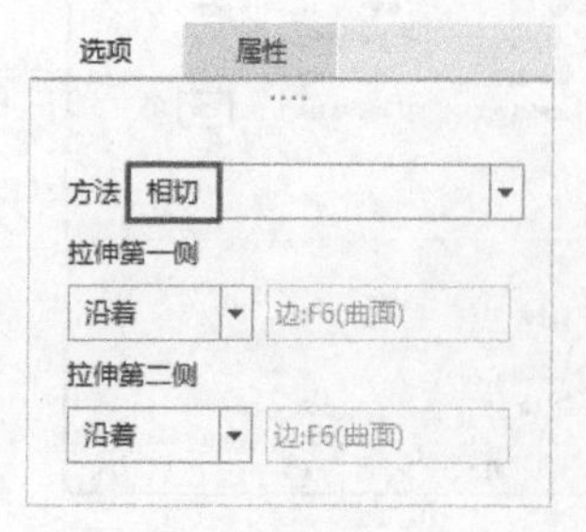

图 7-122 【选项】下拉面板

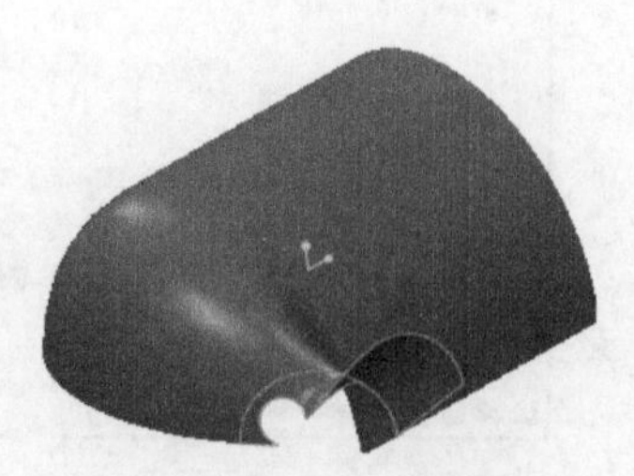
图 7-123　延伸曲面

（7）选择【文件】→【另存为】→【保存副本】命令，在【新文件名】输入框中输入【曲面延伸 2】，保存当前模型文件。

7.7.4　练习：以逼近方式延伸曲面

以逼近方式延伸曲面的具体操作步骤如下。

（1）单击【打开】按钮，打开【文件打开】对话框，打开【源文件 \ 原始文件 \ 第 7 章 \ 曲面延伸 2.prt】文件。

（2）在模型树中选择延伸曲面特征后单击鼠标右键，在弹出的快捷菜单中选择【编辑定义】选项，重新定义延伸曲面。

（3）单击【选项】按钮 选项 ，参数设置如图 7-124 所示。单击【确定】按钮，完成延伸曲面的建立，如图 7-125 所示。

图 7-124　参数设置

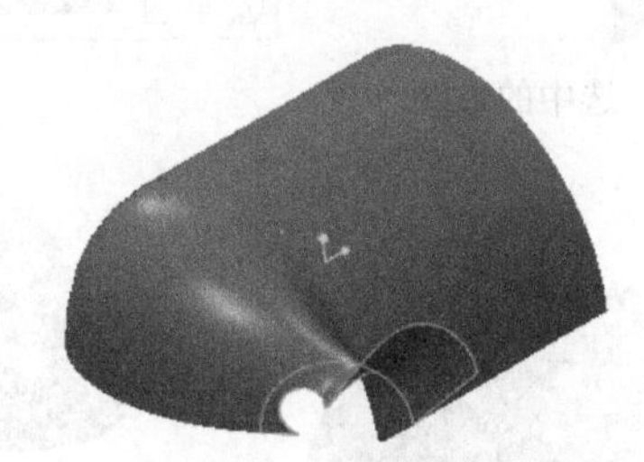

图 7-125　延伸曲面

（4）选择【文件】→【另存为】→【保存副本】命令，在【新文件名】输入框中输入【曲面延伸 3】，保存当前模型文件。

7.7.5　练习：延伸曲面到指定的平面

本小节利用两个实例讲解如何将曲面延伸到指定平面。

1. 延伸曲面到指定平面实例 1

（1）单击【打开】按钮，打开【文件打开】对话框，打开【源文件 \ 原始文件 \ 第 7 章 \ 旋转混合 .prt】文件。选中图 7-126 所示的边线。

（2）单击【延伸】按钮，弹出【延伸】操控板，参数设置如图 7-127 所示。单击【确定】按钮，生成的延伸到指定平面的曲面如图 7-128 所示。

（3）选择【文件】→【另存为】→【保存副本】命令，在【新文件名】输入框中输入【曲面延伸 4】，保存当前模型文件。

2. 延伸曲面到指定平面实例 2

（1）单击【打开】按钮，打开【文件打开】对话框，打开【旋转混合 .prt】文件。

（2）单击【平面】按钮，穿过图 7-129 所示的边线建立基准平面【DTM1】。

（3）单击【平面】按钮，建立平行于【DTM1】并与之偏移 50 的基准平面【DTM2】，如图 7-130 所示。

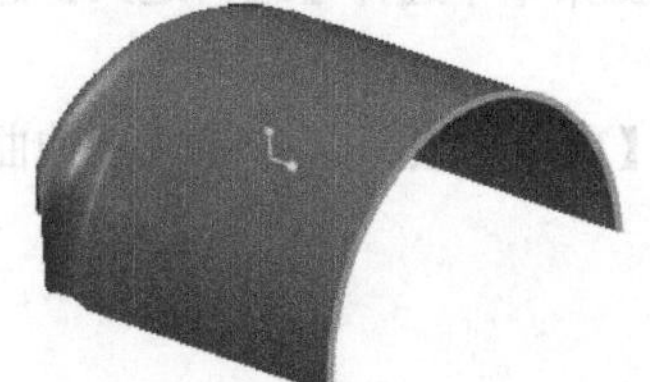

图 7-126　选中的边线

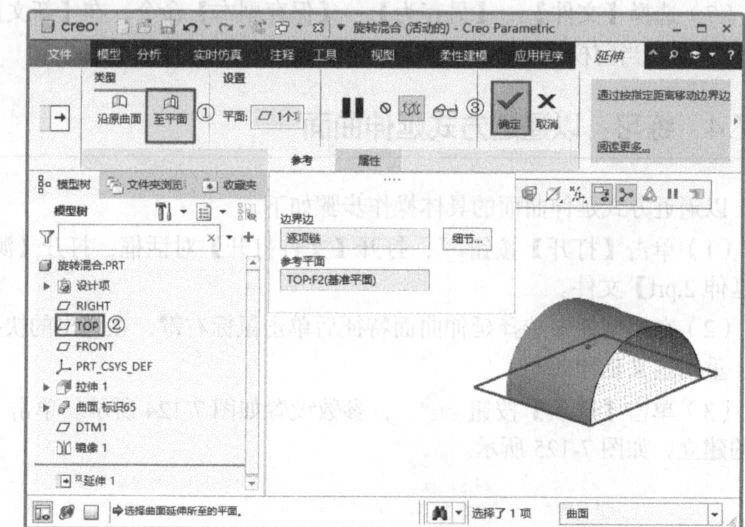

图 7-127　参数设置

图 7-128　延伸到指定平面的曲面

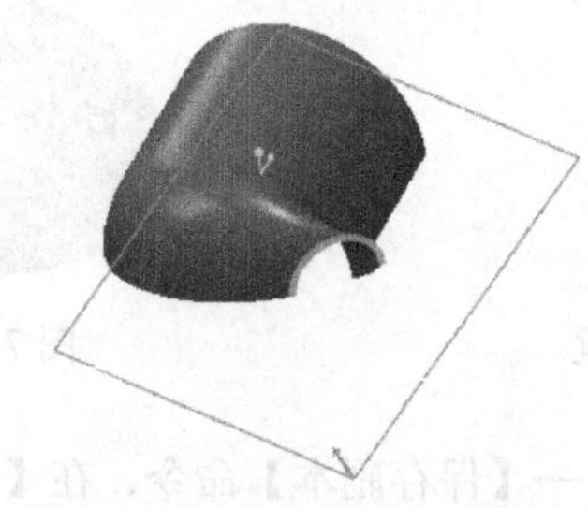

图 7-129　基准平面穿过的边线

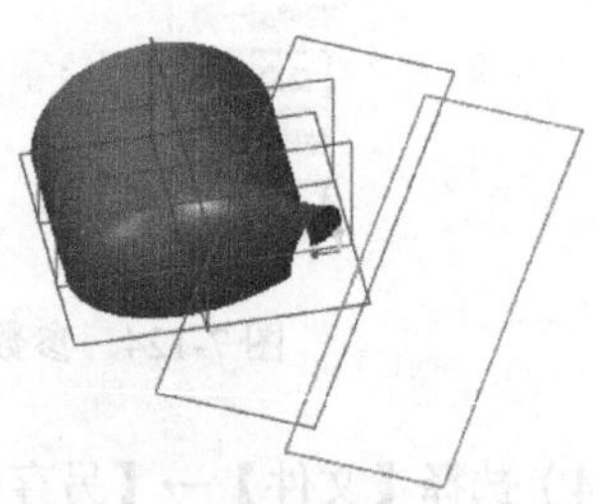

图 7-130　基准平面【DTM2】

（4）选中图 7-131 所示的边线，单击【延伸】按钮，弹出【延伸】操控板。

（5）单击【至平面】按钮，选择基准平面【DTM2】。单击【确定】按钮，生成的模型如图 7-132 所示。

（6）选择【文件】→【另存为】→【保存副本】命令，在【新文件名】输入框中输入【曲面延伸 5】，保存当前模型文件。

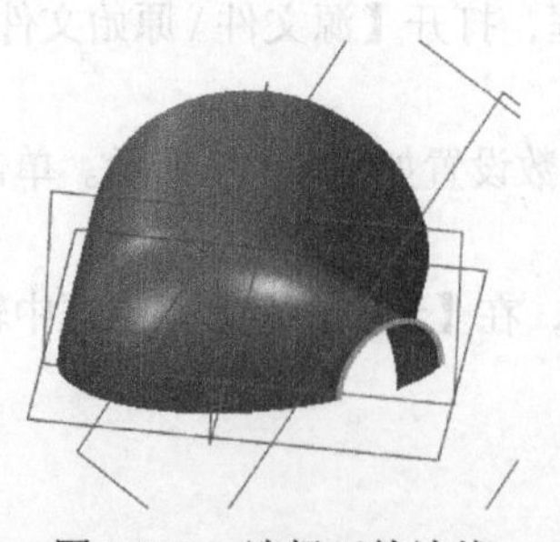

图 7-131　选择延伸边线

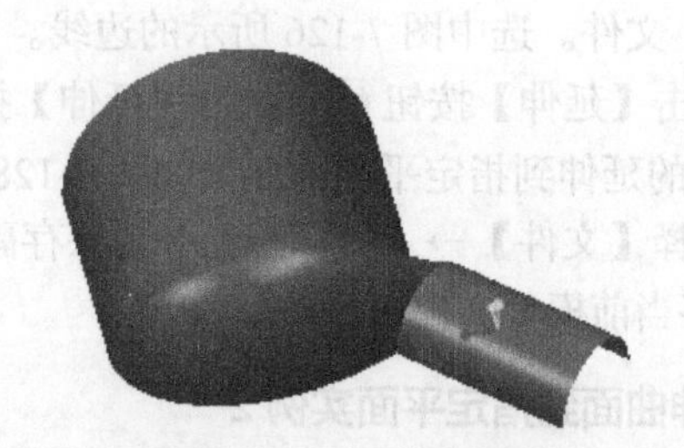

图 7-132　生成的模型

7.8　曲面的实体化

实体化就是将前面创建的面组特征转化为实体几何。有时，为了分析生成模型的特性，也需要把曲面模型转变为实体模型。

曲面的实体化包括将曲面模型转化为实体和用曲面来修剪与切割实体两种功能。

7.8.1　操控板选项介绍

实体化特征的操控板中包括两部分内容:【实体化】操控板和下拉面板。下面详细地进行介绍。

1.【实体化】操控板

选中扫描曲面，单击【模型】选项卡【编辑】组中的【实体化】按钮，弹出【实体化】操控板，如图 7-133 所示。

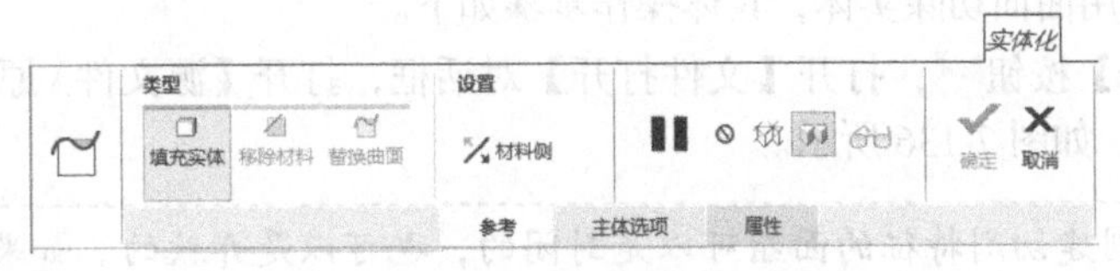

图 7-133 【实体化】操控板

操控板中常用功能介绍如下。

（1）【填充实体】：用实体材料填充由面组界定的体积块。

（2）【移除材料】：移除面组内侧或外侧的材料。

（3）【替换曲面】：用面组替换部分曲面，面组边界必须位于曲面上。

（4）【材料侧】：确定生成材料的方向。

2. 下拉面板

【拉伸】操控板提供下列下拉面板。

（1）【参考】：用于收集要转化为实体的面组。

（2）【主体选项】：用于设置是否将几何添加到主体。

注意　需要转化为实体的曲面模型必须完全封闭，不能有缺口，或者曲面能与实体表面相交，并组成封闭的曲面空间。

7.8.2　练习：将曲面转化为实体

本例讲解如何将曲面转化为实体，具体操作步骤如下。

（1）单击【打开】按钮，打开【文件打开】对话框，打开【源文件\原始文件\第 7 章\曲面扫描.prt】文件，如图 7-134 所示。

（2）因为该曲面不是封闭曲面，故实体化命令不可用，呈灰色显示。

（3）选中扫描曲面特征后单击鼠标右键，在弹出的快捷菜单中选择【编辑定义】选项。

（4）弹出【曲面：扫描】对话框，双击【属性】元素，将其属性改为【封闭端】。

（5）选中扫描曲面，单击【实体化】按钮，弹出【实体化】操控板。

（6）单击【确定】按钮，将曲面实体化，生成的模型如图 7-135 所示。

（7）选择【文件】→【另存为】→【保存副本】命令，在【新文件名】输入框中输入【曲面实体化 1】，保存当前模型文件。

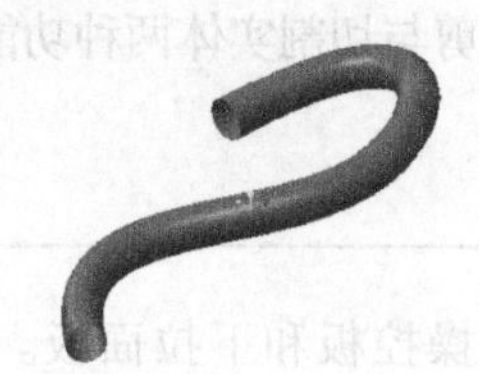

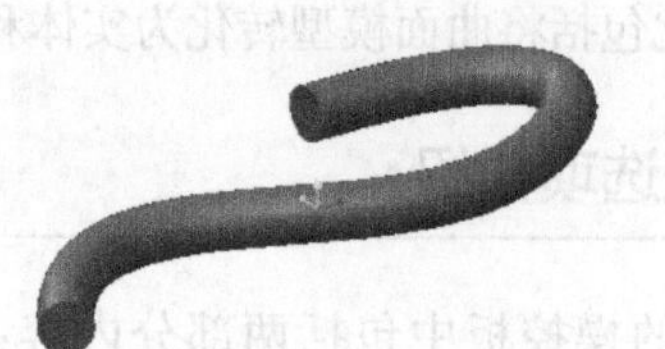

图 7-134　文件曲面扫描　　　图 7-135　实体化后的模型

7.8.3 练习：利用曲面切除实体

本例讲解如何利用曲面切除实体，具体操作步骤如下。

（1）单击【打开】按钮，打开【文件打开】对话框，打开【源文件\原始文件\第 7 章\曲面实体化 .prt】文件，如图 7-136 所示。

> **注意**　用来创建切削特征的面组可以是封闭的，也可以是开放的。如果是开放的，则面组的边界位于实体特征表面上，或与实体表面相交。

（2）选中拉伸曲面，单击【实体化】按钮，弹出【实体化】操控板。单击【移除材料】按钮，模型如图 7-137 所示。

（3）单击【预览】按钮，生成的模型如图 7-138 所示。

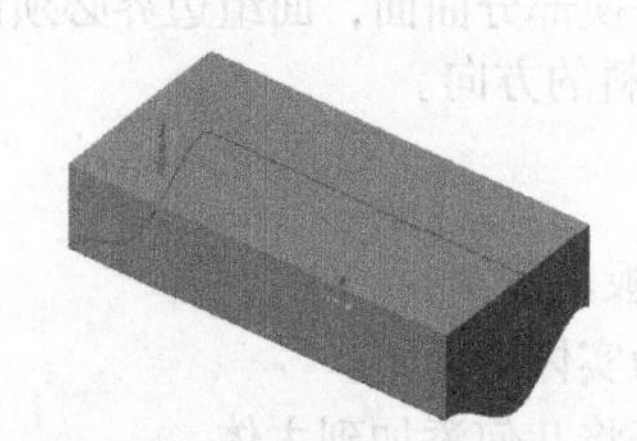

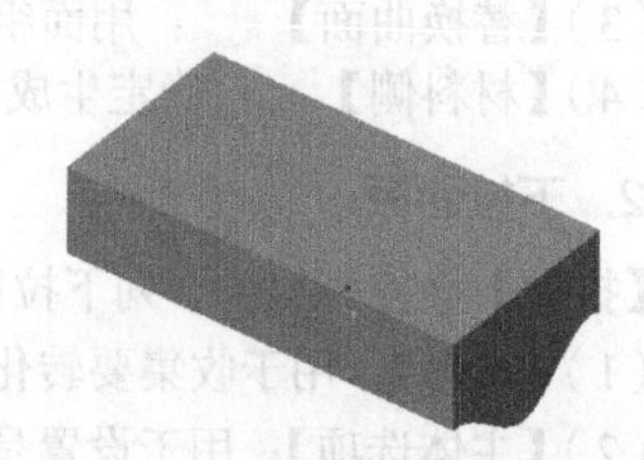

图 7-136　拉伸实体和拉伸曲面　　图 7-137　移除材料后的模型　　图 7-138　移除材料后的模型预览

（4）单击【暂停】按钮，重新返回编辑状态。单击【反向】按钮，模型如图 7-139 所示。

（5）单击【确定】按钮，生成的模型如图 7-140 所示。

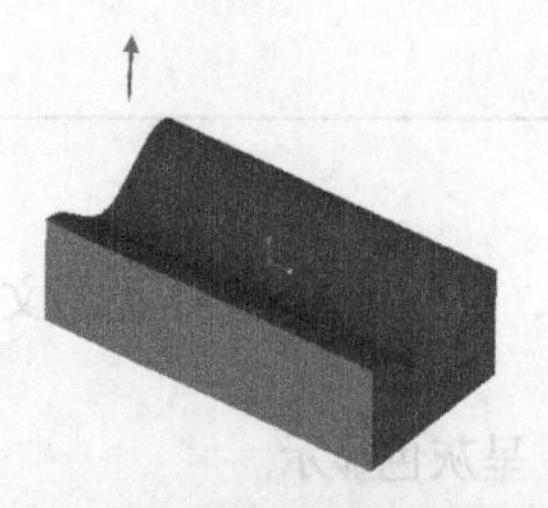

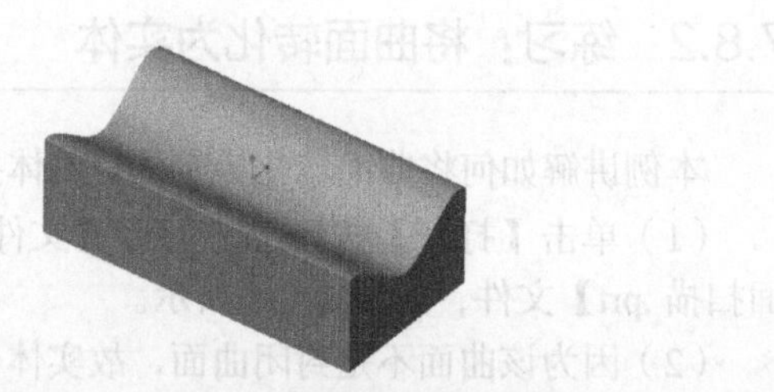

图 7-139　改变移除材料方向后的模型　　图 7-140　反方向移除材料后的模型

（6）选择【文件】→【另存为】→【保存备份】命令，在【新文件名】输入框中输入【曲面实体化 2】，保存当前模型文件。

7.9 曲面拔模

使用【拔模】命令可在实体表面或曲面建立拔模特征，拔模角度为 −30° ~ 30°。根据分割对象的不同，可创建【不分割】【根据拔模枢轴分割】【根据分割对象分割】3 种拔模曲面。

7.9.1 操控板选项介绍

单击【模型】选项卡【工程】组中的【拔模】按钮，弹出图 7-141 所示的【拔模】操控板。

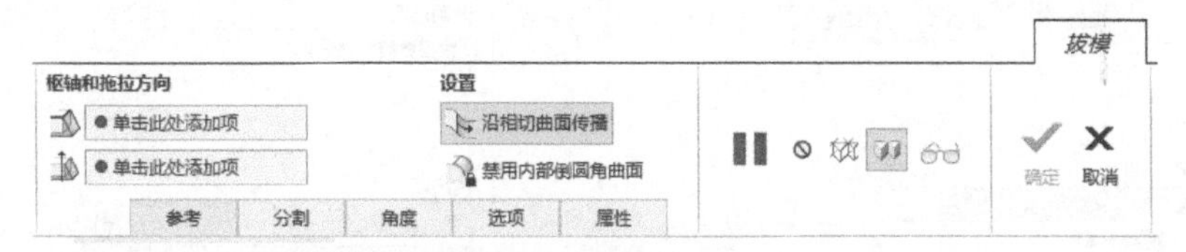

图 7-141 【拔模】操控板

1.【拔模】操控板

操控板中常用功能介绍如下。

（1）【拔模曲面】：明确拔模面上的中性面或中性曲线。

（2）【拔模枢轴】：明确测量拔模角的方向，可选择如下对象来定义拔模方向。

① 若选择一个平面，则定义拔模方向垂直于该平面。

② 若选择一条边或基准轴，则定义拔模方向平行于该边或基准轴。

③ 若选择两个点，则定义拔模方向平行于该两点的连线。

④ 若选择一个坐标系，则默认的拔模方向为坐标系的 x 轴方向。要使用其他坐标轴作为拔模方向，则在绘图窗口单击鼠标右键，再单击弹出的快捷菜单中的【下一个】选项，设定下一个坐标轴作为拔模方向。

2. 下拉面板

（1）【参考】：使用该下拉面板可进行下列操作，如图 7-142 所示。

①【拔模曲面】：模型中要进行拔模的曲面。

②【拔模枢轴】：又称中性面或中性曲线，即拔模后形状与大小不会改变的截面、表面或曲线。

③【拖拉方向】：拔模方向与拔模后的拔模面的夹角。

（2）【分割】：【分割】下拉面板如图 7-143 所示。【分割选项】下拉列表中包含 3 个分割选项，如图 7-144 所示。

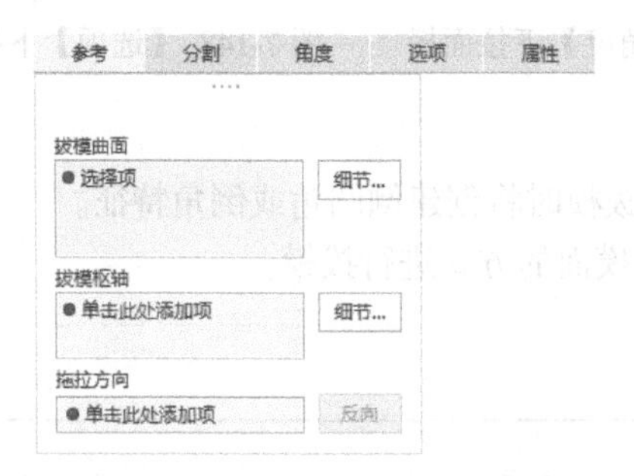

图 7-142 【参考】下拉面板

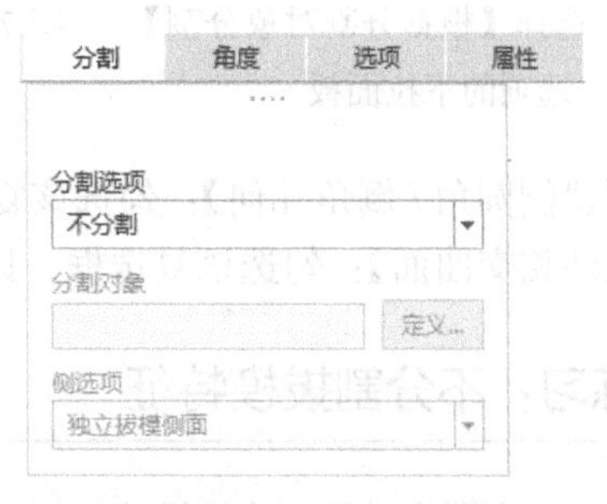

图 7-143 【分割】下拉面板

当选择【根据拔模枢轴分割】选项时，【分割】下拉面板如图 7-145 所示，在【侧选项】一栏中又有 4 个选项。

①【独立拔模侧面】：每个拔模面有两个独立的拔模角。

②【从属拔模侧面】：仅一个拔模角，拔模中性面另一侧的拔模角与之相等但方向相反。

③【只拔模第一侧】：仅在拔模中性面的第一侧进行拔模，第二侧保持在中性位置。

④【只拔模第二侧】：仅在拔模中性面的第二侧进行拔模，第一侧保持在中性位置。

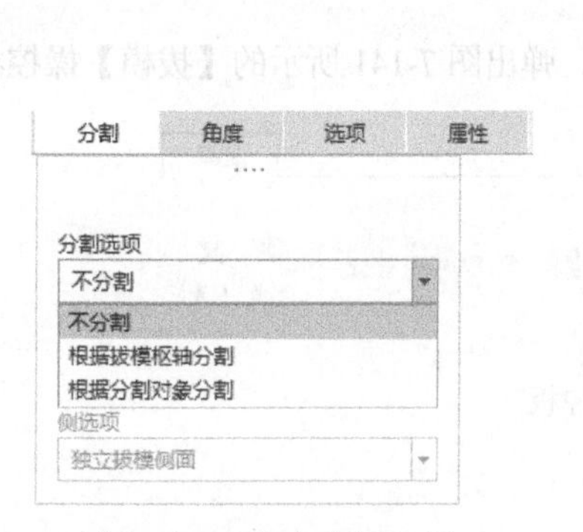

图 7-144　3 个分割选项

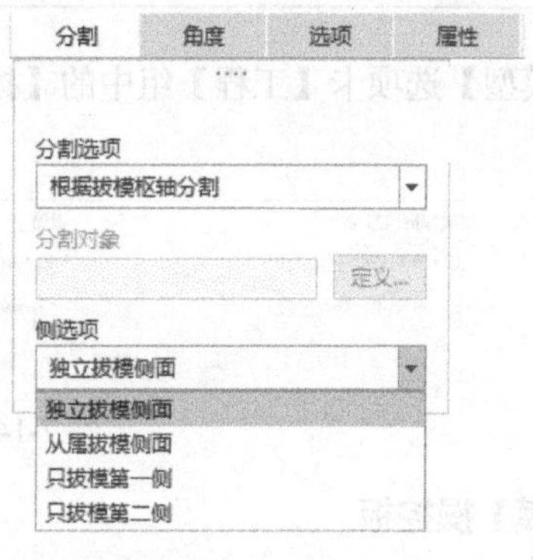

图 7-145　选择【根据拔模枢轴分割】选项的【分割】下拉面板

当选择【根据分割对象分割】选项时，【分割】下拉面板如图 7-146 所示。单击【分割对象】栏中的【定义】按钮定义...，绘制拔模分割线。【侧选项】栏中的选项与选择【根据拔模枢轴分割】选项后的相同。

（3）单击【角度】按钮角度，弹出图 7-147 所示的【角度】下拉面板，在该下拉面板中进行拔模角度的设置，单击鼠标右键可增加控制点。

（4）单击【选项】按钮选项，弹出图 7-148 所示的【选项】下拉面板，在该下拉面板中可选择拔模方式。

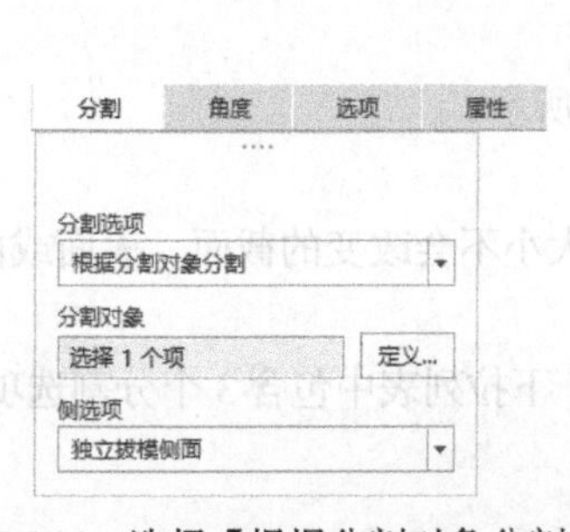

图 7-146　选择【根据分割对象分割】选项的下拉面板

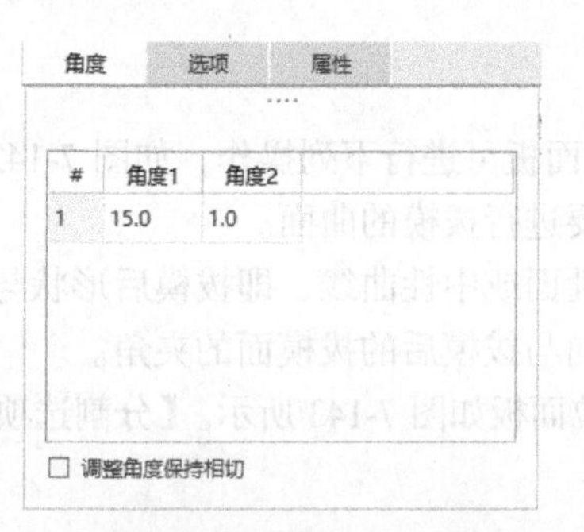

图 7-147　【角度】下拉面板

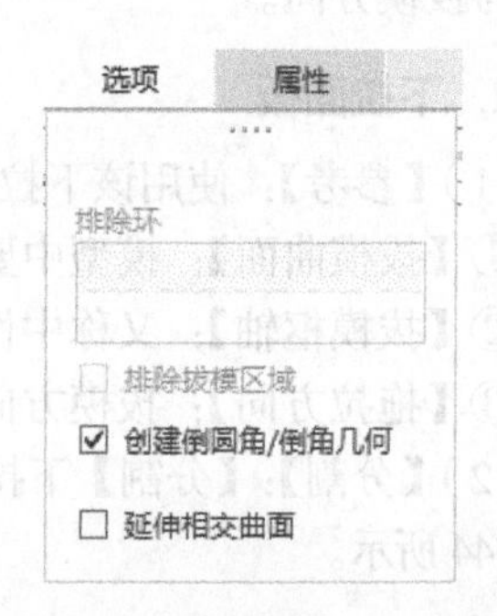

图 7-148　【选项】下拉面板

①【创建倒圆角 / 倒角几何】：勾选该复选框，拔模时将创建倒圆角或倒角特征。

②【延伸相交曲面】：勾选该复选框，以延长拔模面的方式进行拔模。

7.9.2　练习：不分割拔模特征

建立不分割拔模特征是创建拔模特征的基本方法，也是系统默认的拔模方式，具体操作步骤如下。

1. 不分割拔模特征实例 1

（1）单击【打开】按钮，打开【文件打开】对话框，打开【源文件 \ 原始文件 \ 第 7 章 \ 拔模 1.prt】文件，如图 7-149 所示。

（2）单击【拔模】按钮，弹出【拔模】操控板。拔模参数设置如图 7-150 所示。

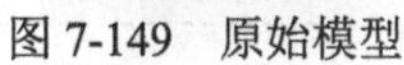

图 7-149　原始模型

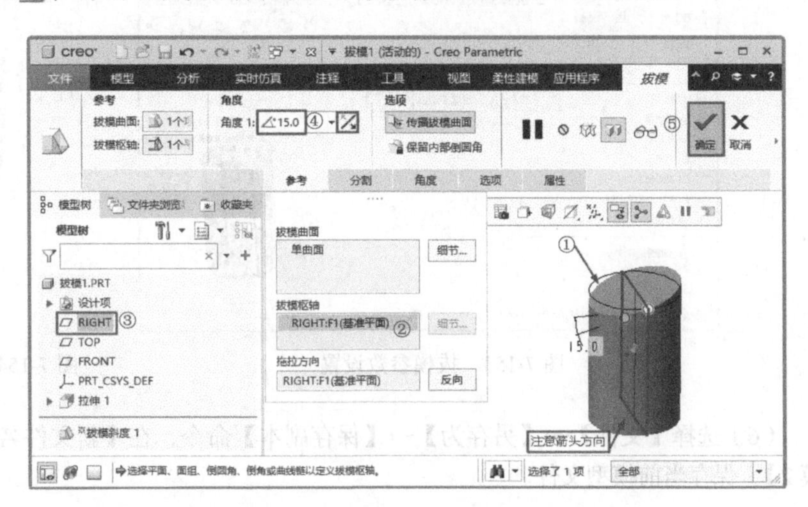

图 7-150　拔模参数设置

（3）单击【确定】按钮，完成拔模特征的建立，如图 7-151 所示。

（4）选择【文件】→【另存为】→【保存副本】命令，在【新文件名】输入框中输入【曲面拔模 1】，保存当前模型文件。

2. 不分割拔模特征实例 2

（1）打开上个实例创建的文件——【曲面拔模 1】。

（2）在模型树中选择【拔模斜度】特征，单击鼠标右键，在弹出的快捷菜单中选择【编辑定义】选项，重新编辑拔模特征。

（3）单击操控板中的【角度】按钮 角度 ，将鼠标指针移至【1】上，单击鼠标右键，在弹出的快捷菜单中选择【添加角度】选项，如图 7-152 所示。

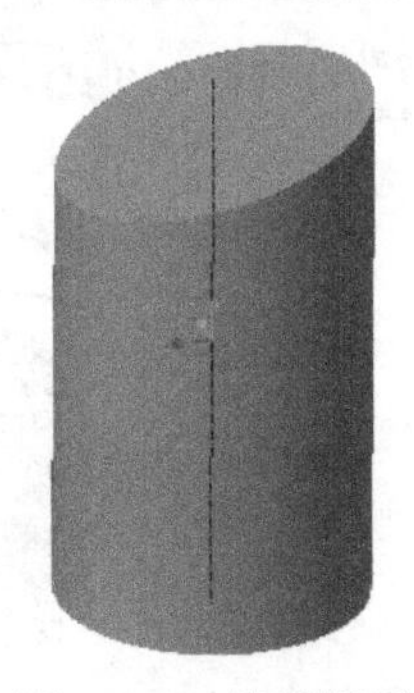

图 7-151　拔模模型

图 7-152　选择【添加角度】选项

（4）系统自动添加一个拔模角，参数设置如图 7-153 所示。

（5）单击【确定】按钮，完成拔模特征的建立，如图 7-154 所示。

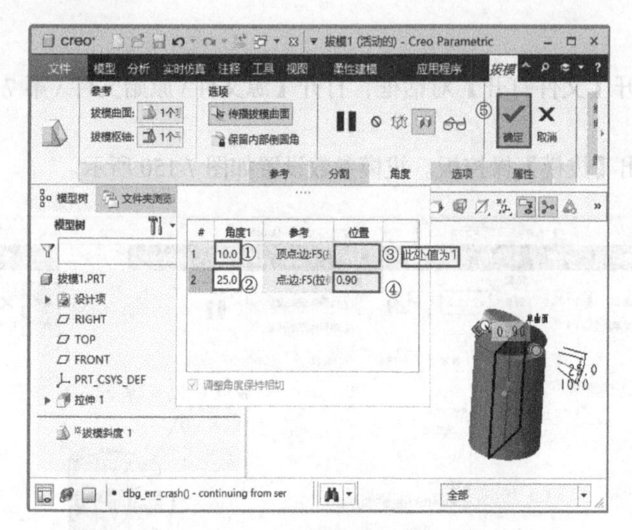

图 7-153　拔模参数设置

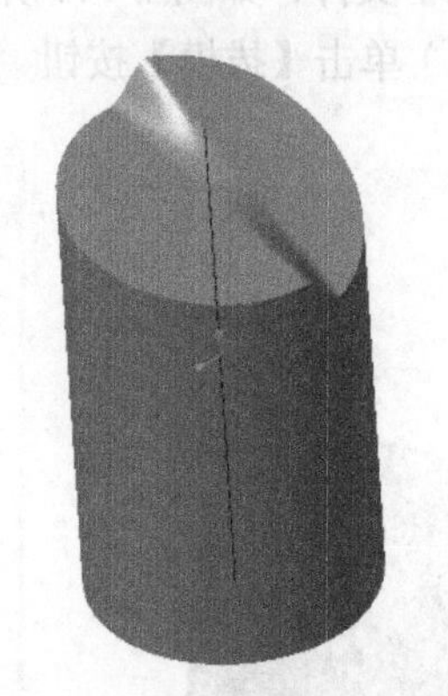

图 7-154　角度不同的拔模模型

（6）选择【文件】→【另存为】→【保存副本】命令，在【新文件名】输入框中输入【曲面拔模 2】，保存当前模型文件。

注意

（1）在模型中拖动相应尺寸手柄，也可改变拔模角度。

（2）在其定位中用的数字是 0 ~ 1，该数字是指相对比例位置。

7.9.3　练习：根据拔模枢轴分割拔模特征

根据拔模枢轴分割拔模特征的具体操作步骤如下。

（1）单击【打开】按钮，打开【文件打开】对话框，打开【源文件 \ 原始文件 \ 第 7 章 \ 拉伸实体 1.prt】文件。如图 7-155 所示。

（2）单击【拔模】按钮，弹出【拔模】操控板。参数设置如图 7-156 所示。

图 7-155　原始模型

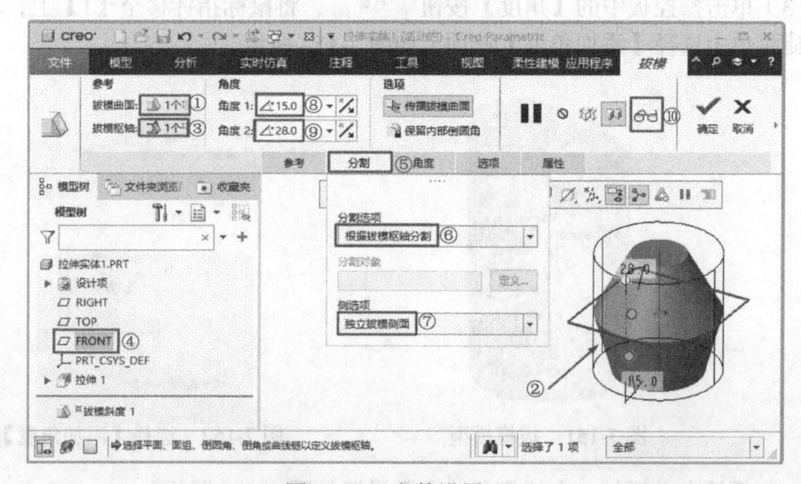

图 7-156　参数设置

（3）单击【预览】按钮，生成的模型如图 7-157 所示。

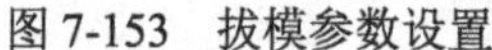

（4）单击【反向】按钮，改变拔模角度为【15º】，单击【预览】按钮，改变后的模型如图 7-158 所示。

（5）单击【反向】按钮，改变拔模角度为【28º】，单击【预览】按钮，改变后的模型如图 7-159 所示。

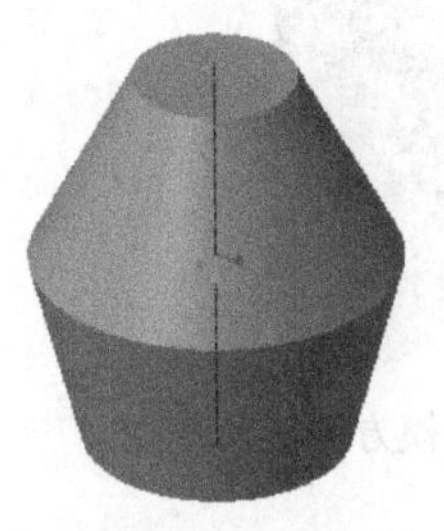

图 7-157　根据拔模枢轴分割后的模型

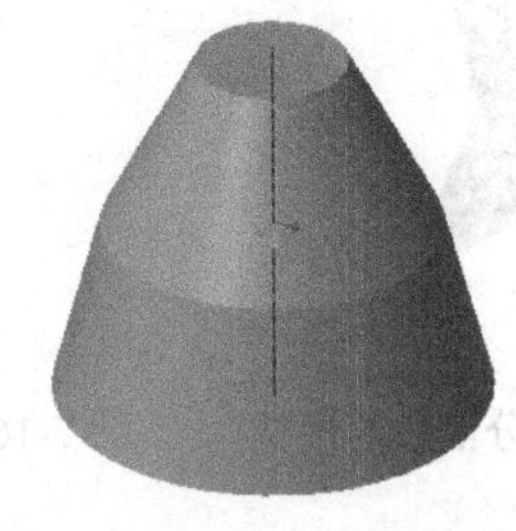

图 7-158　改变 15° 后的模型

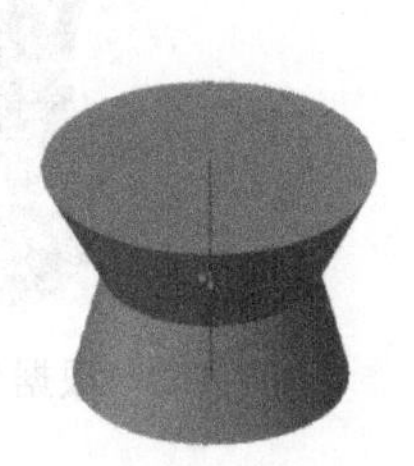

图 7-159　改变 28° 后的模型

（6）单击【确定】按钮，完成拔模特征的建立。

（7）选择【文件】→【另存为】→【保存副本】命令，在【新文件名】输入框中输入【曲面拔模 3】，保存当前模型文件。

7.9.4　练习：根据分割对象分割拔模特征

根据分割对象分割拔模特征的具体操作步骤如下。

（1）单击【打开】按钮，打开【文件打开】对话框，打开【源文件 \ 原始文件 \ 第 7 章 \ 拉伸实体 1.prt】文件。

（2）单击【拔模】按钮，弹出【拔模】操控板。仍然选择圆柱的侧面为拔模曲面。选择【FRONT】基准平面为拔模枢轴，接受默认的拖拉方向。

（3）单击【分割】按钮 分割 ，在【分割】下拉面板中选择【根据分割对象分割】选项，单击【分割对象】栏中的【定义】按钮 定义... 。选择【TOP】基准平面作为草绘平面，绘制图 7-160 所示的梯形草图。

（4）单击【确定】按钮，完成草图的绘制。模型被分界面分为两个不同拔模区域，参数设置如图 7-161 所示。

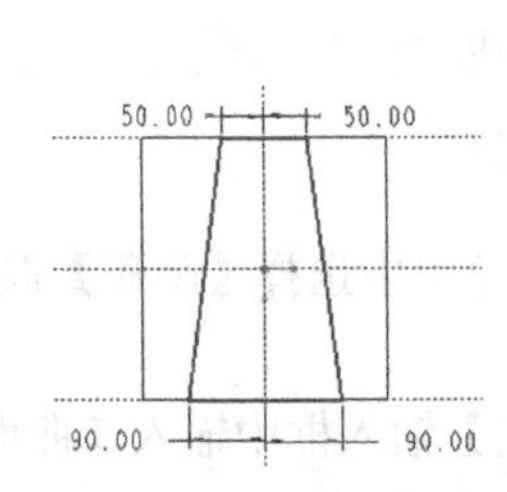

图 7-160　梯形草图

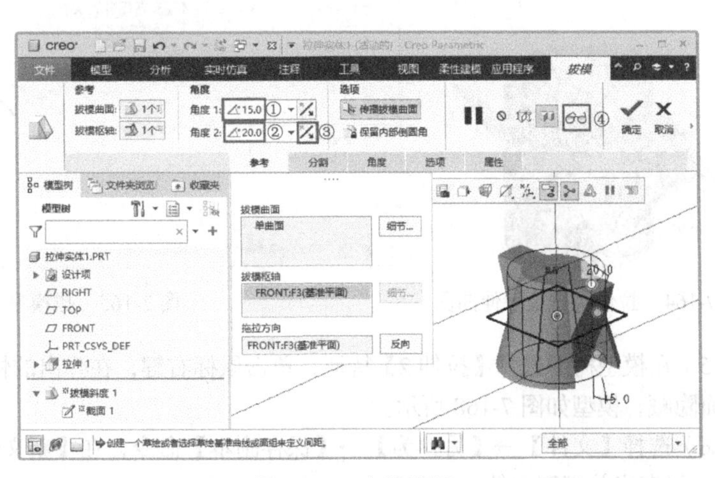

图 7-161　参数设置

（5）单击【预览】按钮，模型如图 7-162 所示。

（6）单击【反向】按钮，改变拔模方向，单击【预览】按钮，结果如图 7-163 所示。

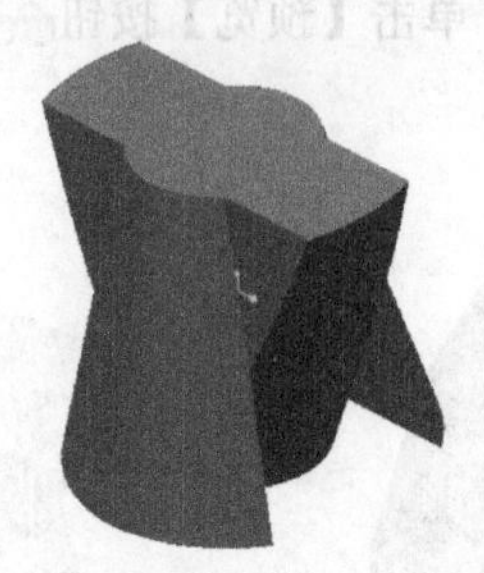

图 7-162　根据分割对象分割后的模型

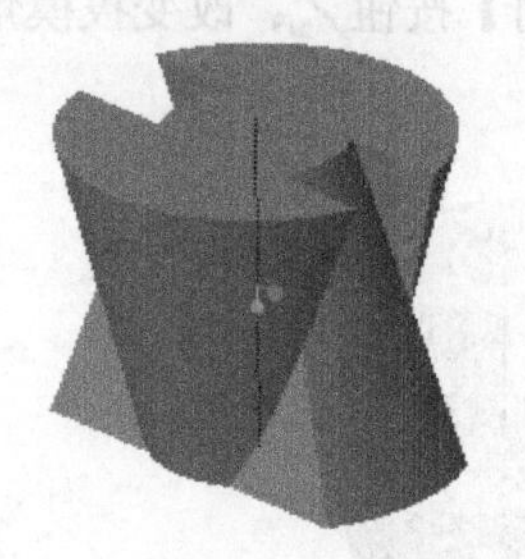

图 7-163　改变拔模方向后的模型

（7）单击【确定】按钮，完成拔模特征的建立。

（8）选择【文件】→【另存为】→【保存副本】命令，在【新文件名】输入框中输入【曲面拔模 4】，保存当前模型文件。

根据分割对象分割拔模特征实例

（1）单击【打开】按钮，打开【文件打开】对话框，打开【拉伸实体 1.prt】文件。

（2）以【RIGHT】基准平面为草绘平面，绘制图 7-164 所示的拉伸曲面。

（3）单击【拔模】按钮，弹出【拔模】操控板。

（4）单击操控板中的【分割】按钮 分割 ，弹出【分割】下拉面板，参数设置如图 7-165 所示。单击【预览】按钮，生成的模型如图 7-166 所示。修改拔模角度为【8°】，此时模型如图 7-167 所示。

图 7-164　拉伸实体及拉伸曲面

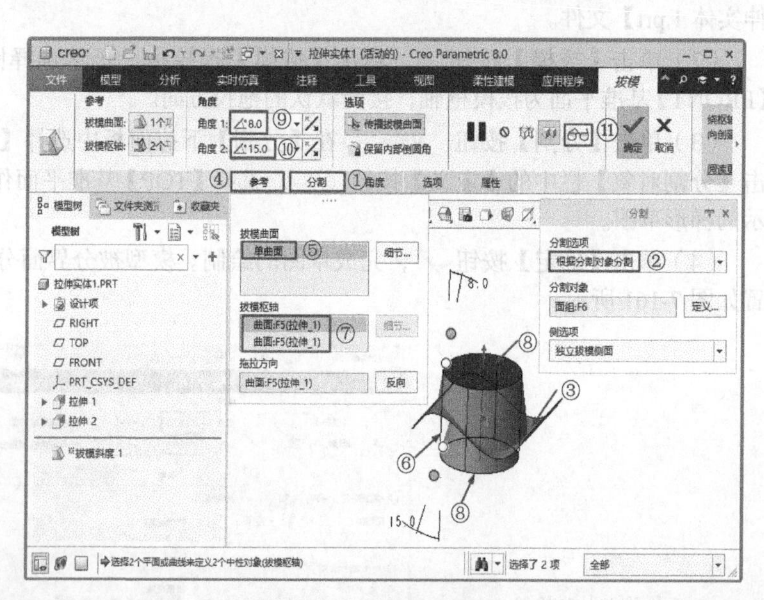

图 7-165　拔模参数设置

（5）在模型树中选择【拉伸 2】特征，单击鼠标右键，在弹出的快捷菜单中选择【隐藏】选项，将曲面隐藏，模型如图 7-168 所示。

（6）选择【文件】→【另存为】→【保存副本】命令，在【新文件名】输入框中输入【曲面拔模 5】，保存当前模型文件。

图 7-166 拔模模型预览

图 7-167 修改拔模角度为【8°】后的模型

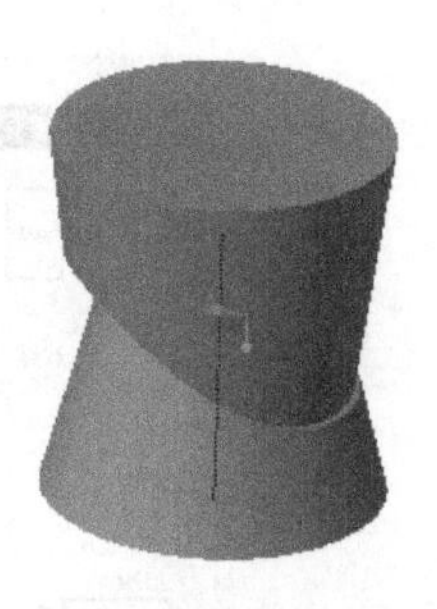
图 7-168 隐藏拉伸曲面后的模型

7.10 综合实例——绘制轮毂

本综合实例主要练习曲面的基本造型、关系式建模，以及曲面编辑方法。先分析要创建的模型的特征，轮毂是由外圈和轮条组成的，轮条是通过在曲面上挖孔得到的。在轮条的设计中用到的主要技术有投影、变截面扫描和合并。轮条的制作是本实例中比较核心的部分。最终的轮毂模型如图 7-169 所示。

图 7-169 轮毂模型

【绘制步骤】

1. 建立新文件

单击【新建】按钮，弹出【新建】对话框。设置零件名称为【轮毂】，选择【mmns_part_solid_abs】模板，单击【确定】按钮，进入实体建模界面。

2. 建立外圈

（1）单击【旋转】按钮，弹出【旋转】操控板，旋转参数设置如图 7-170 所示。进入草绘环境。

（2）绘制图 7-171 所示的草图。

（3）单击【确定】按钮 ✔，完成草图的绘制，单击【确定】按钮，完成曲面的旋转，结果如图 7-172 所示。

（4）选择创建的旋转曲面后，单击【镜像】按钮，弹出【镜像】操控板。镜像参数设置如图 7-173 所示。

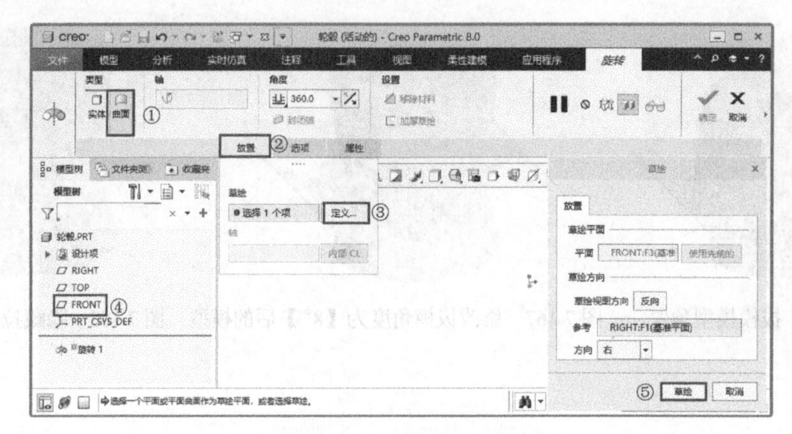

图 7-170　旋转参数设置

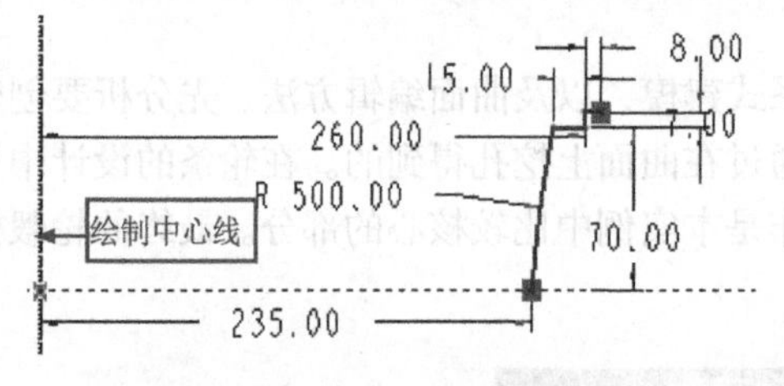

图 7-171　绘制草图

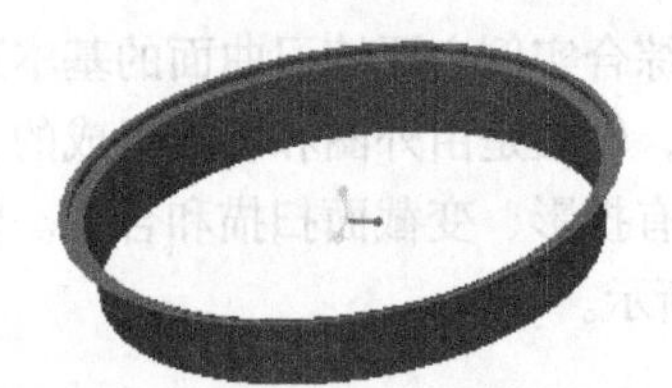

图 7-172　旋转曲面

（5）单击【确定】按钮，得到镜像模型，如图 7-174 所示。

（6）按住 Ctrl 键，选择镜像后的实体和旋转实体。

（7）单击【模型】选项卡【编辑】组中的【合并】按钮，弹出【合并】操控板。

（8）单击【确定】按钮，完成实体的合并，如图 7-175 所示。

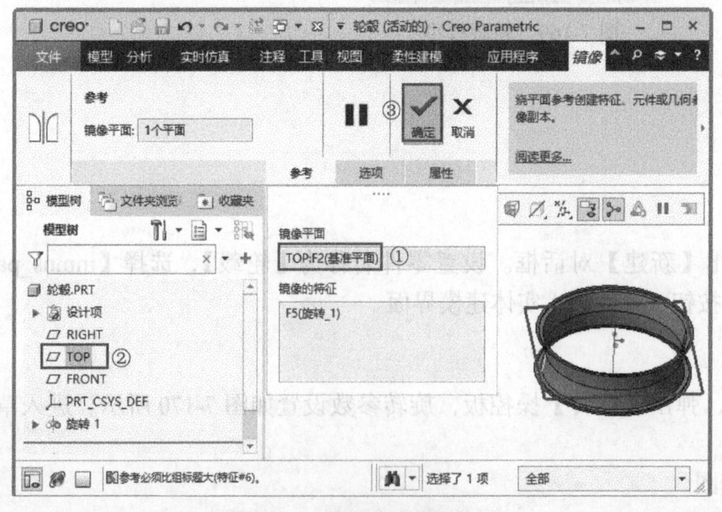

图 7-173　镜像参数设置

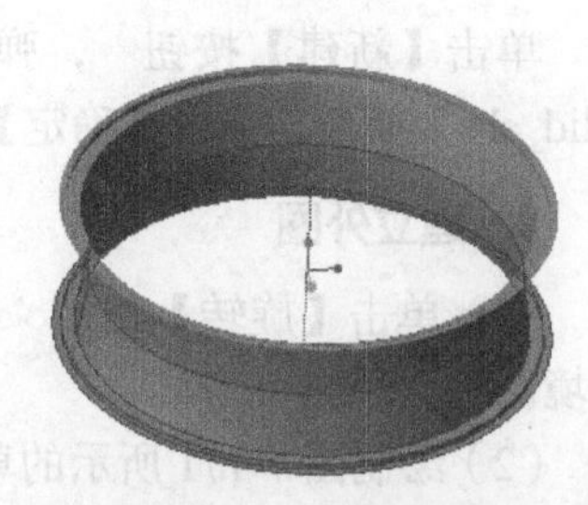

图 7-174　镜像模型

3. 旋转曲面 1

（1）单击【旋转】按钮，弹出【旋转】操控板，旋转参数设置如图 7-170 所示。

（2）绘制图7-176所示的草图。

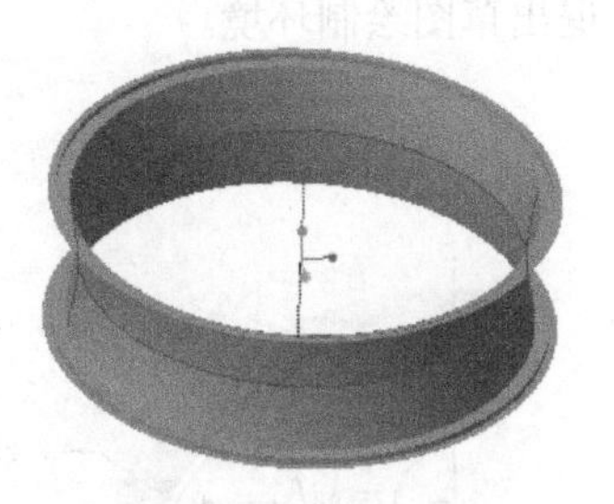

图7-175　合并曲面

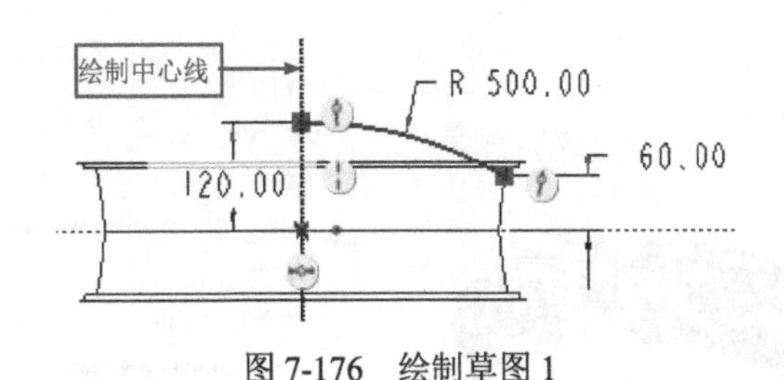

图7-176　绘制草图1

（3）单击【确定】按钮✔，退出草图绘制环境。

（4）单击【确定】按钮✔，完成旋转曲面的制作，如图7-177所示。

（5）选择旋转特征后单击鼠标右键，在弹出的快捷菜单中选择【隐藏】选项，隐藏旋转特征后得到的模型如图7-178所示。

图7-177　旋转曲面1

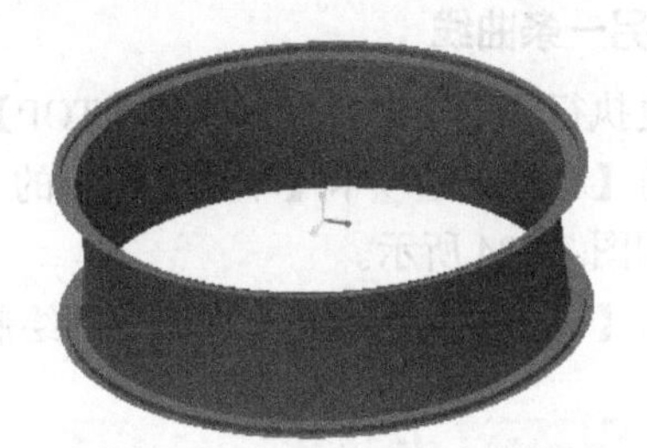

图7-178　隐藏旋转特征后的模型

4．旋转曲面2

（1）重复执行【旋转】命令，弹出【旋转】操控板，旋转参数设置如图7-170所示。进入草绘环境。

（2）绘制图7-179所示的草图。

（3）单击【确定】按钮✔，退出草绘环境。

（4）单击【确定】按钮✔，完成旋转曲面的制作，如图7-180所示。

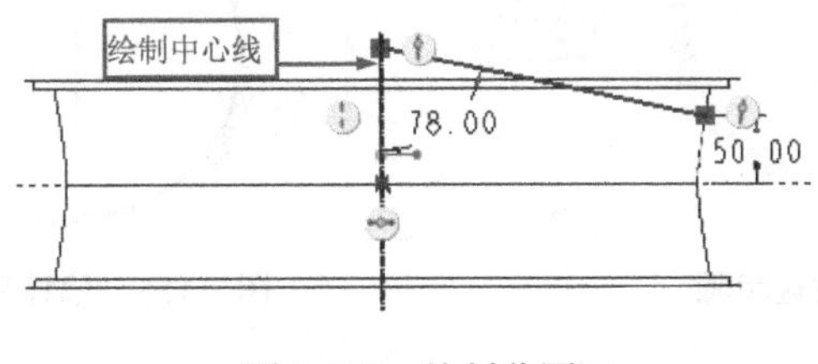

图7-179　绘制草图2

图7-180　旋转曲面2

5．绘制曲线

（1）选择旋转特征后单击鼠标右键，在弹出的快捷菜单中。选择【隐藏】选项，结果如图7-181所示。

（2）单击【基准】组中的【草绘】按钮，弹出【草绘】对话框，选择【TOP】基准平面作为草绘平面，如图 7-182 所示。单击【草绘】按钮 草绘 ，进入草图绘制环境。

（3）绘制图 7-183 所示的草图，单击【确定】按钮✔，退出草图绘制环境。

图 7-181　隐藏曲面后的模型

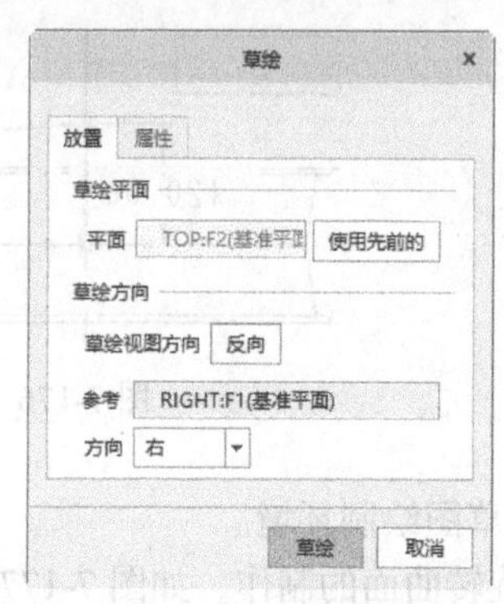

图 7-182　【草绘】对话框

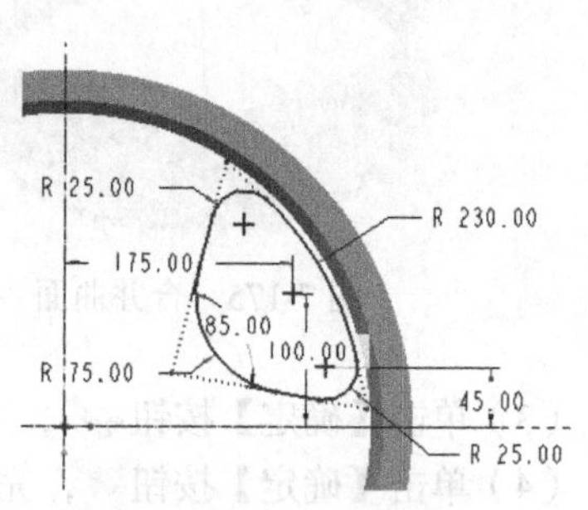

图 7-183　绘制草图

6. 创建另一条曲线

（1）重复执行【草绘】命令，选择【TOP】基准平面作为草绘平面，进入草绘环境。

（2）单击【草绘】选项卡【草绘】组中的【偏移】按钮，弹出【类型】对话框，偏移曲线参数设置步骤如图 7-184 所示。

（3）单击【确定】按钮✔，退出草图绘制环境，结果如图 7-185 所示。

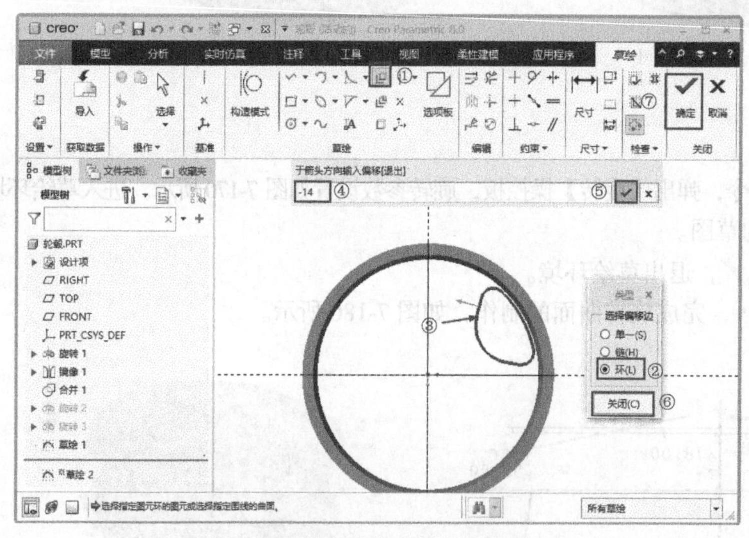

图 7-184　偏移曲线参数设置步骤

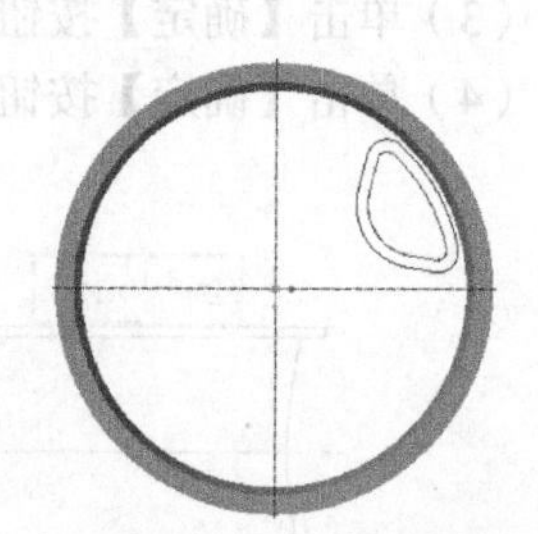
图 7-185　偏移后的曲线

7. 曲线投影

（1）按住 Ctrl 键在模型树中选择【旋转 2】和【旋转 3】特征后单击鼠标右键，在弹出的快捷菜单中选择【显示】选项，显示结果如图 7-186 所示。

（2）单击【投影】按钮，弹出【投影曲线】操控板，投影曲线操作步骤如图 7-187 所示。

图 7-186　取消隐藏后的模型

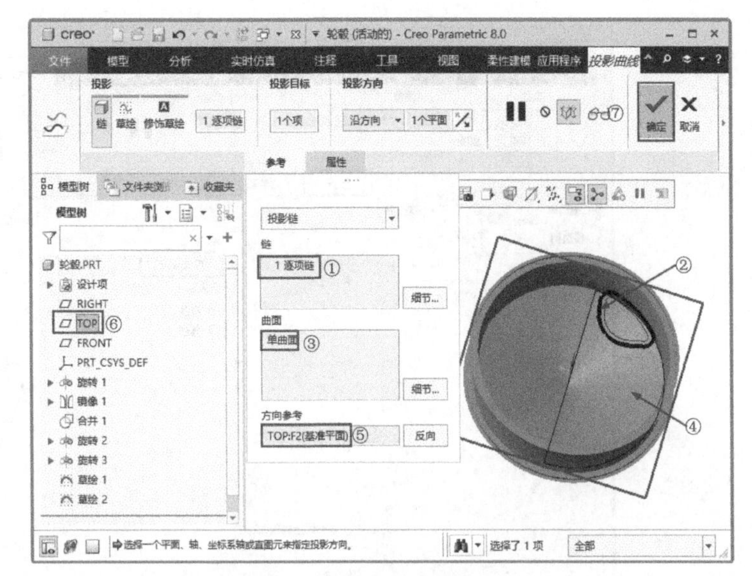

图 7-187　投影曲线操作步骤

（3）单击【确定】按钮，完成曲线的投影操作，如图 7-188 所示。

（4）同理，将第 6 步创建的曲线投影到【旋转 2】上，结果如图 7-189 所示。

8. 创建边界混合曲面

（1）按住 Ctrl 键，选择模型树中的所有旋转曲面及两个草图，单击鼠标右键，在弹出的快捷菜单中选择【隐藏】选项，结果如图 7-190 所示。

图 7-188　投影曲线（1）

图 7-189　投影曲线（2）

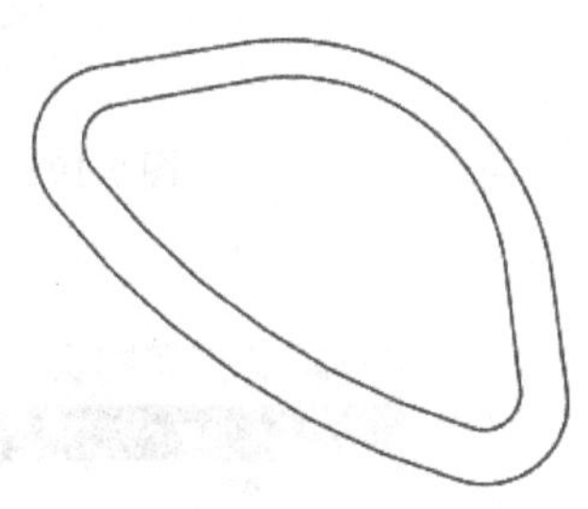

图 7-190　隐藏结果

（2）单击【模型】选项卡【基准】组中的【通过点的曲线】按钮，弹出【曲线：通过点】操控板，绘制曲线操作步骤如图 7-191 所示。

（3）单击【确定】按钮，完成曲线的创建，结果如图 7-192 所示。

（4）同理，创建出其余 5 条曲线，结果如图 7-193 所示。

（5）单击【模型】选项卡【曲面】组中的【边界混合】按钮，弹出【边界混合】操控板，如图 7-194 所示。

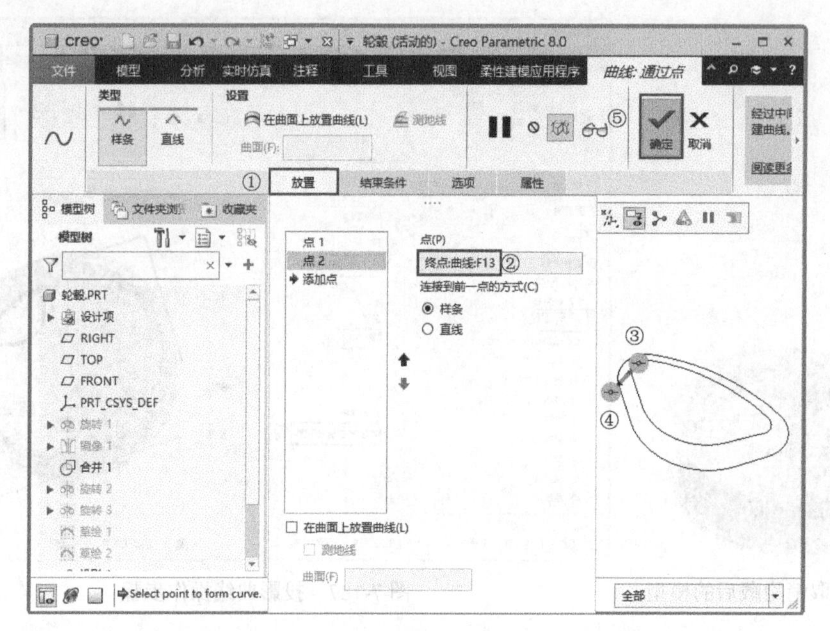

图 7-191　绘制曲线操作步骤

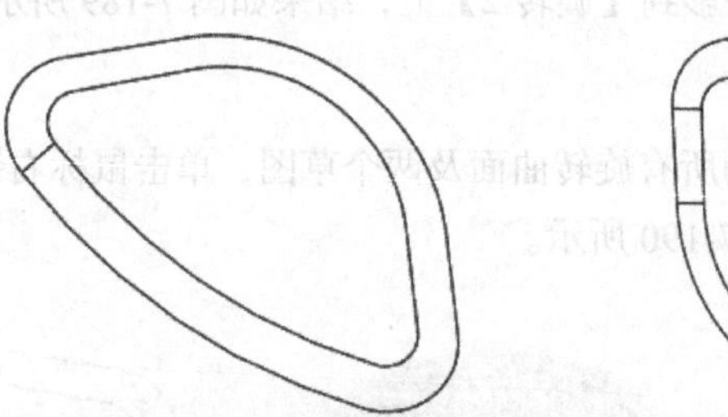

图 7-192　创建的曲线

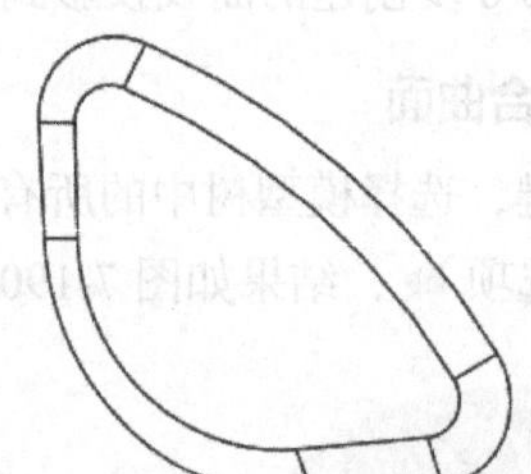

图 7-193　创建的其余 5 条曲线

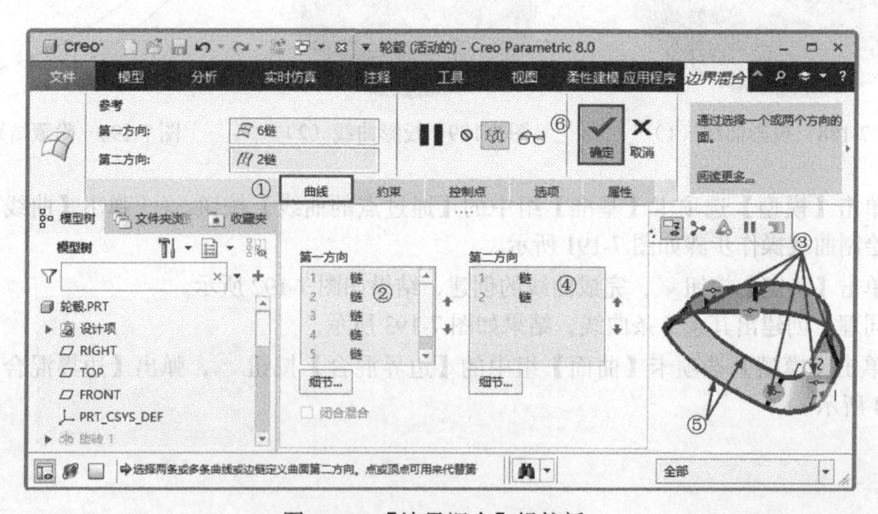

图 7-194　【边界混合】操控板

（6）单击【确定】按钮，结果如图 7-195 所示。

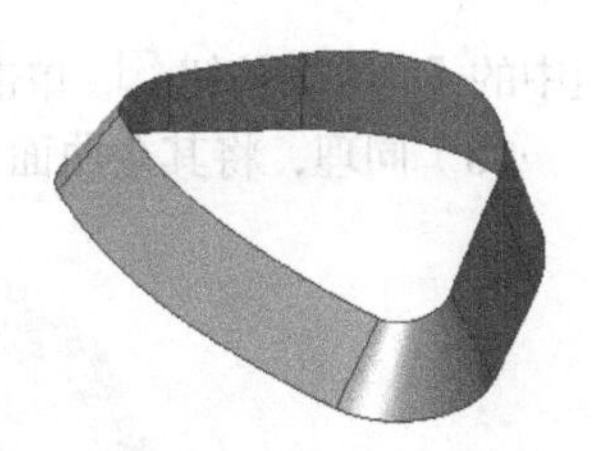

图 7-195　边界混合曲面

9. 去除材料

（1）选择模型树中的【旋转 1】特征，单击鼠标右键，在弹出的快捷菜单中选择【显示】选项。

（2）选择创建的【边界混合】特征，单击【模型】选项卡【编辑】组中的【阵列】按钮，弹出【阵列】操控板。参数设置如图 7-196 所示。

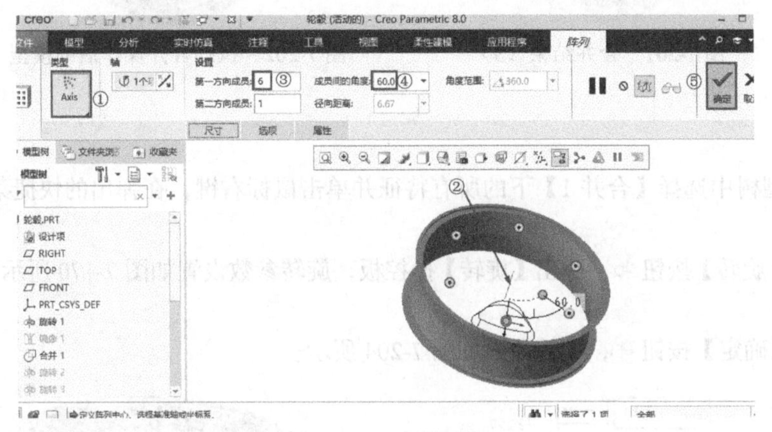

图 7-196　参数设置

（3）单击【确定】按钮，完成阵列操作，如图 7-197 所示。

（4）将隐藏的所有特征显示出来。

（5）按住 Ctrl 键，选择生成的【边界混合 1 [1]】和【旋转 2】特征，然后单击【模型】选项卡【编辑】组中的【合并】按钮，弹出【合并】操控板，如图 7-198 所示。调整箭头方向。单击【合并】操控板中的【确定】按钮，完成合并操作，如图 7-199 所示。

图 7-197　阵列结果

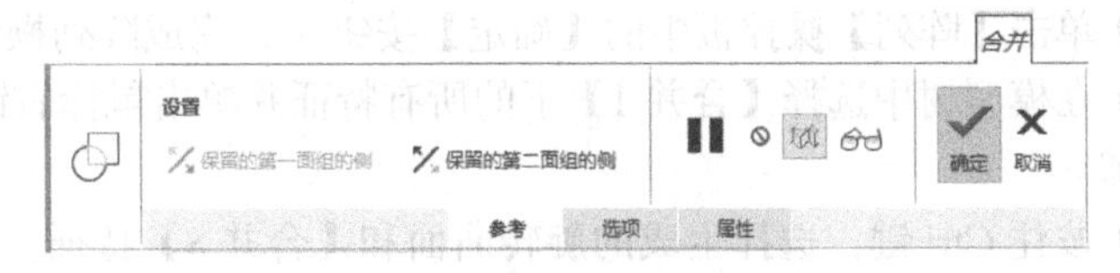

图 7-198　【合并】操控板

（6）按住 Ctrl 键，选择生成的【合并 2】和【旋转 3】特征，然后单击【模型】选项卡【编辑】组中的【合并】按钮，再单击【确定】按钮，完成合并操作，如图 7-200 所示。

图 7-199　合并结果（1）

图 7-200　合并结果（2）

（7）按住 Ctrl 键，选择生成的【合并 3】和【边界混合 1 [2]】特征，然后单击【模型】选项卡【编辑】

组中的【合并】按钮，单击【合并】操控板中的【确定】按钮，完成合并操作，如图 7-201 所示。

（8）同理，将其余曲面合并，结果如图 7-202 所示。

图 7-201　合并结果（3）

图 7-202　执行合并操作后的模型

10. 挖孔

（1）在模型树中选择【合并 1】下的所有特征并单击鼠标右键，在弹出的快捷菜单中选择【隐藏】选项。

（2）单击【旋转】按钮，弹出【旋转】操控板，旋转参数设置如图 7-170 所示。绘制图 7-203 所示的草图。

（3）单击【确定】按钮，旋转曲面如图 7-204 所示。

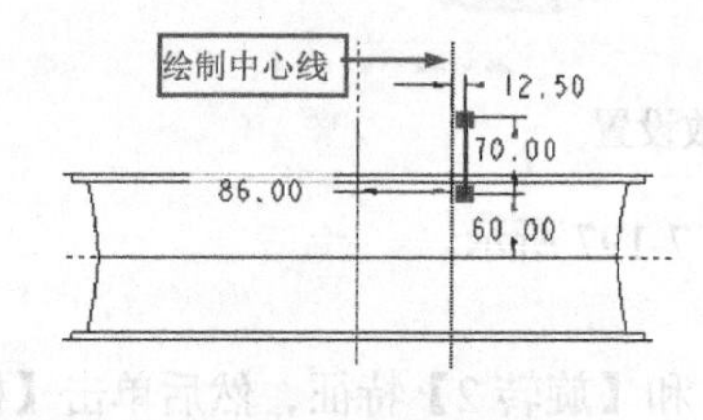

图 7-203　绘制的草图

图 7-204　旋转曲面

（4）选择刚刚创建的旋转特征后，单击【模型】选项卡【编辑】组中的【阵列】按钮，弹出【阵列】操控板，选择阵列【类型】为轴；选择基准轴，设置阵列个数为【6】，角度为【60°】。

（5）单击【阵列】操控板中的【确定】按钮，完成阵列操作，如图 7-205 所示。

（6）在模型树中选择【合并 1】下的所有特征并单击鼠标右键，在弹出的快捷菜单中选择【显示】选项。

（7）按住 Ctrl 键，选择生成的旋转曲面和【合并 8】特征，然后单击【模型】选项卡【编辑】组中的【合并】按钮，弹出【合并】操控板。

（8）单击【反向】按钮，调整箭头方向如图 7-206 所示。单击【确定】按钮，完成合并操作，如图 7-207 所示。

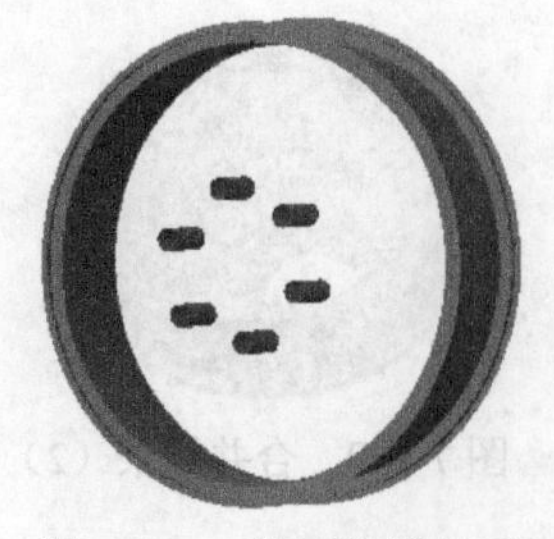

图 7-205　阵列旋转曲面

图 7-206　箭头方向

（9）同理，将其余曲面合并，结果如图 7-208 所示。

图 7-207　合并曲面

图 7-208　合并曲面后的模型

11. 合并主体

（1）按住 Ctrl 键，选择生成的【合并 1】和【合并 14】特征，单击【模型】选项卡【编辑】组中的【合并】按钮，弹出【合并】操控板。

（2）单击【合并】操控板上的【选项】按钮 选项 ，在弹出的【选项】下拉面板中选择【联接】单选项，如图 7-209 所示。

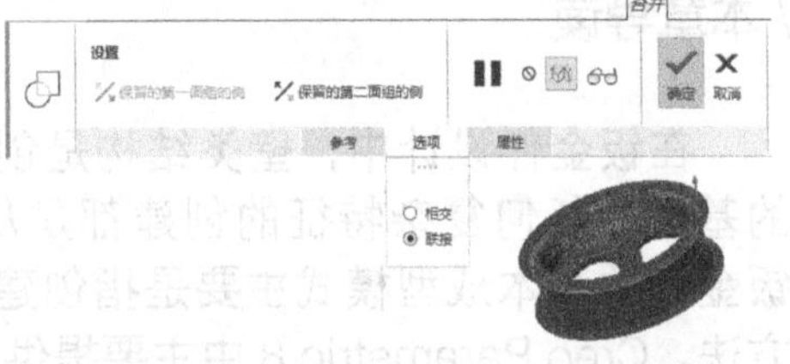

图 7-209　设置【选项】下拉面板

12. 曲面加厚

（1）选择最后一个合并特征后，单击【模型】选项卡【编辑】组中的【加厚】按钮，弹出【加厚】操控板，加厚参数设置如图 7-210 所示。

（2）单击【确定】按钮，完成加厚操作，如图 7-211 所示。

（3）单击快速访问工具栏中的【保存】按钮，保存当前模型文件。

图 7-210　加厚参数设置

图 7-211　加厚后的模型

第 8 章 钣金特征

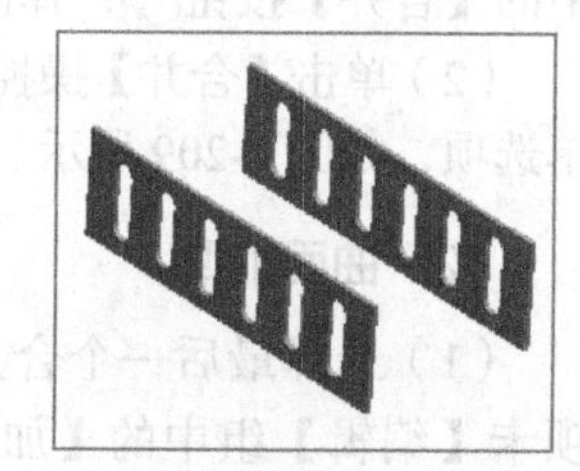

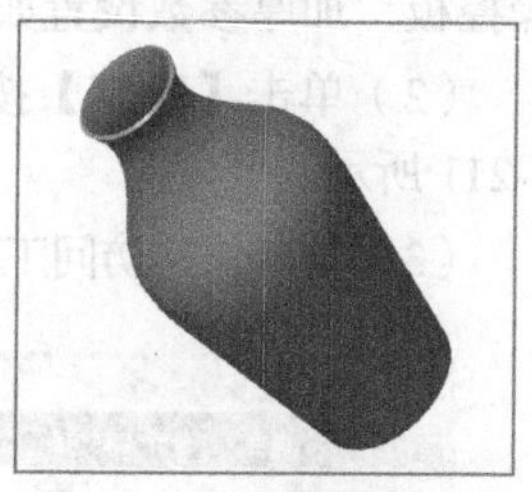

/ 本章导读

在钣金件设计中，壁类结构是创建其他所有钣金特征的基础，任何复杂特征的创建都是从创建第一壁开始的。钣金件的基本成型模式主要是指创建钣金件第一壁特征的方法。Creo Parametric 8 中主要提供了【平面】【拉伸】【旋转】【混合】【偏移】5 种创建第一壁特征的基本模式。一个完整的钣金件，在完成了第一壁特征的创建后，往往还需要在第一壁特征的基础上再创建其他的壁特征，以使钣金件特征完整。

/ 知识重点

- 平面壁和拉伸壁特征
- 旋转壁和旋转混合壁特征
- 偏移壁特征
- 平整壁和法兰壁特征
- 扭转壁和扫描壁特征
- 延伸壁和合并壁特征

8.1 平面壁特征

平面壁是钣金件的平面 / 平滑 / 展平部分。它可以是第一壁（设计中的第一个壁），也可以是后续壁。平面壁可采用任何平整形状。

8.1.1 操控板选项介绍

平面壁特征的操控板中包含两部分内容：【平面】操控板和下拉面板。下面详细地进行介绍。

1.【平面】操控板

单击【钣金件】选项卡【壁】组中的【平面】按钮，弹出【平面】操控板，如图 8-1 所示。

图 8-1 【平面】操控板

操控板中常用功能介绍如下。

（1）【厚度】：设置钣金的厚度。

（2）【反向】：设置钣金厚度的增长侧。

（3）【暂停】：暂停使用当前的特征工具，以访问其他可用的工具。

（4）【预览】：模型预览，若预览时出错，表明特征的创建有误，需要重定义。

（5）【确定】：确认当前特征的建立或重定义。

（6）【取消】：取消特征的建立或重定义。

2. 下拉面板

【平面】操控板提供下列下拉面板，如图 8-2 所示。

（1）【参考】：确定绘图平面和参考平面；单击【定义】按钮 定义... ，可以创建或更改截面。

（2）【属性】：显示特征的名称、信息。

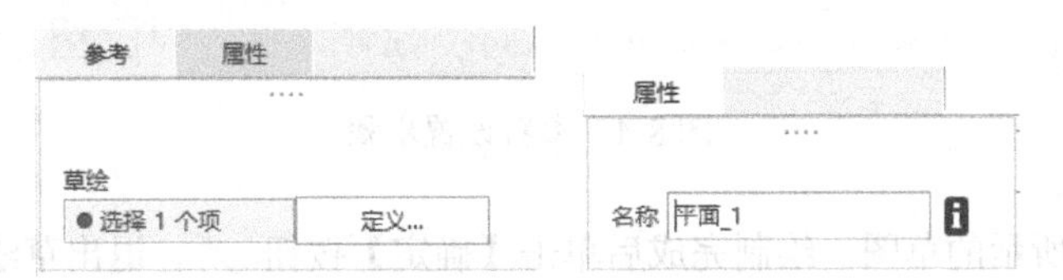

图 8-2 【平面】操控板中的下拉面板

8.1.2 练习：创建平面壁特征

下面通过具体实例来详细讲解非连接平面壁的创建方法。

（1）单击【新建】按钮，弹出【新建】对话框。输入钣金件名称【盘件】，参数设置步骤如图 8-3 所示，单击【确定】按钮确定，进入钣金设计模式。

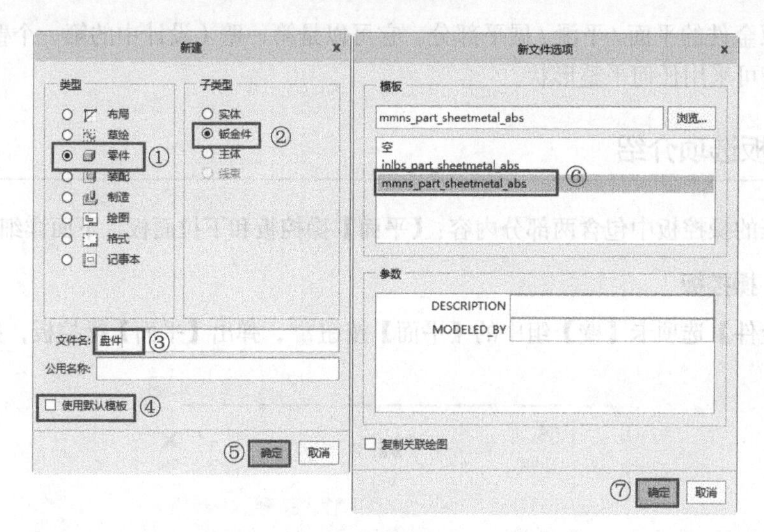

图 8-3　新建钣金件的参数设置步骤

（2）单击【平面】按钮，弹出【平面】操控板。进入草绘环境，参数设置步骤如图 8-4 所示。

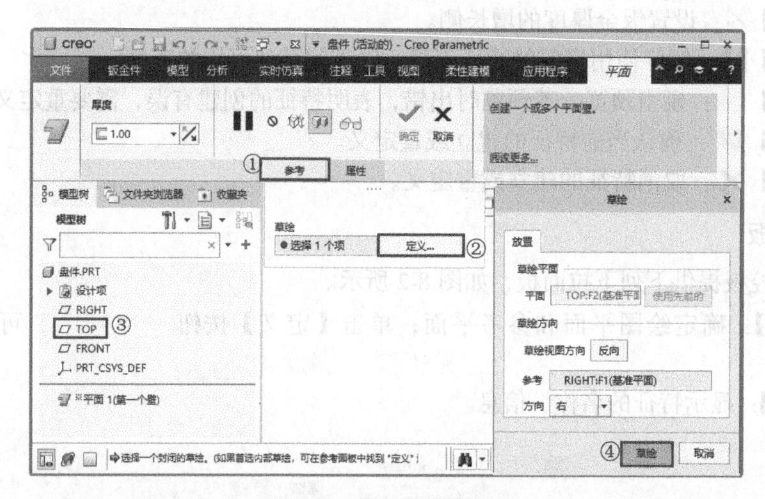

图 8-4　参数设置步骤

（3）绘制图 8-5 所示的草图。绘制完成后单击【确定】按钮，退出草绘环境。

（4）在【平面】操控板中的【厚度】输入框中输入厚度值【5】，单击【确定】按钮，生成盘件。

（5）至此，钣金件截面、厚度全部定义完毕。结束第一壁的创建，生成的平面壁特征如图 8-6 所示。

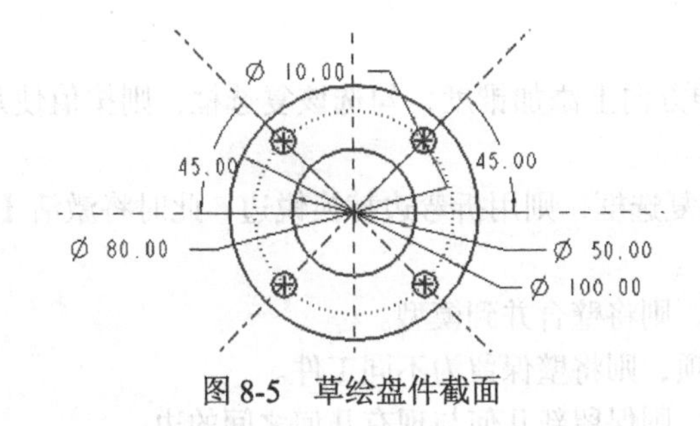

图 8-5 草绘盘件截面

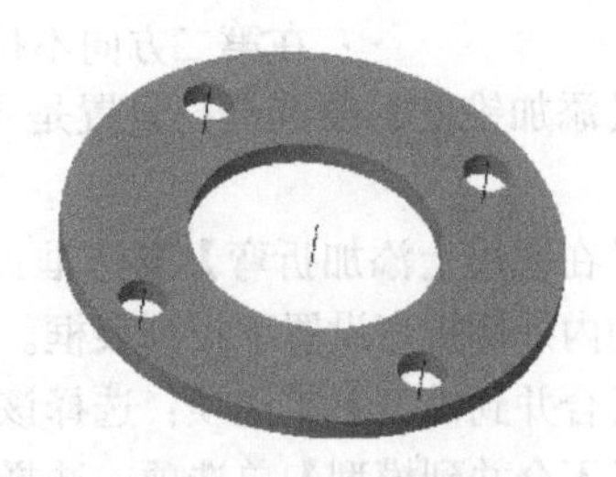
图 8-6 生成的平面壁特征

8.2 拉伸壁特征

拉伸壁是草绘壁的侧截面，可使草绘壁拉伸出一定长度。它可以是第一壁（设计中的第一个壁），也可以是从属于主要壁的后续壁。

用户可创建 3 种类型的后续壁：非连接、无半径和使用半径。如果拉伸壁是第一壁，则只能是非连接类型。

8.2.1 操控板选项介绍

拉伸壁特征的操控板中包含两部分内容：【拉伸】操控板和下拉面板。下面详细地进行介绍。

1.【拉伸】操控板

单击【钣金件】选项卡【壁】组中的【拉伸】按钮，弹出【拉伸】操控板，如图 8-7 所示。

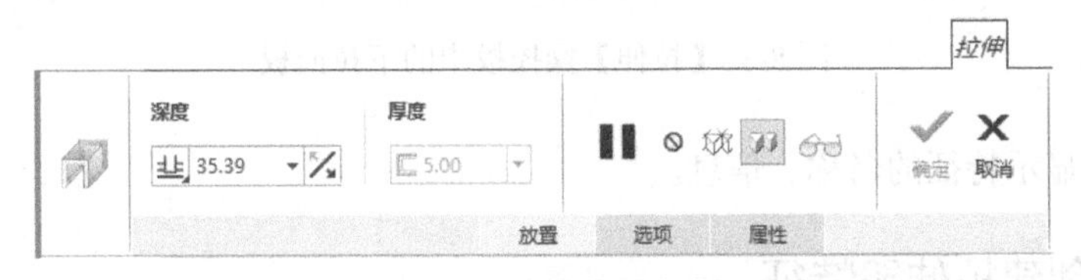

图 8-7 【拉伸】操控板

除 8.1.1 小节介绍的类似功能外，操控板中其他常用功能介绍如下。

【深度】：设置拉伸方式，包括【可变】【对称】【到参考】。

2. 下拉面板

【拉伸】操控板提供下列下拉面板，如图 8-8 所示。

（1）【放置】：确定绘图平面和参考平面，单击【定义】按钮 定义... ，可以创建或更改截面。

（2）【选项】：详细设置拉伸壁所需参数，使用该下拉面板可进行下列操作。

① 侧 1 可变 ：第一方向拉伸参数设置，包括如下 3 项。

- 【可变】：在第一个方向从草绘平面开始以指定的深度值拉伸。
- 【对称】：在草绘平面的两侧对称拉伸。
- 【到参考】：拉伸至选定的曲面、边、顶点、面组、主体、曲线、平面、轴或点。

② 侧2 无：在第二方向不拉伸。

③【添加锥度】复选框：设置是否在拉伸方向上添加锥度，勾选该复选框，则按值使几何成锥形。

④【在锐边上添加折弯】复选框：勾选该复选框，则用折弯边替换锐边，此时将激活【半径】输入框和内外侧折弯设置下拉列表框。

⑤【合并到模型】单选项：选择该单选项，则将壁合并到模型。

⑥【不合并到模型】单选项：选择该单选项，则将壁保留为不同工件。

⑦【保留合并边】复选框：勾选该复选框，则保留新几何与现有几何之间的边。

⑧【保留折弯的边】复选框：勾选该复选框，则保留新几何与现有折弯曲面之间的边。

⑨【将驱动曲面设置为与草绘平面相对】复选框：勾选该复选框，则将驱动曲面设置为与草绘平面相对。

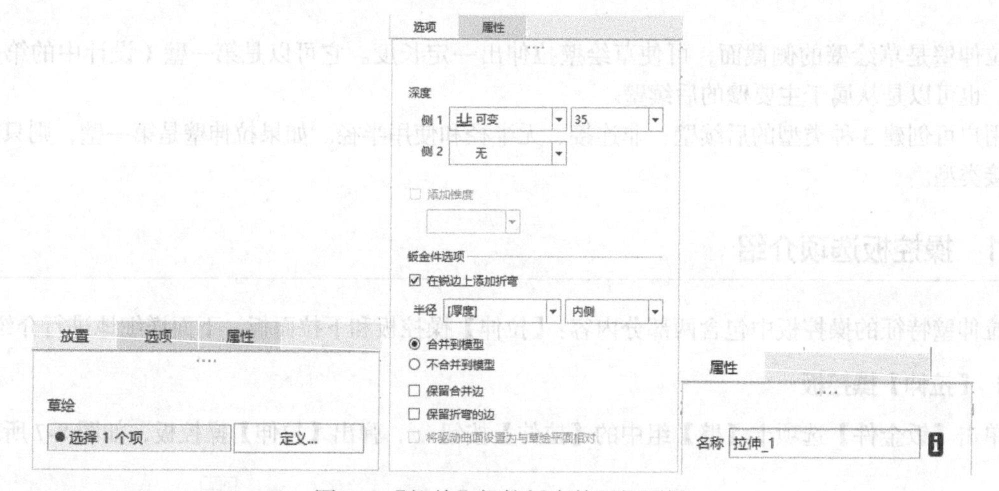

图 8-8 【拉伸】操控板中的下拉面板

（3）【属性】：显示特征的名称、信息。

8.2.2 练习：创建拉伸壁特征

下面通过一个实例来介绍创建拉伸壁特征的方法，创建拉伸壁特征的具体方法和步骤如下。

（1）单击【新建】按钮，弹出【新建】对话框。设置零件名称为【挠件】，选择【mmns_part_sheetmetal_abs】模板，单击【确定】按钮 确定 ，进入钣金设计模式。参数设置步骤如图 8-3 所示。

（2）单击【拉伸】按钮，弹出【拉伸】操控板。选择【TOP】基准平面作为草绘平面，进入草绘环境。

（3）绘制图 8-9 所示的草图，然后单击【确定】按钮，完成草绘。

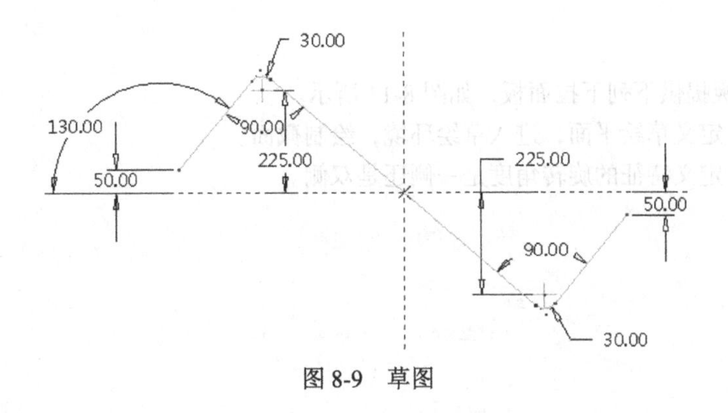

图 8-9　草图

（4）返回操控板，输入材料厚度。在【厚度】输入框中输入【5.00】，拉伸参数设置如图 8-10 所示。

（5）单击【确定】按钮，完成拉伸壁特征的创建，如图 8-11 所示。

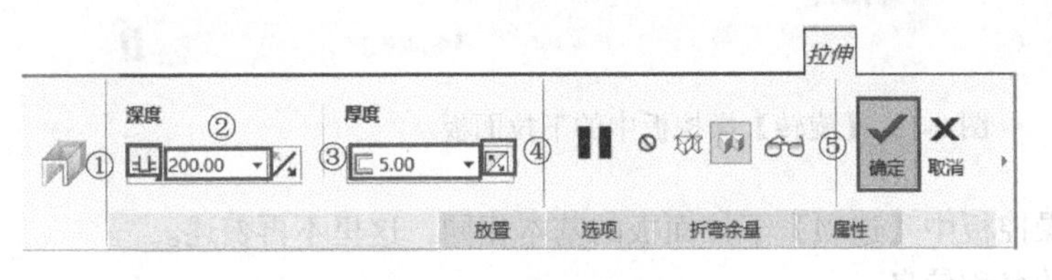

图 8-10　拉伸参数设置

图 8-11　拉伸壁特征

8.3　旋转壁特征

旋转壁特征就是草绘一个截面，然后让该截面绕轴旋转一定角度后生成的壁特征。本节主要介绍旋转壁特征的基本生成方法，然后结合实例讲解创建旋转壁特征的具体步骤。

8.3.1　操控板选项介绍

旋转壁特征的操控板中包含两部分内容：【旋转】操控板和下拉面板。下面详细地进行介绍。

1.【旋转】操控板

单击【钣金件】选项卡【壁】组中的【旋转】按钮，弹出【旋转】操控板，如图 8-12 所示。

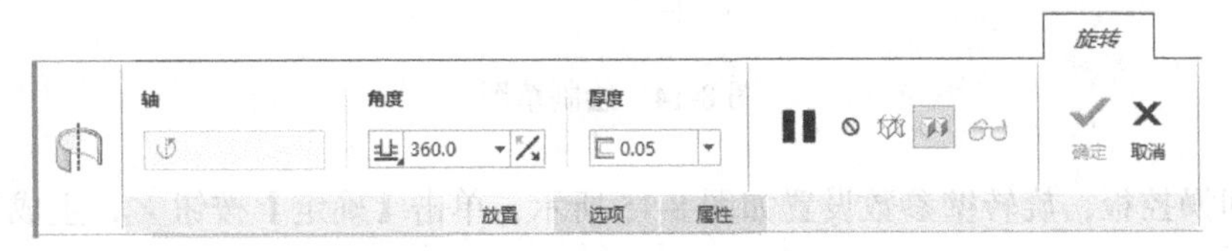

图 8-12　【旋转】操控板

除 8.1.1 小节介绍的类似功能外，操控板中其他常用功能介绍如下。

【旋转轴】：用于设置生成的三维实体，可相对于草绘进行旋转。

2. 下拉面板

【旋转】操控板提供下列下拉面板，如图 8-13 所示。

（1）【放置】：定义草绘平面，进入草绘环境，绘制截面。

（2）【选项】：定义特征的旋转角度是一侧还是双侧。

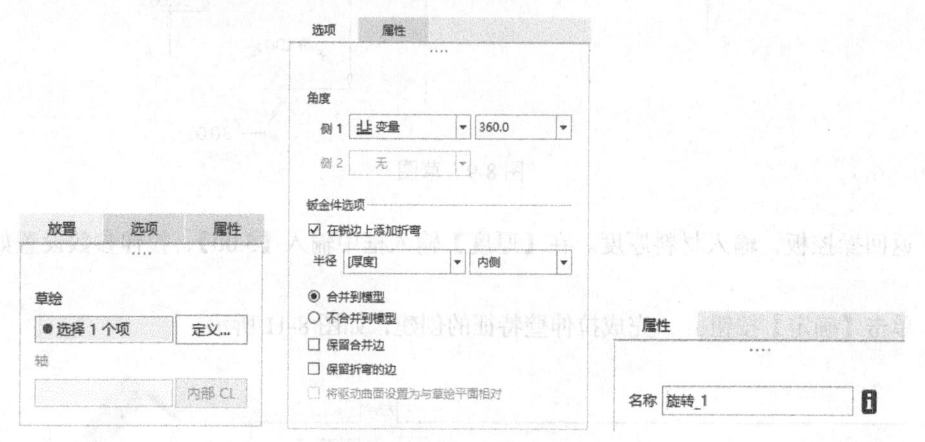

图 8-13 【旋转】操控板中的下拉面板

各选项含义与【拉伸】操控板中【选项】下拉面板的基本相同，这里不再赘述。

（3）【属性】：显示特征的名称信息。

8.3.2 练习：创建旋转壁特征

下面通过一个实例来讲解创建旋转壁特征的方法，具体创建步骤和方法如下。

（1）单击【新建】按钮，弹出【新建】对话框。输入钣金件名称【花瓶】，选择【mmns_part_sheetmetal_abs】模板，单击【确定】按钮，进入钣金设计模式。参数设置步骤如图 8-2 所示。

（2）单击【旋转】按钮，弹出【旋转】操控板。选择【TOP】基准平面作为草绘平面，绘制图 8-14 所示的草图，单击【确定】按钮，退出草绘环境。

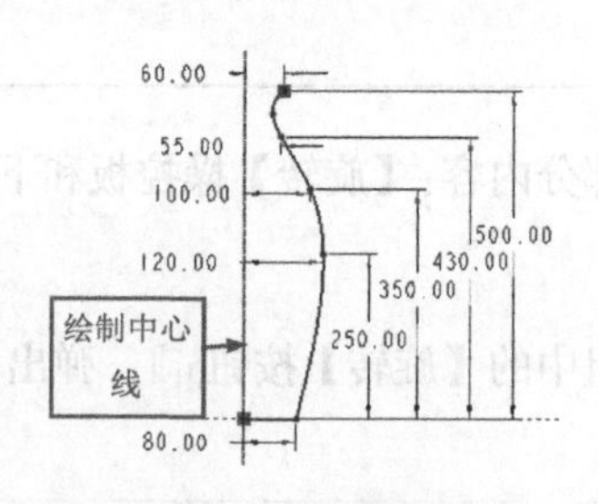

图 8-14 绘制草图

（3）返回操控板，旋转壁参数设置如图 8-15 所示，单击【确定】按钮，生成旋转壁特征，如图 8-16 所示。

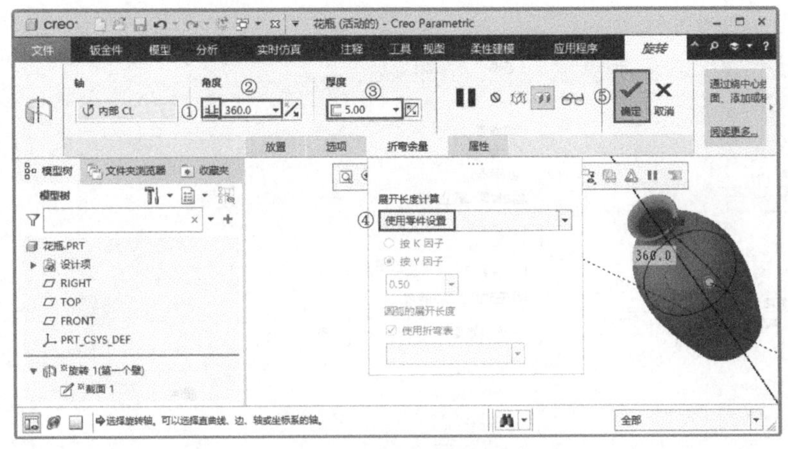

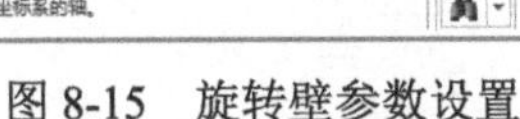

图 8-15　旋转壁参数设置

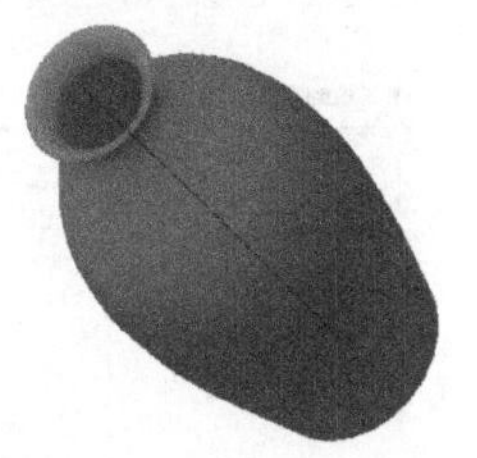

图 8-16　花瓶

8.4　旋转混合壁特征

旋转混合壁特征就是将多个截面通过一定方式连在一起而产生的特征，旋转混合壁特征要求至少有两个截面。

8.4.1　操控板选项介绍

旋转混合壁特征的操控板中包含两部分内容：【旋转混合】操控板和下拉面板。下面详细地进行介绍。

1.【旋转混合】操控板

单击【钣金壁】选项卡【壁】组中的【旋转混合】按钮，弹出图 8-17 所示的【旋转混合】操控板。

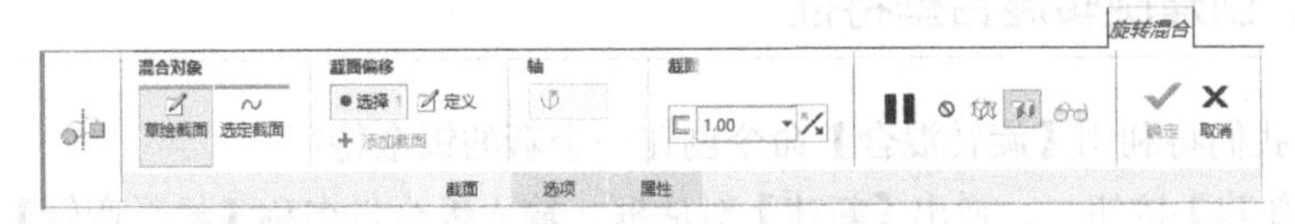

图 8-17 【旋转混合】操控板

除 8.1.1 小节和 8.3.1 小节介绍的类似功能外，操控板中其他常用功能介绍如下。

(1)【草绘截面】：与草绘截面混合。

(2)【选定截面】：与选定截面混合。

2. 下拉面板

【旋转混合】操控板提供下列下拉面板，如图 8-18 所示。

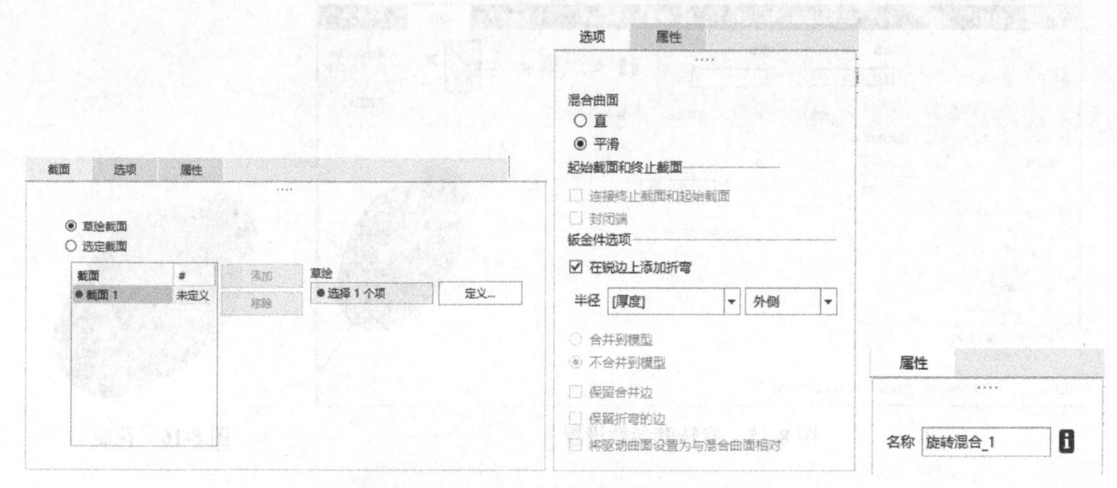

图 8-18 【旋转混合】操控板中的下拉面板

(1)【截面】：用于设置混合截面。

①【草绘截面】：与草绘截面混合。

②【选定截面】：与选定截面混合。

(2)【选项】：使用该下拉面板可进行下列操作。

①【直】：用直线连接不同截面。

②【平滑】：用光滑曲线连接不同截面。

③【连接终止截面和起始截面】：创建封闭形状。

④【封闭端】：在两端创建闭合曲面。

⑤【在锐边上添加折弯】：用折弯边替换锐边。

⑥ 半径 厚度：设置折弯圆角半径值。包括的选项有：【厚度】【2* 厚度】【[厚度]】。

⑦ 外侧：标注折弯的曲面。包括的选项有：【内侧】【外侧】。

(3)【属性】：显示特征的名称、信息。

8.4.2 练习：创建旋转混合壁特征

在本例中，我们将利用【旋转混合】命令创建一个新的钣金特征。

(1) 单击【新建】按钮，弹出【新建】对话框。输入钣金件名称【异形弯管】，选择【mmns_part_sheetmetal_abs】模板，单击【确定】按钮 确定，进入钣金设计模式，参数设置步骤如图 8-2 所示。

(2) 单击【钣金件】选项卡【壁】组中的【旋转混合】按钮，弹出【旋转混合】操控板。选择【TOP】基准平面作为草绘平面，绘制图 8-19 所示的草图。单击【确定】按钮，退出草图绘制环境。

(3) 系统自动创建【截面 2】，如图 8-20 所示，在操控板中输入角度【60】。

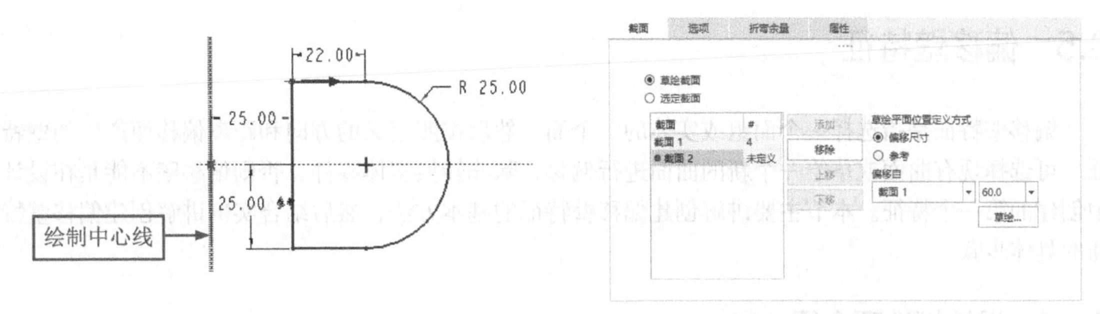

图 8-19　第一个截面　　　图 8-20　添加【截面 2】

（4）在【截面】下拉面板中单击【草绘】按钮 草绘 ，进入草绘环境。

（5）绘制第二个截面，如图 8-21 所示。单击【确定】按钮 ✓，退出草图绘制环境。

（6）在绘图区显示连接草图后形成的模型，如图 8-22 所示。

（7）在【截面】下拉面板中单击【添加】按钮 添加 ，插入【截面 3】，在操控板中或【截面】下拉面板中输入【截面 3】与【截面 2】的旋转角度【120】。

（8）绘制第三个截面，如图 8-23 所示。单击【确定】按钮 ✓，退出草图绘制环境。

（9）返回操控板，参数设置如图 8-24 所示。单击【确定】按钮 ✓，完成异形弯管的绘制，如图 8-25 所示。

图 8-21　第二个截面　　图 8-22　连接草图后形成的模型　　图 8-23　第三个截面

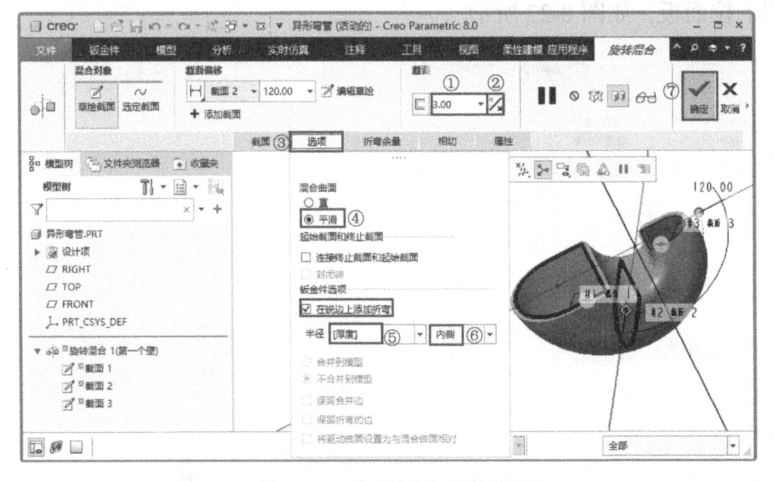

图 8-24　旋转混合参数设置

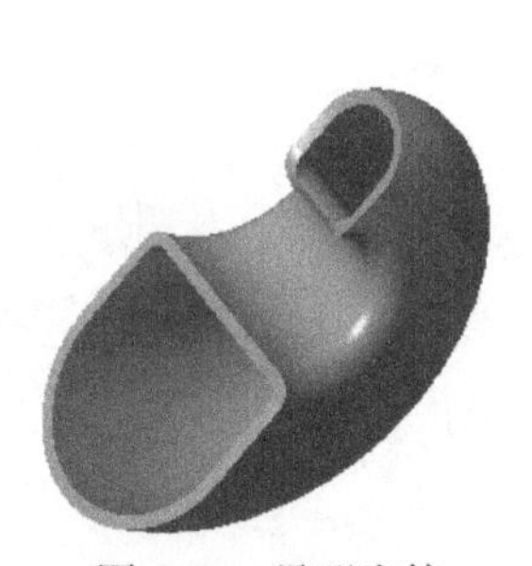

图 8-25　异形弯管

8.5 偏移壁特征

偏移壁特征是指选择一个面组或实体的一个面，然后按照定义的方向和距离偏移而产生的壁特征。可选择现有曲面或草绘一个新的曲面进行偏移，除非转换实体零件，否则偏移壁不能是在设计中创建的第一个特征。本节主要讲解创建偏移壁特征的基本方法，然后结合实例讲解创建偏移壁特征的具体步骤。

8.5.1 操控板选项介绍

偏移壁特征的操控板中包含两部分内容：【偏移】操控板和下拉面板。下面详细地进行介绍。

1.【偏移】操控板

单击【钣金件】选项卡【壁】组中的【偏移】按钮，弹出图 8-26 所示的【偏移】操控板。

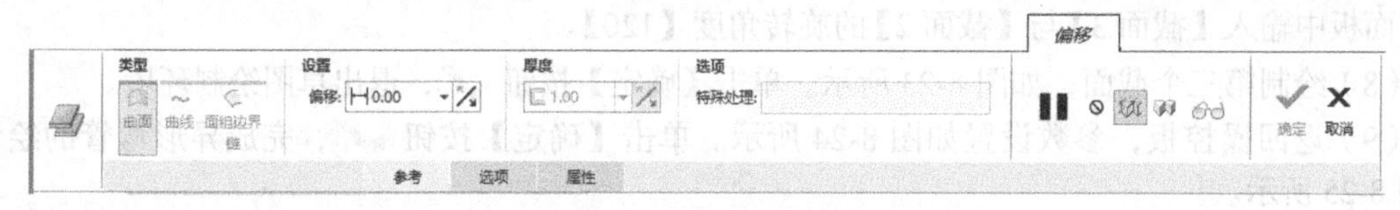

图 8-26 【偏移】操控板

除 8.1.1 小节介绍的类似功能外，操控板中其他常用功能介绍如下。

（1）【偏移距离】：用于指定在给定偏移方向上偏移的距离。

（2）【偏移方向】：更改偏移方向。

（3）【特殊处理】：当有多个曲面要偏移时，可以通过重新定义该命令来选择曲面。如果想更精确地定义偏移曲面，可使用【遗漏】选项，不过它只有在选择【垂直于曲面】偏移类型时才能用。当选择的曲面是面组时，可以选用该选项来选择要偏移的曲面。

2. 下拉面板

【偏移】操控板提供下列下拉面板，如图 8-27 所示。

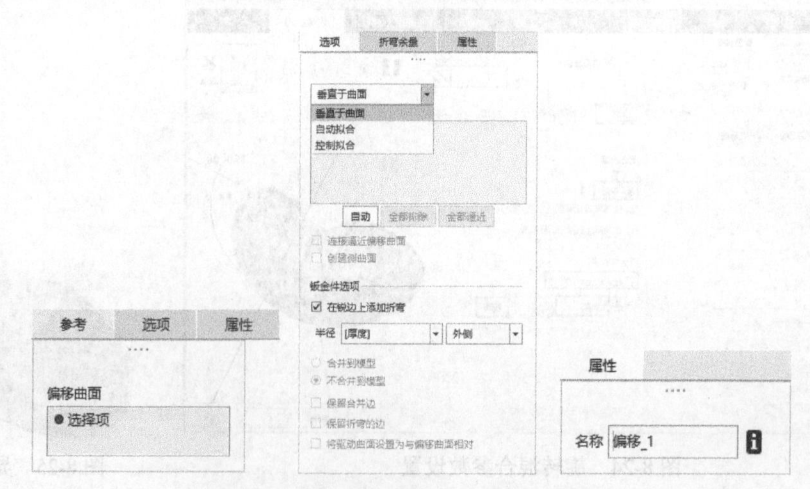

图 8-27 【偏移】操控板中的下拉面板

（1）【参考】：确定要偏移的曲面。

（2）【选项】：使用该下拉面板可进行下列操作。

①【垂直于曲面】：这是系统默认的偏移方向，将垂直于曲面进行偏移。

②【自动拟合】：自动拟合面组或曲面的偏移，这种偏移类型只需定义材料侧和厚度。

③【控制拟合】：以控制 x 轴、y 轴、z 轴平移距离的方式创建偏移特征。

其他选项及下拉面板在前面章节中已经介绍过，这里不再赘述。

8.5.2 练习：创建旋转壁特征

在本例中，我们将通过一个具体实例来掌握创建偏移壁特征的方法，具体创建的方法和步骤如下。

（1）单击【打开】按钮，弹出【文件打开】对话框，打开【盖板 .prt】文件，如图 8-28 所示。

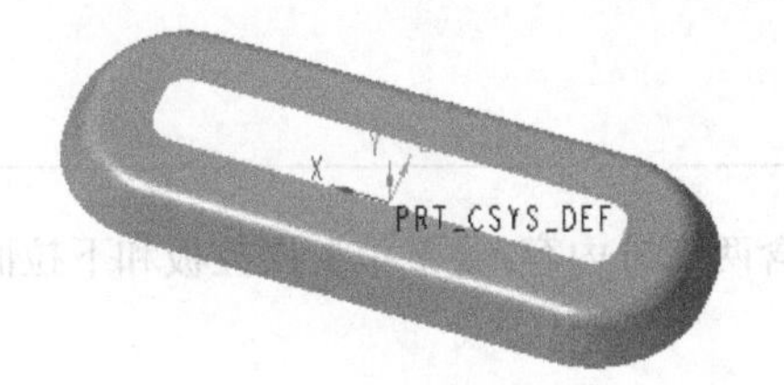

图 8-28 打开的钣金件

（2）建立坐标系。单击【基准】组中的【坐标系】按钮，弹出【坐标系】对话框，参数设置如图 8-29 所示。单击【确定】按钮确定，如图 8-30 所示。

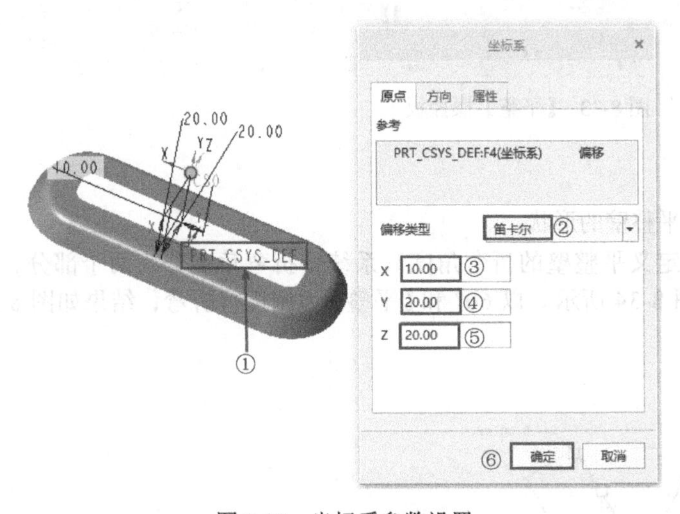

图 8-29 坐标系参数设置

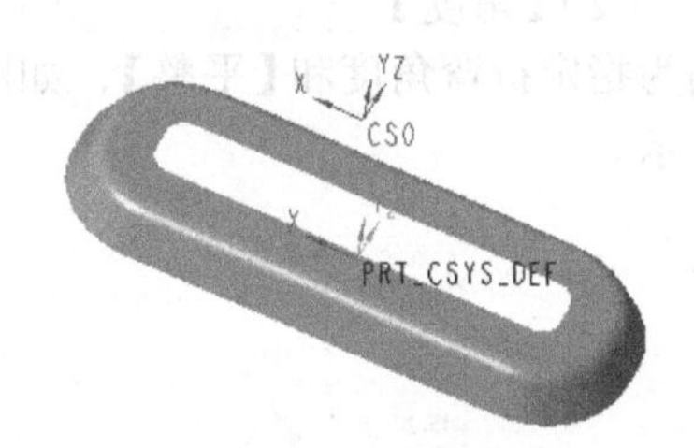

图 8-30 坐标系

（3）选中曲面，单击【钣金件】选项卡【壁】组中的【偏移】按钮，弹出【偏移】操控板，偏移参数设置如图 8-31 所示。

（4）单击【确定】按钮，完成盖板的偏移，结果如图 8-32 所示。

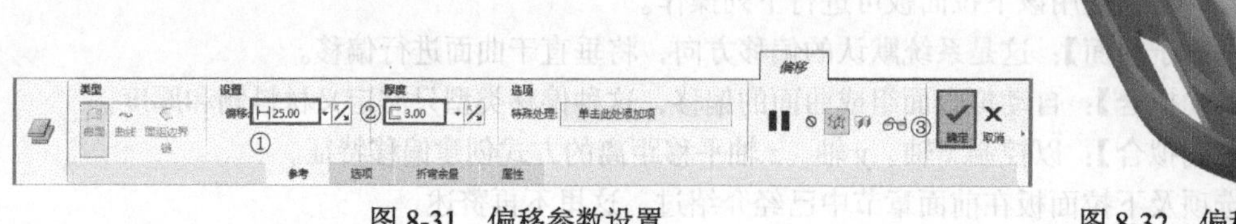

图 8-31 偏移参数设置　　　　图 8-32 偏移结果

8.6 平整壁特征

不分离平整壁特征只能连接平整的壁，即平整壁只能附着在已有钣金壁的直线边上，壁的长度可以等于、大于或小于被附着壁的长度。

8.6.1 操控板选项介绍

平整壁特征的操控板中包含两部分内容：【平整】操控板和下拉面板。下面详细地进行介绍。

1.【平整】操控板

单击【钣金件】选项卡【壁】组中的【平整】按钮，弹出【平整】操控板，如图 8-33 所示。

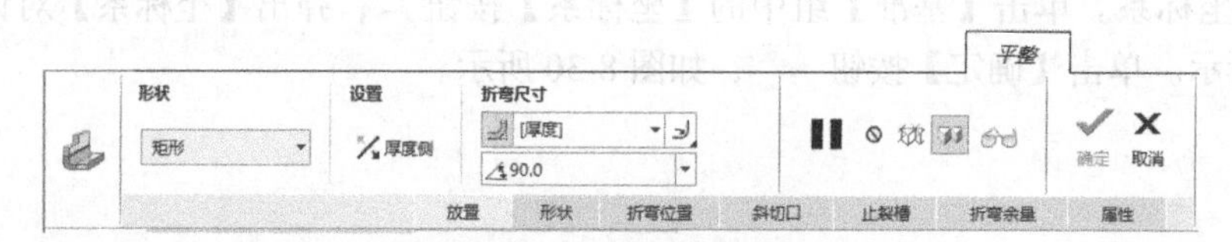

图 8-33 【平整】操控板

操控板中常用功能介绍如下。

（1）【形状】：定义平整壁的形状。

（2）【角度】：定义平整壁的折弯角度。系统将折弯角度分为两个部分，分别为指定折弯角度和【平整】，如图 8-34 所示。以 60° 和【平整】为例进行折弯，结果如图 8-35 所示。

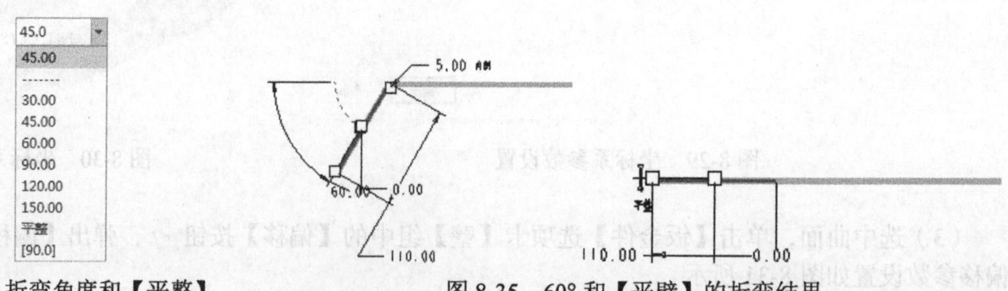

图 8-34 折弯角度和【平整】　　　　图 8-35 60° 和【平壁】的折弯结果

（3）【厚度侧】：定义平整壁的厚度增加方向。

（4）【半径】：定义平整壁的圆角半径。此选项下有两个选项，分别为内侧半径和外侧半径。如果指定内侧半径，那么外侧半径等于内侧半径加上钣金厚度；如果指定外侧半径，那么内侧半径等于外侧半径减去钣金厚度，如图 8-36 所示。

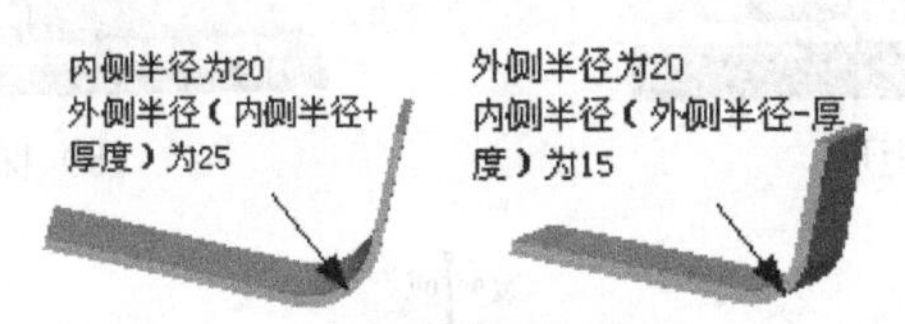

图 8-36　不同半径类型的特征对比

2. 下拉面板

【平整】操控板提供下列下拉面板，如图 8-37 所示。

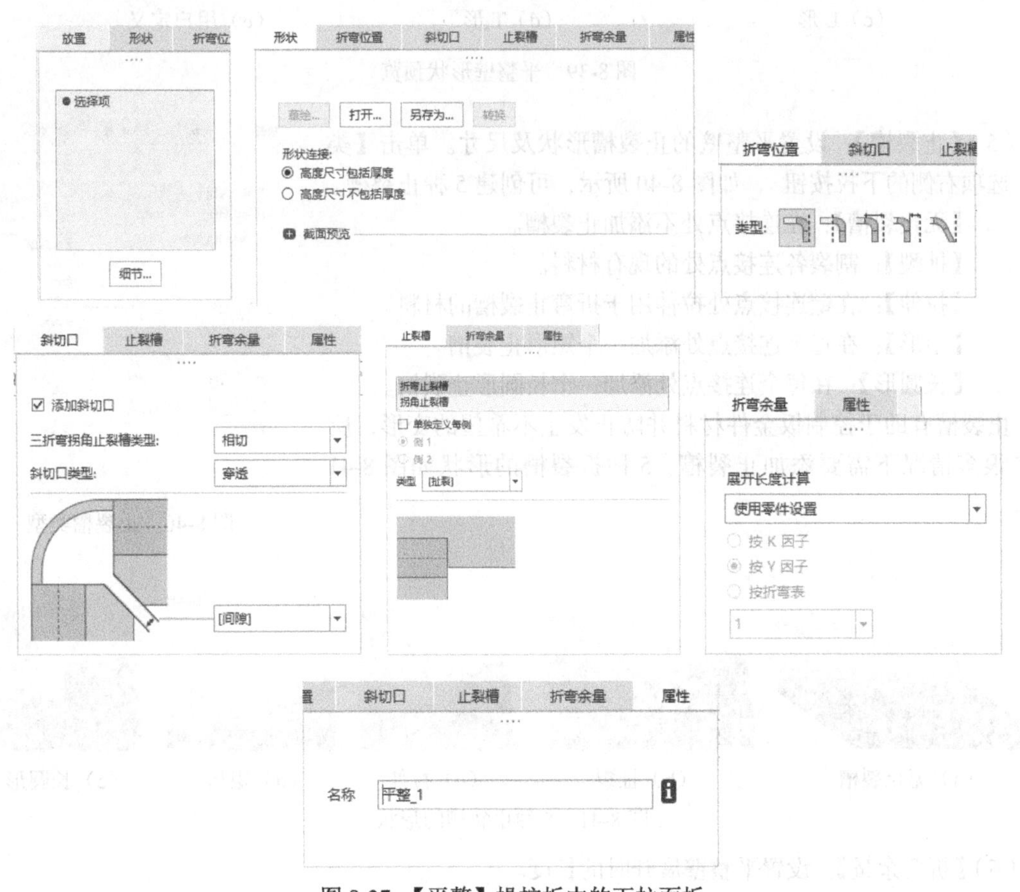

图 8-37　【平整】操控板中的下拉面板

（1）【放置】：定义平整壁的附着边。

（2）【形状】：设置平整壁的形状。系统预设了 5 种平整壁形状，如图 8-38 所示。这 5 种形状的平整壁预览图如图 8-39 所示。

（3）【折弯位置】：设置折弯的位置。

（4）【斜切口】：设置是否添加斜切口及斜切口类型等。

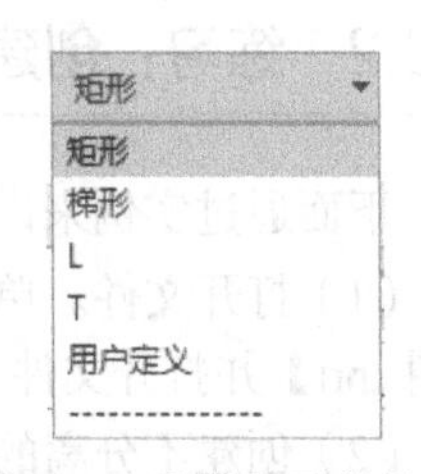

图 8-38　平整壁形状选项

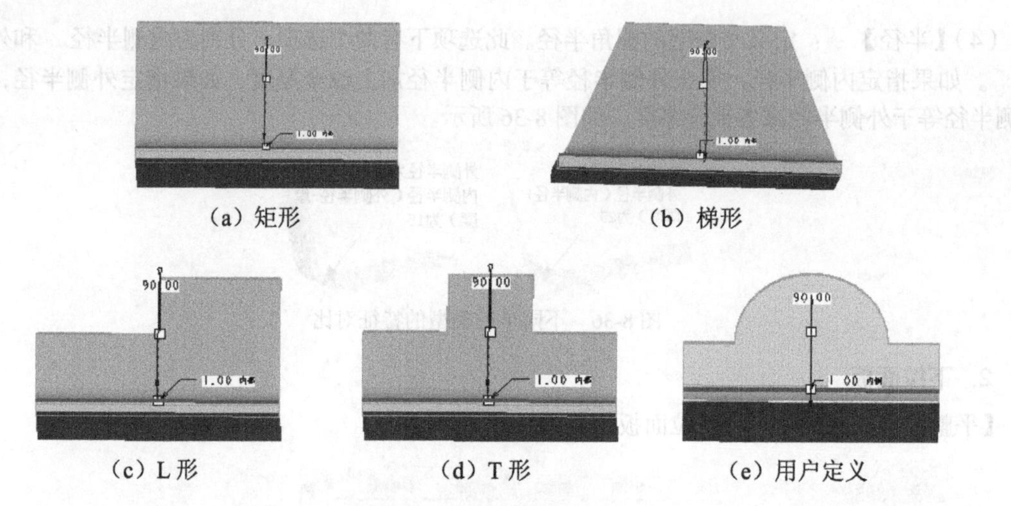

（a）矩形　（b）梯形

（c）L 形　（d）T 形　（e）用户定义

图 8-39　平整壁形状预览

（5）【止裂槽】：设置平整壁的止裂槽形状及尺寸。单击【类型】选项右侧的下拉按钮，如图 8-40 所示，可创建 5 种止裂槽。

- 【无止裂槽】：在连接点处不添加止裂槽。
- 【扯裂】：割裂各连接点处的现有材料。
- 【拉伸】：在壁连接点处拉伸用于折弯止裂槽的材料。
- 【矩形】：在每个连接点处添加一个矩形止裂槽。
- 【长圆形】：在每个连接点处添加一个长圆形止裂槽。

止裂槽有助于控制钣金件材料并防止发生不希望的变形，所以在很多情况下需要添加止裂槽，5 种折裂槽的形状如图 8-41 所示。

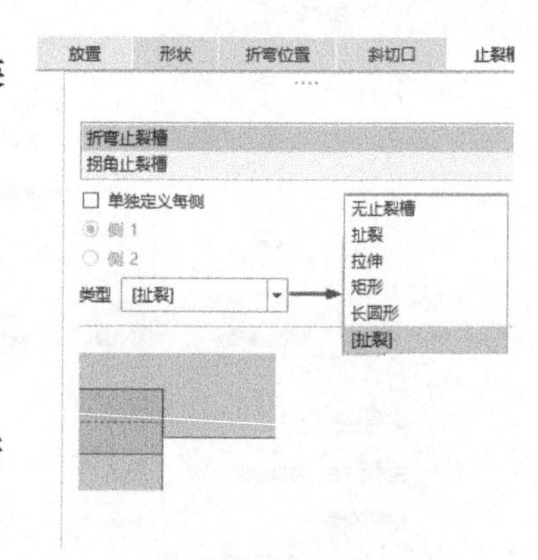

图 8-40　止裂槽类型

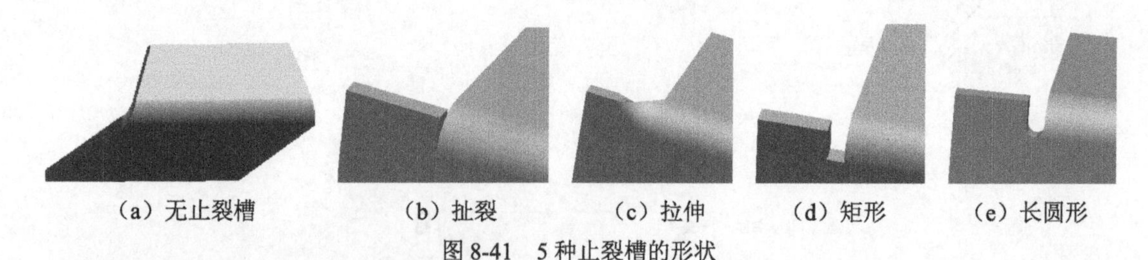

（a）无止裂槽　（b）扯裂　（c）拉伸　（d）矩形　（e）长圆形

图 8-41　5 种止裂槽的形状

（6）【折弯余量】：设置平整壁展开时的长度。

（7）【属性】：显示特征的名称、信息。

8.6.2　练习：创建平整壁特征

下面通过实例来讲解创建平整壁特征的具体方法。

（1）打开文件。单击【打开】按钮，弹出【文件打开】对话框，从配套资源中找到文件【折弯件 .prt】并打开文件，如图 8-42 所示。

（2）创建不分离的平整壁特征。

① 单击【平整】按钮，弹出【平整】操控板。参数设置如图8-43所示。

② 单击【草绘】按钮 草绘... ，弹出图8-44所示的【草绘】对话框，接受默认设置，单击【草绘】按钮 草绘 ，自动进入草绘环境。

图8-42 打开的折弯件

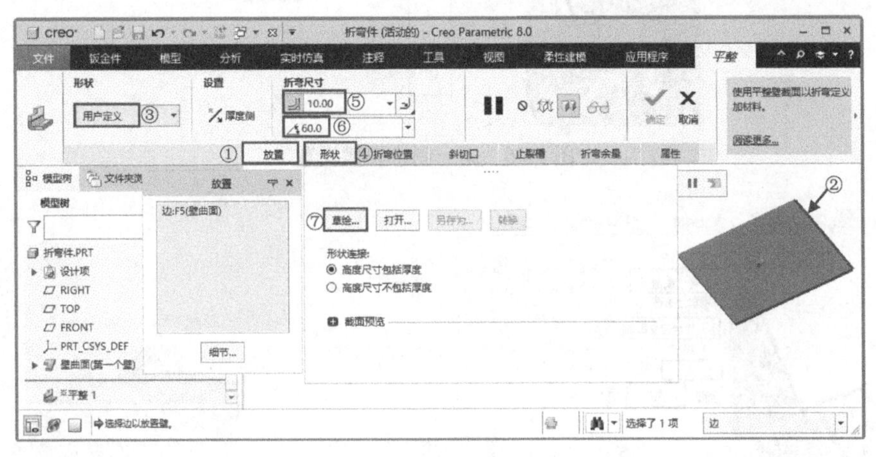
图8-43 平整壁参数设置

③ 绘制图8-45所示的草图。单击【确定】按钮✔，退出草图绘制环境。

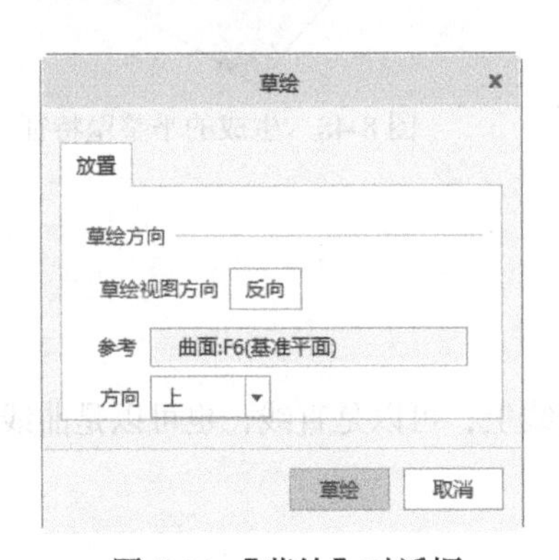

图8-44 【草绘】对话框

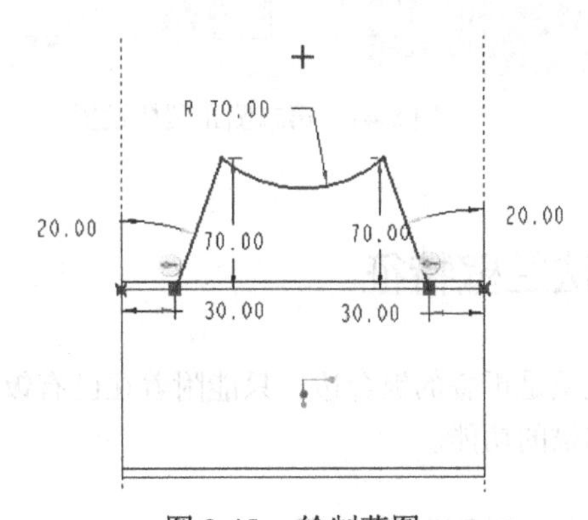

图8-45 绘制草图

④ 单击操控板中的【止裂槽】按钮 止裂槽 ，弹出【止裂槽】下拉面板，选择【侧1】选项，参数设置如图8-46所示。【侧2】参数设置如图8-47所示。

⑤ 单击【确定】按钮✔，完成平整壁的创建，结果如图8-48所示。

说明

另一种方法为单击操控板内的【形状】下拉按钮，选择除【用户定义】以外的任意形状；单击操控板内的【形状】按钮 形状 ，弹出【形状】下拉面板，直接双击尺寸值修改形状的参数。此方法只能修改形状参数，不能改变平整壁形状。

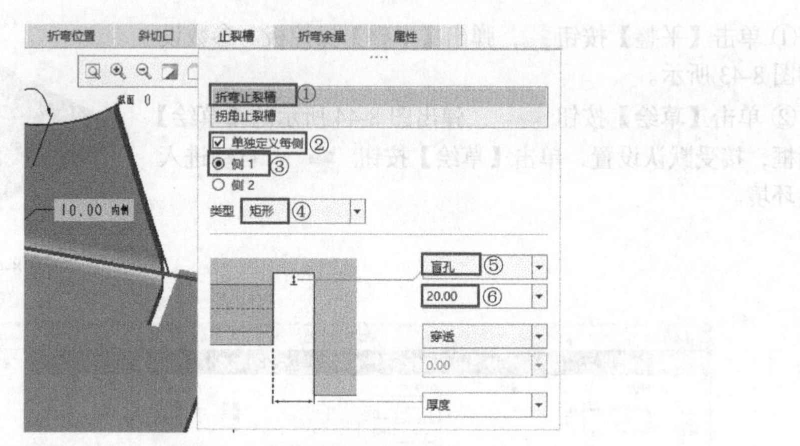

图 8-46　第一侧止裂槽设置

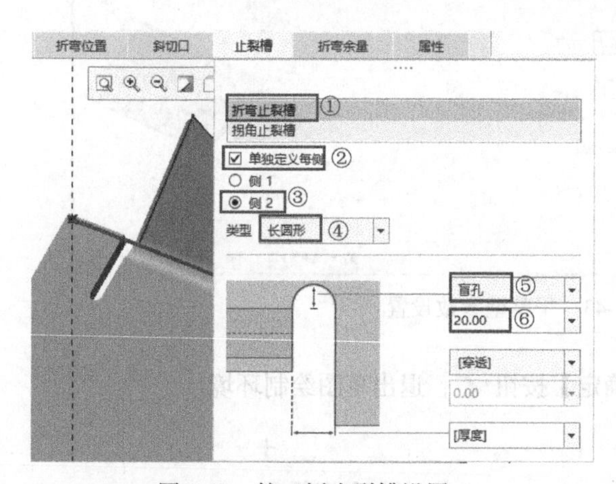

图 8-47　第二侧止裂槽设置

图 8-48　生成的平整壁特征

8.7　法兰壁特征

法兰壁是折叠的钣金边，只能附着在已有钣金壁的边线上，可以是直线，也可以是曲线，具有拉伸和扫描的功能。

8.7.1　操控板选项介绍

法兰壁特征的操控板中包含两部分内容：【法兰】操控板和下拉面板。下面详细地进行介绍。

1.【凸缘】操控板

单击【钣金件】选项卡【壁】组中的【法兰】按钮，弹出【凸缘】操控板，如图 8-49 所示。

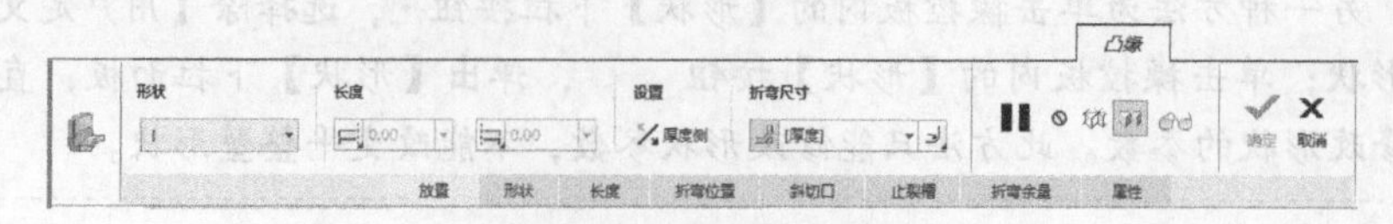

图 8-49　【凸缘】操控板

除 8.6.1 小节介绍的类似功能外，操控板中其他常用功能如下。

（1）：定义法兰壁的形状。

（2）0.00：定义法兰壁的第一方向的长度方式及长度值。

（3）0.00：定义法兰壁的第二方向的长度方式及长度值。

2. 下拉面板

【凸缘】操控板提供下列下拉面板。

（1）【放置】：定义法兰壁的附着边。

（2）【形状】：修改法兰壁的形状。

（3）【长度】：设定法兰壁两侧的长度。

（4）【偏移】：将法兰壁偏移指定的距离。

（5）【斜切口】：指定折弯处切口形状及尺寸。

（6）【止裂槽】：设置法兰壁的止裂槽形状及尺寸。

（7）【弯曲余量】：设置法兰壁展开时的长度。

（8）【属性】：显示特征的名称、信息。

8.7.2 练习：创建法兰壁特征

下面利用【带折弯】选项创建【带折弯】完整拉伸壁。

（1）单击【打开】按钮，弹出【文件打开】对话框，从配套资源中找到文件【挠曲面 .prt】，单击【打开】按钮 打开 ，完成文件的载入。

（2）单击【法兰】按钮，弹出【凸缘】操控板。参数设置步骤如图 8-50 所示。

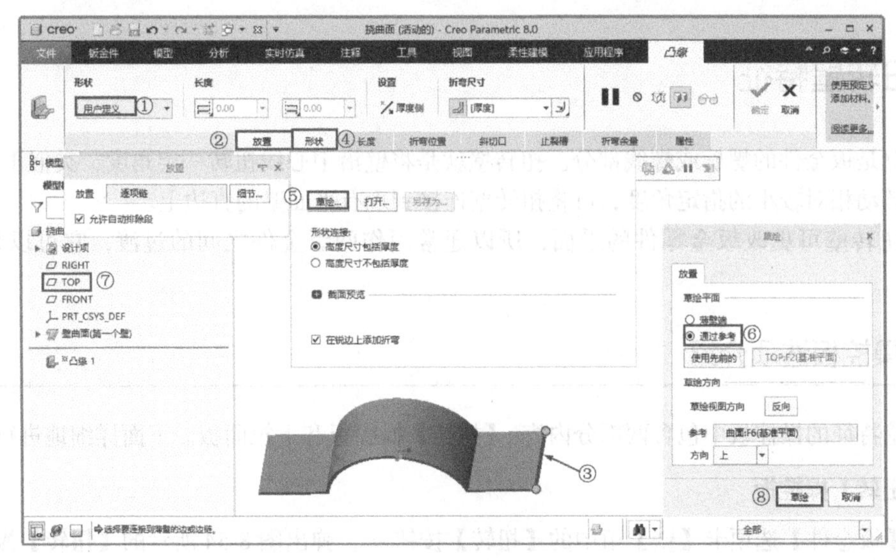

图 8-50　参数设置步骤

（3）绘制截面。系统进入草绘环境，绘制图 8-51 所示的截面。注意将线的端点与参考线对齐，最后单击【确定】按钮，完成截面的绘制。

（4）返回操控板，选择半径生成侧为【内侧半径】，其他参数设置如图 8-52 所示。

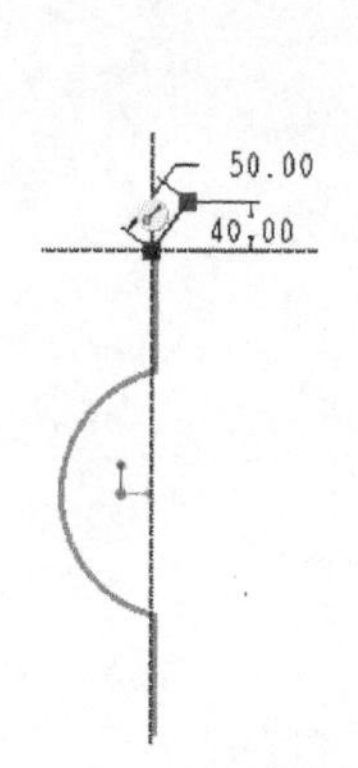

图 8-51　绘制截面

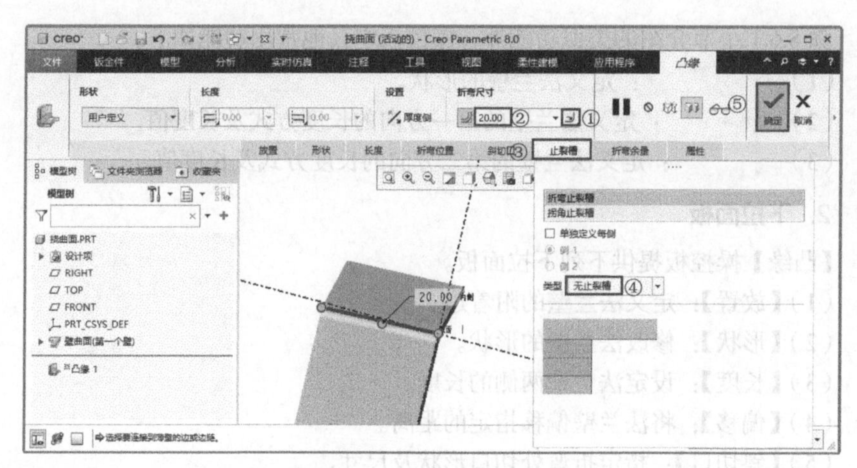

图 8-52　设置止裂槽类型

（5）单击【凸缘】操控板中的【确定】按钮，生成钣金特征，如图 8-53 所示。

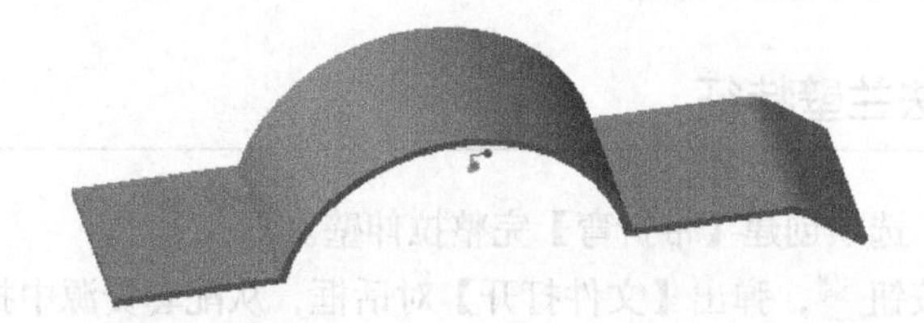

图 8-53　生成的钣金特征

8.8　扭转壁特征

扭转壁是钣金件的螺旋或螺线部分。扭转壁就是将壁沿中心线扭转一定角度，类似于将壁的端点反方向转动相对较小的指定角度，可将扭转壁连接到现有平面壁的直边上。

由于扭转壁可更改钣金零件的平面，所以通常用作两钣金件之间的过渡，它可以是矩形或梯形。

8.8.1　操控板选项介绍

扭转壁特征的操控板中包含两部分内容：【扭转】操控板和下拉面板。下面详细地进行介绍。

1.【扭转】操控板

单击【钣金件】选项卡【壁】组中的【扭转】按钮，弹出图 8-54 所示的【扭转】操控板。

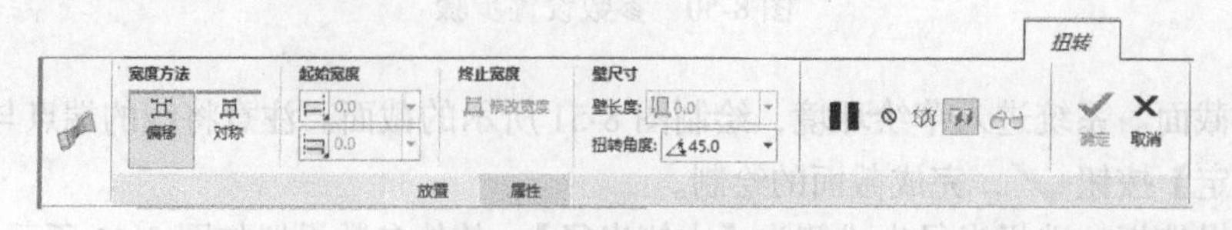

图 8-54　【扭转】操控板

操控板中常用功能如下。

（1）【偏移】：将使用连接边的偏移尺寸计算壁宽度。

（2）【对称】：可通过宽度尺寸计算出壁宽度并使扭转轴位于壁的中间位置。

（3）【至结束】：在第一方向上使用终止边。

（4）【盲孔】：从边端点按指定值在第一方向上修剪或延伸。

（5）【至结束】：在第二方向上使用终止边。

（6）【盲孔】：从边端点按指定值在第二方向上修剪或延伸。

（7）【修改宽度】：允许修改终止壁宽度。

（8）【壁长度】：输入壁长度值，从最近使用的值下拉列表中选择值或拖动控制滑块来设置值。

（9）【扭转角度】：输入扭转角度值，从最近使用的值下拉列表中选择值或拖动控制滑块来设置值。

2. 下拉面板

【扭转】操控板提供下列下拉面板。如图 8-55 所示。

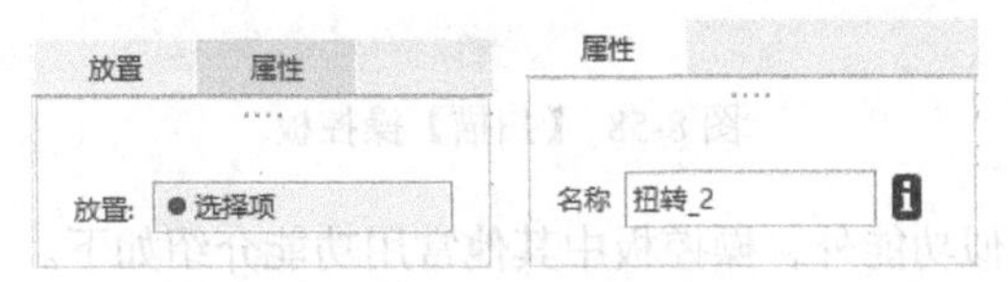

图 8-55　【扭转】操控板中的下拉面板

（1）【放置】下拉面板。放置边 放置: ● 选择项 ：用于选择附着的直边。此边必须是直线边，斜的直线也可以，不能是曲线。

（2）【属性】：显示特征的名称、信息。

8.8.2　练习：创建扭转壁特征

下面通过实例具体讲解一下扭转壁的创建过程。

（1）打开文件。单击【打开】按钮，弹出【文件打开】对话框，从配套资源中找到文件【起子 .prt】，单击【打开】按钮 打开 ，完成文件的载入。

（2）创建扭转壁特征。

① 单击【扭转】按钮，弹出【扭转】操控板。参数设置步骤如图 8-56 所示。

② 单击【扭转】操控板中的【确定】按钮，完成扭转壁特征的创建，结果如图 8-57 所示。

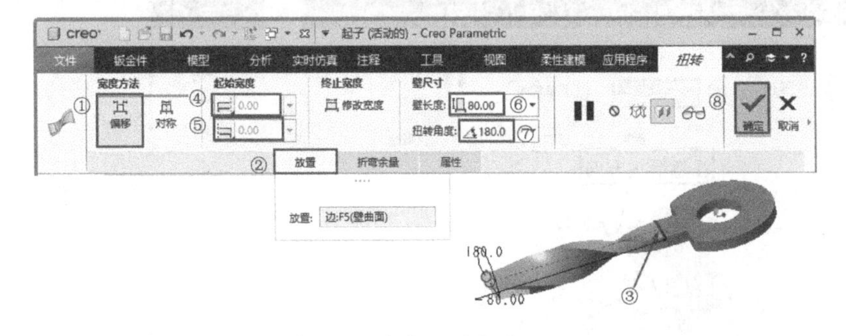

图 8-56　参数设置步骤　　图 8-57　扭转壁特征

8.9 扫描壁特征

扫描壁就是将截面沿着指定的薄壁边进行扫描而形成的特征，连接边不必是线性的，相邻的曲面也不必是平面。

8.9.1 操控板选项介绍

扫描特征的操控板中包含两部分内容：【扫描】操控板和下拉面板。下面详细地进行介绍。

1.【扫描】操控板

单击【钣金件】选项卡【壁】组中的【扫描】按钮，弹出【扫描】操控板，如图 8-58 所示。

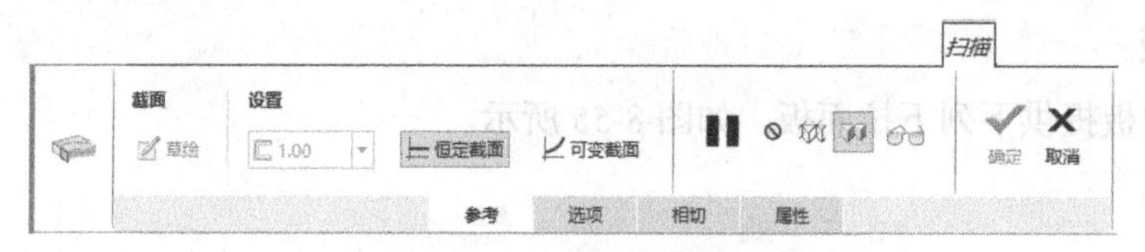

图 8-58 【扫描】操控板

除 3.1.1 小节介绍的类似功能外，操控板中其他常用功能介绍如下。

【厚度】：通过为截面轮廓指定厚度以创建特征。

2. 下拉面板

【扫描】操控板的下拉面板中各选项含义参照 3.3.1 小节。

8.9.2 练习：创建扫描壁特征

下面通过实例具体讲解一下扫描壁的创建过程。

（1）单击【打开】按钮，弹出【文件打开】对话框，从配套资源中找到文件【扫描件 .prt】，单击【打开】按钮 打开 ，完成文件的载入。

（2）单击【钣金件】选项卡【壁】组中的【扫描】按钮，弹出【扫描】操控板。进入草绘环境，参数设置如图 8-59 所示。

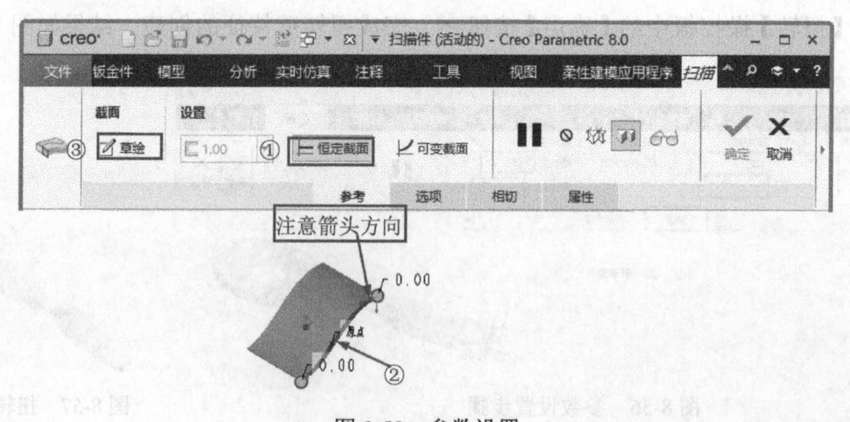

图 8-59 参数设置

（3）绘制草图，结果如图 8-60 所示。

（4）单击【确定】按钮✔，返回【扫描】操控板，单击【反向】按钮，调整材料方向。单击【确定】按钮✔，完成扫描壁的创建，结果如图 8-61 所示。

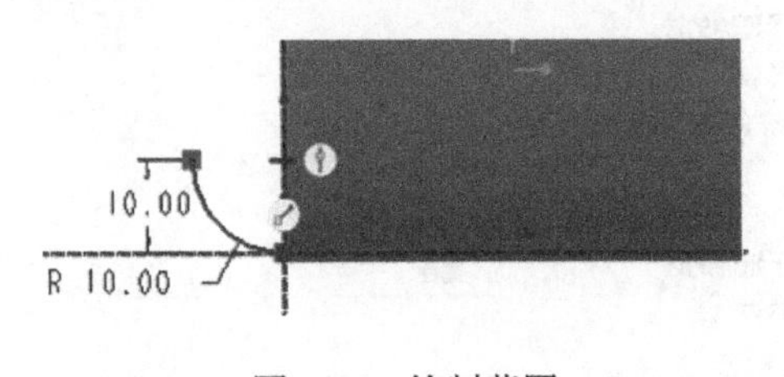

图 8-60　绘制草图

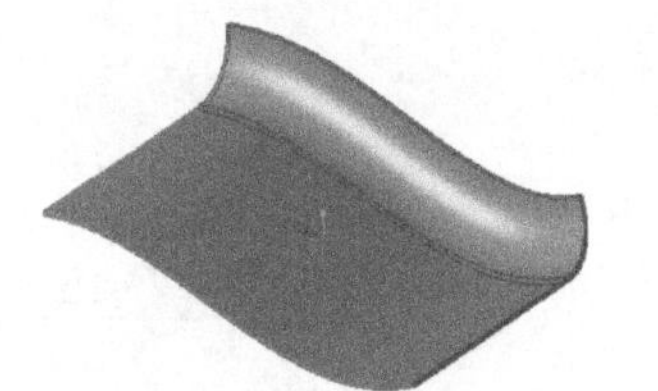

图 8-61　扫描壁特征

8.10　延伸壁特征

延伸壁特征也叫延拓壁特征，就是将已有的平板类钣金件延伸到某个指定的位置或指定的距离，不需要绘制任何截面。延伸壁不能作为第一壁特征，它只能用于建立额外壁特征。

本节将先讲解创建延伸壁特征的基本方法，接着通过一个实例来进一步加强读者对创建延伸壁特征方法的理解。

8.10.1　操控板选项介绍

延伸壁特征的操控板中包含两部分内容：【延伸】操控板和下拉面板。下面详细地进行介绍。

1.【延伸】操控板

单击【钣金件】选项卡【编辑】组中的【延伸】按钮，弹出【延伸】操控板，如图 8-62 所示。

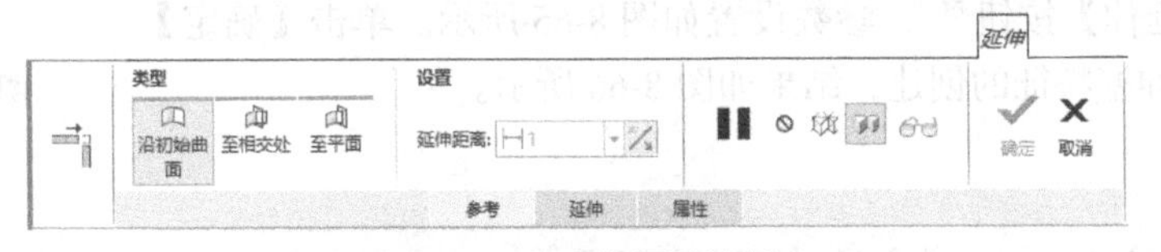

图 8-62　【延伸】操控板

操控板中常用功能介绍如下。

（1）【沿初始曲面】：让延伸壁与参考平面相交。

（2）【至相交处】：用指定延伸至平面的方法来指定延伸距离，该平面是延伸的终止面。

（3）【至平面】：用输入数值的方式来指定延伸距离。

（4）【延伸距离】1.00：用于指定延伸距离。

2. 下拉面板

【延伸】操控板提供下列下拉面板，如图 8-63 所示。

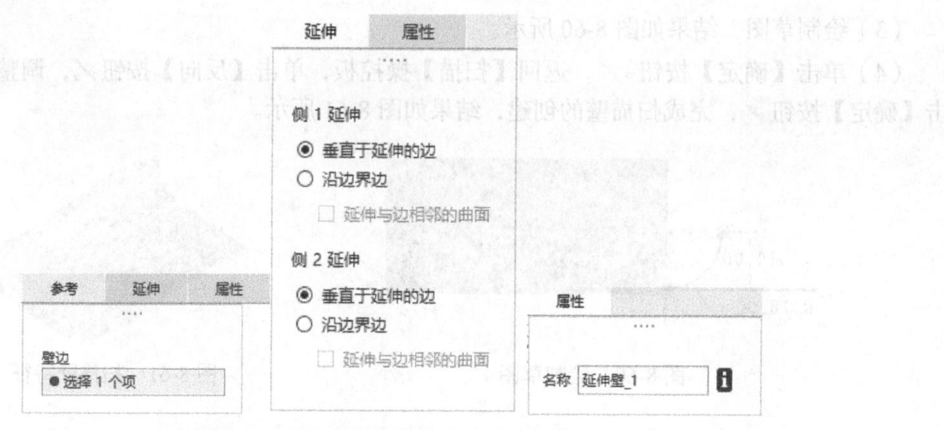

图 8-63 【延伸】操控板中的下拉面板

（1）【参考】：收集要延伸的壁边。

（2）【延伸】：使用该下拉面板可进行下列操作。

①【垂直于延伸的边】单选项：选择该单选项，则延伸壁垂直于选定的边。

②【沿边界边】单选项：选择该单选项，则延伸壁沿着边界边延伸。

③【延伸与边相邻的曲面】复选框：勾选该复选框，则将相邻曲面延伸至边界延长处。

（3）【属性】显示特征的名称、信息。

8.10.2 练习：创建延伸壁特征

下面用实例具体讲解一下延伸壁的创建过程。

（1）单击【打开】按钮，弹出【文件打开】对话框，从配套资源中找到文件【U 形体 .prt】，单击【打开】按钮，完成文件的载入，如图 8-64 所示。

图 8-64 U 形体

（2）单击【延伸】按钮，参数设置如图 8-65 所示。单击【确定】按钮，完成延伸壁特征的创建，结果如图 8-66 所示。

图 8-65 延伸壁参数设置

图 8-66 延伸壁特征

8.11　合并壁特征

合并壁至少需要将两个非附属壁合并到一个零件中，通过合并操作可以将多个分离的壁特征合并成一个钣金件。

8.11.1　操控板选项介绍

合并壁特征的操控板中包含两部分内容：【合并】操控板和下拉面板。下面详细地进行介绍。

1.【合并】操控板

单击【钣金件】选项卡【编辑】组中的【合并壁】按钮，弹出图 8-67 所示的【合并】操控板。

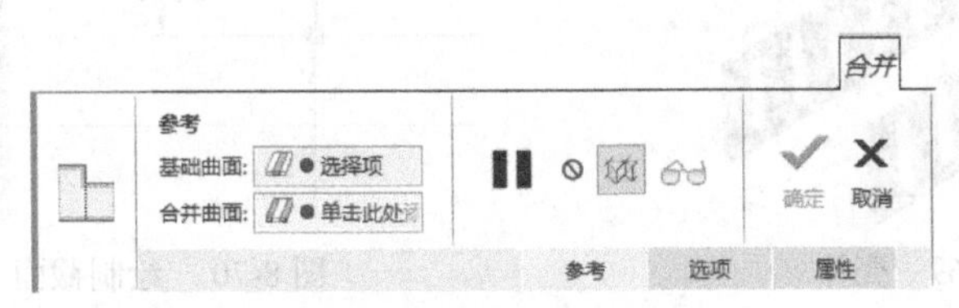

图 8-67　【合并】操控板

操控板中常用功能介绍如下。

（1）【基础曲面】● 选择项：选择基础壁的曲面。

（2）【合并曲面】● 单击此处添加项：指定合并几何形状。

2. 下拉面板

【合并】操控板提供下列下拉面板，如图 8-68 所示。

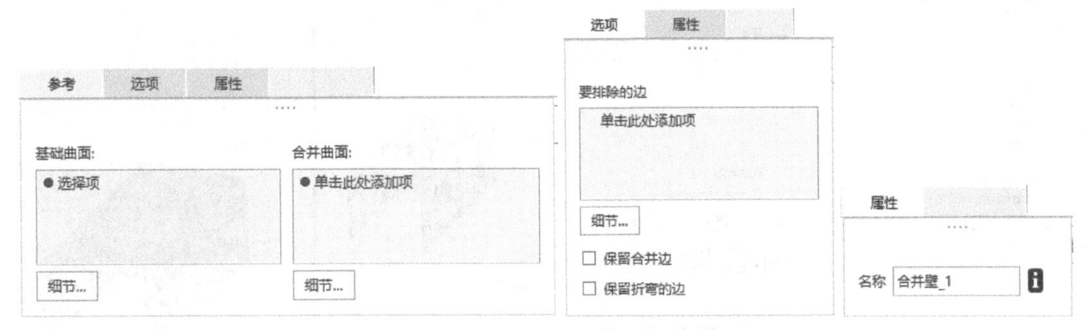

图 8-68　【合并】操控板中的下拉面板

（1）【参考】：收集基础曲面和合并曲面。

（2）【选项】：使用该下拉面板可进行下列操作。

①【要排除的边】：收集要从合并边排除的边。

②【保留合并边】复选框：勾选该复选框，保留已合并的壁之间的边。

③【保留折弯的边】复选框：勾选该复选框，则保留已合并的折弯曲面的边。

（3）【属性】：使用该下拉面板可以编辑特征名称，并在浏览器中显示特征信息。

8.11.2 练习：创建合并壁特征

下面用实例具体讲解一下合并壁的创建过程。

（1）单击【打开】按钮，弹出【文件打开】对话框，从配套资源中找到文件【壳体.prt】，单击【打开】按钮 打开 ，完成文件的载入，如图 8-69 所示。

（2）单击【钣金件】选项卡【壁】组中的【拉伸】按钮，弹出【拉伸】操控板。

（3）单击操控板上的【放置】按钮 放置 ，在【放置】下拉面板中单击【定义】按钮 定义... ，弹出【草绘】对话框，选择【RIGHT】基准平面作为草绘平面，绘制图 8-70 所示的截面。

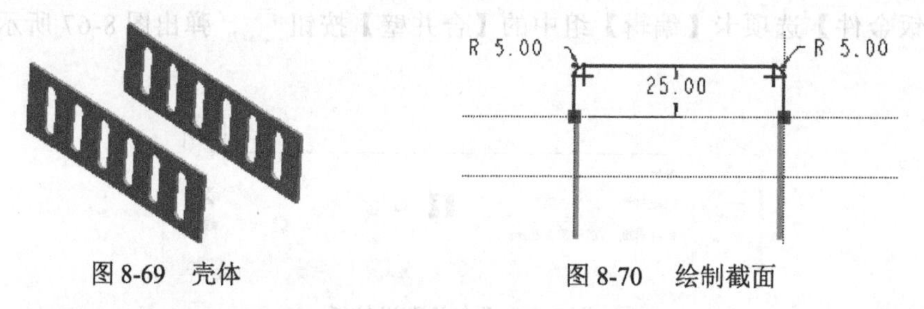

图 8-69　壳体　　　　图 8-70　绘制截面

（4）单击【确定】按钮，退出草图绘制环境。参数设置如图 8-71 所示。

（5）单击【确定】按钮，完成拉伸壁特征的创建，结果如图 8-72 所示。

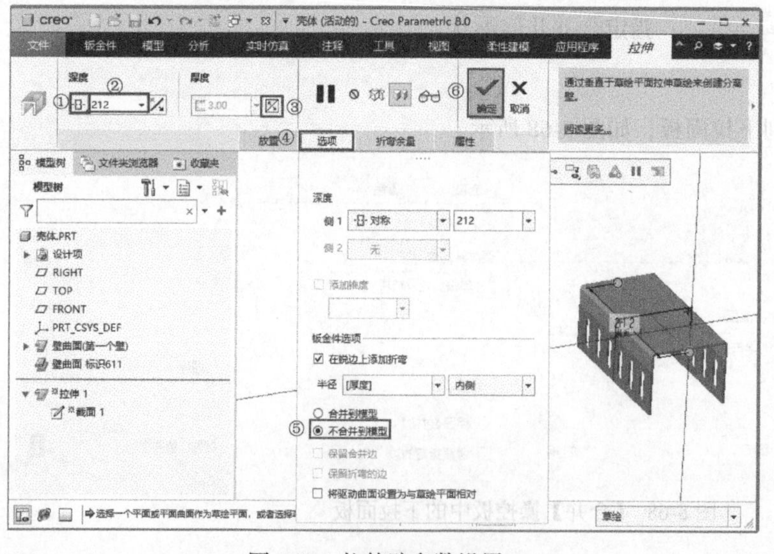

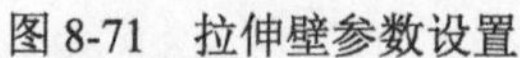

图 8-71　拉伸壁参数设置　　　　图 8-72　拉伸壁特征

（6）单击【合并壁】按钮，弹出【合并】操控板。参数设置如图 8-73 所示。

（7）单击【合并】操控板中的【确定】按钮，完成合并壁特征的创建。

（8）同理，将第一壁特征和拉伸特征合并，合并结果如图 8-74 所示。

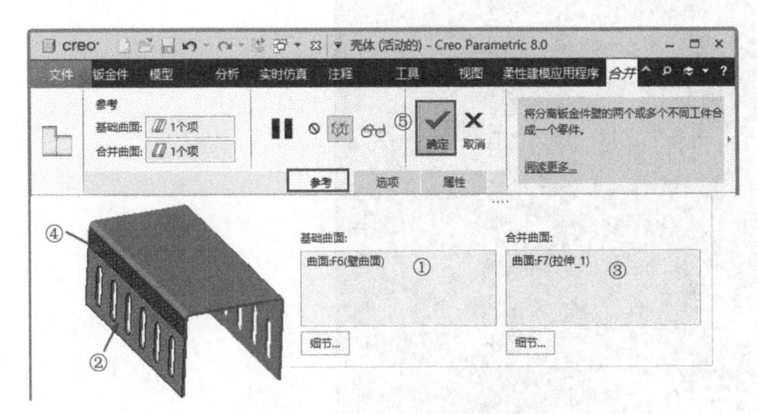

图 8-73　合并壁参数设置

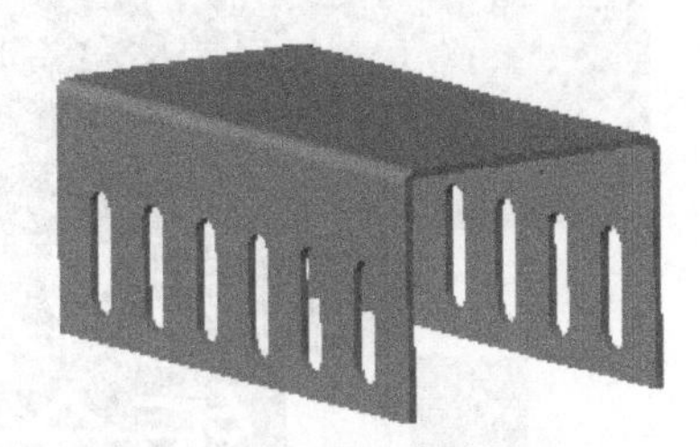

图 8-74　合并结果

第9章
钣金编辑

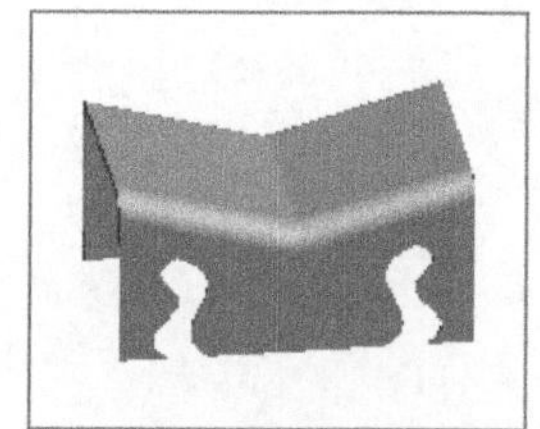

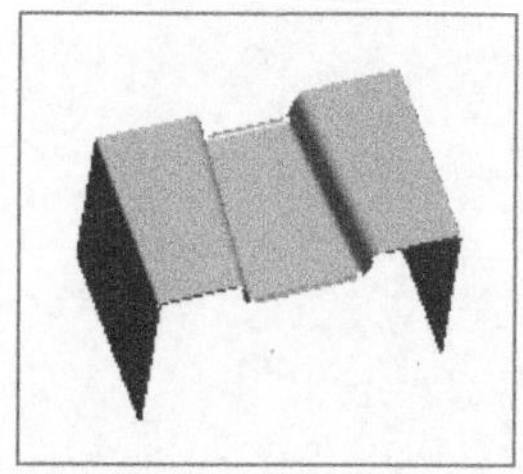

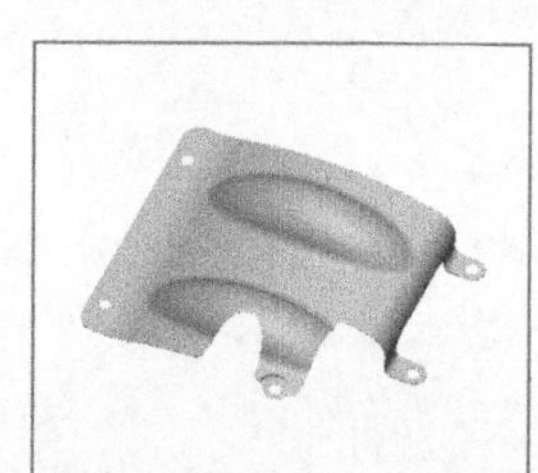

/ 本章导读

通过前面几章的学习，相信读者已经掌握了创建钣金壁特征的方法。但在钣金件设计过程中，通常还需要对壁特征进行一些处理，如折弯、展开、切割、成型等。本章的壁处理过程中常用到一些基本命令和特征，包括【折弯】【边折弯】【展平】【折回】【平整形态】【扯裂】等命令，以及转换特征、拐角止裂槽特征、切割特征、切口特征、冲孔特征、成型特征、平整成型特征等。

/ 知识重点

- 折弯和边折弯特征
- 展平和折回特征
- 平整形态和扯裂特征
- 分割区域和转换特征
- 拐角止裂槽和切割特征
- 切口和冲孔特征
- 成型和平整成型特征

9.1 折弯特征

将钣金件壁折弯成斜形或筒形，此过程在钣金件设计中称为弯曲，在 Creo Parametric 8 中称为钣金折弯。折弯线是计算展开长度和创建折弯几何的参考。

在设计过程中，只要壁特征存在，就可随时添加折弯特征。可跨多个成型特征添加折弯特征，但不能在多个特征与另一个折弯交叉处添加折弯特征。

9.1.1 操控板选项介绍

折弯特征的操控板中包括两部分内容：【折弯】操控板和下拉面板。下面详细地进行介绍。

1.【折弯】操控板

单击【钣金件】选项卡【折弯】组中的【折弯】按钮，打开【折弯】操控板，如图 9-1 所示。

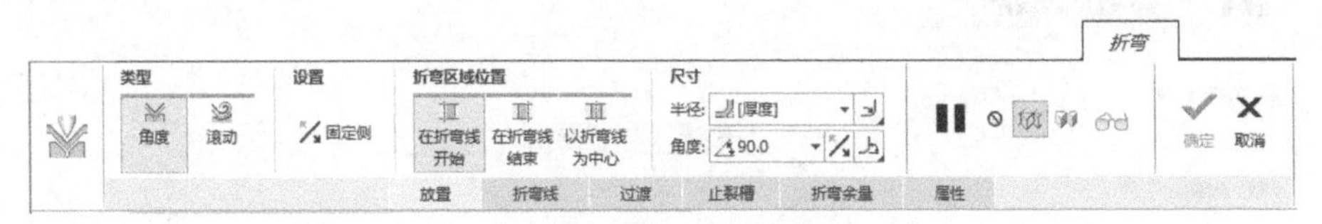

图 9-1 【折弯】操控板

折弯分为两种类型：【角度】折弯和【滚动】折弯。它们分别用于将钣金件的平面区域弯曲某个角度或弯曲为圆弧状。

操控板中常用功能介绍如下。

（1）【固定侧】：更改固定侧的位置。

（2）【在折弯线开始】：折弯区域在折弯线处开始。

（3）【在折弯线结束】：折弯区域在折弯线处结束。

（4）【以折弯线为中心】：折弯线在折弯区域中间。

（5）【半径】：输入圆角的折弯半径值。

（6）【内部尺寸】：测量生成的内部折弯角度。

（7）【外部尺寸】：测量自直线开始的折弯角度偏转。

（8）【角度】：输入折弯角度。

（9）【外侧】：标注折弯的外部曲面。

（10）【内侧】：标注折弯的内部曲面。

（11）【按参数】：按参数折弯。

2. 下拉面板

【折弯】操控板提供下列下拉面板，如图 9-2 所示。

（1）【放置】：用于选择一个曲面、一条边或曲线以定义折弯曲面或折弯线，以及定义偏移折弯线的距离。

（2）【折弯线】：该下拉面板只有在选取了折弯曲面后才会被激活，使用该下拉面板可进行下列操作。

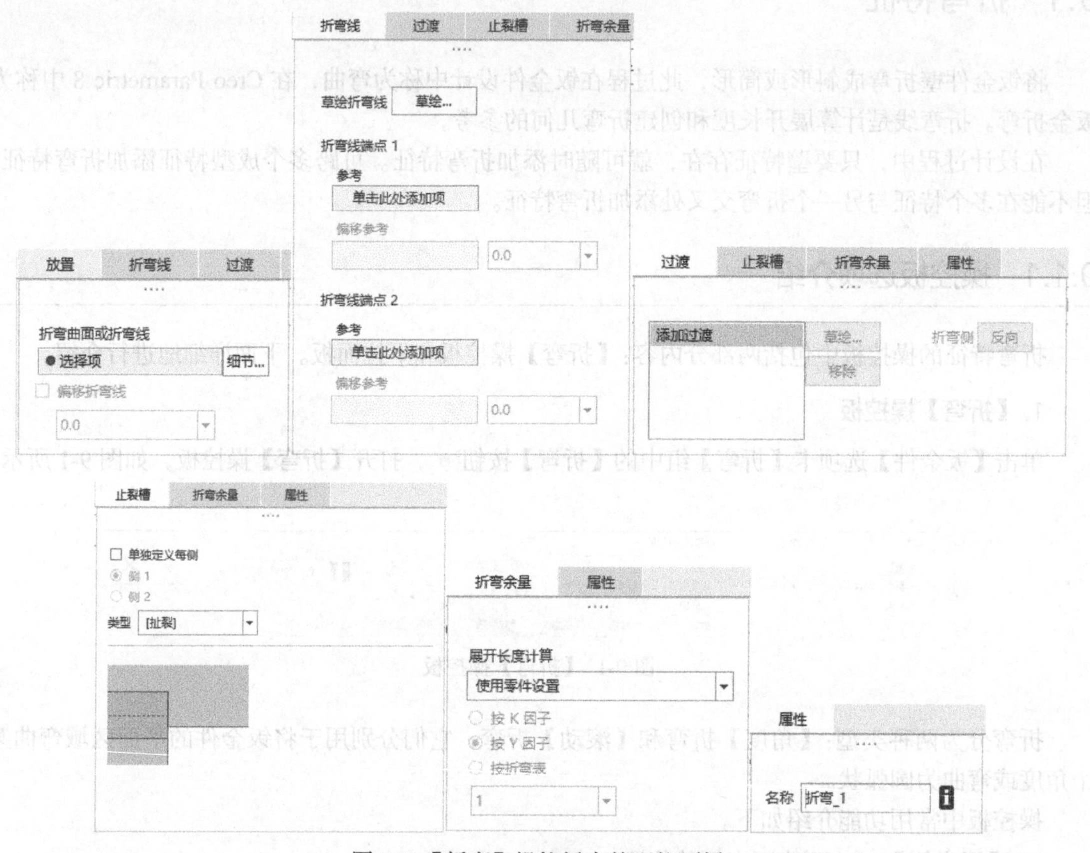

图 9-2 【折弯】操控板中的下拉面板

①【草绘折弯线】草绘...：单击该按钮，进入草绘环境定义内部草绘线。

②【参考】单击此处添加项：收集一个参考（如顶点、边或曲面）作为折弯线端点的放置参考。

③【偏移参考】：用于收集一条边作为折弯线端点的偏移参考，其后的输入框用于输入偏移距离。

（3）【过渡】：用于定义折弯过渡线。

（4）【止裂槽】：设置折弯的止裂槽形状及是否单独定义每侧的止裂槽。止裂槽类型的具体含义见 8.6.1 小节。

（5）【折弯余量】：用于计算折弯特征展开时的长度。

（6）【属性】：显示特征的名称、信息。

9.1.2 练习：创建折弯特征

本例将利用【角度】选项进行角度折弯特征的创建，具体操作步骤和过程如下。

（1）单击【打开】按钮，弹出【文件打开】对话框，打开【实例 1.prt】文件，如图 9-3 所示。

图9-3 打开的【实例1】文件

（2）创建角度折弯特征。

① 单击【折弯】按钮，打开【折弯】操控板。进入草绘环境，操作步骤如图9-4所示。

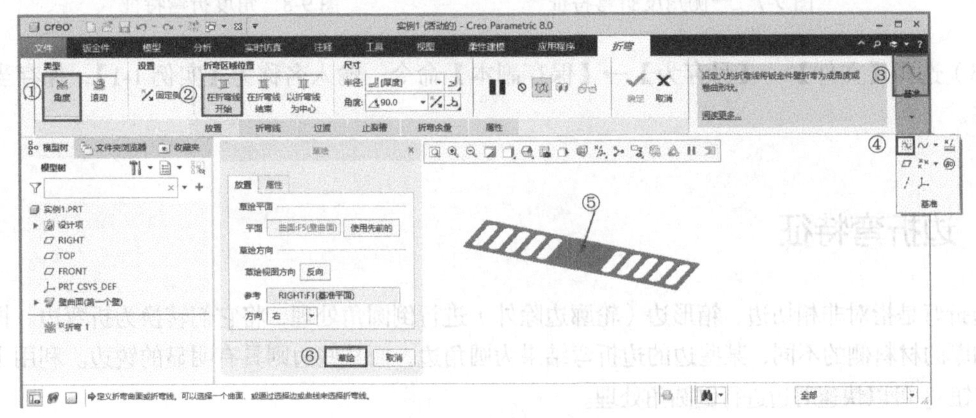

图9-4 操作步骤

② 绘制图9-5所示的折弯线，绘制完成后单击【确定】按钮，退出草图绘制环境。

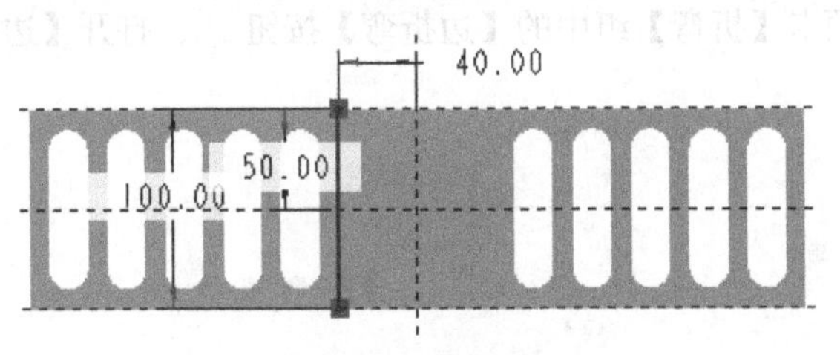

图9-5 绘制折弯线

③ 在操控板中单击【继续】按钮，参数设置如图9-6所示。

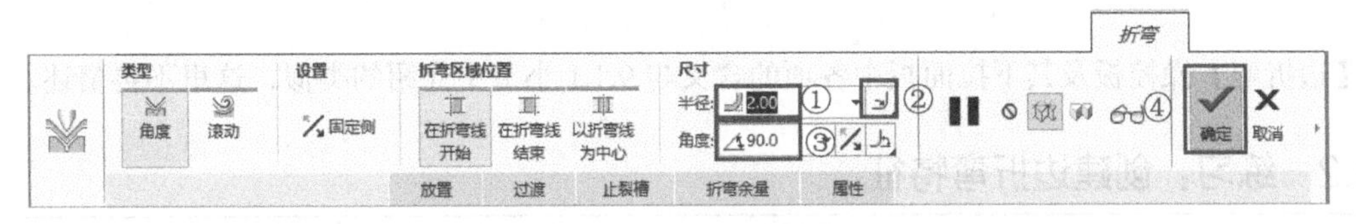

图9-6 折弯参数设置

（3）单击【确定】按钮，完成一侧角度折弯特征的创建，结果如图9-7所示。

（4）同理，创建另一侧的折弯特征，生成的角度折弯特征如图9-8所示。

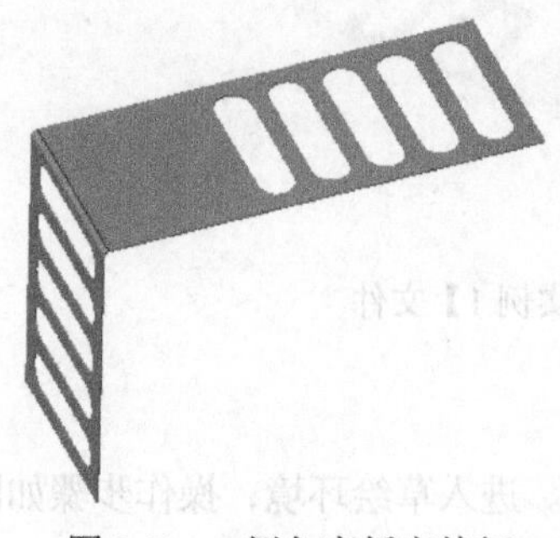

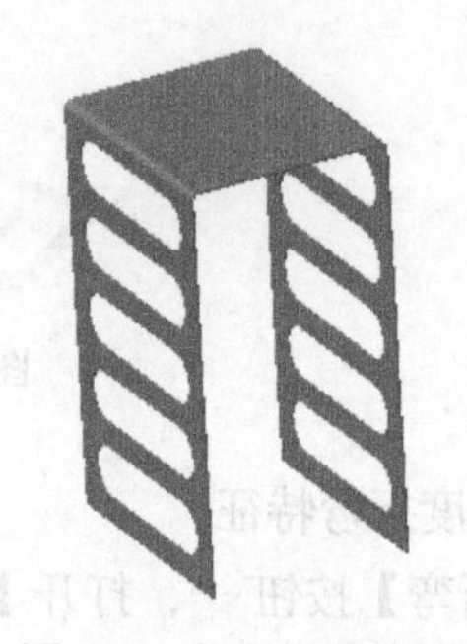

图 9-7　一侧角度折弯特征　　　　图 9-8　角度折弯特征

（5）选择【文件】→【另存为】→【保存副本】命令，输入名称为【实例 1-1】，保存当前模型文件。

9.2　边折弯特征

边折弯是指对非相切边、箱形边（轮廓边除外）进行倒圆角处理，将它们转换为折弯边。根据选择要加厚的材料侧的不同，某些边的边折弯结果为圆角边，而某些边则具有明显的锐边。利用【边折弯】按钮可以快速对边进行倒圆角处理。

9.2.1　操控板选项介绍

单击【钣金件】选项卡【折弯】组中的【边折弯】按钮，打开【边折弯】操控板，如图 9-9 所示。

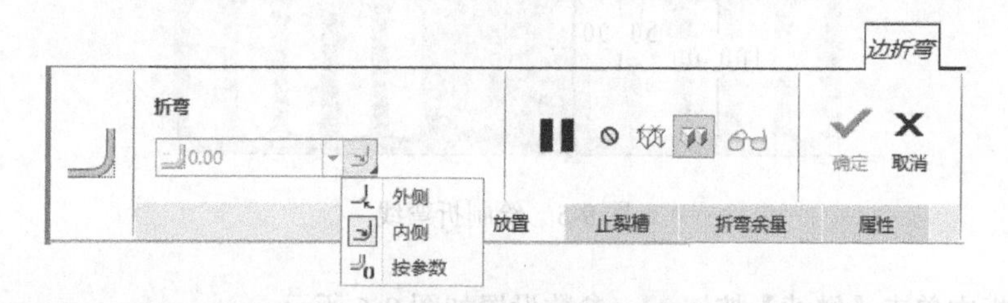

图 9-9 【边折弯】操控板

【边折弯】操控板及其下拉面板中各项的含义与 9.1.1 小节中介绍的类似，这里不再赘述。

9.2.2　练习：创建边折弯特征

（1）打开文件。单击【打开】按钮，弹出【文件打开】对话框，打开【实例 2.prt】文件，如图 9-10 所示。

（2）创建边折弯特征。

① 单击【边折弯】按钮，打开【边折弯】操控板。边折弯参数设置如图 9-11 所示。

图 9-10　打开的【实例 2】文件

② 单击【确定】按钮✓，完成边折弯特征的创建，结果如图 9-12 所示。

（3）编辑边折弯特征。

① 在模型树中选择【边折弯 1】特征，单击鼠标右键，在弹出的快捷菜单中选择【编辑定义】选项，如图 9-13 所示，重新编辑边折弯特征。

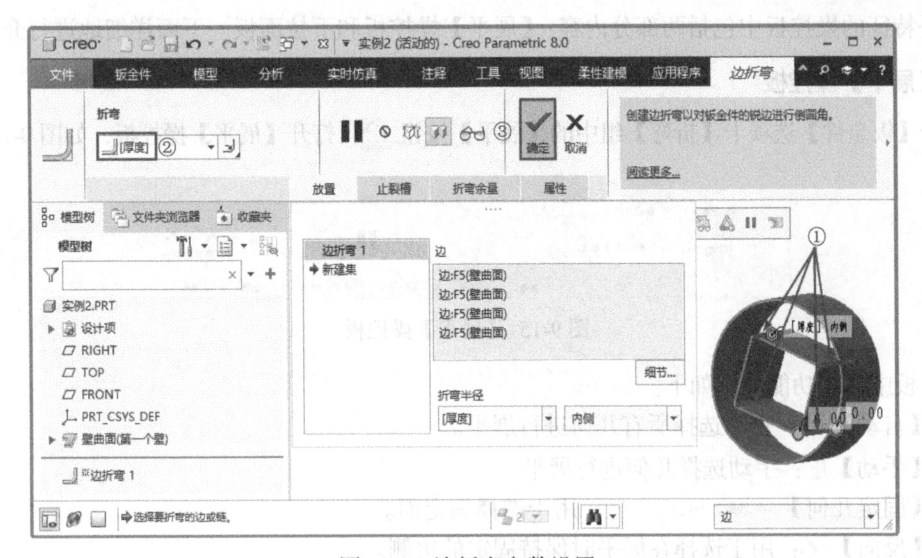

图 9-11　边折弯参数设置

② 在操控板中设置半径为【20】，结果如图 9-14 所示。

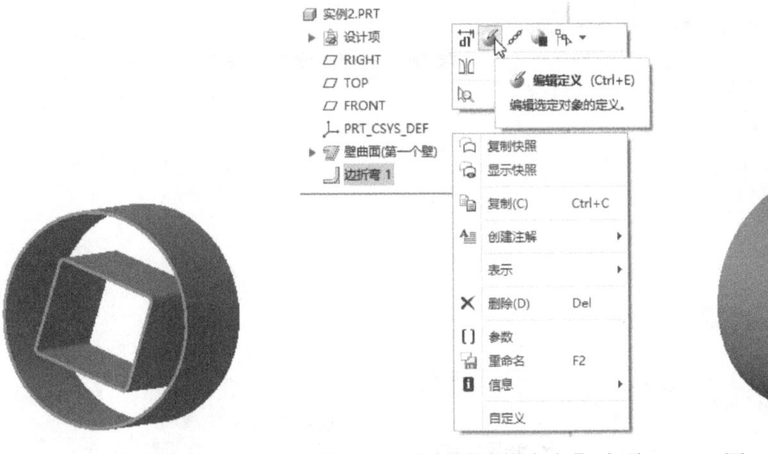

图 9-12　边折弯特征　　图 9-13　选择【编辑定义】选项

图 9-14　新生成的模型

（4）选择【文件】→【另存为】→【保存副本】命令，输入名称为【实例 2-1】，保存当前模型文件。

9.3 展平特征

在钣金件设计中，不仅需要把平面钣金件折弯，还需要将折弯的钣金件展开为平面钣金件。所谓的展平，在钣金件设计中也称为展开。在 Creo Parametric 8 中，用户可以将折弯的钣金件展平为平面钣金件。

9.3.1 操控板选项介绍

展平特征的操控板中包括两部分内容：【展平】操控板和下拉面板。下面详细地进行介绍。

1.【展平】操控板

单击【钣金件】选项卡【折弯】组中的【展平】按钮，打开【展平】操控板，如图 9-15 所示。

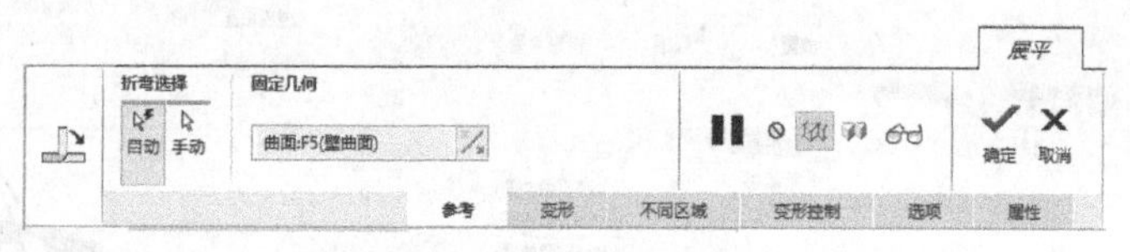

图 9-15 【展平】操控板

操控板中常用功能介绍如下。

（1）【自动】：自动选择所有几何进行展平。

（2）【手动】：手动选择几何进行展平。

（3）【固定几何】●选择 1 个项：用于选择固定面。

（4）【反向】：用于选择在展平时保持固定的边侧。

2. 下拉面板

【展平】操控板提供下列下拉面板，如图 9-16 所示。

图 9-16 【展平】操控板中的下拉面板

（1）【参考】：用于收集展平的固定几何和折弯几何。

（2）【变形】：用于收集变形曲面。

（3）【不同区域】：不同的工件列表，单击不同的工件集可突出显示其形状。

（4）【变形控制】：单击变形区域集可突出显示其形状和尺寸。

①【混合边界】：通过混合边界来创建变形区域的形状。

②【车裂区域】：移除变形区域。

③【草绘区域】：在平整状态中草绘变形区域的形状。

（5）【选项】：使用该下拉面板可进行下列操作。

①【合并同位侧曲面】复选框：勾选该复选框，则移除具有公共区域的侧曲面。

②【展开添加到成型的折弯】复选框：勾选该复选框，则展平已添加至成型但不是原始成型一部分的几何。平整成型时，几何会先展平。

③【创建止裂槽几何】复选框：勾选该复选框，则在展平时创建止裂槽。

（6）【属性】：显示特征的名称、信息。

9.3.2　练习：创建展平特征

（1）打开文件。单击【打开】按钮，弹出【文件打开】对话框，打开【实例 3.prt】文件，如图 9-17 所示。

（2）单击【展平】按钮，打开【展平】操控板。

（3）系统默认为【自动】模式，即系统会自动选择固定面，单击【确定】按钮，完成常规展平特征的创建，结果如图 9-18 所示。

图 9-17　打开的【实例 3】文件

图 9-18　常规展平特征

（4）选择【文件】→【另存为】→【保存副本】命令，输入名称为【实例 3-1】，保存当前模型文件。

9.4　折回特征

系统提供了折回功能，这个功能是与展平功能相对应的，用于将展平的钣金件的整个平面或部分平面恢复为折弯状态，但并不是所有已展开的钣金件都能折弯回去。

9.4.1　操控板选项介绍

单击【钣金件】选项卡【折弯】组中的【折回】按钮，打开图 9-19 所示的【折回】操控板。

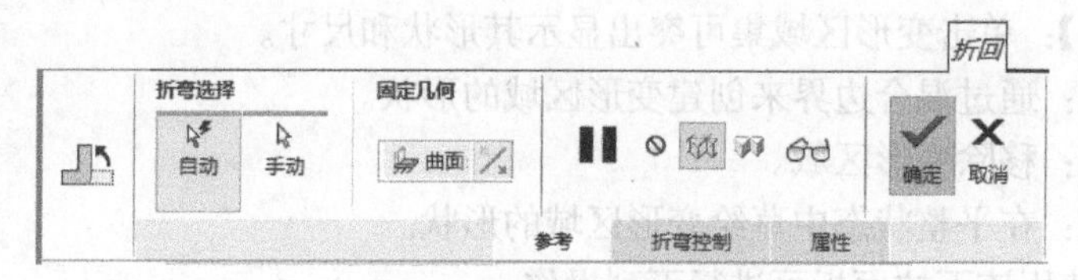

图 9-19 【折回】操控板

操控板中常用功能及下拉面板与 9.3.1 小节中介绍的类似，这里不再赘述。

9.4.2 练习：创建折回特征

下面通过实例来具体介绍创建折回特征的方法，具体步骤如下。

（1）打开文件。单击【打开】按钮，弹出【文件打开】对话框，打开【实例 4.prt】文件，如图 9-20 所示。

（2）单击【折回】按钮，打开【折回】操控板。参数设置如图 9-21 所示。

（3）在操控板中单击【确定】按钮，完成折回特征的创建，结果如图 9-22 所示。

（4）选择【文件】→【另存为】→【保存副本】命令，输入名称为【实例 4-1】，保存当前模型文件。

图 9-20 打开的【实例 4】文件

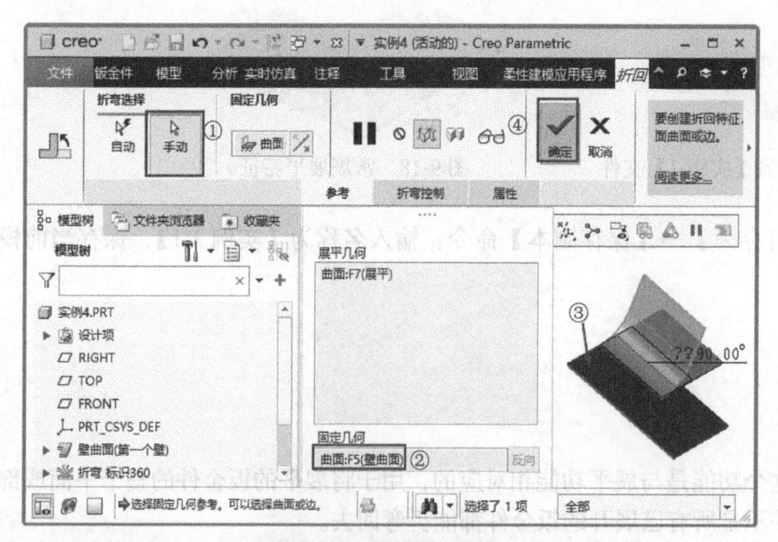

图 9-21 折回参数设置

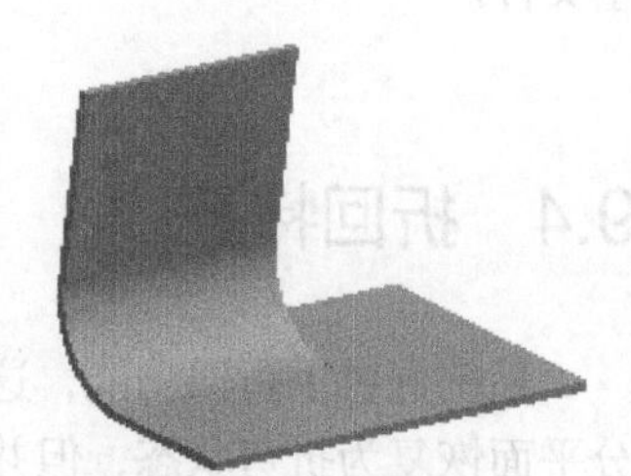

图 9-22 折回特征

9.5 平整形态特征

平整形态特征会永远位于整个钣金件的最后。当加入平整形态特征后，钣金件就以二维展开形式显示在屏幕上。当加入新的钣金特征时，平整形态特征会自动隐含，钣金件又会以三维形式显示，加入的特征会插在平整形态特征之前，平整形态特征自动位于所有钣金特征的最后面。完成新特征的加入后，系统又自动恢复平整形态特征，钣金件仍以二维展开形式显示在屏幕上。因此在钣金件设计过程中，需要尽早建立平整形态特征，这有利于二维工程图制作或加工制作。

在创建平整形态特征时，展开类型只有【展开全部】一种；而在创建展平特征时，系统提供了两种展开类型，分别是【手动选取】和【自动选取】。

9.5.1 操控板选项介绍

平整形态特征的操控板中包括两部分内容：【平整形态】操控板和下拉面板。下面详细地进行介绍。

1.【平整形态】操控板

单击【钣金件】选项卡【折弯】组中的【平整形态】按钮，打开图 9-23 所示的【平整形态】操控板。

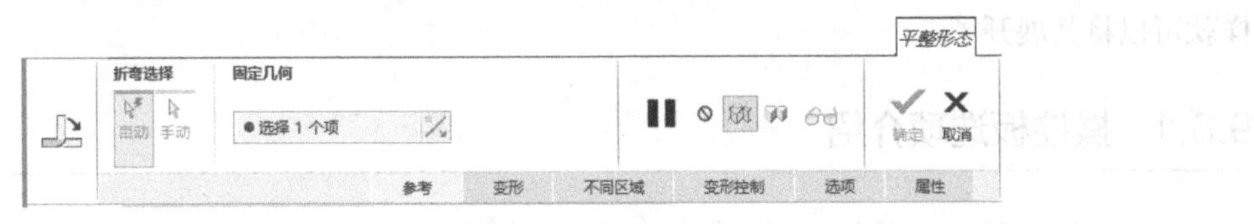

图 9-23 【平整形态】操控板

操控板中常用功能介绍如下。

【固定几何】 选择 1 个项 ：收集要在展平时保持固定的曲面或边。

2. 下拉面板

【平整形态】操控板的下拉面板中各项的含义与 9.3.1 小节中介绍的类似，这里不再赘述。

9.5.2 练习：创建平整形态特征

下面将通过一个实例来具体讲解创建平整形态特征的方法。

（1）打开文件。单击【打开】按钮，弹出【文件打开】对话框，打开【实例 5.prt】文件，如图 9-24 所示。

（2）创建平整形态特征。

① 单击【平整形态】按钮，打开【平整形态】操控板。

② 系统自动选择图 9-25 所示的面作为固定面。

③ 在操控板中单击【确定】按钮，生成平整形态特征，如图 9-26 所示。

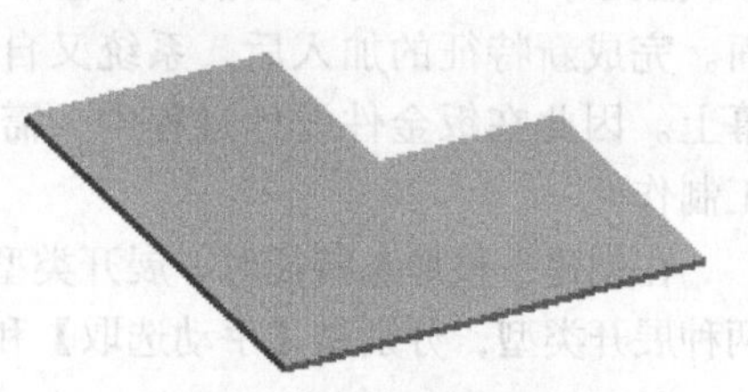

图 9-24　打开的【实例 5】文件　　图 9-25　选择固定面　　图 9-26　平整形态特征

（3）选择【文件】→【另存为】→【保存副本】命令，输入名称为【实例 5-1】，保存当前模型文件。

9.6　扯裂特征

系统提供了扯裂功能，也叫缝功能，用来解决封闭钣金件的展开问题。封闭的钣金件是无法直接展开的，可以利用扯裂功能先在钣金件的某处产生裂缝，即裁开钣金件，使钣金件不再封闭，这样就可以将其展开了。

9.6.1　操控板选项介绍

单击【钣金件】选项卡【工程】组中【扯裂】按钮下方的下拉按钮▾，打开下拉列表，其中包含 3 种扯裂命令，分别为【边扯裂】【曲面扯裂】【草绘扯裂】，它们的含义如下。

（1）【边扯裂】：用于选择一条边并撕裂几何从而创建扯裂特征。

（2）【曲面扯裂】：用于选择一个曲面并撕裂几何从而创建扯裂特征。

（3）【草绘扯裂】：用于在几何零件中建立零宽度切剪材料，从而创建扯裂特征。

下面分别介绍一下各个操控板。

（1）【边扯裂】操控板如图 9-27 所示。

图 9-27　【边扯裂】操控板

操控板中常用功能介绍如下。

- 【扯裂类型】[开放]：用于设置扯裂类型。

（2）【草绘扯裂】操控板。

①【草绘扯裂】操控板如图 9-28 所示。

单击【钣金件】选项卡【工程】组中的【草绘扯裂】按钮，打开【草绘扯裂】操控板。

操控板中常用功能介绍如下。

- 【草绘投影】草绘投影：更改草绘的投影方向。

- 【垂直于驱动曲面】：扯裂方向垂直于驱动曲面。
- 【垂直于偏移曲面】：扯裂方向垂直于偏移曲面。
- 【扯裂侧】扯裂侧：扯裂草绘的另一侧。

②【选项】下拉面板如图 9-29 所示。

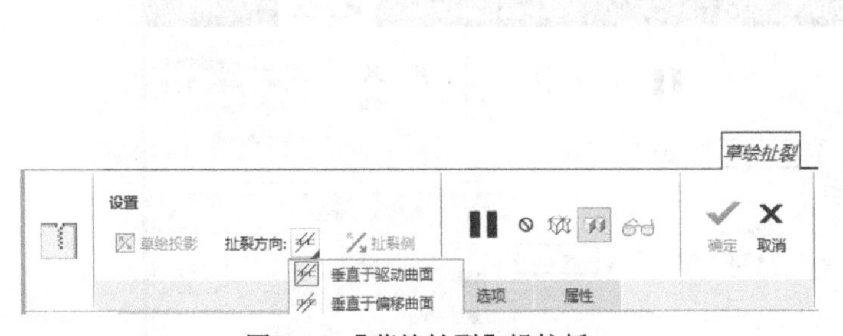

图 9-28 【草绘扯裂】操控板

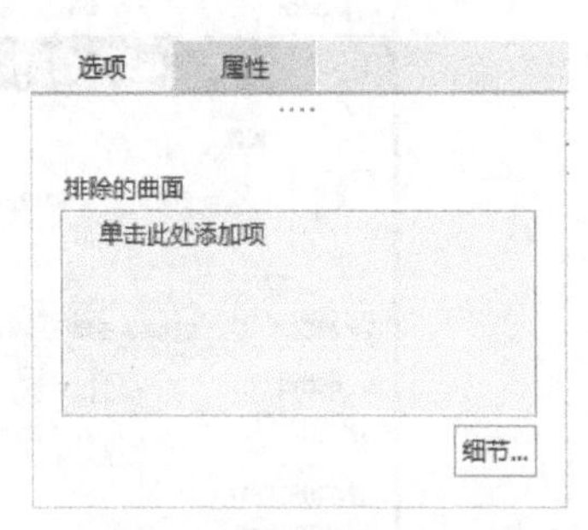

图 9-29 【选项】下拉面板

使用该下拉面板可进行下列操作。

- 【排除的曲面】列表框：收集要从扯裂操作中排除的曲面。

（3）【曲面扯裂】操控板。

单击【钣金件】选项卡【工程】组中的【曲面扯裂】按钮，打开【曲面扯裂】操控板，如图 9-30 所示。

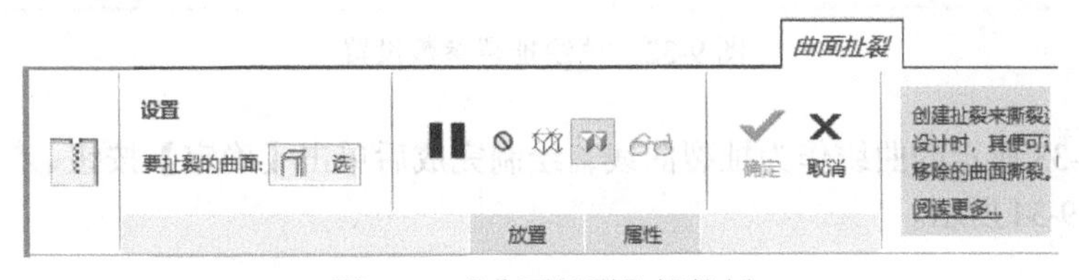

图 9-30 【曲面扯裂】操控板

操控板中常用功能介绍如下。

- 【要扯裂的曲面】选择项：收集要扯裂的曲面。

9.6.2 练习：创建扯裂特征

（1）打开文件。单击【打开】按钮，弹出【文件打开】对话框，打开【实例 6.prt】文件，如图 9-31 所示。

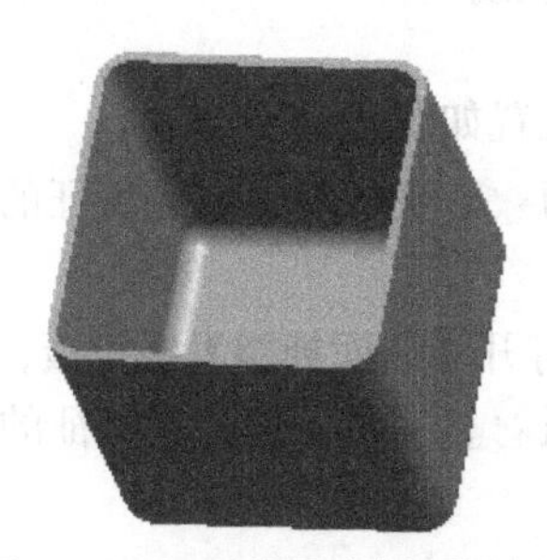

图 9-31 打开的【实例 6】文件

（2）创建草绘扯裂特征。

① 单击【钣金件】选项卡【工程】组中的【扯裂】下的【草绘扯裂】按钮，打开【草绘扯裂】操控板，进入草绘环境，草绘扯裂参数设置如图 9-32 所示。

图 9-32　草绘扯裂参数设置

② 绘制图 9-33 所示的曲线作为扯裂曲线，绘制完成后单击【确定】按钮，退出草图绘制环境，模型如图 9-34 所示。

图 9-33　绘制扯裂曲线

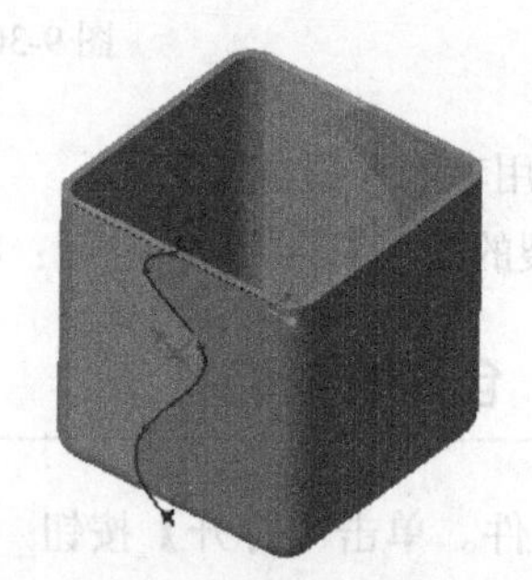

图 9-34　模型预览

③ 返回操控板，草绘扯裂参数设置如图 9-35 所示。

④ 在操控板中单击【确定】按钮，完成草绘扯裂特征的创建，结果如图 9-36 所示。

（3）创建曲面扯裂特征。

① 单击【曲面扯裂】按钮，打开【曲面扯裂】操控板，参数设置如图 9-37 所示。

② 在操控板中单击【确定】按钮，完成曲面扯裂特征的创建，结果如图 9-38 所示。

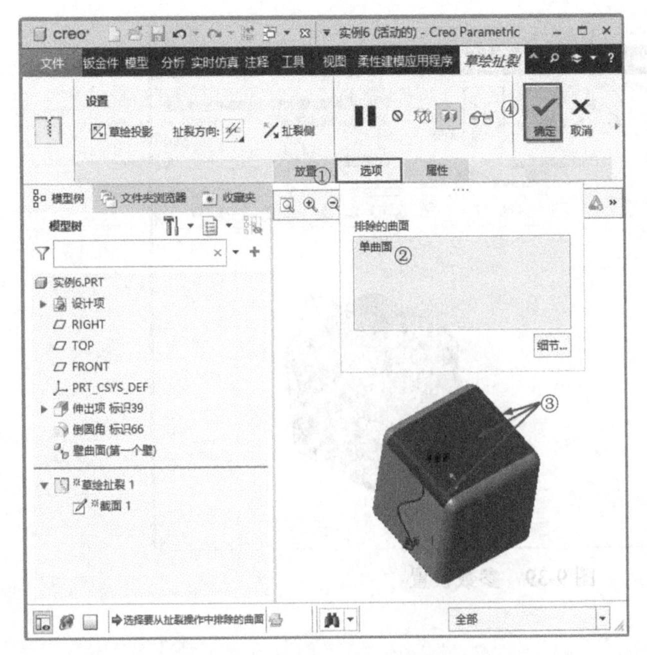

图 9-35　草绘扯裂参数设置

图 9-36　草绘扯裂特征

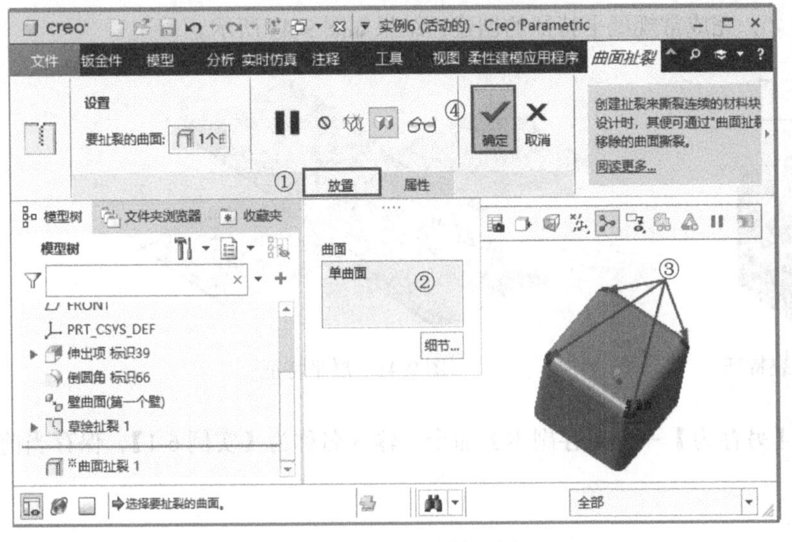

图 9-37　曲面扯裂参数设置

图 9-38　曲面扯裂特征

（4）创建边扯裂特征。

① 单击【边扯裂】按钮，打开【边扯裂】操控板，参数设置如图 9-39 所示。

② 单击【确定】按钮，完成边扯裂特征的创建，结果如图 9-40 所示。

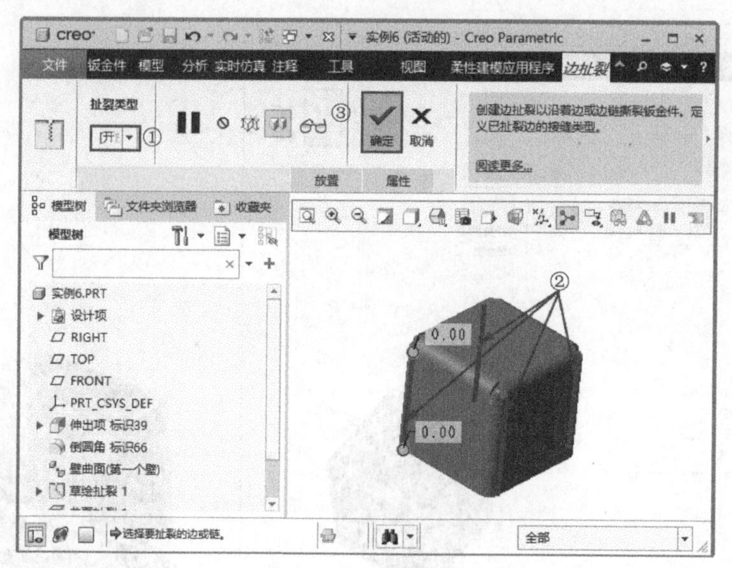

图 9-39　参数设置

（5）创建展平特征。

① 单击【展平】按钮，打开【展平】操控板。

② 选择图 9-40 所示的平面作为固定平面。

③ 单击【确定】按钮，完成常规展平特征的创建，结果如图 9-41 所示。

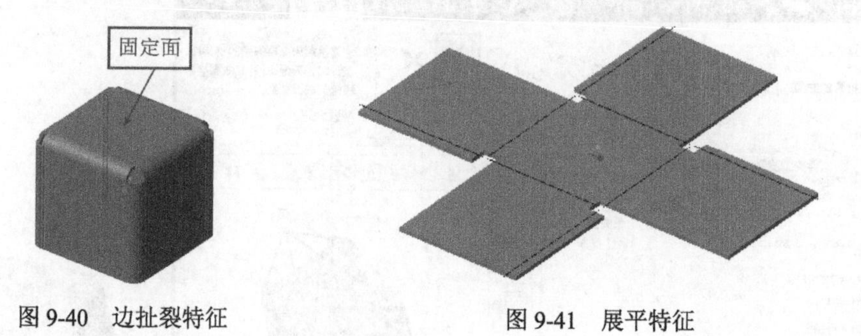

图 9-40　边扯裂特征　　　图 9-41　展平特征

（6）选择【文件】→【另存为】→【保存副本】命令，输入名称为【实例 6-1】，保存当前模型文件。

9.7　分割区域特征

在之前的操作中，遇到了钣金件不能展开的情形，这时需要定义变形的曲面。在 Creo Parametric 8 中，可以利用【分割区域】按钮来实现此操作。

9.7.1　操控板选项介绍

分割区域特征的操控板中包括两部分内容：【分割区域】操控板和下拉面板。下面详细地进行介绍。

1.【分割区域】操控板

单击【钣金件】选项卡【编辑】组中的【分割区域】按钮，打开【分割区域】操控板，如图 9-42 所示。

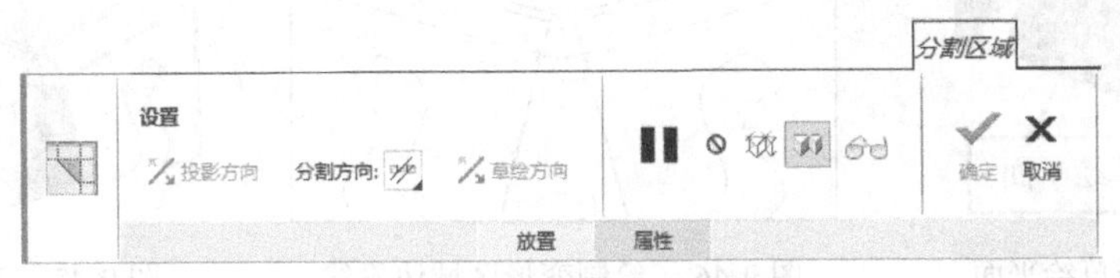

图 9-42 【分割区域】操控板

操控板中常用功能介绍如下。

（1）【投影方向】：更改草绘的投影方向。
（2）【垂直于驱动曲面】：分割方向垂直于驱动曲面。
（3）【垂直于偏移曲面】：分割方向垂直于偏移曲面。
（4）【草绘方向】：分割草绘的另一侧。

2. 下拉面板

【分割区域】操控板中的下拉面板在前面章节中已多次介绍过，这里不再赘述。

9.7.2 练习：创建分割区域特征

（1）打开文件。单击【打开】按钮，弹出【文件打开】对话框，打开【实例 7.prt】文件，如图 9-43 所示。该模型中有一些区域是不可展平的，如图 9-44 所示的区域，要想将此模型展平，先要进行变形区域的创建操作，下面创建变形区域特征。

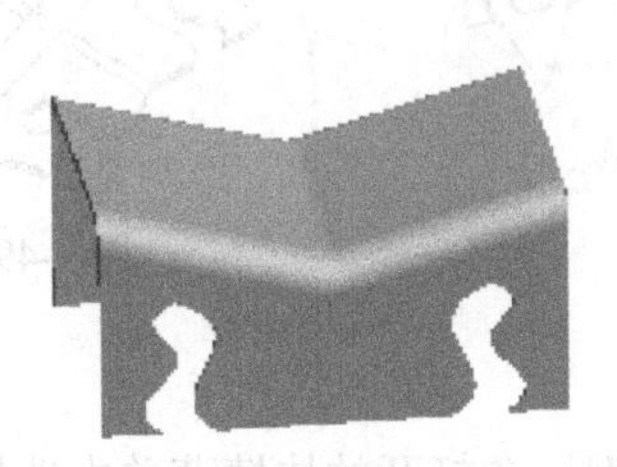

图 9-43 打开的【实例 7】文件

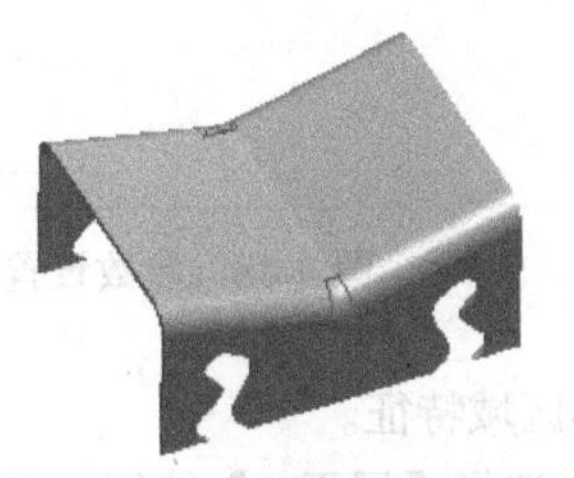

图 9-44 不可展平的区域

（2）创建变形区域特征。

① 单击【分割区域】按钮，打开【分割区域】操控板。

② 单击【放置】下拉面板中的【定义】按钮，选择图 9-45 所示的平面作为草绘平面，进入草绘环境。

③ 绘制图 9-46 所示的草图作为边界线。绘制完成后单击【确定】按钮，退出草图绘制环境。

④ 在操控板中单击【确定】按钮，完成变形区域特征的创建。同理，创建另一侧的边线区域特征，结果如图 9-47 所示。

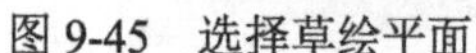

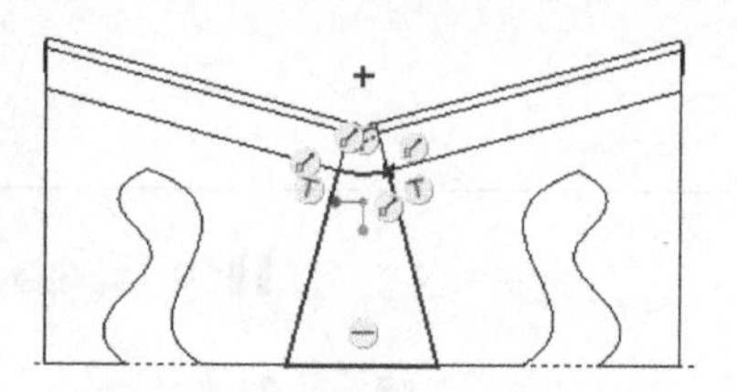

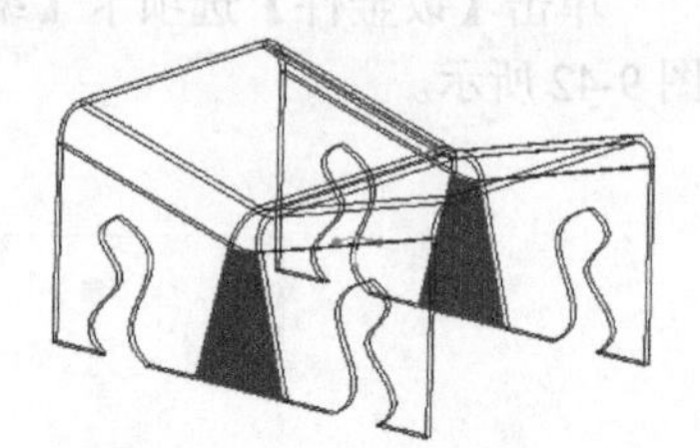

图 9-45　选择草绘平面　　图 9-46　绘制变形区域边界线　　图 9-47　变形区域特征

（3）创建展平特征。

① 单击【展平】按钮，打开【展平】操控板。参数设置如图 9-48 所示。

② 单击【变形】下拉面板中的【变形曲面】区域，选择图 9-48 所示的平面作为变形曲面。

③ 单击【确定】按钮，完成展平特征的创建，结果如图 9-49 所示。

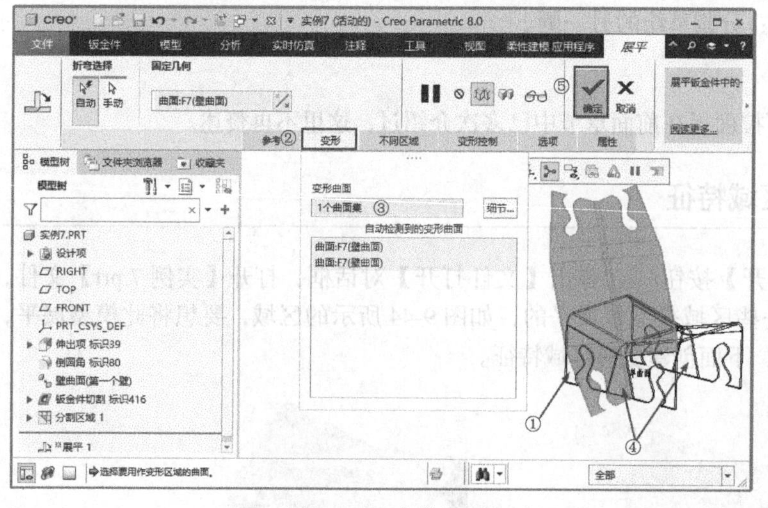

图 9-48　参数设置

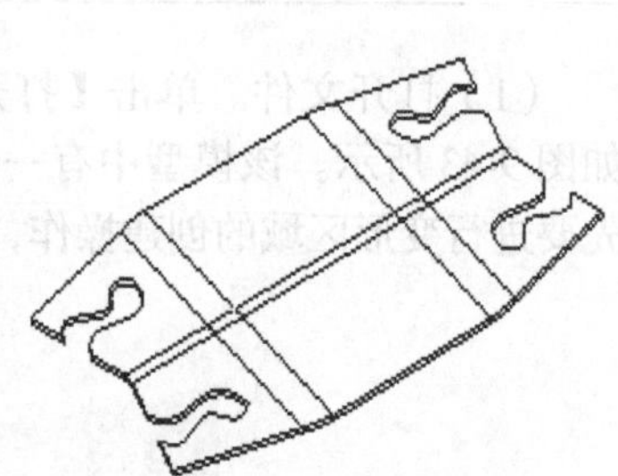

图 9-49　展平特征

（4）编辑变形区域特征。

① 在模型树中选择【展平 1】特征，单击鼠标右键，在打开的快捷菜单中选择【编辑定义】选项，重新编辑展平特征。

② 在【展平】操控板中单击【变形控制】按钮 变形控制 ，进入草绘环境，参数设置如图 9-50 所示。

③ 绘制图 9-51 所示的连接圆弧，绘制完成后单击【确定】按钮，退出草图绘制环境。

④ 选择【变形区域 2】特征，重复执行第③步，绘制另一侧的连接圆弧。

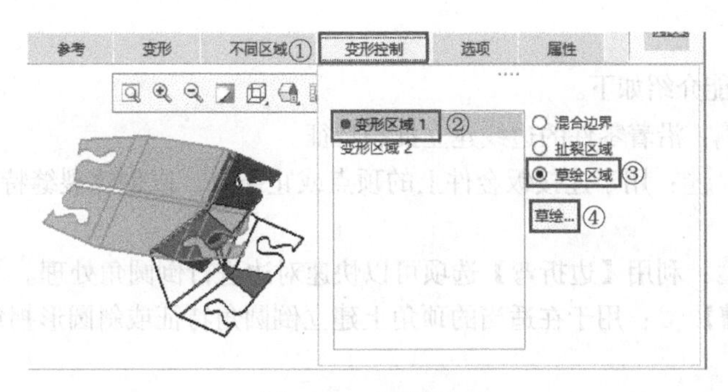

图 9-50　参数设置

⑤ 在操控板中单击【确定】按钮✓，展平特征如图 9-52 所示。

（5）选择【文件】→【另存为】→【保存副本】命令，输入名称为【实例 7-1】，保存当前模型文件。

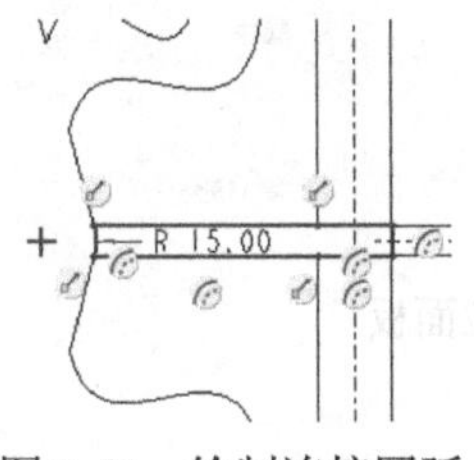

图 9-51　绘制连接圆弧

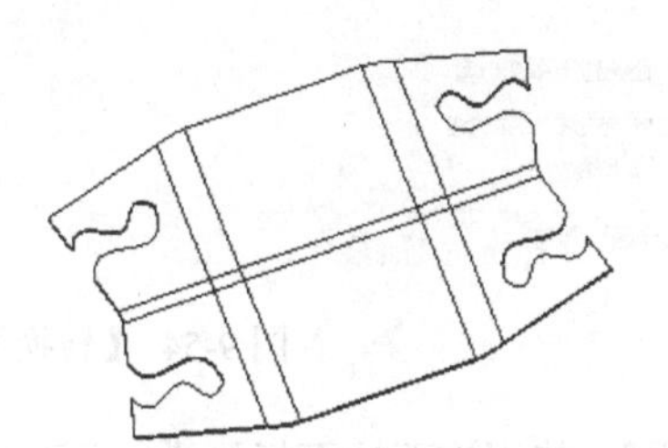

图 9-52　展平特征

9.8　转换特征

在 Creo Parametric 8 中，转换特征主要用于处理由实体模型转变而来的不能展开的钣金件，因为在将实体零件转换为钣金零件后，其仍不是完整的钣金件。若需要进行展平，我们还需要在零件上增加一些特征，才能顺利进行展平操作。

转换操作就是在钣金件上定义很多点或线，以将钣金件分割开，然后再对钣金件进行展平。

9.8.1　操控板选项介绍

转换特征的操控板中包括两部分内容：【转换】操控板和下拉面板。下面详细地进行介绍。

1.【转换】操控板

单击【钣金件】选项卡【工程】组中的【转换】按钮，打开【转换】操控板，如图 9-53 所示。

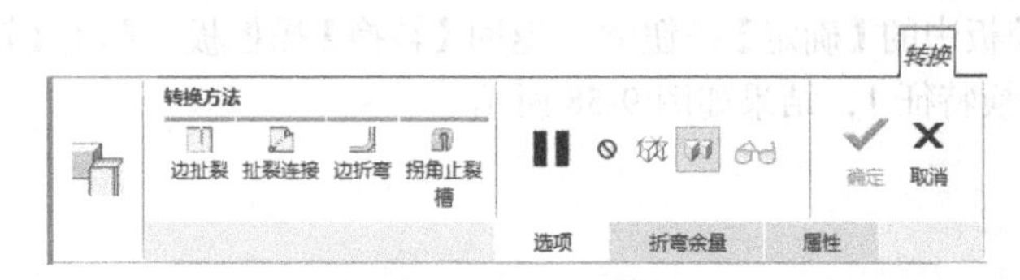

图 9-53 【转换】操控板

操控板中常用功能介绍如下。

（1）【边扯裂】：沿着零件的边线建立扯裂特征。

（2）【扯裂连接】：用于连接钣金件上的顶点或止裂点，以创建裂缝特征，方法为选择两点产生裂缝直线。

（3）【边折弯】：利用【边折弯】选项可以快速对边进行倒圆角处理。

（4）【拐角止裂槽】：用于在适当的顶角上建立倒圆角特征或斜圆形拐角止裂槽。

2. 下拉面板

【转换】操控板提供下列下拉面板，如图 9-54 所示。

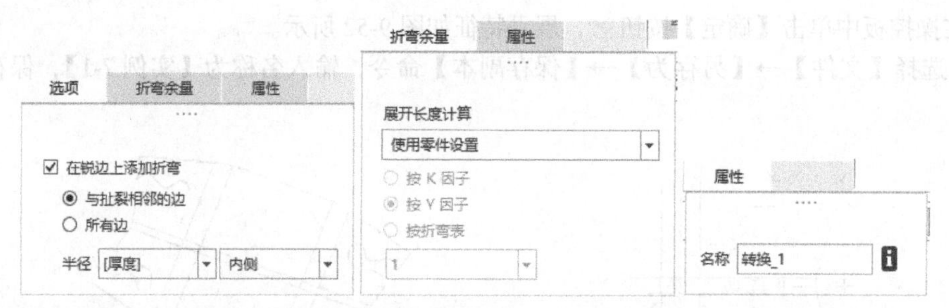

图 9-54 【转换】操控板中的下拉面板

（1）【选项】：使用该下拉面板可进行下列操作。

①【在锐边上添加折弯】复选框：勾选该复选框，则用折弯边替换锐边。

②【与扯裂相邻的边】单选项：选择该单选项，则折弯与扯裂特征相邻的所有锐边。

③【所有边】单选项：选择该单选项，则折弯所有锐边。

（2）【折弯余量】和【属性】下拉面板与 9.1.1 小节类似。

9.8.2 练习：创建转换特征

本练习我们将在一个由实体转换成的钣金件上创建转换特征，然后再将其展开，下面是详细步骤。

（1）打开文件。单击【打开】按钮，弹出【文件打开】对话框，打开【实例 8.prt】文件，如图 9-55 所示。

（2）创建转换特征。

① 单击【转换】按钮，打开【转换】操控板。

② 在【转换】操控板中单击【边折弯】按钮，打开【边折弯】操控板，选择图 9-56 所示的 12 条棱边，单击操控板中的【确定】按钮，返回【转换】操控板。

③ 在【转换】操控板中单击【边扯裂】按钮，打开【边扯裂】操控板，选择图 9-57 所示的边。选择完毕后，单击操控板中的【确定】按钮，返回【转换】操控板，单击【转换】操控板中的【确定】按钮，创建转换特征 1，结果如图 9-58 所示。

图 9-55　打开的【实例 8】文件

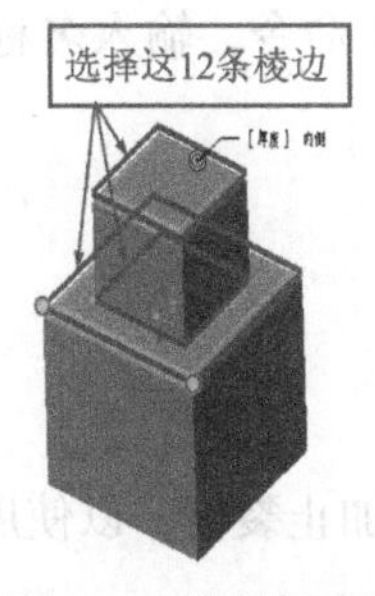

图 9-56　选择折弯边

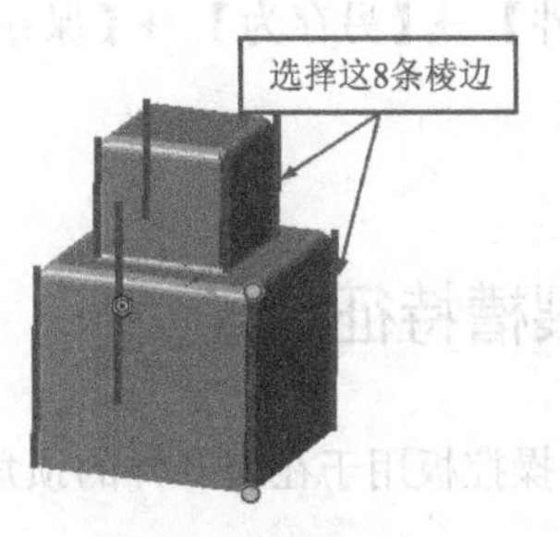

图 9-57　选择扯裂边

图 9-58　转换特征 1

④ 重复执行【转换】命令，打开【转换】操控板。

⑤ 在【转换】操控板中单击【扯裂连接】按钮，打开【扯裂连接】操控板，参数设置如图 9-59 所示。然后单击【放置】下拉面板中的【新建集】按钮，创建其他扯裂连接，结果如图 9-60 所示。单击【确定】按钮，返回【转换】操控板，单击【转换】操控板中的【确定】按钮，创建转换特征 2。

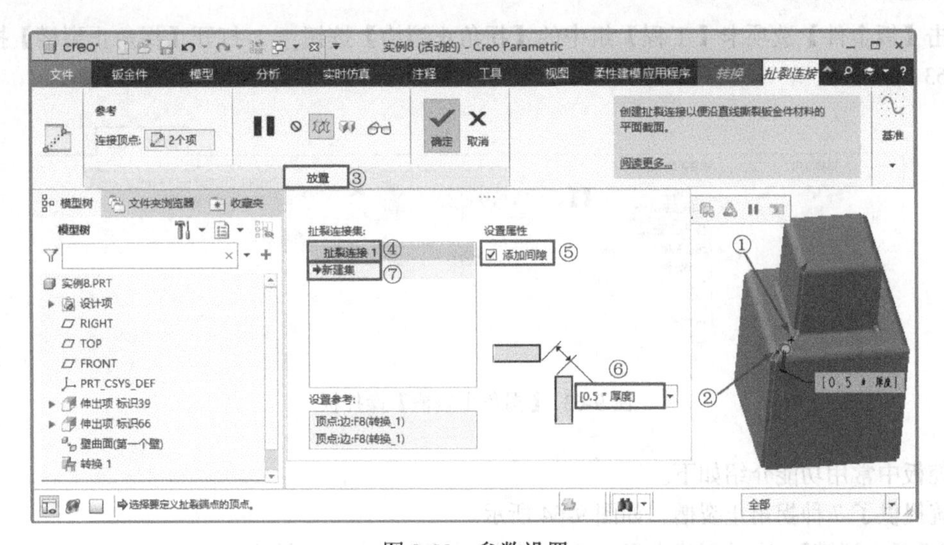

图 9-59　参数设置

（3）创建平整形态特征。

① 单击【平整形态】按钮，打开【平整形态】操控板。

② 选择图 9-61 所示的面作为固定面。

③ 在操控板中单击【确定】按钮，生成平整形态特征，如图 9-62 所示。

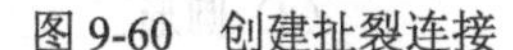
图 9-60　创建扯裂连接

图 9-61　选择固定面

图 9-62　平整形态特征

（4）选择【文件】→【另存为】→【保存副本】命令，输入名称为【实例 8-1】，保存当前模型文件。

9.9 拐角止裂槽特征

【拐角止裂槽】操控板用于在展开件的顶角处增加止裂槽，以使展开件的折弯顶角处变形较小或防止展开件开裂。

9.9.1 操控板选项介绍

拐角止裂槽特征的操控板中包括两部分内容：【拐角止裂槽】操控板和下拉面板。下面详细地进行介绍。

1.【拐角止裂槽】操控板

单击【钣金件】选项卡【工程】组中的【拐角止裂槽】按钮，打开【拐角止裂槽】操控板，如图 9-63 所示。

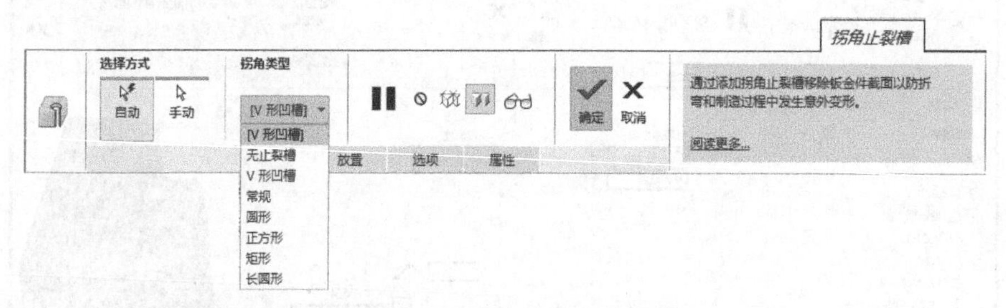

图 9-63 【拐角止裂槽】操控板

操控板中常用功能介绍如下。

系统提供了 7 种拐角止裂槽，如图 9-64 所示。

（1）【无止裂槽】：表示创建方形拐角止裂槽，如图 9-64（a）所示。

（2）【V 形凹槽】：表示创建 V 形拐角止裂槽，如图 9-64（b）所示。

（3）【常规】：表示将从拐角到折弯结束（并与其垂直）的切口作为止裂槽，如图 9-64（c）所示。

（4）【圆形】：表示创建圆形拐角止裂槽，如图 9-64（d）所示。

（5）【正方形】：表示创建正方形拐角止裂槽，如图 9-64（e）所示。

（6）【矩形】：表示创建矩形拐角止裂槽，如图 9-64（f）所示。

（7）【长圆形】：表示创建斜圆形拐角止裂槽，如图 9-64（g）所示。

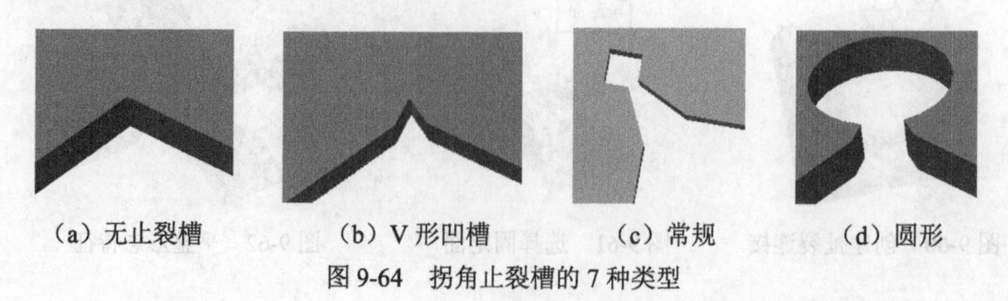

（a）无止裂槽 （b）V 形凹槽 （c）常规 （d）圆形

图 9-64 拐角止裂槽的 7 种类型

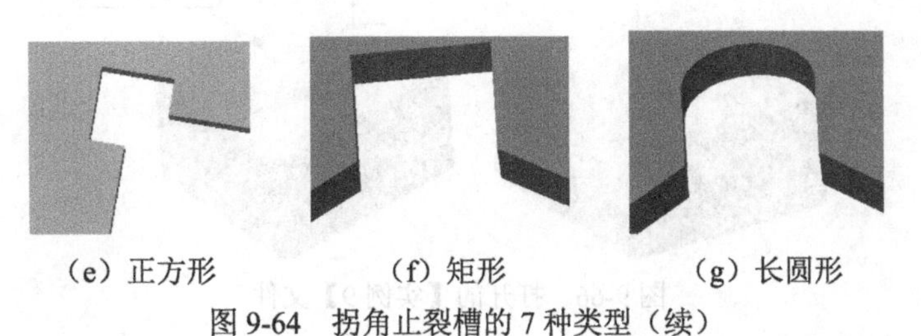

（e）正方形　　（f）矩形　　（g）长圆形

图 9-64　拐角止裂槽的 7 种类型（续）

2. 下拉面板

【拐角止裂槽】操控板提供下列下拉面板，如图 9-65 所示。

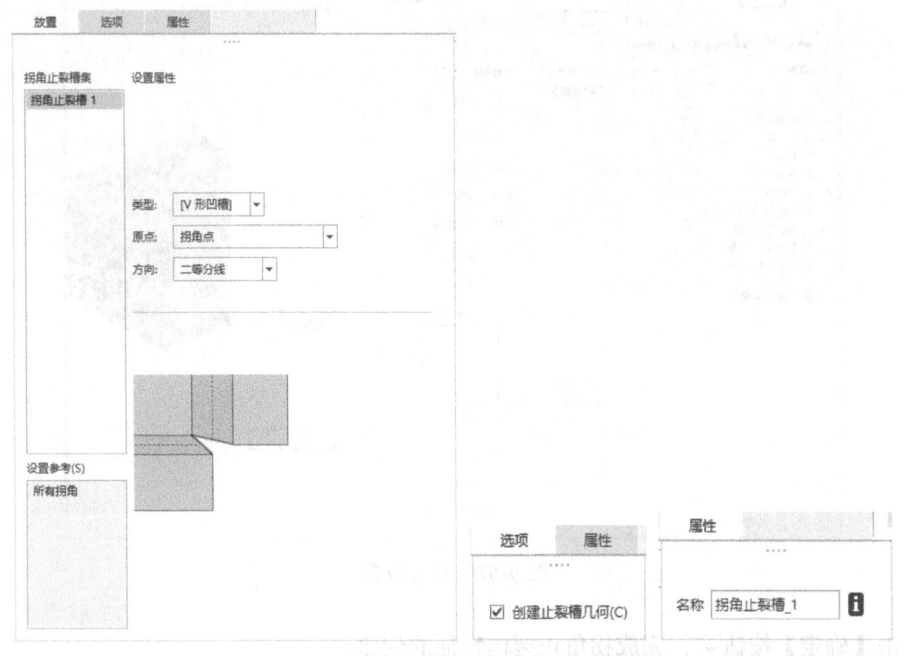

图 9-65　【拐角止裂槽】操控板中的下拉面板

（1）【放置】：用于收集拐角止裂槽，设置拐角止裂槽的类型、原点及方向。

（2）【选项】：用于设置是否创建止裂槽几何。

9.9.2　练习：创建拐角止裂槽特征

下面用实例具体讲解创建拐角止裂槽的步骤。

（1）打开文件。单击【打开】按钮，弹出【文件打开】对话框，打开【实例 9.prt】文件，如图 9-66 所示。

（2）创建拐角止裂槽特征。

① 单击【拐角止裂槽】按钮，系统【拐角止裂槽】操控板。参数设置如图 9-67 所示。

图 9-66　打开的【实例 9】文件

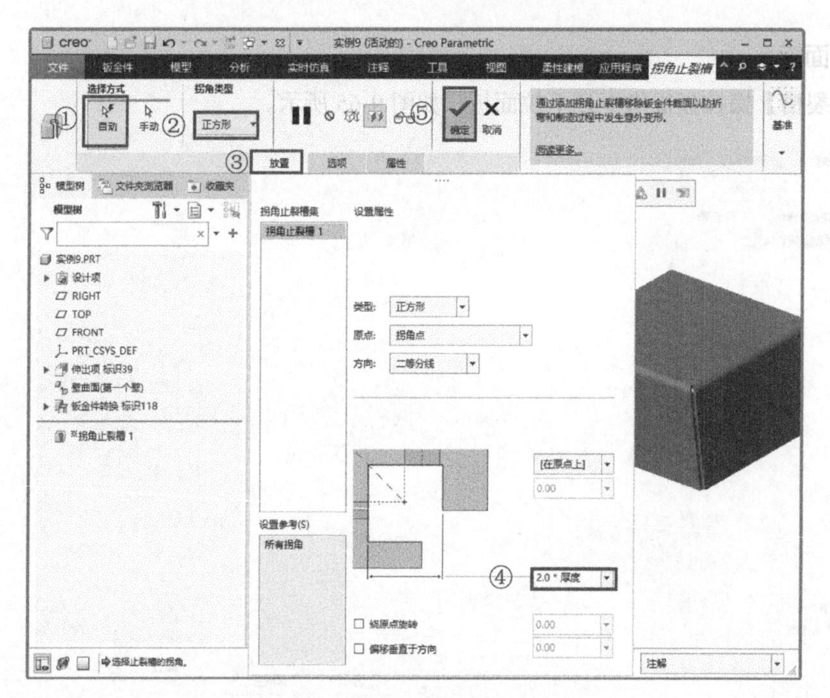

图 9-67　参数设置

② 单击【确定】按钮，完成拐角止裂槽特征的创建。

（3）创建展平特征。为了更好地看清止裂槽的形状，我们接着创建平整形态特征，把钣金件展开。

① 单击【钣金件】选项卡【折弯】组中的【展平】按钮，打开【展平】操控板。

② 系统自动选择固定平面，单击【确定】按钮，完成展平特征的创建，结果如图 9-68 所示，局部放大的效果如图 9-69 所示。

图 9-68　展平特征

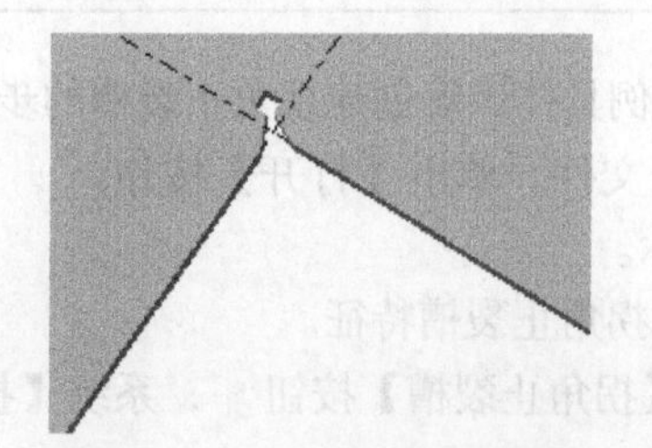

图 9-69　局部放大展平特征

（4）选择【文件】→【另存为】→【保存副本】命令，输入名称为【实例 9-1】，保存当前模型文件。

9.10　切割特征

系统提供了切割功能。切割功能主要用于切割钣金件中多余的材料，它不仅可以用于创建钣金特征，还能用于满足折弯时的一些工艺要求。在折弯时，由于材料的挤压，钣金件弯曲处的材料易变形。因此在实际的钣金件设计中，要求在折弯处切割出小面积的切口，这样就可以避免材料发生挤压变形。

钣金模式中，切割和实体模式中的切割效果基本上相同，都是通过【拉伸】命令来实现的，但又有些不同。如当切割特征的草绘平面与钣金件成某个角度时，两者生成特征的几何形状就不同，如图 9-70 所示。

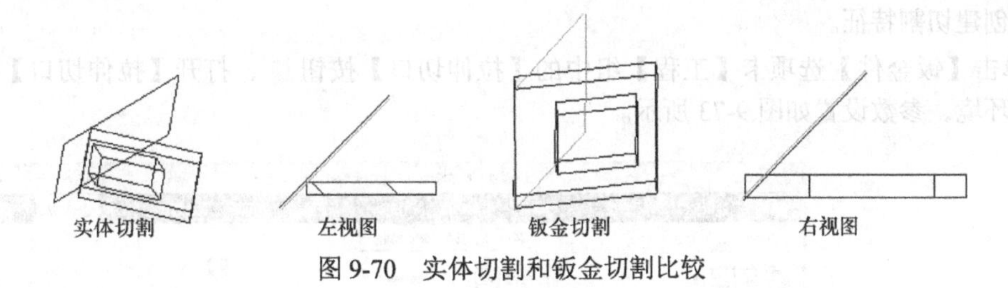

图 9-70　实体切割和钣金切割比较

9.10.1　操控板选项介绍

拉伸切口特征的操控板中包括两部分内容：【拉伸切口】操控板和下拉面板。下面详细地进行介绍。

1.【拉伸切口】操控板

单击【钣金件】选项卡【工程】组中的【拉伸切口】按钮，打开【拉伸切口】操控板，如图 9-71 所示。

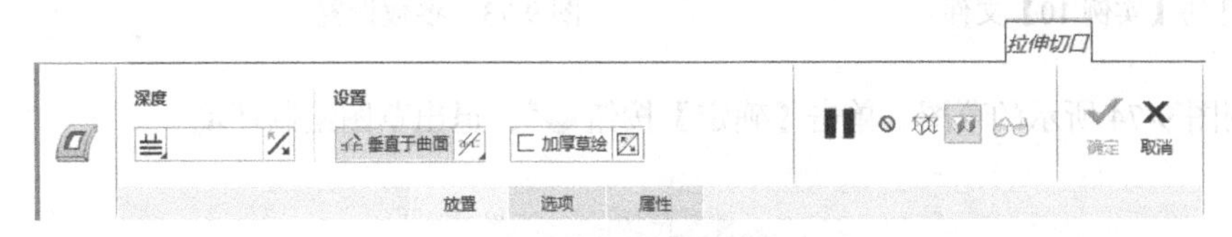

图 9-71　【拉伸切口】操控板

操控板中常用功能介绍如下。

（1）【深度】：设置拉伸方式，包括【可变】、【对称】、【到下一个】、【穿透】、【穿至】、【到参考】。

（2）【反向】：将拉伸的深度方向更改为草绘的另一侧。

（3）【垂直于曲面】：建立钣金切割特征时移除与曲面垂直的材料。

（4）【垂直于两个曲面】：材料移除的方向为垂直于偏移曲面和驱动曲面。

（5）【垂直于驱动曲面】：材料移除的方向为垂直于驱动曲面。

（6）【垂直于偏移曲面】：材料移除的方向为垂直于偏移曲面。

（7）【厚度】：设置钣金件的厚度。

（8）【反向】：将材料的拉伸方向更改为草绘的另一侧。

2. 下拉面板

【拉伸切口】操控板中的下拉面板同 3.1.1 小节【拉伸】操控板中的下拉面板类似，这里不再赘述。

9.10.2 练习：创建切割特征

下面用实例来具体讲解创建切割特征的步骤。

（1）打开文件。单击【打开】按钮，弹出【文件打开】对话框，打开【实例 10.prt】文件，如图 9-72 所示。

（2）创建切割特征。

① 单击【钣金件】选项卡【工程】组中的【拉伸切口】按钮，打开【拉伸切口】操控板。进入草绘环境，参数设置如图 9-73 所示。

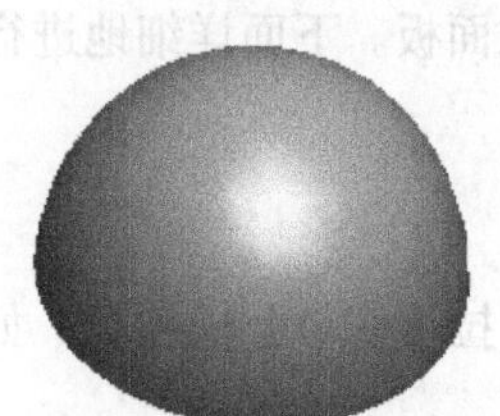

图 9-72 打开的【实例 10】文件

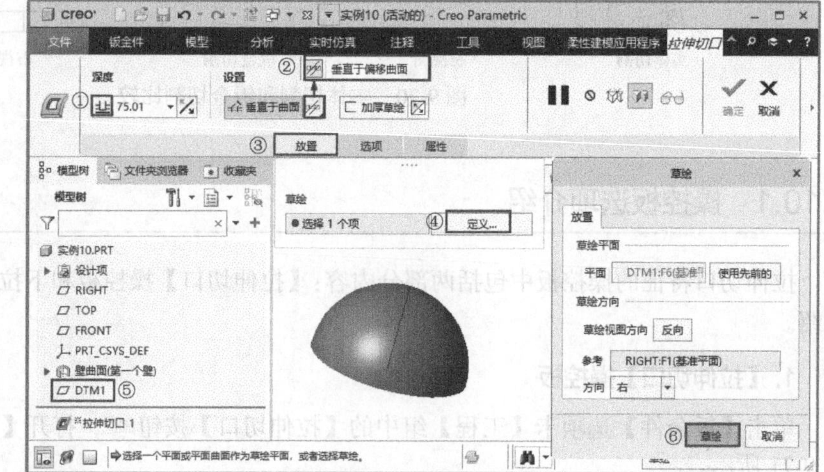

图 9-73 参数设置

② 绘制图 9-74 所示的草图。单击【确定】按钮，退出草图绘制环境。

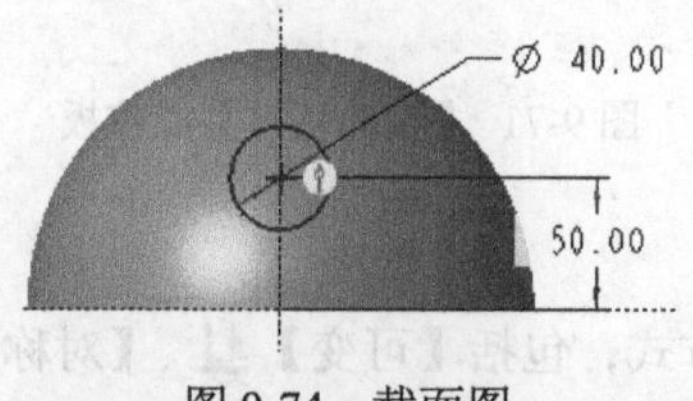

图 9-74 截面图

③ 参数设置如图 9-75 所示。单击【确定】按钮，完成切割特征的创建，结果如图 9-76 所示。

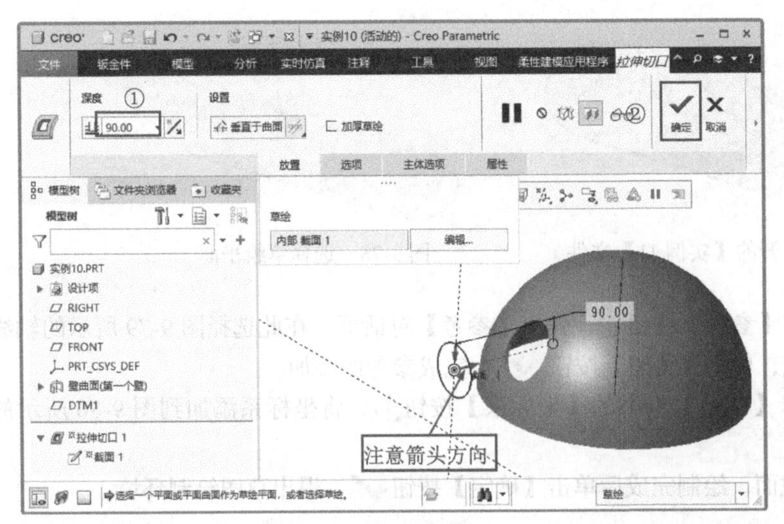

图 9-75　参数设置

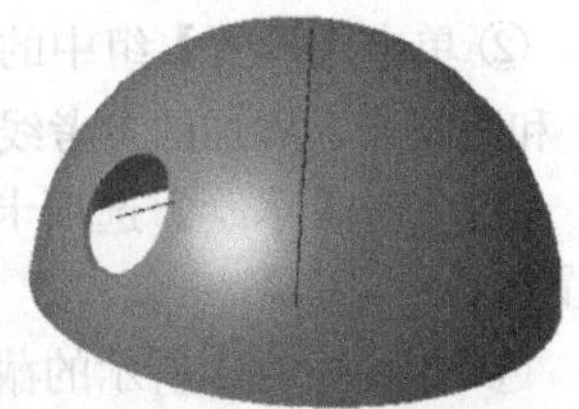
图 9-76　切割特征

（3）选择【文件】→【另存为】→【保存副本】命令，输入名称为【实例 10-1】，保存当前模型文件。

9.11　切口特征

从钣金件中移除材料时，通常在折弯处挖出切口，切口垂直于钣金件曲面。这样钣金件在进行折弯或展平操作时，就不会因挤压而产生变形。

切口特征与切割特征基本相同，但建立方法不同。建立切口特征需要先建立一个 UDF 数据库（扩展名是 .gph），该数据库用来定义切口特征的各项参数。该 UDF 数据库不仅可以在同一钣金件内多次调用，还可供其他钣金件调用。要定义 UDF 特征，需先在钣金件上创建一个切割特征，并且在绘制切割特征截面时，需要定义一个局部坐标系。接着利用 UDF 数据库，创建一个 UDF 特征。如果该 UDF 数据库与原钣金件的关系是从属关系，则该 UDF 数据库不能被其他钣金件调用；如果想让该 UDF 数据库被其他钣金件调用，可以定义该 UDF 数据库与原钣金件的关系是独立关系。

练习：创建切口特征

下面用实例来具体讲解创建切口特征的步骤。

（1）打开文件。单击【打开】按钮，弹出【文件打开】对话框，打开【实例 11.prt】文件，如图 9-77 所示。

（2）创建切割特征。

① 单击【钣金件】选项卡【工程】组中的【拉伸切口】按钮，打开【拉伸切口】操控板。选择图 9-78 所示的零件上表面作为草绘平面，进入草绘环境。

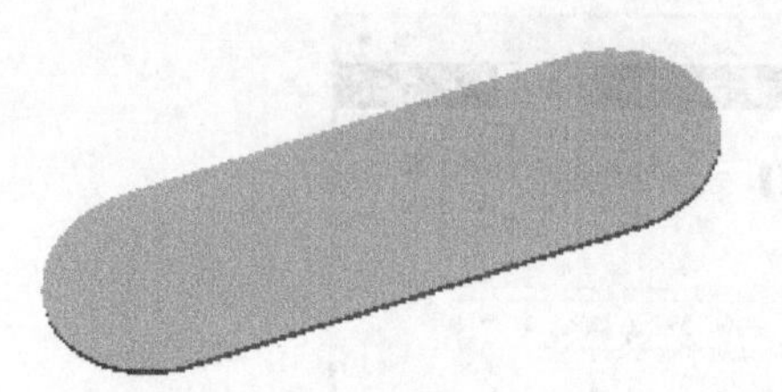
图 9-77　打开的【实例 11】文件

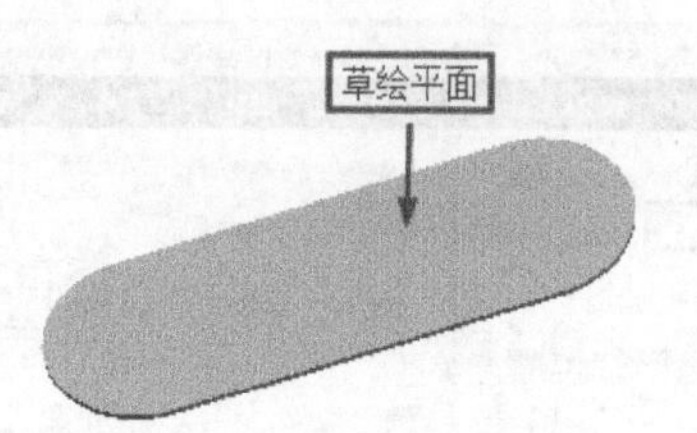

图 9-78　选择草绘平面

② 单击【设置】组中的【参考】按钮，弹出【参考】对话框，在此选择图 9-79 所示的轴线 A1 和边线作为添加的参考线，单击【关闭】按钮，完成参考的添加。

③ 单击【草绘】选项卡【草绘】组中的【坐标系】按钮，将坐标系添加到图 9-80 所示的位置。

④ 绘制图 9-81 所示的截面，绘制完成后单击【确定】按钮，退出草图绘制环境。

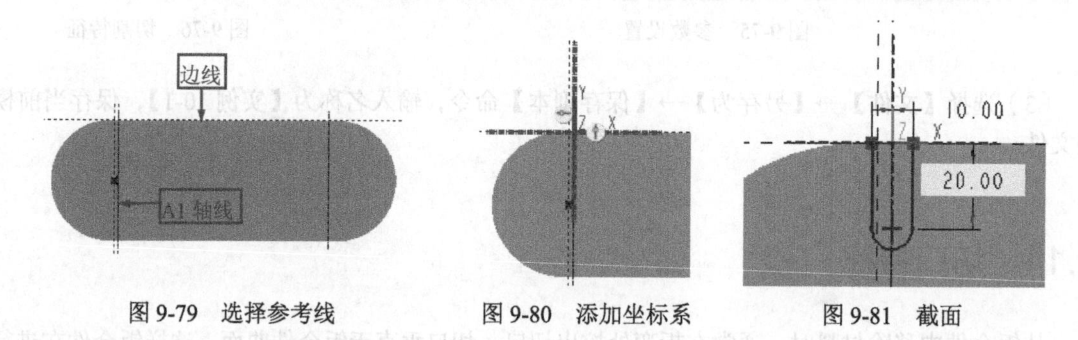

图 9-79　选择参考线　　图 9-80　添加坐标系　　图 9-81　截面

⑤ 在操控板中设置参数，如图 9-82 所示。

⑥ 单击【确定】按钮，完成切割特征的创建，结果如图 9-83 所示。

图 9-82　操控板参数设置　　图 9-83　切割特征

（3）定义 UDF 特征。

① 单击【工具】选项卡【实用工具】组中的【UDF 库】按钮，打开【UDF】菜单。UDF 特征创建步骤如图 9-84 所示。

② 打开【UDF：切口 _01，从属的】对话框和【选择特征】菜单，参数设置如图 9-85 所示。

③ 打开【确认】对话框，UDF 特征的参数设置如图 9-86 所示。

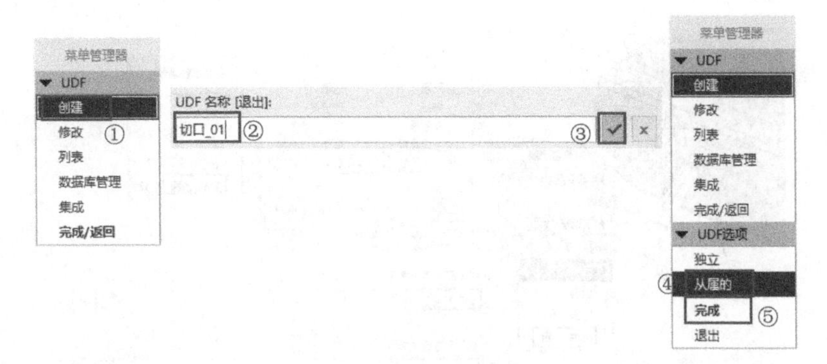

图 9-84　UDF 特征创建步骤

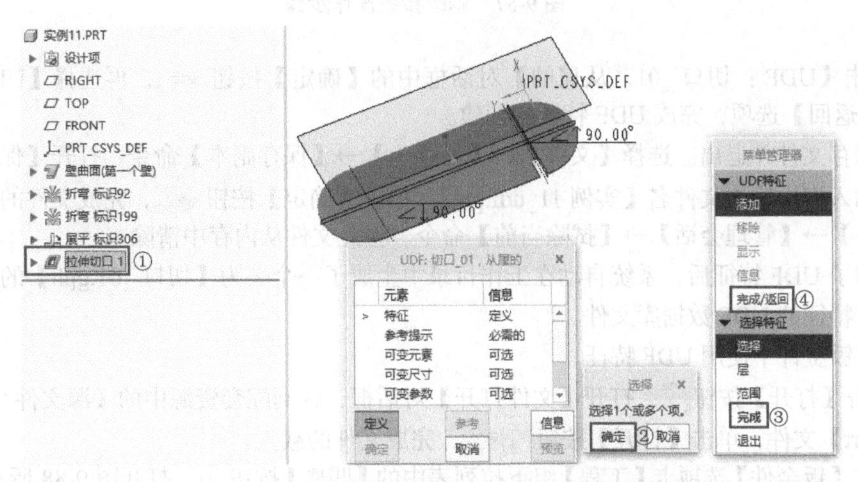

图 9-85　【UDF：切口 _01，从属的】对话框与【选择特征】菜单中的参数设置

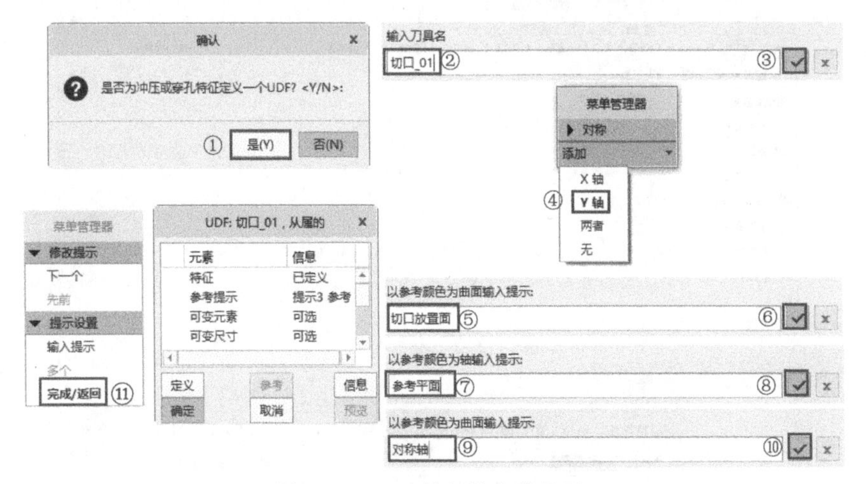

图 9-86　UDF 特征的参数设置

④ 在【UDF：切口 _01，从属的】对话框中双击【可变尺寸】选项，打开【可变尺寸】菜单，修改参数操作步骤如图 9-87 所示。

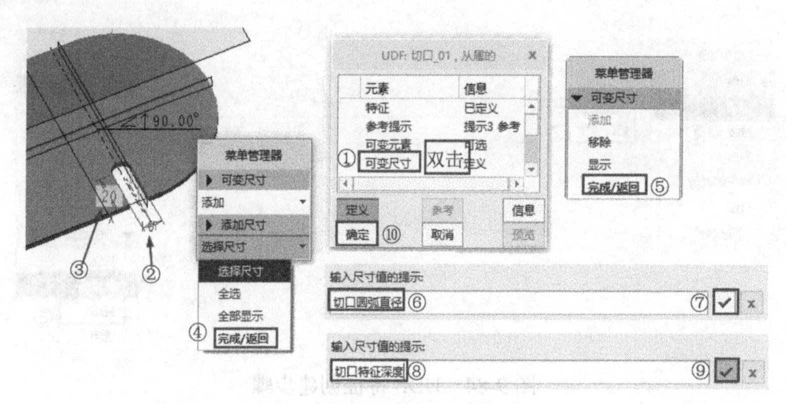

图 9-87　修改参数操作步骤

⑤ 单击【UDF：切口 _01，从属的】对话框中的【确定】按钮，再选择【UDF】菜单中的【完成 / 返回】选项，完成 UDF 特征的创建。

（4）保存文件并退出。选择【文件】→【另存为】→【保存副本】命令，打开【保存副本】对话框，在输入框中输入文件名【实例 11_udf.prt】，单击【确定】按钮，完成文件的保存。然后选择【文件】→【管理会话】→【拭除当前】命令，将此文件从内存中清除。

在创建了 UDF 特征后，系统自动在工作目录中生成了一个名为【切口 _01.gph】的文件，此文件就是切口特征的 UDF 数据库文件。

（5）在钣金件中使用 UDF 特征。

① 单击【打开】按钮，打开【文件打开】对话框，找到配套资源中的【源文件 \ 第 9 章 \ 实例 11_udf.prt】文件，单击【打开】按钮，完成文件的载入。

② 单击【钣金件】选项卡【工程】组下拉列表中的【凹槽】按钮。打开图 9-88 所示的【打开】对话框，从【组目录】中选择【切口 _01.gph】数据库文件，单击【打开】按钮。

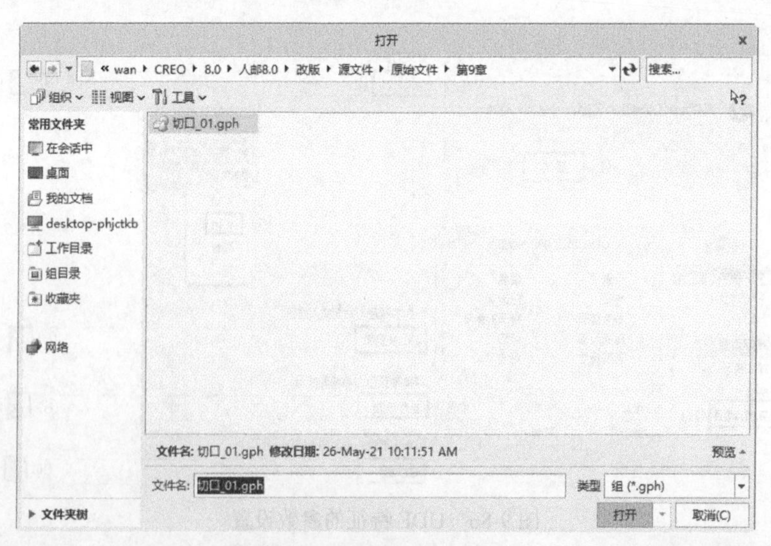

图 9-88 【打开】对话框

③ 打开【插入用户定义的特征】对话框，用来显示 UDF 特征。重定义参数操作步骤如图 9-89 所示。

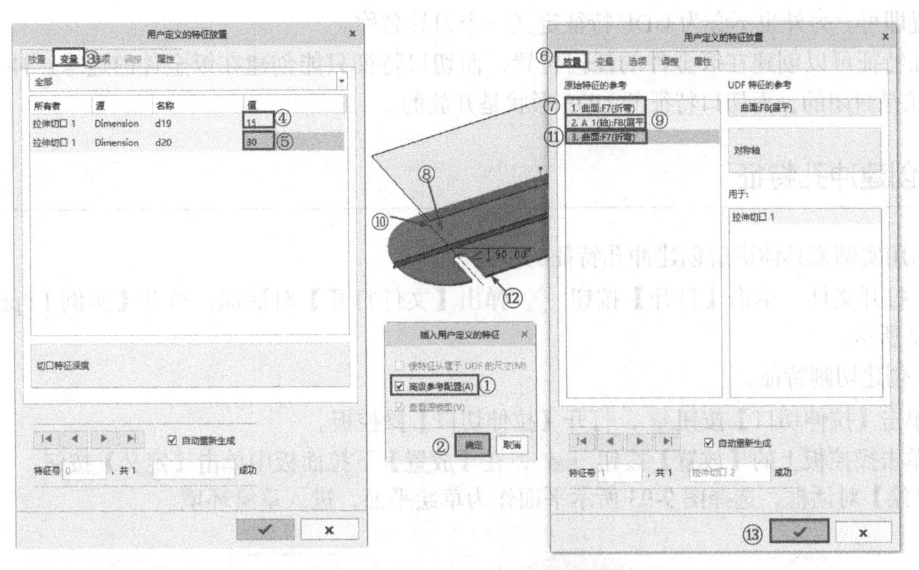

图 9-89　重定义参数操作步骤

④ 完成参考的替换，单击【用户定义的特征配置】对话框中的【应用】按钮 ✓ ，此时新生成的切口如图 9-90 所示。

（6）创建折回特征。

① 单击【折回】按钮，打开【折回】操控板。

② 系统自动选择固定平面。

③ 单击【确定】按钮✓，完成折回特征的创建，结果如图 9-91 所示。

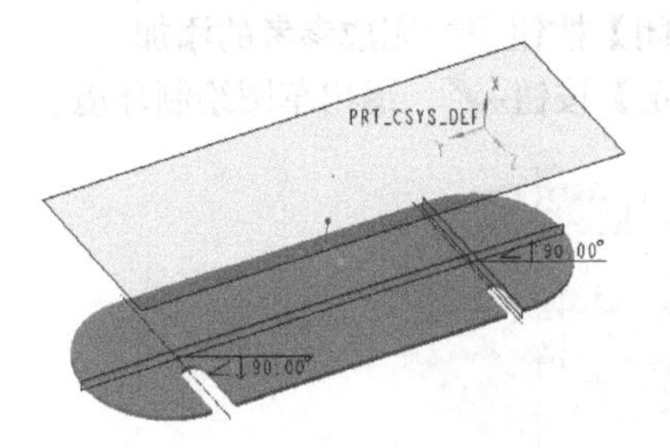

图 9-90　新生成的切口

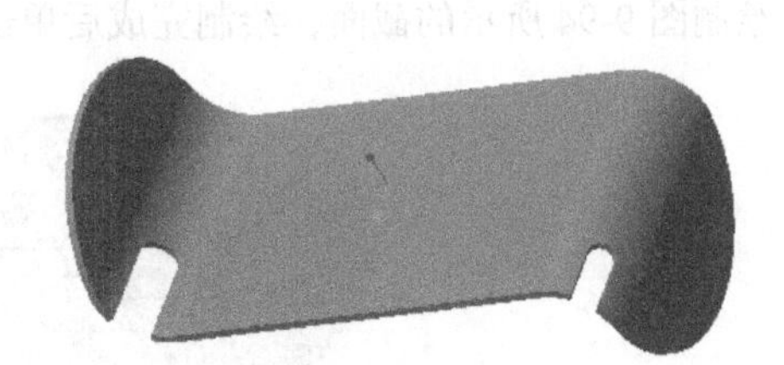

图 9-91　折回特征

（7）选择【文件】→【另存为】→【保存副本】命令，输入名称为【实例 11-1_udf】，保存当前模型文件。

9.12　冲孔特征

冲孔特征主要用于切割钣金件中的多余材料。创建冲孔特征也需要先定义 UDF 数据库，创建冲孔特征的过程和创建切口特征的过程基本相同，不同于创建切割特征的过程。但创建冲孔特征的过程和创建切口特征的过程还是有一些区别的。

创建冲孔特征时，在绘制切割特征的截面时，不需要设置一个局部坐标系，只定义切割特征的参考位置即可。另外也不必为 UDF 特征定义一个刀具名称。

冲孔特征可以创建在钣金件的任何位置，而切口特征只能创建在钣金件的边缘；冲孔特征的 UDF 形状是封闭的，而切口特征的 UDF 形状是开放的。

练习：创建冲孔特征

下面用实例来具体讲解创建冲孔特征的步骤。

（1）打开文件。单击【打开】按钮，弹出【文件打开】对话框，打开【实例 12.prt】文件，如图 9-92 所示。

（2）创建切割特征。

① 单击【拉伸切口】按钮，打开【拉伸切口】操控板。

② 单击操控板上的【放置】按钮 放置，在【放置】下拉面板中单击【定义】按钮 定义...，打开【草绘】对话框，选择图 9-93 所示平面作为草绘平面，进入草绘环境。

图 9-92　打开的【实例 12】文件

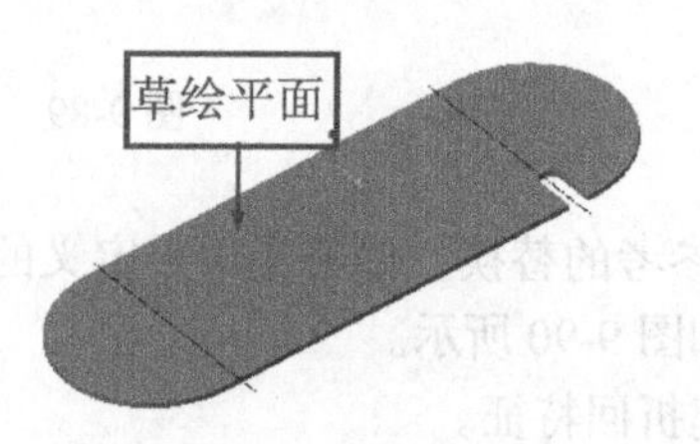

图 9-93　选择草绘平面

③ 单击【草绘】选项卡【设置】组中的【参考】按钮，打开【参考】对话框，在此选择系统坐标系 PRT_CSYS_DEF 作为添加的参考，单击【关闭】按钮 关闭 完成参考的添加。

④ 绘制图 9-94 所示的截面，绘制完成后单击【确定】按钮，退出草图绘制环境。

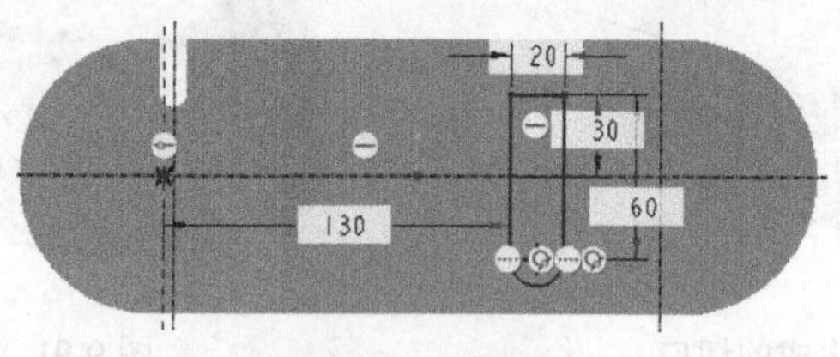

图 9-94　截面

⑤ 返回操控板，参数设置如图 9-95 所示。

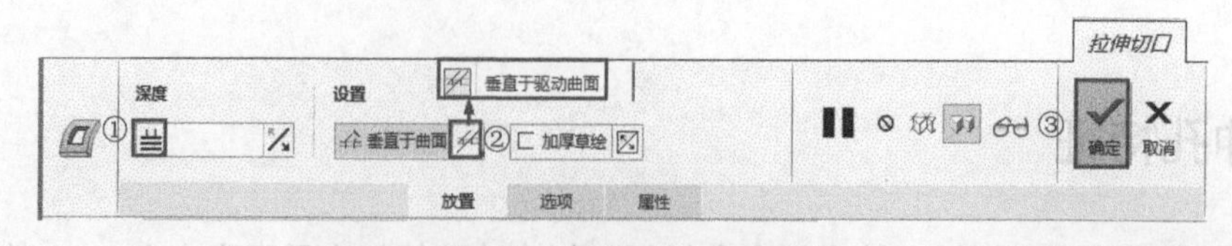

图 9-95　操控板参数设置

⑥ 单击【确定】按钮，完成切割特征的创建，结果如图 9-96 所示。

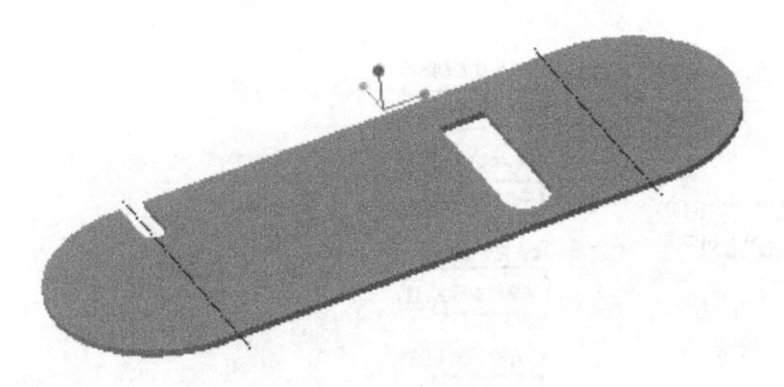

图 9-96 切割特征

（3）定义 UDF 特征。

① 单击【工具】选项卡【实用工具】组中的【UDF 库】按钮，打开【UDF】菜单。UDF 特征的参数设置如图 9-97 所示。

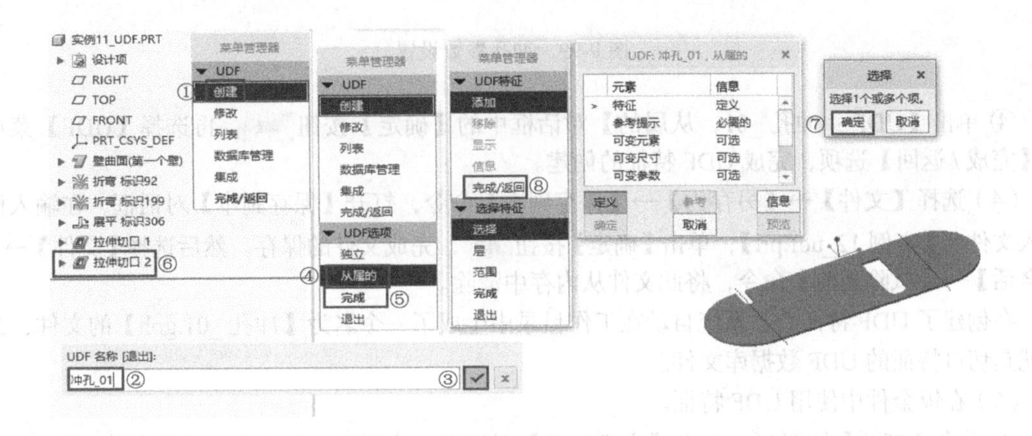

图 9-97 UDF 特征的参数设置

② 打开【确认】对话框，单击【是】按钮 是(Y)，参数设置如图 9-98 所示。

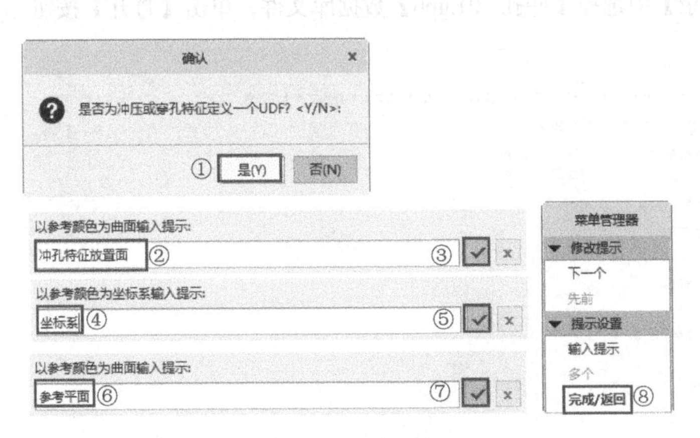

图 9-98 参数设置

③ 在【UDF：冲孔 _01，从属的】对话框中双击【可变尺寸】选项，打开【可变尺寸】菜单。冲孔参数设置如图 9-99 所示。

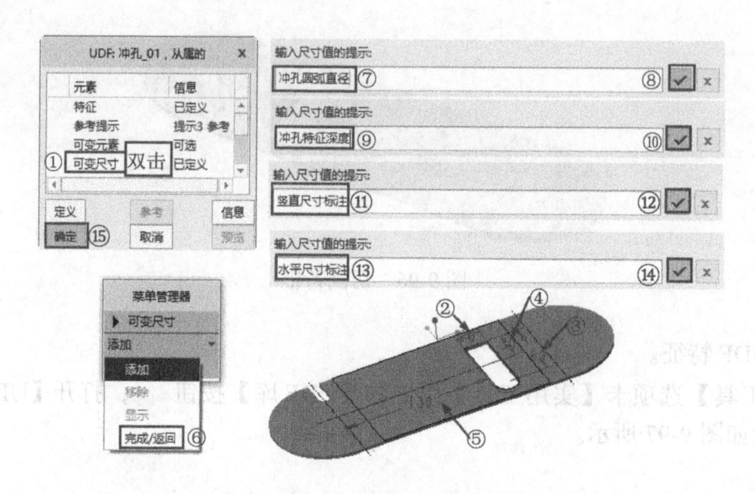

图 9-99　冲孔参数设置

④ 单击【UDF：冲孔 _01，从属的】对话框中的【确定】按钮 确定 ，再选择【UDF】菜单中的【完成 / 返回】选项，完成 UDF 特征的创建。

（4）选择【文件】→【另存为】→【保存副本】命令，打开【保存副本】对话框，在输入框中输入文件名【实例 12_udf.prt】，单击【确定】按钮 确定 ，完成文件的保存。然后选择【文件】→【管理会话】→【拭除当前】命令，将此文件从内存中清除。

在创建了 UDF 特征后，系统自动在工作目录中生成了一个名为【冲孔 _01.gph】的文件，此文件就是切口特征的 UDF 数据库文件。

（5）在钣金件中使用 UDF 特征。

① 单击【打开】按钮，打开【文件打开】对话框，找到配套资源中的【源文件 \ 第 9 章 \ 实例 12_udf.prt】文件，单击【打开】按钮 打开 ，完成文件的载入。

② 单击【钣金件】选项卡【工程】组下拉列表中的【冲孔】按钮，打开图 9-100 所示的【打开】对话框，从【组目录】中选择【冲孔 _01.gph】数据库文件，单击【打开】按钮 打开 。

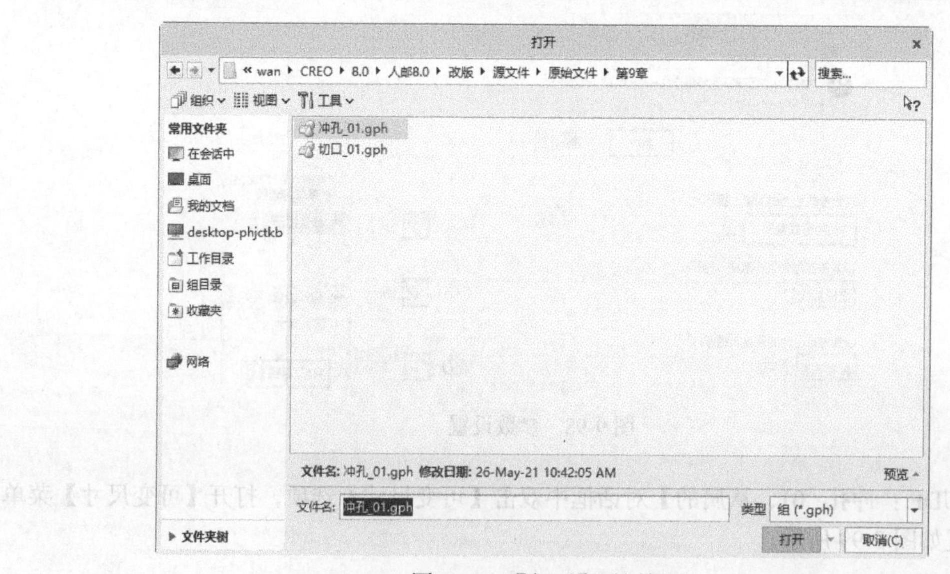

图 9-100　【打开】对话框

③ 打开【插入用户定义的特征】对话框，用来显示 UDF 特征，修改参数操作步骤如图 9-101 所示。

④ 完成参考的替换，单击【用户定义的特征配置】对话框中的【应用】按钮 ✓ ，此时新生成的冲孔如图 9-102 所示。

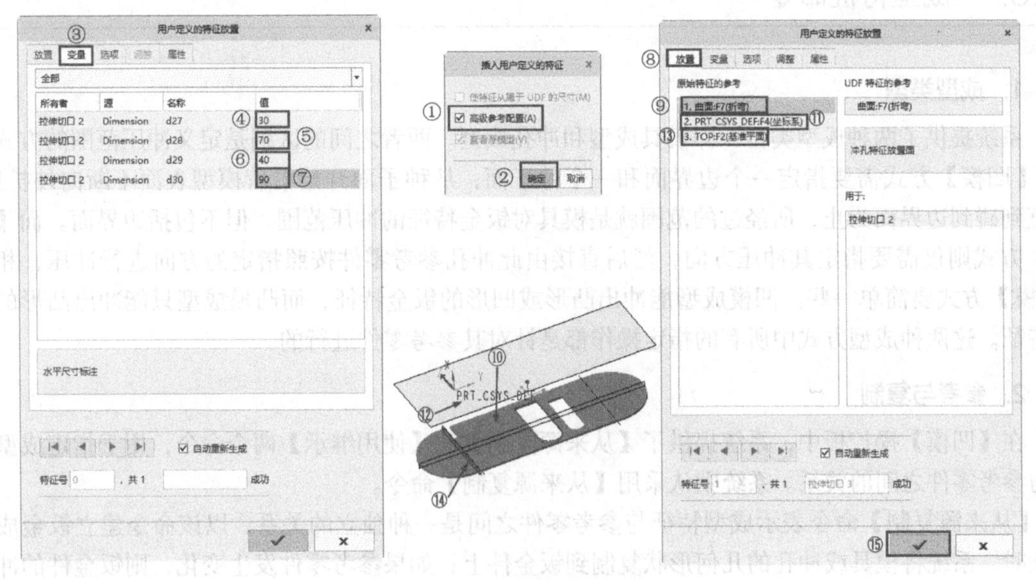

图 9-101　修改参数操作步骤

（6）创建折回特征。

① 单击【折回】按钮 ，打开【折回】操控板。

② 系统自动选择固定平面。

③ 单击【确定】按钮 ✓，完成折回特征的创建，结果如图 9-103 所示。

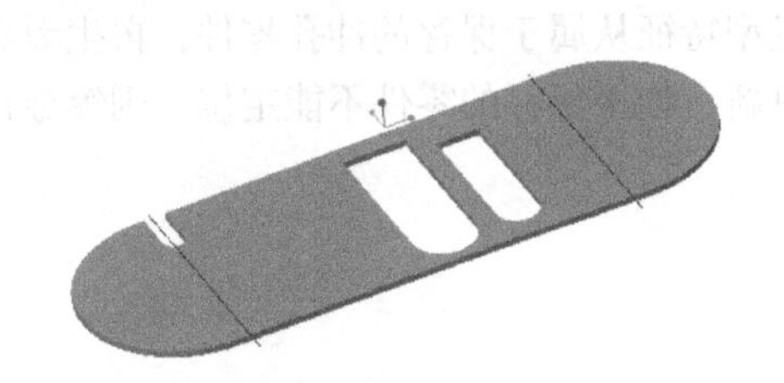

图 9-102　新生成的冲孔

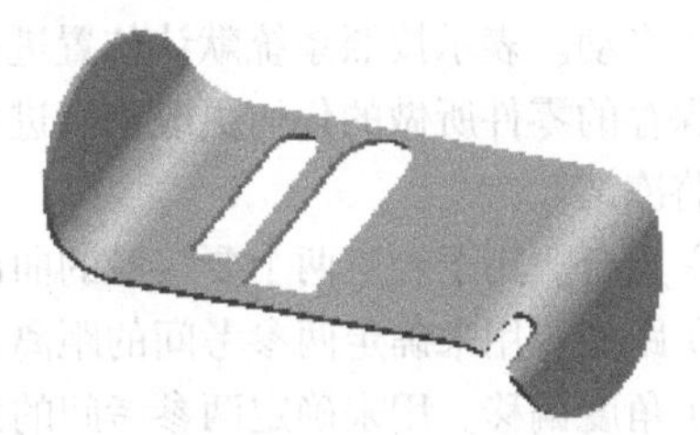

图 9-103　折回特征

（7）选择【文件】→【另存为】→【保存副本】命令，输入名称为【实例 12-1_udf】，保存当前模型文件。

9.13　成型特征

成型特征分为凹模和凸模两种特征，在生产成型零件之前必须生产一个拥有凹模或凸模几何形状的实体零件，作为成型特征的参考零件。而此种零件可在零件设计或钣金设计模块下建立。

凹模成型的参考零件必须带有边界面，参考零件既可以是凸的，也可以是凹的；而凸模成型的参考零件不需要带有边界面，参考零件只能是凸的。凹模成型是冲出凸形或凹形的钣金特征，而凸模成型则只能冲出凸形的钣金特征。

9.13.1 成型特征命令

1. 成型类型

系统提供了两种成型类型，即模具成型和冲孔成型。两者之间的区别是定义冲压范围的方式不同。【凹模】方式需要指定一个边界面和一个种子面，从种子面开始沿着模型表面不断向外扩展，一直到碰到边界面为止，所经过的范围就是模具对钣金特征的冲压范围，但不包括边界面。而【凸模】方式则仅需要指定其冲压方向，然后直接由此冲孔参考零件按照指定的方向进行冲压，相对【凹模】方式要简单一些。凹模成型能冲出凸形或凹形的钣金特征，而凸模成型只能冲出凸形的钣金特征。这两种成型方式中所有的指定操作都是针对其参考零件进行的。

2. 参考与复制

在【凹模】操控板中，系统提供了【从来源复制】和【使用继承】两个命令，用于指定成型特征与参考零件之间的关系。系统默认采用【从来源复制】命令。

【从来源复制】命令表示成型特征与参考零件之间是一种独立的关系，以该命令建立钣金成型特征时，系统将模具或冲孔的几何形状复制到钣金件上；如果参考零件发生变化，则钣金件的冲压外形不会发生变化。

【使用继承】命令意思是在钣金件中冲压出的外形与进行冲压的参考零件仍然有联系，如果参考零件发生变化，则钣金件中的冲压外形也会发生变化。

3. 约束类型

【约束类型】下拉列表中一共提供了 8 种装配约束关系。

（1）自动。表示按照系统默认位置进行装配。成型特征从属于保存的冲孔零件，再生钣金零件时，对保存的零件所做的任何更改都会进行参数化更新。如果保存的零件不能定位，则钣金件的成型几何将冻结。

（2）重合。用于约束两个要接触的曲面。

（3）距离。用来确定两参考间的距离。

（4）角度偏移。用来确定两参考间的角度。

（5）平行。用来确定两参考曲面的平行关系。

（6）法向。用来确定两参考曲面的垂直关系。

（7）相切。表示以曲面相切的方式进行装配，约束两个曲面使它们相切。

（8）坐标系。表示利用两零件的坐标系进行装配。将成型参考零件的坐标系约束到钣金零件的坐标系中。两个坐标系都必须在装配过程开始之前就已存在。

9.13.2 练习：创建成型特征

在本实例中，参考零件是凹的，下面具体讲解一下创建凹模成型特征的步骤。

（1）打开文件。单击【打开】按钮，弹出【文件打开】对话框，打开【实例 13.prt】文件，如图 9-104 所示。

（2）创建凹模成型特征。

① 单击【钣金件】选项卡【工程】组中【成型】下的【凹模】按钮，打开图 9-105 所示的【凹模】操控板。

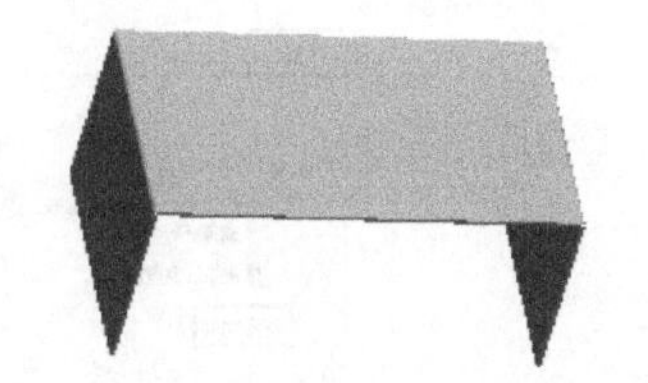

图 9-104　打开的【实例 13】文件

图 9-105　【凹模】操控板

② 单击操控板中的【打开】按钮，打开图 9-106 所示的【打开】对话框，选择零件【冲模_02.prt】后单击【打开】按钮 打开 ，此时冲模模型会出现在绘图窗口，如图 9-107 所示。

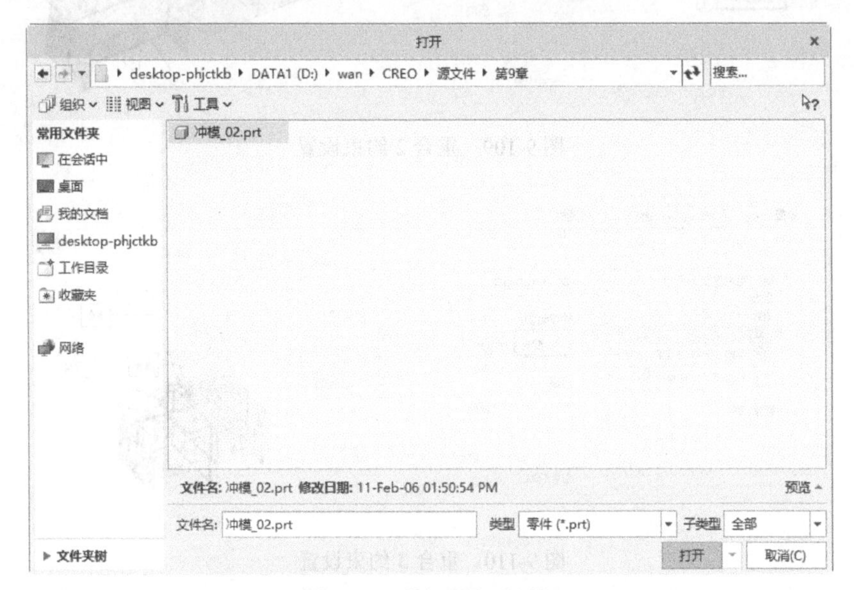

图 9-106　【打开】对话框

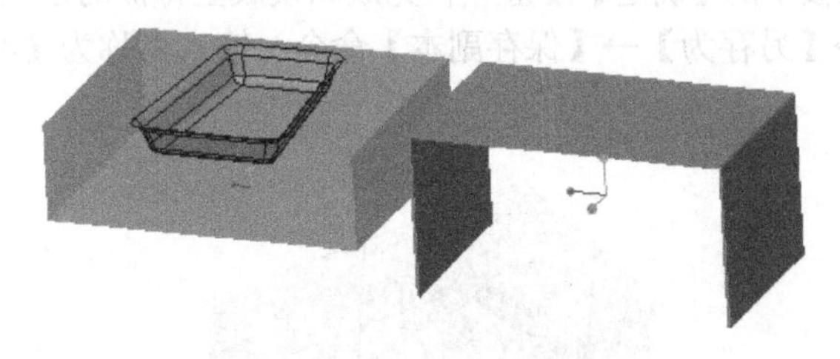

图 9-107　冲模模型

③ 在【凹模】操控板中单击【放置】按钮 放置 ，打开【放置】下拉面板，参数设置如图 9-108 所示。

④ 单击【元件放置】对话框内的【新建约束】按钮 新建约束 ，参数设置如图 9-109 所示。

⑤ 单击【元件放置】对话框内的【新建约束】按钮 新建约束 ，参数设置如图 9-110 所示。

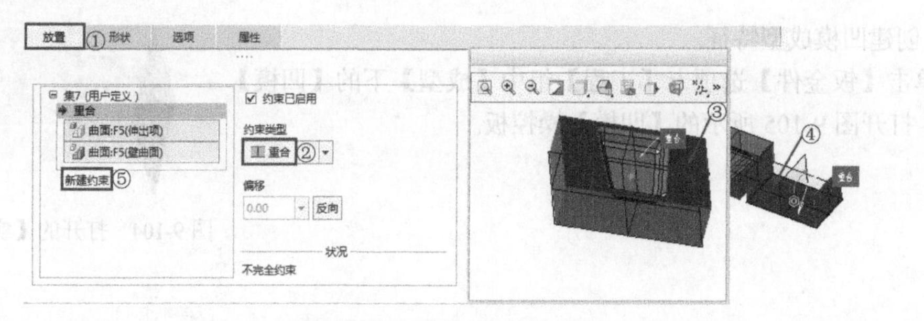

图 9-108　重合 1 约束设置

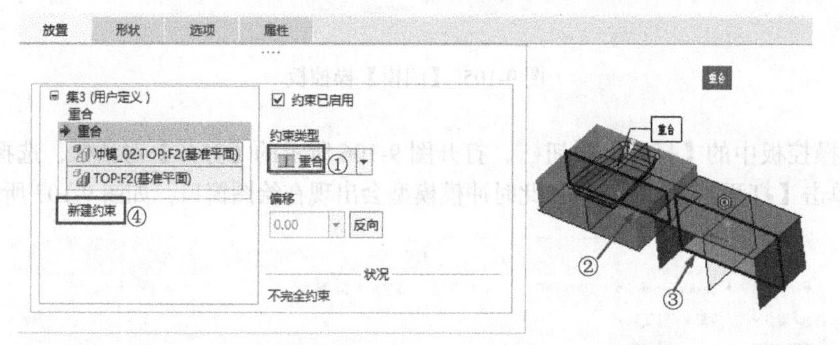

图 9-109　重合 2 约束设置

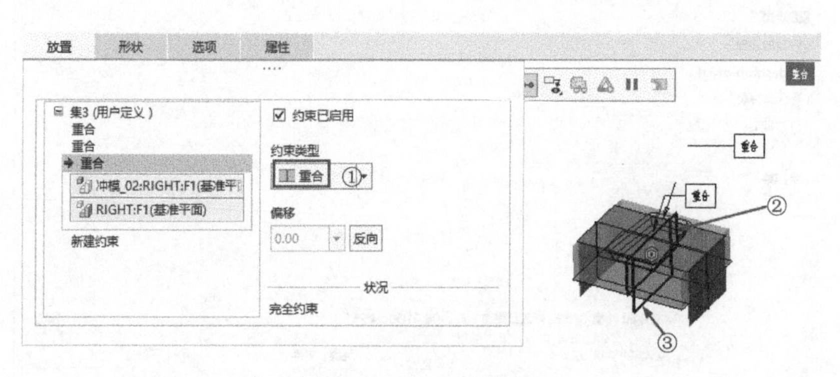

图 9-110　重合 3 约束设置

⑥ 单击【凹模】操控板中的【确定】按钮✓，完成凹模成型特征的创建，结果如图 9-111 所示。

（3）选择【文件】→【另存为】→【保存副本】命令，输入名称为【实例 13-1】，保存当前模型文件。

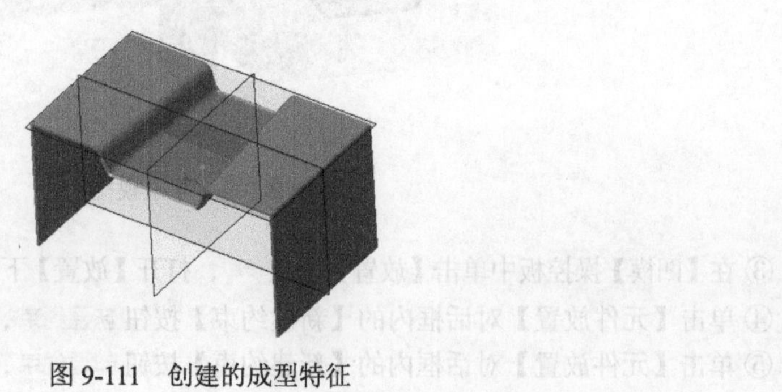

图 9-111　创建的成型特征

9.14　平整成型特征

系统提供了平整成型功能，用于将成型特征造成的钣金凸起或凹陷恢复为平面，平整成型操作比较简单。

本节先介绍创建平整成型特征的基本方法，然后再结合一个实例具体讲述创建平整成型特征的方法。

9.14.1　平整成型特征命令

平整成型特征的操控板中包括两部分内容：【平整成型】操控板和下拉面板。下面详细地进行介绍。

1.【平整成型】操控板

单击【钣金件】选项卡【工程】组中【成型】下的【平整成型】按钮，打开图 9-112 所示的【平整成型】操控板。

图 9-112　【平整成型】操控板

操控板中常用功能介绍如下。

（1）【自动】：用于自动选择成型参考平面。

（2）【手动】：用于手动选择成型参考平面。

2. 下拉面板

【平整成型】操控板提供下列下拉面板，如图 9-113 所示。

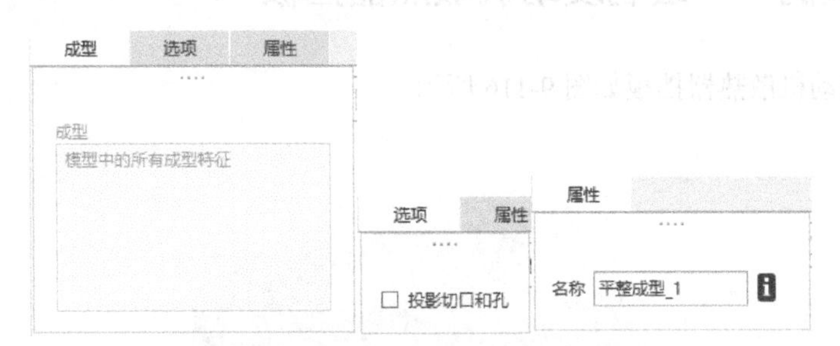

图 9-113　【平整成型】操控板中的下拉面板

（1）【成型】：收集要进行平整处理的曲面或成型特征。

（2）【选项】：将添加到成型几何的切口和孔投影到用于放置成型特征的钣金件曲面上。

（3）【属性】：显示特征的名称、信息。

9.14.2 练习：创建平整成型特征

下面通过一个实例来具体讲解一下创建平整成型特征的步骤。

（1）打开文件。单击【打开】按钮，弹出【文件打开】对话框，打开【实例 14.prt】文件，如图 9-114 所示。

（2）创建平整成型特征。

① 单击【平整成型】按钮，打开【平整成型】操控板。

② 系统自动选择图 9-114 所示的成型特征平面为成型参考平面。

③ 在操控板中单击【确定】按钮，完成平整成型特征的创建，生成的平整成型特征如图 9-115 所示。

图 9-114 打开的【实例 14】文件

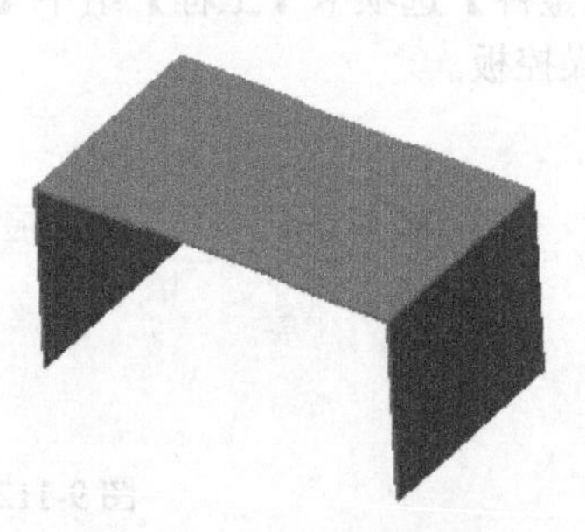

图 9-115 生成的平整成型特征

（3）选择【文件】→【另存为】→【保存副本】命令，输入名称为【实例 14-1】，保存当前模型文件。

9.15 综合实例——绘制发动机散热器挡板

本例创建的发动机散热器挡板如图 9-116 所示。

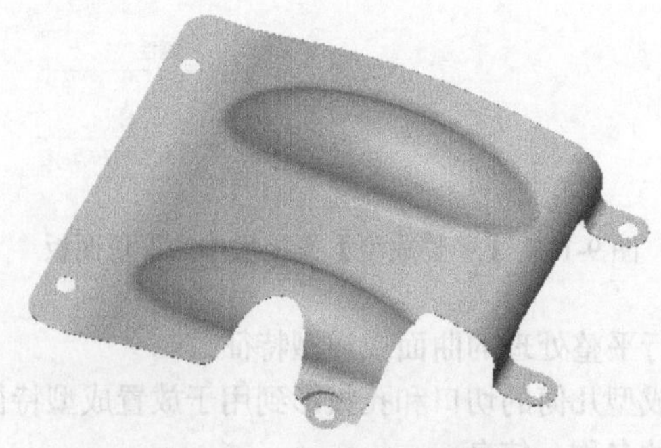

图 9-116 发动机散热器挡板

【思路分析】

在创建发动机散热器挡板时，应先创建基本的曲面轮廓，然后进行合并加厚处理，再通过【驱动曲面】方式将实体零件转换为钣金件，最后进行多种特征的创建，从而形成完整的发动机散热器挡板。

【绘制步骤】

1. 创建曲面特征

（1）单击【新建】按钮，弹出【新建】对话框，按照图 9-117 所示设置参数，单击【确定】按钮，创建一个新的零件文件。

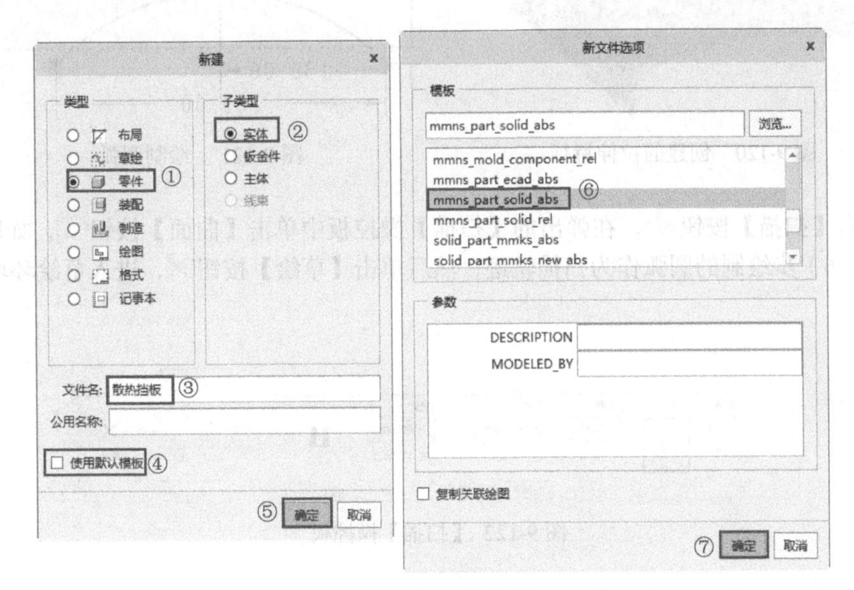

图 9-117　新建文件

（2）单击【拉伸】按钮，在弹出的【拉伸】操控板中单击【曲面】按钮，然后选择【FRONT】基准平面作为草绘平面，进入草绘环境。

（3）绘制图 9-118 所示的拉伸截面草图，绘制完成后单击【草绘】选项卡中的【确定】按钮✔，退出草绘环境。

（4）在操控板中单击【选项】按钮 选项 ，弹出【选项】下拉面板，参数设置如图 9-119 所示。单击【确定】按钮✔，生成的拉伸特征如图 9-120 所示。

（5）单击【基准】组中的【草绘】按钮，弹出【草绘】对话框。选择【FRONT】基准平面作为草绘平面，进入草绘环境。

（6）绘制图 9-121 所示的圆弧，绘制完成后单击【草绘】选项卡中的【确定】按钮✔，退出草绘环境。

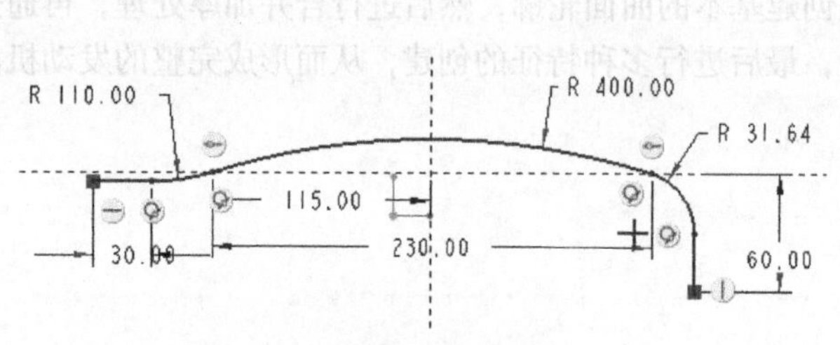

图 9-118　绘制拉伸截面草图

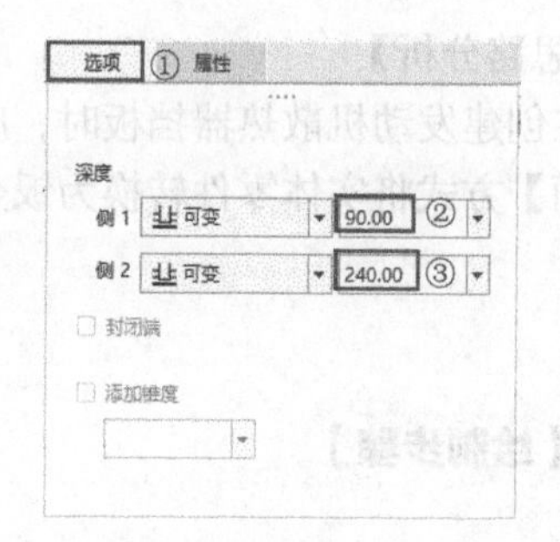

图 9-119　【选项】下拉面板

图 9-120　创建的拉伸特征

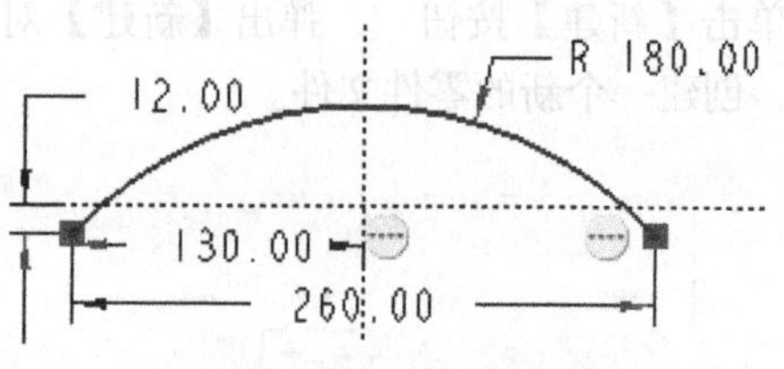

图 9-121　绘制圆弧

（7）单击【扫描】按钮，在弹出的【扫描】操控板中单击【曲面】按钮，如图 9-122 所示。选择第（6）步绘制的圆弧作为扫描轨迹，然后单击【草绘】按钮，进入草绘环境，绘制扫描轮廓。

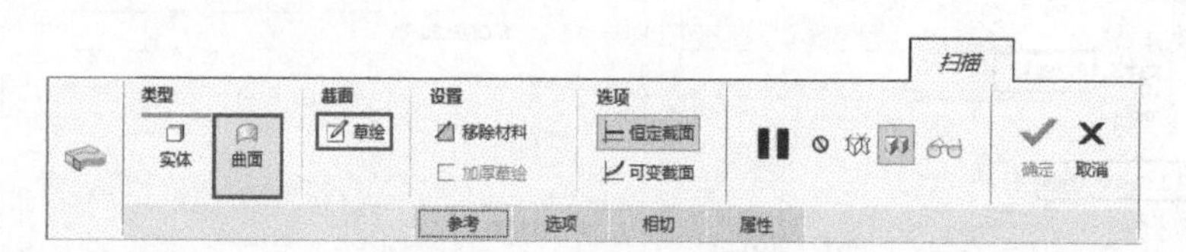

图 9-122　【扫描】操控板

（8）绘制图 9-123 所示的曲线作为扫描轮廓，单击操控板中的【确定】按钮，然后单击【扫描】操控板中的【确定】按钮，生成的扫描曲面如图 9-124 所示。

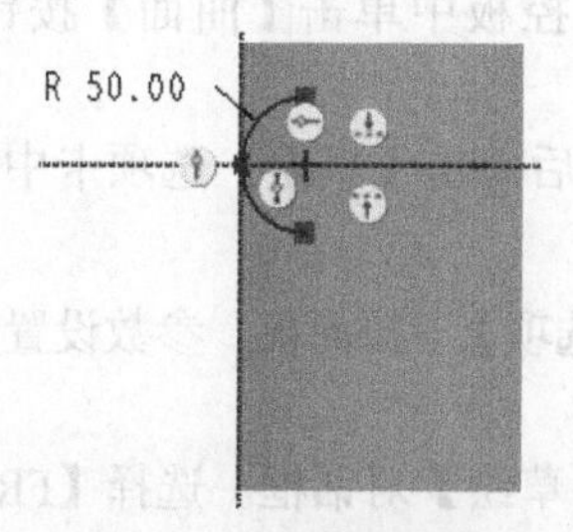

图 9-123　绘制曲线

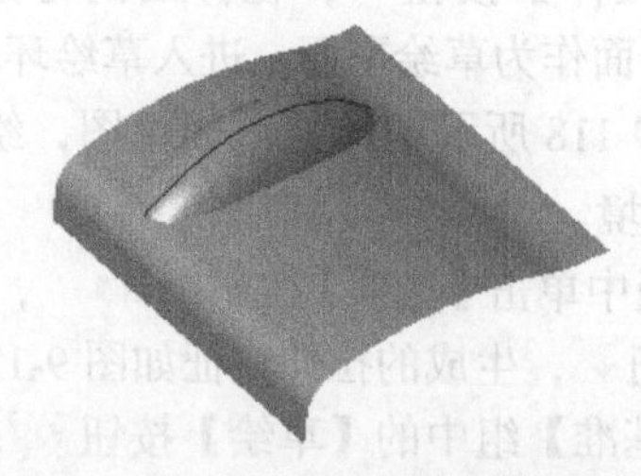

图 9-124　生成的扫描曲面

2. 镜像曲面

（1）单击【平面】按钮，弹出【基准平面】对话框，参数设置如图 9-125 所示。单击【确定】按钮，完成基准平面【DTM1】的创建。

（2）在模型树中选择创建的【扫描1】特征，然后单击【镜像】按钮，弹出【镜像】操控板，选择第（1）步创建的【DTM1】基准平面作为镜像参考平面，然后单击操控板中的【确定】按钮，镜像结果如图9-126所示。

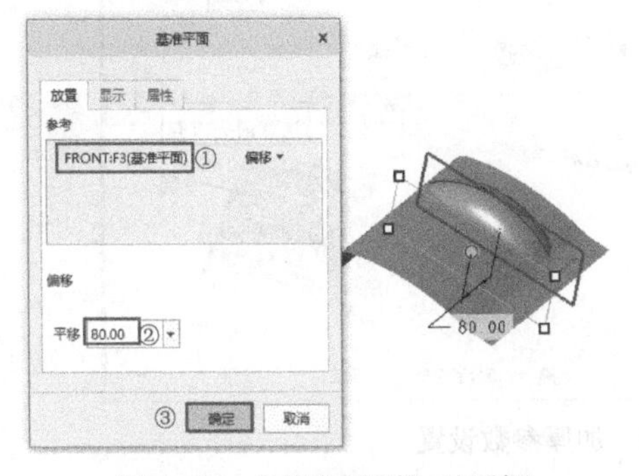

图9-125 【基准平面】对话框

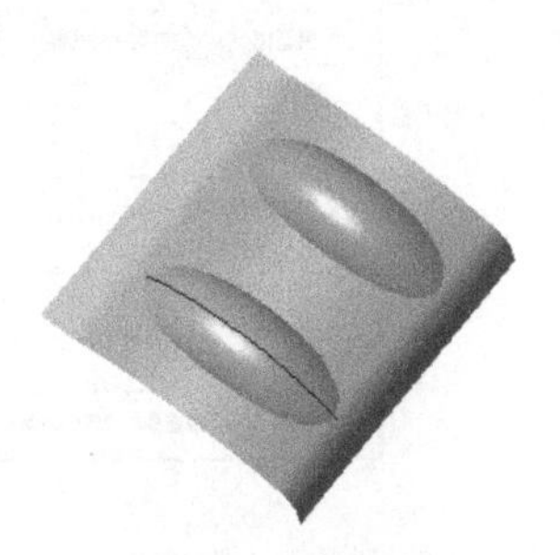

图9-126 镜像结果

（3）按住Ctrl键，选择图9-127所示的两个面组，单击【合并】按钮，在弹出的【合并】操控板中单击【反向】按钮，调整箭头方向，效果如图9-128所示。单击操控板中的【确定】按钮，合并曲面结果如图9-129所示。

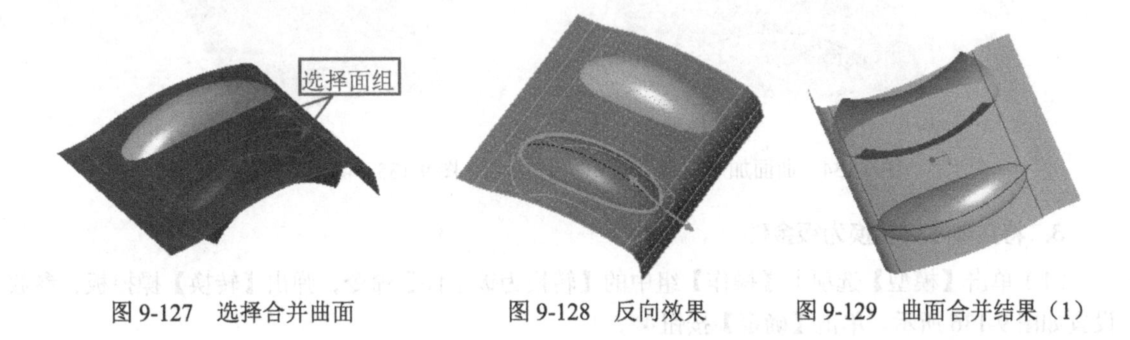

图9-127 选择合并曲面　　图9-128 反向效果　　图9-129 曲面合并结果（1）

（4）按住Ctrl键，在模型树中选择【合并1】和【镜像1】特征，重复执行【合并】命令，曲面合并结果如图9-130所示。

（5）单击【倒圆角】按钮，弹出【倒圆角】操控板，输入圆角半径值为【20】，选择图9-131所示的两条棱边，然后单击【确定】按钮，生成的倒圆角特征如图9-132所示。

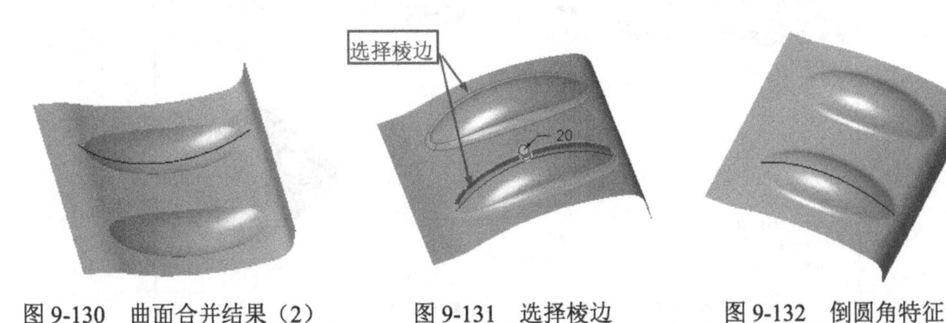

图9-130 曲面合并结果（2）　　图9-131 选择棱边　　图9-132 倒圆角特征

（6）选择整个曲面，然后单击【模型】选项卡【编辑】组中的【加厚】按钮，打开【加厚】操控板，参数设置如图9-133所示。单击操控板中的【确定】按钮，结果如图9-134所示。

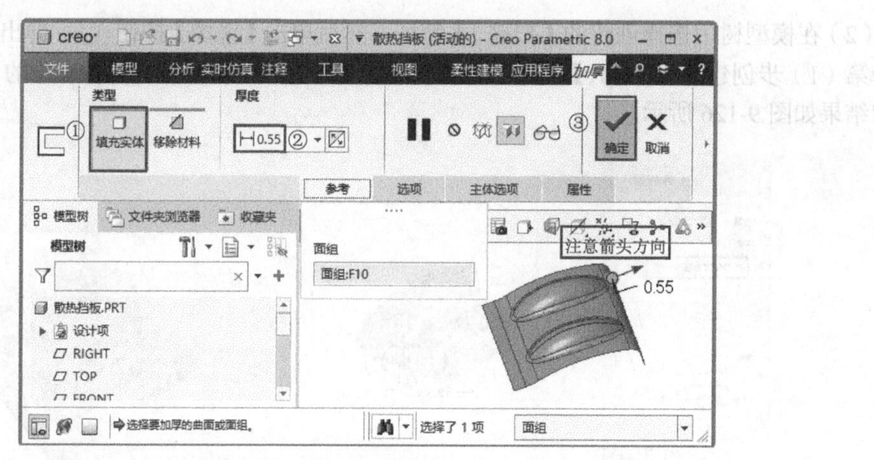

图 9-133　加厚参数设置

（7）在模型树中选择【草绘 1】特征，单击鼠标右键，在弹出的快捷菜单中单击【隐藏】按钮，隐藏特征后的模型如图 9-135 所示。

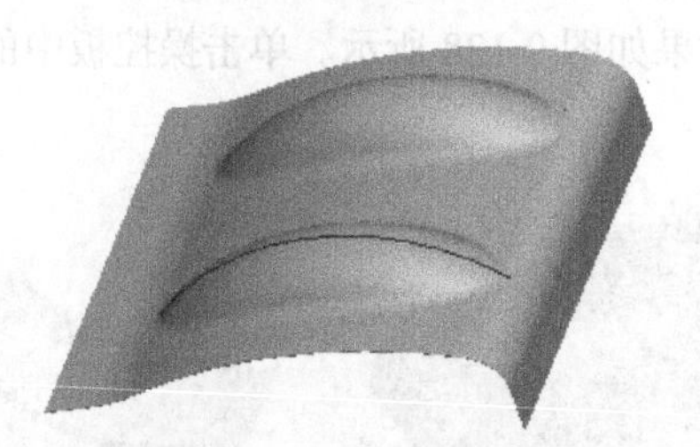

图 9-134　曲面加厚结果

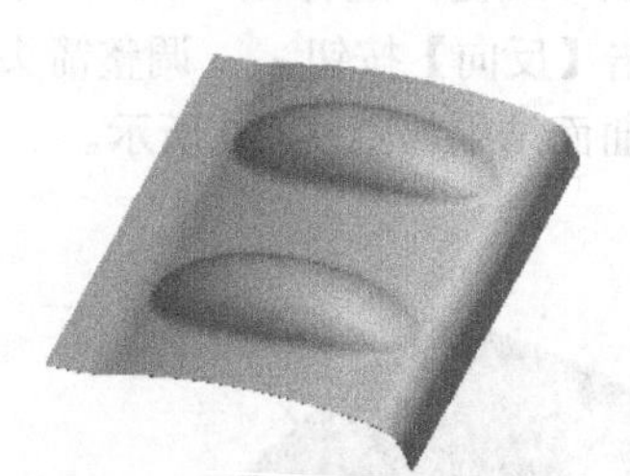

图 9-135　隐藏特征后的模型

3. 将实体零件转换为钣金件

（1）单击【模型】选项卡【操作】组中的【转换为钣金件】命令，弹出【转换】操控板，参数设置如图 9-136 所示。单击【确定】按钮。

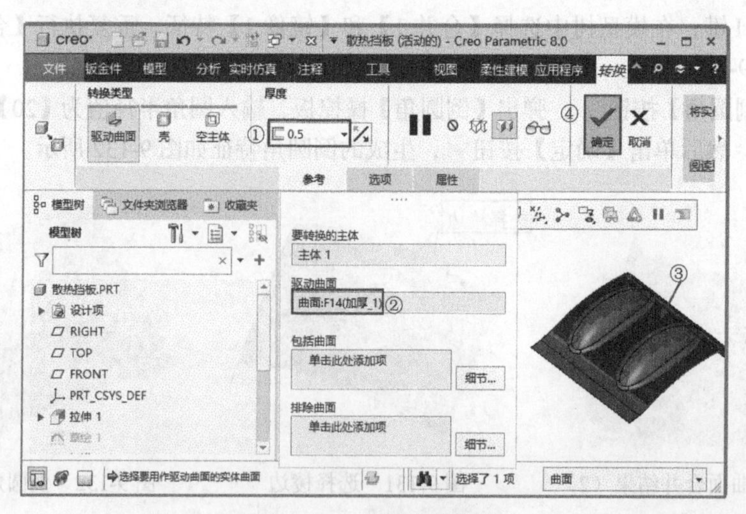

图 9-136　转换参数设置

（2）单击【拉伸切口】按钮，弹出【拉伸切口】操控板，选择【TOP】基准平面作为草绘平面，进入草绘环境。

（3）绘制图 9-137 所示的拉伸截面草图，绘制完成后单击【草绘】选项卡中的【确定】按钮 ✔，退出草绘环境。

（4）返回操控板，设置拉伸方式为 ⊟、拉伸深度值为【200】，单击【确定】按钮 ✔，生成的拉伸特征如图 9-138 所示。

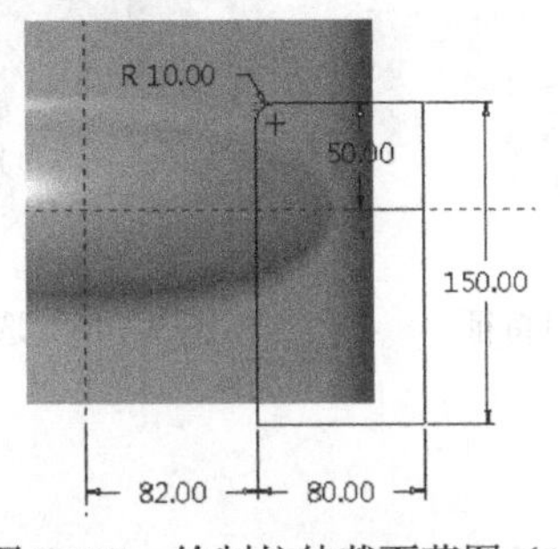

图 9-137　绘制拉伸截面草图（1）

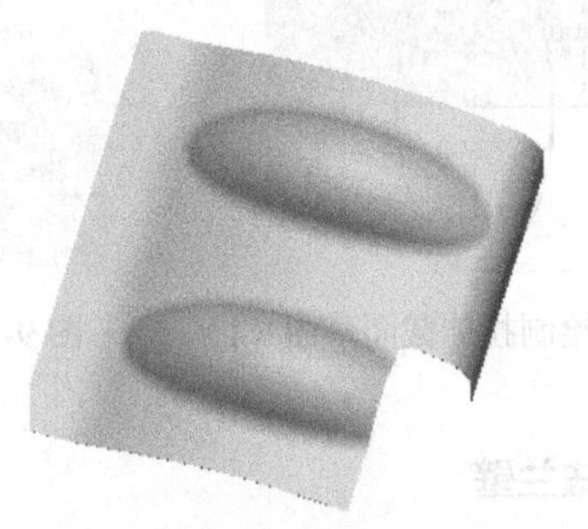
图 9-138　拉伸特征

4. 创建前端拉伸去除特征

（1）重复执行【拉伸切口】命令，弹出【拉伸】操控板；选择【TOP】基准平面作为草绘平面，绘制图 9-139 所示的草图，设置拉伸方式为 ⊟、拉伸深度值为【200】，单击【确定】按钮 ✔，生成的拉伸去除特征如图 9-140 所示。

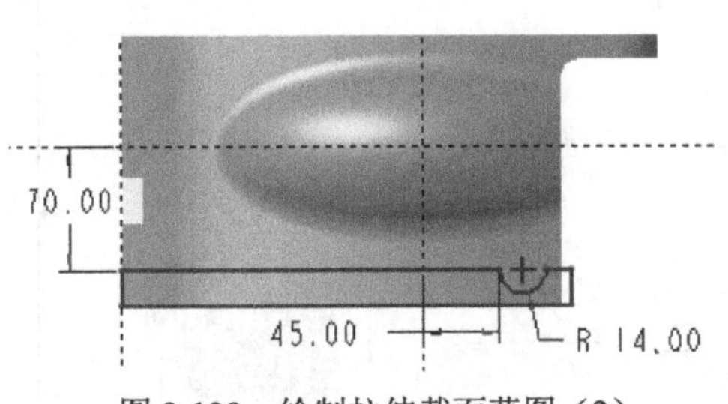

图 9-139　绘制拉伸截面草图（2）

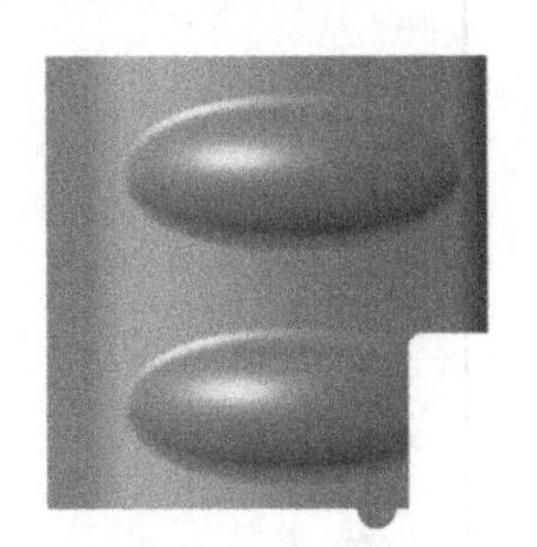
图 9-140　拉伸去除特征

（2）单击【钣金件】选项卡【工程】组中的【倒圆角】按钮，弹出【倒圆角】操控板；设置圆角半径为【3】，选择图 9-141 所示的棱边，然后单击操控板中的【确定】按钮 ✔，生成的倒圆角特征如图 9-142 所示。

（3）重复执行【倒圆角】命令，选择图 9-143 所示的两条棱边进行倒圆角操作，设置圆角半径为【20】。

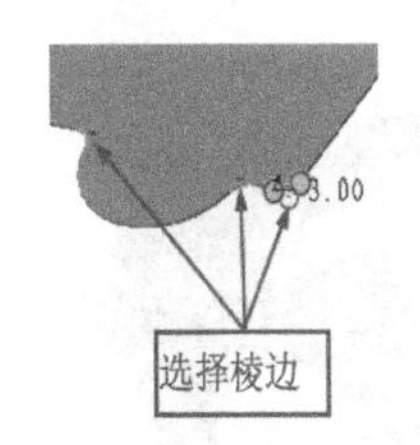

图 9-141　选择棱边（1）

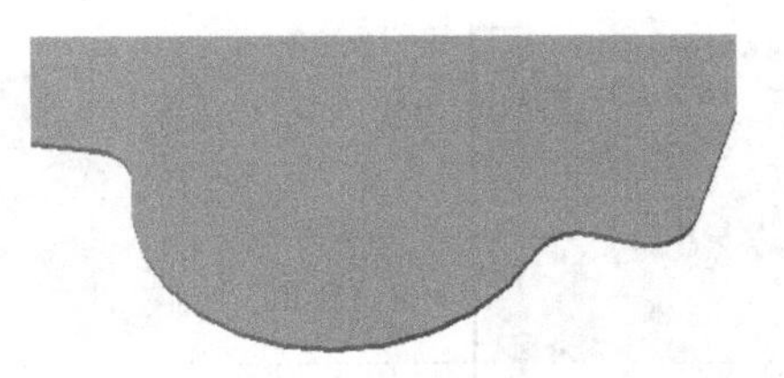
图 9-142　倒圆角特征

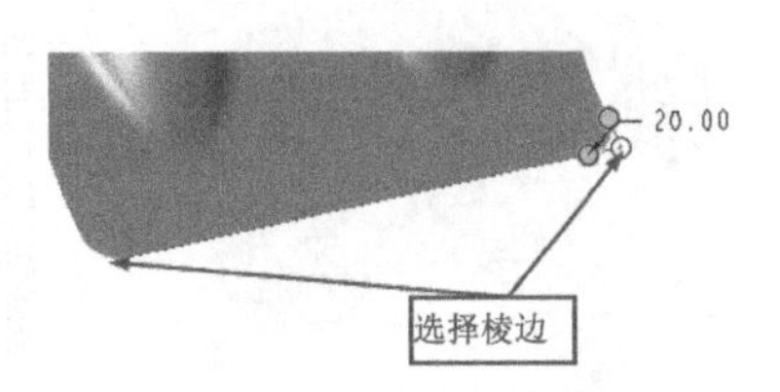

图 9-143　选择棱边（2）

（4）重复执行【拉伸切口】命令，选择【TOP】基准平面作为草绘平面，绘制图 9-144 所示的拉伸截面草图；设置拉伸方式为⫶⊨，生成的拉伸切口特征如图 9-145 所示。

（5）重复执行【倒圆角】命令，选择图 9-146 所示的两条棱边进行倒圆角操作，设置圆角半径为【10】。

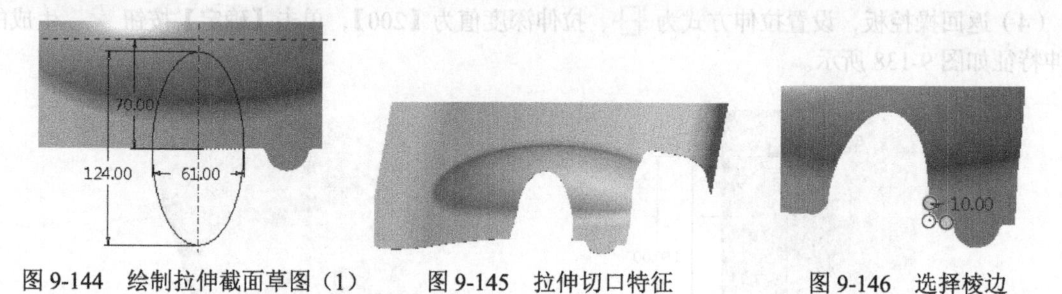

图 9-144　绘制拉伸截面草图（1）　　图 9-145　拉伸切口特征　　图 9-146　选择棱边

5. 创建法兰壁

（1）单击【法兰】按钮，弹出的【凸缘】操控板，参数设置如图 9-147 所示。单击操控板中的【确定】按钮✓，生成的法兰壁特征如图 9-148 所示。

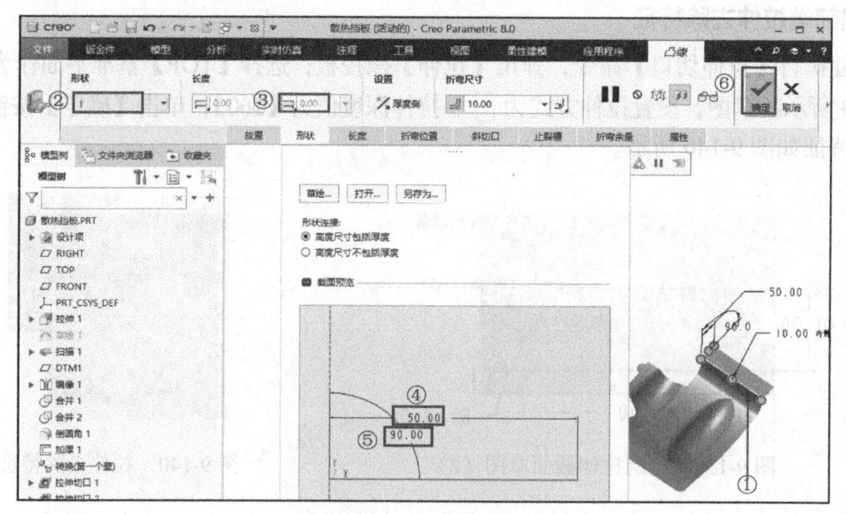

图 9-147　法兰壁参数设置

（2）重复执行【拉伸切口】命令，选择【TOP】基准平面作为草绘平面，绘制图 9-149 所示的拉伸截面草图；设置拉伸方式为⊟、拉伸深度值为【200】。单击操控板中的【确定】按钮✓，生成的拉伸特征如图 9-150 所示。

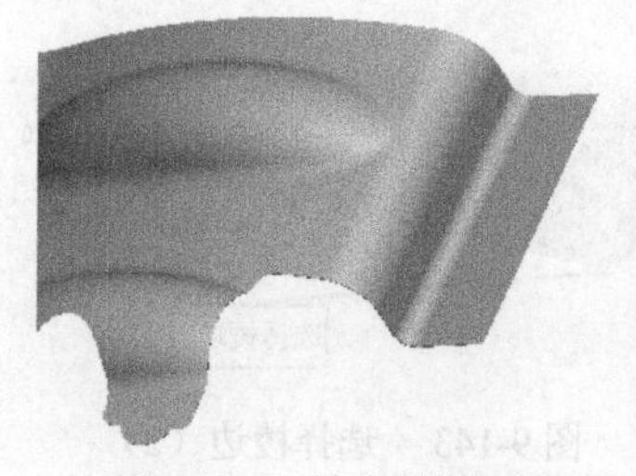
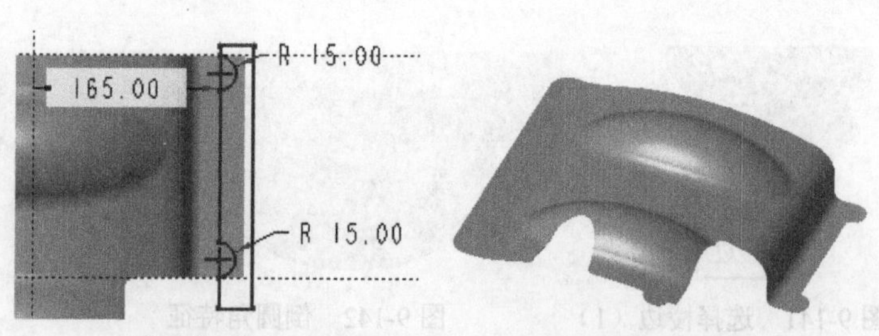

图 9-148　法兰壁特征　　图 9-149　绘制拉伸截面草图（2）　　图 9-150　拉伸特征

（3）重复执行【拉伸切口】命令，选择【RIGHT】基准平面作为草绘平面，绘制图 9-151 所示的拉伸截面草图，然后退出草绘环境。在操控板中设置拉伸方式为，单击【确定】按钮，生成的拉伸特征如图 9-152 所示。

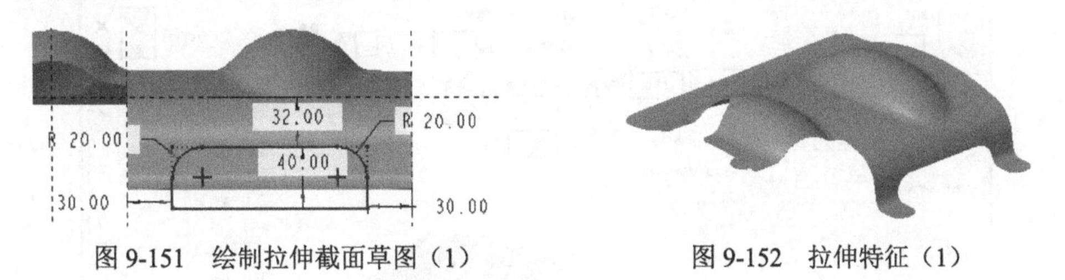

图 9-151　绘制拉伸截面草图（1）　　图 9-152　拉伸特征（1）

6. 创建安装孔

（1）重复执行【拉伸切口】命令，绘制图 9-153 所示的两个安装孔拉伸截面草图，并创建拉伸去除特征以生成安装孔，结果如图 9-154 所示。

（2）重复执行【拉伸切口】命令，绘制图 9-155 所示的安装孔拉伸截面草图，并创建拉伸去除特征以生成安装孔，结果如图 9-156 所示。

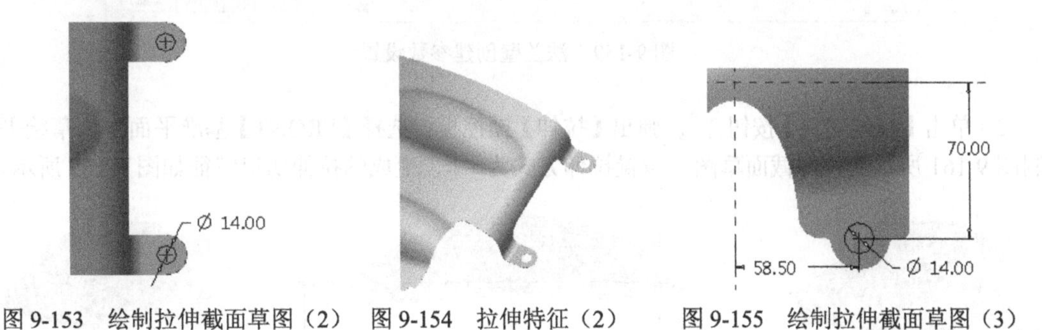

图 9-153　绘制拉伸截面草图（2）　图 9-154　拉伸特征（2）　图 9-155　绘制拉伸截面草图（3）

（3）重复执行【拉伸切口】命令，绘制图 9-157 所示的安装孔拉伸截面草图，并创建拉伸去除特征以生成安装孔，结果如图 9-158 所示。

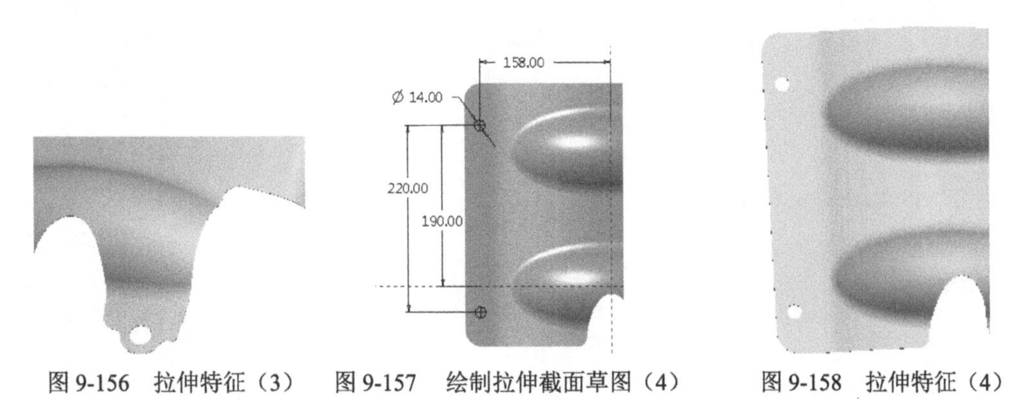

图 9-156　拉伸特征（3）　图 9-157　绘制拉伸截面草图（4）　图 9-158　拉伸特征（4）

7. 创建后部法兰壁特征

（1）单击【法兰】按钮，法兰壁创建参数设置如图 9-159 所示。单击【确定】按钮，生成法兰壁特征，如图 9-160 所示。

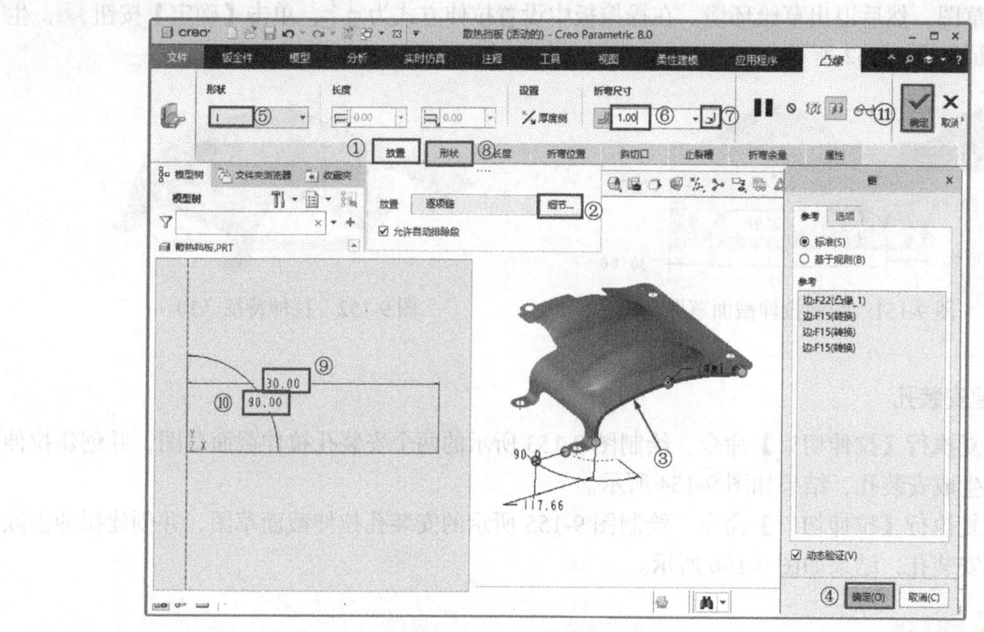

图 9-159 法兰壁创建参数设置

（2）单击【拉伸切口】按钮，弹出【拉伸】操控板；选择【FRONT】基准平面作为草绘平面；绘制图 9-161 所示的拉伸截面草图，设置拉伸方式为，生成的拉伸切口特征如图 9-162 所示。

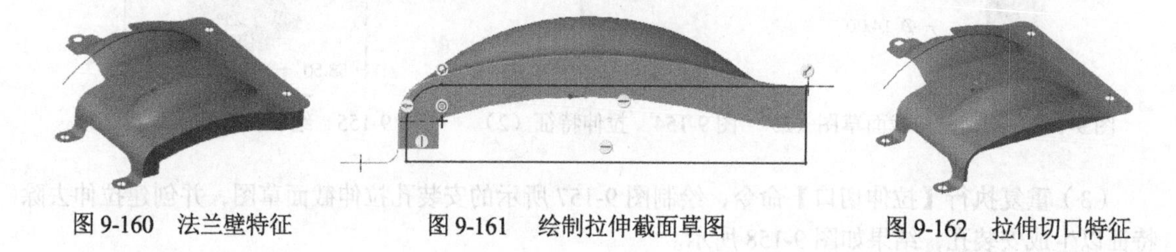

图 9-160 法兰壁特征　　图 9-161 绘制拉伸截面草图　　图 9-162 拉伸切口特征

第 10 章 零件的装配

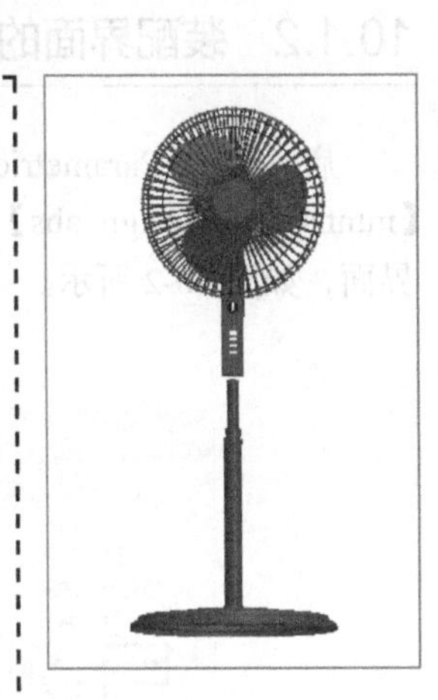

/ 本章导读

在产品设计过程中，如果零件的 3D 模型已经设计完毕，就可以通过建立零件之间的装配关系将零件装配起来；根据需要，可以在装配的零件之间进行各种连接。

/ 知识重点

- 约束的添加
- 连接类型的定义

10.1 概述

10.1.1 装配简介

零件的装配是指将多个零件通过装配形成一个新的组件，以满足设计要求。零件的装配可以通过连接类型和约束两种方式来定义，而连接类型与约束的最大区别在于：连接类型是一个动态的装配过程，在运动轴上定义电动机后可以让装配体产生运动；而约束则是一个静态过程，运用约束装配好的装配体不能通过定义电动机产生运动。在装配的过程中需要运用到不同的连接类型，如【刚性】【销】【滑块】等，需要定义一个或多个约束类型，如【距离】【平行】【重合】等，以便控制和确定元件之间的相对位置。

工业上很多机构都是通过一个个零件组装起来的，装配是连接零件与机构的重要过程，使其单一到复杂，所以熟练掌握装配知识至关重要。

10.1.2 装配界面的创建

启动 Creo Parametric 8，单击【新建】按钮，弹出【新建】对话框。输入组件名称，选择【mmns_asm_design_abs】模板，参数设置步骤如图 10-1 所示。单击【确定】按钮，进入装配界面，如图 10-2 所示。

图 10-1 参数设置步骤

10.2 约束的添加

在向机构装置添加连接元件时，定义连接类型后，各种连接类型允许不同的自由度，每种连接类型都与一组预定义的放置约束相关联。不同的组装模型需要的约束条件不同，如滑块接头，它需要一个轴对齐约束、一个旋转约束及一个平移轴约束。

元件常用的约束类型有：【自动】【距离】【角度偏移】【平行】【重合】【法向】【居中】【相切】【固定】【默认】。本节简要介绍各个约束的具体含义。

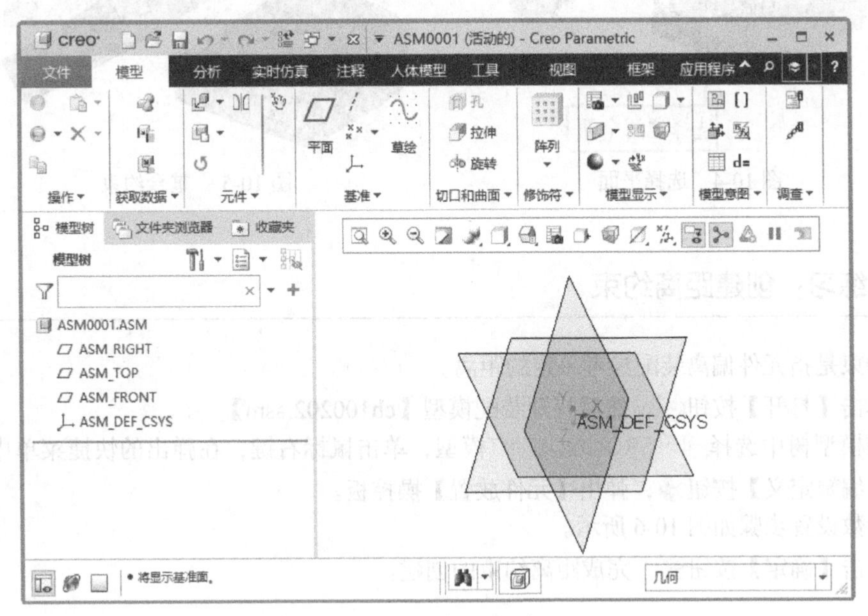

图 10-2　装配界面

10.2.1　练习：创建自动约束

自动约束是默认的方式，当选择装配参考后，程序自动以合适的约束进行装配。

（1）单击【文件】→【管理会话】→【选择工作目录】选项，设置工作目录为配套资源中的【源文件 \ 原始文件 \ 第 10 章 \ch1002】，单击【打开】按钮，打开装配模型【ch100201.asm】。

（2）在模型树中选择 GROUND1.PRT模型，单击鼠标右键，在弹出的快捷菜单中单击编辑操作里的【编辑定义】按钮，弹出【元件放置】操控板，如图 10-3 所示。

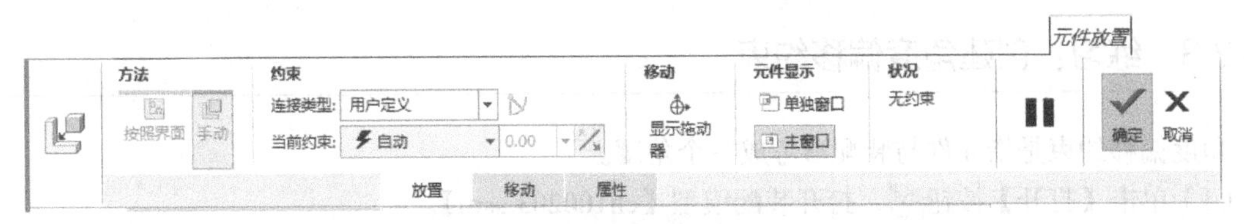

图 10-3 【元件放置】操控板

（3）系统默认的连接类型为【自动】约束，接受默认设置。

（4）在视图中选择图 10-4 所示的两个面，此时系统默认的约束是重合约束，结果如图 10-5 所示。

（5）单击【确定】按钮，完成自动约束的创建。

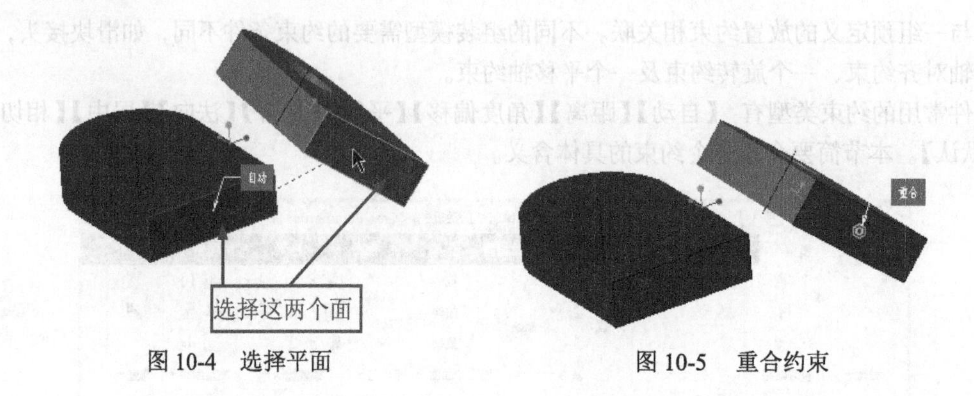

图 10-4　选择平面　　　　图 10-5　重合约束

10.2.2　练习：创建距离约束

距离约束是指元件偏离装配参考一定的距离。

（1）单击【打开】按钮，然后打开装配模型【ch100202.asm】。

（2）在模型树中选择 GROUND1.PRT模型，单击鼠标右键，在弹出的快捷菜单中单击编辑操作里的【编辑定义】按钮，弹出【元件放置】操控板。

（3）参数设置步骤如图 10-6 所示。

（4）单击【确定】按钮，完成距离约束的创建。

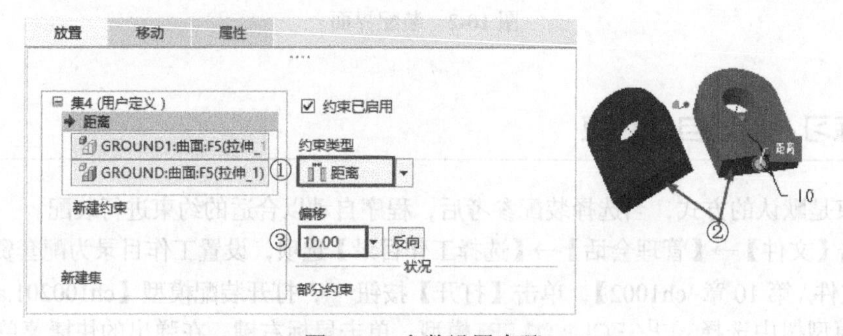

图 10-6　参数设置步骤

10.2.3　练习：创建角度偏移约束

角度偏移约束是指元件与装配参考成一个角度。

（1）单击【打开】按钮，打开装配模型【ch100203.asm】。

（2）在模型树中选择 GROUND1.PRT模型，单击鼠标右键，在弹出的快捷菜单中选择编辑操作里的【编辑定义】按钮，弹出【元件放置】操控板。参数设置如图 10-7 所示。

（3）单击【确定】按钮，完成角度偏移约束的创建。

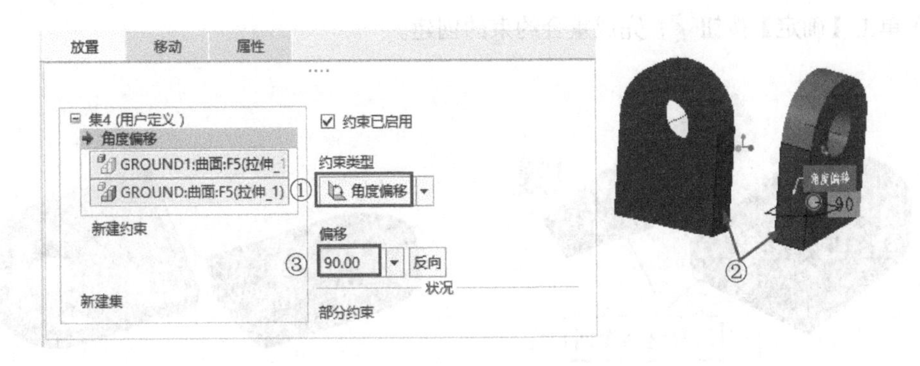

图 10-7　设置角度偏移约束参数

10.2.4　练习：创建平行约束

平行约束是指元件与装配参考的两个面平行。

（1）单击【打开】按钮，打开装配模型【ch100204.asm】。

（2）在模型树中选择GROUND1.PRT模型，单击鼠标右键，在弹出的快捷菜单中单击编辑操作里的【编辑定义】按钮，弹出【元件放置】操控板。

（3）在操控板中选择【平行】约束，选择图 10-8 所示的两个平面为平行平面，结果如图 10-9 所示。

（4）单击【确定】按钮，完成平行约束的创建。

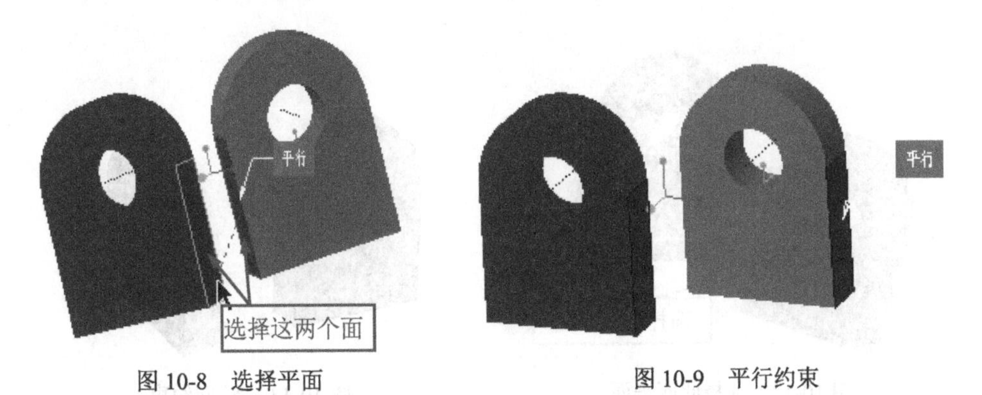

图 10-8　选择平面　　　　图 10-9　平行约束

10.2.5　练习：创建重合约束

重合约束是指元件与装配参考重合，包括【对齐】和【配对】两个约束。

（1）单击【打开】按钮，然后打开装配模型【ch100205.asm】。

（2）在模型树中选择GROUND1.PRT模型，单击鼠标右键，在弹出的快捷菜单中单击编辑操作里的【编辑定义】按钮，弹出【元件放置】操控板。

（3）在操控板中选择【重合】约束，选择图 10-10 所示的两个平面为重合平面，可以看到两平面对齐。单击【放置】下拉面板中的【反向】按钮，可以看到两平面反向，如图 10-11 所示。

（4）单击【确定】按钮，完成重合约束的创建。

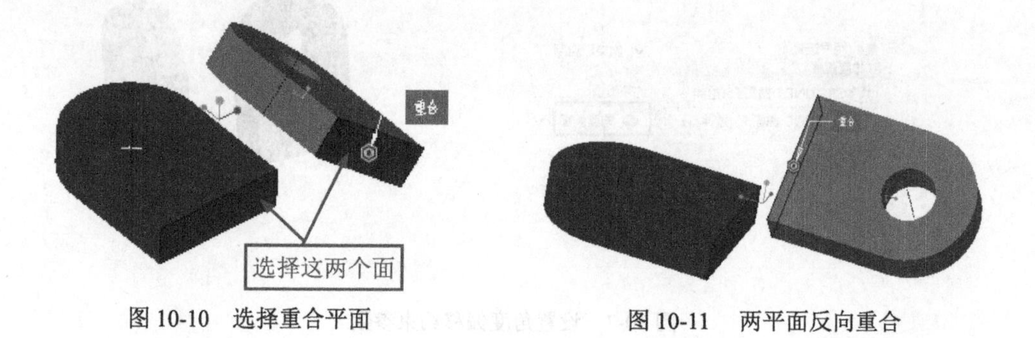

图 10-10　选择重合平面　　图 10-11　两平面反向重合

10.2.6　练习：创建法向约束

法向约束是指元件与装配参考垂直。

（1）单击【打开】按钮，然后打开装配模型【ch100206.asm】。

（2）在模型树中选择GROUND1.PRT模型，单击鼠标右键，在弹出的快捷菜单中单击编辑操作里的【编辑定义】按钮，弹出【元件放置】操控板。

（3）在操控板中选择【法向】约束，选择图 10-12 所示的两个面为法向平面，结果如图 10-13 所示。

（4）单击【确定】按钮，完成法向约束的创建。

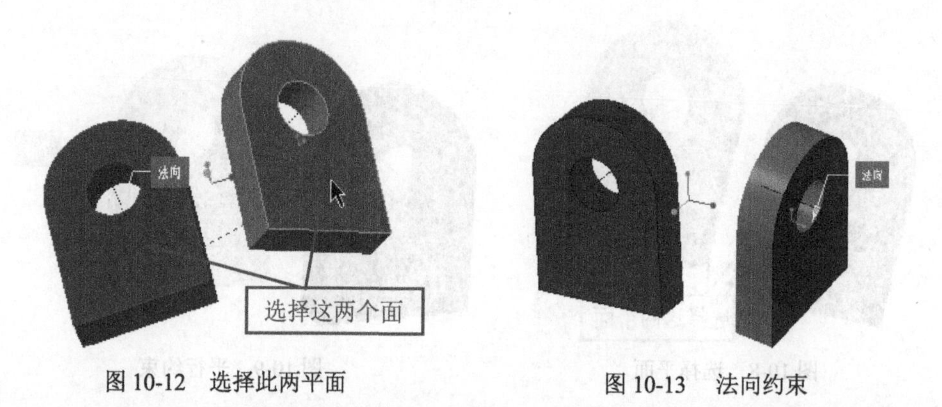

图 10-12　选择此两平面　　图 10-13　法向约束

10.2.7　练习：创建居中约束

居中约束是指元件与装配参考同心。

（1）单击【打开】按钮，然后打开装配模型【ch100207.asm】。

（2）在模型树中选择PIN.PRT模型，单击鼠标右键，在弹出的快捷菜单中单击编辑操作里的【编辑定义】按钮，弹出【元件放置】操控板。

（3）在操控板中选择【居中】约束，分别选择图 10-14 所示两个元件上的一个曲面作为居中约束参考，使两曲面同心，结果如图 10-15 所示。

（4）单击【确定】按钮✓，完成居中约束的创建。

图 10-14　选择居中曲面

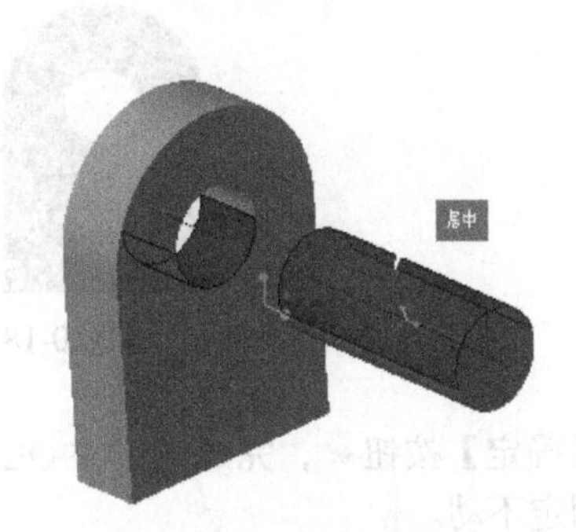

图 10-15　居中约束

10.2.8　练习：创建相切约束

相切约束是指元件与装配参考的两个面相切。

（1）单击【打开】按钮，然后打开装配模型【ch100208.asm】。

（2）在模型树中选择 PIN.PRT模型，单击鼠标右键，在弹出的快捷菜单中单击编辑操作里的【编辑定义】按钮，弹出【元件放置】操控板。

（3）在操控板中选择【相切】约束，分别选择图 10-16 所示两个元件上的一个曲面作为相切约束参考，使两曲面相切。

（4）单击【确定】按钮✓，然后同时按住 Ctrl 键、Alt 键及鼠标中键旋转相切元件，即可得到图 10-17 所示的相切效果，完成相切约束的创建。

图 10-16　选择相切曲面

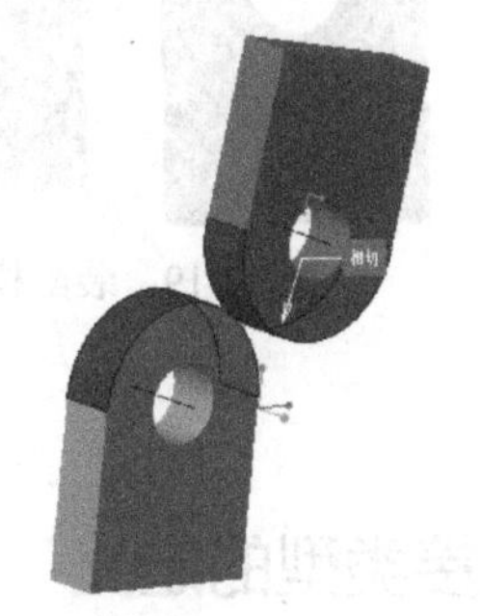

图 10-17　相切约束

10.2.9　练习：创建固定约束

固定约束是指在目前位置固定元件的相对位置，使它们达到完全约束状态。

（1）单击【打开】按钮，然后打开装配模型【ch100209.asm】。

（2）在模型树中选择 GROUND1.PRT模型，单击鼠标右键，在弹出的快捷菜单中单击编辑操作里的【编辑定义】按钮，弹出【元件放置】操控板。

（3）在操控板中选择【固定】约束，如图 10-18 所示。

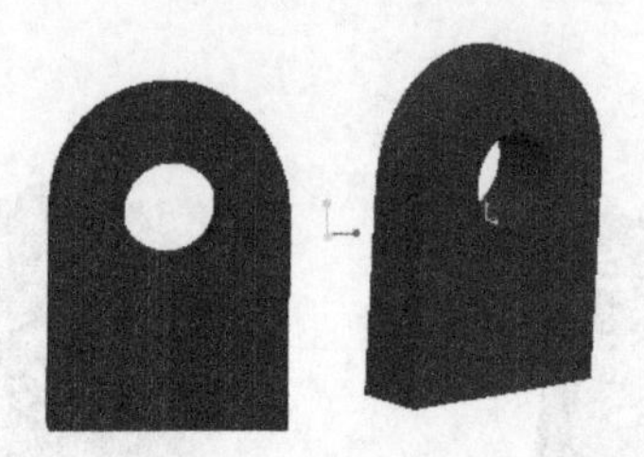

图 10-18　固定约束

（4）单击【确定】按钮，完成 GROUND1.PRT模型的固定约束。通过拖动可以看到装配件与元件相对固定不动。

10.2.10　练习：创建默认约束

默认约束是指使两个元件的默认坐标系相互重合且位置相对固定，使它们达到完全约束状态。

（1）单击【打开】按钮，然后打开装配模型【ch100210.asm】，如图 10-19 所示。

（2）在模型树中选择 GROUND1.PRT模型，单击鼠标右键，在弹出的快捷菜单中单击编辑操作里的【编辑定义】按钮，弹出【元件放置】操控板。在操控板中选择【默认】约束。

（3）单击【确定】按钮，完成默认约束的创建，如图 10-20 所示，可以看到两个元件的默认坐标系相互重合。

图 10-19　装配模型

图 10-20　默认约束

10.3　连接类型的定义

在 Creo Parametric 8 中，元件还有一种装配方式——连接装配。使用连接装配，可在利用 Pro/Mechanism（机构）模块时直接进行机构的运动分析与仿真，它使用 10.2 节中讲的各种约束条件来限定零件的运动方式及自由度。【连接类型】下拉列表如图 10-21 所示，连接类型的意义在于以下几点。

（1）定义一个元件在机构中可能具有的自由度。

（2）限制主体之间的相对运动，减少系统可能的总自由度。

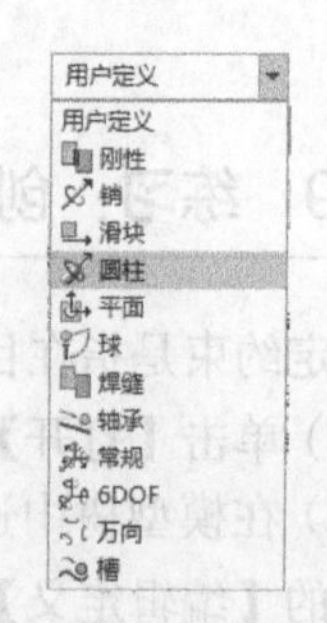

图 10-21　【连接类型】下拉列表

10.3.1　练习：创建刚性连接

刚性连接的自由度为零，零件处于完全约束状态。

（1）单击【新建】按钮，弹出【新建】对话框。输入名称【ch100301】，选择【mmns_asm_design_abs】模板，进入装配界面。

（2）单击【文件】→【管理会话】→【选择工作目录】选项，设置工作目录为配套资源中的【源文件 \ 原始文件 \ 第 10 章 \ch1003】。

（3）单击【组装】按钮，弹出【打开】对话框，选择【ground.prt】，单击【打开】按钮 打开，在约束类型中选择【默认】选项，添加固定元件。单击操控板中的【确定】按钮。

（4）单击【组装】按钮，弹出【打开】对话框，选择【pin.prt】，刚性连接参数设置如图 10-22 所示。

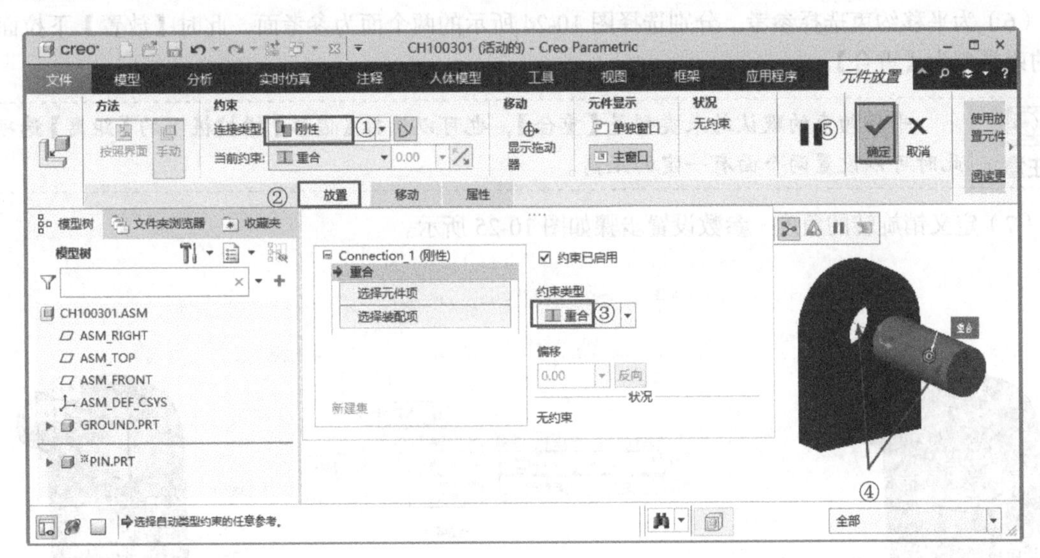

图 10-22　参数设置

（5）单击操控板中的【确定】按钮，完成刚性连接的定义。此时单击【拖动元件】按钮，再单击连接元件并尝试拖动连接元件，连接元件不能移动，说明刚性连接的自由度为零。

10.3.2　练习：创建销连接

销连接的自由度为 1，零件可沿某一轴旋转。

（1）单击【新建】按钮，弹出【新建】对话框，输入名称【ch100302】，选择【mmns_asm_design_abs】模板，进入装配界面。

（2）单击【组装】按钮，弹出【打开】对话框，选择【ground.prt】，单击【打开】按钮 打开，在约束类型中选择【默认】选项，添加固定元件。单击操控板中的【确定】按钮。

（3）重复执行【组装】命令，选择【pin.prt】，单击【打开】按钮 打开，在【用户定义】中选择连接类型为【销】选项。

（4）单击操控板中的【放置】按钮 放置，从弹出的下拉面板中可以看出【销】包含两个基本的预定义约束：轴对齐和平移。

（5）选择轴对齐参考，如图 10-23 所示。

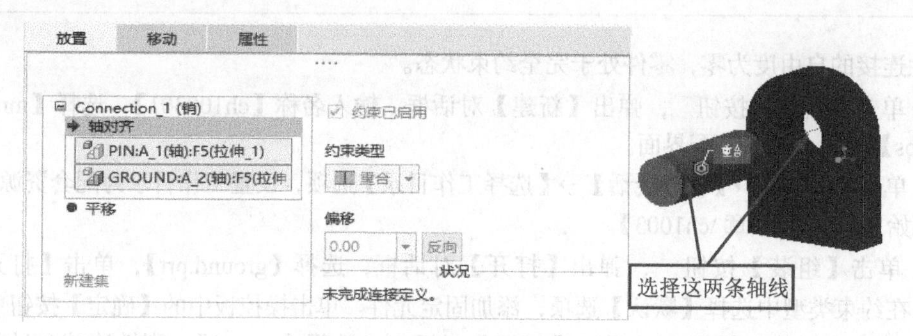

图 10-23　选择轴对齐参考

（6）为平移约束选择参考，分别选择图 10-24 所示的两个面为参考面，此时【放置】下拉面板中约束类型为【重合】。

注意

平移约束的默认约束类型是【重合】，也可以选择【偏移】操控板下的【距离】选项，此时可以设置两个面有一定的距离。

（7）定义销旋转的角度。参数设置步骤如图 10-25 所示。

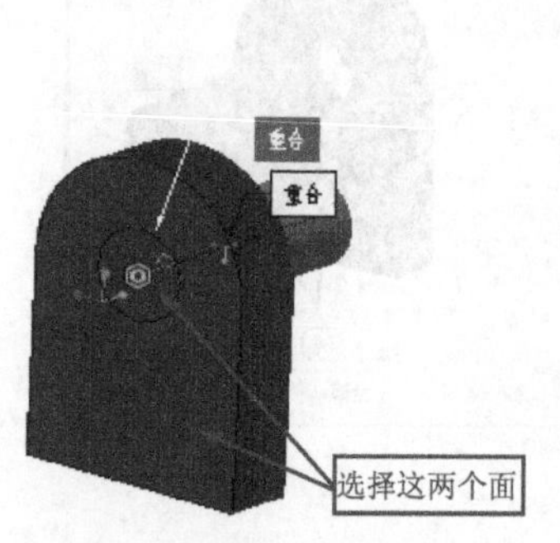

图 10-24　选择参考平面

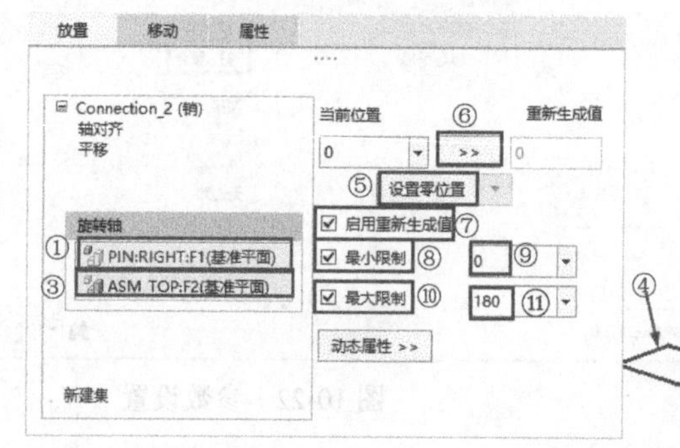

图 10-25　参数设置步骤

（8）单击【确定】按钮 ✓，完成销连接的定义。此时同时按住 Ctrl 和 Alt 键，并拖动连接元件，可以看到销旋转的角度为【0°】和【-180°】。

注意

【设置零位置】是指把当前的位置设置为 0°；重新生成值是指重新生成时元件的位置；【最小限制】是指两个面限制的最小夹角；【最大限制】是指两个面限制的最大夹角。

第三个旋转轴约束不定义时默认销可以进行圆周旋转；定义时销只能旋转定义的角度。

10.3.3　练习：创建滑块连接

滑动连接的自由度为 1，零件可沿某一轴平移。

（1）单击【新建】按钮，弹出【新建】对话框，输入名称【ch100303】，选择【mmns_asm_

design_abs】模板，进入装配界面。

（2）单击【组装】按钮，弹出【打开】对话框，选择【ground.prt】，单击【打开】按钮 打开，在约束类型中选择【默认】选项，添加固定元件，单击操控板中的【确定】按钮✓。

（3）重复执行【组装】命令，选择【yuan.prt】，单击【打开】按钮 打开，在【用户定义】中选择连接类型为【滑块】选项。

（4）单击操控板中的【放置】按钮 放置，从弹出的下拉面板可以看出滑块包含两个预定义的约束：轴对齐和旋转。

（5）选择轴对齐参考，如图 10-26 所示。

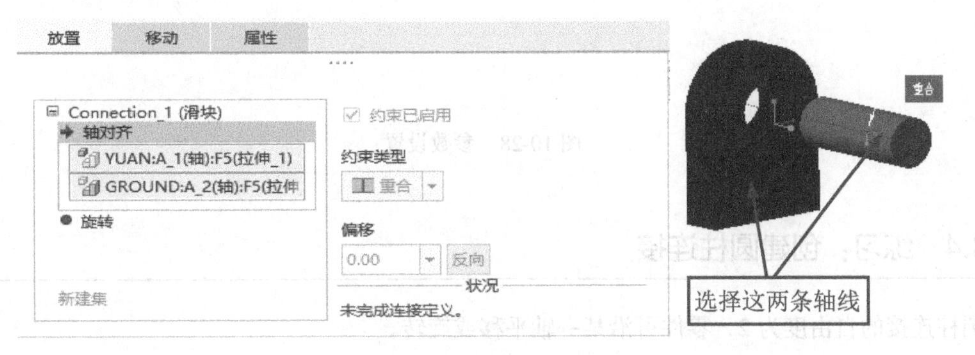

图 10-26 选择轴对齐参考

（6）为旋转约束选择参考，如图 10-27 所示。

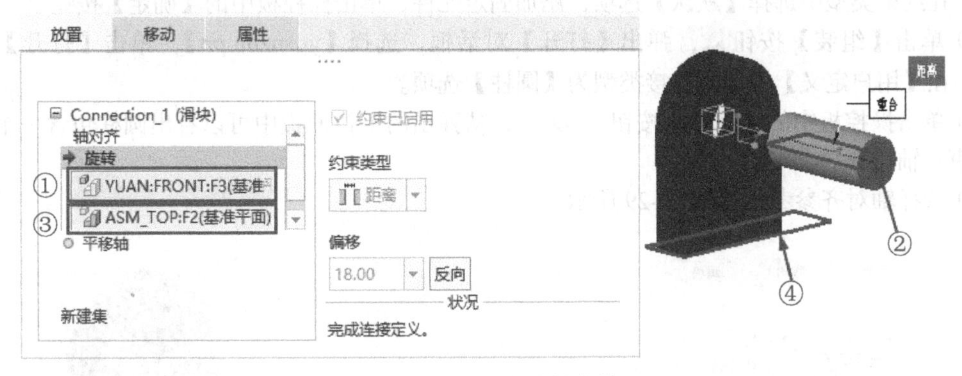

图 10-27 选择旋转参考

（7）此处还可以定义滑块平移的距离，在【放置】下拉面板中单击第三个约束【平移轴】，参数设置如图 10-28 所示。最后单击【确定】按钮✓，完成滑块连接的定义。此时单击【拖动元件】按钮，然后单击圆柱，移动鼠标即可看到圆柱在一定范围内滑动。

易错点剖析	第三个平移轴约束与 10.3.2 小节的旋转轴一样可选择定义，不定义时默认滑块可以无限平移，定义时滑块只能平移指定的距离。

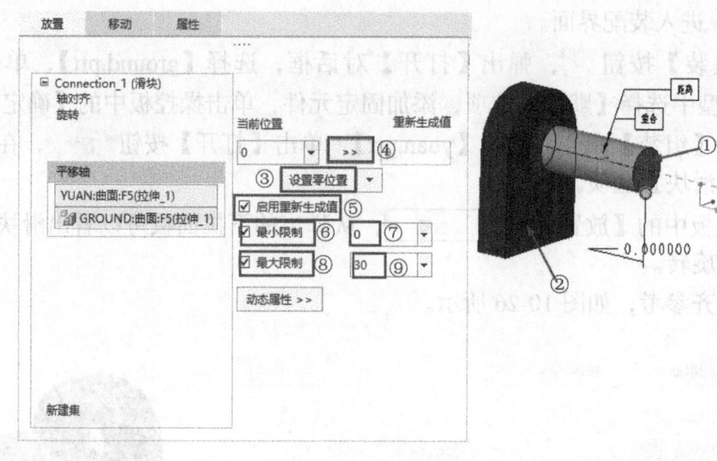

图 10-28　参数设置

10.3.4　练习：创建圆柱连接

圆柱连接的自由度为 2，零件可沿某一轴平移或旋转。

（1）单击【新建】按钮，弹出【新建】对话框，输入名称【ch100304】，选择【mmns_asm_design_abs】模板，进入装配界面。

（2）单击【组装】按钮，弹出【打开】对话框，选择【ground.prt】，单击【打开】按钮 打开 ，在约束类型中选择【默认】选项，添加固定元件，单击操控板中的【确定】按钮。

（3）单击【组装】按钮，弹出【打开】对话框，选择【yuanzhu.prt】，单击【打开】按钮 打开 ，在【用户定义】中选择连接类型为【圆柱】选项。

（4）单击操控板中的【放置】按钮 放置 ，从弹出的下拉面板中可以看出圆柱包含一个预定义的约束：轴对齐。

（5）选择轴对齐参考，如图 10-29 所示。

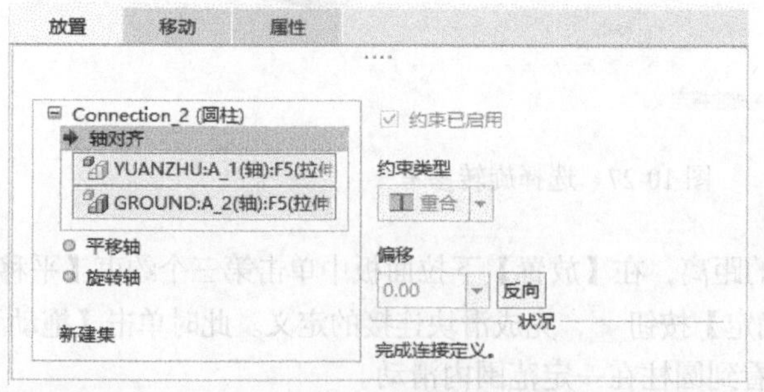

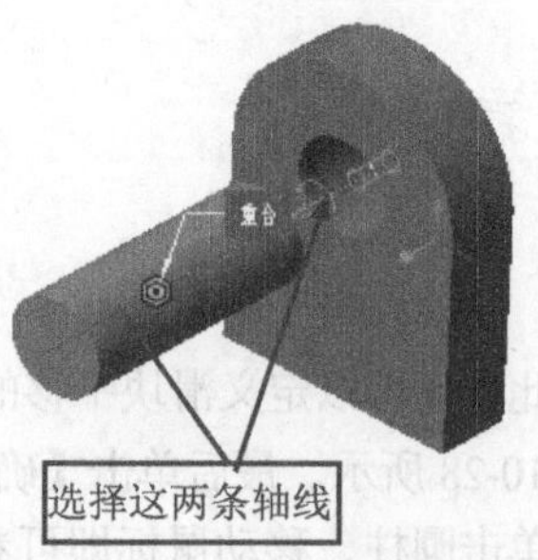

图 10-29　选择轴对齐参考

（6）单击【确定】按钮，完成圆柱连接的定义。

注意　【放置】下拉面板中的【平移轴】与【旋转轴】可用于设置销的旋转角度和平移距离，其设置方法与 10.3.2 小节、10.3.3 小节中讲到的方法一样，这里不再赘述，读者自己掌握。

10.3.5 练习：创建平面连接

平面连接的自由度为3，零件可在某一平面内自由移动，也可绕该平面的法线方向旋转。该类型的连接需满足【平面】约束关系。

（1）单击【新建】按钮，弹出【新建】对话框，输入名称【ch100305】，选择【mmns_asm_design_abs】模板，进入装配界面。

（2）单击【组装】按钮，弹出【打开】对话框，选择【planar1.prt】，单击【打开】按钮 打开，在约束类型中选择【默认】约束，添加固定元件，单击操控板中的【确定】按钮。

（3）单击【组装】按钮，弹出【打开】对话框，选择【planar2.prt】，单击【打开】按钮 打开，在【用户定义】中选择连接类型为【平面】选项。

（4）选择平面参考，如图10-30所示。

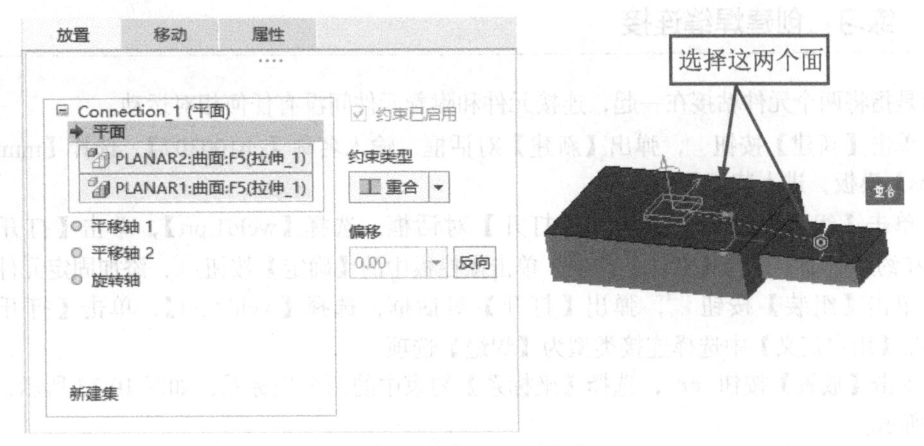

图10-30 选择平面参考

（5）单击【确定】按钮，完成平面的定义。

注意

【放置】下拉面板中有两个【平移轴】和1个【旋转轴】，分别用于设置平面的平移距离和旋转角度，可选择定义。其设置方法与10.3.3小节、10.3.4小节中讲到的方法一样，这里不再赘述，读者自己掌握。

10.3.6 练习：创建球连接

球连接的自由度为3，零件可绕某点自由旋转，但不能进行任何方向的平移。该类型的连接需满足【点对齐】约束关系。

（1）单击【新建】按钮，弹出【新建】对话框，输入名称【ch100306】，选择【mmns_asm_design_abs】模板，进入装配界面。

（2）单击【组装】按钮，弹出【打开】对话框，选择【ball1.prt】，单击【打开】按钮 打开，在约束类型中选择【默认】选项，添加固定元件，单击操控板中的【确定】按钮。

（3）单击【组装】按钮，弹出【打开】对话框，选择【ball2.prt】，单击【打开】按钮 打开，在【用户定义】中选择连接类型为【球】选项。

（4）单击【放置】按钮 放置，选择【点对齐】中约束的两个点，如图10-31所示，结果如

图 10-32 所示。单击【确定】按钮，完成球连接的定义。

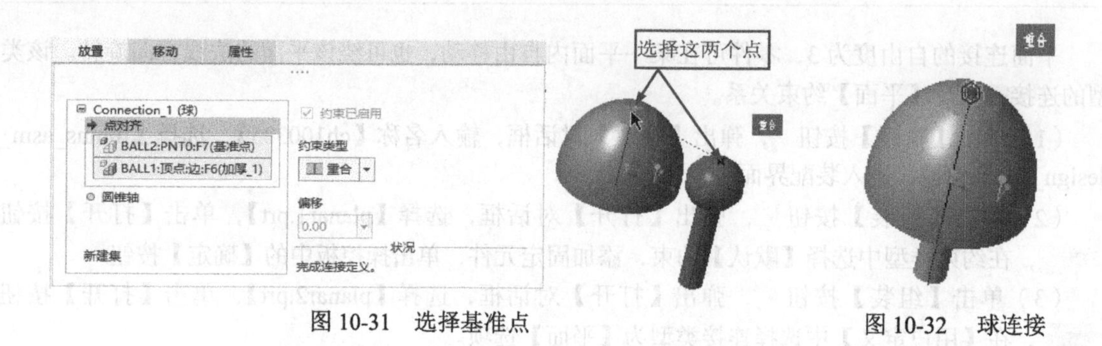

图 10-31　选择基准点　　　　图 10-32　球连接

10.3.7　练习：创建焊缝连接

焊缝是指将两个元件粘接在一起，连接元件和附着元件间没有任何相对运动。

（1）单击【新建】按钮，弹出【新建】对话框，输入名称【ch100307】，选择【mmns_asm_design_abs】模板，进入装配界面。

（2）单击【组装】按钮，弹出【打开】对话框，选择【weld1.prt】，单击【打开】按钮，在约束类型中选择【默认】选项，单击操控板中的【确定】按钮，添加固定元件。

（3）单击【组装】按钮，弹出【打开】对话框，选择【weld2.prt】，单击【打开】按钮，在【用户定义】中选择连接类型为【焊缝】选项。

（4）单击【放置】按钮，选择【坐标系】约束中的两个坐标系，如图 10-33 所示，结果如图 10-34 所示。

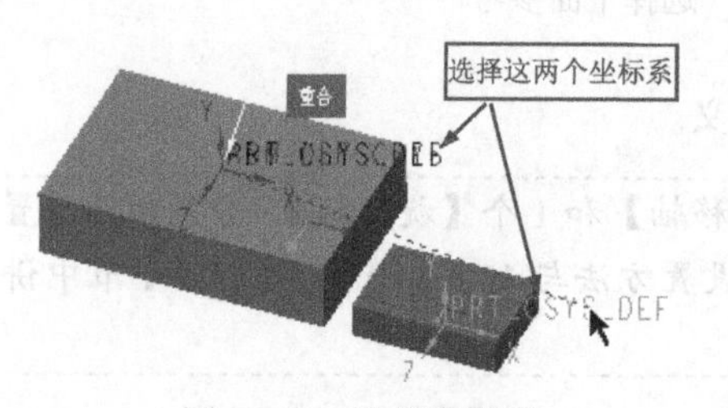

图 10-33　选择坐标系

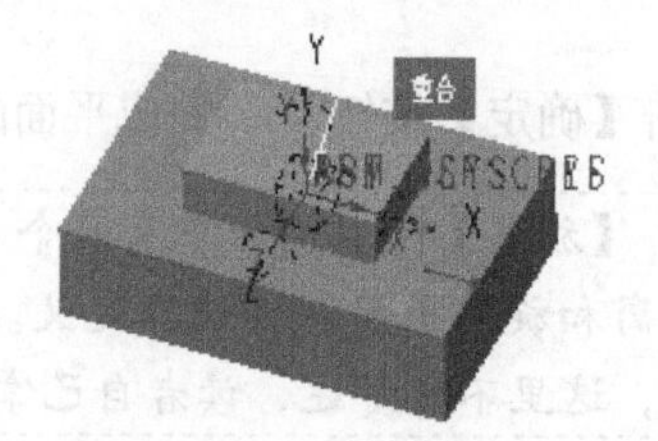

图 10-34　焊缝连接

（5）单击【确定】按钮，完成焊缝连接的定义。

10.3.8　练习：创建轴承连接

轴承连接是球连接和滑块连接的组合，连接元件既可以在约束点上沿任何方向相对于附着元件旋转，也可以沿对齐的轴线移动。

（1）单击【新建】按钮，弹出【新建】对话框，输入名称【ch100308】，选择【mmns_asm_design_abs】模板，进入装配界面。

（2）单击【组装】按钮，弹出【打开】对话框，选择【ball1.prt】，单击【打开】按钮，在约束类型中选择【默认】选项，单击操控板中的【确定】按钮，添加固定元件。

（3）单击【组装】按钮，弹出【打开】对话框，选择【ball2.prt】，单击【打开】按钮 打开，在【用户定义】中选择连接类型为【轴承】选项。

（4）切换到【放置】下拉面板，选择【点对齐】中约束的两个点，如图 10-35 所示，结果如图 10-36 所示。

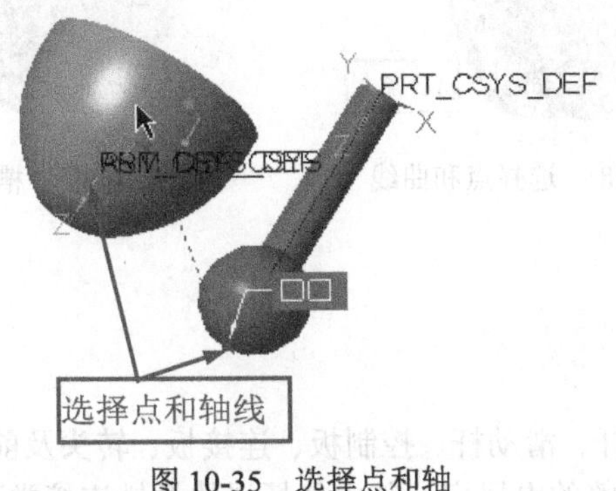

图 10-35　选择点和轴

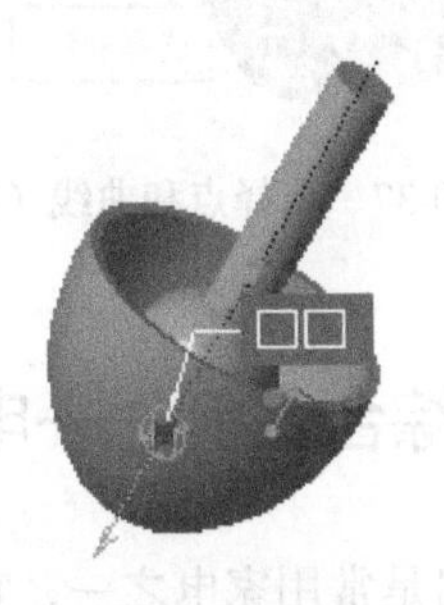
图 10-36　轴承约束

（5）单击【确定】按钮，完成轴承连接的定义。拖动连接元件可以看到，它可在约束点上沿任何方向相对于附着元件旋转，也可以沿对齐的轴线移动。

注意

【放置】下拉面板中的【平移轴】和【圆锥轴】可用于设置点在轴上的平移距离和元件的旋转角度，可选择定义。其设置方法与 10.3.7 小节、10.3.8 小节中讲到的方法类似，这里不再赘述，读者自己掌握。

10.3.9　练习：创建槽连接

将连接元件上的点约束在凹槽中心的曲线上即可形成槽连接。

（1）单击【新建】按钮，弹出【新建】对话框，输入名称【ch100309】，选择【mmns_asm_design_abs】模板，进入装配界面。

（2）单击【组装】按钮，弹出【打开】对话框，选择【cao.prt】，单击【打开】按钮 打开，在约束类型中选择【默认】选项，添加固定元件，单击操控板中的【确定】按钮。

（3）单击【组装】按钮，弹出【打开】对话框，选择【qiu.prt】，单击【打开】按钮 打开，在【用户定义】中选择连接类型为【槽】选项。

（4）单击【放置】按钮 放置 ，为【直线上的点】选择图 10-37 所示的点 1 和曲线 1；然后单击【放置】下拉面板中的【新建集】按钮 新建集，选择图 10-38 所示的点和曲线，结果如图 10-39 所示。

（5）单击【确定】按钮，完成槽连接的定义，通过拖动球可以看到球在凹槽内运动。

易错点剖析

选择曲线时要按住 Ctrl 键选择整条曲线。

本例定义两个槽连接是为了不让球绕一点旋转。

【放置】下拉面板中的【槽轴】用于定义球在凹槽内的运动范围，可选择定义。

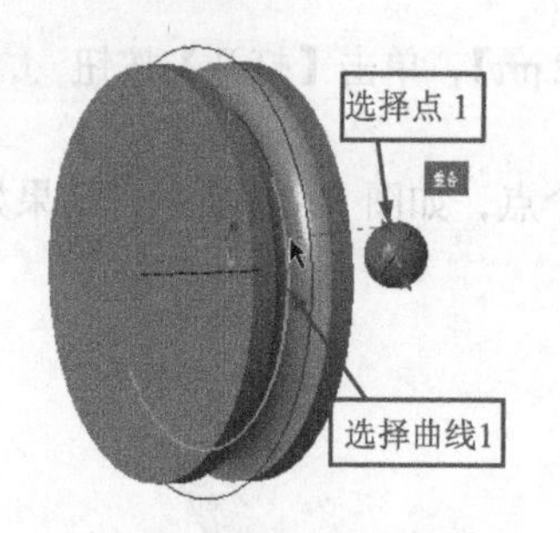

图 10-37　选择点和曲线（1）

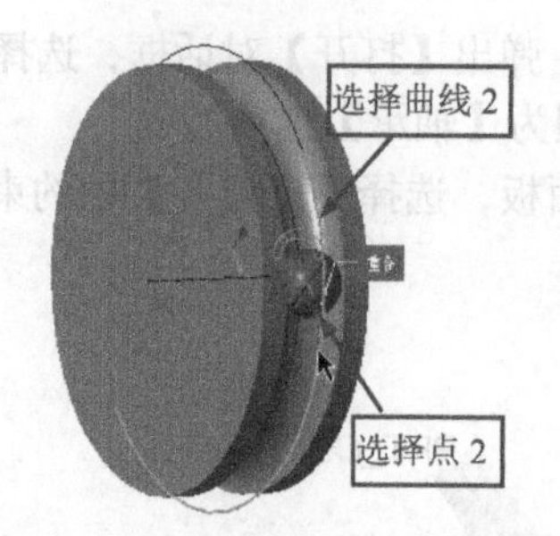

图 10-38　选择点和曲线（2）

图 10-39　槽连接

10.4　综合实例——电风扇装配

电风扇是常用家电之一，它由底盘、支撑杆、滑动杆、控制板、连接板、转头及前后盖组成，需要通过装配将这些部件组装起来得到一个完整的电风扇，其中包括滑块及销连接类型，综合性强。下面通过风扇的装配来巩固本章所学的内容。

【绘制步骤】

1. 进入装配界面

单击【新建】按钮，弹出【新建】对话框，输入名称【电风扇】，选择【mmns_asm_design_abs】模板，进入装配界面。

2. 装配底盘

单击【组装】按钮，在弹出的【打开】对话框中选择【底盘.prt】，单击【打开】按钮 打开，在约束类型中选择【默认】选项，单击【确定】按钮，添加固定元件。

3. 装配支撑杆

（1）单击【组装】按钮，在弹出的【打开】对话框中选择【支撑杆.prt】，单击【打开】按钮 打开，在【用户定义】中选择【刚性】选项，然后在【约束类型】中选择【重合】约束。

（2）在视图中选择图 10-40 所示的两个轴作为参考，结果如图 10-41 所示。然后选择图 10-42 所示的两个面，系统默认设置为【重合】约束，单击【确定】按钮，完成支撑杆的装配，结果如图 10-43 所示。

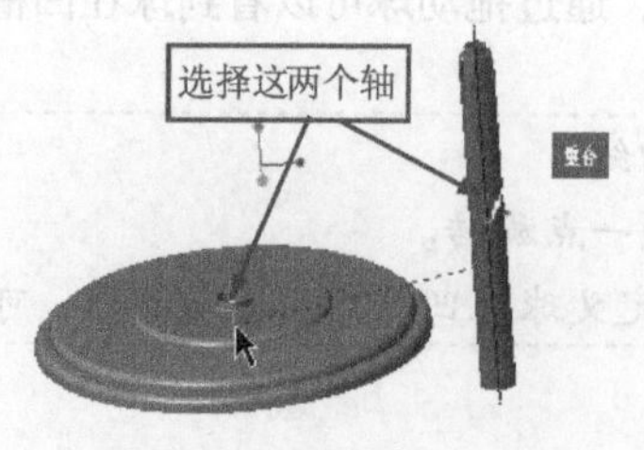

图 10-40　选择重合参考

图 10-41　重合约束

图 10-42　选择参考面

图 10-43　装配的支撑杆

4．装配滑动杆

（1）单击【组装】按钮，在弹出的【打开】对话框中选择【滑动杆 .prt】，单击【打开】按钮 打开 ，在【用户定义】中选择【滑块】选项。

（2）在视图中选择图 10-44 所示的两个轴作为轴对齐参考。然后选择图 10-45 所示的滑动杆【FRONT】和【ASM_RIGHT】基准平面作为旋转参考。

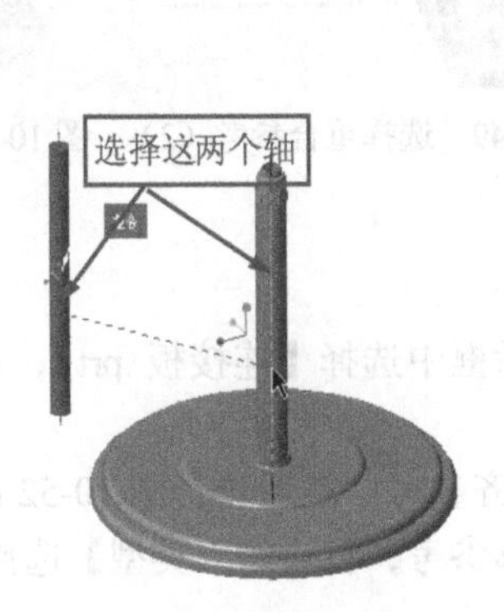

图 10-44　选择对齐轴

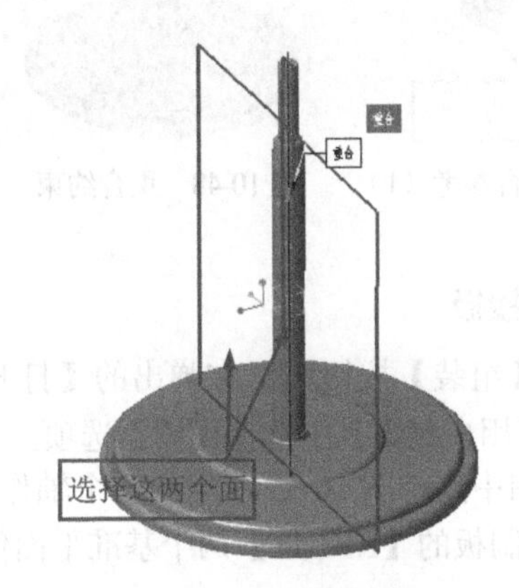

图 10-45　选择旋转参考

（3）定义滑动杆的滑动范围。单击【放置】下拉面板中的【平移轴】约束，将滑动杆拖出后选择图 10-46 所示的两个面作为平移轴约束的参考，其他参数设置如图 10-46 所示。单击【确定】按钮，完成滑动杆的装配。

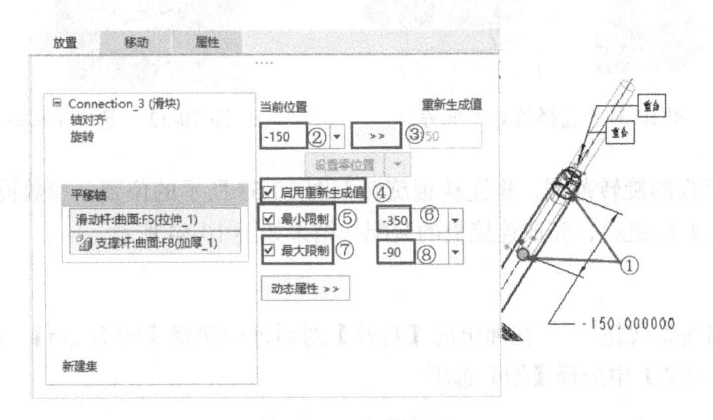

图 10-46　参数设置

5. **装配控制板**

（1）单击【组装】按钮，在弹出的【打开】对话框中选择【控制板 .prt】，单击【打开】按钮 打开 ，在【用户定义】中选择【刚性】选项，并在【约束类型】中选择【重合】约束。

（2）在视图中选择图 10-47 所示的两个轴作为参考，拖动后的结果如图 10-48 所示。然后选择图 10-49 所示的两个面，系统默认设置为【重合】约束。然后选择控制板的【RIGHT】基准平面和滑动杆的【FRONT】基准平面，系统也默认设置为【重合】约束。单击【确定】按钮，完成控制板的装配，结果如图 10-50 所示。

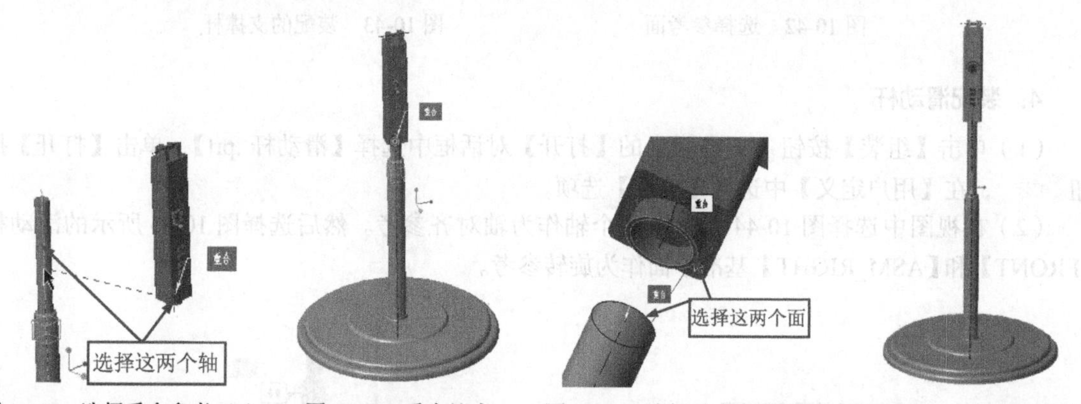

图 10-47　选择重合参考（1）　图 10-48　重合约束　图 10-49　选择重合参考（2）　图 10-50　装配的控制板

6. **装配连接板**

（1）单击【组装】按钮，在弹出的【打开】对话框中选择【连接板 .prt】，单击【打开】按钮 打开 ，在【用户定义】中选择【销】选项。

（2）在视图中选择图 10-51 所示的两个轴作为轴对齐参考。然后选择图 10-52 所示的连接板的【RIGHT】和控制板的【RIGHT】两个基准平面作为平移参考，将【约束类型】选择为【重合】。

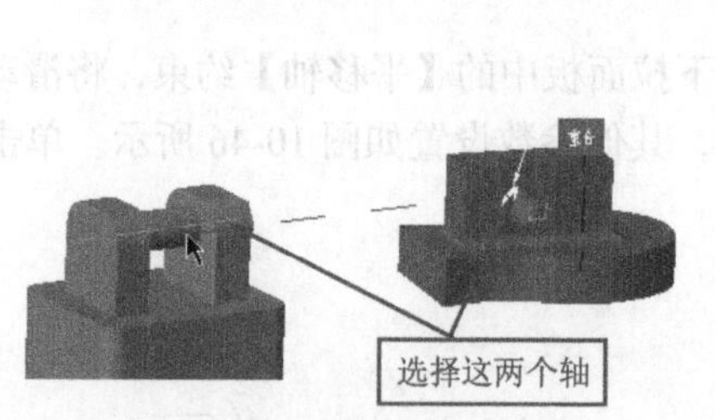

图 10-51　选择轴对齐参考

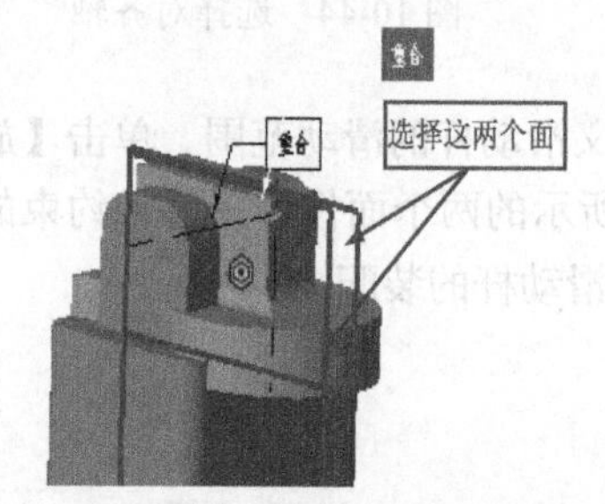

图 10-52　选择平移参考

（3）定义连接板的旋转范围，将连接板旋转至图 10-53 所示的位置，参数设置步骤如图 10-53 所示。单击【确定】按钮，完成连接板的装配，结果如图 10-54 所示。

7. **装配转头**

（1）单击【组装】按钮，在弹出的【打开】对话框中选择【转头 .prt】，单击【打开】按钮 打开 ，在【用户定义】中选择【销】选项。

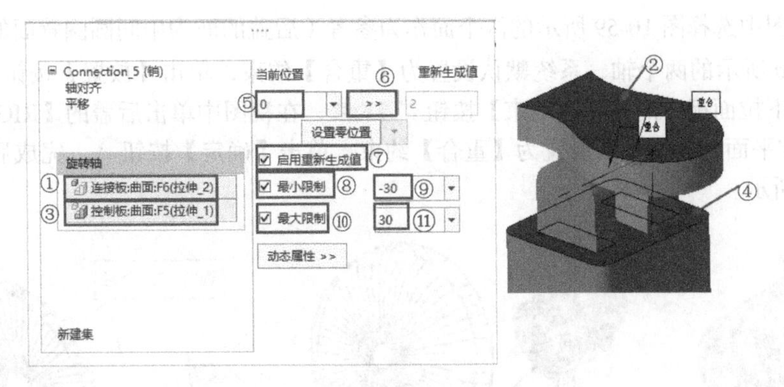

图 10-53 参数设置步骤（1）

（2）在视图中选择图 10-55 所示的两个轴作为轴对齐参考。然后选择图 10-56 所示的两个面作为平移参考，将【放置】下拉面板中的【约束类型】选择为【重合】，单击【反向】按钮反向。

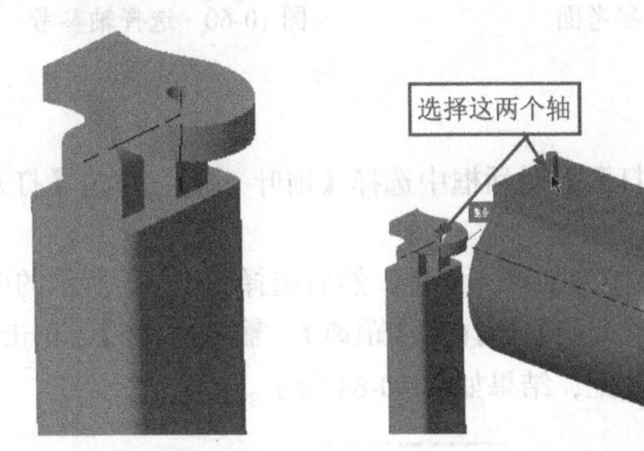

图 10-54 装配的连接板　　图 10-55 选择轴对齐参考　　图 10-56 选择平移参考

（3）定义转头的转动范围，单击【放置】下拉面板中的【旋转轴】约束，参数设置步骤如图 10-57 所示。单击【确定】按钮✓，完成转头的装配，结果如图 10-58 所示。

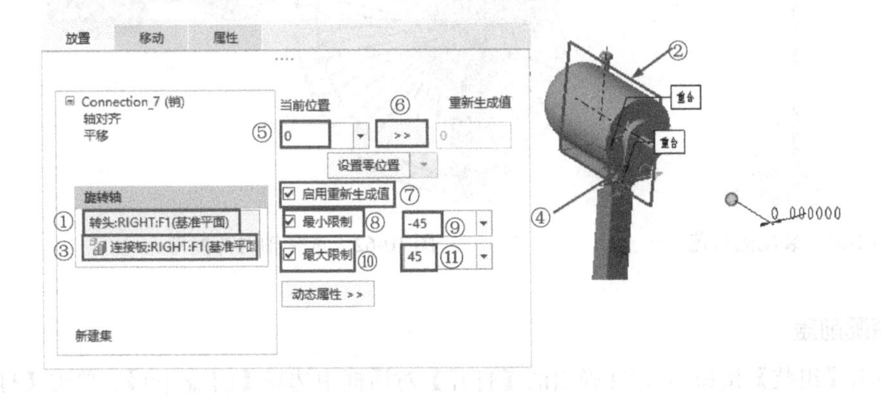

图 10-57 参数设置步骤（2）

8. 装配后盖

（1）单击【组装】按钮，在弹出的【打开】对话框中选择【后盖.prt】，单击【打开】按钮打开，在【用户定义】中选择【刚性】选项，然后在【约束类型】中选择【重合】约束。

（2）在视图中选择图 10-59 所示的两个面作为参考（后盖的面为中间圆圈背面的圆平面），然后选择图 10-60 所示的两个轴，系统默认设置为【重合】约束；单击【放置】按钮 放置 ，然后单击【放置】下拉面板中的【新建约束】按钮 新建约束，在视图中单击后盖的【RIGHT】和转头的【RIGHT】基准平面，系统默认设置为【重合】约束。单击【确定】按钮✓，完成后盖的装配，结果如图 10-61 所示。

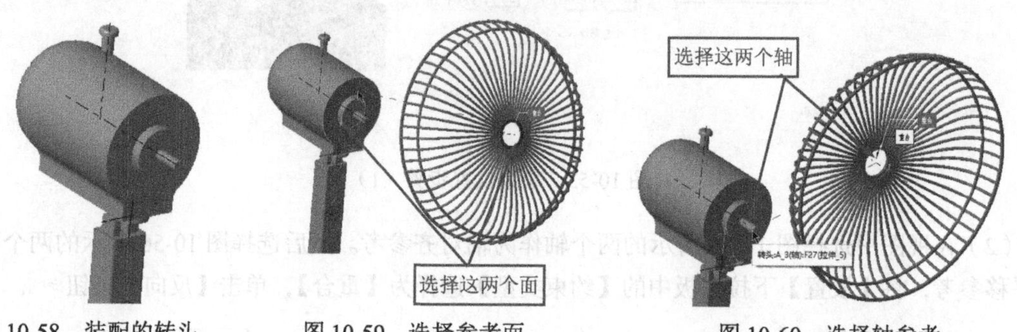

图 10-58　装配的转头　　图 10-59　选择参考面　　图 10-60　选择轴参考

9. 装配扇叶

（1）单击【组装】按钮，在弹出的【打开】对话框中选择【扇叶 .prt】，单击【打开】按钮 打开 ，在【用户定义】中选择【销】选项。

（2）在视图中选择图 10-62 所示的两个轴作为轴对齐参考。然后选择图 10-63 所示的两个面作为平移参考，将【放置】下拉面板中的【约束类型】选择为【距离】，输入值【5】，单击【反向】按钮 反向 。单击【确定】按钮✓，完成扇叶的装配，结果如图 10-64 所示。

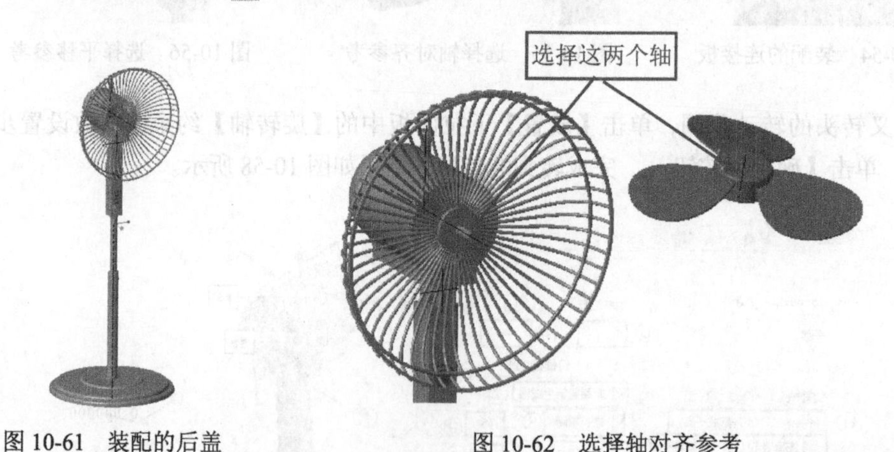

图 10-61　装配的后盖　　图 10-62　选择轴对齐参考

10. 装配前盖

（1）单击【组装】按钮，在弹出的【打开】对话框中选择【前盖 .prt】。单击【打开】按钮 打开 ，在【用户定义】中选择【刚性】选项，并在【约束类型】中选择【重合】约束。

（2）在视图中选择图 10-65 所示的两个面作为参考，单击【放置】下拉面板中的【反向】按钮 反向 ，选择图 10-66 所示的两个轴，将【放置】下拉面板中的【约束类型】选择为【重合】约束。然后单击【放置】下拉面板中的【新建约束】按钮 新建约束，在视图中单击前盖的【RIGHT】基准平面和后盖的【RIGHT】基准平面，系统默认设置为【重合】约束。单击【确定】按钮✓，完成前盖的装配，结果如图 10-67 所示。

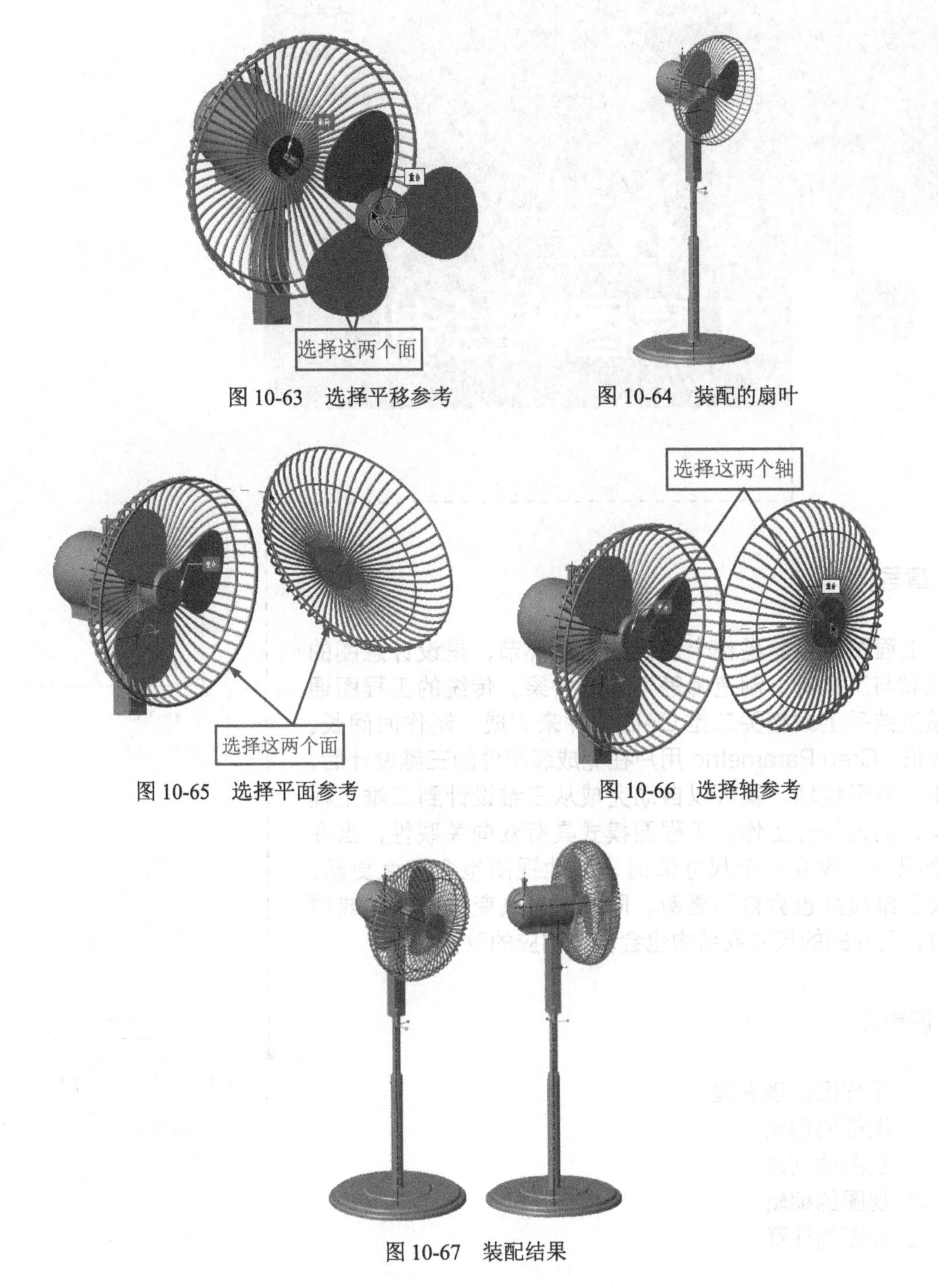

图 10-63　选择平移参考

图 10-64　装配的扇叶

图 10-65　选择平面参考

图 10-66　选择轴参考

图 10-67　装配结果

易错点剖析　在进行装配时，装配关系要明确，例如装配控制板时，由于控制板是随着滑动杆一起运动的，所以控制板只能定义在滑动杆上，如定义控制板【RIGHT】和滑动杆【FRONT】基准平面重合，而不能定义控制板上的面和底座、支撑杆或者装配体的面重合，否则控制板不能随着滑动杆一起运动。

第 11 章 工程图的绘制

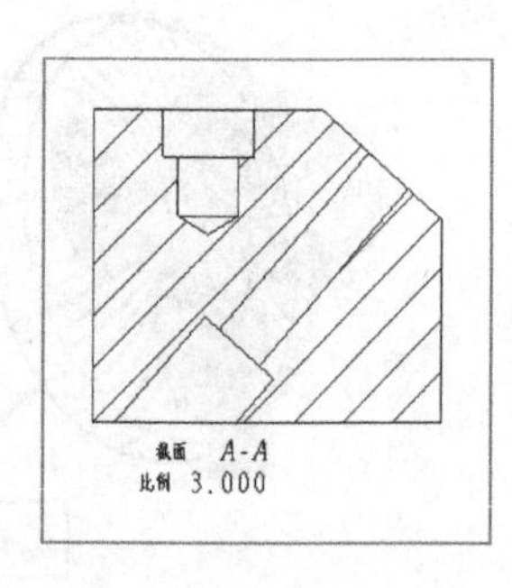

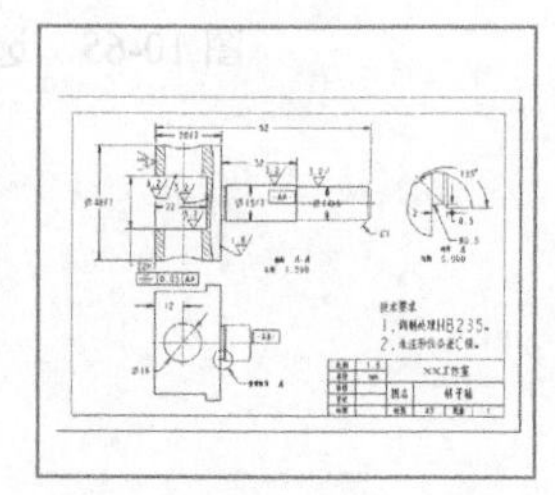

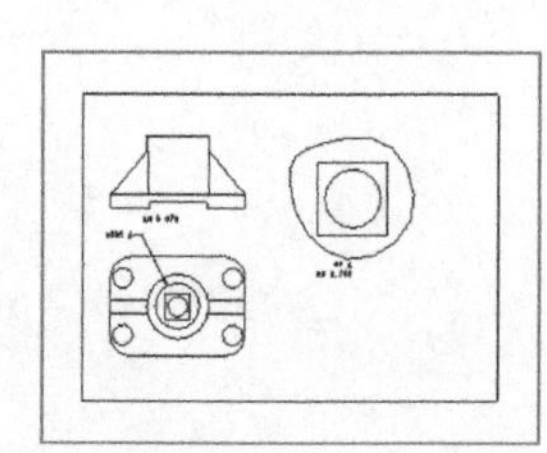

/ 本章导读

工程图的绘制是整个设计的最后环节，是设计意图的表现和与工程师、制造师等沟通的桥梁。传统的工程图通常通过纯手工或相关二维 CAD 软件来完成，制作时间长、效率低。Creo Parametric 用户在完成装配件的三维设计后，使用工程图模块，就可以自动完成从三维设计到二维工程图设计的大部分工作。工程图模式具有双向关联性，当在一个视图中改变一个尺寸值时，其他视图也会随之更新，相关三维模型也会自动更新。同样，当改变模型尺寸或结构时，工程图的尺寸或结构也会发生相应的改变。

/ 知识重点

- 工程图环境设置
- 图纸的创建
- 视图的创建
- 视图的编辑
- 视图的注释

11.1 概述

11.1.1 工程图简介

工程图用来显示零件的各种视图、尺寸、公差等信息，以及表现各装配元件之间的关系和组装顺序，是零件加工时必须使用的图纸。

Creo Parametric 8 提供了专门进行工程图设计的绘图模块，该绘图模块可以满足创建工程图的所有需求，它可以通过三维模型创建二维工程图，将三维模型与二维工程图联系在一起，在改变其中一个的同时另一个也会随之发生改变，使两者同步。它还可以自动或手动标注尺寸，添加或修改文本符号的信息，定义工程图的格式等。因此在 Creo Parametric 8 中生成工程图是非常方便的，同时因为工程图是加工产品必须要用到的图纸，所以工程图的制作要求比较高，熟练掌握工程图的绘制至关重要。

11.1.2 工程图绘制界面

（1）单击【新建】按钮，弹出【新建】对话框，在【类型】中选择【绘图】选项，然后在【文件名】输入框中输入工程图的名称，取消勾选【使用默认模板】复选框，如图 11-1 所示。

（2）单击【确定】按钮 确定，弹出图 11-2 所示的【新建绘图】对话框，单击【默认模型】右侧的【浏览】按钮 浏览...，弹出【打开】对话框，打开要生成工程图的三维模型。如果之前已经在软件中打开了模型，那么系统会将当前打开的模型自动作为默认模型。

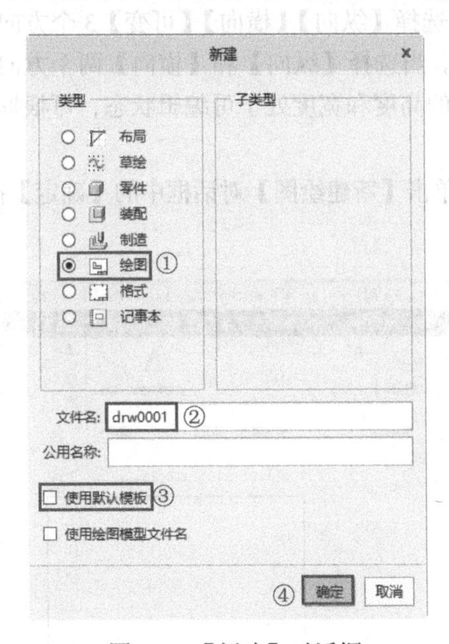

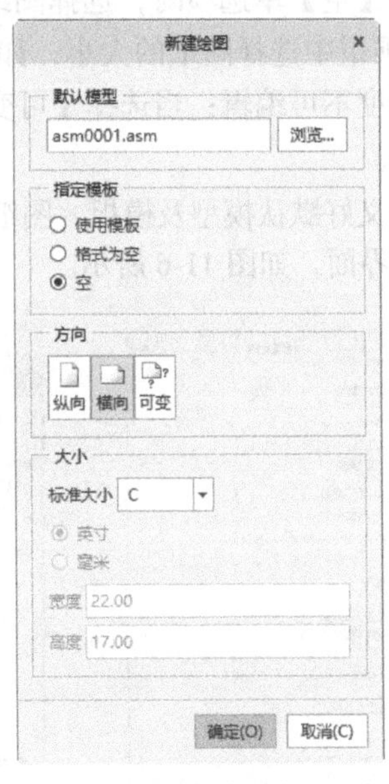

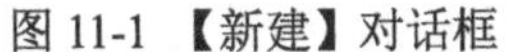

图 11-1 【新建】对话框　　图 11-2 【新建绘图】对话框

（3）在【指定模板】中指定工程图图纸的格式，下面分别介绍【使用模板】【格式为空】【空】3 个单选项的用法。

①【使用模板】。

当选中【使用模板】单选项时，【新建绘图】对话框中会出现【模板】选项组，如图 11-3 所示，可以选择或查找需要的模板文件。

②【格式为空】。

当选中【格式为空】单选项时，【新建绘图】对话框中会出现【格式】选项组。单击【格式】选项组右侧的【浏览】按钮 浏览... ，将弹出图 11-4 所示的【打开】对话框，可以从中选择系统已经定义好的格式文件（.frm）。

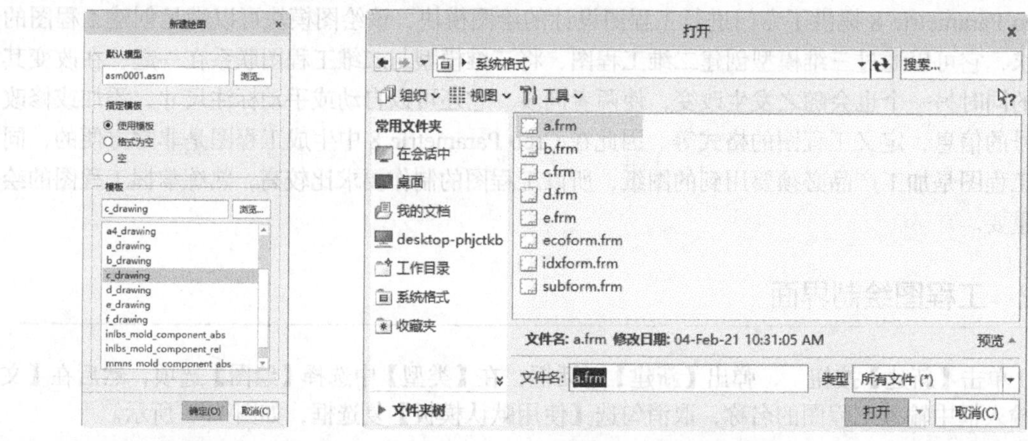

图 11-3 【模板】选项组　　图 11-4 【打开】对话框

③【空】。

当选中【空】单选项时，选择图纸的方向，可选择【纵向】【横向】【可变】3 个方向，并可在【大小】选项组中选择图纸的大小，如图 11-5 所示。当选择【纵向】和【横向】两个方向时，图纸的宽度和高度不可编辑；当选择【可变】时，图纸的高度和宽度处于可编辑状态，可根据需要定义图纸的大小。

（4）定义好默认模型及模板、图纸的大小后，单击【新建绘图】对话框中的【确定】按钮 确定 ，进入工程图界面，如图 11-6 所示。

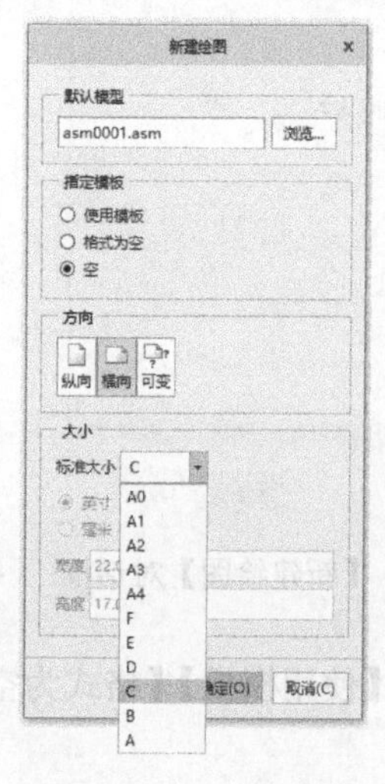

图 11-5 【空】模板

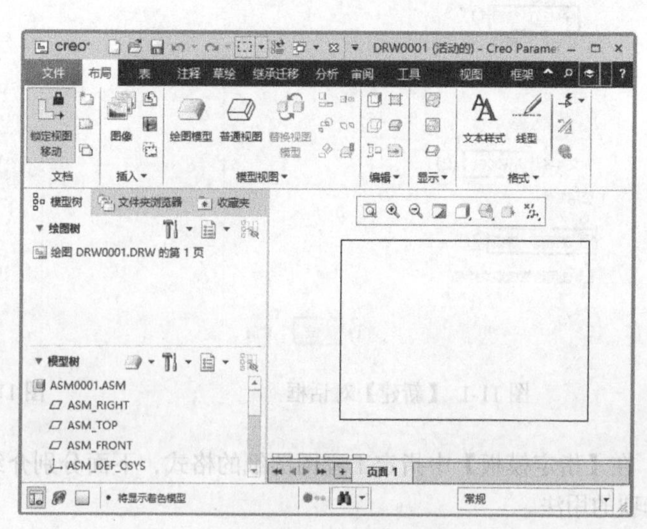

图 11-6　工程图界面

11.1.3　工程图环境设置

Creo Parametric 8 的工程图模块中，视图默认采用第三角法，而中国标准是采用第一角法，并且在软件中工程图的公差默认是不显示的，因此要通过设置工程图的环境来改变上述两个默认选项，以满足制图的需要。本小节将介绍如何改变工程图环境。

1. 设置第一视角法

进入工程图界面后，单击【文件】选项卡，弹出下拉列表，单击【准备】选项里的【绘图属性】命令，弹出图 11-7 所示的【绘图属性】对话框。单击对话框中【细节选项】右侧的【更改】按钮更改，弹出图 11-8 所示的【选项】对话框，在对话框中的【选项】输入框中输入【projection_type】。单击【值】输入框右侧的下拉按钮，选择【first_angle】选项，单击【添加 / 更改】按钮添加/更改，然后单击【绘图属性】对话框中的【关闭】按钮，完成第一角法的设置。

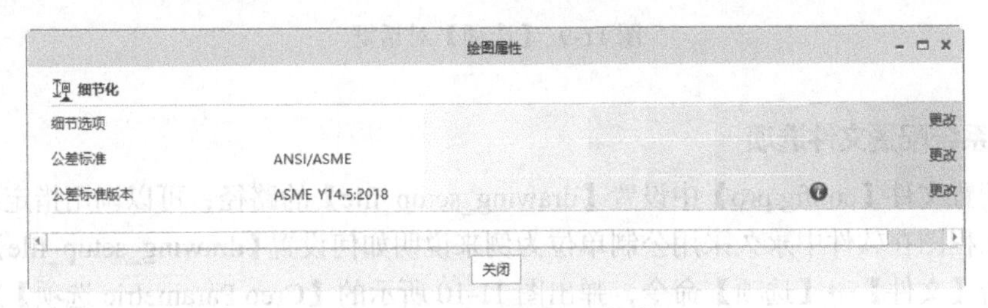

图 11-7　【绘图属性】对话框

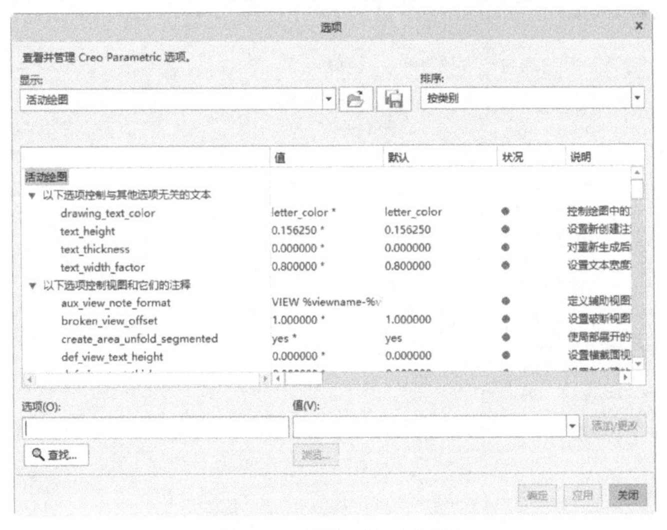

图 11-8　【选项】对话框

2. 设置显示公差

单击【文件】选项卡，弹出下拉列表，单击【准备】选项里的【绘图属性】命令，弹出【绘图属性】对话框，单击对话框中【细节选项】右侧的【更改】按钮更改。弹出【选项】对话框，在【选项】输入框中输入【tol_display】，在【值】输入框中输入【yes】，如图 11-9 所示。单击【添加 / 更改】按钮添加/更改，再单击【确定】按钮确定，然后单击【绘图属性】对话框中的【关闭】按钮关闭，完成显示尺寸公差的设置。

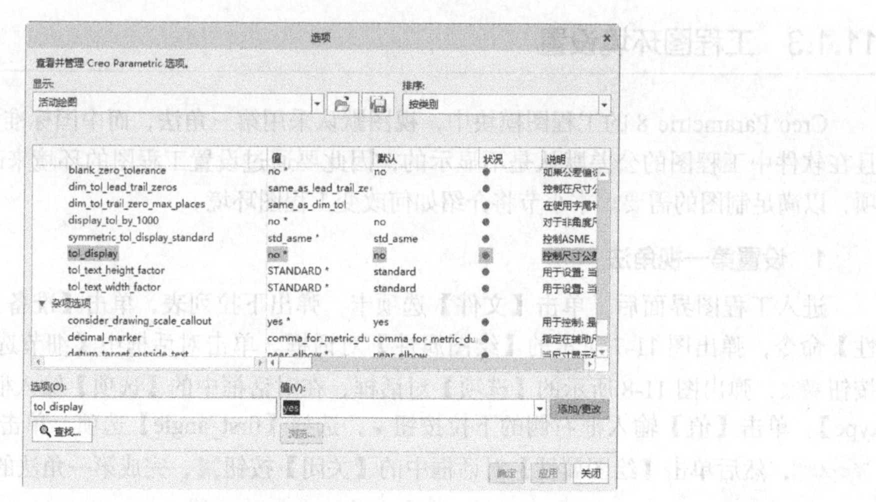

图 11-9 【选项】对话框

3．设置系统配置文件选项

在系统配置文件【config.pro】中设置【drawing_setup_file】的路径，可以调用指定标准的数据，下面以设置工程图在软件中永久采用公制单位为例来说明如何设置【drawing_setup_file】的路径。

（1）单击【文件】→【选项】命令，弹出图 11-10 所示的【Creo Parametric 选项】对话框。

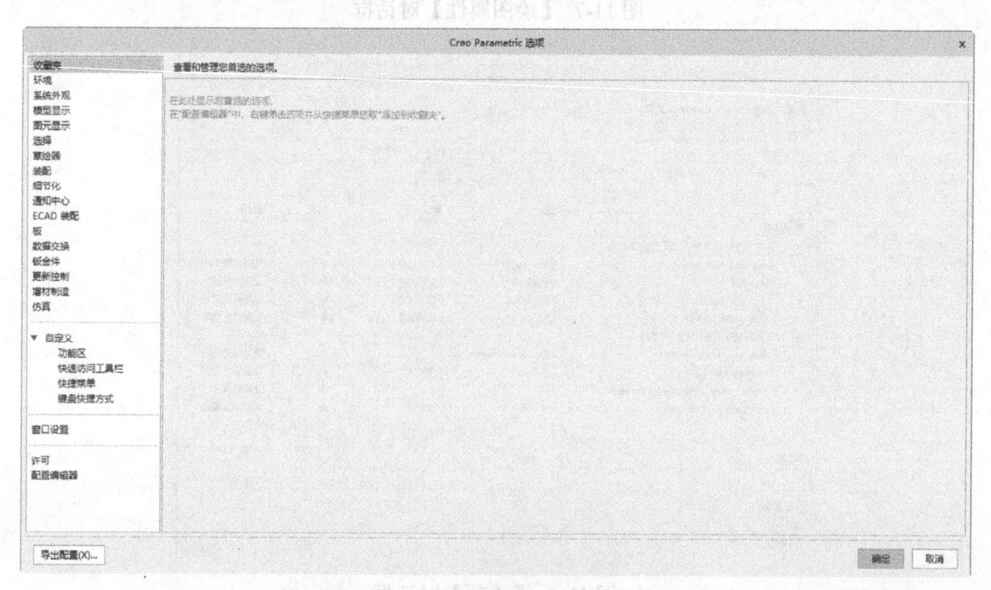

图 11-10 【Creo Parametric 选项】对话框

（2）单击对话框中的【配置编辑器】选项，然后单击【查找】按钮，弹出【查找选项】对话框，在【输入关键字】输入框中输入【drawing_setup_file】，并单击【立即查找】按钮 立即查找 ，此时对话框如图 11-11 所示。单击【设置值】右侧的【浏览】按钮 浏览... ，弹出【选择文件】对话框，选择相应配置文件，并单击【打开】按钮 打开 ，返回【查找选项】对话框。单击【添加 / 更改】按钮 添加/更改 ，然后单击【关闭】按钮 ✖，完成【drawing_setup_file】路径的设置，此时在软件中工程图将永久采用公制单位。

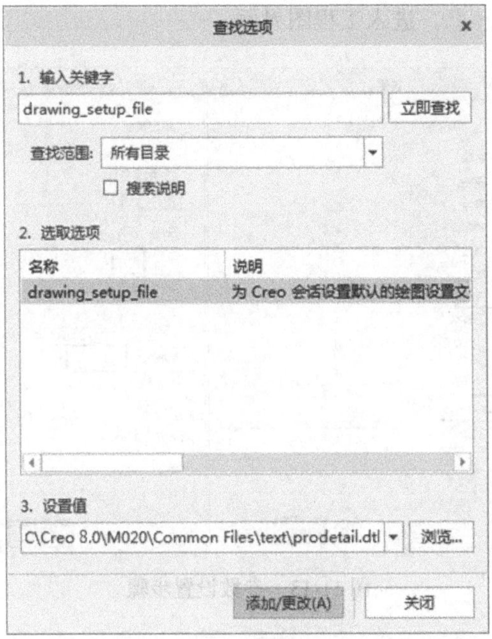

图 11-11 【查找选项】对话框

11.2　图纸的创建

绘制工程图首先要确定的是图纸的格式，Creo Parametric 8 的工程图中可以引用已经制作好的图纸格式，也可以自己绘制图纸格式。本节介绍如何创建图 11-12 所示 A4 大小的图纸格式。

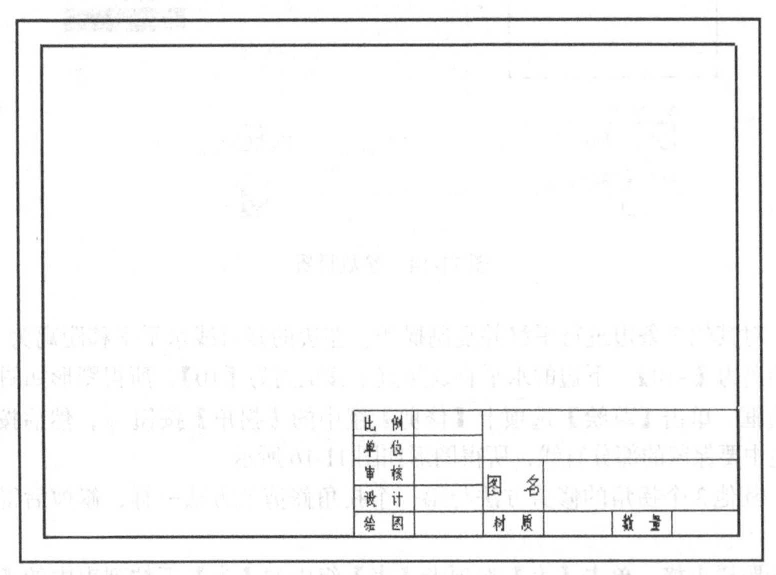

图 11-12　图纸

（1）单击【新建】按钮，弹出【新建】对话框，参数设置步骤如图 11-13 所示。

（2）单击【确定】按钮，进入工程图界面。

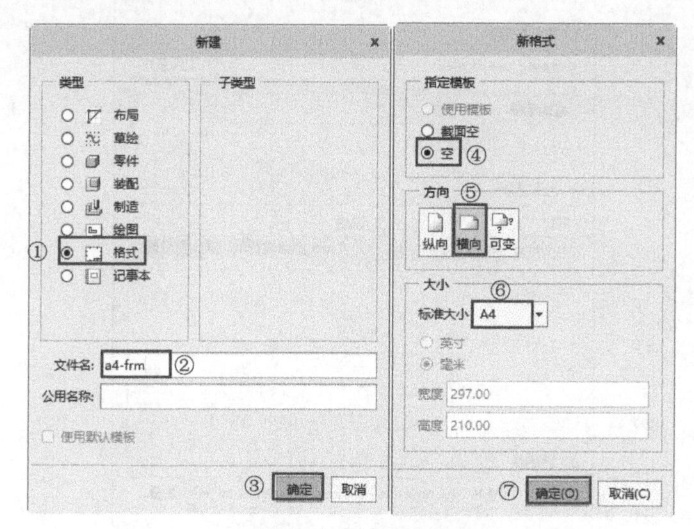

图 11-13　参数设置步骤

（3）制作图纸边框。单击【草绘】选项卡，然后单击【编辑】下拉按钮，在下拉列表中单击【平移并复制】按钮，弹出【选择】对话框，参数设置如图 11-14 所示。

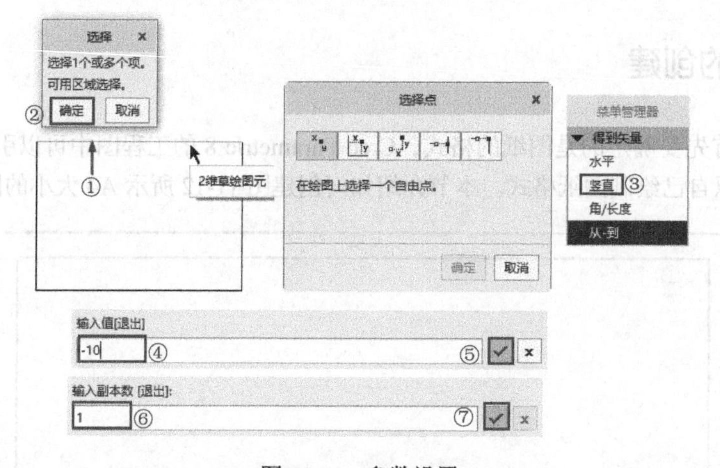

图 11-14　参数设置

（4）同理，对其他 3 条边进行平移并复制操作，左边的竖直线水平平移距离为【10】，右边竖直线水平平移距离为【–10】，下边的水平直线竖直平移距离为【10】，所得图形如图 11-15 所示。

（5）修剪边框。单击【草绘】选项卡【修剪】组中的【拐角】按钮，然后按住 Ctrl 键分别单击两条相邻边中要保留的部分直线，所得图形如图 11-16 所示。

（6）同理，其他 3 个拐角的修剪方法与第一个拐角修剪的方法一样，修剪后得到的图形如图 11-17 所示。

（7）制作标题栏表格。单击【表】选项卡【表】组中的【表】下拉列表中的【插入表】按钮，弹出【插入表】对话框。参数设置如图 11-18 所示。单击【确定】按钮，然后在边框右下角的顶点处单击鼠标左键，使表格右下角的顶点与表框右下角的顶点重合，如图 11-19 所示。

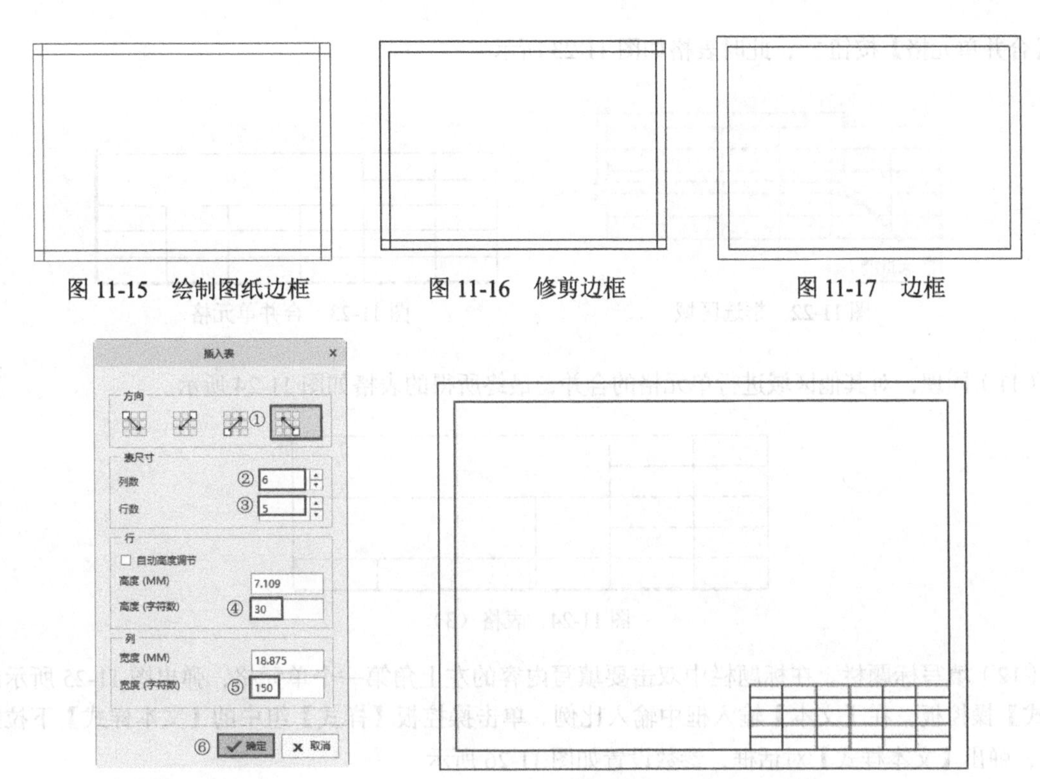

图 11-15　绘制图纸边框　　图 11-16　修剪边框　　图 11-17　边框

图 11-18　参数设置　　图 11-19　表格（1）

（8）调整表格宽度。按住 Ctrl 键与鼠标左键框选图中左边第一列（框选的范围要大于第一列的范围，这样第一列才能被选中），然后单击鼠标右键，在弹出的快捷菜单中单击【宽度】命令，弹出图 11-20 所示的【高度和宽度】对话框。在【宽度 (字符)】中输入值【140】，单击【确定】按钮 确定，此时第一列的宽度变小。

（9）同理，调整第二列的宽度为【160】，第三列的宽度为【140】，第四列的宽度为【160】，第五列的宽度为【140】，第六列的宽度为【160】，所得表格如图 11-21 所示。

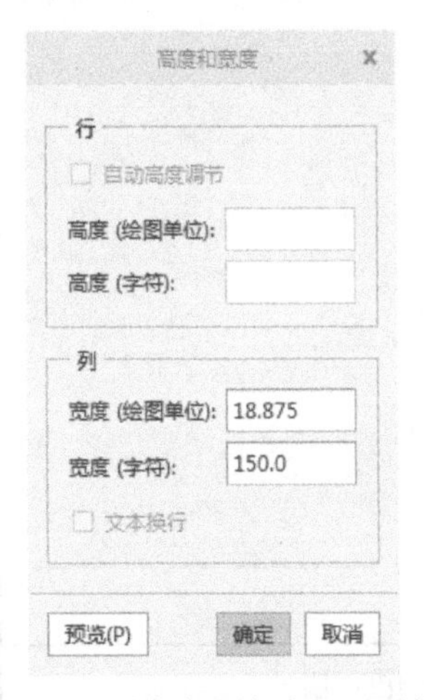

图 11-20　【高度和宽度】对话框

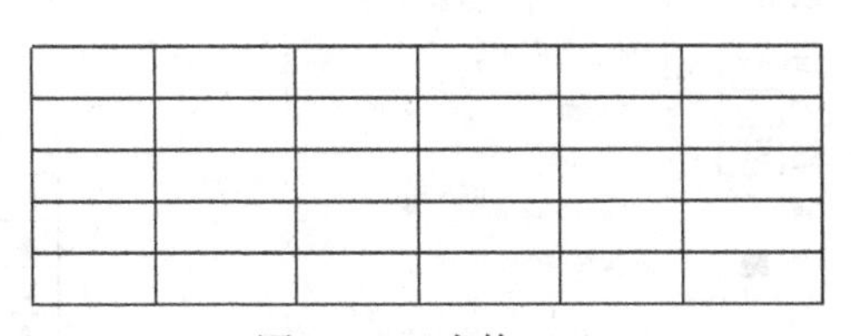

图 11-21　表格（2）

（10）合并单元格。按住 Ctrl 键与鼠标左键框选中图 11-22 所示的区域，单击【行和列】组中的【合并单元格】按钮，此时表格如图 11-23 所示。

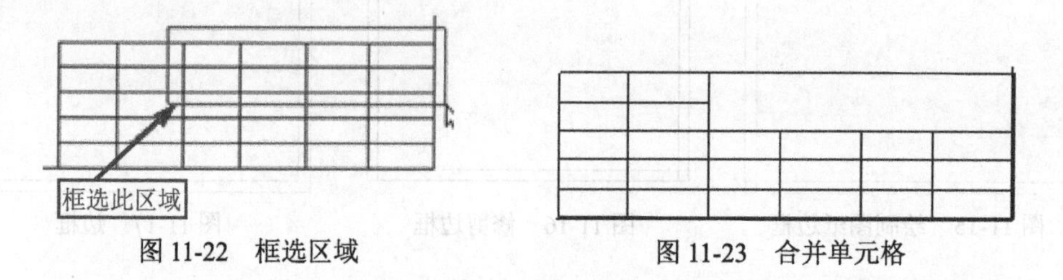

图 11-22　框选区域　　　　图 11-23　合并单元格

（11）同理，对其他区域进行单元格的合并，最终所得的表格如图 11-24 所示。

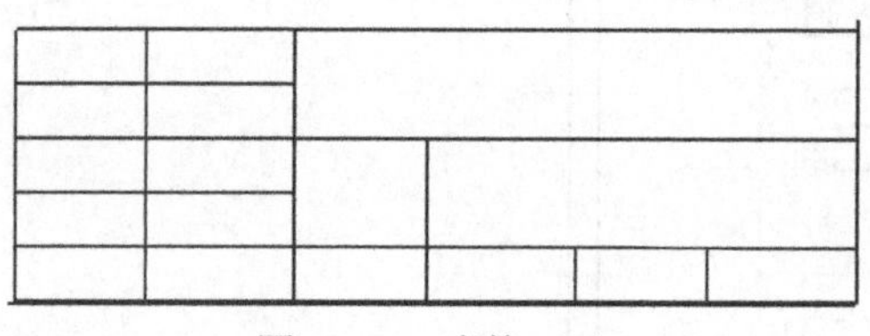

图 11-24　表格（3）

（12）填写标题栏。在标题栏中双击要填写内容的左上角第一个单元格，弹出图 11-25 所示的【格式】操控板，在【文本】输入框中输入比例。单击操控板【样式】组中的【文本样式】下拉按钮，弹出【文本样式】对话框，参数设置如图 11-26 所示。

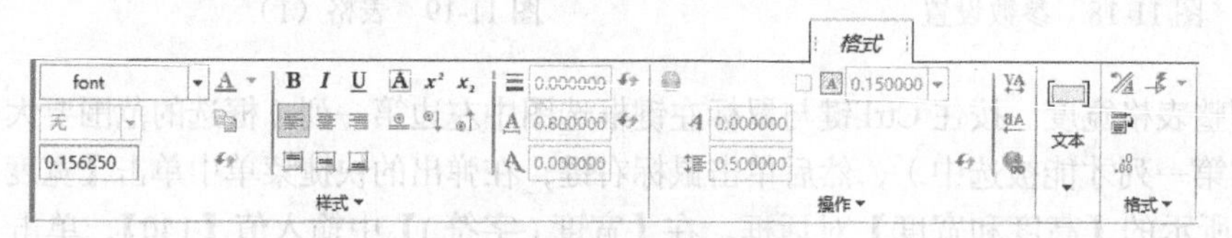

图 11-25　【格式】操控板

（13）同理，填写整个标题栏中的内容，其中【图名】的高度为【7】，填写结果如图 11-27 所示。此时完成图纸的创建，如图 11-28 所示。

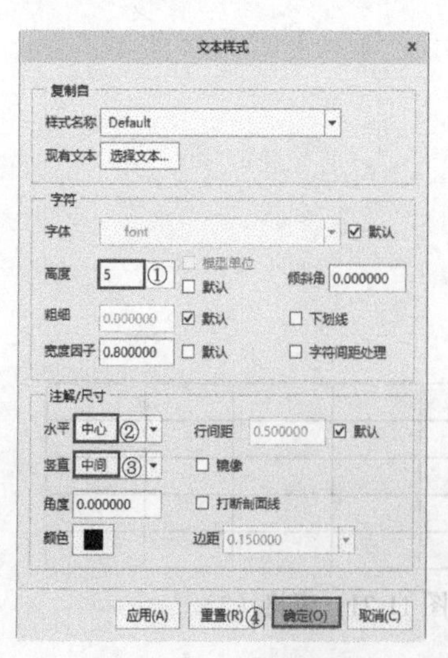

图 11-26　参数设置

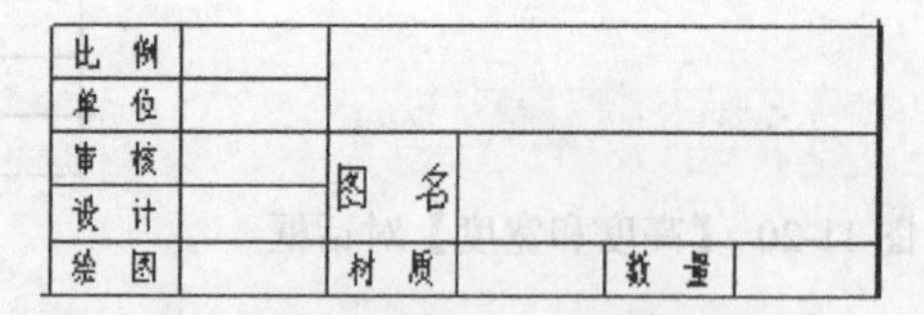

图 11-27　标题栏填写结果

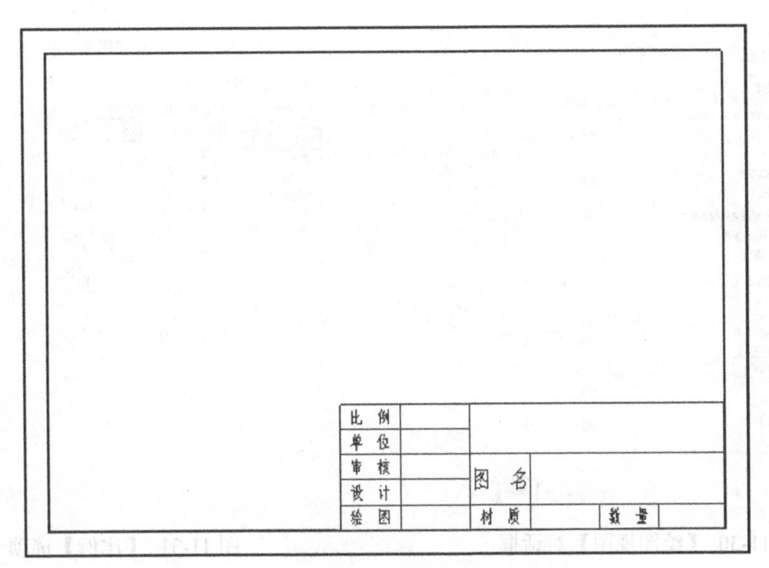

图 11-28　图纸

11.3　视图的创建

在 Creo Parametric 8 中，常用的视图有普通视图、投影视图、局部放大图、辅助视图、半视图、局部视图、剖视图等。下面进行详细的介绍。

11.3.1　练习：创建普通视图

普通视图通常是指放置到页面上的第一视图，它多作为投影视图或其他导出视图的父项视图，下面举例说明普通视图的创建方法。

（1）单击【打开】按钮，弹出【文件打开】对话框，打开【零件 .prt】文件，如图 11-29 所示。

（2）单击【新建】按钮，弹出【新建】对话框，输入工程图的名称【普通视图】，参数设置步骤如图 11-1 所示。

（3）在【布局】选项卡【模型视图】组中单击【普通视图】按钮，弹出【选择组合状态】对话框，选择对话框中的【无组合状态】选项，然后单击【确定】按钮。

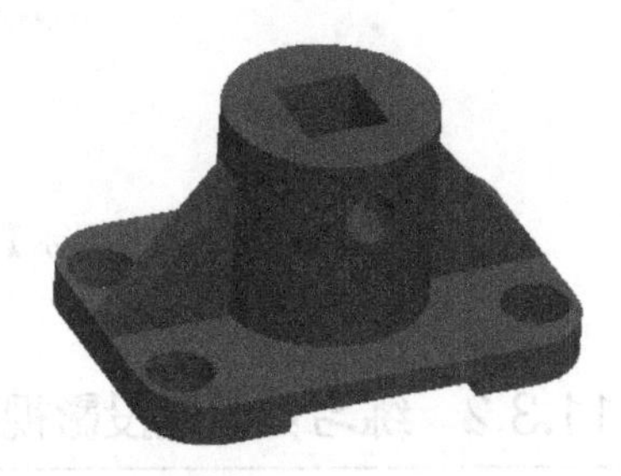

图 11-29　零件模型

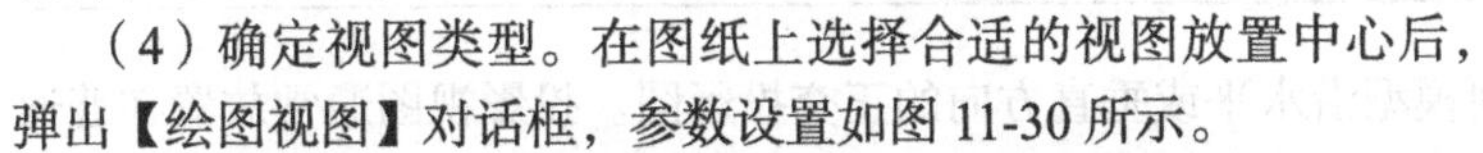

（4）确定视图类型。在图纸上选择合适的视图放置中心后，弹出【绘图视图】对话框，参数设置如图 11-30 所示。

（5）修改视图比例。单击【类别】中的【比例】选项卡，参数设置如图 11-31 所示。

（6）创建消隐视图。单击【类别】中的【视图显示】选项卡，参数设置如图 11-32 所示，单击对话框中的【确定】按钮，消隐后的普通视图如图 11-33 所示，完成普通视图的创建。

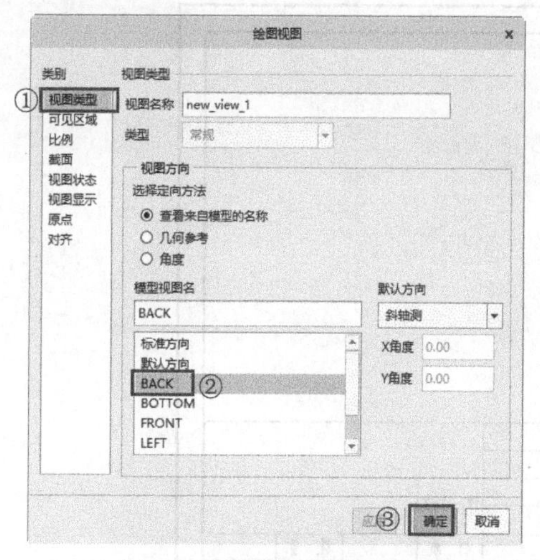

图 11-30 【绘图视图】对话框

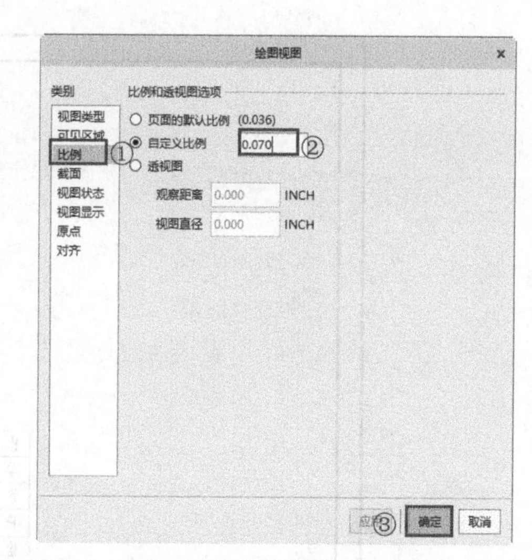

图 11-31 【比例】选项卡

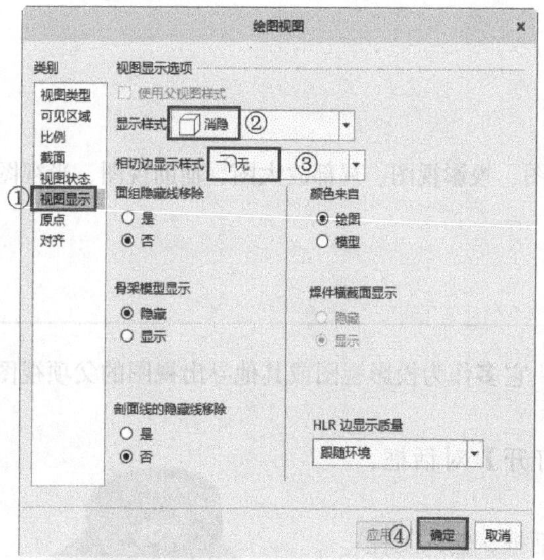

图 11-32 【视图显示】选项卡

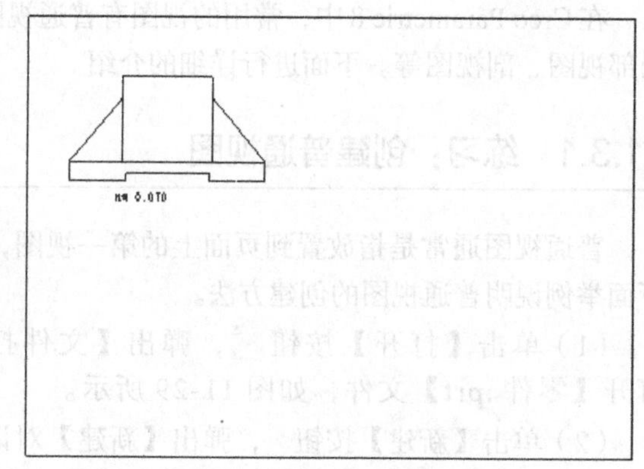

图 11-33 消隐后的普通视图

11.3.2 练习：创建投影视图

投影视图是一个视图中的几何模型沿水平或垂直方向的正交投影图。投影视图通常放置在普通视图的水平或垂直方向。下面以 11.3.1 小节创建普通视图的工程图为例，介绍投影视图的一般创建方法及步骤。

（1）单击【打开】按钮，弹出【文件打开】对话框，打开【普通视图 .drw】文件。

（2）放置投影视图。单击【布局】选项卡【投影视图】组中的按钮，然后将投影框移到普通视图的上方，在适当的位置单击以放置投影视图，所得图形如图 11-34 所示。

（3）移动投影视图。选择创建的投影视图，单击鼠标右键，在弹出的快捷菜单中单击【锁定视图移动】命令，如图 11-35 所示。然后将投影视图移动到普通视图的下方，结果如图 11-36 所示。

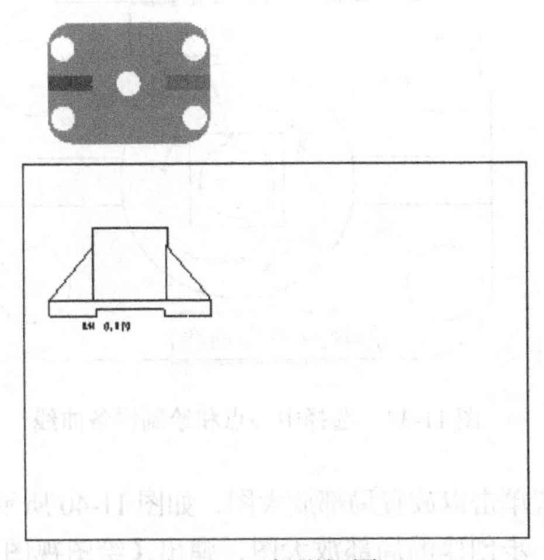

图 11-34　投影视图

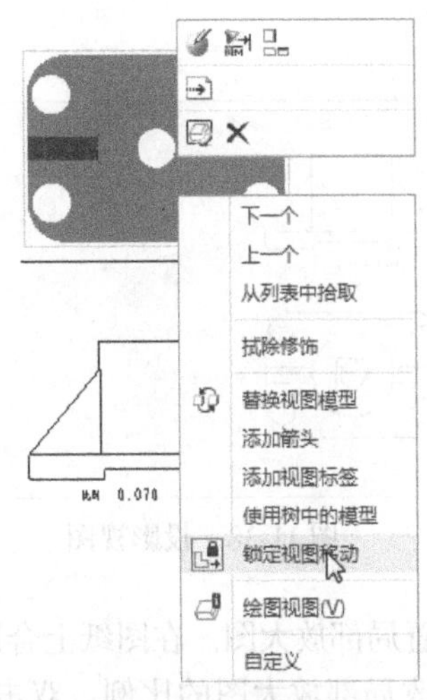

图 11-35　快捷菜单

（4）创建消隐的投影视图。双击投影视图，弹出【绘图视图】对话框，参数设置如图 11-32 所示，单击对话框中的【确定】按钮 确定 ，完成投影视图的创建，如图 11-37 所示。

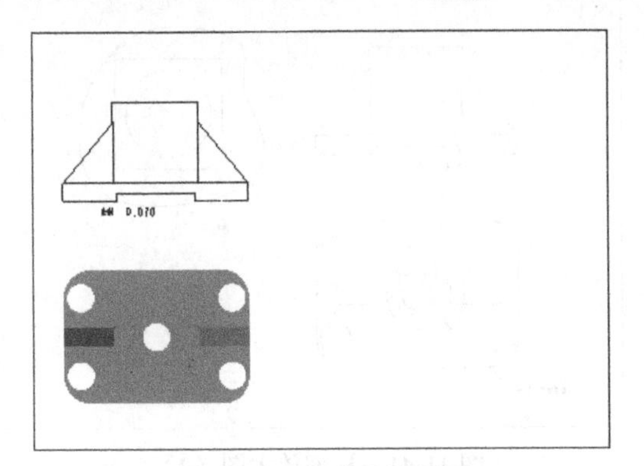

图 11-36　移动投影视图

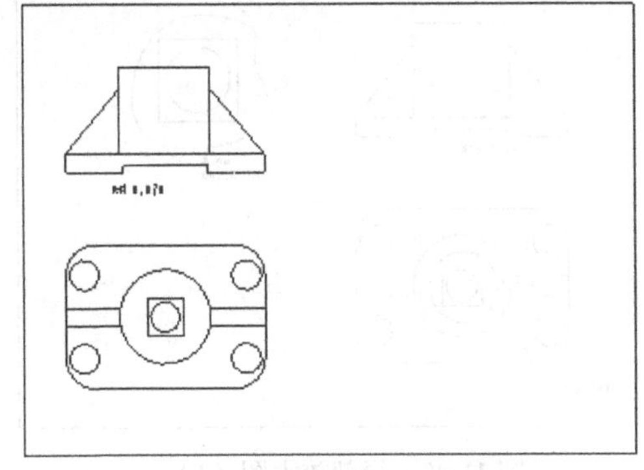

图 11-37　消隐后的投影视图

11.3.3　练习：创建局部放大图

局部放大图是指在一个视图中放大显示模型的一小部分视图。局部放大图创建完成后，会在父视图中生成一个注解参考和边界。下面以 11.3.2 小节创建的投影视图为例，介绍局部放大图的一般创建方法及步骤。

（1）单击【打开】按钮，弹出【文件打开】对话框，打开【投影视图 .drw】文件，如图 11-38 所示。

（2）确定中心点和样条曲线。单击【布局】选项卡中的【局部放大图】按钮 ，操作步骤如图 11-39 所示。样条曲线绘制完毕，单击鼠标中键完成草绘。

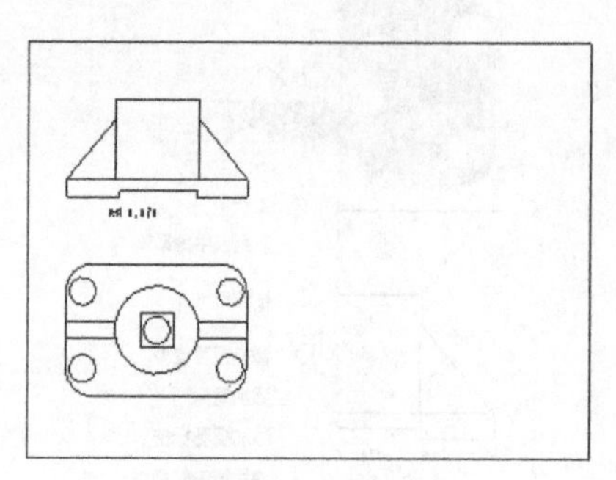

图 11-38　投影视图

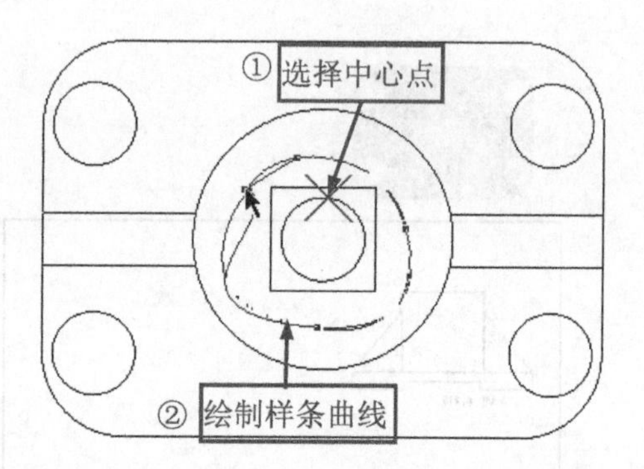

图 11-39　选择中心点和绘制样条曲线

（3）放置局部放大图。在图纸上合适的位置单击以放置局部放大图，如图 11-40 所示。

（4）修改局部放大图的比例。双击第（3）步创建的局部放大图，弹出【绘图视图】对话框，单击【类别】中的【比例】选项卡，选中【自定义比例】单选项，输入比例值【0.2】，单击对话框中的【应用】按钮 应用，所得局部放大图如图 11-41 所示，完成局部放大图创建。

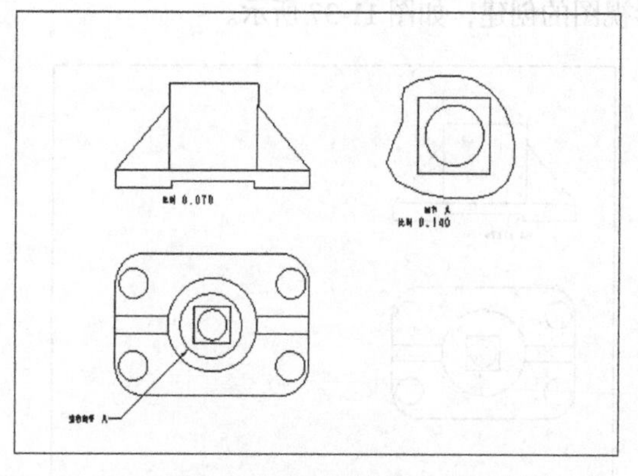

图 11-40　局部放大图（1）

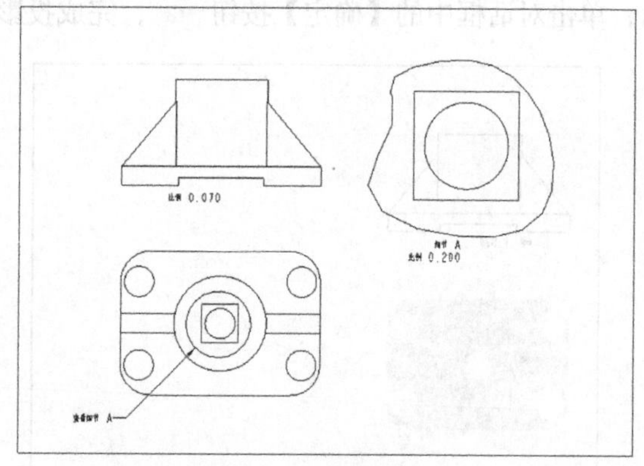

图 11-41　局部放大图（2）

11.3.4　练习：创建辅助视图

辅助视图是一种特定类型的投影视图——在恰当的角度上向选定曲面或轴进行投影。下面以 11.3.1 小节创建的普通视图为例，介绍辅助视图的一般创建方法及步骤。

（1）单击【打开】按钮，弹出【文件打开】对话框，打开【普通视图 .drw】文件。

（2）创建辅助视图。单击【布局】选项卡中的【辅助视图】按钮，在普通视图上选择图 11-42 所示的边作为参考，移动鼠标，在合适的位置放置视图，所得图形如图 11-42 所示。

（3）创建消隐视图。双击辅助视图，弹出【绘图视图】对话框，单击【类别】中的【视图显示】选项卡，在【显示样式】中选择【消隐】选项，将【相切边显示样式】选择为【无】，单击【应用】按钮 应用，完成消隐视图的创建，如图 11-43 所示。

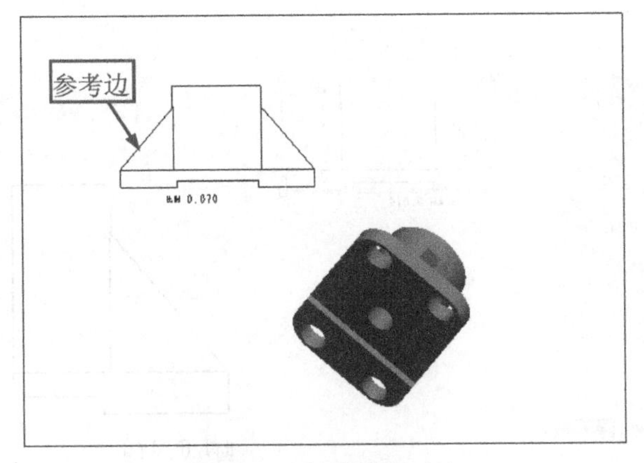

图 11-42　辅助视图（1）

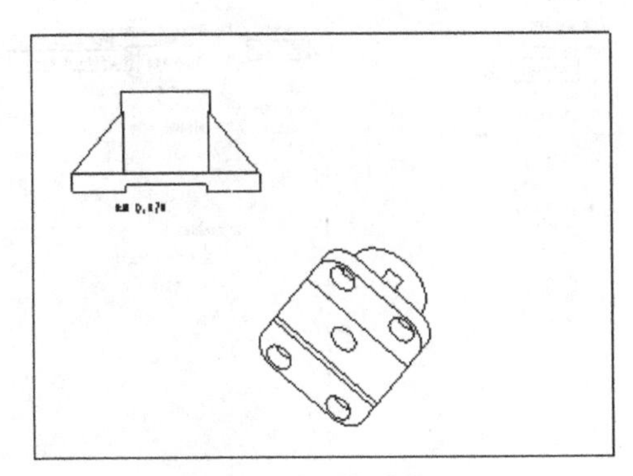

图 11-43　辅助视图（2）

（4）显示投影箭头。单击【类别】中的【视图类型】选项卡，参数设置如图 11-44 所示。单击【确定】按钮，完成辅助视图的创建，如图 11-45 所示。

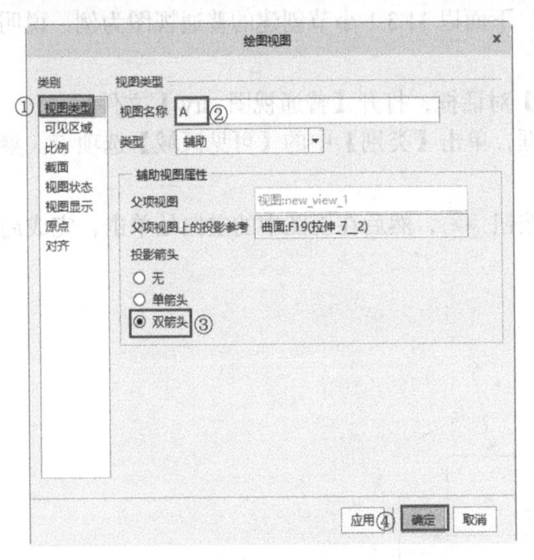

图 11-44　参数设置

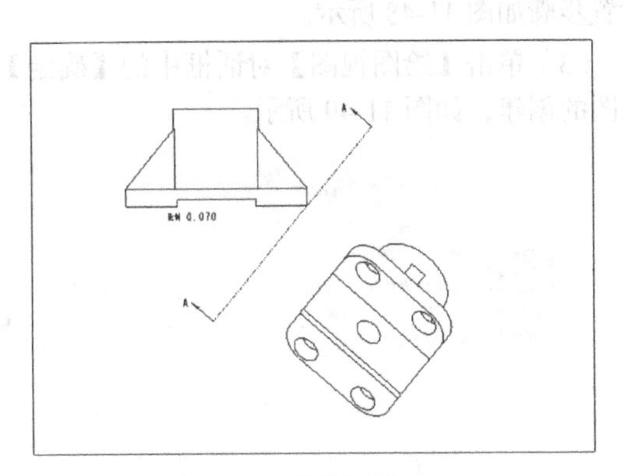

图 11-45　辅助视图（3）

11.3.5　练习：创建半视图

半视图只显示视图的一半，它主要用在对称零件的工程图上。下面以 11.3.1 小节创建的普通视图为例说明半视图的创建方法。

（1）单击【打开】按钮，弹出【文件打开】对话框，打开【普通视图 .drw】文件。

（2）双击普通视图，弹出【绘图视图】对话框，单击【类别】中的【可见区域】选项卡，参数设置如图 11-46 所示。单击【确定】按钮，完成半视图的创建，如图 11-47 所示。

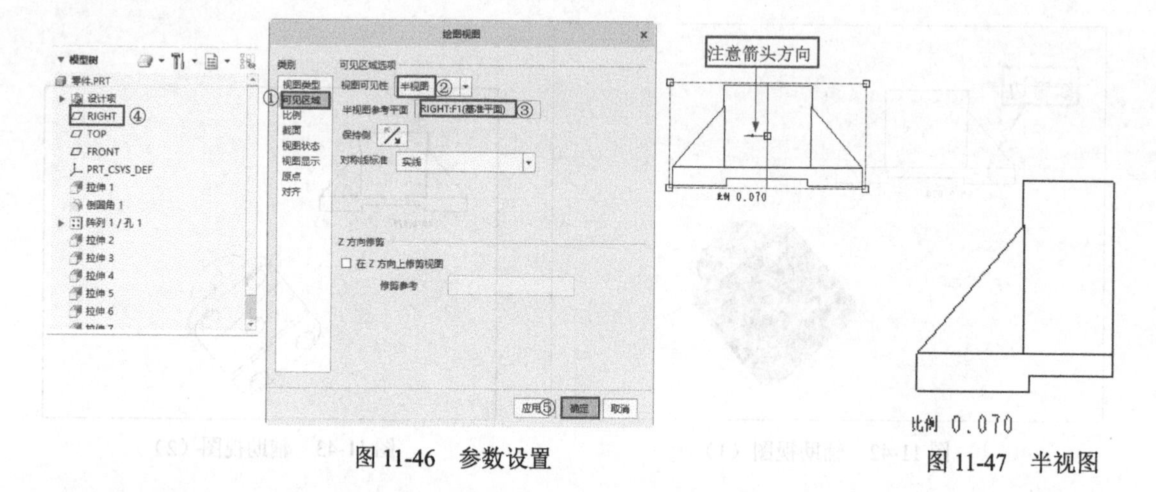

图 11-46　参数设置　　　　图 11-47　半视图

11.3.6　练习：创建局部视图

局部视图是指只显示视图的某个部分的视图。下面以 11.3.1 小节创建的普通视图为例，说明局部视图的创建方法。

（1）单击【打开】按钮，弹出【文件打开】对话框，打开【普通视图 .drw】文件。

（2）双击普通视图，弹出【绘图视图】对话框，单击【类别】中的【可见区域】选项卡。参数设置步骤如图 11-48 所示。

（3）单击【绘图视图】对话框中的【确定】按钮，然后在视图中的空白处单击，完成局部视图的创建，如图 11-49 所示。

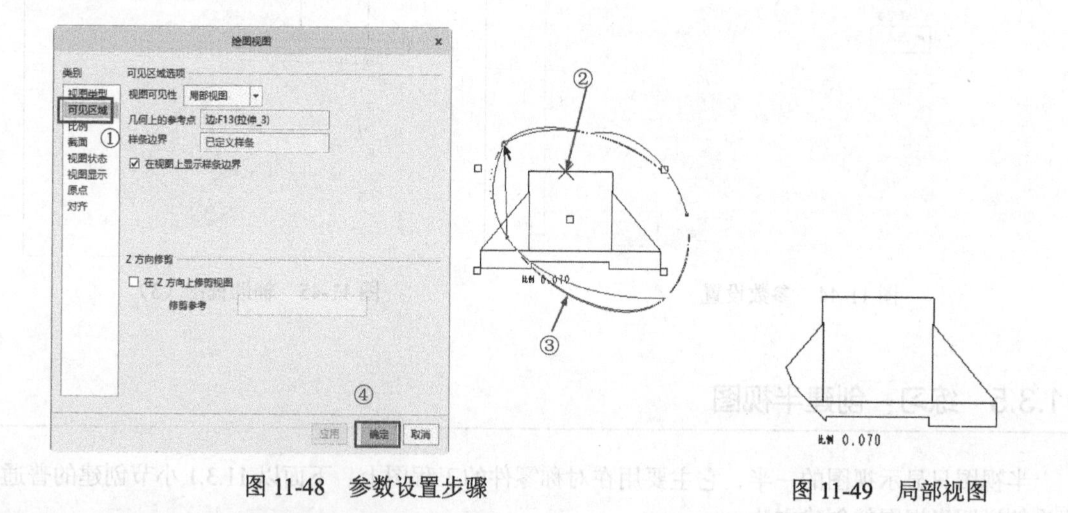

图 11-48　参数设置步骤　　　　图 11-49　局部视图

11.3.7　练习：创建剖视图

剖视图是用于表达模型内部结构（或从各视图不易看清楚的结构）的一种常用视图。可以在零件或组件模式中创建和保存一个剖面，并在绘图视图中显示，也可以在插入绘图视图时向其中添加剖面。

剖视图包括完全剖视图、半剖视图和局部剖视图。下面通过实例来说明完全剖视图的创建方法。

（1）单击【打开】按钮，弹出【文件打开】对话框，打开【零件 2.prt】文件，如图 11-50 所示。

（2）单击【新建】按钮，弹出【新建】对话框，输入工程图的名称【剖视图】，参数设置如图 11-1 所示。单击【确定】按钮确定，进入工程图界面。

（3）单击【普通视图】按钮，弹出【选择组合状态】对话框，选择【无组合状态】选项，然后单击【确定】按钮确定。

（4）确定视图类型。在图纸上选择合适的视图放置中心后，弹出【绘图视图】对话框，单击【类别】中的【视图类型】选项卡，在【模型视图名】中选择【BACK】视图，单击对话框中的【应用】按钮应用。

（5）修改视图比例。单击【类别】中的【比例】选项卡，选中【自定义比例】单选项，输入比例值【3】，然后单击对话框中的【应用】按钮应用。

（6）创建消隐视图。单击【类别】中的【视图显示】选项卡，在【显示样式】中选择【消隐】选项，将【相切边显示样式】选择为【无】，单击【应用】按钮应用。消隐后的普通视图如图 11-51 所示。

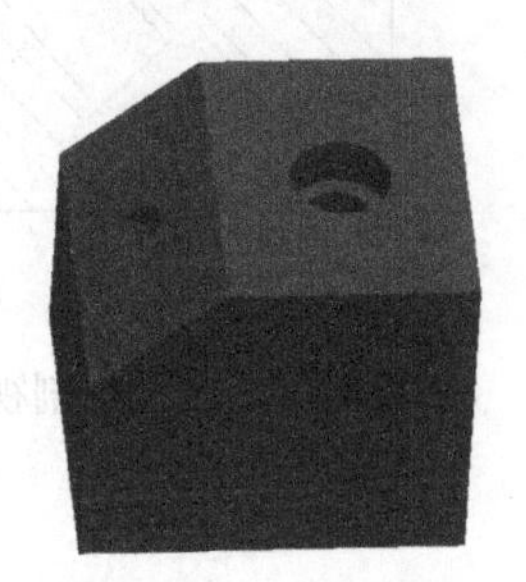
图 11-50　零件模型

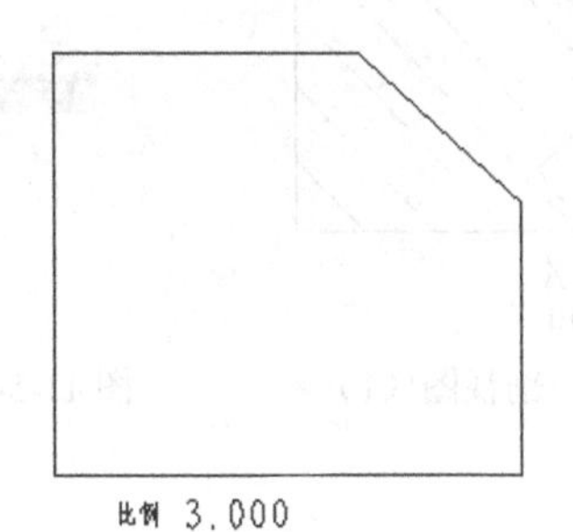

图 11-51　消隐后的普通视图

（7）创建剖视图。单击【类别】中的【截面】选项卡，选中【2D 横截面】单选项，参数设置如图 11-52 所示。

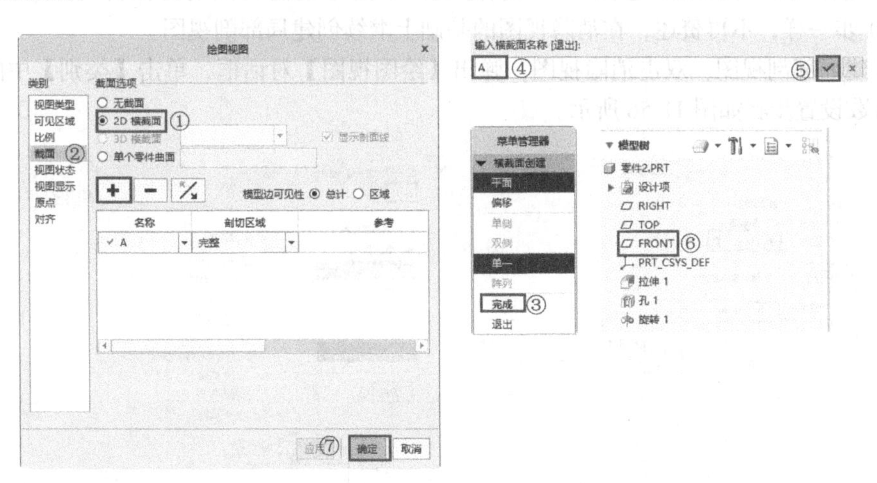

图 11-52　参数设置

（8）修改剖视图的密度。剖视图如图 11-53 所示，双击视图中的剖面线，弹出【修改剖面线】菜单，参数设置步骤如图 11-54 所示。单击菜单管理器中的【完成】命令，结果如图 11-55 所示。

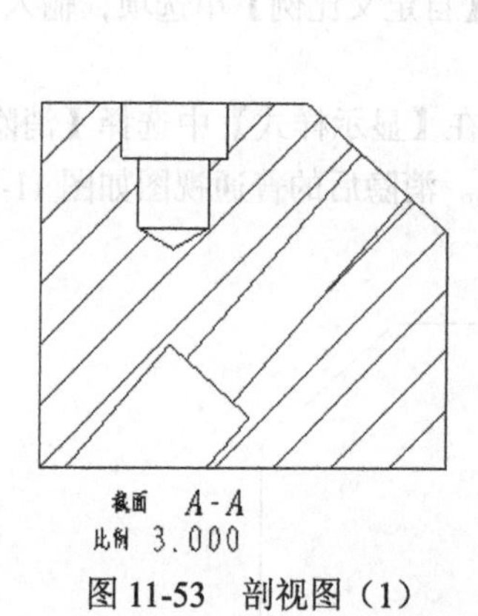

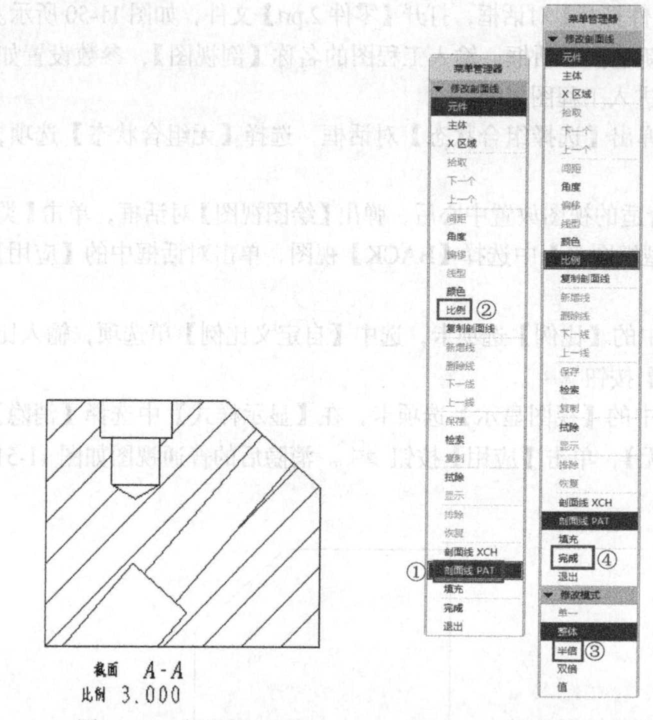

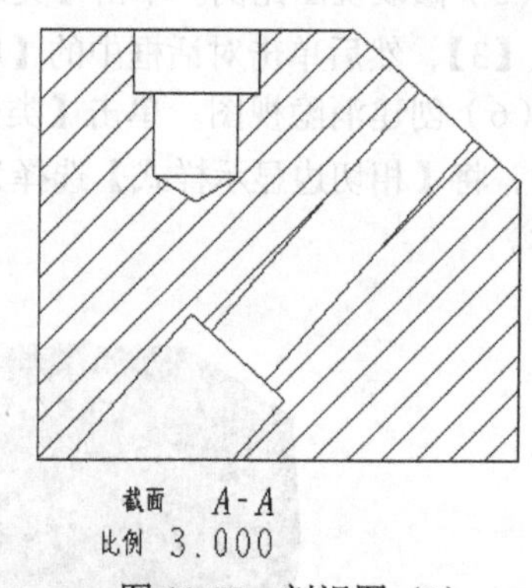

图 11-53 剖视图（1） 图 11-54 参数设置步骤 图 11-55 剖视图（2）

11.3.8 练习：创建局部剖视图

下面仍然以上面的例子为例，说明局部剖视图的创建方法。

（1）在制作局部剖视图的过程中，从新建视图到建立消隐视图的方法都与 11.3.7 小节的第（1）~（6）步一样，不再赘述，在消隐视图的基础上继续创建局部剖视图。

（2）创建局部剖视图。双击消隐视图，弹出【绘图视图】对话框，单击【类别】中的【截面】选项卡，参数设置步骤如图 11-56 所示。

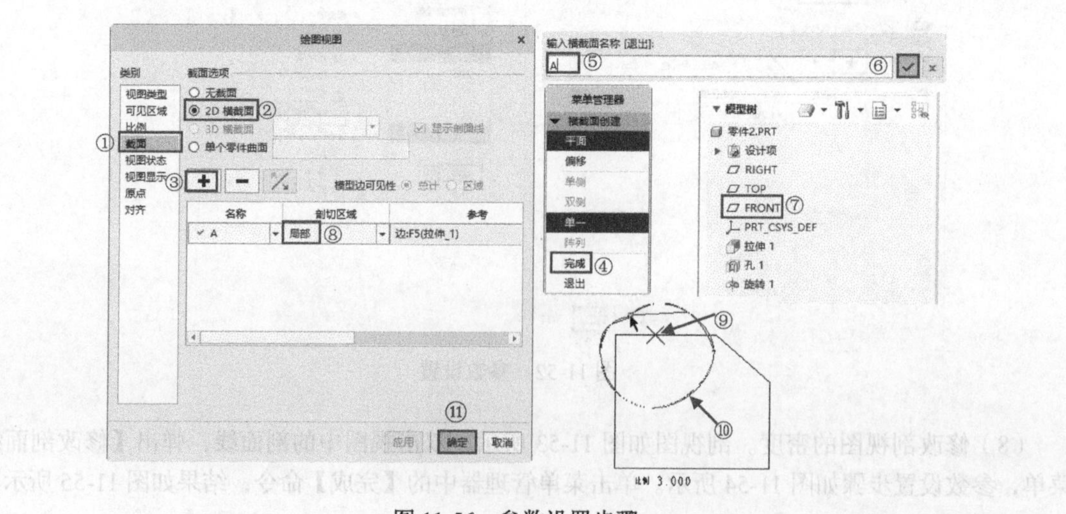

图 11-56 参数设置步骤

（3）单击【确定】按钮，完成局部剖视图的创建，如图 11-57 所示。

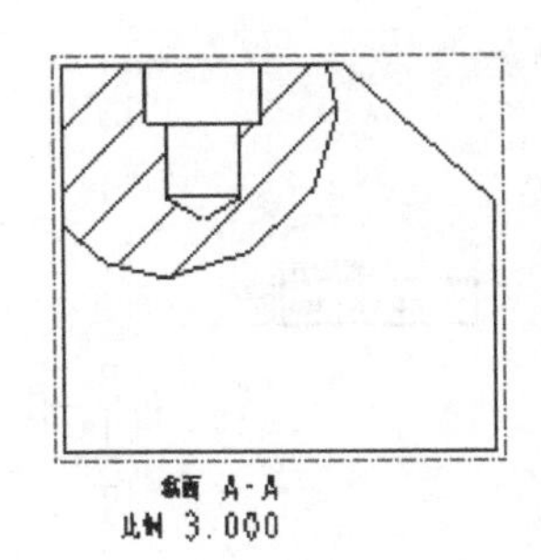

图 11-57　局部剖视图

11.3.9　练习：创建破断视图

移除两个选定点或多个选定点间的部分模型，并将剩余的两部分合拢在指定的距离内，这样便形成了破断视图。可以进行水平、垂直破断，或同时进行水平和垂直破断，并使用破断的各种图形边界样式。下面以一个轴零件为例说明如何创建破断视图。

（1）单击【打开】按钮，弹出【文件打开】对话框，打开【轴 .prt】文件，如图 11-58 所示。

（2）单击【新建】按钮，弹出【新建】对话框，输入工程图的名称【破断视图】，其他参数设置如图 11-1 所示。

（3）在【布局】选项卡中单击【普通视图】按钮，弹出【选择组合状态】对话框，选择【无组合状态】选项，单击【确定】按钮。

（4）确定视图类型。在图纸上选择合适的视图放置中心后，弹出【绘图视图】对话框。单击【类别】中的【视图类型】选项卡，在【模型视图名】中选择【TOP】视图。

（5）修改视图比例。单击【类别】中的【比例】选项卡，选中【自定义比例】单选项，输入比例值【2】，然后单击对话框中的【应用】按钮。

（6）创建消隐视图。单击【类别】中的【视图显示】选项卡，在【显示样式】中选择【消隐】选项，将【相切边显示样式】选择为【无】，单击对话框中的【应用】按钮，消隐后的普通视图如图 11-59 所示。

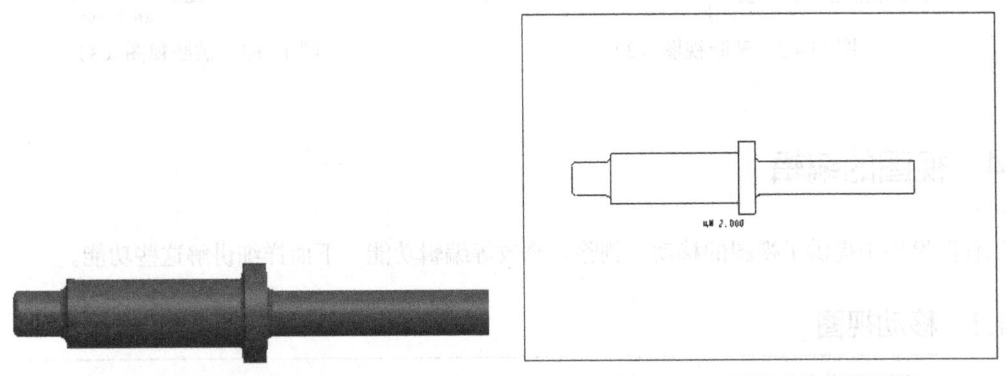

图 11-58　轴模型　　　图 11-59　消隐后的普通视图

（7）创建破断视图。单击【类别】中的【可见区域】选项卡，参数设置步骤如图 11-60 所示。

单击对话框中的【确定】按钮 确定 ，结果如图 11-61 所示。

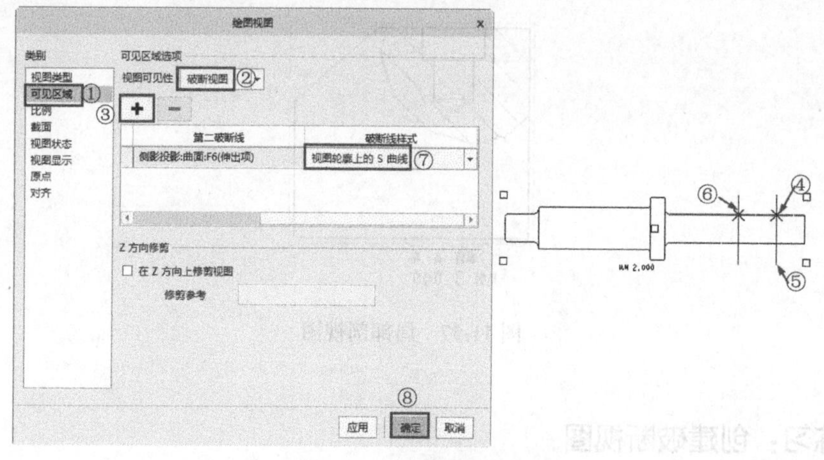

图 11-60　参数设置步骤

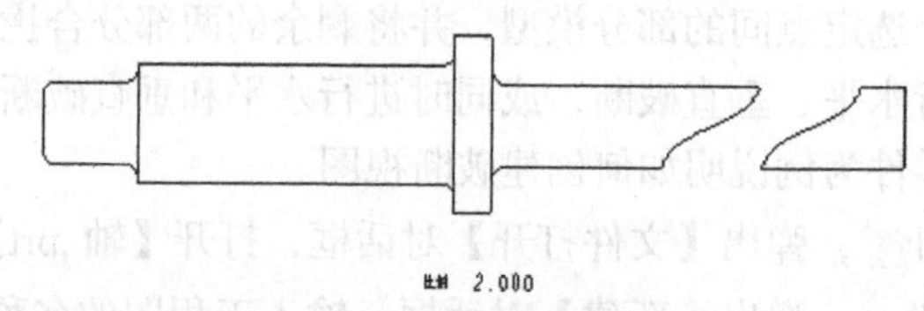

图 11-61　破断视图（1）

（8）检查【锁定视图移动】按钮 是否处于激活状态，如果不处于激活状态，则单击此按钮使其处于激活状态，并单击破断视图的一半使其处于选中状态，然后按住鼠标左键拖动这一半，使其距离另一半合适的距离，所得视图如图 11-62 所示。

（9）同理，创建视图另一端的破断视图，方法与步骤一样，所得图形如图 11-63 所示，完成破断视图的创建。

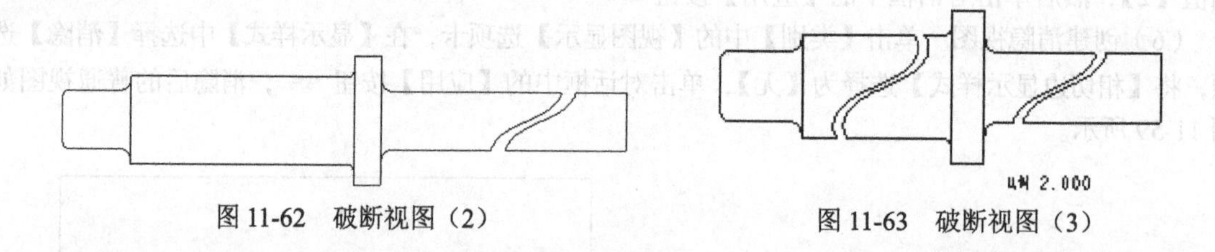

图 11-62　破断视图（2）　　　图 11-63　破断视图（3）

11.4　视图的编辑

工程图模块中提供了视图的移动、删除与修改等编辑功能，下面详细讲解这些功能。

11.4.1　移动视图

在工程图中，视图是不可以随意移动的，在默认的状态下视图是锁定的，要移动视图必须先解锁视图。打开工程图文件后，单击【锁定视图移动】按钮 使其处于激活状态；或者单击视图，然后单击鼠标右键，弹出图 11-64 所示的快捷菜单，单击快捷菜单中的【锁定视图移动】按钮，这两种方法都可以解锁视图。

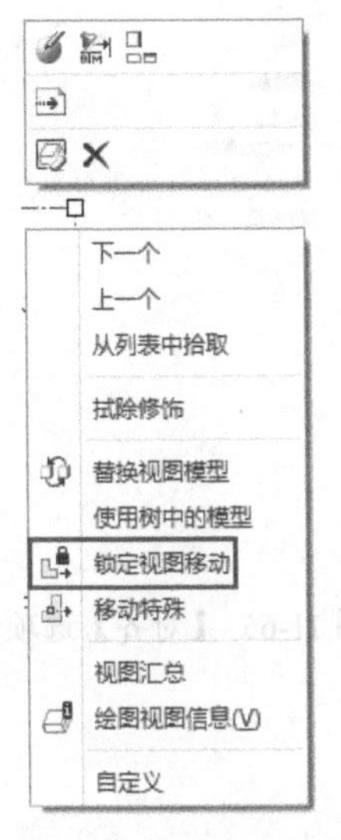

图 11-64　快捷菜单

单击视图，视图轮廓高亮显示，然后在拐角处按住鼠标左键拖动整个视图，或者在中心点处按住鼠标左键将高亮显示的视图拖动到新的位置。

11.4.2　删除视图

当要删除一个错误的视图时，先选中该视图使其高亮显示，删除的方式有以下 2 种。

（1）单击选中该视图使其高亮显示，然后按 Delete 键将其删除。

（2）单击选中该视图使其高亮显示，然后单击鼠标右键，从弹出的快捷菜单中选择【删除】命令。

注意

如果要删除的视图具有投影子视图，则投影子视图会与要删除的视图一起被删除。

11.4.3　对齐视图

投影视图与其父项视图具有正交对齐的关系。在工程图绘制过程中，可以根据制图需要设置视图的对齐关系。

在图 11-65 所示的【绘图视图】对话框的【对齐】选项卡中，可以设置视图的对齐选项。若取消勾选对话框中的【将此视图与其他视图对齐】复选框，则该视图与其他的视图没有对齐关系，可以自由移动。例如，若取消勾选【将此视图与其他视图对齐】复选框，则投影视图不会再与其父项视图有正交对齐关系，可以自由移动。

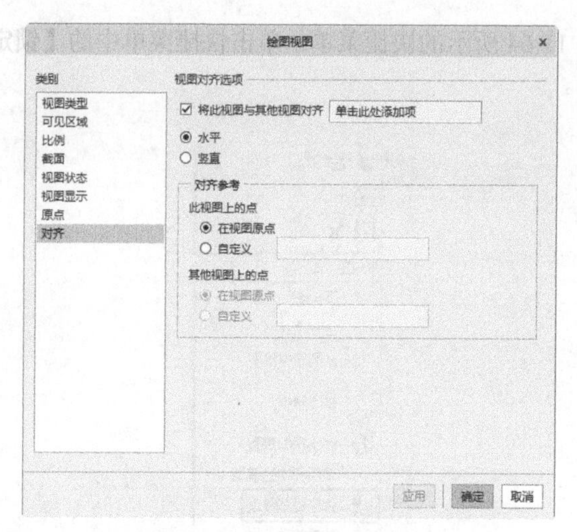

图 11-65 【对齐】选项卡

11.5 视图的注释

视图的注释包括尺寸标注及编辑、尺寸公差的标注、表面粗糙度的标注及添加技术要求。下面详细介绍视图的注释方法。

11.5.1 尺寸的生成及编辑

1. 自动标注尺寸

单击【注释】选项卡【注释】组中的【显示模型注释】按钮，弹出图 11-66 所示的【显示模型注释】对话框。该对话框共有 6 个基本选项卡，从左到右分别用于显示模型尺寸、显示模型几何公差、显示模型注解、显示模型表面粗糙度、显示模型符号、显示模型基准。在这些选项卡中还可以显示项目的类型，例如在尺寸项目中，可以在【类型】下拉列表中选择【全部】【驱动尺寸注释元素】【所有驱动尺寸】【强驱动尺寸】【从动尺寸】【参考尺寸】【纵坐标尺寸】。

设置好显示的项目和类型后，可以在图 11-67 所示的【选择过滤器】下拉列表中选择需要的过滤选项，以便在视图中选择对象来显示模型视图的相关注释内容。

确定好显示项目和类型后，在模型树或视图中选择要标注的组件、零件或特征，【显示模型注释】对话框中会显示该组件、零件或特征按类型设置的所有尺寸，根据需要勾选要标注的尺寸；或者单击对话框中的【全选】按钮选中所有的尺寸（单击【撤销】按钮可以清除所有被选中的尺寸），然后单击对话框中的【确定】按钮，完成自动标注尺寸操作。

2. 手动标注尺寸

尺寸标注的类型有【尺寸】、【纵坐标尺寸】、【参考尺寸】、【自动标注纵坐标】几种。

以创建【尺寸】标注为例来说明标注尺寸的步骤：单击【注释】选项卡【注释】组中的【尺寸】按钮，弹出图 11-68 所示的【选择参考】对话框，然后在绘图区中选择图元对象进行尺寸标注，单击鼠标中键确认创建尺寸，如图 11-69 所示。

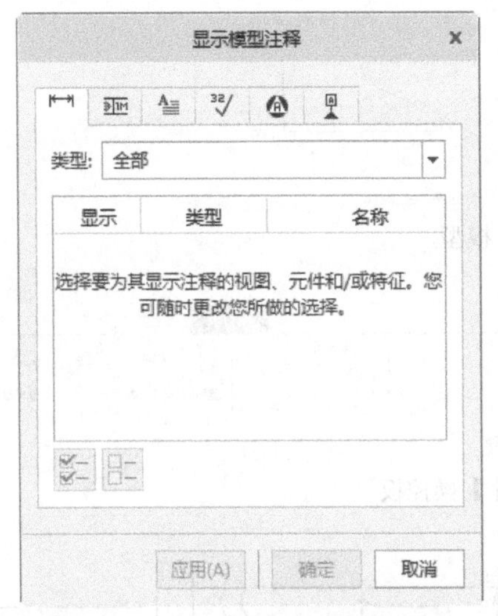

图 11-66 【显示模型注释】对话框

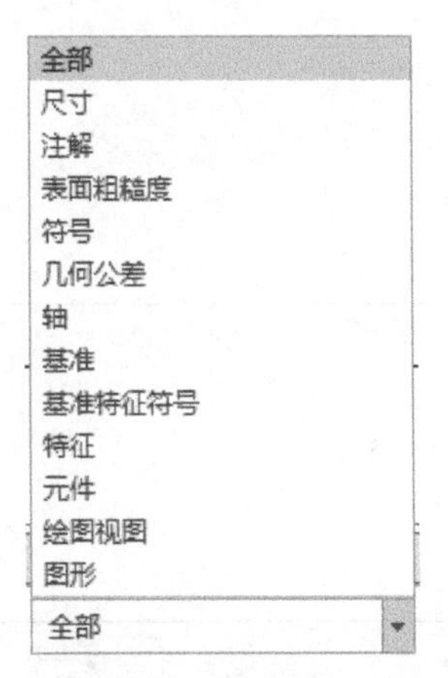

图 11-67 【选择过滤器】下拉列表

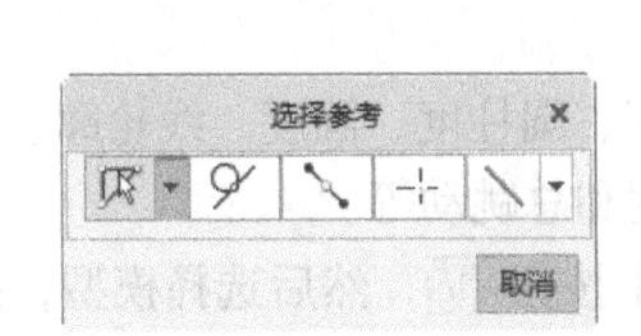

图 11-68 【选择参考】对话框

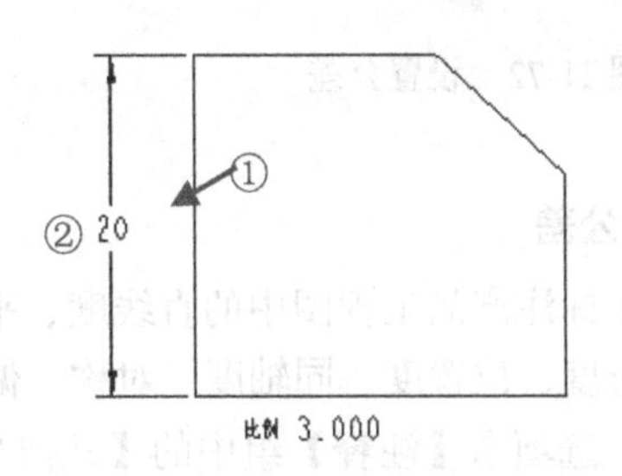

图 11-69 创建尺寸

3. 尺寸的编辑

（1）移动尺寸。单击要移动的尺寸，此时尺寸将高亮显示，然后在尺寸上按住鼠标左键，把尺寸拖到合适的位置。如果要把尺寸移动到另一个视图，则单击该尺寸后，在该尺寸上单击鼠标右键，在弹出的快捷菜单中选择【移动到视图】命令，然后选择视图或窗口即可。

（2）删除尺寸。单击要删除的尺寸，此时尺寸将高亮显示，然后单击鼠标右键，在弹出的快捷菜单中选择【删除】命令，或者按 Delete 键，即可删除尺寸。

11.5.2 标注公差

公差包括尺寸公差和几何公差。在 Creo Parametric 8 中，系统默认采用不显示公差的尺寸，因此要将【tol_display】选项设置为【yes】才可以显示公差。

1. 创建尺寸公差

下面以图 11-70 所示的零件模型的轴的直径为例来说明如何标注尺寸公差。

选中图中的尺寸，弹出图 11-71 所示的【尺寸】操控板，选择【公差】类型为【对称】，输入公差值【0.01】，如图 11-72 所示。单击【确定】按钮 确定 ，完成尺寸公差的标注，所得的图形如图 11-73 所示。

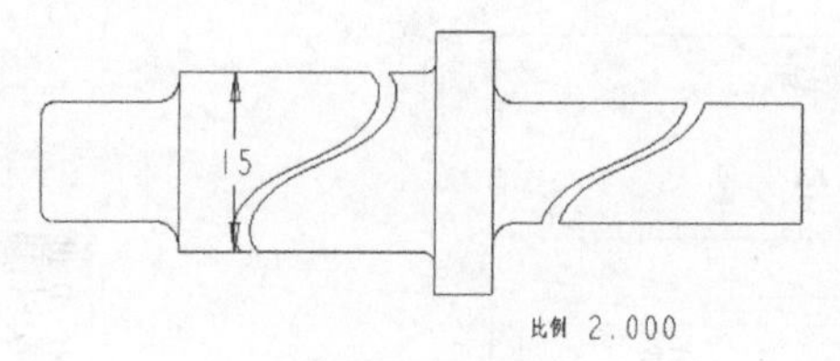

图 11-70 模型

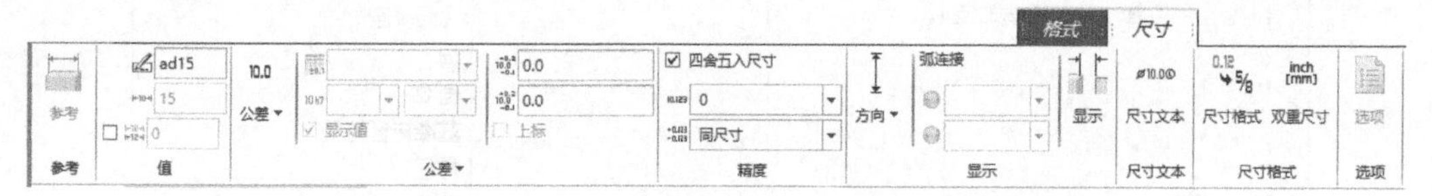

图 11-71 【尺寸】操控板

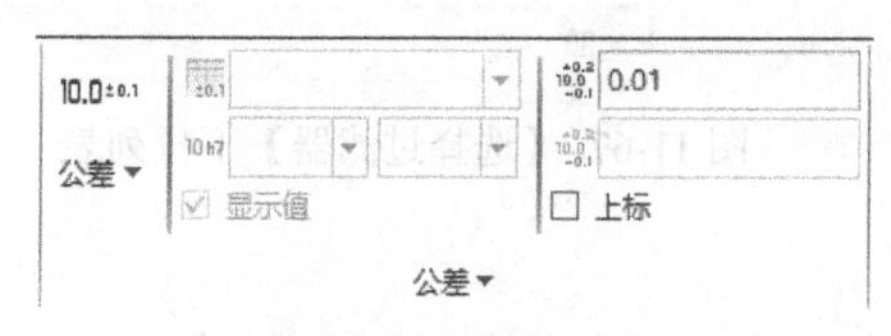

图 11-72 设置公差

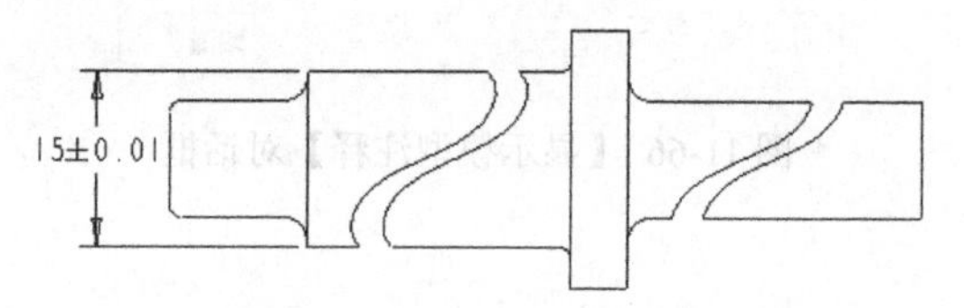

图 11-73 尺寸公差的标注

2. 创建几何公差

几何公差用于标注产品工程图中的直线度、平面度、圆柱度、圆度、线轮廓、曲面轮廓、倾斜度、垂直度、平行度、位置度、同轴度、对称、偏差度和总跳动等。

单击【注释】选项卡【注释】组中的【几何公差】按钮，然后选择模型，拖动公差到合适位置，单击鼠标中键，放置公差到适当位置。弹出图 11-74 所示的【几何公差】操控板，利用该操控板，可以在工程图中插入几何公差。

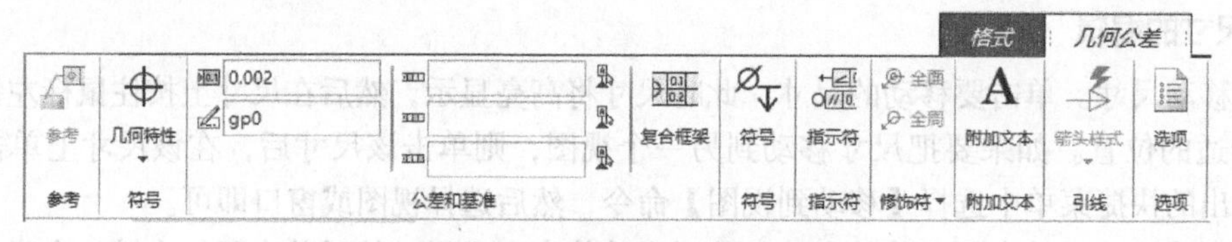

图 11-74 【几何公差】操控板

下面以图 11-73 所示的轴为例来说明如何创建圆柱度几何公差。

（1）单击单击【几何公差】按钮，然后选择模型，拖动公差到合适位置，单击鼠标中键，放置公差到适当位置，结果如图 11-75 所示，弹出【几何公差】操控板。

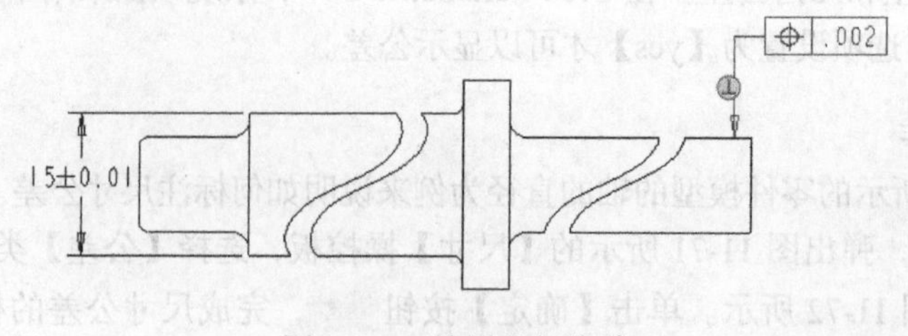

图 11-75 放置几何公差

（2）打开【符号】组中的【几何特征】下拉列表，选择符号为【圆柱度】，如图 11-76 所示。输入公差值【0.01】，如图 11-77 所示。完成圆柱度形位公差的标注，如图 11-78 所示。

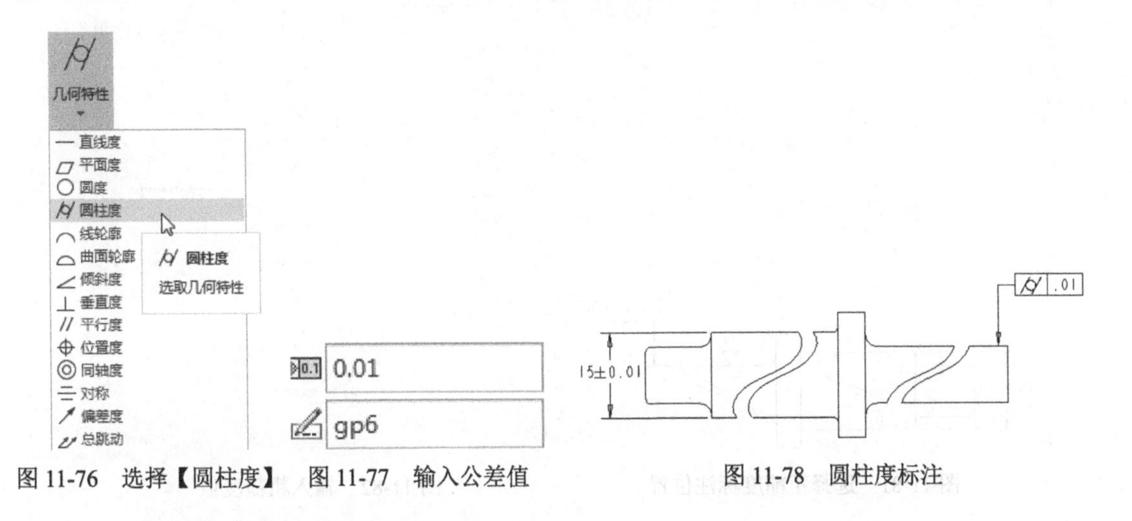

图 11-76　选择【圆柱度】　图 11-77　输入公差值　图 11-78　圆柱度标注

11.5.3　标注表面粗糙度

下面以标注零件的表面粗糙度为例，说明标注表面粗糙度的一般过程。

（1）单击【注释】选项卡【注释】组中的【表面粗糙度】按钮，弹出图 11-79 所示的【打开】对话框，打开【machined】文件中的 standard1.sym，弹出【表面粗糙度】对话框，单击【常规】选项卡，更改粗糙度符号的放置类型为【图元上】，如图 11-80 所示。

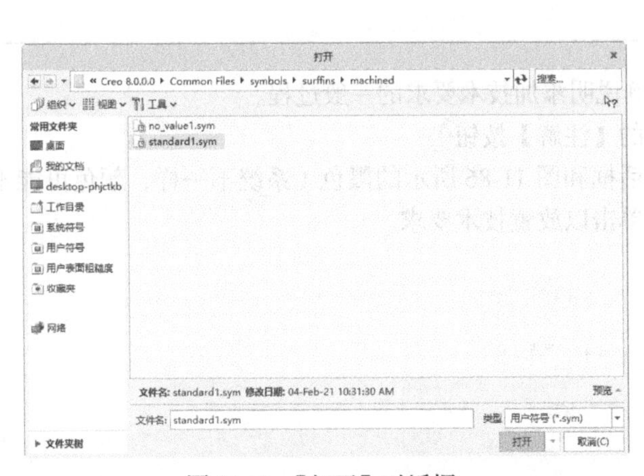

图 11-79　【打开】对话框

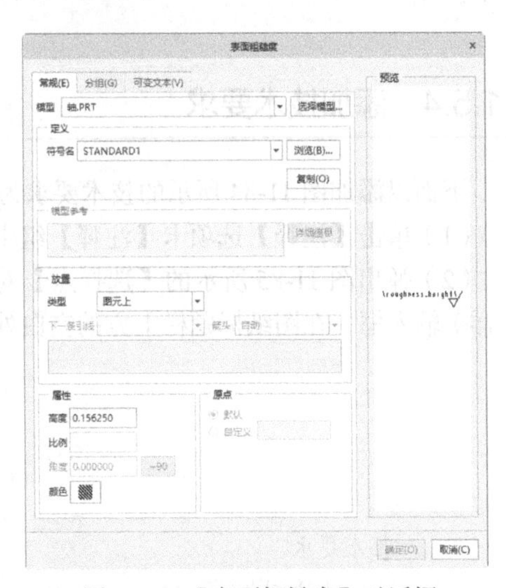

图 11-80　【表面粗糙度】对话框

（2）选择图 11-81 所示的边，在【表面粗糙度】对话框中选择【可变文本】选项卡，在图 11-82 所示的输入框中输入粗糙度值【6.3】，在空白处单击鼠标中键使其处于未选中状态，然后将粗糙度放到合适的位置，此时基本完成圆柱表面粗糙度的标注，如图 11-83 所示。最后单击【表面粗糙度】对话框中的【确定】按钮，完成粗糙度的标注。

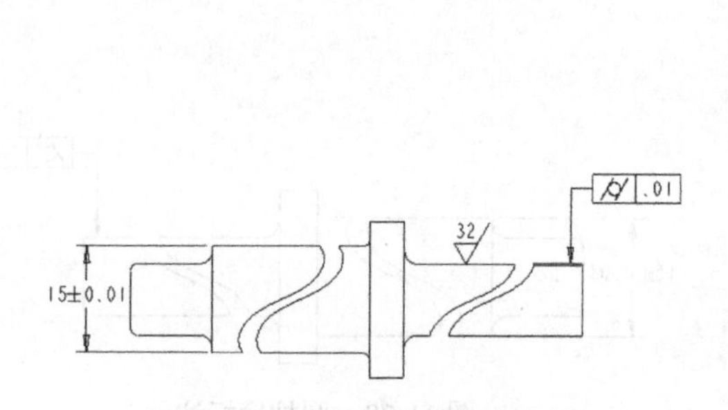

图 11-81　选择粗糙度标注位置

图 11-82　输入粗糙度值

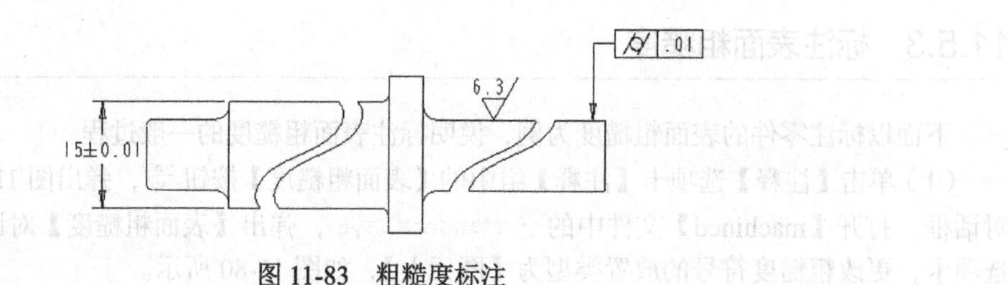

图 11-83　粗糙度标注

11.5.4　添加技术要求

下面以添加图 11-84 所示的技术要求为例说明添加技术要求的一般过程。

（1）单击【注释】选项卡【注释】组中的【注解】按钮。

（2）弹出图 11-85 所示的【选择点】对话框和图 11-86 所示的黑色（系统不一样，颜色可能不一样）输入框，在图纸标题栏上方的空白处单击以放置技术要求。

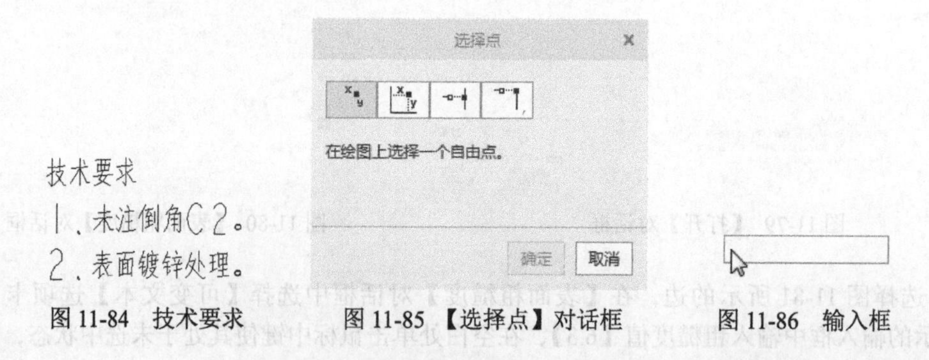

图 11-84　技术要求　　图 11-85　【选择点】对话框　　图 11-86　输入框

（3）弹出图 11-87 所示的【格式】操控板。在输入框中输入文字【技术要求 1. 未注倒角 C2。2. 表面镀锌处理】，在【格式】操控板中对文字进行修改，从而满足实际要求。

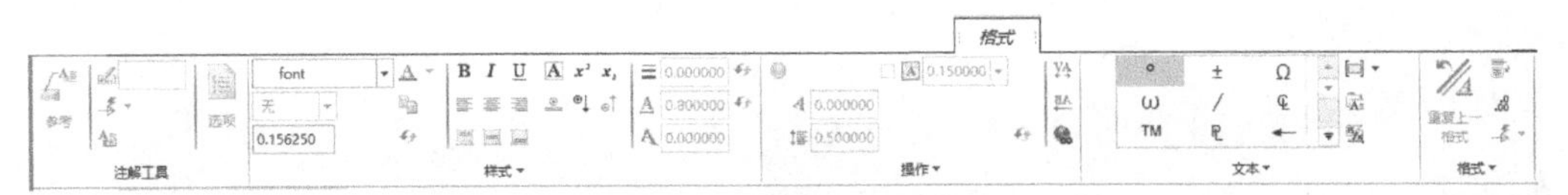

图 11-87 【格式】操控板

（4）在输入框外空白处单击，完成技术要求的添加，如图 11-88 所示。

（5）若要修改技术要求，直接双击技术要求，系统激活图 11-89 所示的编辑框，在其中可以直接编辑文本。

（6）单击【格式】操控板中的【文本样式】命令，弹出图 11-90 的【文本样式】对话框，在其中可以对文本样式进行编辑。

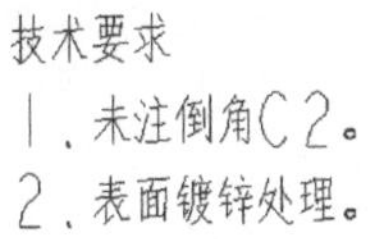

技术要求
1．未注倒角C2。
2．表面镀锌处理。

图 11-88　技术要求

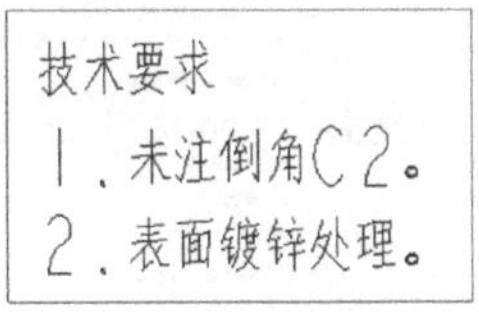

技术要求
1．未注倒角C2。
2．表面镀锌处理。

图 11-89　编辑框

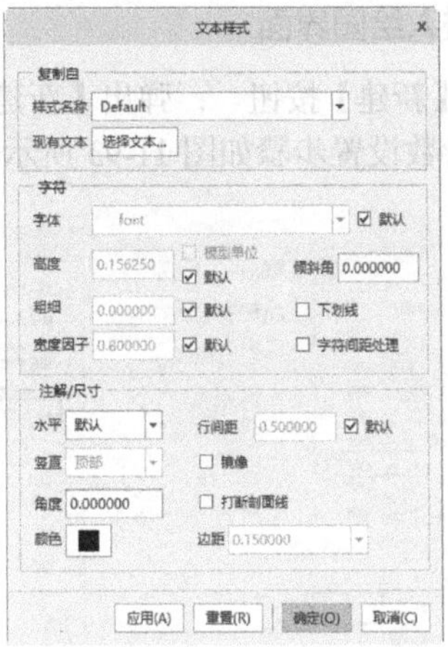

图 11-90 【文本样式】对话框

11.6　综合实例——绘制转子轴工程图

下面以转子轴工程图的绘制过程为例说明工程图纸的一般创建方法，如图 11-91 所示。

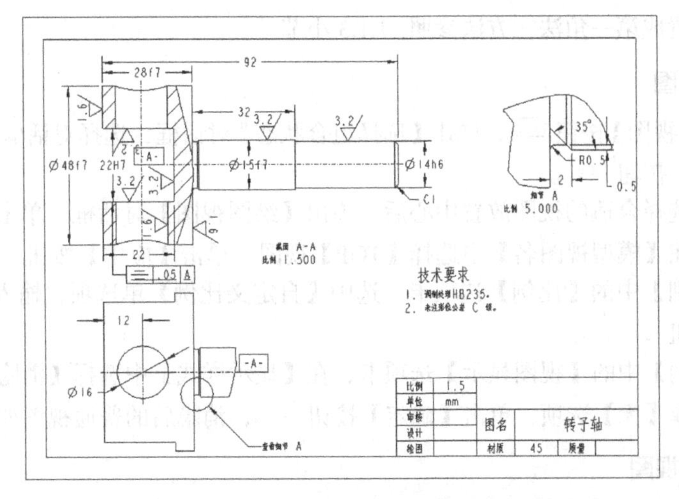

图 11-91　转子轴的工程图

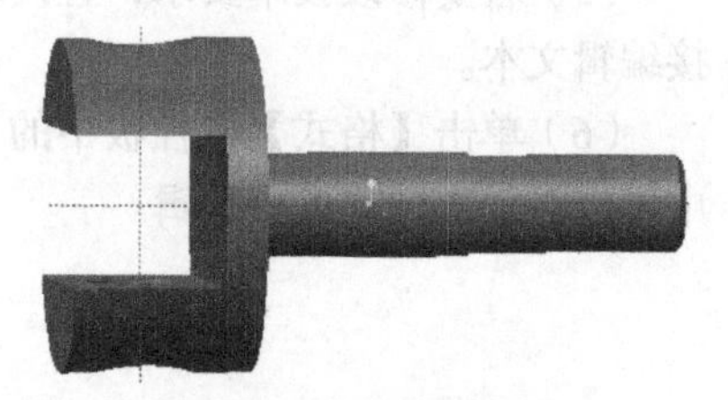

图 11-92　转子轴模型

1. 打开模型文件

单击【打开】按钮，弹出【文件打开】对话框，打开【转子轴 .prt】文件，如图 11-92 所示。

2. 进入绘图界面

单击【新建】按钮，弹出【新建】对话框，输入名称【转子轴】，参数设置步骤如图 11-93 所示。

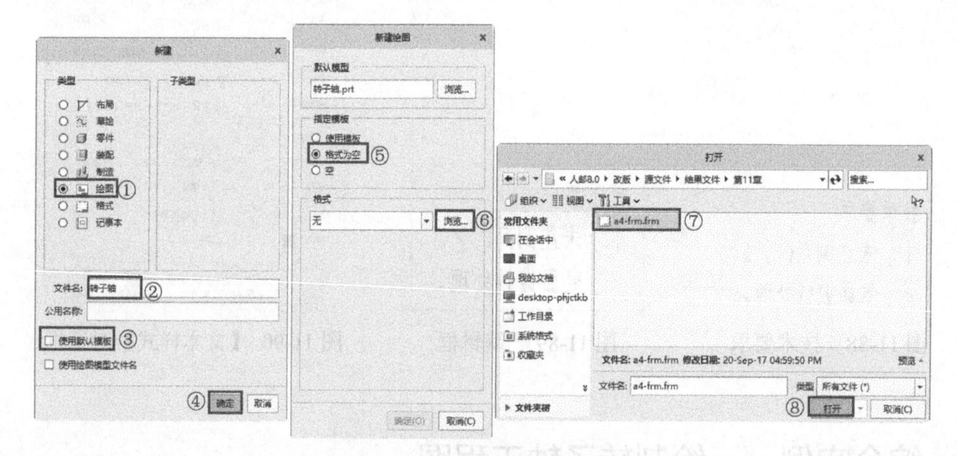

图 11-93　参数设置步骤

3. 设置绘图环境

将绘图环境设置成第一角法，方法参照 11.1.3 小节。

4. 创建普通视图

（1）单击【普通视图】按钮，弹出【选择组合状态】对话框，选择对话框中的【无组合状态】选项，单击【确定】按钮 确定 。

（2）在图纸上选择合适的视图放置中心后，弹出【绘图视图】对话框，单击【类别】中的【视图类型】选项卡，在【模型视图名】中选择【TOP】视图，单击【应用】按钮 应用 。

（3）单击【类别】中的【比例】选项卡，选中【自定义比例】单选项，输入比例值【1.5】，然后单击【应用】按钮 应用 。

（4）单击【类别】中的【视图显示】选项卡，在【显示样式】中选择【消隐】选项，在【相切边显示样式】中选择【无】选项，单击【确定】按钮 确定 ，消隐后的普通视图如图 11-94 所示。

5. 创建局部剖视图

（1）创建局部剖视图。双击消隐视图，弹出【绘图视图】对话框，单击【类别】中的【截面】

选项卡，参数设置步骤如图 11-95 所示。

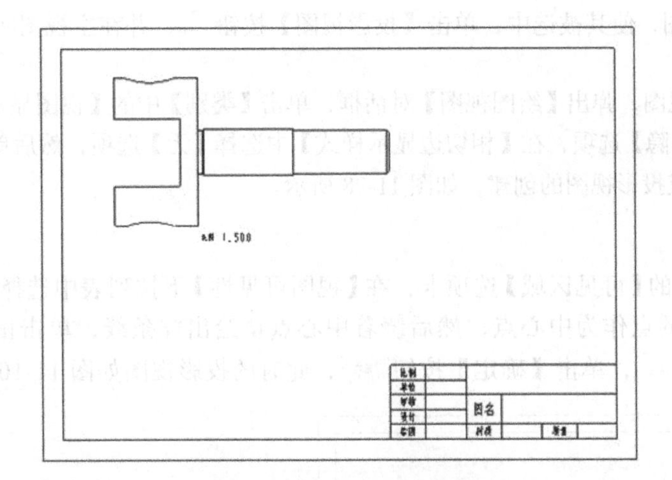

图 11-94　消隐后的普通视图

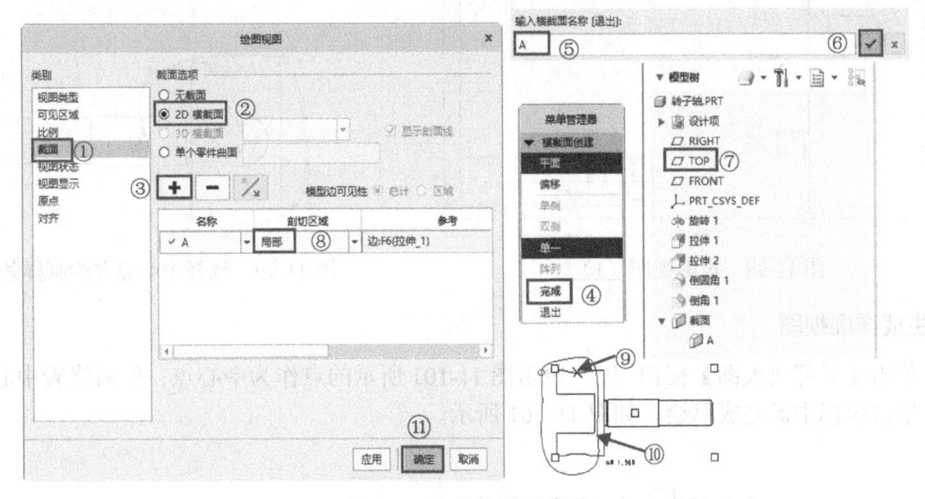

图 11-95　参数设置步骤

（2）单击【确定】按钮 确定 ，完成局部剖视图的创建，如图 11-96 所示。

6. 改变剖面线的密度

双击图 11-97 所示的视图中的剖面线，修改剖面线比例为【半倍】，具体参数设置步骤如图 11-54 所示。

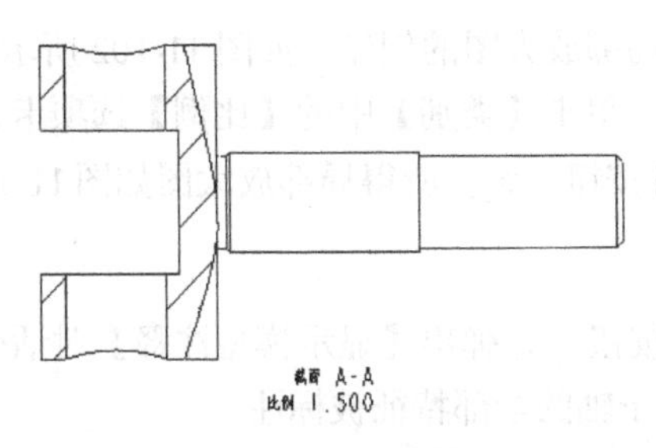

图 11-96　局部剖视图

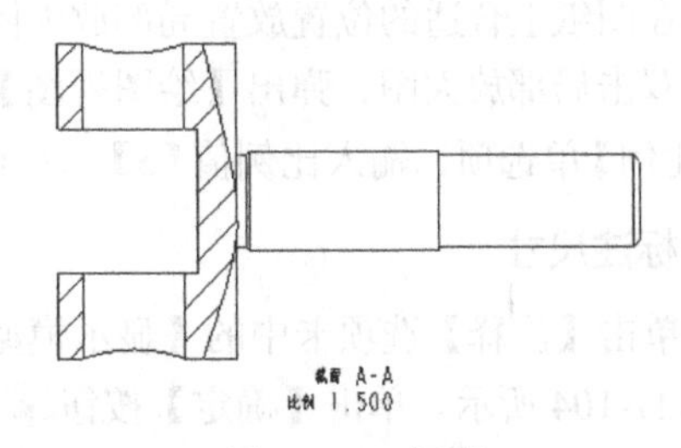

图 11-97　视图

7. 生成投影视图

（1）单击主视图，使其被选中，单击【投影视图】按钮，并在主视图底部合适位置插入投影视图。

（2）双击投影视图，弹出【绘图视图】对话框，单击【类别】中的【视图显示】选项卡，在【显示样式】中选择【消隐】选项，在【相切边显示样式】中选择【无】选项，然后单击对话框中的【应用】按钮应用。完成投影视图的创建，如图 11-98 所示。

8. 生成局部图

单击【类别】中的【可见区域】选项卡，在【视图可见性】下拉列表中选择【局部视图】选项，单击图 11-99 所示的点作为中心点；然后绕着中心点草绘出样条线，单击鼠标中键完成草绘。单击【应用】按钮应用，单击【确定】按钮确定，此时的投影视图如图 11-100 所示。

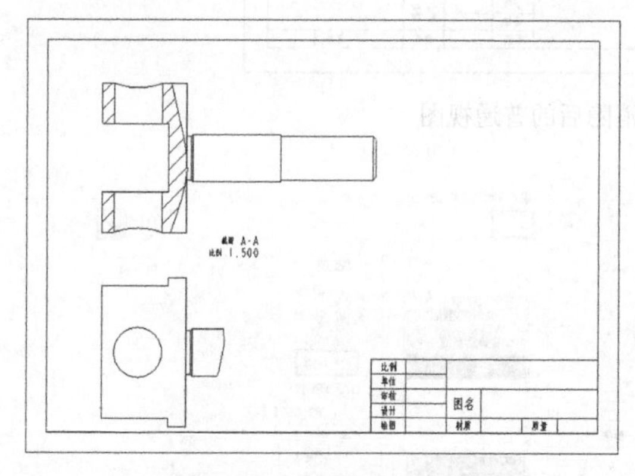

图 11-98　投影视图（1）

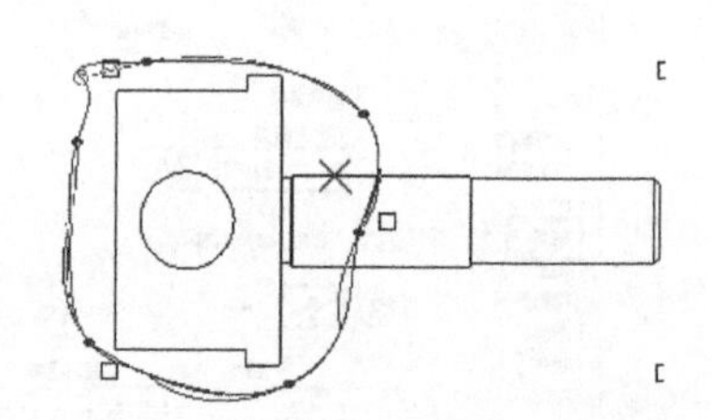

图 11-99　选择中心点并绘制样条线

9. 生成详细视图

（1）单击【局部放大图】按钮，单击图 11-101 所示的点作为中心点；然后绕着中心点草绘样条线，单击鼠标中键完成草绘，如图 11-101 所示。

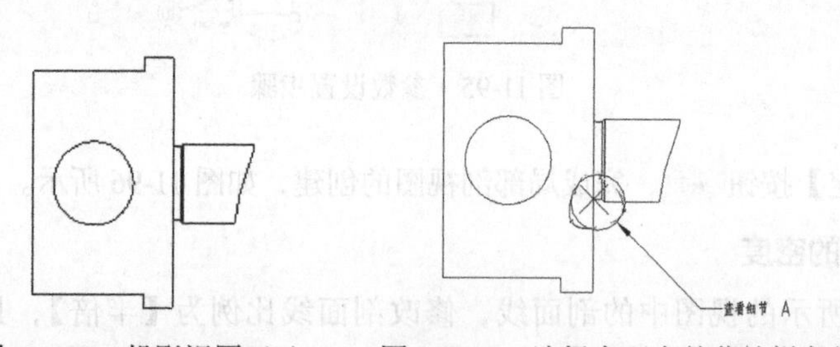

图 11-100　投影视图（2）　　图 11-101　选择中心点并草绘样条线

（2）在图纸上合适的位置放置局部放大图，完成局部放大图的创建，如图 11-102 所示。

（3）双击局部放大图，弹出【绘图视图】对话框，单击【类别】中的【比例】选项卡，并选中【自定义比例】单选项，输入比例值【5】。单击【确定】按钮确定，所得局部放大图如图 11-103 所示。

10. 标注尺寸

（1）单击【注释】选项卡中的【显示模型注释】按钮，弹出【显示模型注释】对话框，参数设置如图 11-104 所示。单击【确定】按钮确定，使转子轴的全部特征被标注。

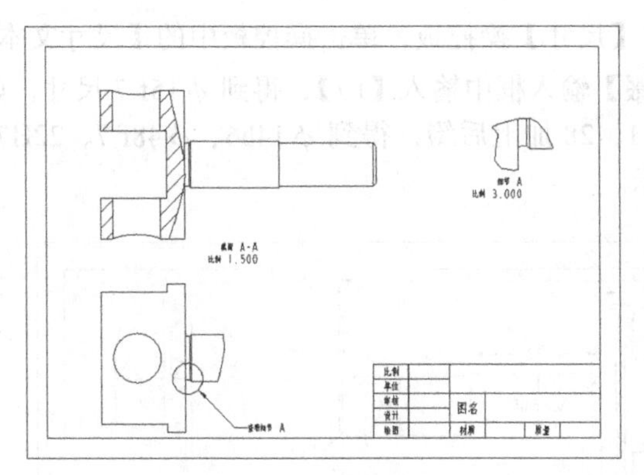

图 11-102　局部放大图　　　　图 11-103　详细视图

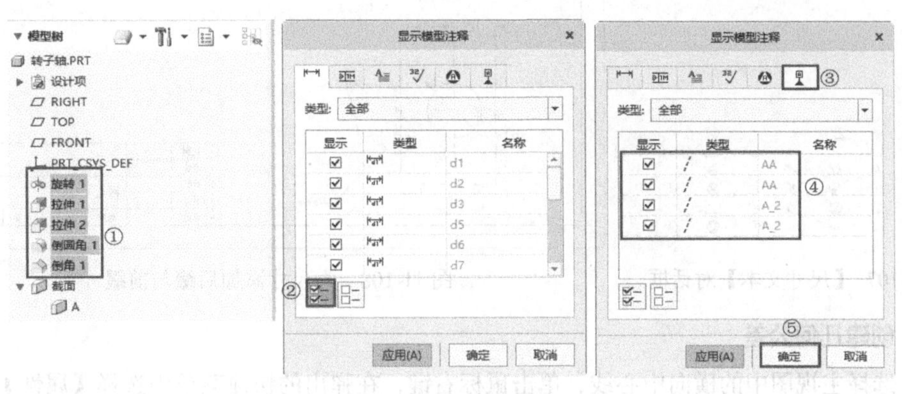

图 11-104　参数设置

（2）单击视图中的 ϕ16 尺寸，然后单击鼠标右键，弹出图 11-105 所示的快捷菜单，在快捷菜单中选择【移动到视图】命令，并单击投影视图，则此尺寸被移动到投影视图中。同理，将长度为 12 的尺寸也移动到投影视图中，将 0.5、2、135°、R0.5 这 4 个尺寸都移动到详细视图中。按住 Ctrl 键单击长度为 60、11 的尺寸，按 Delete 键将它们删除。然后对其他尺寸进行整理，单击尺寸，尺寸上方会出现移动符号，移动尺寸到适当的位置，所得图形如图 11-106 所示。

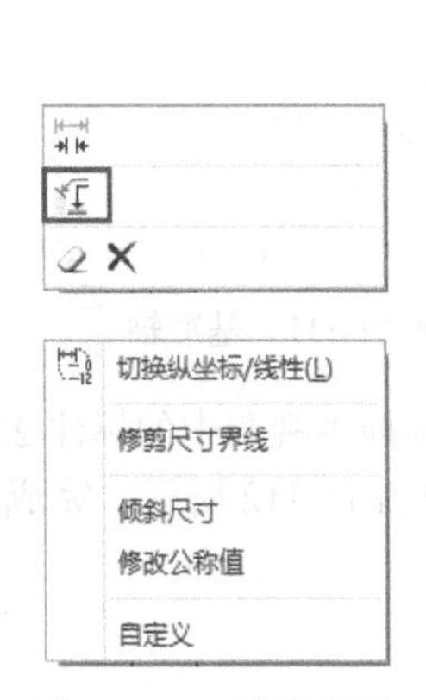

图 11-105　快捷菜单

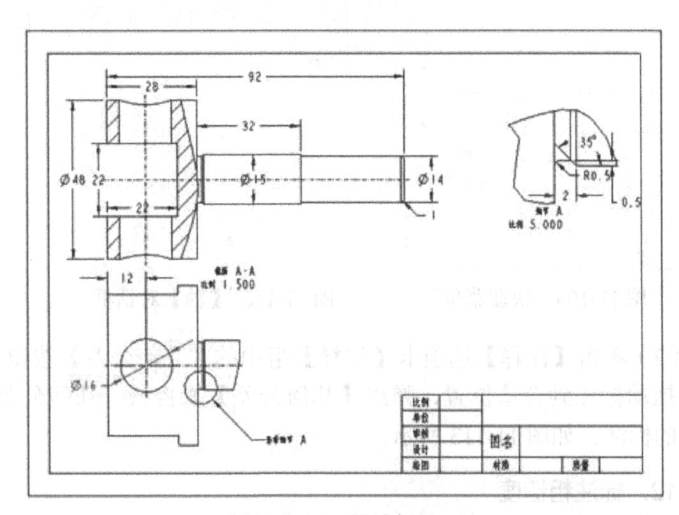

图 11-106　尺寸标注

（3）增加尺寸前后缀。选择 ϕ15 尺寸，弹出【尺寸】操控板，单击操控板中的【尺寸文本】按钮 ⌀10.00，弹出【尺寸文本】对话框，在【后缀】输入框中输入【f7】，得到 ϕ15f 7 尺寸，如图 11-107 所示。同理，为尺寸 ϕ14、ϕ48、22、1、28 加上后缀，得到 ϕ14h6、ϕ48f 7、22H7、28f 7。为 1 增加前缀 C，所得图形如图 11-108 所示。

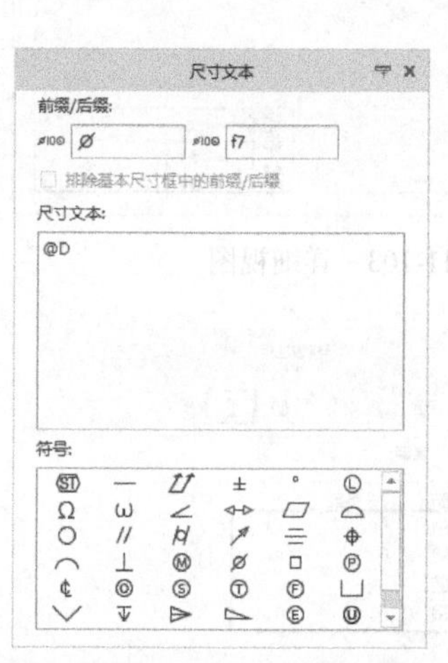

图 11-107 【尺寸文本】对话框

图 11-108 为尺寸添加后缀与前缀

11. 创建几何公差

（1）选择主视图中的横向中心线，单击鼠标右键，在弹出的快捷菜单中选择【属性】命令，如图 11-109 所示。弹出【轴】对话框，在对话框中输入名称【A】，然后选择【显示】类型为 -A-，如图 11-110 所示。单击【确定】按钮 确定，绘制基准轴，如图 11-111 所示。

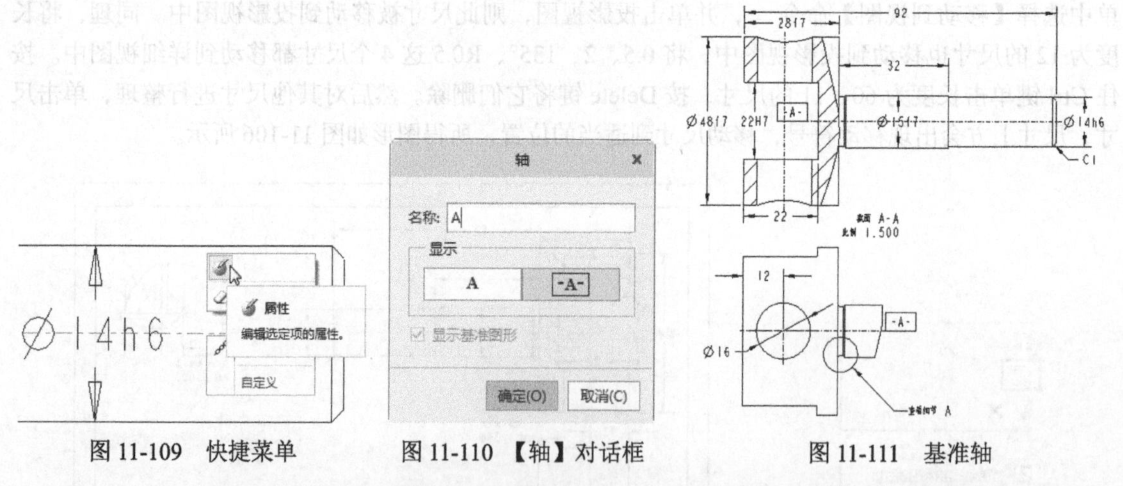

图 11-109 快捷菜单　　图 11-110 【轴】对话框　　图 11-111 基准轴

（2）单击【注释】选项卡【注释】组中的【几何公差】按钮 ⊕1M，选择主视图中的标注 22H7，然后拖动标注到合适位置，弹出【几何公差】操控板。几何公差设置如图 11-112 所示。完成形位公差的标注，如图 11-113 所示。

12. 标注粗糙度

（1）单击【注释】选项卡中的【表面粗糙度】按钮 ³²✓，弹出【打开】对话框，打开【machined】

文件中的 standard1.sym。弹出【表面粗糙度】对话框，将【类型】选择为【图元上】。设置表面粗糙度数值为【3.2】，具体操作步骤参照 11.5.3 小节。

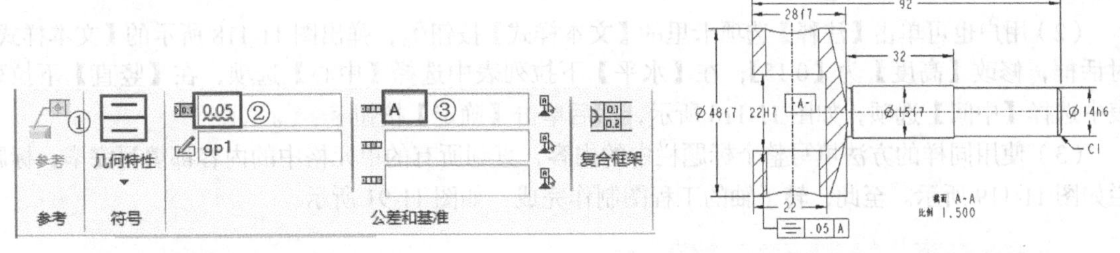

图 11-112　几何公差设置　　　　图 11-113　几何公差标注

（2）选择一条边，在空白的地方单击鼠标中键，结果如图 11-114 所示。单击【确定】按钮 确定，完成标注。

（3）同理，标注其他位置的表面粗糙度，并调整其位置，所得图形如图 11-115 所示。

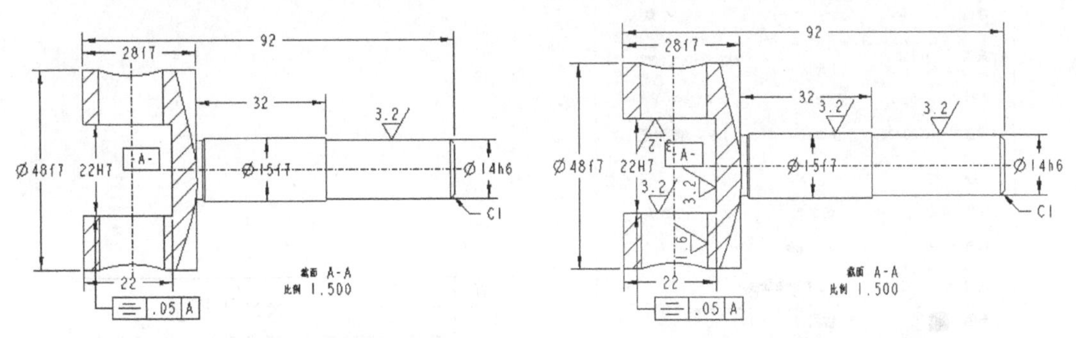

图 11-114　表面粗糙度标注（1）　　　　图 11-115　表面粗糙度标注（2）

（4）同理，添加表面粗糙度为【1.6】的粗糙度符号，并调整其位置，所得图形如图 11-116 所示。

13. 添加技术要求

（1）单击【注释】选项卡中的【注解】按钮。

（2）弹出【选择点】对话框和输入框，在图纸标题栏上方的空白处单击以放置输入框。

（3）弹出【格式】操控板，在输入框中输入文字【技术要求 1. 调制处理 HB235。2. 未注形位公差 C 级】。在【格式】操控板中对文字进行修改，从而满足实际要求。

（4）在输入框外空白处单击，完成技术要求的添加，如图 11-117 所示。

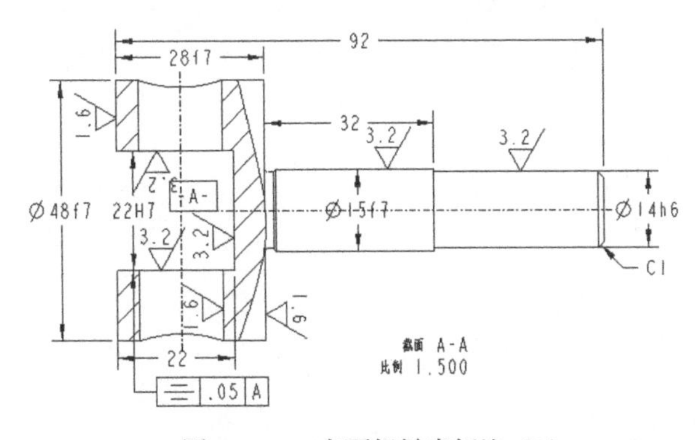

图 11-116　表面粗糙度标注（3）

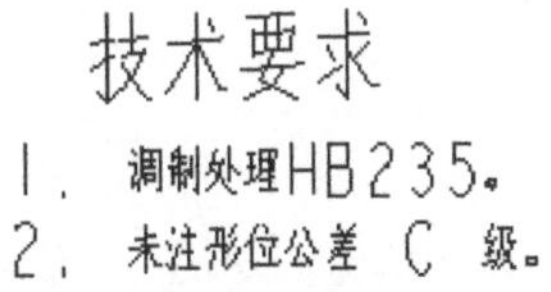

技术要求

1. 调制处理HB235。
2. 未注形位公差 C 级。

图 11-117　技术要求

14. 填写标题栏中的内容

（1）在标题栏中双击比例右侧的单元格，弹出【格式】操控板，在单元格内输入 1.5，可在【格式】操控板中对文字进行修改。

（2）用户也可单击【注释】选项卡里的【文本样式】按钮A，弹出图 11-118 所示的【文本样式】对话框，修改【高度】为【0.15】；在【水平】下拉列表中选择【中心】选项，在【竖直】下拉列表中选择【中间】选项，如图 11-118 所示，然后单击【确定】按钮 确定(O) 。

（3）使用同样的方法填写整个标题栏中的内容，直到所有的单元格中的内容都填写完毕，标题栏如图 11-119 所示。至此，转子轴的工程图制作完成，如图 11-91 所示。

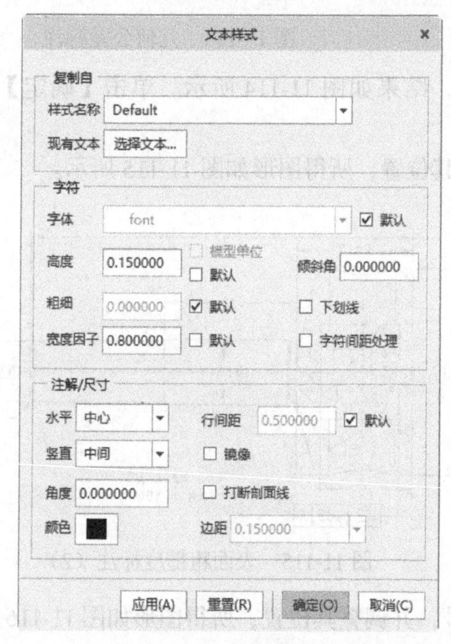

图 11-118 【文本样式】对话框

比例	1.5	××工作室			
单位	mm				
审核		图名	转子轴		
设计					
绘图		材质	45	质量	1

图 11-119 标题栏

第 12 章 动画

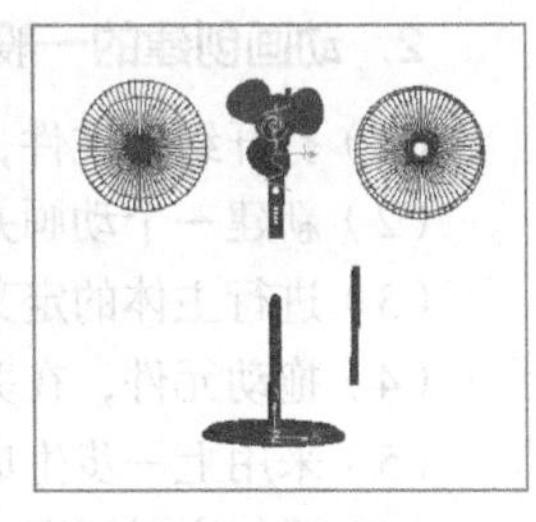

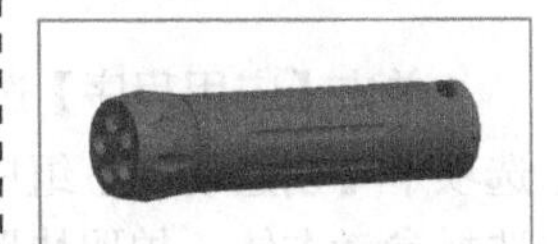

/ 本章导读

制作动画是另一种能够让组件动起来的方法。用户可以不设定运动副，直接拖动组件，仿照动画片的制作过程，一步一步生成关键帧，最后连续播放这些关键帧以生成动画。该功能相当自由，无须在运动组件上设置任何连接和伺服电动机。

/ 知识重点

- 使用关键帧创建动画
- 使用伺服电动机创建动画
- 时间与视图间关系的定义
- 时间与样式间关系的定义
- 时间与透明间关系的定义

12.1 概述

1. 动画简介

动画设计是 Creo Parametric 8 提供的 CAE 模块之一，用于创建并处理生成的关键帧序列，从而生成可回放动画；或者直接捕捉伺服电动机对运动元件的驱动过程。

动画与运动仿真的区别：动画既可以通过定义伺服电动机使机构产生运动，也可以通过生成的快照来创建关键帧，从而使机构产生运动；而运动仿真只可以通过定义伺服电动机使机构产生运动。动画模块主要具有以下 4 个功能。

- 将组件运行可视化。如果有了机构的概念，但尚未对其进行定义，可将其主体拖动到不同的位置，并拍下快照来创建动画。
- 创建组件或创建模型的拆卸序列动画。
- 创建维护序列，即创建相应的简短动画，用来指示用户如何维修或保护产品。
- 控制动画演示组件在取消分解和分解状态间的转变。

2. 动画创建的一般过程

（1）打开组件文件，单击【应用程序】→【动画】按钮，进入动画设计模块。
（2）新建一个动画并命名。
（3）进行主体的定义。
（4）拖动元件，在关键的位置生成快照。
（5）采用上一步生成的快照或分解状态按照时间顺序进行关键帧设置。
（6）添加定时视图、定时透明和定时显示（选择操作）。
（7）启动、播放并保存动画。

12.2 使用关键帧创建动画

单击【应用程序】选项卡【运动】组中的【动画】按钮，打开【动画】选项卡。单击【动画】选项卡【创建动画】组中的【管理关键帧序列】按钮，打开【关键帧序列】对话框。它可用于选择参考主体、拍取快照并将它们排成一个关键帧序列。创建新的关键帧序列时，会自动将其包括在时间线中。关键帧序列由组件的一系列快照组成，这些快照是某一时间段组件在一连串连续位置上的快照。系统将会在这些快照间插入时间以创建一个平稳的动画，本节以 LED 手电筒为例说明动画创建的过程，如图 12-1 所示。

图 12-1　LED 手电筒

12.2.1 新建动画与主体的定义

1. 新建动画

打开组件后，单击【应用程序】选项卡【运动】组中的【动画】按钮，进入动画设计模块。

单击【动画】选项卡【模型动画】组中的【新建动画】下拉按钮，单击【快照】按钮，弹出【定义动画】对话框，如图 12-2 所示。单击【确定】按钮，建立动画【Animation2】。

2. 定义主体

主体由一个或几个不相对移动的零件组成。动画中的主体是按照机构设计的主体规则创建的，即第一个装入的元件被默认指定为基础主体。

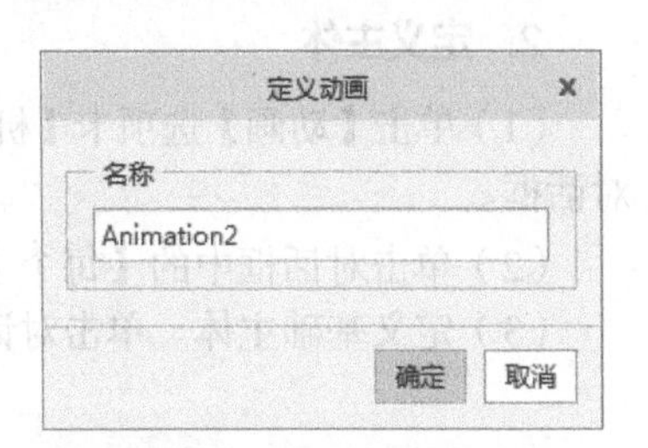

图 12-2 【定义动画】对话框

（1）单击【动画】选项卡【机构设计】组中的【刚性主体定义】按钮，弹出【动画刚性主体】对话框，如图 12-3 所示。

（2）单击【动画刚性主体】对话框中的【新建】按钮，可以新建主体，弹出【刚性主体定义】及【选择】对话框，如图 12-4 所示，输入新主体的名称，然后单击对话框中的【选取】按钮，选择要添加到主体中的零件，单击【确定】按钮，此时【动画刚性主体】对话框的列表中包括新的主体。

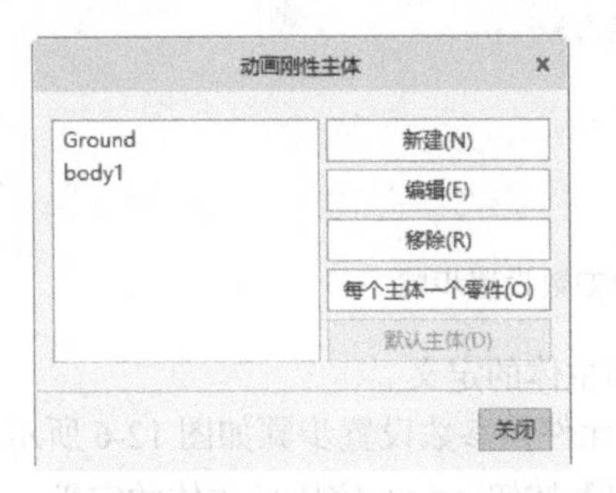

图 12-3 【动画刚性主体】对话框

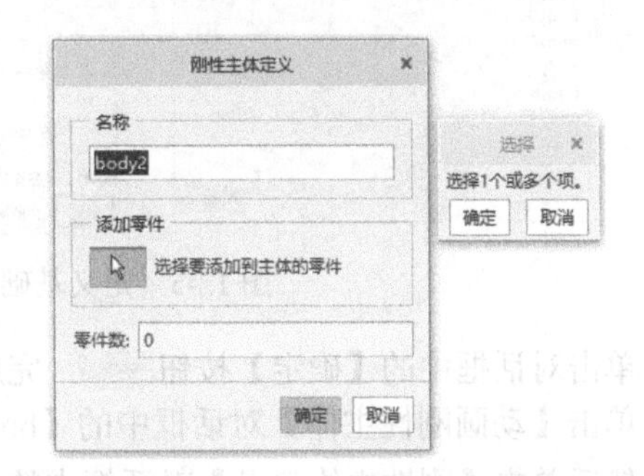

图 12-4 【刚性主体定义】及【选择】对话框

（3）单击【动画刚性主体】对话框中的【编辑】按钮，编辑现有主体。

（4）单击【动画刚性主体】对话框中的【移除】按钮，删除选定的主体，该主体包含的所有零件均被移动到基础主体中。

（5）单击【动画刚性主体】对话框中的【每个主体一个零件】按钮，根据每个主体一个零件的规则创建主体，把每个元件定义为一个主体，在此操作过程中可保留所有的连接。

（6）单击【动画刚性主体】对话框中的【默认主体】按钮，将主体恢复为最初由连接定义的状态。单击此按钮后，将执行 Creo Parametric 8 再生操作，已创建的任何主体都将被忽略，可从头开始创建主体。

12.2.2 练习：新建动画与主体

下面以 LED 手电筒为例说明动画建立及主体定义的过程。

1. 新建动画

（1）单击【打开】按钮，弹出【打开】对话框，打开【源文件 \ 原始文件 \ 第 12 章 \12.2.2\ 手电筒 .asm】文件。

（2）单击【应用程序】选项卡【运动】组中的【动画】按钮，进入动画设计模块。

（3）单击【动画】选项卡【模型动画】组中的【新建动画】下方的下拉按钮，单击【快照】按钮，弹出【定义动画】对话框，单击【确定】按钮，建立动画【Animation2】。

2. 定义主体

（1）单击【动画】选项卡【机构设计】组中的【刚性主体定义】按钮，弹出【动画刚性主体】对话框。

（2）单击对话框中的【每个主体一个零件】按钮，把每个元件定义为一个主体。

（3）定义基础主体。单击对话框中的【Ground】选项，参数设置步骤如图 12-5 所示。

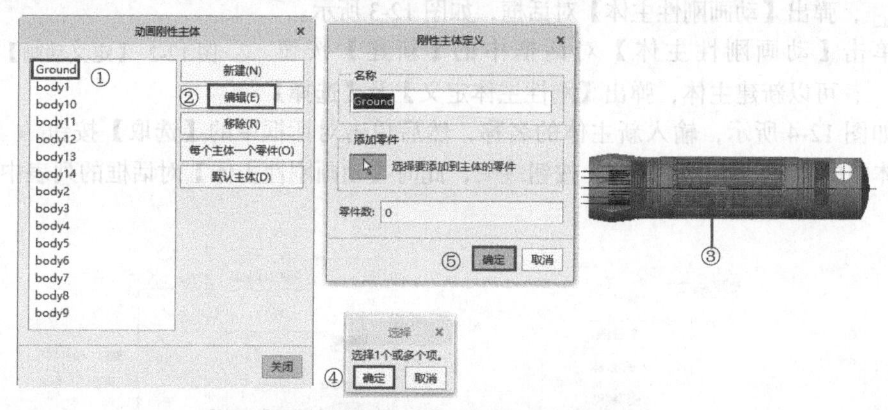

图 12-5　定义基础主体的参数设置步骤

（4）单击对话框中的【确定】按钮，完成基础主体的定义。

（5）单击【动画刚性主体】对话框中的【body1】元件，参数设置步骤如图 12-6 所示，单击鼠标中键，然后单击【刚性主体定义】对话框中的【确定】按钮，完成新主体的定义。

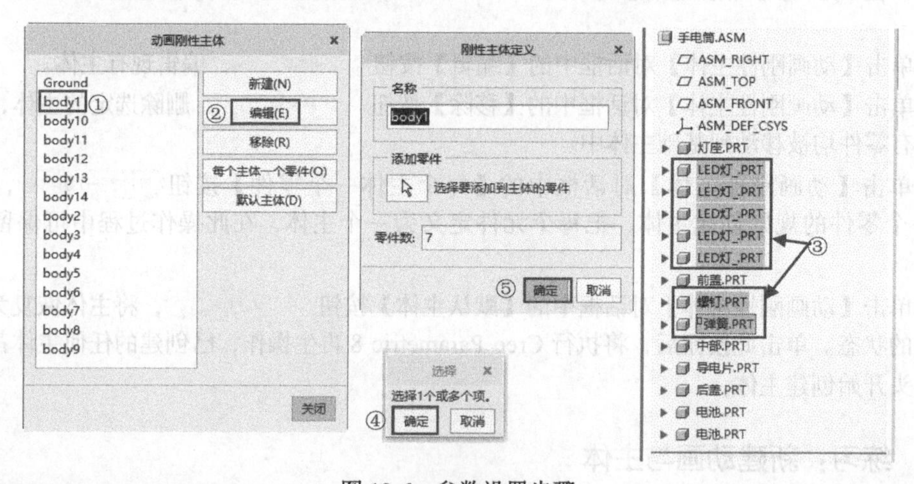

图 12-6　参数设置步骤

12.2.3　用快照定义关键帧序列

创建关键帧序列有两种方式：第一种是通过定义的快照来定义关键帧；第二种是通过分解状态来定义关键帧。本小节介绍如何用快照来定义关键帧序列。

（1）创建快照。

进入动画设计模块后，单击【动画】选项卡【机构设计】组中的【拖动元件】按钮，弹出【拖动】及【选择】对话框，单击对话框中 快照 左侧的下拉按钮，再单击 高级拖动选项 左侧的下拉按钮，此时【拖动】对话框如图 12-7 所示。

单击对话框中的【点拖动】按钮，或单击【主体拖动】按钮，将主体拖动到关键的位置。默认的情况下，主体可以被自由地拖动。也可以定义主体沿某一方向移动，在对话框中的【高级拖动选项】中即可定义主体的移动方向；单击【X 向平移】【Y 向平移】【Z 向平移】按钮、、，可以分别定义主体沿着 X、Y、Z 轴方向平移；单击【绕 X 旋转】【绕 Y 旋转】【绕 Z 旋转】按钮、、，可以分别定义主体沿着 X、Y、Z 轴方向旋转。

注意 *动画设计模块下的【拖动】对话框中有【高级拖动选项】，而模型设计模块下的【拖动】对话框中没有这一项。*

将主体拖动到指定的位置之后，单击对话框中的【快照】按钮，拍下当前位置的快照；单击【显示快照】按钮，显示指定的当前快照。如果对所拍得的快照不满意，可以选定指定的快照后单击【删除】按钮，删除快照。

（2）定义关键帧序列。

关键帧序列由组件的一系列快照组成，这些快照是某一时间段组件在一连串连续位置上的快照。系统将在这些快照间插入时间以创建一个平稳的动画。

定义好快照后，接下来定义关键帧序列。单击【创建动画】组中的【管理关键帧序列】按钮，弹出【关键帧序列】对话框，如图 12-8 所示。

图 12-7 【拖动】对话框

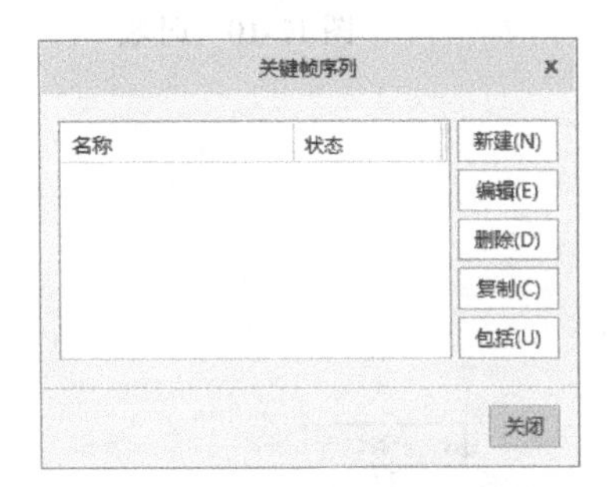

图 12-8 【关键帧序列】对话框（1）

单击【新建】按钮 新建(N)，弹出【关键帧序列】对话框，单击【关键帧】选项组中的下拉按钮，弹出已经定义好的快照下拉列表，选择一个快照，单击【快照预览】按钮，预览选定的快照，并在下面的【时间】输入框中输入该快照在动画中的显示时间；单击右侧的【添加关键帧】按钮 ，将快照添加到关键帧序列列表中；单击【反转】按钮 ，可以将关键帧的显示顺序反转；如果定义错关键帧，可以单击对话框中的【移除】按钮 ，删除关键帧。【插值】选项组中的【线性】是指线性地改变主体在关键帧之间的位置和方向，以精确地遵循每个关键帧上的组件放置规则；【平滑】是指根据关键帧之间的3次样条拟合变化，产生更平滑的移动。

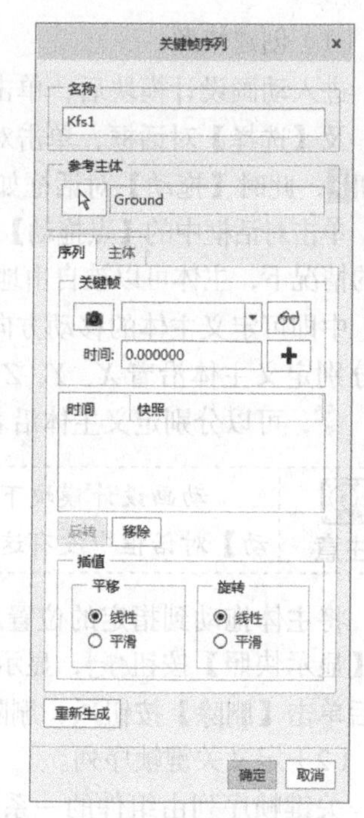

图12-9 【关键帧序列】对话框（2）

单击【创建动画】组中的【管理关键帧序列】按钮 ，弹出图12-9所示的【关键帧序列】对话框，在此对话框中可以新建、编辑、删除、复制关键帧等。

双击图12-10所示的时域，弹出【动画时域】对话框，如图12-11所示，在此对话框中可以修改整个动画的开始时间、结束时间及动画各帧之间的间隔时间。

双击图12-12所示的时间线，弹出【KFS实例】对话框，如图12-13所示，在此对话框中可以修改当前时间线的开始时间与结束时间。

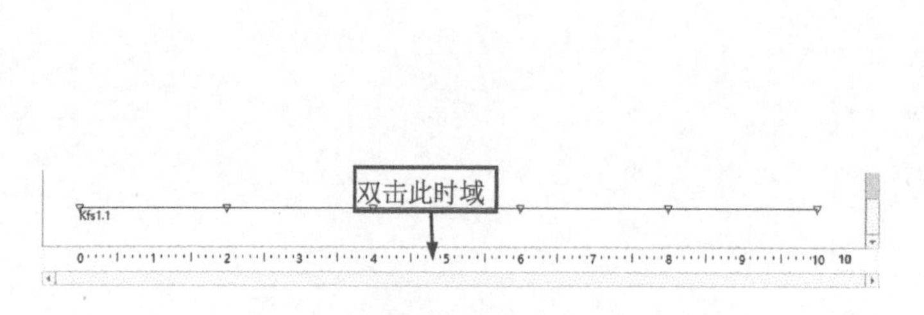

图12-10 时域

图12-11 【动画时域】对话框

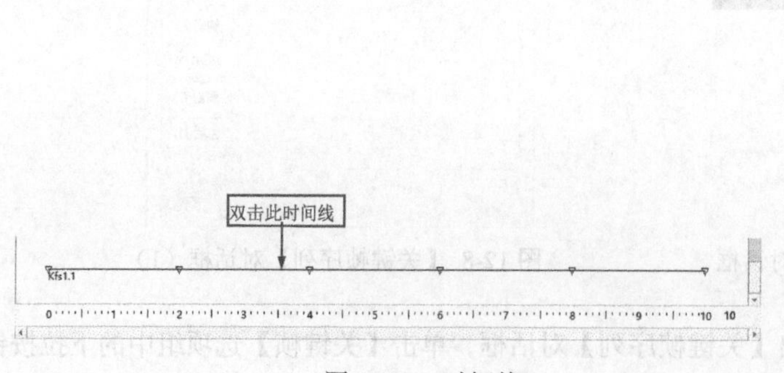

图12-12 时间线

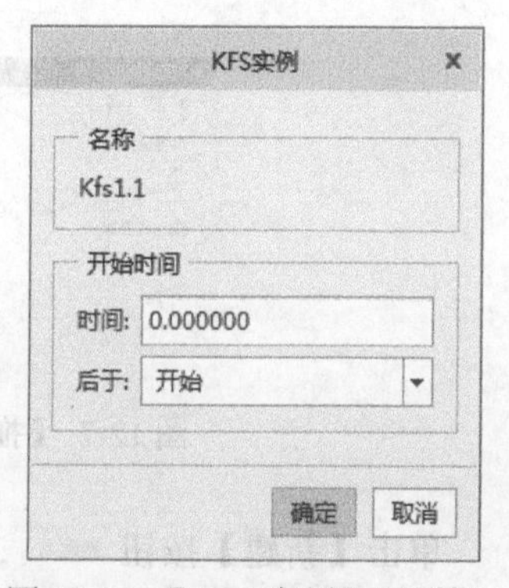

图12-13 【KFS实例】对话框

12.2.4　练习：用快照定义关键帧序列

下面以上一小节定义好主体的 LED 手电筒为例说明用快照定义关键帧序列的一般过程。

1. 打开定义好主体的手电筒

单击【打开】按钮，弹出【打开】对话框，打开【源文件 \ 原始文件 \ 第 12 章 \12.2.2\ 手电筒 .asm】文件，模型如图 12-14 所示。

图 12-14　模型

2. 创建快照

（1）单击【应用程序】选项卡【运动】组中的【动画】按钮，进入动画设计模块。

（2）单击【动画】选项卡【机构设计】组中的【拖动元件】按钮，弹出【拖动】及【选择】对话框。

（3）单击对话框中的【点拖动】按钮，然后单击【高级拖动选项】选项卡中的【Y 向平移】按钮，并拖动视图中的手电筒，将其拖动到图 12-15 所示的样子。单击【拖动】对话框中的【快照】按钮，得到照片【Snapshot1】。

（4）同理，拖动视图中的手电筒，将其拖动到图 12-16 所示的样子。单击【拖动】对话框中的【快照】按钮，得到照片【Snapshot2】。

图 12-15　Snapshot1　　　图 12-16　Snapshot2

（5）同理，拖动视图中的手电筒，将其拖动到图 12-17 所示的样子。单击【拖动】对话框中的【快照】按钮，得到照片【Snapshot3】。

（6）同理，拖动视图中的手电筒，将其拖动到图 12-18 所示的样子。单击【拖动】对话框中的【快照】按钮，得到照片【Snapshot4】。

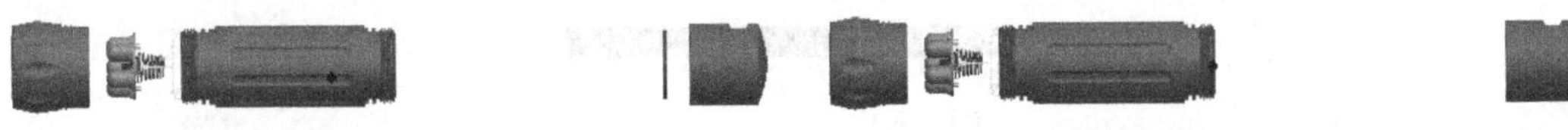

图 12-17　Snapshot3　　　图 12-18　Snapshot4

（7）同理，拖动视图中的手电筒，将其拖动到图 12-19 所示的样子。单击【拖动】对话框中的【快照】按钮，得到照片【Snapshot5】。

（8）同理，拖动视图中的手电筒，将其拖动到图 12-20 所示的样子。单击【拖动】对话框中的【快照】按钮，得到照片【Snapshot6】。

图 12-19 Snapshot5

图 12-20 Snapshot6

（9）同理，拖动视图中的手电筒，将其拖动到图 12-21 所示的样子。单击【拖动】对话框中的【快照】按钮，得到照片【Snapshot7】，此时【拖动】对话框如图 12-22 所示。

（10）单击【选择】对话框中的【确定】按钮，然后单击【拖动】对话框中的【关闭】按钮，完成快照的创建。

3. 定义关键帧序列

（1）单击【动画】选项卡【创建动画】组中的【管理关键帧序列】按钮，弹出【关键帧序列】对话框。

（2）单击【新建】按钮，接受默认的关键帧序列名称。切换到【序列】选项卡，单击【关键帧】选项组中的下拉按钮，弹出已经定义好的快照下拉列表；选择【Snapshot1】快照，单击【快照预览】按钮，预览选定的快照，并在下面的【时间】输入框中输入该快照在动画中的显示时间 0s；然后单击右侧的【添加关键帧】按钮，将快照添加到关键帧序列列表中。

（3）同理，按照第（2）步的操作将快照【Snapshot2】【Snapshot3】【Snapshot4】【Snapshot5】【Snapshot6】【Snapshot7】添加到关键帧序列列表中，并在下面的【时间】输入框中输入这些快照在动画中的显示时间 2s、4s、6s、8s、10s、12s，此时【关键帧序列】对话框如图 12-23 所示。

图 12-21 Snapshot7

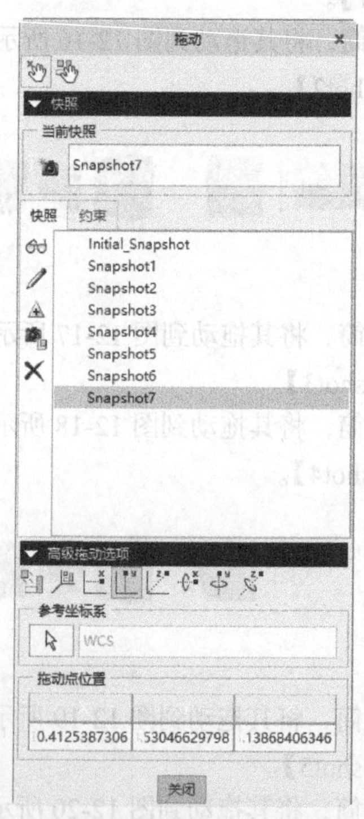

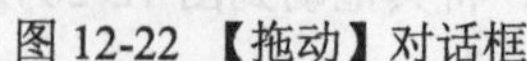

图 12-22 【拖动】对话框

图 12-23 【关键帧序列】对话框

（4）单击对话框中的【确定】按钮，完成关键帧序列的定义。

4. 修改动画时域

系统默认的动画总时长是10s，而关键帧序列的总时长为12s，因此要修改动画时域，其操作步骤如图12-24所示，单击【确定】按钮 确定 ，完成时域的修改。

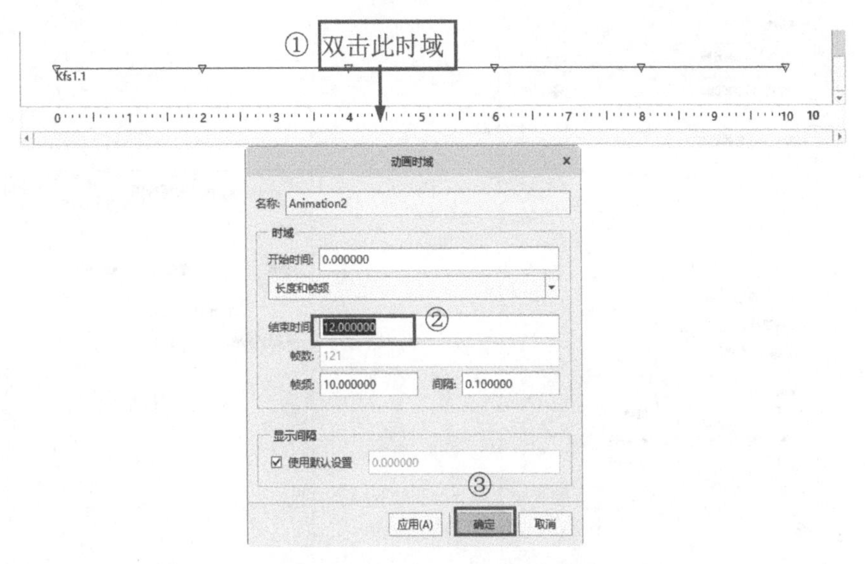

图12-24 修改动画时域操作步骤

12.2.5 用分解视图定义关键帧序列

使用快照建立的关键帧序列生成的动画称为快照动画；使用分解状态建立的动画称为分解动画，分解动画使用标准分解状态功能作为动画的基础。

打开组件后，单击【应用程序】选项卡【运动】组中的【动画】按钮，进入动画设计模块。

单击【动画】选项卡【模型动画】组中的【新建动画】下拉按钮，单击【分解】按钮，弹出【定义动画】对话框，如图12-25所示。单击【确定】按钮 确定 ，建立动画【Animation2】。

图12-25 【定义动画】对话框

建立好动画后，单击【动画】选项卡【创建动画】组中的【管理关键帧序列】按钮，弹出【关键帧序列】对话框，单击【新建】按钮 新建(N) ，弹出【关键帧序列】对话框，如图12-26所示。

单击对话框中的【关键帧】下拉按钮，弹出【分解视图】下拉列表，选择一个分解视图，单击【预览快照】按钮，预览选定的分解视图，并在下面的【时间】输入框中输入该分解视图在动画中的显示时间。单击右侧的【添加关键帧】按钮，将分解视图添加到关键帧序列列表中。

单击【关键帧序列】对话框中的【定义新分解状态】按钮，弹出图12-27所示的【分解视图】对话框，在此对话框中可以编辑新的分解视图。

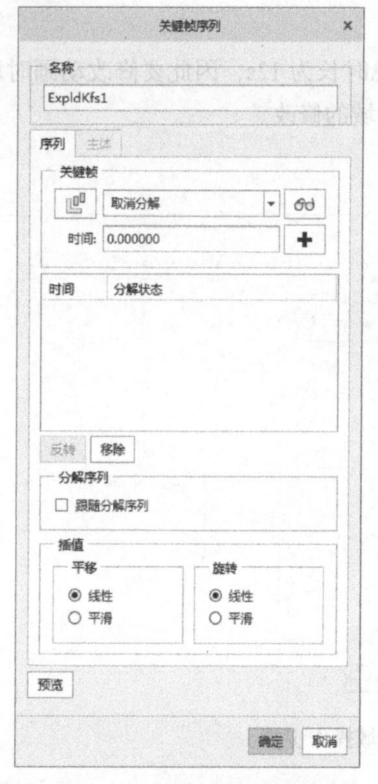

图 12-26 【关键帧序列】对话框

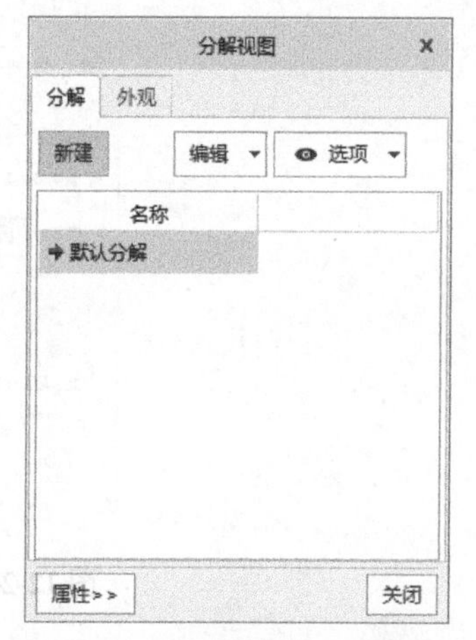

图 12-27 【分解视图】对话框

12.2.6 练习：用分解视图定义关键帧序列

下面以实例来说明用分解视图定义关键帧序列的一般过程。

1. 打开模型

单击【打开】按钮，弹出【打开】对话框，打开【源文件 \ 原始文件 \ 第 12 章 \12.2.3\ 手电筒 .asm】文件，模型如图 12-28 所示。

2. 新建动画

（1）打开组件后，单击【应用程序】选项卡【运动】组中的【动画】按钮，进入动画设计模块。

（2）单击【动画】选项卡【模型动画】组中的【新建动画】下拉按钮，单击【分解】按钮，弹出【定义动画】对话框，如图 12-29 所示。单击【确定】按钮，建立动画【Animation2】。

图 12-28 模型

图 12-29 【定义动画】对话框

3. 定义关键帧序列

（1）建立好动画后，单击【创建动画】组中的【管理关键帧序列】按钮，弹出【关键帧序列】对话框，如图12-30所示。

（2）单击【关键帧】选项组中的下拉按钮，选择【取消分解】，接受默认的时间0s，表示手电筒在开始处于闭合状态。单击右侧的【添加关键帧】按钮，将快照添加到关键帧序列列表中。

（3）单击【关键帧】选项组中的下拉按钮，选择【默认分解】选项，输入时间5s，表示手电筒在第5s时处于分解状态。单击右侧的【添加关键帧】按钮，将快照添加到关键帧序列列表中。

（4）单击【关键帧】选项组中的下拉按钮，选择【取消分解】，接受默认的时间10s，表示手电筒在第10s时又处于闭合状态。单击右侧的【添加关键帧】按钮，将快照添加到关键帧序列列表中，如图12-31所示。单击【确定】按钮，完成用分解视图定义关键帧的操作。

图12-30 【关键帧序列】对话框（1）

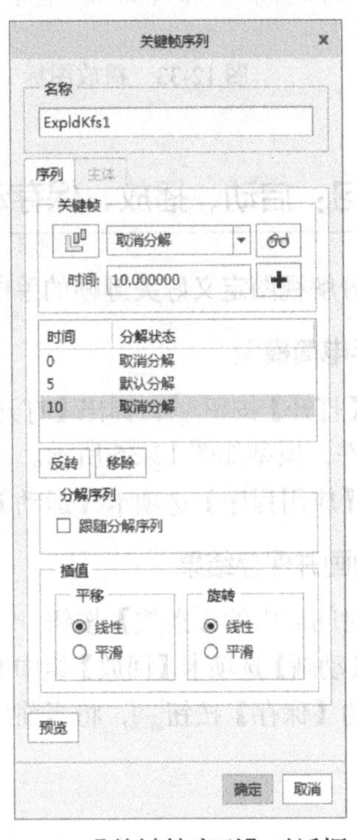

图12-31 【关键帧序列】对话框（2）

12.2.7 启动、播放、保存动画

定义好关键帧后，单击时间域中的【播放】按钮可以播放动画。

单击【动画】选项卡【回放】组中的【回放】按钮，弹出【回放】对话框，如图12-32所示。单击对话框中的【保存】按钮，可以将当前结果集保存到磁盘；单击对话框中的【回放】按钮，系统在时间域的上方弹出图12-33所示的播放图标。

单击时间域中的【保存】按钮，可以将动画录制成MPEG

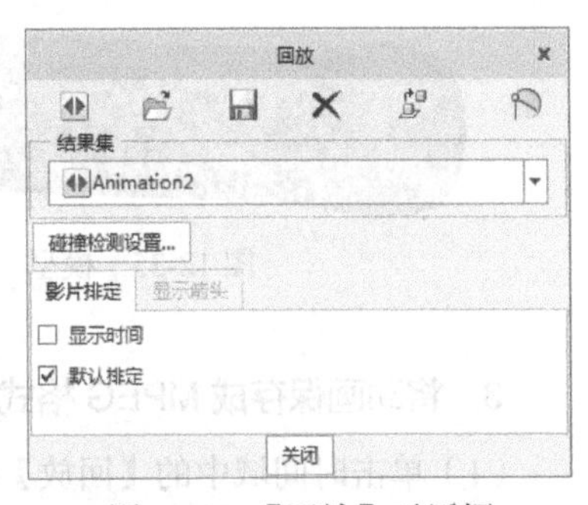

图12-32 【回放】对话框

格式的视频文件。单击此按钮，弹出图 12-34 所示的【捕获】对话框，单击【浏览】按钮浏览可以设置视频文件的保存位置，在此对话框中还可以对视频进行编辑。

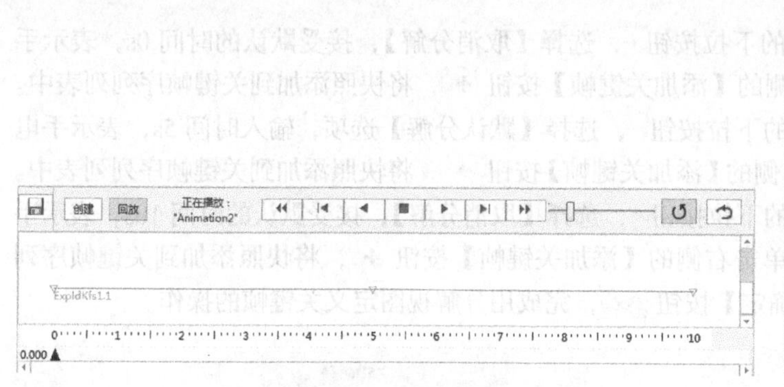

图 12-33　播放图标

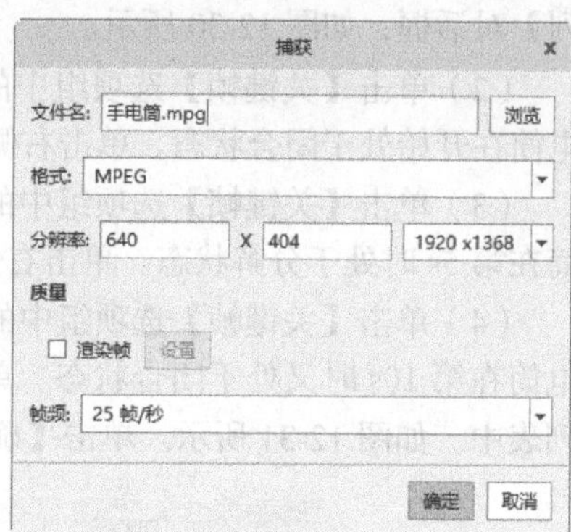

图 12-34　【捕获】对话框

12.2.8　练习：启动、播放、保存动画

下面以用分解视图定义好关键帧的手电筒为例来说明如何启动、播放和保存动画。

1. 打开手电筒模型

（1）单击【打开】按钮，弹出【打开】对话框，打开【源文件 \ 原始文件 \ 第 12 章 \12.2.4\ 手电筒 .asm】文件，模型如图 12-35 所示。

（2）单击【应用程序】选项卡【运动】组中的【动画】按钮，进入动画设计模块。

2. 播放动画并保存结果

（1）单击时间域中的【播放】按钮播放动画。

（2）单击【动画】选项卡【回放】组中的【回放】按钮，弹出【回放】对话框，如图 12-36 所示，单击对话框中的【保存】按钮，将当前结果集保存到磁盘中指定的位置。

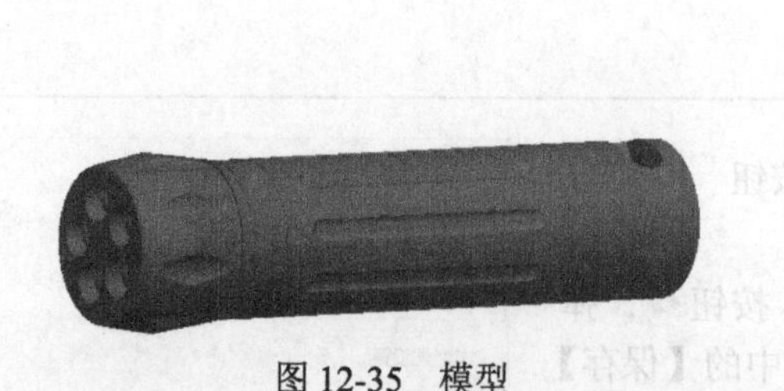

图 12-35　模型

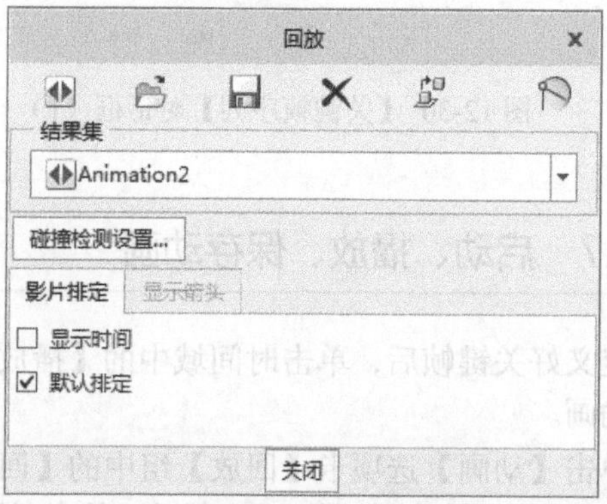

图 12-36　【回放】对话框

3. 将动画保存成 MPEG 格式的视频文件

（1）单击时间域中的【回放】按钮回放，弹出图 12-37 所示的播放图标，单击这些图标可以使

动画按照指定的命令播放。

（2）单击时间域中的【保存】按钮，弹出图 12-38 所示的【捕获】对话框，单击【浏览】按钮浏览，设置视频的保存位置，此处接受对话框中默认的设置，然后单击【确定】按钮确定，完成视频的保存。

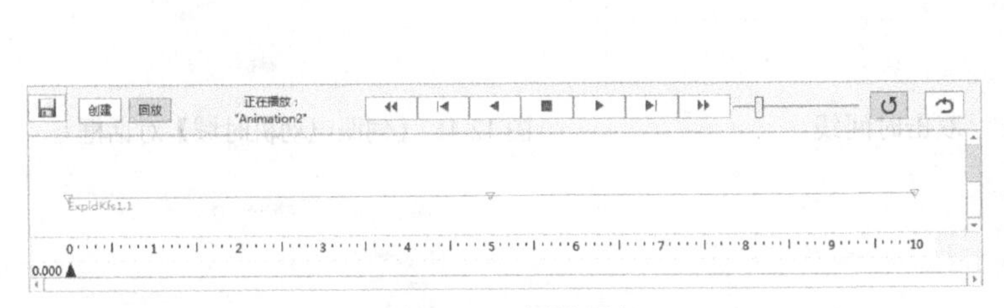

图 12-37　播放图标

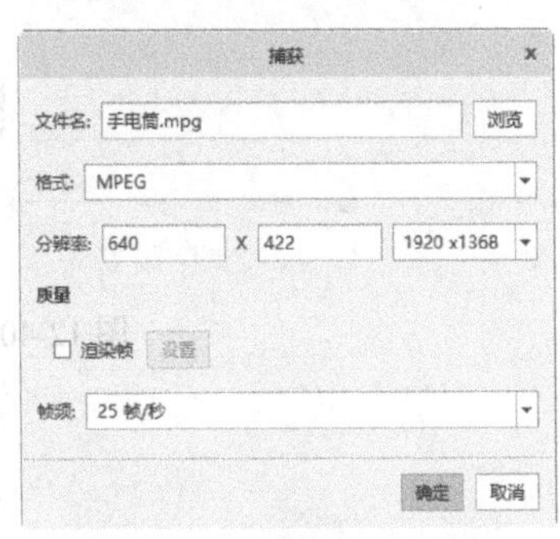

图 12-38 【捕获】对话框

12.3　使用伺服电动机创建动画

12.2 节使用关键帧来创建动画，这一节将介绍如何使用伺服电动机创建动画，创建动画的一般过程如下。

（1）打开模型，进入动画模块。

（2）新建一个动画。

（3）定义主体。

（4）建立伺服电动机。

（5）启动、播放并保存动画。

> **注意**　如果使用已经定义好伺服电动机的运动仿真结果，则可以跳过以上的第（3）、（4）步，直接利用已经定义好的伺服电动机创建动画。

单击【快照】按钮，新建好动画后，单击【动画】选项卡上的【管理伺服电动机】按钮，弹出【伺服电动机】对话框，如图 12-39 所示。选择需要的电动机，然后单击【包括】按钮包括(U)，在时间线上显示电动机的作用时间。

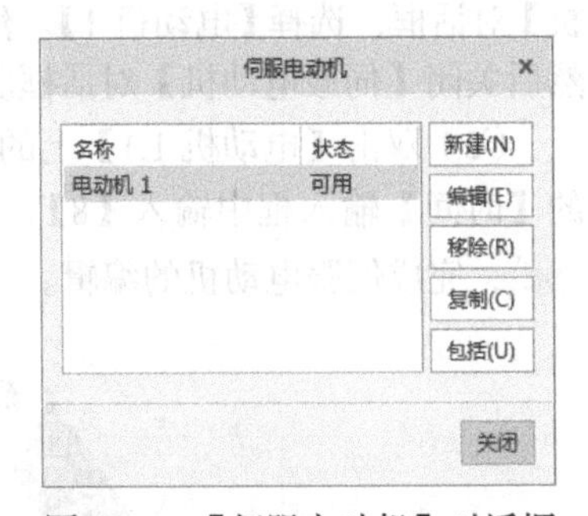

图 12-39 【伺服电动机】对话框

双击图 12-40 所示的【电动机 1.1】上的时间线，弹出【伺服电动机时域】对话框，如图 12-41 所示，在此可以改变电动机的作用时间。

双击图 12-42 所示的时域，弹出【动画时域】对话框，如图 12-43 所示，在此可以改变整个动画的开始与终止时间。

下面以已经定义好伺服电动机的连杆机构为例，说明使用伺服电动机创建动画的一般过程。

1. 打开定义好伺服电动机的连杆机构

（1）单击【打开】按钮，弹出【打开】对话框，打开【源文件 \ 原始文件 \ 第 15 章 \12.3\ 连杆机构 .asm】文件，模型如图 12-44 所示。

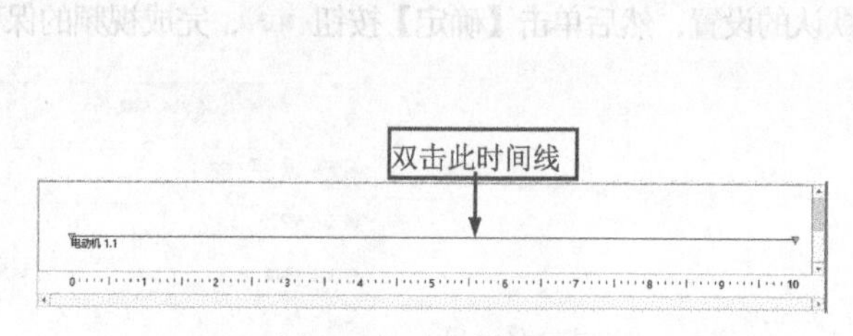

图 12-40　双击时间线

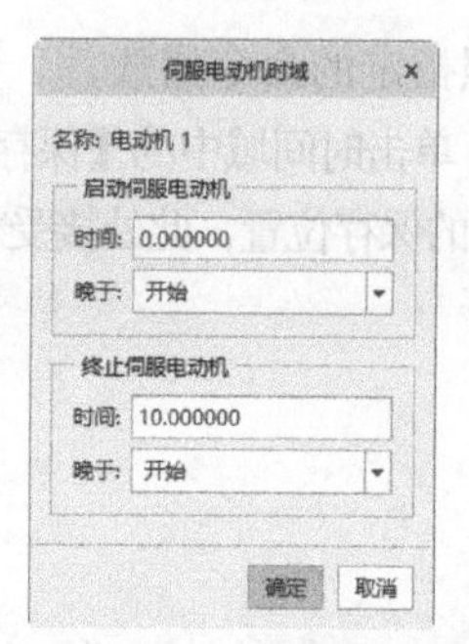

图 12-41 【伺服电动机时域】对话框

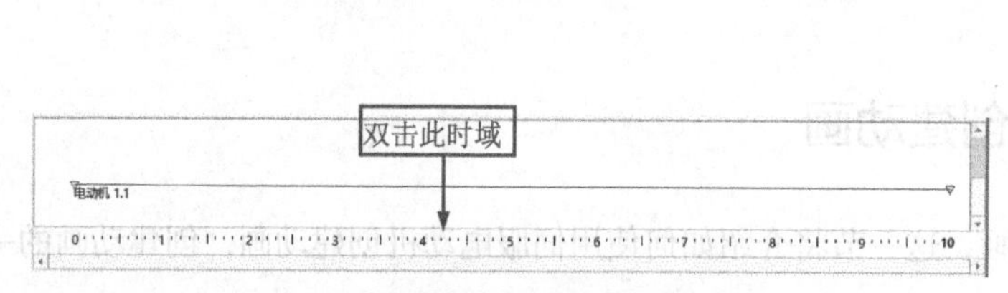

图 12-42　时域

图 12-43 【动画时域】对话框

（2）单击【应用程序】选项卡【运动】组中的【动画】按钮，进入动画设计模块。

2. 新建动画

单击【动画】选项卡【模型动画】组中的【新建动画】下拉按钮，单击【快照】按钮，弹出【定义动画】对话框。单击【确定】按钮，建立动画【Animation2】。

3. 编辑伺服电动机

（1）单击【动画】选项卡【机构设计】组中的【管理伺服电动机】按钮，弹出【伺服电动机】对话框，选择【电动机 1】。然后单击【包括】按钮，在时间线上显示电动机的作用时间，然后关闭【伺服电动机】对话框。

（2）双击【电动机 1.1】上的时间线，弹出【伺服电动机时域】对话框，在【终止伺服电动机】的【时间】输入框中输入【8】，如图 12-45 所示，表示电动机运行 8s 后停止。单击【确定】按钮，完成伺服电动机的编辑。

图 12-44　连杆机构

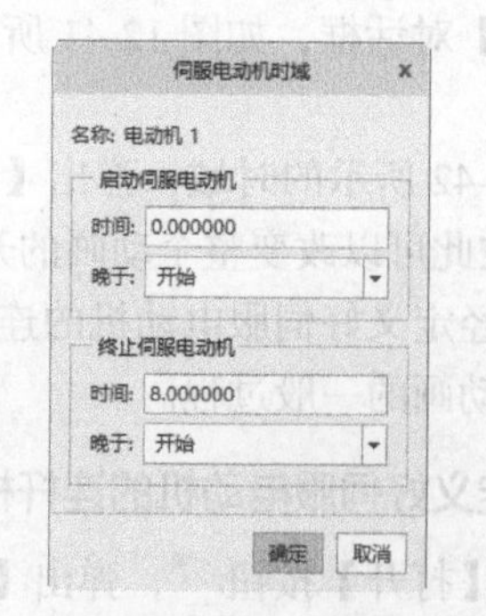

图 12-45 【伺服电动机时域】对话框

4. 启动、播放并保存动画

（1）单击时间域中的【生成并播放动画】按钮 ▶，可以看到连杆机构运动起来了。单击【动画】选项卡【回放】组中的【回放】按钮，弹出【回放】对话框，如图12-46所示，单击对话框中的【保存】按钮，将当前结果集保存到磁盘中指定的位置。

（2）单击时间域中的【回放】按钮 回放，然后单击时间域中的【保存】按钮，弹出图12-47所示的【捕获】对话框，单击【浏览】按钮 浏览，设置视频的保存位置。设置好对话框中的一些参数后，单击【确定】按钮 确定，完成视频的保存。

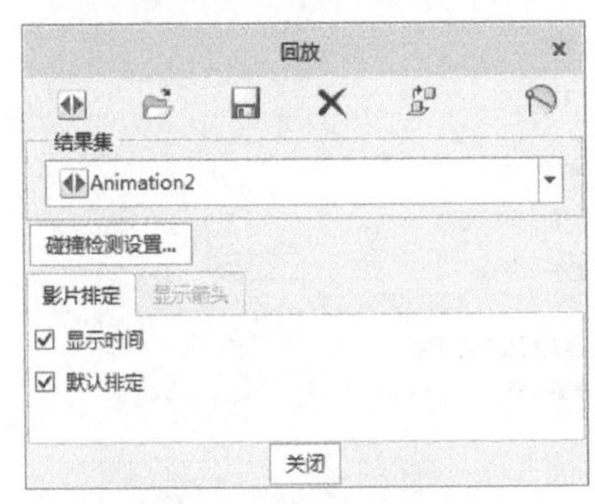

图12-46 【回放】对话框

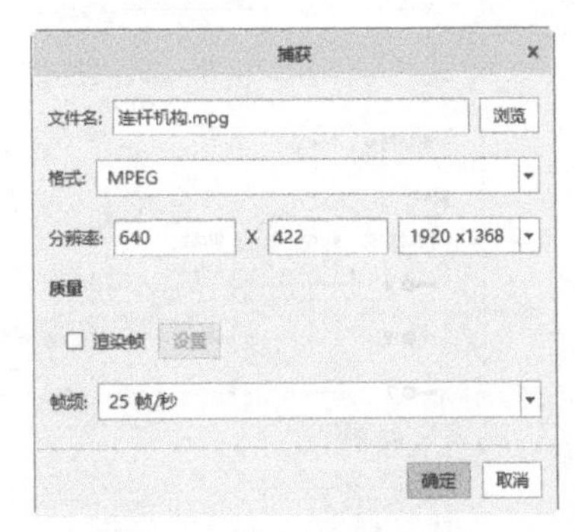

图12-47 【捕获】对话框

12.4 时间与视图间关系的定义

定时视图是指在特定的时间在特定的视图方向创建动画，以便于从不同的方向观察模型结构，使动画更加可视化。

定义定时视图之前，要建立命名视图。单击【视图】选项卡，进入视图模块，单击【已保存方向】按钮的下拉按钮，单击【重定向】按钮，弹出【视图】对话框，如图12-48所示。在【类型】中选择【按参考定向】或【动态定向】，定义好视图后，单击【已保存的视图】的下拉按钮，在【名称】输入框中输入视图名称，然后单击【保存】按钮，完成命名视图的建立。

定义好动画关键帧后，接下来定义定时视图。单击【视图】选项卡中的【定时视图】按钮，弹出【定时视图】对话框，如图12-49所示，在【名称】中选择定时视图，然后输入时间值，表示动画开始之后到这一时间值将显示指定的视图。单击【应用】按钮 应用(A)，完成定时视图的定义，将定时视图应用到动画中，时间线上将显示定时视图的符号。

下面以实例来说明在动画创建过程中定义定时视图的一般方法。

1. 打开模型

单击【打开】按钮，弹出【打开】对话框，打开【源文件\原始文件\第12章\12.4\滚轴.asm】文件。

2. 创建命名视图

（1）单击【视图】选项卡，进入视图模块，在【方向】组中的【已保存方向】按钮下拉列表中单击【重定向】按钮，弹出【视图】对话框。在【类型】中选择【动态定向】，选择【旋转方式】为【中心轴】，将模型调整至图12-50（a）所示的样子，在【名称】输入框中输入【1】，单击【保存】按钮。

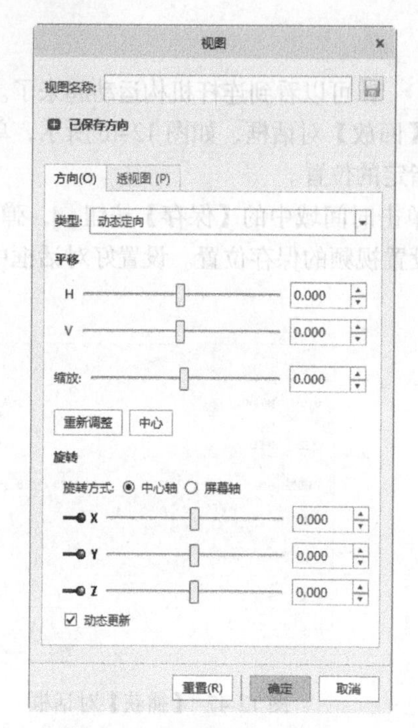

图 12-48 【视图】对话框

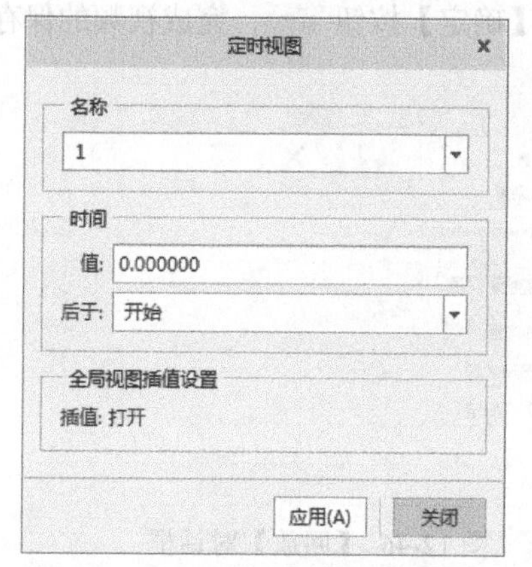

图 12-49 【定时视图】对话框

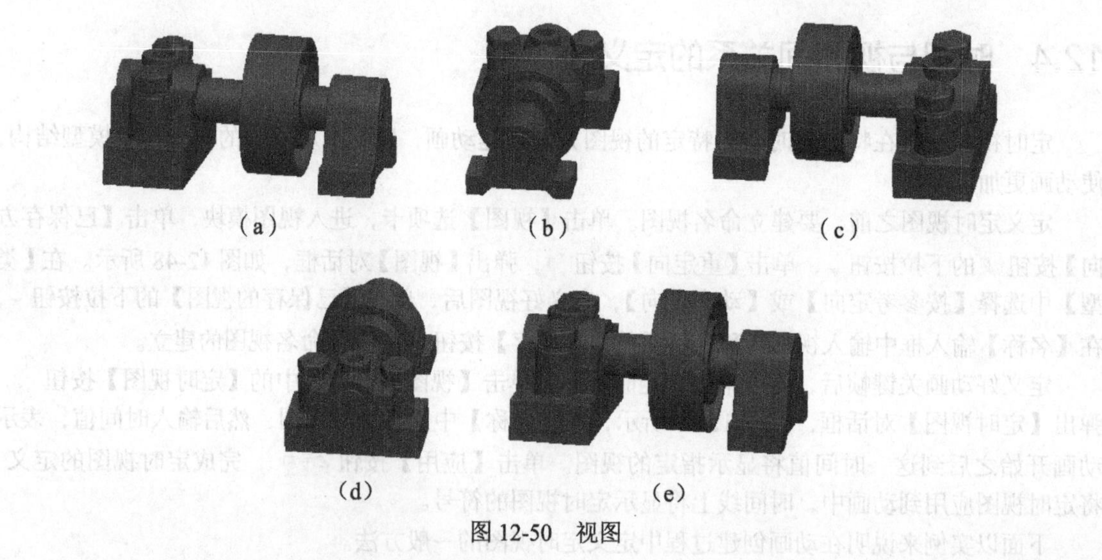

图 12-50 视图

（2）同理，在 z 轴的旋转角度输入框中分别输入【90】【180】【-90】【0】，在【名称】输入框中分别输入【2】【3】【4】【5】，单击【保存】按钮，得到图 12-50（b）~ 图 12-50（e）所示的模型。此时【视图】对话框如图 12-51 所示，最后单击【确定】按钮。

3. 新建动画

（1）单击【应用程序】选项卡【运动】组中的【动画】按钮，进入动画设计模块。

（2）单击【动画】选项卡【模型动画】组中的【新建动画】下拉按钮，单击【快照】按钮，弹出【定义动画】对话框。单击【确定】按钮，建立动画【Animation2】。

4. 定义主体

（1）单击【动画】选项卡【机构设计】组中的【刚性主体定义】按钮，弹出【动画刚性主体】对话框，如图 12-52 所示。

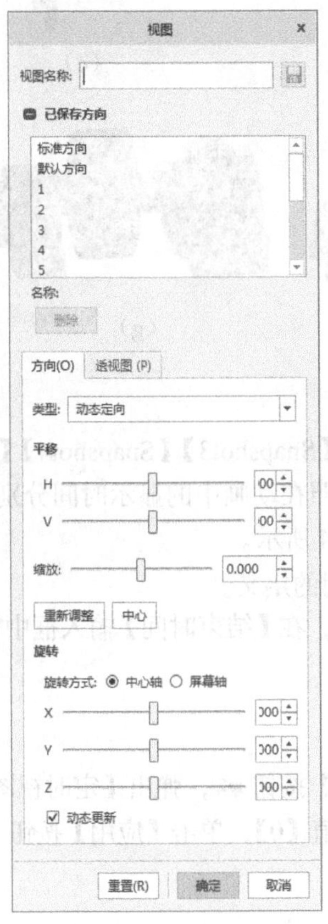

图 12-51 【视图】对话框

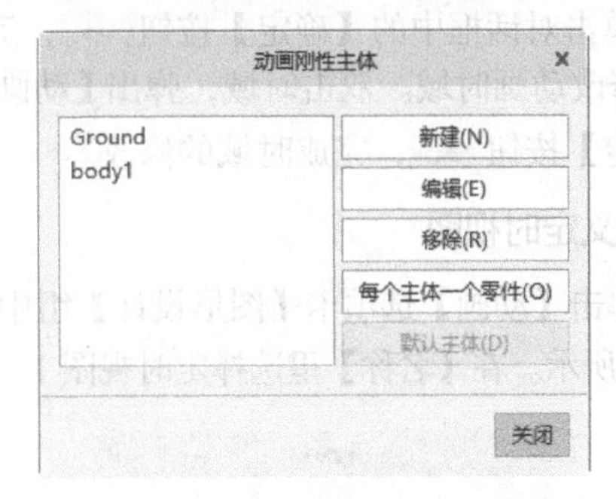

图 12-52 【动画刚性主体】对话框

（2）单击【每个主体一个零件】按钮，单击【关闭】按钮，完成主体的定义。

5. 定义快照

（1）单击【动画】选项卡【机构设计】组中的【拖动元件】按钮，弹出【拖动】及【选择】对话框。

（2）利用【高级拖动选项】里的按钮将模型拖动到图 12-53（a）所示的样子，单击【拖动】对话框中的【快照】按钮，得到照片【Snapshot1】。

（3）同理，拖动模型到图 12-53（b）~图 12-53（g）所示的样子，分别拍照得到照片【Snapshot2】【Snapshot3】【Snapshot4】【Snapshot5】【Snapshot6】【Snapshot7】。

6. 定义关键帧序列

（1）单击【管理关键帧序列】按钮，弹出【关键帧序列】对话框。

（2）单击【新建】按钮，弹出【关键帧序列】对话框。接受默认的关键帧序列名称，单击【序列】选项卡。单击【关键帧】选项组中的下拉按钮，弹出已经定义好的快照下拉列表，选择【Snapshot1】快照，然后单击【快照预览】按钮，预览选定的快照，并在【时间】输入框中输入该快照在动画中的显示时间 0s。单击右侧的【添加关键帧】按钮，将快照添加到关键帧序列列表中。

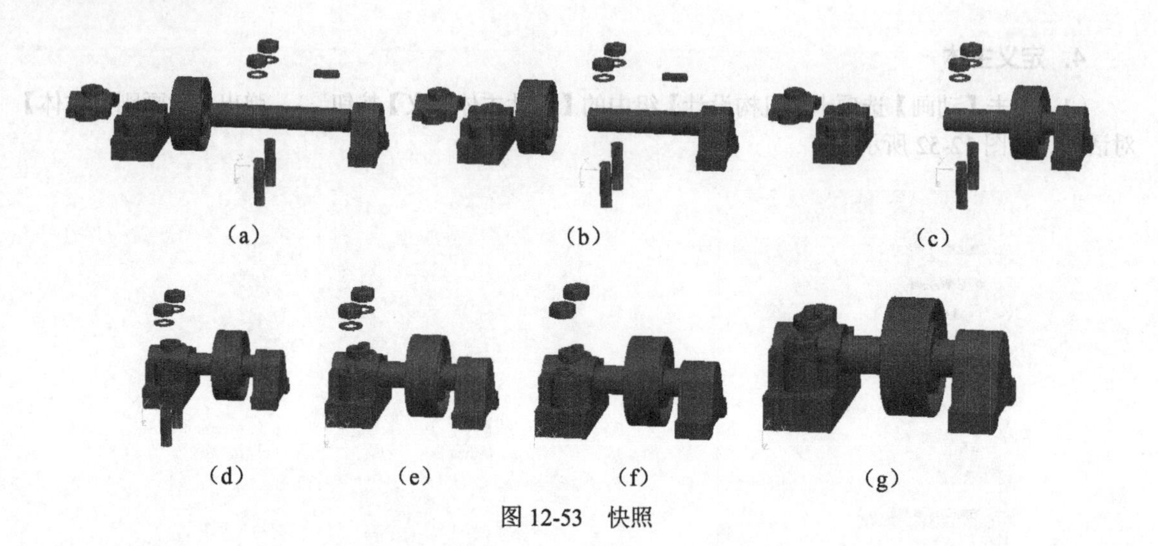

图 12-53　快照

（3）同理，按照第（2）步的操作将快照【Snapshot2】【Snapshot3】【Snapshot4】【Snapshot5】【Snapshot6】【Snapshot7】添加到关键帧序列列表中，并将快照在动画中的显示时间分别设置为 2s、4s、6s、8s、10s、12s，此时【关键帧序列】对话框如图 12-54 所示。

（4）单击对话框中的【确定】按钮，完成关键帧序列的定义。

（5）修改动画时域。双击时域，弹出【动画时域】对话框，在【结束时间】输入框中输入【12】，单击【确定】按钮，完成时域的修改。

7. 定义定时视图

（1）单击【动画】选项卡【图形设计】组中的【定时视图】按钮，弹出【定时视图】对话框，如图 12-55 所示。在【名称】里选择定时视图 1，然后输入时间值【0】，单击【应用】按钮。

图 12-54　【关键帧序列】对话框

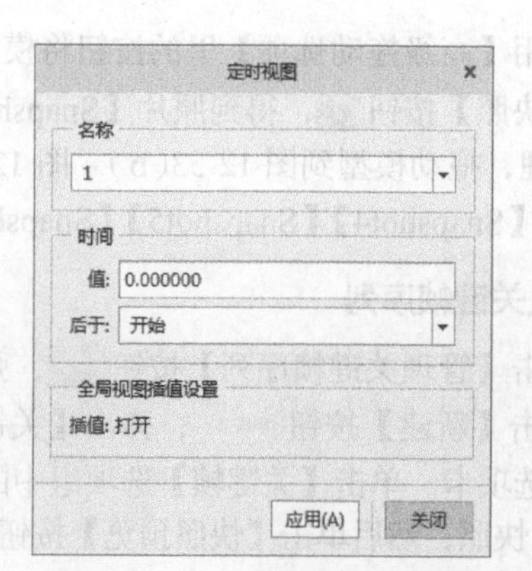

图 12-55　【定时视图】对话框

（2）同理，分别在【名称】里选择定时视图 2、3、4、5，然后分别输入时间值【3】【6】【9】【12】，单击【应用】按钮，完成定时视图的定义。

8. 启动、播放并保存动画

（1）单击时间域中的【生成并播放动画】按钮，可以看到连杆机构旋转运动起来了。单击【动画】选项卡【回放】组中的【回放】按钮，弹出【回放】对话框，如图 12-56 所示，单击对话框中的【保存】按钮，将当前结果集保存到磁盘中指定的位置。

（2）单击时间域中的【回放】按钮，然后单击时间域中的【保存】按钮，弹出图 12-57 所示的【捕获】对话框，单击【浏览】按钮，设置视频的保存位置，设置好对话框的其他参数后，单击【确定】按钮，完成视频的保存。

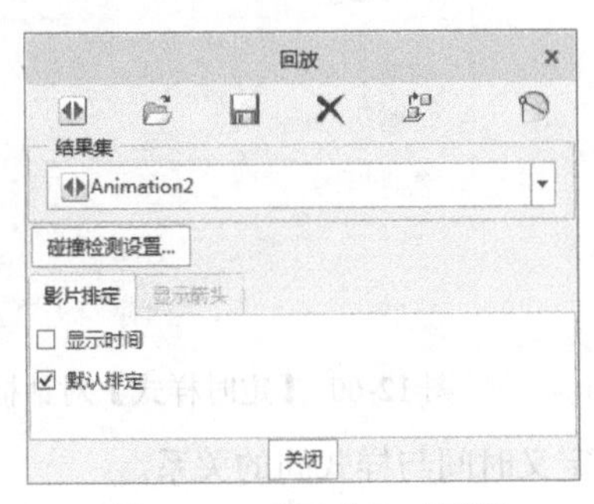

图 12-56 【回放】对话框

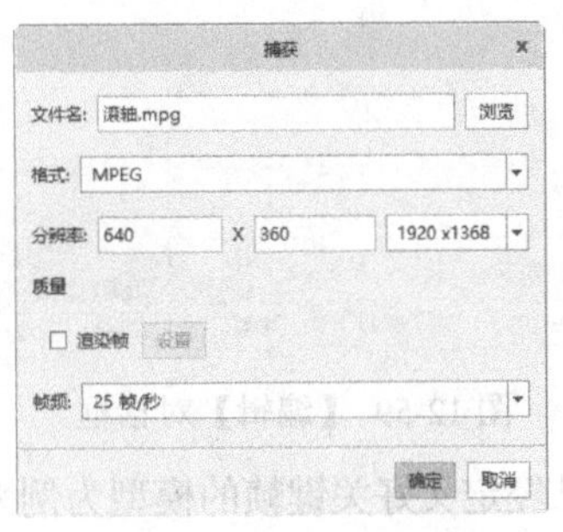

图 12-57 【捕获】对话框

12.5 时间与样式间关系的定义

定义时间与样式间的关系，即定时样式功能，可以控制元件在动画运行或回放过程中的显示样式，例如定义一些元件不可见，或者显示为线框、隐藏线等。

定义时间与样式间的关系之前，要设置显示样式。打开模型后，单击【视图】选项卡，进入视图模块，单击【视图】选项卡【模型显示】组中的【管理视图】按钮，弹出【视图管理器】对话框，如图 12-58 所示。单击对话框中的【新建】按钮，生成样式【Style001】，输入新名称或接受默认名称后按 Enter 键，弹出【编辑】对话框，如图 12-59 所示。选择被遮蔽的元件后单击【选择】对话框中的【确定】按钮。单击【显示】设置元件的显示样式，单击【确定】按钮，完成定时样式的创建。

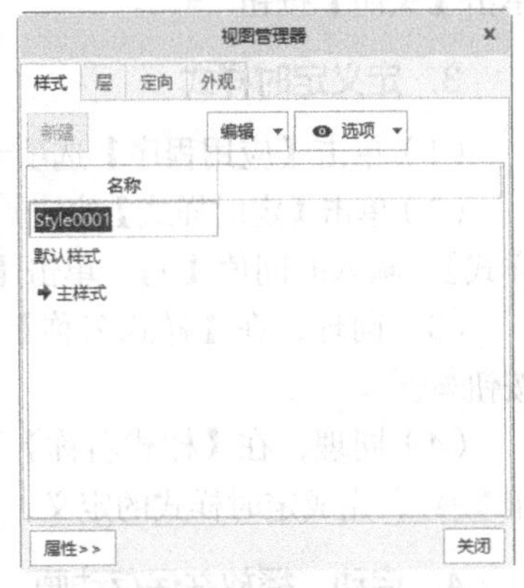

图 12-58 【视图管理器】对话框

定义好关键帧后，接下来定义定时样式。单击【动画】选项卡【图形设计】组中的【定时样式】按钮，弹出【定时样式】对话框，如图 12-60 所示。选择样式名称后，输入时间值，表示从这一时间开始显示选定的样式，单击【应用】按钮，完成定时样式的定义。

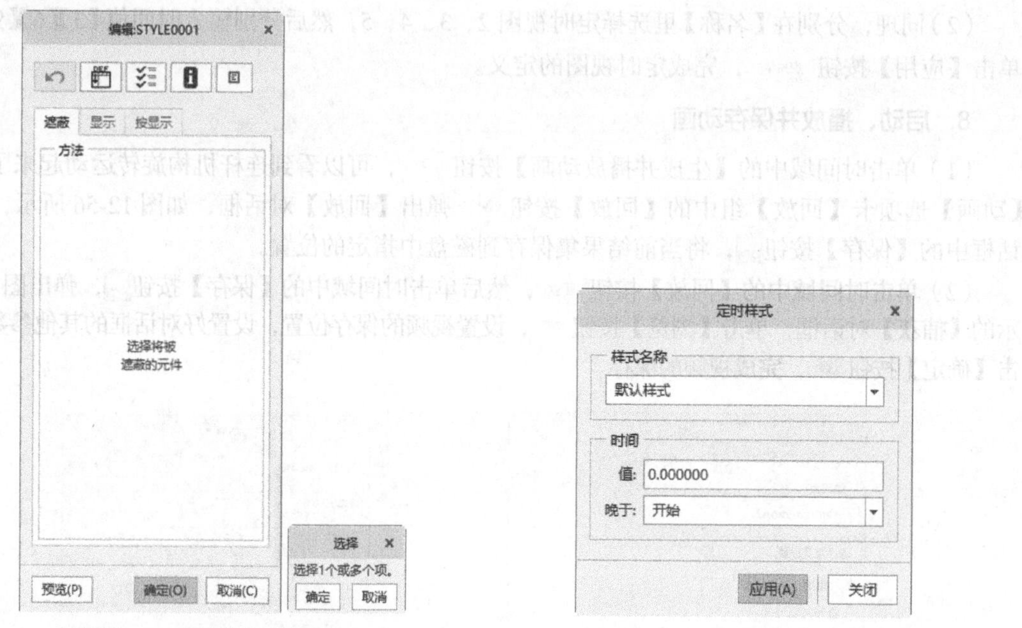

图 12-59 【编辑】对话框

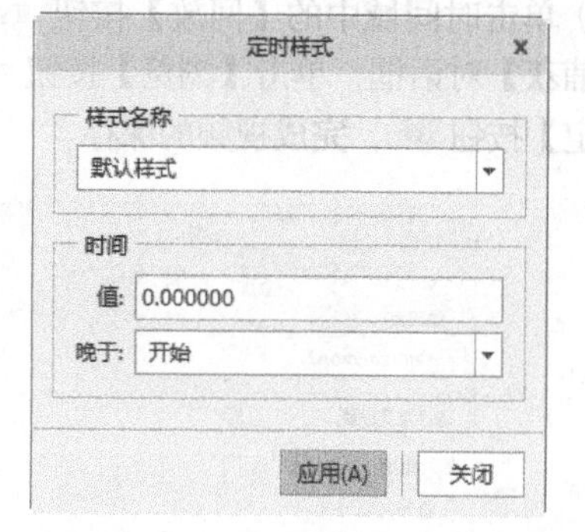

图 12-60 【定时样式】对话框

下面以已经定义好关键帧的模型为例来说明如何定义时间与样式间的关系。

1. 打开模型

单击【打开】按钮，打开【源文件\原始文件\第 12 章\12.5\滚轴 .asm】文件。

2. 创建定时样式

（1）单击【视图】选项卡，进入视图模块，单击【视图】选项卡【模型显示】组中的【视图管理器】按钮，弹出【视图管理器】对话框。单击【样式】选项卡中的【新建】按钮，生成样式【Style0001】，将鼠标光标移至【Style0001】末尾并单击，接受默认名称并按 Enter 键。

（2）弹出图 12-59 所示的【编辑】及【选择】对话框，选择图 12-61 所示的元件为被遮蔽的对象，单击【选择】对话框中的【确定】按钮，然后单击【确定】按钮，完成定时样式的创建，单击【关闭】按钮。

3. 定义定时样式

（1）单击【应用程序】选项卡【运动】组中的【动画】按钮，进入动画设计模块。

（2）单击【定时样式】按钮，弹出【定时样式】对话框，在【样式名称】下拉列表中选择【主样式】，输入时间值【0】，单击【应用】按钮。

（3）同理，在【样式名称】下拉列表中选择【STYLE001】，输入时间值【6】，单击【应用】按钮。

（4）同理，在【样式名称】下拉列表中选择【主样式】，输入时间值【10】，单击【应用】按钮，完成定时样式的定义，然后单击【关闭】按钮，时间线如图 12-62 所示。

4. 启动、播放并保存动画

（1）单击时间域中的【生成并播放动画】按钮，可以看到机构旋转运动起来了。单击【动画】选项卡【回放】组中的【回放】按钮，弹出【回放】对话框，如图 12-63 所示，单击对话框中的【保存】按钮，将当前结果集保存到磁盘中指定的位置。

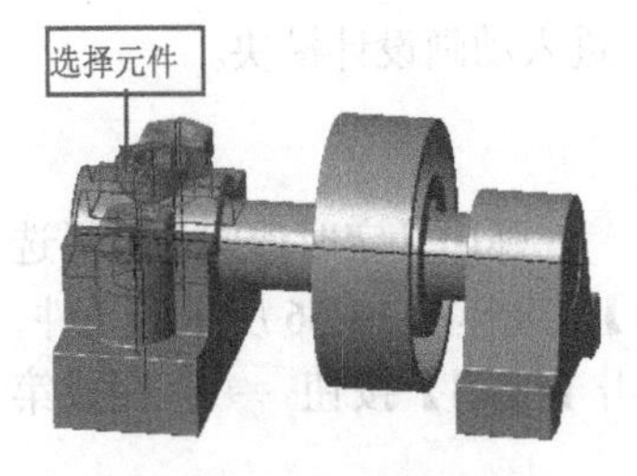

图 12-61 选择元件

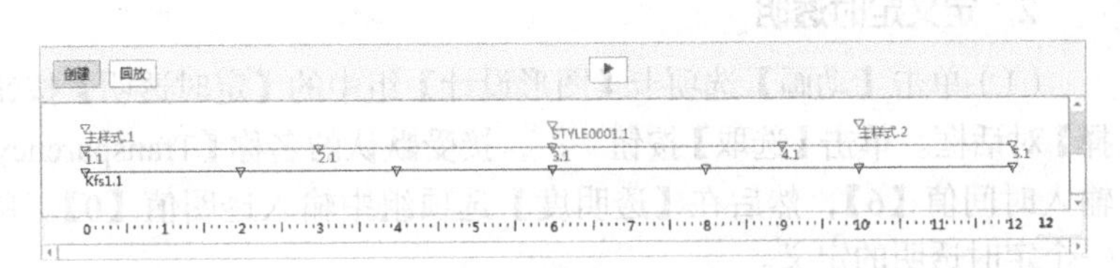

图 12-62 时间线

（2）单击时间域中的【回放】按钮，然后单击时间域中的【保存】按钮，弹出如图 12-64 所示的【捕获】对话框，单击【浏览】按钮，设置视频的保存位置，并接受默认参数，然后单击【确定】按钮，完成视频的保存。

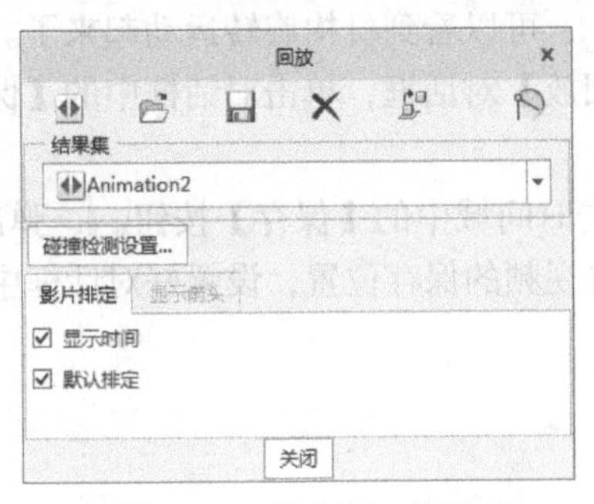

图 12-63 【回放】对话框

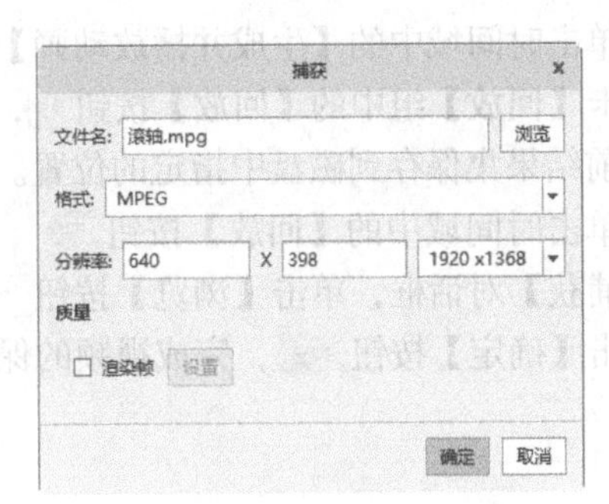

图 12-64 【捕获】对话框

12.6 时间与透明间关系的定义

定义时间与透明间的关系，即定时透明功能，可以控制元件在动画运行或回放过程中的透明程度。

进入动画设计模块后，单击【动画】选项卡中的【定时透明】按钮，弹出【定时透明】及【选择】对话框，如图 12-65 所示。单击【选取】按钮，选择要定义时间与透明关系的一个元件，或按住 Ctrl 键选择多个元件，然后单击【选择】对话框中的【确定】按钮。

拖动【透明】滚动条，或直接在其后输入 0 到 100 之间的数字，这些数字代表透明程度，0 表示完全不透明，100 表示完全透明。

接下来在【时间】输入框中输入时间值，表示从这一指定时间开始执行透明事件，单击【应用】按钮，完成时间与透明关系的定义。

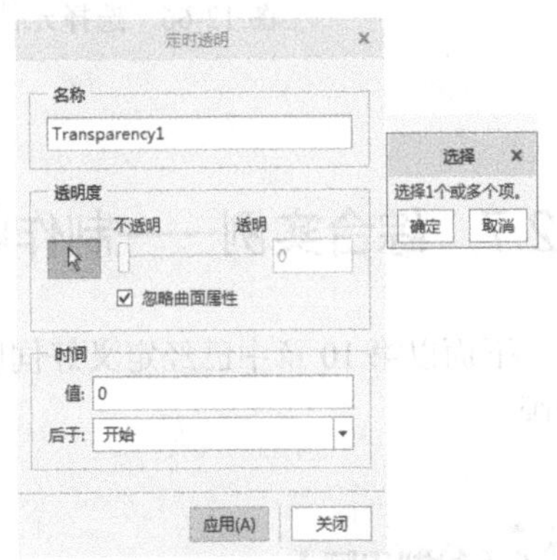

图 12-65 【定时透明】和【选择】对话框

下面以已经定义好关键帧的模型为例来说明如何定义时间与透明的关系。

1. 打开模型

（1）单击【打开】按钮，打开【源文件 \ 原始文件 \ 第 12 章 \12.6\ 滚轴 .asm】文件。

（2）单击【应用程序】选项卡【运动】组中的【动画】按钮，进入动画设计模块。

2. 定义定时透明

（1）单击【动画】选项卡【图形设计】组中的【定时透明】按钮，弹出【定时透明】及【选择】对话框。单击【选取】按钮，接受默认的名称【Transparency1】，选择图 12-66 所示的元件，输入时间值【6】，然后在【透明度】选项组中输入透明值【0】。单击【应用】按钮，完成第一个定时透明的定义。

（2）同理，单击【选取】按钮，接受默认的名称【Transparency2】，选择与第（1）步相同的元件，输入时间值【10】，然后在【透明度】选项组中输入透明值【100】，单击【应用】按钮，完成第二个定时透明的定义，这样便定义了该元件在第 6s 到 9s 由不透明变到透明的过程。

3. 启动、播放并保存动画

（1）单击时间域中的【生成并播放动画】按钮，可以看到机构旋转运动起来了。单击【动画】选项卡【回放】组中的【回放】按钮，弹出【回放】对话框，单击对话框中的【保存】按钮，将当前结果集保存到磁盘中指定的位置。

（2）单击时间域中的【回放】按钮，然后单击时间域中的【保存】按钮，弹出图 12-67 所示的【捕获】对话框，单击【浏览】按钮，设置视频的保存位置，设置好对话框中的一些参数后，单击【确定】按钮，完成视频的保存。

图 12-66　选择元件

图 12-67　【捕获】对话框

12.7　综合实例——制作电风扇运转动画

下面以第 10 章中已经定义好伺服电动机的电风扇为素材，制作电风扇从装配到运转的全过程动画。

1. 打开已经装配好的电风扇

单击【打开】按钮，弹出【打开】对话框，打开【源文件 \ 原始文件 \ 第 12 章 \ 电风扇 \ 电

风扇 .asm】文件，如图 12-68 所示。

2. 创建定时视图

（1）单击【视图】选项卡【方向】组中的【重定向】按钮，弹出【视图】对话框，参数设置如图 12-69 所示。

图 12-68　电风扇

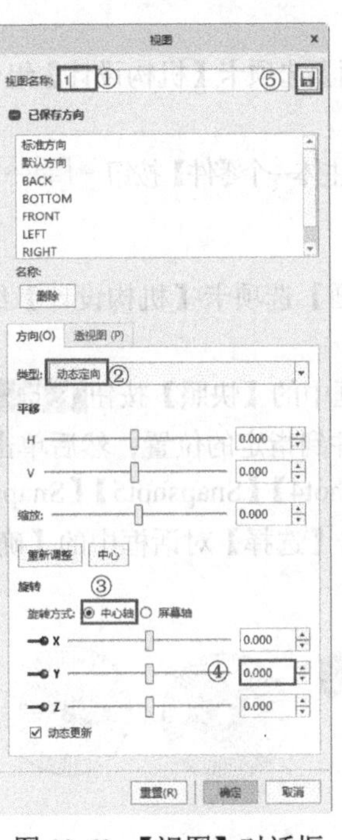

图 12-69　【视图】对话框

（2）将模型调整至图 12-70（a）所示的样子，在【视图】对话框的【名称】输入框中输入【1】，单击【保存】按钮。

（3）同理，在 y 轴的旋转角度输入框中分别输入值【-90】【-180】【90】【0】，在【名称】输入框中分别输入【2】【3】【4】【5】，单击【保存】按钮，得到图 12-70（b）～图 12-70（e）所示的模型，然后单击【确定】按钮。

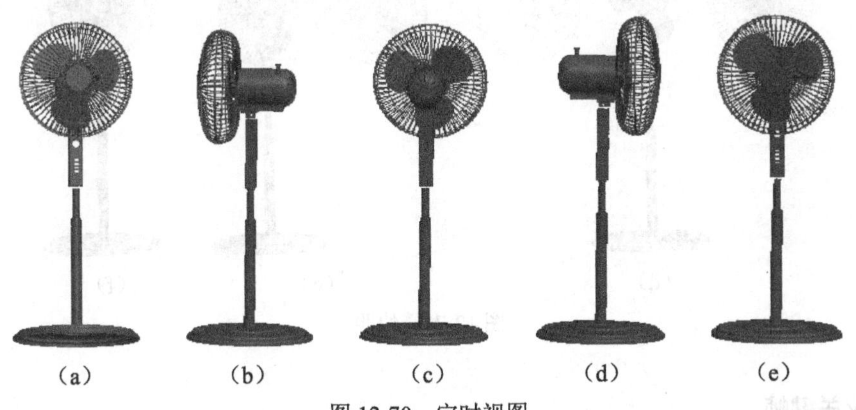

图 12-70　定时视图

3. 新建动画

（1）单击【应用程序】选项卡【运动】组中的【动画】按钮，进入动画设计模块。

（2）单击【动画】选项卡【模型动画】组中的【新建动画】下拉按钮，单击【快照】按钮，弹出【定义动画】对话框。单击【确定】按钮，建立动画【Animation2】。

4. 定义主体

（1）单击【动画】选项卡【机构设计】组中的【刚性主体定义】按钮，弹出【动画刚性主体】对话框。

（2）单击【每个主体一个零件】按钮，使每个零件都成为一个主体，单击【关闭】按钮。

5. 创建快照

（1）单击【动画】选项卡【机构设计】组中的【拖动元件】按钮，弹出【拖动】及【选择】对话框。

（2）单击对话框中的【快照】按钮，然后单击【高级拖动选项】按钮，单击某一方向后拖动元件到指定的位置，然后单击【快照】按钮，得到快照【Snapshot1】【Snapshot2】【Snapshot3】【Snapshot4】【Snapshot5】【Snapshot6】，如图 12-71 所示。此时的【拖动】对话框如图 12-72 所示，单击【选择】对话框中的【确定】按钮，然后单击【拖动】对话框中的【关闭】按钮。

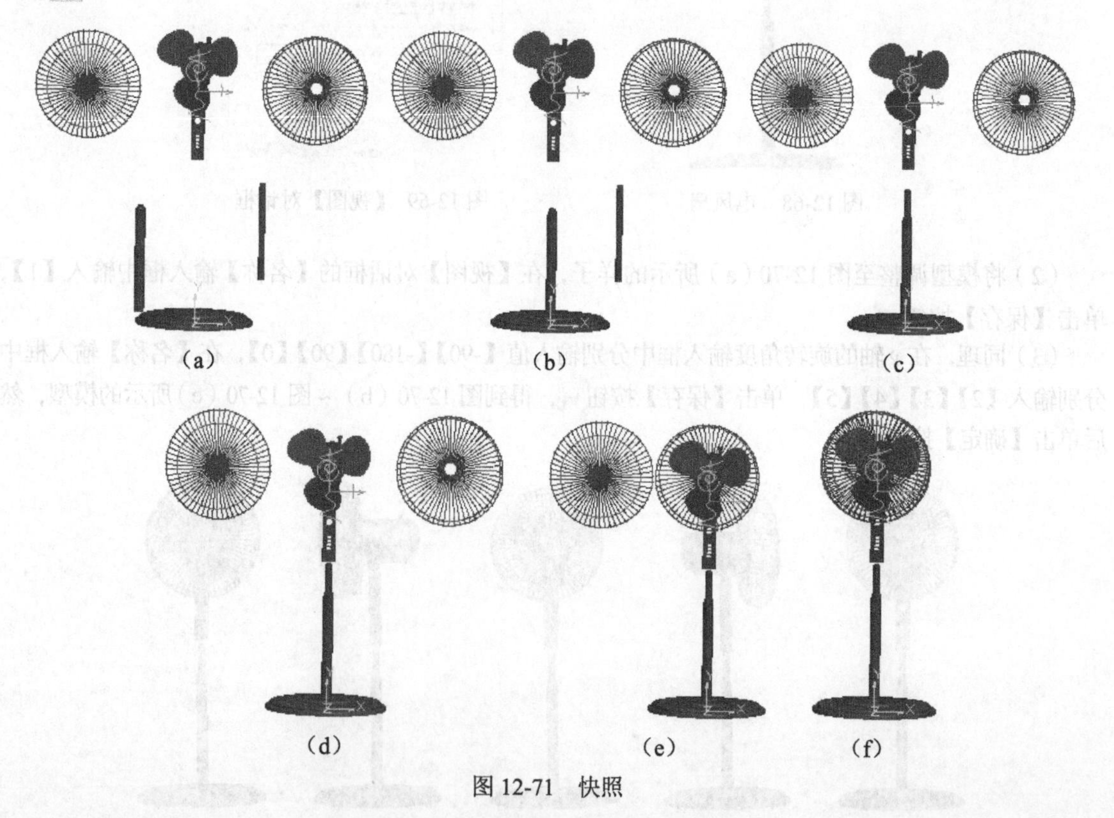

图 12-71　快照

6. 定义关键帧

（1）单击【动画】选项卡中的【管理关键帧序列】按钮，弹出【关键帧序列】对话框。

（2）单击【新建】按钮 新建(N)，弹出【关键帧序列】对话框。接受默认的关键帧序列名称。单击【序列】选项卡，单击【关键帧】选项组中的下拉按钮，弹出已经定义好的快照下拉列表，选择【Snapshot1】快照，单击【快照预览】按钮，预览选定的快照，并在【时间】输入框中输入该快照在动画中的显示时间 0s。单击右侧的【添加关键帧】按钮 +，将快照添加到关键帧序列列表中。

（3）同理，按照第（2）步的操作将快照【Snapshot2】【Snapshot3】【Snapshot4】【Snapshot5】【Snapshot6】添加到关键帧序列列表中，并在下面的【时间】输入框中输入这些快照在动画中的显示时间 2s、4s、6s、8s、9s，此时【关键帧序列】对话框如图 12-73 所示。

（4）单击对话框中的【确定】按钮 确定，完成关键帧序列的定义。

7. 定义定时视图

（1）单击【动画】选项卡【图形设计】组中的【定时视图】按钮，弹出【定时视图】对话框，如图 12-74 所示，在【名称】里选择定时视图 1，然后输入时间值【0】，单击【应用】按钮 应用(A)。

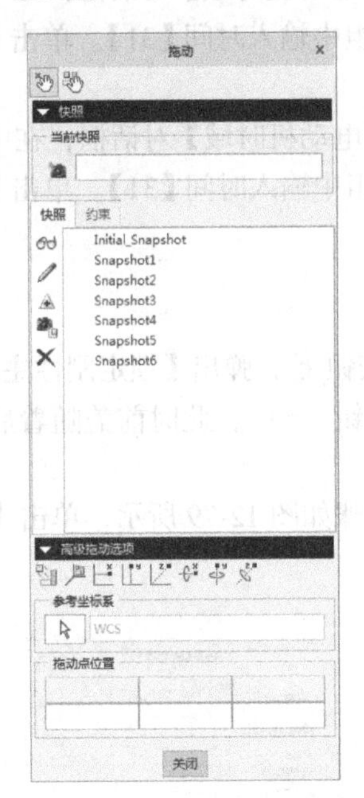

图 12-72 【拖动】对话框

图 12-73 【关键帧序列】对话框

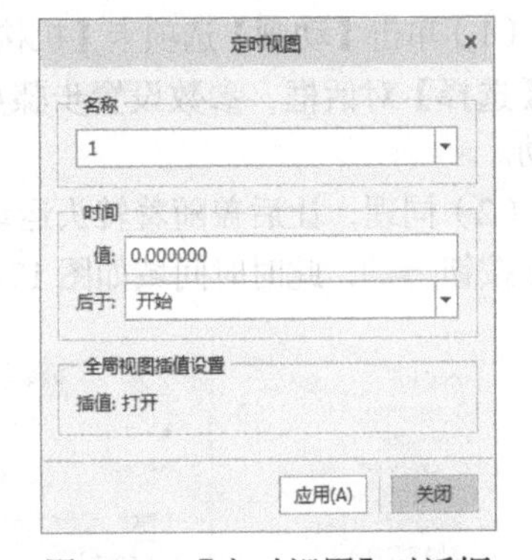

图 12-74 【定时视图】对话框

（2）同理，分别在【名称】里选择定时视图 2、3、4、5，然后分别输入时间值【2】【4】【6】【8】，单击【应用】按钮 应用(A)，单击【关闭】按钮，完成定时视图的定义。

8. 定义伺服电动机的运动

（1）单击【动画】选项卡【机构设计】组中的【管理伺服电动机】按钮，弹出【伺服电动机】对话框，如图 12-75 所示，按住 Ctrl 键选择电动机【电动机 1】【电动机 2】【电动机 3】，然后单击【包括】按钮 包括(U)，在时间线上显示电动机的作用时间，单击【关闭】按钮。

（2）双击时域下的时间线，弹出图 12-76 所示的【动画时域】对话框，在【结束时间】输入框中输入值【31】，单击【确定】按钮 确定。

（3）双击时间域的【电动机 1.1】上的时间线，弹出【伺服电动机时域】对话框，在【启动伺服电动机】选项组中输入时间【11】，在【终止伺服电动机】选项组中输入时间【20】，如图 12-77

所示。单击【确定】按钮确定，完成【电动机 1】伺服电动机编辑。

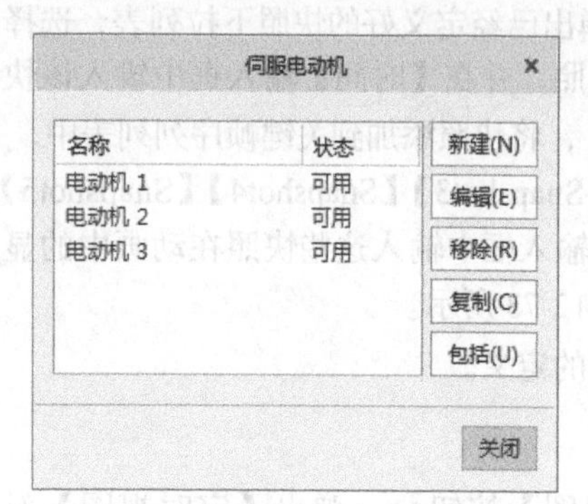

图 12-75 【伺服电动机】对话框

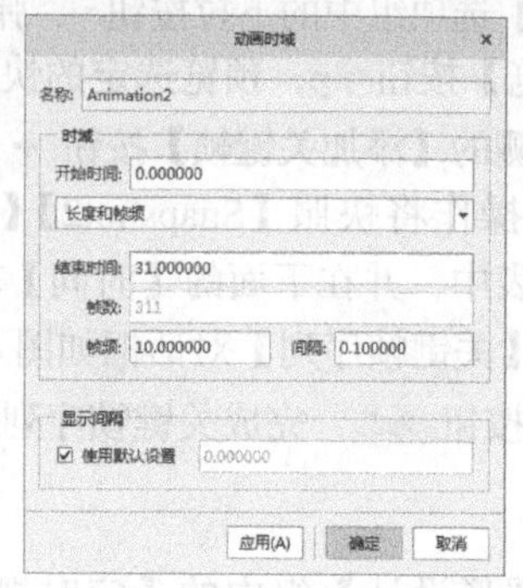

图 12-76 【动画时域】对话框

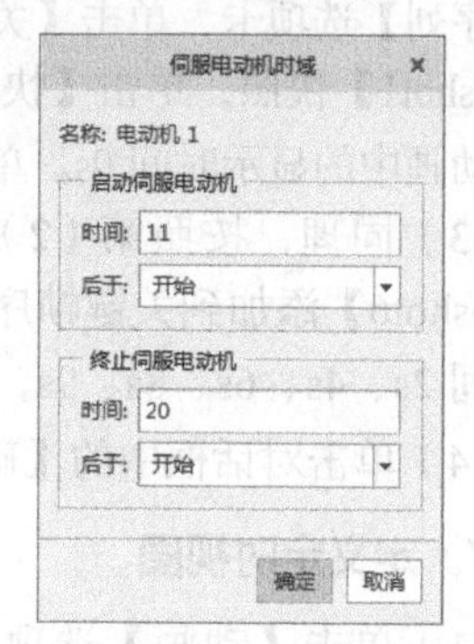

图 12-77 【伺服电动机时域】对话框

（4）同理，双击时间域的【电动机 2.1】上的时间线，弹出【伺服电动机时域】对话框，在【启动伺服电动机】选项组中输入时间【22】，在【终止伺服电动机】选项组中输入时间【31】。单击【确定】按钮确定，完成【电动机 2】伺服电动机编辑。

（5）同理，双击时间域的【电动机 3.1】上的时间线，弹出【伺服电动机时域】对话框，在【启动伺服电动机】选项组中输入时间【11】，在【终止伺服电动机】选项组中输入时间【31】。单击【确定】按钮确定，完成【电动机 3】伺服电动机编辑。

9. 定义锁定主体

（1）单击【动画】选项卡【机构设计】组中的【锁定刚性主体】按钮，弹出【锁定刚性主体】和【选择】对话框，参数设置步骤如图 12-78 所示。单击【应用】按钮应用(A)，此时前盖随着后盖运动。

（2）同理，让后盖随着转头运动，完成主体的锁定，参数设置步骤如图 12-79 所示，单击【应用】按钮应用(A)，此时时间域如图 12-80 所示。

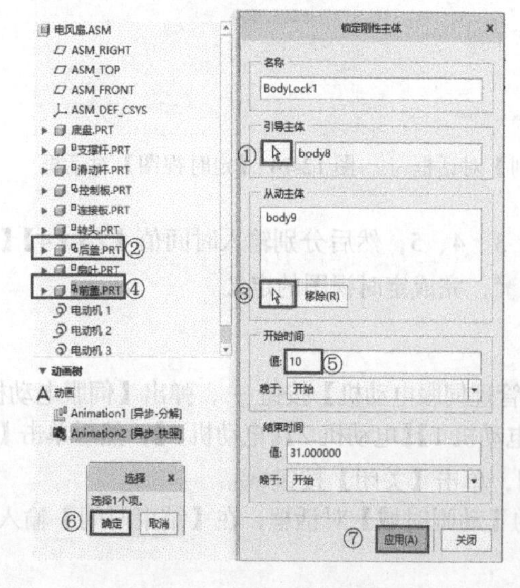

图 12-78 参数设置步骤（1）

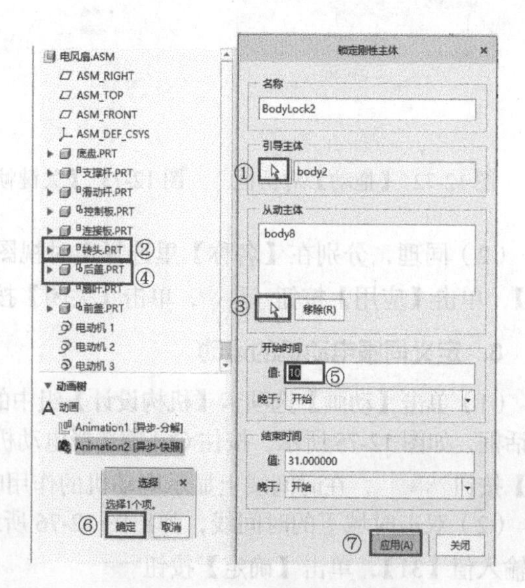

图 12-79 参数设置步骤（2）

注意

由于前面定义主体时将每个零件定义为了一个主体，如果动画这样运行的话，电风扇的转头转动时，它的前后盖不会跟随着一起转动，所以在转头开始转动到结束转动过程中需要把盖子与转头锁定，使它们一起转动。

10. 启动、播放并保存动画

（1）单击时间域中的【生成并播放动画】按钮▶，可以看到从装配到运转的全过程动画。

（2）单击【动画】选项卡中的【回放】按钮，弹出【回放】对话框，单击【保存】按钮，将当前结果集保存到磁盘中指定的位置。

（3）单击时间域中的【回放】按钮回放，然后单击时间域中的【保存】按钮，弹出【捕获】对话框，如图12-81所示。单击【浏览】按钮浏览，设置视频的保存位置，设置好对话框中的一些参数后，单击【确定】按钮确定，完成视频的保存。

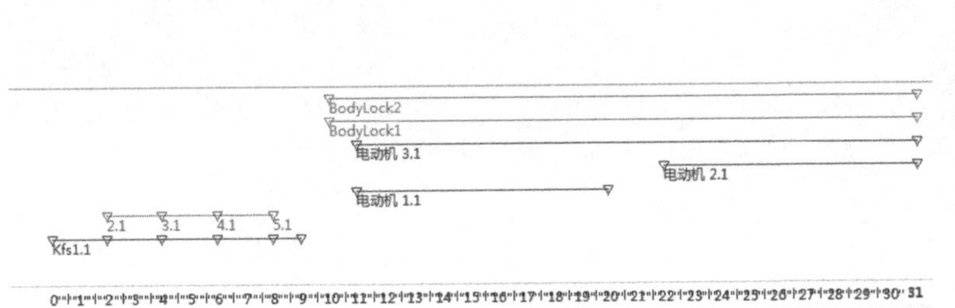

图12-80　时间域

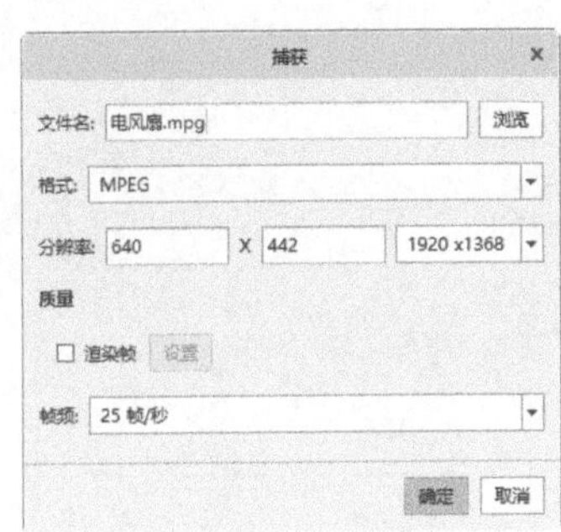

图12-81　【捕获】对话框